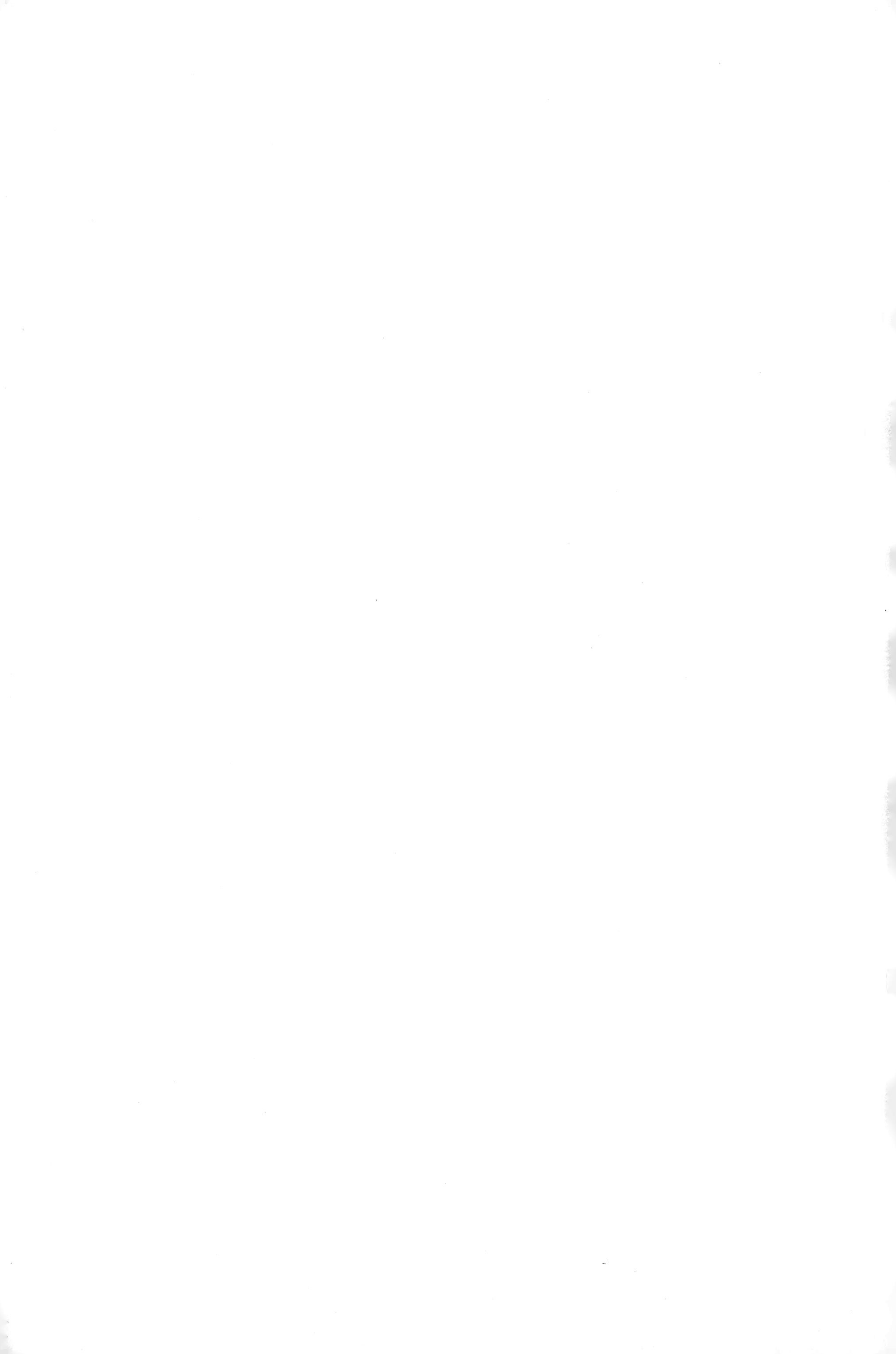

电子信息与电气工程技术丛书 E&E

SLIDING MODE CONTROL DESIGN AND MATLAB SIMULATION

THE BASIC THEORY AND DESIGN METHOD

(FOURTH EDITION)

滑模变结构控制 MATLAB仿真

基本理论与设计方法

(第4版)

刘金琨 著

Liu Jinkun

清华大学出版社

北京

内 容 简 介

本书从 MATLAB 仿真的角度系统地介绍滑模变结构控制的基本理论、基本方法和应用技术，是作者多年来从事控制系统教学和科研工作的结晶，同时融入了国内外同行近年来所取得的新成果。

本书是在第 3 版基础上修订而成的，增加了部分内容。全书共分 14 章，内容包括绪论、滑模控制基本方法、几种典型滑模控制、自适应鲁棒滑模控制、基于干扰及输出测量延迟观测器的滑模控制、反演及动态面滑模控制、基于滤波器及状态观测器的滑模控制、模糊滑模控制、神经网络滑模控制、离散滑模控制、基于 LMI 的滑模控制、Terminal 滑模控制、控制系统执行器问题的滑模控制、基于四元数变换的滑模控制。书中对每种控制方法都利用 MATLAB 程序进行仿真分析。

本书各部分内容既相互联系又相对独立，读者可根据自己需要选择学习。本书适用于从事生产过程自动化、计算机应用、机械电子和电气自动化领域工作的工程技术人员阅读，也可作为高等学校工业自动化、自动控制、机械电子、自动化仪表、计算机应用等专业的教学参考书。

图书在版编目(CIP)数据

滑模变结构控制 MATLAB 仿真：基本理论与设计方法/刘金琨著. —4 版. —北京：清华大学出版社，2019.11(2024.3重印)
(电子信息与电气工程技术丛书)
ISBN 978-7-302-54170-7

Ⅰ. ①滑…　Ⅱ. ①刘…　Ⅲ. ①变结构控制－计算机仿真－Matlab 软件　Ⅳ. ①TP273

中国版本图书馆 CIP 数据核字(2019)第 256369 号

责任编辑：盛东亮
封面设计：李召霞
责任校对：白　蕾
责任印制：丛怀宇

出版发行：清华大学出版社
网　　址：https://www.tup.com.cn, https://www.wqxuetang.com
地　　址：北京清华大学学研大厦 A 座　　**邮　　编**：100084
社 总 机：010-83470000　　**邮　　购**：010-62786544
投稿与读者服务：010-62776969，c-service@tup.tsinghua.edu.cn
质量反馈：010-62772015，zhiliang@tup.tsinghua.edu.cn
课件下载：https://www.tup.com.cn，010-83470236
印 装 者：三河市君旺印务有限公司
经　　销：全国新华书店
开　　本：185mm×260mm　　**印　　张**：36.5　　**字　　数**：864 千字
版　　次：2005 年 9 月第 1 版　2019 年 11 月第 4 版　　**印　　次**：2024 年 3 月第4次印刷
印　　数：4001～4500
定　　价：118.00 元

产品编号：085308-01

前言

变结构控制出现于20世纪50年代，经历了60余年的发展，现已形成一个相对独立的研究分支，成为自动控制系统的一种典型的设计方法，适用于线性与非线性系统、连续与离散系统、确定性与不确定性系统、集中参数与分布参数系统、集中控制与分散控制等。这种控制方法通过控制量的切换使系统状态沿着滑模面滑动，使系统在受到参数摄动和外部干扰的时候具有不变性，正是这种特性使得变结构控制方法受到各国学者的广泛重视。

由于滑模变结构控制算法简单、鲁棒性好和可靠性高，被广泛应用于运动控制中，尤其适用于可建立精确数学模型的确定性控制系统。

在滑模变结构控制理论及其工程应用领域，近年来已有大量的论文发表。作者多年来一直从事控制理论及应用方面的教学和研究工作，为了促进变结构控制和自动化技术的进步，发布滑模变结构控制设计与应用中的最新研究成果，并使广大工程技术人员能了解、掌握和应用这一领域的最新技术，学会用MATLAB语言进行滑模变结构控制器的设计。作者编写了这本书，以抛砖引玉，供广大读者学习参考。

本书是在总结作者多年研究成果的基础上，进一步理论化、系统化、规范化、实用化后编写而成的，其特点如下：

(1) 滑模变结构控制算法取材新颖，内容先进，重点介绍学科交叉部分的前沿研究和一些有潜力的新思想、新方法和新技术，取材着重于基本概念、基本理论和基本方法。

(2) 每种滑模控制算法都给出了完整的MATLAB仿真程序，并给出了程序的说明和仿真结果，具有很强的可读性。

(3) 从应用领域角度出发，突出理论联系实际，面向广大工程技术人员，具有很强的工程性和实用性。书中有大量应用实例及其结果分析，为读者提供了有益的借鉴。

(4) 本书给出的各种滑模变结构控制算法非常完整，程序结构设计简单明了，便于自学和进一步开发。

本书程序算法使用说明如下：

(1) 本书程序可到清华大学出版社网站(www.tup.com.cn)下载，也可扫描下方二维码下载。

(2) 下载程序并复制到硬盘MATLAB运行的路径中，即可运行仿真。

(3) 所有算法均在MATLAB R2013a版本下运行成功，也兼容更高级版本。

(4) 所有控制算法都按章归类，程序名与书中的程序名对应一致。

程序代码

前言

本书是基于 MATLAB R2013a[①] 环境下开发的，各个章节的内容都具有很强的独立性，读者可以结合自己的研究方向深入地进行研究。

作者在滑模控制的研究中得到北京航空航天大学尔联洁教授的热情支持和指导。本书的撰写和研究工作得到了国家自然科学基金项目“N 连杆柔性机械臂 PDE 建模及自适应边界控制理论研究”(编号：61374048)的支持。

由于作者水平有限，书中难免存在一些不足和疏漏之处，欢迎广大读者批评指正。

刘金琨

2019 年 6 月于北京航空航天大学

① 由于采用的软件仿真环境为 MATLAB R2013a 英文版，所以书中仿真插图均为英文。

目录

目录

目录

目录

目录

目录

目录

目录

目录

第1章 绪论

1.1 滑模变结构控制简介

变结构控制(Variable Structure Control,VSC)本质上是一类特殊的非线性控制,其非线性表现为控制的不连续性;这种控制策略与其他控制的不同之处在于系统的“结构”并不固定,而是可以在动态过程中,根据系统当前的状态(如偏差及其各阶导数等),有目的地不断变化,迫使系统按照预定“滑动模态”的状态轨迹运动,所以又常称变结构控制为滑动模态控制(Sliding Mode Control,SMC),即滑模变结构控制。由于滑动模态可以进行设计且与对象参数及扰动无关,这就使得变结构控制具有快速响应、对参数变化及扰动不灵敏、无须系统在线辨识,物理实现简单等优点。该方法的缺点在于当状态轨迹到达滑模面后,难以严格地沿着滑面向着平衡点滑动,而是在滑模面两侧来回穿越,从而产生颤动。

变结构控制出现于20世纪50年代,经历了几十年的发展,已形成了一个相对独立的研究分支,成为自动控制系统的一种一般的设计方法,适用于线性与非线性系统、连续与离散系统、确定性与不确定性系统、集中参数与分布参数系统、集中控制与分散控制等。并且在实际工程中逐渐得到推广应用,如电机与电力系统控制、机器人控制、飞机控制、卫星姿态控制等。这种控制方法通过控制量的切换使系统状态沿着滑模面滑动,使系统在受到参数摄动和外干扰的时候具有不变性,正是这种特性使得变结构控制方法受到各国学者的广泛重视。

1.2 变结构控制发展历史

变结构控制的发展过程大致可分为三个阶段:

1. 1957—1962年

此阶段为研究的初级阶段。苏联的学者Utkin和Emelyanov在20世纪50年代提出了变结构控制的概念,基本研究对象为二阶线性系统。

2. 1962—1970 年

20 世纪 60 年代，学者开始针对高阶线性系统进行研究，但仍然限于单输入单输出系统。主要讨论了高阶线性系统在线性切换函数下控制受限与不受限及二次型切换函数的情况。

3. 1970 年以后

在线性空间上研究线性系统的变结构控制。主要结论为变结构控制对摄动及干扰具有不变性。1977 年，V. I. Utkin 发表了一篇有关变结构方面的综述论文[1]，提出了滑模有关变结构控制 VSC 和滑模控制 SMC 的方法。此后，变结构控制的研究兴趣急剧上升，各国学者开始研究多维变结构系统和多维滑动模态，对变结构控制系统的研究由规范空间转变到更一般的状态空间。K. D. Young 等[2]从工程的角度，对滑模控制进行了全面分析，并对滑模控制所产生的抖振进行了精确分析和评估，针对连续系统中的抑制抖动分析了七种解决方法，并针对离散系统在三种情况下的滑模设计进行了分析，为滑模控制在工程上的应用提供了有益的指导。

在变结构控制的研究中，焦点主要集中在滑动模态上，而对进入切换面之前的运动，即正常的运动段关心较少。中国学者高为炳院士等[3]首先提出了趋近律的概念，列举了诸如等速趋近律、指数趋近律、幂次趋近律直到一般趋近律，他们还首次提出了自由递阶的概念。

在解决十分复杂的非线性系统的综合问题时，变结构系统理论作为一种综合方法得到了重视。但是，滑模变结构对系统的参数摄动和外部干扰的不变性是以控制量的高频抖动换取的，由于在实际应用中，这种高频抖振在理论上是无限快的，没有任何执行机构能够实现；同时，这样的高频输入很容易激发系统的未建模特性，从而影响系统的控制性能。因而抖振现象给变结构控制在实际系统中的应用带来了困难。

由于人们认识到变结构系统中的滑动模态具有不变性，这种理想的鲁棒性对工程应用也是很有吸引力的。高精度伺服系统存在着许多不利于控制系统设计的因素，如非线性因素、外干扰及参数摄动等。由于离散滑模变结构控制自身的缺点，直接应用到高精度的伺服系统中将会有一定的困难，控制输出的高频振动会损坏伺服系统中的电机和其他设备。要将离散滑模变结构控制应用到伺服系统中，能真正地发挥它的强鲁棒性，必须对传统的离散滑模变结构控制进行改进，并针对它有抖振的现象来改进离散滑模控制器，将有害的抖振减小到一定的程度，并且要保证滑模控制的不变性。因此，对传统的离散滑模变结构控制的改进、抖振的削弱成为研究成为重点。

1.3 滑模变结构控制基本原理

滑模变结构控制是变结构控制系统的一种控制策略。这种控制策略与常规控制的根本区别在于控制的不连续性，即一种使系统"结构"随时间变化的开关特性。该控制特性可以迫使系统在一定特性下沿规定的状态轨迹作小幅度、高频率的上下运动，即所谓的滑动模态或"滑模"运动。这种滑动模态是可以设计的，且与系统的参数及扰动无关。

这样，处于滑模运动的系统就具有很好的鲁棒性。

滑动模态控制的概念和特性如下：

1. 滑动模态定义及数学表达

考虑一般的情况，在系统

$$\dot{x}=f(x) \quad x \in R^n \tag{1.1}$$

的状态空间中，有一个超曲面 $s(x)=s(x_1,x_2,\cdots,x_n)=0$，如图1.1所示。

它将状态空间分成上下两部分：$s>0$ 及 $s<0$。在切换面上的运动点有三种情况：

(1) 通常点——系统运动点运动到切换面 $s=0$ 附近时穿越此点而过(点A)。

(2) 起始点——系统运动点到达切换面 $s=0$ 附近时，向切换面的该点的两边离开(点B)。

(3) 终止点——系统运动点到达切换面 $s=0$ 附近时，从切换面的两边趋向于该点(点C)。

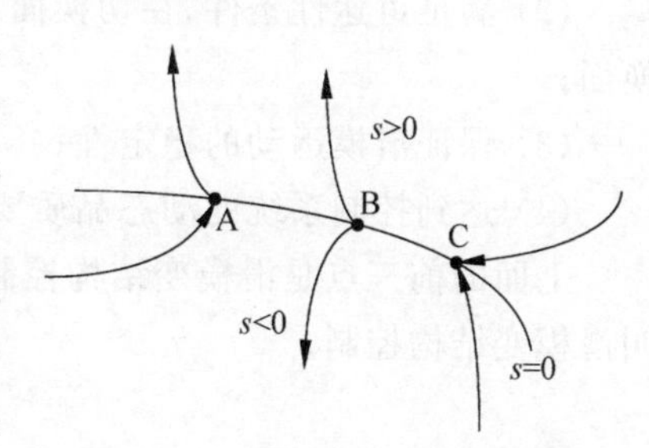

图1.1 切换面上三种点的特性

在滑模变结构中，通常点与起始点无多大意义，而终止点却有特殊的含义，因为如果在切换面上某一区域内所有的点都是终止点，则一旦运动点趋近于该区域时，就被"吸引"在该区域内运动。此时，就称在切换面 $s=0$ 上所有的运动点都是终止点的区域为"滑动模态区"，或简称为"滑模"区。系统在滑模区中的运动就称为"滑模运动"。

按照滑动模态区上的运动点都必须是终止点这一要求，当运动点到达切换面 $s(x)=0$ 附近时，必有

$$\lim_{s\to 0^+}\dot{s} \leqslant 0 \quad 及 \quad \lim_{s\to 0^-}\dot{s} \geqslant 0 \tag{1.2}$$

或者

$$\lim_{s\to 0^+}\dot{s} \leqslant 0 \leqslant \lim_{s\to 0^-}\dot{s} \tag{1.3}$$

式(1.3)也可写成

$$\lim_{s\to 0} s\dot{s} \leqslant 0 \tag{1.4}$$

此不等式对系统提出了一个形如

$$v(x_1,x_2,\cdots,x_n)=[s(x_1,x_2,\cdots,x_n)]^2 \tag{1.5}$$

的Lypunov(李亚普诺夫)函数的必要条件。由于在切换面邻域内函数式(1.5)是正定的，而按照式(1.4)，s^2 的导数是负半定的，也就是说，在 $s=0$ 附近 v 是一个非增函数，因此如果满足条件式(1.4)，则式(1.5)是系统的一个条件Lypunov函数。系统本身也就稳定于条件 $s=0$。

2. 滑模变结构控制的定义

滑模变结构控制的基本问题如下，设有一控制系统

$$\dot{x}=f(x,u,t) \quad x \in R^n, u \in R^m, t \in R \tag{1.6}$$

需要确定切换函数

$$s(x) \quad s \in R^m \tag{1.7}$$

求解控制函数

$$u = \begin{cases} u^+(x) & s(x) > 0 \\ u^-(x) & s(x) < 0 \end{cases} \tag{1.8}$$

其中，$u^+(x) \neq u^-(x)$，使得

(1) 滑动模态存在，即式(1.8)成立；

(2) 满足可达性条件，在切换面 $s(x)=0$ 以外的运动点都将于有限的时间内到达切换面；

(3) 保证滑模运动的稳定性；

(4) 达到控制系统的动态品质要求。

上面的前三点是滑模变结构控制的三个基本问题，只有满足了这三个条件的控制才叫滑模变结构控制。

1.4 滑模面的参数设计

针对线性系统

$$\dot{\boldsymbol{x}} = \boldsymbol{A}\boldsymbol{x} + \boldsymbol{b}u \quad \boldsymbol{x} \in R^n, u \in R \tag{1.9}$$

滑模面设计为

$$\boldsymbol{s}(\boldsymbol{x}) = \boldsymbol{C}^{\mathrm{T}}\boldsymbol{x} = \sum_{i=1}^{n} c_i x_i = \sum_{i=1}^{n-1} c_i x_i + x_n \tag{1.10}$$

其中，$\boldsymbol{x}$ 为状态向量，$\boldsymbol{C} = [c_1 \quad \cdots \quad c_{n-1} \quad 1]^{\mathrm{T}}$。

在滑模控制中，参数 $c_1, c_2, \cdots, c_{n-1}$ 应满足多项式 $p^{n-1} + c_{n-1}p^{n-2} + \cdots + c_2 p + c_1$ 为 Hurwitz，其中 p 为 Laplace 算子。

例如，当 $n=2$ 时，$\boldsymbol{s}(\boldsymbol{x}) = c_1 x_1 + x_2$，为了保证多项式 $p + c_1$ 为 Hurwitz，需要多项式 $p + c_1 = 0$ 的特征值实数部分为负，即 $c_1 > 0$。

又如，当 $n=3$ 时，$\boldsymbol{s}(\boldsymbol{x}) = c_1 x_1 + c_2 x_2 + x_3$，为了保证多项式 $p^2 + c_2 p + c_1$ 为 Hurwitz，需要多项式 $p^2 + c_2 p + c_1 = 0$ $p + c_1 = 0$ 的特征值实数部分为负。

不妨取 $p^2 + 2\lambda p + \lambda^2 = 0$，则 $(p+\lambda)^2 = 0$，取 $\lambda > 0$ 可满足多项式 $p^2 + c_2 p + c_1 = 0$ $p + c_1 = 0$ 的特征值实数部分为负，对应地可得到 $c_2 = 2\lambda$，$c_1 = \lambda^2$。

1.5 滑模变结构控制理论研究方向

1.5.1 滑模变结构控制系统的抖振问题

从理论角度，在一定意义上，由于滑动模态可以按需要设计，而且系统的滑模运动与控制对象的参数变化和系统的外干扰无关，因此滑模变结构控制系统的鲁棒性要比一般常规的连续系统强。然而，滑模变结构控制在本质上的不连续开关特性将会引起系统的抖振。

对于一个理想的滑模变结构控制系统，假设“结构”切换的过程具有理想开关特性（即无时间和空间滞后），系统状态测量精确无误，控制量不受限制，则滑动模态总是降维的光滑运动而且渐近稳定于原点，不会出现抖振。但是对于一个现实的滑模变结构控制系统，这些假设是不可能完全成立的。特别是对于离散系统的滑模变结构控制系统，都会在光滑的滑动模态上叠加一个锯齿形的轨迹。于是，在实际中，抖振是必定存在的，而且消除了抖振也就消除了变结构控制的抗摄动和抗扰动的能力，因此消除抖振是不可能的，只能在一定程度上削弱它到一定的范围。抖振问题成为变结构控制在实际系统中应用的突出障碍。

抖振产生的主要原因如下：

(1) 时间滞后开关：在切换面附近，由于开关的时间滞后，控制作用对状态的准确变化被延迟一定的时间；又因为控制量的幅度是随着状态量的幅度逐渐减小的，所以表现为在光滑的滑动模台上叠加一个衰减的三角波。

(2) 空间滞后开关：开关滞后相当于在状态空间中存在一个状态量变化的“死区”。因此，其结果是在光滑的滑模面上叠加了一个等幅波形。

(3) 系统惯性的影响：由于任何物理系统的能量不可能是无限大，因而系统的控制力不能无限大，这就使系统的加速度有限；另外，系统惯性总是存在的，所以使得控制切换伴有滞后，这种滞后与时间滞后效果相同。

(4) 离散系统本身造成的抖振：离散系统的滑动模态是一种“准滑动模态”，它的切换动作不是正好发生在切换面上，而是发生在以原点为顶点的一个锥形体的表面上。因此有衰减的抖振，而且锥形体越大，则抖振幅度越大。该锥形体的大小与采样周期有关。

总之，抖振产生的原因在于：当系统的轨迹到达切换面时，其速度是有限大，惯性使运动点穿越切换面，从而最终形成抖振，叠加在理想的滑动模态上。对于实际的计算机采样系统而言，计算机的高速逻辑转换及高精度的数值运算使得切换开关本身的时间及空间滞后影响几乎不存在；因此，开关的切换动作所造成控制的不连续性是抖振发生的本质原因。

在实际系统中，由于时间滞后开关、空间滞后开关、系统惯性、系统延迟及测量误差等因素，使变结构控制在滑动模态下伴随着高频振动，抖振不仅影响控制的精确性、增加能量消耗，而且系统中的高频未建模动态很容易被激发起来，破坏系统的性能，甚至使系统产生振荡或失稳，损坏控制器部件。因此，关于变结构控制信号抖动消除的研究成为变结构控制研究的首要工作。

国内外针对滑模控制抗抖振问题的研究很多，许多学者都从不同的角度提出了解决方法。目前，有代表性的研究工作主要有：

1. 准滑动模态方法

20世纪80年代，Slotine等[4]在滑动模态控制的设计中引入了“准滑动模态”和“边界层”的概念，实现准滑动模态控制，采用饱和函数代替切换函数，即在边界层以外采用正常的滑模控制，在边界层内为连续状态的反馈控制，有效地避免或削弱了抖振，为变结构控制的工程应用开辟了道路。此后，许多学者对于切换函数和边界层的设计进行了研究。

1）连续函数近似法

S. C. Y Chung 等[5]采用 Sigmoid 连续函数来代替切换函数。J. X. Xu 等[6]针对直流电机伺服系统的未建模动态进行了分析和描述，设计了基于插补平滑算法的滑模控制器，实现了非连续切换控制的连续化，有效地消除了未建模动态对直流电机伺服系统造成的抖振。

2）边界层的设计

边界层厚度越小，控制效果越好，但同时又会使控制增益变大，抖振增强；反之，边界层厚度越大，抖振越小，但又会使控制增益变小，控制效果差。为了获得最佳抗抖振效果，边界层厚度应自适应调整。

K. Erbatur 等[7]提出了一种高增益滑模控制器，设控制信号输入为 u，切换函数为 s，将 $|\dot{u}|$ 作为衡量抖振的指标，按降低控制抖振来设计模糊规则，将 $|s|$ 和 $|\dot{u}|$ 作为模糊规则的输入，模糊推理的输出为边界层厚度的变化，实现了边界层厚度的模糊自适应调整。M. S. Chen 等[8]针对不确定性线性系统，同时考虑了控制信号的降抖振与跟踪精度的要求，提出了一种基于系统状态范数的边界层厚度在线调整算法。P. V. Vicente 等[9]提出了一种新型的动态滑模控制，采用饱和函数方法，通过设计一种新型非线性切换函数 s，消除了滑模到达阶段的抖振，实现了全局鲁棒滑模控制，有效地解决了一类非线性机械系统的控制抖动问题。S. Seshagiri 等[10]为了减小边界层厚度，在边界层内采用了积分控制，既获得了稳态误差，又避免了抖振。边界层的方法仅能保证系统状态收敛到以滑动面为中心的边界层内，只能通过较窄的边界层来任意地接近滑模，但不能使状态收敛到滑模。

2. *趋近律方法*

高为炳[3]利用趋近律的概念，提出了一种变结构控制系统的抖振消除方法。以指数趋近律 $\dot{s}=-\varepsilon\cdot\mathrm{sgn}(s)-k\cdot s$ 为例，通过调整趋近律的参数 k 和 ε，既可以保证滑动模态到达过程的动态品质，又可以减弱控制信号的高频抖动，但较大的 ε 值会导致抖振。翟长连等[11]分析了指数趋近律应用于离散系统时趋近系数造成抖动的原因，并对趋近系数与抖振的关系进行了定量的分析，提出了趋近系数 ε 的自适应调整算法。于双和等[12]提出了将离散趋近律与等效控制相结合的控制策略，离散趋近律仅在趋近阶段起作用，当系统状态到达准滑模模态阶段，采用了抗干扰的离散等效控制，既保证了趋近模态具有良好品质，又降低了准滑动模态带，消除了抖振。K. Jiang 等[13]将模糊控制应用于指数趋近律中，通过分析切换函数与指数趋近律中系数的模糊关系，利用模糊规则调节指数趋近律的系数，其中切换函数的绝对值 $|s|$ 作为模糊规则的输入，指数趋近律的系数 ε 和 k 作为模糊规则的输出，使滑动模态的品质得到了进一步改善，消除了系统的高频抖动。

3. *滤波方法*

通过采用滤波器，对控制信号进行平滑滤波，是消除抖振的有效方法。该方法的难度在于加入滤波器之后的稳定性分析。

W. C. Su 等[14]为了消除离散滑模控制的抖振，设计了两种滤波器：前滤波器和后滤波器，其中前滤波器用于控制信号的平滑及缩小饱和函数的边界层厚度，后滤波器用于消除对象输出的噪声干扰。P. Kachroo[15]在边界层内，对切换函数 $s(t)$ 采用了低通滤波器，得到平滑的 $s(t)$ 信号，并采用了内模原理，设计了一种新型的带有积分和变边界层厚度的饱和函数，有效地降低了抖振。B. P. Kang 等[16]利用机器人的物理特性，通过在控制器输出端加入低通滤波器，设计了虚拟滑模控制器，实现了机器人全鲁棒变结构控制，并保证了系统的稳定，有效地消除了抖振。Yanada. 等[17]设计了带有滤波器的变结构控制器，有效地消除了控制信号的抖动，得到了抑制高频噪声的非线性控制器，实现了存在非建模动态的电液伺服电动机的定位控制。D. Krupp 等[18]为了克服未建模动态特性造成的滑动模态抖振，设计了一种新型滑模控制器，该控制器输出通过一个二阶滤波器，实现控制器输出信号的平滑，其中辅助滑动模面 S 的系数通过滑模观测器得到。J. X. Xu 等[19]提出了一种新型控制律，即 $u=u_c+K(t)u_s+u_v$，该控制律由三部分构成，即等效控制、切换控制和连续控制，在控制律中采用了两个低通滤波器，其中通过一个低通滤波器得到切换项的增益 $K(t)$，通过另一个低通滤波器得到等效控制项 $u_v(t)$，并进行了收敛性和稳定性分析，有效地抑制了抖动，实现了多关节机器手的高性能控制。

4. 干扰观测器方法

在常规滑模控制中，往往需要很大的切换增益来消除外加干扰及不确定项。因此，外界干扰及不确定项是滑模控制中抖振的主要来源。利用干扰观测器来估计外界干扰及不确定性，并加以补偿成为解决抖振问题研究的重点。

A. Kawamura 等[20]为了将常规滑模控制方法应用于带有较强的外加干扰的伺服系统中，设计了一种新型干扰观测器，通过对外加干扰的前馈补偿，大大地降低了滑模控制器中切换项的增益，有效地消除了抖振。Y. S. Kim 等[21]在滑模控制中设计了一种基于二元控制理论的干扰观测器，将观测到的干扰进行前馈补偿，减小了抖振。H. Liu[22]提出了一种基于误差预测的滑模控制方法，在该方法中设计了一种观测器和滤波器，通过观测器消除了未建模动态的影响，采用均值滤波器实现了控制输入信号的平滑，有效地消除了未建模动态造成的抖振。Y. Eun 等[23]设计了一种离散的滑模观测器，实现了对控制输入端干扰的观测，从而实现对干扰的有效补偿，相对地减小了切换增益。宋立忠等[24]提出了一种新型离散趋近律，其特点是可以使系统状态稳定于原点，针对系统的不确定部分设计了扰动预测器，对常值或变化率较慢的扰动具有很高的估计精度，有效地减弱了抖振。

5. 动态滑模方法

传统的滑模控制方法中切换函数一般只依赖于系统状态，与控制输入无关，不连续项会直接转移到控制器中。动态滑模方法将常规变结构控制中的切换函数 s 通过微分环节构成新的切换函数 σ，该切换函数与系统控制输入的一阶或高阶导数有关，可将不连续项转移到控制的一阶或高阶导数中去，得到在时间上本质连续的动态滑模控制律，有效地降低了抖振。

G. Bartolini 等[25-28]通过设计切换函数的二阶导数，实现了对带有未建模动态和不确定性的机械系统的无抖振滑模控制，并将该方法扩展到多输入系统中。通过采用动态滑模控制器，得到在时间上本质连续的动态变结构控制律，有效地消除了抖振，已成功地应用于带有库仑摩擦的机械系统、机器人力臂控制系统中。M. Hamerlain 等[29]将动态滑模控制用于机器人力臂的控制，有效地消除了抖振。晁红敏等[30]采用动态滑模控制实现了移动机器人的跟踪控制，明显地消除了抖振。

6. 模糊方法

一种是根据经验，以降低抖振来设计模糊逻辑规则，或采用模糊逻辑实现滑模控制参数的自调整，可有效地降低滑模控制的抖振；另一种是利用模糊系统的万能逼近特性，逼近外界干扰及不确定性，并加以补偿，或逼近滑模控制器的切换部分，即将不连续的控制信号连续化，可减轻或避免滑模控制的抖动现象。

在常规的模糊滑模控制中，控制目标从跟踪误差转化为滑模函数，模糊控制器的输入不是$(e,\dot{e})$而是$(s,\dot{s})$，通过设计模糊规则，使滑模面 s 为零。B. Yoo 等[31]利用模糊系统逼近未知函数，只要知道未知函数的边界，便可设计基于模糊的自适应滑模控制器。K. Y. Zhuang 等[32]利用模糊控制对系统的不确定项进行在线估计，实现切换增益的模糊自调整，在保证滑模到达条件满足的情况下，尽量减小切换增益，以降低抖振。S. H. Ryu 等[33]建立了滑模控制的抖振指标，以降低抖振来设计模糊规则，模糊规则的输入为当前的抖振指标大小，模糊规则的输出为边界层厚度变化，通过模糊推理，实现了边界层厚度的自适应调整。张天平等[34]提出了一种基于模糊逻辑的连续滑模控制方法，使用了连续的模糊逻辑切换代替滑模控制的非连续切换，避免了抖振。孙宜标等[35]提出了一种基于模糊自学的滑模变结构控制方法，控制器输出为$u=u_{\mathrm{eq}}+u_{\mathrm{vss}}$，即采用模糊滑模控制器来代替滑模控制的切换部分 u_{vss}，保证了控制律的连续性，通过模糊基函数的自学，达到满足滑模存在条件和减少抖振的目的。

7. 神经网络方法

利用神经网络的万能逼近特性，逼近外界干扰及不确定性，并加以补偿，或逼近滑模控制器的切换部分，即将不连续的控制信号连续化，可有效地降低滑模控制的抖动现象。

H. Morioka 等[36]采用神经网络实现了对线性系统的非线性部分、不确定部分和未知外加干扰的在线估计，实现了基于神经网络的等效控制，有效地消除了抖振。M. Ertugrul 等[37]提出了一种新型神经网络滑模控制方法，采用两个神经网络分别逼近等效滑模控制部分及切换滑模控制部分，无须对象的模型，有效地消除了控制器的抖振，该方法已成功地应用于机器人的轨迹跟踪。S. J. Huang 等[38]利用神经网络的逼近能力，设计了一种基于 RBF 神经网络的滑模控制器，将切换函数 s 作为网络的输入，控制器完全由连续的 RBF 函数实现，取消了切换项，消除了抖振。达飞鹏等[39]将滑模控制器分为两部分，一部分为神经网络滑模控制器；另一部分为线性反馈控制器，利用模糊神经网络的输出代替滑模控制中的符号函数，保证了控制律的连续性，从根本上消除了抖振。

8. 遗传算法优化方法

遗传算法是建立在自然选择和自然遗传学机理基础上的迭代自适应概率性搜索算法，遗传算法的算法简单，且无须对目标函数可导，可并行处理，并能到全局最优解。遗传算法在解决非线性问题时表现出很好的鲁棒性、全局最优性、可并行性和高效率，具有很高的优化性能。

在滑模控制中，将降低抖振设计为优化目标，利用遗传算法进行控制器参数优化，或对切换项的增益进行优化，可有效地降低抖振。

K. C. Ng 等[40]针对非线性系统设计了一种软切换模糊滑模控制器，采用遗传算法对该控制器增益参数及模糊规则进行离线优化，有效地减小了控制增益，从而消除了抖振。F. J. Lin 等[41]针对不确定性伺服系统设计了一种积分自适应滑模控制器，通过该控制器中的自适应增益项来消除不确定性及外加干扰，如果增益项为常数，则会造成抖振。为此，F. J. Lin 等开发了一种实时遗传算法，实现了滑模变结构控制器中自适应增益项的在线自适应优化，有效地减小了抖振。C. F. Zhang 等[42]采用遗传算法进行切换函数的优化，将抖振的大小作为优化适应度函数的重要指标，构造一个抖振最小的切换函数。

9. 降低切换增益方法

由于抖振主要是由于控制器的不连续切换项造成的，因此，减小切换项的增益，便可有效地消除抖振。

C. L. Hwang[43]根据滑模控制的 Lypunov 稳定性要求，设计了时变的切换增益，减小了抖振。L. J. Wong 等[44]对切换项进行了变换，通过设计一个自适应积分项来代替切换项，实现了切换项增益的自适应调整，有效地减小了切换项的增益。林岩等[45]针对一类带有未建模动态系统的控制问题，提出了一种鲁棒低增益变结构模型参考自适应控制新方法，使系统在含未建模动态时所有辅助误差均可在有限时间内收敛为零，并保证在所有情况下均为低增益控制。F. J. Lin 等[46]提出了采用模糊神经网络的切换增益自适应调节算法，当跟踪误差接近于零时，切换增益接近于零，大大降低了抖振。

10. 扇形区域法

J. X. Xu 等[47]针对不确定非线性系统，设计了包含两个滑动模面的滑动扇区，构造连续切换控制器使得在开关面上控制信号是连续的。D. Y. Yang 等[48]采用滑动扇区法，在扇区之内采用连续的等效控制，在扇区之外采用趋近律控制，很大程度地消除了控制的抖振。

11. 其他方法

Y. Konno 等[49]针对滑模变结构控制中引起抖振的动态特性，将抖振看成叠加在理想滑模上的有限频率的振荡，提出了滑动切换面的 H_∞ 优化设计方法，即通过切换面的设计，使滑动模态的频率响应具有某种希望的形状，实现频率整形。该频率整形能够抑制滑动模态中引起抖振的频率分量，使切换面为具有某种“滤波器”特性的动态切换面。C. Edwards[50]设计了一种能量函数，该能量函数包括控制精度和控制信号的大小，采用 LMI 的方法设计滑动模面，使能量函数达到最小，实现了滑动模面的优化，提高了控制精度，消除了抖振。

上述各种方法中，每种方法都有各自的优点和局限性。针对具体的问题需要进行具体的分析。

(1) 针对不同的问题,需要采用不同的方法。例如,趋近律方法在不确定性及干扰小情况下会有很好的降抖振效果,在不确定性或干扰较大时,需要采用其他方法。

(2) 对于同一问题,可以采用不同的方法。例如,对于外加干扰引起的抖振,可以采用干动态滑模方法来消除抖振,或采用变切换增益法来降低抖振。

(3) 每种方法都有各自的局限性。针对复杂的控制问题,需要各种方法相互结合、相互补充,才能达到理想的无抖振滑模控制。例如,采用模糊或神经网络方法可实现摩擦补偿,采用干扰观测器法可消除干扰造成的抖振,采用滤波法可消除未建模动态造成的抖振,采用准滑动模态法可进一步降低抖振。又如,利用遗传算法来优化模糊规则或神经网络,可达到消除抖振的最佳效果。

1.5.2 离散系统滑模变结构控制

连续时间系统和离散时间系统的控制有很大差别。自 20 世纪 80 年代初至今,由于计算机技术的飞速发展,实际控制中使用的都是离散系统,因此,对离散系统的变结构控制研究尤为重要。对离散系统变结构控制的研究是从 20 世纪 80 年代末开始的,例如,S. Z. Sarpturk 等[51]于 1987 年提出了一种新型离散滑模到达条件,在此基础上提出了离散控制信号必须是有界的理论,Furuta[52]于 1990 年提出的基于等效控制的离散滑模变结构控制,高为炳[53]于 1995 年提出的基于趋近律的离散滑模变结构控制。他们各自提出的离散滑模变结构滑模存在条件及其控制方法已被广泛应用。

然而,传统设计方法存在两方面的不足：一是由于趋近律自身参数及切换开关的影响,即使对名义系统,系统状态轨迹也只能稳定于原点邻域的某个抖动；二是由于根据不确定性上下界进行控制器设计,可能会造成大的反馈增益,使控制抖动加剧。近年来国内外学者一方面对离散系统滑模变结构控制的研究不断深入。Y. D. Pan 等[54]提出了基于 PR 型的离散系统滑模面设计方法,其中 P 和 R 分别为与系统状态有关的正定对称阵和半正定对称阵,在此基础上设计了稳定的离散滑模控制器,通过适当地设计 P 和 R,保证了控制器具有良好的性能。A. J. Koshkouei 等[55]针对离散系统提出了一种新型滑模存在条件,进一步拓展了离散滑模控制的设计,在此基础上设计了一种新型滑模控制律。针对离散系统中滑模控制的不变性和鲁棒性难以有效保证。J. H. Kim 等[56]提出了三种解决方法,在第一种方法中,采用了干扰补偿器和解耦器消除干扰；在第二种方法中,采用回归切换函数方法来消除干扰；在第三种方法中,采用回归切换函数和解耦器相结合的方法来消除干扰,上述三种方法已成功地应用于数控中。S. V. Emelyanov 等[57]针对数字滑模控制的鲁棒性进行了系统的研究,提出了高增益数字滑模控制器。

1.5.3 自适应滑模变结构控制

自适应滑模变结构控制是滑模变结构控制与自适应控制的有机结合,是一种解决参数不确定或时变参数系统控制问题的一种新型控制策略。R. H. Sira 等[58]针对线性化系统将自适应 Backsteping 与滑模变结构控制设计方法结合在一起,实现了自适应滑模变结构控制。M. R. Bolivar 等[59]针对一类最小相位的可线性化的非线性系统,设计了一种动态自适应变结构控制器,实现了带有不确定性和未知外干扰的非线性系统鲁棒控制。在一般的滑模变结构控制中,为了保证系统能够达到切换面,在设计控制律时通常要求系统不确定性范围的边界已知,这个要求在实际工程中往往很难达到,针对具有未知参数变化和干扰变化的不确定性系统的变结构控制,F. J. Lin 等[60]设计了一种新型的带有积分的滑动模面,并采用一种自适应滑模控制方法,控制器的设计无须不确定性及外加干扰的上下界,实现了一类不确定伺服系统的自适应变结构控制。针对自适应滑模控制中参数估计值无限增大的缺点,G. Wheeler 等[61]提出了一种新的参数自适应估计方法,保证了变结构控制增益的合理性。

近年来,变结构模型参考自适应控制(VSS-MRAC)理论取得了一系列重要进展,由于该方法具有良好的过渡过程性能和鲁棒性,在工程上得到了很好的应用。N. Bekiroglu 等[62]设计了一种新型动态滑动模面,滑动模面参数通过采用自适应算法估计得到,从而实现了非线性系统的模型参考自适应滑模控制。J. B. Song 等[63]针对一类不确定性气压式伺服系统,提出了模型参考自适应滑模控制方法,并在此基础上提出了克服控制抖动的有效方法。

1.5.4 不匹配不确定性系统的滑模变结构控制

由于大多数系统不满足变结构控制的匹配条件,因此存在不匹配不确定性系统的变结构控制是一个研究重点。Kwan[64]利用参数自适应控制方法,构造了一个变参数的切换函数,对具有不匹配不确定性的系统进行了变结构控制设计。采用基于线性矩阵不等式 LMI 的方法,为不匹配不确定性系统的变结构控制提供了新的思路,Choi[65-67]针对不匹配不确定性系统,专门研究了利用 LMI 方法进行变结构控制设计的问题。Backstepping 方法通过引入中间控制器,使控制器的设计系统化、程序化,它对于不匹配不确定性系统及非最小相位系统的变结构控制是一种十分有效的方法。采用 Backstepping 设计方法,J. Li 等[68]实现了对于一类具有不匹配不确定性的非线性系统的变结构控制。将 Backstepping 设计方法、滑模控制及自适应方法相结合,Koshkouei 等[69]实现了一类具有不匹配不确定性的非线性系统的自适应滑模控制。

1.5.5 针对时滞系统的滑模变结构控制

由于实际系统普遍存在状态时滞、控制变量时滞;因此,研究具有状态或控制时滞系统的变结构控制,对进一步促进变结构控制理论的应用具有重要意义。F. Gouaisbaut 等[70]对于具有输入时滞的不确定性系统,通过状态变换的方法,实现了滑模变结构控制器的设计。C. H. Chou 等[71]研究了带有关联时滞项的大系统的分散模型跟踪变结构控制问题,其中被控对象的时滞关联项必须满足通常的匹配条件。Y. Q. Xia 等[72]采用趋近律的方法设计了一种新型控制器,采用了基于 LMI 的方法进行了稳定性分析和切换函数的设计,所设计的控制器保证了对非匹配不确定性和匹配的外加干扰具有较强的鲁棒性,解决了非匹配参数不确定性时滞系统的变结构控制问题。Y. B. Shtessel 等[73]针对带有输出延迟非线性系统的滑模控制器的设计进行了探讨,在该方法中,将延迟用一阶 Pade 近似的方法来代替，并将非最小相位系统转化为稳定系统，在存在未建模动态和延迟不确定性条件下，控制器获得了很好的鲁棒性能。

1.5.6 非线性系统的滑模变结构控制

非线性系统的滑模变结构控制一直是人们关注的热点。Utkin[74]研究了具有正则形式的非线性系统的变结构控制问题，为非线性系统变结构控制理论的发展奠定了基础。目前，非最小相位非线性系统、输入受约束非线性系统、输入和状态受约束非线性系统等复杂问题的变结构控制是该领域研究的热点。Y. F. Chang 等[75]将 anti-windup 方法与滑模控制方法相结合，设计了输入饱和的 Anti-windup 算法，实现当输出为饱和时的高精度变结构控制，X. Y. Lu 等[76]利用滑模变结构控制方法实现了一类非最小相位非线性系统的鲁棒控制，J. Wang 等[77]利用输入输出反馈线性化、相对度、匹配条件等非线性系统的概念，采用输出反馈变结构控制方法实现了一类受约束非线性系统的鲁棒输出跟踪反馈控制。G. Bartolini 等[78]利用 Backstepping 方法，实现了非线性不确定性系统的变结构控制。

1.5.7 Terminal 滑模变结构控制

在普通的滑模控制中，通常选择一个线性的滑动超平面，使系统到达滑动模态后，跟踪误差渐进地收敛为零，并且渐进收敛的速度可以通过选择滑模面参数矩阵任意调节。尽管如此，无论如何状态跟踪误差都不会在有限时间内收敛为零。

近年来，为了获得更好的性能，一些学者提出了一种 Terminal 滑模控制策略[79-81]，该策略在滑动超平面的设计中引入了非线性函数，使得在滑模面上跟踪误差能够在有限时间内收敛到零。Terminal 滑模控制是通过设计一种动态非线性滑模面方程实现的，即在保证滑模控制稳定性的基础上，使系统状态在指定的有限时间内达到对期望状态的完全跟踪。例如，文献[82]将动态非线性滑模面方程设计为 $s=x_2+\beta x_1^{q/p}$，其中 $p>q$，q 和 p 为正的奇数，$\beta>0$。但该控制方法由于非线性函数的引入使得控制器在实际工程中实现困难，如果参数选取不当，还会出现奇异问题。Y. Feng 等[83]探讨了非奇异 Termianl 滑模控制器的设计问题，并针对 N 自由度刚性机器人的控制进行了验证。C. W. Tao 等[84]采用模糊规则设计了 Terminal 滑模控制器的切换项，并通过自适应算法对切换项增益进行自适应模糊调节，实现了非匹配不确定性时变系统的 Terminal 滑模控制，同时降低了抖振。文献[85]只对一个二阶系统给出了相应的 Terminal 滑面，滑模面的导数是不连续的，不适用于高阶系统。庄开宇等[86]设计了一种适用于高阶非线性系统的 Terminal 滑面，克服了文献[85]中的滑模面导数不连续的缺点，并消除了滑模控制的到达阶段，确保了系统的全局鲁棒性和稳定性，进一步地，庄开宇等[87]又针对系统参数摄动和外界扰动等不确定性因素上界的未知性，实现了 MIMO 系统的自适应 Terminal 控制器设计，所设计的滑模面方程为 $\sigma(\boldsymbol{X},t)=\boldsymbol{CE}-\boldsymbol{W}(t)$，其中 $\boldsymbol{W}(t)=\boldsymbol{CP}(t)$，误差向量为 $\boldsymbol{E}$，$\boldsymbol{C}=[\boldsymbol{C}_1,\boldsymbol{C}_2,\cdots,\boldsymbol{C}_n]$为常数矩阵，$\boldsymbol{P}(t)$为与误差及时间有关的函数矩阵。J. K. Liu 等[88]设计了一类不确定线性系统的动态 Terminal 全局滑模变结构控制器，有效地消除了 Terminal 滑模控制中的抖振。

1.5.8 全鲁棒(Global)滑模变结构控制

在变结构控制系统中,系统的运动可分为两个阶段:第一阶段是到达运动阶段,即滑模控制中的趋近过程,在该过程中,由到达条件保证系统运动在有限时间内从任意初始状态到达切换面;第二阶段是系统在控制律的作用下保持滑模运动。由于变结构控制的优点在于其滑动模态具有鲁棒性,即系统只有在滑动阶段才具有对参数摄动和外界干扰的不敏感性。如果能缩短到达滑模时间,将有效地改善系统的动态性能,而如何缩短到达时间则是变结构控制的一个重要研究方向。

全滑模控制为具有全程滑动模态的变结构控制器,在该控制器的作用下,消除滑模控制的到达运动阶段,使系统在响应的全过程都具有鲁棒性,克服了传统变结构控制中到达模态不具有鲁棒性的特点。全局滑模控制是通过设计一种动态非线性滑模面方程来实现的,即在保证滑模控制稳定性的基础上,消除滑模控制中的趋近过程。动态非线性滑模面方程设计为 $s=\dot{e}+ce-f(t)$(见文献[88]),其中函数 $f(t)$满足三个条件:①$f(0)=\dot{e}_0+ce_0$;②当 $t\to\infty$时,$f(t)\to 0$;③$\dot{f}(t)$存在且有界。通过上述设计,使控制器在稳定条件下,具有全局鲁棒性。

Y. S. Lu 等[89]提出了一种全局鲁棒的滑模控制器 GSMC,在该控制器中,考虑了对象的不确定性、外加干扰。针对控制输入信号的限制,对滑模线进行了优化设计,使对象按理想的轨迹跟踪,并有效地利用了电机的输出。该控制器成功地应用于直流无刷电机的控制中。H. S. Choi 等[90]在 Y. S. Lu 研究的基础上对滑线进行了改进,使对象在有限的控制输入内沿着理想的轨迹运行,并按最短时间到达。肖雁鸿等[91]基于滑模运动方程与系统期望特性的等价性设计了一种非线性切换函数,提出了一类具有全程滑动模态的变结构控制器,即全滑模控制器,使系统在响应的全过程都具有鲁棒性,克服了传统变结构控制中到达模态不具有鲁棒性的特点。J. K. Liu 等[92,93]针对不确定系统的全局鲁棒滑模控制给出了仿真设计方法,并针对一类带有不确定性和外加干扰的 SISO 系统,并设计了一种基于遗传算法优化的模糊滑模控制方法,达到全局鲁棒的滑模控制。米阳等[94]针对一类具有不确定性离散系统,设计了全鲁棒滑模控制器,通过选择切换函数 $s(x)$,使系统轨线一开始就落在切换面上。

1.5.9 滑模观测器的研究

通过滑模观测器,可实现状态部分可测或完全不可测情况下的控制。利用滑模变结构方法设计非线性观测器是一个重要研究方向[95]。Y. H. Zheng 等[96]设计了一种非线性自适应滑模观测器,并将该观测器用于电机控制中。C. P. Tan 等[97]将滑模观测器用于解决对传感器的故障诊断和重构问题。S. M. Kim 等[98]采用自适应滑模观测器,实现了电机定子电流和转子流量的精确估计,在滑模观测器中采用了 H∞方法,使观测精度得到了提高。S. S. Lee 等[99]采用滑模观测器实现了状态方程中未知参数的估计,在滑模观测器中采用了 H∞方法,降低了滑模控制器的增益。

1.5.10 神经滑模变结构控制

神经网络是一种具有高度非线性的连续时间动力系统，它有着很强的自学习功能和对非线性系统的强大映射能力。利用神经网络的万能逼近特性，可实现对被控对象的模型信息和外加干扰的逼近，并通过神经网络权值的自适应调整，可实现无须模型信息的自适应神经全裸滑模控制。

S. C. Lin 等[100]将传统方法与神经网络相结合，无须对象的精确模型，设计了基于RBF网络的滑模控制器，该控制器成功地应用于非线性单级倒立摆的自适应控制。D. Munoz 等[101]针对一类非线性离散机器人力臂系统设计了自适应滑模控制器，在该控制器中采用两个神经网络实现了非线性系统 $x^{(n)}=f(x,t)+g(x,t)u$ 中未知函数部分的逼近，从而实现了基于神经网络的滑模自适应控制。M. Ertugrul 等[102]提出了一种新型神经网络滑模控制方法，采用两个神经网络分别逼近等效滑模控制部分及切换滑模控制部分，实现了无模型控制，并有效地消除了控制器的抖振，该方法已成功地应用于机器人的轨迹跟踪。S. J. Huang 等[103]设计了基于 RBF 网络的滑模控制器，控制律为 RBF 网络的输出，利用 RBF 网络的逼近能力，通过神经网络权值的在线调整，实现了稳定的自适应控制。G. P. Gustavo 等[104]将 BP 网络学习算法与滑模控制相结合，构成新的闭环控制系统，并利用 BP 网络的在线学习功能，提出了一种新型滑模-神经网络控制器，实现了感应电动机的自适应滑模控制。

1.5.11 模糊滑模变结构控制

模糊滑模变结构控制有两种方法：一种方法是根据经验，通过设计模糊逻辑规则实现模糊滑模控制；另一种方法是利用模糊系统的万能逼近特性，实现对被控对象的模型信息和外加干扰的逼近，并通过模糊系统的参数自适应调整，实现无须模型信息的自适应模糊滑模控制。

在常规的模糊滑模控制中，控制目标从跟踪误差转化为滑模函数，模糊控制器的输入不是$(e,\dot{e})$而是$(s,\dot{s})$，通过设计模糊规则，使滑模面 s 为零。模糊滑模控制柔化了控制信号，可减轻或避免一般滑模控制的抖动现象。S. W. Kim 等[105]提出了一种基于模糊滑面的模糊控制器，将滑模面进行模糊划分，设计基于稳定的模糊控制器。B. Yoo 等[106]利用模糊系统逼近未知函数，只要知道未知函数的边界，便可设计基于模糊的自适应滑模控制器。Y. S. Lu 等[107]采用模糊系统的输出代替滑模等效控制，并通过模糊自适应学习，使模糊系统的输出渐进逼近滑模等效控制。C. Y. Liang 等[108]将控制器设计为 $u=\hat{u}+K_f(s,\dot{s})$的形式，滑模面 $s(t)$采用一种积分滑模函数的形式，K_f 为基于$(s,\dot{s})$输入的滑模模糊控制系统的输出。R. J. Wai 等[109]在滑动模面中加入了积分项，通过模糊规则设计了模糊滑模控制器，并通过自适应算法实现了对切换项系数的自适应估计。J. Y. Chen[110]采用模糊规则设计了基于等效控制的模糊滑模控制器，其中控制器的切换项增益通过隶属函数来调节；为了降低抖振，设计了抖振指标，通过采用遗传算法来优化隶属函数，实现了抖振的消除。

1.5.12 积分滑模变结构控制

普通的滑模变结构控制在跟踪任意轨迹时，若存在一定的外部扰动，则可能会带来稳态误差，不能达到要求的性能指标。为了解决这一问题，T. L. Chern 等[111-115] 提出了一种积分变结构控制方案，并且在伺服电机、机械臂等系统上取得了成功的应用。然而，常规积分变结构控制具有一定的局限性，它要求控制对象的系统模型是可控标准型，不包括任何零点。为了克服这一局限性，J. D. Wang 等[116] 给出了另一种积分变结构控制方法，该方法成功地解决了对象的局限性，而且在满足匹配的条件下，该方法对于最小相位系统及非最小相位系统均适用。

1.5.13 高阶滑模控制

高阶滑模扩展了传统滑模的思想，它不是将不连续控制量作用在滑模量的一阶导数上，而是将其作用于高阶导数上，这样不仅保留了传统滑模算法简单、鲁棒性强且容易实现等优点，且可以明显地削弱抖振。高阶滑模保持了传统滑模的优点（如不变性），抑制了抖振，消除了相对阶的限制和提高了控制精度。

Levant A. 在其博士论文中首先提出了高阶滑模控制的思想[117]，Levant 在文献[118]中系统地提出了几种二阶滑模控制算法，如 Twisting（螺旋）算法、Super-Twisting（超螺旋）算法等。1998 年，Levant 提出了基于 Super-Twisting 算法的二阶滑模微分器，极大地促进了高阶滑模理论和应用的发展[119]。Levant 在 2001 年提出了任意阶滑模控制[120]，并于 2003 年提出了任意阶精确鲁棒微分器[121]，并分别实现了基于任意阶滑模的输出反馈控制。2005 年 Levant 在提出了准连续高阶滑模控制算法，抑制了暂态过程中的抖振[122]。2007 年 Levant 结合积分滑模方法，提出了高阶积分滑模控制算法[123]，保证了全局收敛性。自 1996 年以来，意大利的 Bartolini 教授和他领导的研究小组发表了一系列的关于二阶滑模理论与应用的研究成果[124-126]。

1.6 滑模变结构控制应用

滑模变结构控制在机器人、航空航天和伺服系统领域有大量的应用[127]。在这些领域中，被控对象都存在严重的非线性，并且存在参数摄动或外界扰动和未建模动态。

1.6.1 在电机中的应用

滑模变结构控制最主要的应用领域是电机控制领域。变结构创始人之一 A.Utkin 在其著作[128] 中详细探讨了变结构控制在变频器、直流电机、永磁同步电机和感应电机中的设计方法。

1.6.2 在机器人控制中的应用

由于机器人系统是典型的非线性系统，存在多种不可预见的外部干扰，所以机器人控制是近年来滑模变结构控制理论的主要应用环境之一[129]。1983 年，Slotine 等[4]首次采用滑模控制方法设计了二自由度刚体机械手的滑模变结构控制器，实现了时变参考轨迹跟踪的控制。随后，国内外有大量的关于机器人滑模变结构控制的研究。Z. H. Man 等[130]针对多关节刚性机器人设计了 Terminal 滑模控制器，使各关节按指定时间进行位置跟踪。A. Ficola 等[131]采用滑模控制方法，通过设计两个滑动模面，实现了带有一个弹性力臂的两关节机器人控制。

1.6.3 在飞行器控制中的应用

滑模变结构控制的另一个应用环境是飞行器的运动控制。高为炳[3]在其著作中分别针对航空航天飞行器、柔性空间飞行器的变结构控制进行了设计。Edwards 等[132]在其著作中探讨了 L-1011 型巡航飞行器的变结构控制方法；D. Zhou 等[133]采用自适应变结构控制方法，设计了某型导弹的鲁棒控制律。由于滑模控制本身的优越特性，使其很适合于导弹控制，近几年在这方面的研究成果有许多报道。近年来，基于滑模变结构的导弹制导控制发展很快，D. C. Liaw 等[134]实现了导弹末端制导的变结构控制，并有效地抑制了抖动；F. K. Yeh 等[135]采用四元最优积分滑模变结构控制的方法，实现了中程巡航导弹的矢量非线性滑模控制，通过仿真进行了详细的分析，仿真中考虑了导弹转动惯量变化、空气动力学及阵风干扰的影响；周荻[136]将自适应滑模控制器和模糊滑模控制器应用于空间拦截控制；X. H. Wang 等[137,138]将滑模控制与延迟观测器相结合，实现了垂直起降飞行器的高精度控制。刘金琨等[139]针对 VTOL 飞行器的执行机构的饱和特性，构造了基于赫尔伍兹辅助系统补偿的滑模控制算法，有效地解决输入受限的镇定和轨迹跟踪问题。Pukdeboon 等[140]基于准连续高阶滑模研究了航天器姿态跟踪控制问题，采用准三阶滑模控制算法实现了航天器的姿态跟踪控制。

1.6.4 在倒立摆控制中的应用

P. G. Grossimon 等[141]通过设计一种新型滑动模面，使摆的角度成为基座转动角度的函数，从而实现了平面式倒立摆的滑模控制。Y. P. Chen 等[142]采用滑模控制方法设计了两两并行二级倒立摆的离散滑模控制器，并通过计算机实时控制实验，同时实现了小车位置、摆 1 角度及摆 2 角度的跟踪。张克勤等[143]利用倒立摆的特征值，设计了一种全鲁棒滑模面，实现了具有单输入的三级倒立摆全鲁棒滑模控制。

1.6.5 在伺服系统中的应用

复杂伺服系统具有非线性和不确定性，存在很多不利于系统性能提高的因素，例如：

①非线性因素，包括摩擦力矩、电机力矩波动、驱动饱和、耦合力矩、干扰力矩等；②参数变化，包括负载变化带来的转动惯量变化、温度升高导致的参数漂移等；③机械谐振及高频未建模动态；④测量延迟及测量噪声。由于上述因素的存在，建立精确数学模型是很困难的，只能建立一个近似的数学模型，在建模时，要做合理的近似处理，要忽略对象中的不确定因素，诸如参数误差、未建模动态、测量噪声以及不确定的外干扰等。由近似模型出发设计控制器，设计中被忽略的不确定因素会引起控制系统品质的恶化，甚至导致不稳定。因此，考虑对象的不确定性，使所设计的控制器在不确定性对系统品质的破坏最严重时也能满足设计要求，具有一定的理论和工程实际意义。由于滑模变结构控制的特点，使它很适合于伺服系统的控制[144,145]。

1.7 滑模变结构控制相关研究著作

由于滑模控制具有很好的工程应用价值，因此近年来在国内外出版了许多关于滑模控制理论及应用研究的著作。国际上出版的主要著作有：S. V. Emelyanov 等[146]介绍了离散系统的滑模控制设计方法；V. I. Utkin 等[147]介绍了机电系统的滑模控制设计方法；B. Bandyopadhyay 等[148]介绍了针对离散系统的多速率滑模控制设计方法；C. Edwards 等[149]介绍了滑模控制的研究进展；Liu Jinkun 等[93]介绍机械系统的滑模控制设计与分析方法，并给出了相应的 MATLAB 仿真程序。在国内，早期出版的著作主要介绍滑模控制理论及应用的设计方法[3,150-152]，这些著作很好地促进了滑模控制的理论及应用研究。近年来，有许多介绍滑模控制最新成果的理论及应用论著出版，胡剑波等[153]主要研究了变结构控制理论的时滞性系统、不确定性系统、非线性系统及增益调度控制等复杂控制问题；瞿少成[154]针对不确定时滞系统，提出一种虚拟反馈控制策略，分别得到了设计时滞独立型、时滞依赖型滑模面的充分条件，并进一步分析不确定中立型时滞系统的滑模控制问题；张袅娜[155]系统地总结了终端滑模变结构控制的基本理论和应用技术；靳宝全[156]介绍了电液位置伺服控制系统的模糊滑模控制方法；Y. Shtessel 等[157]介绍了高阶滑模控制的理论和设计方法；F. Leonid 等[158]介绍了一种将 LQ 最优控制与滑模控制相结合的一种新的控制器设计方法。

1.8 控制系统 S 函数设计

1.8.1 S 函数介绍

S 函数是 MATLAB 的重要部分，它为 Simulink 环境下的仿真提供了强有力的拓展能力。在控制系统设计中，S 函数可以用来描述控制算法、自适应算法和模型动力学方程。

1.8.2 S 函数基本参数

(1) S 函数：包括 initialization 函数、mdlDerivative 函数、mdlOutput 函数等。

(2) NumContStates：连续状态个数。

(3) NumDiscStates：离散状态个数。

(4) NumOutputs 和 NumInputs：系统的输入输出个数。

(5) DirFeedthrough：表示输入信号是否直接在输出端出现。例如，形如 $y=k\times u$ 的系统需要输入(即直接反馈)，其中 u 是输入，k 是增益，y 是输出，形如等式 $y=x$，$\dot{x}=u$ 的系统不需要输入(即不存在直接反馈)，其中 x 是状态，u 是输入，y 为输出。

(6) NumSampleTimes：Simulink 提供了采样周期选项：连续采样时间、离散采样时间、变步长采样时间等。对于连续采样时间，输出在很小的步长内改变。

1.8.3 S函数描述实例

在控制系统设计中，S函数可以用于控制器、自适应律和模型描述。1.9 节将会用到如下的定义来描述控制律和被控对象。以被控对象模型 $J\ddot{\theta}=u+d(t)$ 的S函数描述为例，介绍如下。

1. 模型初始化 Initialization 函数

采用S函数来描述形如式 $J\ddot{\theta}=u+d(t)$ 定义的系统，可以看出系统模型是二阶的，可采用S函数来描述1输入2输出系统，模型初始化参数可写为[0,0]，假定模型的输出不直接由输入部分控制，则模型的初始化程序可描述如下：

```
function [sys,x0,str,ts] = mdlInitializeSizes
sizes = simsizes;
sizes.NumContStates    = 2;
sizes.NumDiscStates    = 0;
sizes.NumOutputs       = 2;
sizes.NumInputs        = 1;
sizes.DirFeedthrough   = 0;
sizes.NumSampleTimes   = 1;
sys = simsizes(sizes);
x0  = [0,0];
str = [];
ts  = [0 0];
```

2. 微分函数描述的 mdlDerivative 函数

在控制系统中，该函数可用于描述微分方程，例如描述被控对象和自适应律等，并采用数值分析方法(如 ODE 方法)实现模型的自动求解。针对模型 $J\ddot{\theta}=u+d(t)$ 的描述程序如下：

```
function sys = mdlDerivatives(t,x,u)
J = 2;
dt = sin(t);
ut = u(1);
```

```
sys(1) = x(2);
sys(2) = 1/J * (ut + dt);
```

3. mdlOutput 函数

S 函数的 mdlOutput 函数通常用于描述控制器或模型的输出。例如，下面程序就是采用 S 函数 mdlOutput 模块来描述模型$J\ddot{\theta}=u+d(t)$的位置和速度输出：

```
function sys = mdlOutputs(t,x,u)
sys(1) = x(1);
sys(2) = x(2);
```

1.9 简单自适应控制系统设计实例

1.9.1 系统描述

负载通过电机控制输入 u 来控制，动态模型如下：

$$J\ddot{\theta}(t)=u+d(t) \tag{1.11}$$

其中，$\theta(t)$为角位置（$\ddot{\theta}$ 表示 θ 的二阶导数）；$J>0$ 为转动惯量；$d(t)$为干扰且满足$|d(t)|\leqslant\eta$；η 为干扰的上界。

取位置指令为常数值 $\theta_{\mathrm{d}}(t)$，$e=\theta-\theta_{\mathrm{d}}$ 为跟踪误差。

1.9.2 滑模控制律设计

定义跟踪误差函数 s 为

$$s=ce+\dot{e} \tag{1.12}$$

其中，$c>0$。

由式(1.12)可见，当 $s(t)=0$ 时，$ce(t)+\dot{e}(t)=0$，收敛结果为 $e(t)=e(0)\mathrm{e}^{-ct}$。即当 $t\to\infty$时，误差指数收敛于零，收敛速度取决于 c 值。因此，误差函数 s 的收敛性意味着位置跟踪误差 e 和速度跟踪误差 $\dot{e}$ 的收敛性，s 即为滑模函数。

定义 Lyapunov 函数如下：

$$V=\frac{1}{2}s^2$$

从而有

$$\dot{V}=s\dot{s}$$

由于 $\dot{s}=c\dot{e}+\ddot{e}=c(\dot{\theta}-\dot{\theta}_{\mathrm{d}})+\ddot{\theta}-\ddot{\theta}_{\mathrm{d}}=c\dot{\theta}+\frac{1}{J}(u+d(t))$，则

$$\dot{V}=s\left(c\dot{\theta}+\frac{1}{J}(u+d(t))\right)=s\left(c\dot{\theta}+\frac{1}{J}u+\frac{1}{J}d(t)\right)$$

可见，为了保证 $\dot{V}\leqslant 0$，可设计滑模控制律为

$$u=J\left(-c\dot{\theta}-\frac{1}{J}(ks+\eta\mathrm{sgn}s)\right) \tag{1.13}$$

其中，$k>0$，$\mathrm{sgn}s$ 为符号函数。

此时

$$\dot{V}=s\left(-ks-\frac{1}{J}\eta\mathrm{sgn}s+\frac{1}{J}d(t)\right)$$
$$=\frac{1}{J}(-ks^2-\eta|s|+sd(t))\leqslant-\frac{1}{J}ks^2$$

即 $\dot{V}\leqslant-\frac{2}{J}kV$。

利用附录中的引理1求解 $\dot{V}\leqslant-\frac{2}{J}kV$，与 $\dot{V}\leqslant-\alpha V+f$ 对照，取 $\alpha=\frac{2}{J}k$，$f=0$，可以得到如下收敛效果

$$V(t)\leqslant \mathrm{e}^{-\frac{2}{J}k(t-t_0)}V(t_0)$$

可见，$V(t)$为指数收敛，即 S 为指数收敛，从而 $e(t)$和 $\dot{e}(t)$指数收敛。收敛速度取决于控制律中的 k 值。

需要说明的是，控制律式(1.13)中切换项 $\eta\mathrm{sgn}s$ 为鲁棒项，用于克服干扰 $d(t)$。另外，由于控制律式(1.13)采用了切换函数，会导致控制输入信号产生抖振。如何降低抖振是滑模控制研究中的重要问题。

1.9.3 仿真实例

在式(1.11)所描述的系统中，$J=2$，取干扰为 $d(t)=\sin t$，则可取 $\eta=1.1$。

在仿真中，模型的初始状态为 $\theta(0)=0$，$\dot{\theta}(0)=0$，采用式(1.13)设计的控制律，设定参数为 $c=10$，设定指令为阶跃信号，即 $\theta_{\mathrm{d}}=1.0$。分别取 $k=0$ 和 $k=10$，仿真结果如图1.2和图1.3所示[①]。

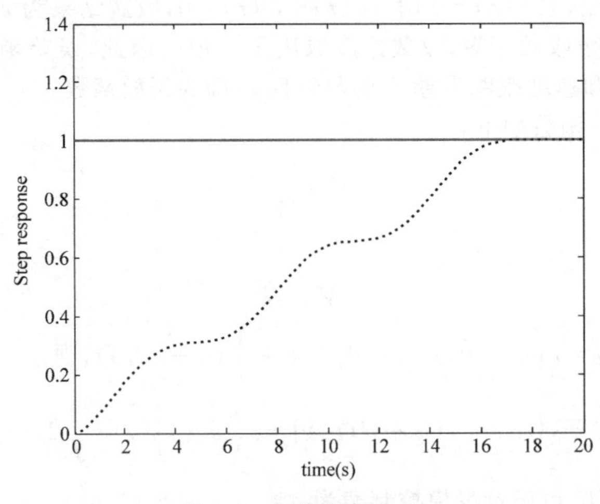

图1.2　跟踪响应 $k=0$

① 本书仿真实例采用英文版仿真软件得到，故图中坐标名称为英文，后文不再标注。

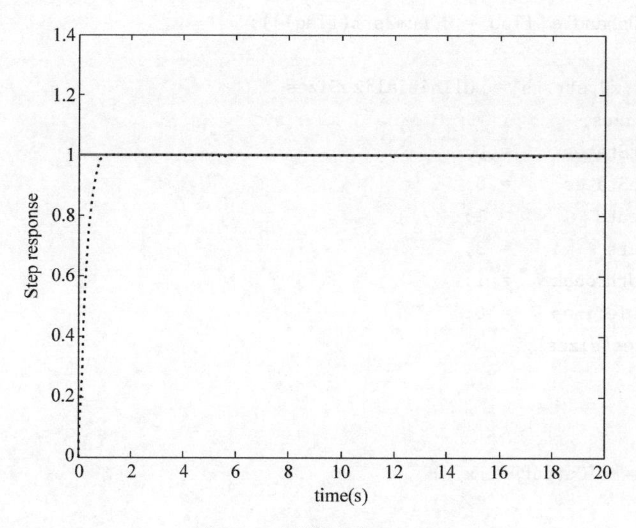

图 1.3　跟踪响应 $k=10$

可见，在控制律中取 $k=10$ 比取 $k=0$ 可以获得更好的响应效果。

仿真程序：

(1) 仿真主程序：chap1_1sim.mdl

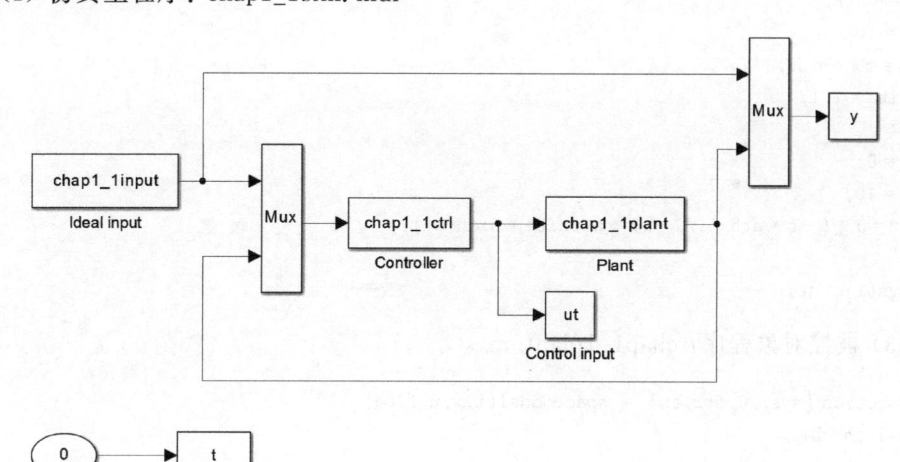

(2) 控制设计程序：chap1_1ctrl.m

```
function [sys,x0,str,ts] = spacemodel(t,x,u,flag)
switch flag,
case 0,
    [sys,x0,str,ts] = mdlInitializeSizes;
case 1,
    sys = mdlDerivatives(t,x,u);
case 3,
    sys = mdlOutputs(t,x,u);
case {2,4,9}
    sys = [];
otherwise
```

```
    error(['Unhandled flag = ',num2str(flag)]);
end
function [sys,x0,str,ts] = mdlInitializeSizes
sizes = simsizes;
sizes.NumContStates    = 0;
sizes.NumDiscStates    = 0;
sizes.NumOutputs       = 1;
sizes.NumInputs        = 3;
sizes.DirFeedthrough   = 1;
sizes.NumSampleTimes   = 0;
sys = simsizes(sizes);
x0  = [];
str = [];
ts  = [];
function sys = mdlOutputs(t,x,u)
J = 2;
thd = u(1);
th = u(2);
dth = u(3);

e = th - thd;
de = dth;
c = 10;
s = c * e + de;
xite = 1.1;

k = 0;
k = 10;
ut = J * ( - c * dth - 1/J * (k * s + xite * sign(s)));

sys(1) = ut;
```

(3) 被控对象程序：chap1_1plant.m

```
function [sys,x0,str,ts] = spacemodel(t,x,u,flag)
switch flag,
case 0,
    [sys,x0,str,ts] = mdlInitializeSizes;
case 1,
    sys = mdlDerivatives(t,x,u);
case 3,
    sys = mdlOutputs(t,x,u);
case {2,4,9}
    sys = [];
otherwise
    error(['Unhandled flag = ',num2str(flag)]);
end
function [sys,x0,str,ts] = mdlInitializeSizes
sizes = simsizes;
sizes.NumContStates    = 2;
sizes.NumDiscStates    = 0;
```

```
sizes.NumOutputs     = 2;
sizes.NumInputs      = 1;
sizes.DirFeedthrough = 0;
sizes.NumSampleTimes = 1;
sys = simsizes(sizes);
x0  = [0,0];
str = [];
ts  = [0 0];
function sys = mdlDerivatives(t,x,u)
J = 2;
dt = sin(t);
ut = u(1);
sys(1) = x(2);
sys(2) = 1/J * (ut + dt);
function sys = mdlOutputs(t,x,u)
sys(1) = x(1);
sys(2) = x(2);
```

(4) 输入指令程序：chap1_1input. m

```
function [sys,x0,str,ts] = spacemodel(t,x,u,flag)
switch flag,
case 0,
    [sys,x0,str,ts] = mdlInitializeSizes;
case 1,
    sys = mdlDerivatives(t,x,u);
case 3,
    sys = mdlOutputs(t,x,u);
case {2,4,9}
    sys = [];
otherwise
    error(['Unhandled flag = ',num2str(flag)]);
end
function [sys,x0,str,ts] = mdlInitializeSizes
sizes = simsizes;
sizes.NumContStates  = 0;
sizes.NumDiscStates  = 0;
sizes.NumOutputs     = 1;
sizes.NumInputs      = 0;
sizes.DirFeedthrough = 1;
sizes.NumSampleTimes = 0;
sys = simsizes(sizes);
x0  = [];
str = [];
ts  = [];
function sys = mdlOutputs(t,x,u)
thd = 1.0;
sys(1) = thd;
```

(5) 作图程序：chap1_1plot. m

```
close all;
```

```
figure(1);
plot(t,y(:,1),'r',t,y(:,2),'k:','linewidth',2);
xlabel('time(s)');ylabel('Step response');

figure(2);
plot(t,ut(:,1),'r','linewidth',2);
xlabel('time(s)');ylabel('Control input');
```

附录

引理 1.1[159] 针对 $V:[0,\infty)\in R$，不等式方程 $\dot{V}\leqslant -\alpha V+f$，$\forall t\geqslant t_0\geqslant 0$ 的解为

$$V(t)\leqslant \mathrm{e}^{-\alpha(t-t_0)}V(t_0)+\int_{t_0}^{t}\mathrm{e}^{-\alpha(t-\tau)}f(\tau)\mathrm{d}\tau$$

其中，α 为任意常数。

根据文献[159]，上述引理的证明过程如下：

取 $\omega(t)\triangleq \dot{V}+\alpha V-f$，则 $\omega(t)\leqslant 0$，且

$$\dot{V}=-\alpha V+f+\omega$$

解为

$$V(t)=\mathrm{e}^{-\alpha(t-t_0)}V(t_0)+\int_{t_0}^{t}\mathrm{e}^{-\alpha(t-\tau)}f(\tau)\mathrm{d}\tau+\int_{t_0}^{t}\mathrm{e}^{-\alpha(t-\tau)}\omega(\tau)\mathrm{d}\tau$$

由于 $\omega(t)<0$，$\forall t\geqslant t_0\geqslant 0$，则

$$V(t)\leqslant \mathrm{e}^{-\alpha(t-t_0)}V(t_0)+\int_{t_0}^{t}\mathrm{e}^{-\alpha(t-\tau)}f(\tau)\mathrm{d}\tau$$

注：如果 $f=0$，则 $\dot{V}\leqslant -\alpha V$ 的解为

$$V(t)\leqslant \mathrm{e}^{-\alpha(t-t_0)}V(t_0)$$

如果 α 为正实数，则 $V(t)$ 以指数形式收敛于零。

参考文献

[1] Utkin V I. Variable Structure Systems with Sliding Modes[J]. IEEE Transactions Automatic Control, 1977, 22(2): 212-222.

[2] Young K D, Utkin V I, Ozguner U. A Control Engineer's Guide to Sliding Mode Control[J]. IEEE Transactions on Control Systems Technology, 1999, 7(3): 328-342.

[3] 高为炳. 变结构控制的理论及设计方法[M]. 北京：科学出版社，1996.

[4] Slotine J J, Sastry S S. Tracking Control of Nonlinear Systems Using Sliding Surfaces with Application to Robot Manipulator[J]. International Journal of Control, 1983, 38(2): 465-492.

[5] Chung S C Y, Lin C L. A Transformed Lure Problem for Sliding Mode Control and Chattering Reduction[J]. IEEE Transactions on Automatic Control, 1999, 44(3): 563-568.

[6] Xu J X, Lee T H, Pan Y J. On the Sliding Mode Control for DC Servo Mechanisms in the Presence of Unmodeled Dynamics[J]. Mechatronics, 2003, 13(7): 755-770.

[7] Erbatur K, Kawamura A. Chattering Elimination Via Fuzzy Boundary Layer Tuning[C]. Sevilla,

Spain: IEEE 2002 28th Annual Conference of the Industrial Electronics Society, 2002: 2131-2136.
[8] Chen M S, Hwang Y R, Tomizuka M. A State-dependent Boundary Layer Design for Sliding Mode Control[J]. IEEE Transactions on Automatic Control, 2002, 47(10): 1677-1681.
[9] Vicente P V, Gerd H. Chattering-free Sliding Mode Control for a Class of Nonlinear Mechanical Systems[J]. International Journal of Robust and Nonlinear Control, 2001, 11(12): 1161-1178.
[10] Seshagiri S, Khalil H K. On Introducing Integral Action in Sliding Mode Control[C]. Las Vegas. USA: Proceedings of the 41st IEEE Conference on Decision and Control, 2002: 1473-1478.
[11] 翟长连,吴智铭.一种离散时间系统的变结构控制方法[J].上海交通大学学报, 2000, 34(5): 719-722.
[12] 于双和,强文义,傅佩琛.无抖振离散准滑模控制[J].控制与决策, 2001, 16(3): 380-382.
[13] Jiang K, Zhang J G, Chen Z M. A New Approach for the Sliding Mode Control Based on Fuzzy Reaching Law[C]. Shanghai, China: Proceedings of the 4th World Congress on Intelligent Control and Automation, 2002: 656-660.
[14] Su W C, Drakunov S V, Ozguner U, et al. Sliding Mode with Chattering Reduction in Sampled Data Systems[C]. Texas, USA: Proceedings of the 32nd IEEE Conference on Decision and Control, 1993: 2452-2457.
[15] Kachroo P, Tomizuka M. Chattering Reduction and Error Convergence in the Sliding-mode Control of a Class of Nonlinear Systems[J]. IEEE Transactions on Automatic Control, 1996, 41(7): 1063-1068.
[16] Kang B P, Ju J L. Sliding Mode Controller with Filtered Signal for Robot Manipulators Using Virtual Plant/Controller[J]. Mechatronics, 1997, 7(3): 277-286.
[17] Yanada H, Ohnishi H. Frequency-shaped Sliding Mode Control of an Electrohydraulic Servomoto [J]. Journal of Systems and Control and Dynamics, 1999, 213(1): 441-448.
[18] Krupp D, Shtessel Y B. Chattering-free Sliding Mode Control with Unmodeled Dynamics[C]. California, USA : American Control Conference, 1999: 530-534.
[19] Xu J X, Pan Y J, Lee T H. A Gain Scheduled Sliding Mode Control Scheme Using Filtering Techniques with Applications to Multi-link Robotic Manipulators[J]. Journal of Dynamic Systems Measurement and Control, 2000, 122(4): 641-649.
[20] Kawamura A, Itoh H, Sakamoto K. Chattering Reduction of Disturbance Observer Based Sliding Mode Control[J]. IEEE Transactions on Industry Applications, 1994, 30(2): 456-461.
[21] Kim Y S, Han Y S, You W S. Disturbance Observer with Binary Control Theory[C]. Baveno, Italy: 27th Annual IEEE Power Electronics Specialists Conference, June 23-27, 1996: 1229-1234.
[22] Liu H. Smooth Sliding Mode Control of Uncertain Systems Based on a Prediction Error[J]. International Journal of Robust and Nonlinear Control, 1997, 7(4): 353-372.
[23] Eun Y, Kim J H, Kim K, et al. Discrete-time Variable Structure Controller with a Decoupled Disturbance Compensator and Its Application to a CNC Servomechanism[J]. IEEE Transactions on Control Systems Technology, 1999, 7(4): 414-422.
[24] 宋立忠,陈少昌,姚琼荟.多输入不确定系统离散变结构控制设计[J].控制与决策, 2003, 18(4): 468-471.
[25] Bartolini G, Ferrara A, Usani E. Chattering Avoidance by Second-order Sliding Mode Control [J]. IEEE Transactions on Automatic Control, 1998,43(2): 241-246.
[26] Bartolini G, Ferrara A, Usai E, et al. On Multi-input Chattering-free Second-order Sliding Mode Control[J]. IEEE Transactions on Automatic Control, 2000, 45(9): 1711-1717.

[27] Bartolini G, Punta E. Chattering Elimination with Second-order Sliding Modes Robust to Coulomb Friction[J]. Journal of Dynamic Systems Measurement and Control, 2000, 122(4): 679-686.

[28] Bartolini G, Pisano A, Punta E, et al. A Survey of Applications of Second-order Sliding Mode Control to Mechanical Systems[J]. International Journal of Control, 2003, 76(9): 875-892.

[29] Hamerlain M, Youssef T, Belhocine M. Switching on the Derivative of Control to Reduce Chatter[J]. IEE Proceedings on Control Theory and Applications, 2001,148(1): 88-96.

[30] 晁红敏,胡跃明.动态滑模控制及其在移动机器人输出跟踪中的应用[J].控制与决策，2001，16(5)：565-568.

[31] Yoo B, Ham W. Adaptive Fuzzy Sliding Mode Control of Nonlinear System[J]. IEEE Trans. on Fuzzy Systems, 1998, 6(2): 315-321.

[32] Zhuang K Y, Su H Y, Chu J, et al. Globally Stable Robust Tracking of Uncertain Systems Via Fuzzy Integral Sliding Mode Control[C]. Proceedings of the 3th World Congress on Intelligent Control and Automation, P. R. China, 2000: 1827-1831.

[33] Ryu S H, Park J H. Auto-tuning of Sliding Mode Control Parameters Using Fuzzy Logic[C]. Arlington, VA, USA: American Control Conference, 2001: 618-623.

[34] 张天平,冯纯伯.基于模糊逻辑的连续滑模控制[J].控制与决策，1995，10(6)：503-507.

[35] 孙宜标,郭庆鼎,孙艳娜.基于模糊自学习的交流直线伺服系统滑模变结构控制[J].电工技术学报，2001，16(1)：52-56.

[36] Morioka H, Wada K, Sabanovic A, et al. Neural Network Based Chattering Free Sliding Mode Control[C]. Hokkaido, Japan: Proceedings of the 34th SICE Annual Conference, 1995: 1303-1308.

[37] Ertugrul M, Kaynak O. Neuro Sliding Mode Control of Robotic Manipulators[J]. Mechatronics, 2000, 10(1-2): 239-263.

[38] Huang S J, Huang K S, Chiou K C. Development and Application of a Novel Radial Basis Function Sliding Mode Controller[J]. Mechatronics, 2003, 13(4): 313-329.

[39] 达飞鹏,宋文忠.基于输入输出模型的模糊神经网络滑模控制[J].自动化学报，2000，26(1)：136-139.

[40] Ng K C, Li Y, Murray-Smith D J, et al. Genetic Algorithms Applied to Fuzzy Sliding Mode Controller Design[C]. Pittsburgh, Pa, USA: Genetic Algorithms in Engineering Systems: First International Conference on Innovations and Applications, 1995: 220-225.

[41] Lin F J, Chou W D. An Induction Motor Servo Drive Using Sliding-mode Controller with Genetic Algorithm[J]. Electric Power Systems Research, 2003, 64(2): 93-108.

[42] Zhang C F, Wang Y N, He J, et al. GA-NN-integrated Sliding-mode Control System and Its Application in the Printing Press[J]. Control Theory & Applications, 2003, 20(2): 217-222.

[43] Hwang C L. Sliding Mode Control Using Time-varying Switching Gain and Boundary Layer for Electrohydraulic Position and Differential Pressure Control[J]. IEE Proceedings-Control Theory and Applications, 1996,143(4): 325-332.

[44] Wong L J, Leung F H F, Tam P K S. A Chattering Elimination Algorithm for Sliding Mode Control of Uncertain Non-linear Systems[J]. Mechatronics, 1998, 8(7): 765-775.

[45] 林岩,毛剑琴,操云甫.鲁棒低增益变结构模型参考自适应控制[J].自动化学报，2001，27(5)：665-670.

[46] Lin F J, Wai R J. Sliding-mode-controlled Slider-crank Mechanism with Fuzzy Neural Network [J]. IEEE Transactions on Industrial Electronics, 2001, 48(1): 60-70.

[47] Xu J X, Lee T H, Wang M, Yu X H. Design of Variable Structure Controllers with Continuous

Switching Control[J]. International Journal of Control, 1996, 65(3): 409-431.

[48] Yang D Y, Yamane Y, Zhang X J, Zhu R Y. A New Method for Suppressing High-frequency Chattering in Sliding Mode Control system[C]. Tokushima, Japan: Proceedings of the 36th SICE Annual Conference, 1997: 1285-1288.

[49] Konno Y, Hashmoto H. Design of Sliding Mode Dynamics in Frequency Domain[C]. IEEE Workshop on Variable Structure and Lyapunov Control of Uncertain Dynamical Systems, 1992: 120-125.

[50] Edwards C. A Practical Method for the Design of Sliding Mode Controllers Using Linear Matrix Inequalities[J]. Automatica, 2004, 40(10): 1761-1769.

[51] Sarpturk S Z, Istefanopulos Y, Kaynak O. On the Stability of Discrete-time Sliding Mode Control System[J]. IEEE Transactions on Automatic Control, 1987, 32(10): 930-932.

[52] Furuta K. Sliding Mode Control of a Discrete System[J]. Systems & Control Letters, 1990, 14(2): 145-152.

[53] Gao W B, Wang Y F, Homaifa A. Discrete-time Variable Structure Control Systems[J], IEEE Transactions on Industrial Electronics, 1995, 42(2): 117-122.

[54] Pan Y D, Furuta K. Discrete-time VSS Controller Design[J]. International Journal of Robust and Nonlinear Control, 1997, 7(4): 373-386.

[55] Koshkouei A J, Zinober A S I. Sliding Mode Control of Discrete-time Systems[J]. Journal of Dynamic Systems Measurement and Control, 2000, 122(4): 793-802.

[56] Kim J H, Oh S H, Cho D I, Hedrick J K. Robust Discrete-time Variable Structure Control Methods[J]. Journal of Dynamic Systems Measurement and Control, 2000, 122(4): 766-775.

[57] Emelyanov S V, Korovin S K, Mamedov I G. Variable Structure Control Systems: Discrete and Digital, Mir Publishers, Moscow, 2000.

[58] Sira R H, Llanes S O. Adaptive Dynamical Sliding Mode Control Via Backstepping[C]. Texas, USA: Proceedings of the 32nd IEEE Conference on Decision and Control, 1993: 1422-1427.

[59] Bolivar M R, Zinober A S I, Sira-Ramirez H. Dynamic Adaptive Sliding Mode Output Tracking Control of a Class of Nonlinear Systems[J]. International Journal of Robust and Nonlinear Control, 1997, 7(4): 387-405.

[60] Lin F J, Chiu S L, Shyu K K. Novel Sliding Mode Controller for Synchronous Motor Drive[J]. IEEE Transactions on Aerospace and Electronic Systems, 1998, 34(2): 532-542.

[61] Wheeler G, Su C H, Stepanenko Y. A Sliding Mode Controller with Improved Adaptation Laws for the Upper Bounds on the Norm of Uncertainties[J]. Automatica, 1998, 34(12): 1657-1661.

[62] Bekiroglu N, Bozma H I, Istefanopulos Y. Model Reference Adaptive Approach to Sliding Mode Control[C]. Washington, USA: American Control Conference, 1995: 1028-1032.

[63] Song J B, Ishida Y. A Robust Sliding Mode Control for Pneumatic Servo Systems[J]. International Journal Engineering Science, 1997, 35(8): 711-723.

[64] Kwan C M. Sliding Mode Control of Linear Systems with Mismatched Uncertainties[J]. Automatica, 1995, 31(2): 303-307.

[65] Choi H H. A New Method for Variable Structure Control System Design: A Linear Matrix Inequality Approach[J]. Automatica, 1997, 33(11): 2089-2092.

[66] Choi H H. An Explicit Formula of Linear Sliding Surface for a Class of Uncertain Dynamic Systems with Mismatched Uncertainties[J]. Automatica, 1998, 34(8): 1015-1020.

[67] Choi H H. On the Existence of Linear Sliding Surface for a Class of Uncertain Dynamic Systems with Mismatched Uncertainties[J]. Automatica, 1999, 35(10): 1707-1715.

[68] Li J. Backstepping Variable Structure Control of Nonlinear Systems with Unmatched

Uncertainties[C]. 14th Triennial World Congress，1999：67-71.

[69] Koshkouei A J，Zinober A S I. Adaptive Backstepping Control of Nonlinear Systems with Unmatched Uncertainty[C]. Sydney，Australia：Proceedings of the 39th IEEE Conference on Decision and Control，2000：4765-4770.

[70] Gouaisbaut F，Perruqetti W，Richard J P. A Sliding Mode Control for Linear Systems with Input and State Delays[C]. Arizona，USA：Proceedings of the 38th IEEE Conference on Decision and Control，1999：4234-4239.

[71] Chou C H，Cheng C C. Decentralized Mode Following Variable Structure Control for Perturbed Large Scale Systems with Time-delay Interconnections[C]. Chicago，Illinois，USA：Proc. American Control Conference，2000：641-645.

[72] Xia Y Q，Yingmin Jia. Robust Sliding-mode Control for Uncertain Time-delay Systems：a LMI approach[J]. IEEE Transactions on Automatic Control，2003，48(6)：1086-1091.

[73] Shtessel Y B，Zinober A S I，Shkolnikov I A. Sliding Mode Control for Nonlinear Systems with Output Delay Via Method of Stable Center[J]. Journal of Dynamic Systems Measurement and Control，2003，125(2)：158-165.

[74] Utkin V I. Sliding Modes in Control and Optimization[M]，Berlin：Spring-Verlag，1992.

[75] Chang Y F，Chen B S. A Robust Performance Variable Structure PI/P Control Design for High Precise Positioning Control Systems [J]. International Journal of Machine Tools and Manufacture，1995，35(12)：1649-1667.

[76] Lu X Y，Spurgeon S K. Control of Nonlinear Non-minimum Phase Systems Using Dynamic Sliding Mode[J]. Int. J. System Science，1999，30(2)：183-198.

[77] Wang J，Zheng Y，Lu X P. Robust Output Tracking of Constrained Nonlinear Systems[C]. 14th Triennial World Congress，1999：37-40.

[78] Bartolini G，Ferrara A，Giacomini L. Modular Backstepping Design of an Estimation-based Sliding Mode Controller for Uncertain Nonlinear Plants [C]. Philadelphia，PA，USA：Proceedings of the 1998 American Control Conference，1998：574-578.

[79] Yu X H，Xu J X. Variable Structure Systems：toward the 21st Century，Springer，Berlin，2002.

[80] Yu X H，Man Z H. Model Reference Adaptive Control Systems with Terminal Sliding Modes[J]. International Journal of Control，1996，64(6)：1165-1176.

[81] Man Z H，Yu X H. Terminal Sliding Mode Control of MIMO Linear Systems[C]. Kobe，Japan：Proceedings of the 35th Conference on Decision and Control，1996：4619-4624.

[82] Wu Y，Yu X H，Man Z H. Terminal Sliding Mode Control Design for Uncertain Dynamic Systems[J]. Systems and Control Letters，1998，34(5)：281-288.

[83] Feng Y，Yu X H，Man Z H. Non-singular Terminal Sliding Mode Control of Rigid Manipulators[J]. Automatica，2002，38(12)：2159-2167.

[84] Tao C W，Taur J S，Chan M L. Adaptive Fuzzy Terminal Sliding Mode Controller for Linear systems With Mismatched Time-varying Uncertainties [J]. IEEE Transactions on Systems，2004，34(1)：255-262.

[85] Park K B，Teruo T. Terminal Sliding Mode Control of Second-order Nonlinear Uncertain Systems[J]. International Journal of Robust and Nonlinear Control，1999，9(11)：769-780.

[86] 庄开宇，张克勤，苏宏业，等. 高阶非线性系统的 Terminal 滑模控制[J]. 浙江大学学报，2002，36(5)：482-485.

[87] Zhuang K Y，Su H Y，Zhang K Q，Chu J. Adaptive Terminal Sliding Mode Control for High Order Nonlinear Dynamic Systems[J]. Journal of Zhejiang University. Science，2003，4(1)：58-63.

[88] LIU Jinkun，SUN Fuchun. A Novel Dynamic Terminal Sliding Mode Control of Uncertain

Nonlinear Systems[J]. Journal of Control Theory and Applications，2007，5(2)：189-193.

[89] Lu Y S，Chen J S. Design of a Global Sliding-mode Controller for a Motor Drive with Bounded Control[J]. International Journal of Control，1995，62(5)：1001-1019.

[90] Choi H S，Park Y H，Cho Y S，et al. Global Sliding Mode Control[J]. IEEE Control Systems Magazine，2001，21(3)：27-35.

[91] 肖雁鸿，葛召炎，周靖林，等. 全滑模变结构控制系统[J]. 电机与控制学报，2002，6(3)：233-236.

[92] Liu Jinkun，He Yuzhu. Fuzzy Global Sliding Mode Control Based on Genetic Algorithm and Its Application for Flight Simulator Servo System[J]. Chinese Journal of Mechanical Engineering，2007，20(3)：13-17.

[93] Liu Jinkun，Wang Xinhua. Advanced Sliding Mode Control for Mechanical Systems：Design，Analysis and Matlab Simulation[M]. Beijing：Tsinghua & Springer Press，2011.

[94] 米阳，李文林，井元伟，等. 线性多变量离散系统全程滑模变结构控制[J]. 控制与决策，2003，18(4)：460-464.

[95] Yu X H，Xu J X. Variable Structure Systems：Towards the 21th Century，Spring-Verlag，Berlin Heidelberg，New York，2002.

[96] Zheng Y H，Fattah H A A，Loparo K A. Non-linear Adaptive Sliding Mode Observer-controller Scheme for Induction Motors [J]. International Journal of Adaptive Control and Signal Processing，2000，14(2-3)：245-273.

[97] Tan C P，Edwards C. Sliding Mode Observers for Robust Detection and Reconstruction of Actuator and Sensor Faults[J]. International Journal of Robust and Nonlinear Control，2003，13(5)：443-463.

[98] Kim S M，Han W Y，Kim S J. Design of a New Adaptive Sliding Mode Observer for Sensorless Induction Motor Drive. Electric Power Systems Research，2004，70(1)：16-22.

[99] Lee S S，Park J K. Design of Power System Stabilizer Using Observer/Sliding Mode，Observer/sliding Mode-model Following and H/Sliding Mode Controllers for Small-signal Stability Study[J]. International Journal of Electrical Power & Energy Systems，1998，20(8)：543-553.

[100] Lin S C，Chen Y Y. RBF Network Based Sliding Mode Control[C]. San Antonio，TX，USA：IEEE International Conference on Systems Man and Cybernetics，1994：1957-1961.

[101] Munoz D，Sbarbaro D. An Adaptive Sliding-mode Controller for Discrete Nonlinear Systems[J]. IEEE Transactions on Industrial Electronics，2000，47(3)：574-581.

[102] Ertugrul M，Kaynak O. Neuro Sliding Mode Control of Robotic Manipulators [J]. Mechatronics，2000，10(1-2)：239-263.

[103] Huang S J，Huang K S，Chiou K C. Development and Application of a Novel Radial Basis Function Sliding Mode Controller[J]. Mechatronics，2003，13(4)：313-329.

[104] Parma G G，Menezes B R，Braga A P，et al. Sliding Mode Neural Network Control of an Induction Motor Drive[J]. International Journal of Adaptive Control and Signal Processing，2003，17(6)：501-508.

[105] Kim S W，Lee J J. Design of a Fuzzy Controller with Fuzzy Sliding Surface[J]. Fuzzy Sets and Systems，1995，71(3)：359-367.

[106] Yoo B，Ham W. Adaptive Fuzzy Sliding Mode Control of Nonlinear System [J]. IEEE Transactions On Fuzzy Systems，1998，6(2)：315-321.

[107] Lu Y S，Chen J S. A Self-organizing Fuzzy Sliding-mode Controller Design for a Class of Nonlinear Servo Systems [J]. IEEE Transactions on Industrial Electronics，1994，41(5)：492-502.

[108] Liang C Y，Su J P. A New Approach to the Design of a Fuzzy Sliding Mode Controller[J].

Fuzzy Sets and Systems. 2003，139(1)：111-124.

[109] Wai R J，Lin C M，Hsu C F. Adaptive Fuzzy Sliding-mode Control for Electrical Servo Drive[J]. Fuzzy Sets and Systems，2004，143(2)：295-310.

[110] Chen J Y. Expert SMC-based Fuzzy Control with Genetic Algorithms[J]. Journal of the Franklin Institute，1999，336(4)：589-610.

[111] Chern T L，Wu Y C. Design of Integral Variable Structure Controller and Application to Electrohydraulic Velocity Servosystems[J]. IEE Proceedings-D，1991，138(5)：439-444.

[112] Chern T L，Wu Y C. Integral Variable Structure Control Approach for Robot Manipulators[J]. IEE Proceedings-D，1992，139(2)：161-166.

[113] Chern T L，Wu Y C. An Optimal Variable Structure Control with Integral Compensation for Electrohydraulic Position Servo Control Systems[J]. IEEE Transactions on Industrial Electronics Proceedings-D，1992，39(5)：460-463.

[114] Chern T L，Wu Y C. Design of Brushless DC Position Servo Systems Using Integral Variable Structure Approach[J]. IEE Proceedings-B，1993，140(1)：27-34.

[115] Chern T L，Wong J S. DSP Based Integral Variable Structure Control for Motor Servo Drives[J]. IEE Proc.-Control Theory Appl.，1995，142(5)：444-450.

[116] Wang J D，Lee T L，Juang Y T. New Methods to Design an Integral Variable Structure Controller[J]. IEEE Trans. on Automatic Control，1996，41(1)：140-143.

[117] Levant A. Higher Order Sliding Modes and Their Application for Controlling Uncertain Processes[D]. Moscow：Institute for system studies of the USSR Academy of Science，1987.

[118] Levant A. Sliding Order and Sliding Accuracy in Sliding Mode Control[J]. International Journal of Control，1993，58(6)：1247-1263.

[119] Levant A. Robust exact differentiation via Sliding Mode Technique[J]. Automatica，1998，34(3)：379-384.

[120] Levant A. Universal SISO Sliding-Mode Controllers with Finite-Tine Convergence[J]. IEEE Transactions on Automatic Control，2001，46(9)：1447-1451.

[121] Levant A. Higher-order sliding modes，differentiation and output-feedback control[J]. International Journal of Control，2003，76(9)：924-941.

[122] Levant A. Quasi-Continuous High-Order Sliding-Mode Controllers[J]. IEEE Transactions on Automatic Control,2005：50(11)：1812-1816.

[123] Levant A，Alelishvili L. Integral High-Order Sliding Modes[J]. IEEE Transaction on Automatic Control，2007，52(7)：1278-1282.

[124] Bartolini G,Pisano A,Pisu P. Simplified exponentially convergent rotor resistance estimation for induction motors[J]. IEEE Transactions on Automatic Control,2003,48(2)：325-330.

[125] Bartolini G,Pisano A,Usai E. An improved second-order sliding-mode scheme robust against the measurement noise[J]. IEEE Transactions on Automatic Control,2004,149(10)：1731-1736.

[126] Bartolini G，Pisano A,Usai E. On the finite-time stabilization of uncertain nonlinear systems with relative degree three[J]. IEEE Transactions on Automatic Control，2007，52(11)：2134-2141.

[127] Perruquetti W，Barbot J P. Sliding Mode Control in Engineering[M]. New York：Marcel Dekker Inc.，2002.

[128] Utkin A，Guldner J,Shi J X. Sliding Mode Control in Electromechanical Systems[M]. London：Taylor&Francis，1999.

[129] Yu X H，Xu J X. Advances in Variable Structure Systems[M]. Singapore：World Scientific Publishing，2000.

[130] Man Z H, Paplinski A P, Wu H R. A Robust MIMO Terminal Sliding Mode Control Scheme for Rigid Robot Manipulators[J]. IEEE Transactions on Automatic Control, 1994, 39(12): 2464-2469.

[131] Ficola A, Cava M L. A Sliding Mode Controller for a Two-joint Robot with an Elastic Link[J]. Mathematics and Computers in Simulation, 1996, 41(5-6): 559-569.

[132] Edwards C, Spurgeon S K. Sliding Mode Control: Theory and Applications[M]. London: Taylor&Francis, 1998.

[133] Zhou D, Mu C D, Xu W L. Adaptive Sliding Mode Guidance of a Homing Missile[J]. Journal of Guidance, Control and Dynamics, 1999, 22(4): 589-592.

[134] Liaw D C, Liang Y W, Cheng C C. Nonlinear Control for Missile Terminal Guidance[J]. Journal of Dynamic Systems Measurement and Control, 2000, 122(4): 663-668.

[135] Yeh F K, Chien H H, Fu L C. Design of Optimal Midcourse Guidance Sliding-mode Control for Missiles with TVC[J]. IEEE Transactions on Aerospace and Electronic Systems, 2003, 39(3): 824-837.

[136] 周荻.寻的导弹新型导引规律[M].北京:国防工业出版社,2002.

[137] Wang Xinhua, Liu Jinkun, Cai Kaiyuan. Tracking Control for a Velocity-sensorless VTOL Aircraft with Delayed Outputs[J]. Automatica, 2009, 45(12): 936-943.

[138] Wang Xinhua, Liu Jinkun, Cai KaiYuan. Tracking control for VTOL aircraft with disabled IMUs[J]. International Journal of Systems Science, 2010, 41(10): 1231-1239.

[139] 刘金琨,龚海生.一种VTOL飞行器的抗饱和滑模控制[J].电机与控制学报,2013,17(3): 92-97.

[140] Pukdeboon C, Zinober A S I, Thein A M W. Quasi-Continuous Higher Order Sliding-Mode Controllers for Spacecraft-Attitude-Tracking Maneuvers[J]. IEEE Transaction on Industrial Electronics, 2010, 57(4): 1436-1444.

[141] Grossimon P G, Barbieri E, Drakunov S. Sliding Mode Control of an Inverted Pendulum[C]. Proceedings of the Twenty-Eighth Southeastern Symposium on System Theory, 1996: 248-252.

[142] Chen Y P, Chang J L, Chu S R. PC-based Sliding-mode Control Applied to Parallel-type Double Inverted Pendulum System[J]. Mechatronics, 1999, 9(5): 553-564.

[143] 张克勤,苏宏业,庄开宇,等.三级倒立摆系统基于滑模的鲁棒控制[J].浙江大学学报,2002, 36(4): 404-409.

[144] Liu J K, Er L J. Sliding Mode Controller Design for Position and Speed Control of Flight Simulator Servo System with Large Friction[J]. Systems Engineering and Electronics(China), 2003, 14(3): 59-62.

[145] 刘金琨,孙富春.滑模变结构控制理论及其算法研究与进展[J].控制理论与应用,2007, 24(3): 407-418.

[146] Emelyanov S V, Korovin S K, Mamedov I G. Variable Structure Control Systems: discrete and digital[M]. CRC Press, Inc., 1995.

[147] Utkin V I, Guldner J, Shi J. Sliding Mode Control in Electromechanical Systems[M]. London: Taylor & Francis, 1999.

[148] Bandyopadhyay B, Janardhanan S. Discrete-time Sliding Mode Control-A Multirate Output Feedback Approach[M]. Berlin Heidelberg: Springer-Verlag, 2006.

[149] Edwards C, Fossas Colet E, Fridman L. Advances in Variable Structure and Sliding Mode Control[M]. Berlin Heidelberg: Springer-Verlag, 2006.

[150] 王丰尧.滑模变结构控制[M].北京:机械工业出版社,1995.

[151] 姚琼荟,黄继起,吴汉松.变结构控制系统[M].重庆:重庆大学出版社,1997.

[152] 胡跃明.变结构控制理论与应用[M].北京：科学出版社，2003.

[153] 胡剑波,庄开宇.高级变结构控制理论及应用[M].西安：西北工业大学出版社，2008.

[154] 瞿少成.不确定系统的滑模控制理论及应用研究[M].武汉：华中师范大学出版社，2008.

[155] 张袅娜.终端滑模控制理论及应用[M].北京：科学出版社，2011.

[156] 靳宝全.基于模糊滑模的电液位置伺服控制系统[M].北京：国防工业出版社，2011.

[157] Shtessel Y，Edwards C，Fridman L，et al. Sliding Mode Control and Observation[M]. Birkhauser，2013.

[158] Leonid F，Alexander P，Rodríguez B，et al. Robust Output LQ Optimal Control via Integral Sliding Modes[M]. Berlin Heidelberg：Springer,2014.

[159] Ioannou P A，Sun J. Robust Adaptive Control[M]. PTR Prentice-Hall，1996：75-76.

第2章 滑模控制基本方法

2.1 滑模面设计及应用实例

2.1.1 滑模面的参数设计

针对线性系统

$$\dot{\boldsymbol{x}}=\boldsymbol{A}\boldsymbol{x}+\boldsymbol{b}u,\quad \boldsymbol{x}\in R^n,u\in R \tag{2.1}$$

滑模面设计为

$$\begin{aligned}\boldsymbol{s}(\boldsymbol{x})=\boldsymbol{C}^{\mathrm{T}}\boldsymbol{x}&=\sum_{i=1}^{n}c_ix_i\\&=\sum_{i=1}^{n-1}c_ix_i+x_n\end{aligned} \tag{2.2}$$

其中,$\boldsymbol{x}$为状态向量,$\boldsymbol{C}=[c_1 \quad \cdots \quad c_{n-1} \quad 1]^{\mathrm{T}}$。

在滑模控制中,参数$c_1,c_2,\cdots,c_{n-1}$应满足多项式$p^{n-1}+c_{n-1}p^{n-2}+\cdots+c_2p+c_1$为Hurwitz,其中$p$为Laplace算子。

例如,当$n=2$时,$\boldsymbol{s}(\boldsymbol{x})=c_1x_1+x_2$,为了保证多项式$p+c_1$为Hurwitz,需要多项式$p+c_1=0$的特征值实数部分为负,即$c_1>0$。

又如,当$n=3$时,$\boldsymbol{s}(\boldsymbol{x})=c_1x_1+c_2x_2+x_3$,为了保证多项式$p^2+c_2p+c_1$为Hurwitz,需要多项式$p^2+c_2p+c_1=0$的特征值实数部分为负。

不妨取$p^2+2\lambda p+\lambda^2=0$,则$(p+\lambda)^2=0$,取$\lambda>0$可满足多项式$p^2+c_2p+c_1=0$的特征值实数部分为负,对应地可得到$c_2=2\lambda$,$c_1=\lambda^2$。

2.1.2 滑模控制的工程意义

针对跟踪问题,设计滑模函数为

$$s(t)=ce(t)+\dot{e}(t) \tag{2.3}$$

其中,$e(t)$和$\dot{e}(t)$分别为跟踪误差及其变化率,c必须满足Hurwitz条件,即$c>0$。

当$s(t)=0$时,$ce(t)+\dot{e}(t)=0$,$\dot{e}(t)=-ce(t)$,即$\frac{1}{e(t)}\dot{e}(t)=$

$-c$，积分得 $\int_0^t \frac{1}{e(t)}\dot{e}(t)\mathrm{d}t=\int_0^t -c\mathrm{d}t$，则 $\ln e(t)\Big|_0^t=-ct$，从而得到

$$\ln\frac{e(t)}{e(0)}=-ct$$

收敛结果为

$$e(t)=e(0)\exp(-ct)$$

即当 $t\to\infty$ 时，误差指数收敛于零，收敛速度取决于 c 值。

如果通过控制律的设计，保证 $s(t)$ 指数收敛于零，则当 $t\to\infty$ 时，误差变化率也是指数收敛于零。

2.1.3　一个简单的滑模控制实例

考虑如下被控对象：

$$J\ddot{\theta}(t)=u(t)+d(t) \tag{2.4}$$

其中，J 为转动惯量；$\theta(t)$为角度；$u(t)$为控制输入；$d(t)$为外加干扰，$|dt|\leqslant D$。

设计滑模函数为

$$s(t)=ce(t)+\dot{e}(t)$$

其中，c 必须满足 Hurwitz 条件，即 $c>0$。

跟踪误差及其导数为

$$e(t)=\theta(t)-\theta_{\mathrm{d}}(t),\quad \dot{e}(t)=\dot{\theta}(t)-\dot{\theta}_{\mathrm{d}}(t)$$

其中，$\theta_{\mathrm{d}}(t)$为理想的角度信号。

定义 Lyapunov 函数为

$$V=\frac{1}{2}s^2$$

则

$$\begin{aligned}\dot{s}(t)&=c\dot{e}(t)+\ddot{e}(t)=c\dot{e}(t)+\ddot{\theta}(t)-\ddot{\theta}_{\mathrm{d}}(t)\\&=c\dot{e}(t)+\frac{1}{J}(u+d(t))-\ddot{\theta}_{\mathrm{d}}(t)\end{aligned} \tag{2.5}$$

且

$$s\dot{s}=s\left(c\dot{e}+\frac{1}{J}(u+d(t))-\ddot{\theta}_{\mathrm{d}}\right)$$

为了保证 $s\dot{s}<0$，设计滑模控制律为

$$u(t)=J(-c\dot{e}+\ddot{\theta}_{\mathrm{d}}-\eta\operatorname{sgn}(s))-D\operatorname{sgn}(s) \tag{2.6}$$

则

$$\begin{aligned}\dot{V}=s\dot{s}&=s\left(c\dot{e}+(-c\dot{e}+\ddot{\theta}_{\mathrm{d}}-\eta\operatorname{sgn}(s))-\frac{1}{J}D\operatorname{sgn}(s)+\frac{1}{J}d(t)-\ddot{\theta}_{\mathrm{d}}\right)\\&=s\left(-\eta\operatorname{sgn}(s)-\frac{1}{J}D\operatorname{sgn}(s)+\frac{1}{J}d(t)\right)\\&=-\eta\mid s\mid-s\frac{1}{J}D\operatorname{sgn}(s)+\frac{1}{J}sd(t)\end{aligned}$$

$$=-\eta\mid s\mid-\frac{1}{J}D\mid s\mid+\frac{1}{J}sd(t)\leqslant-\eta\mid s\mid\leqslant 0$$

当 $\dot{V}\equiv 0$ 时，$s\equiv 0$，根据 LaSalle 不变性原理，闭环系统渐进稳定，当 $t\to\infty$ 时，$s\to 0$，且 s 收敛速度取决于 η。

从控制律的表达式可知，当干扰 dt 较大时，为了保证鲁棒性，必须保证足够大的干扰上界，而较大的上界 D 会造成抖振。

2.1.4 仿真实例

被控对象取式(2.4)，$J=10$，取角度指令为 $\theta_{\mathrm{d}}(t)=\sin t$，对象的初始状态为[0.5,1.0]，取 $c=0.50$，$\eta=0.50$，采用控制器(2.6)，仿真结果如图 2.1～图 2.3 所示。

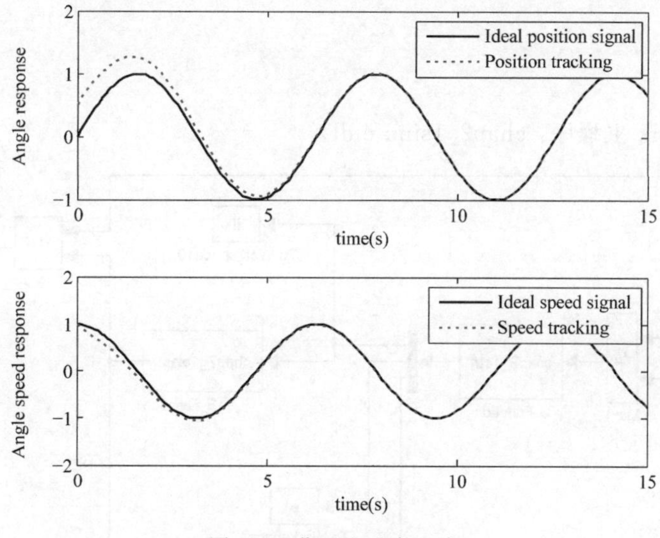

图 2.1 位置和速度跟踪

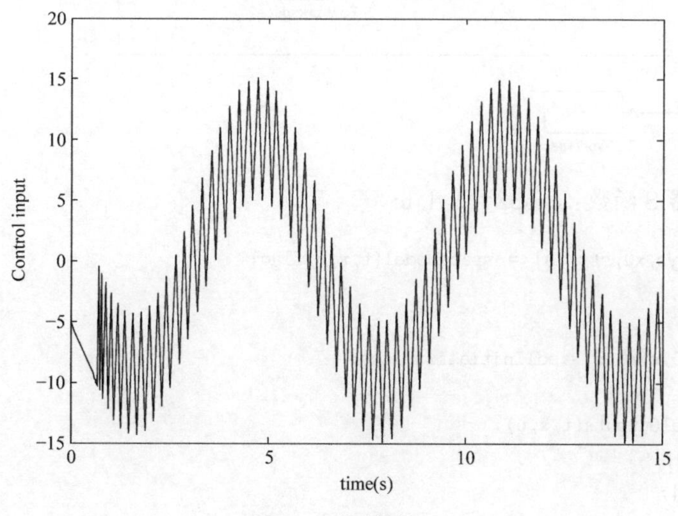

图 2.2 控制输入

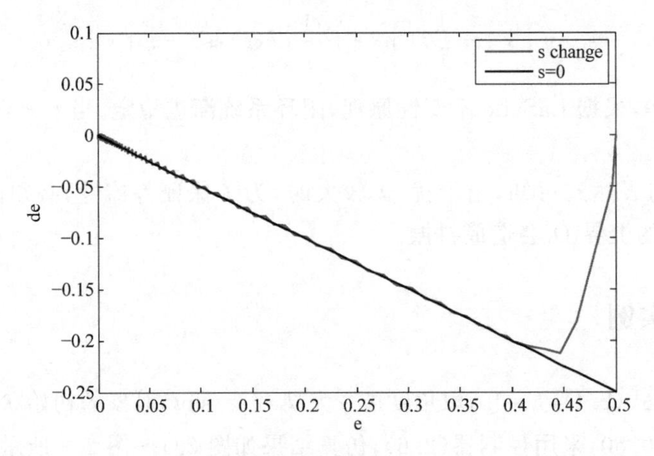

图 2.3　相轨迹

仿真程序：

(1) Simulink 主程序：chap2_1sim.mdl

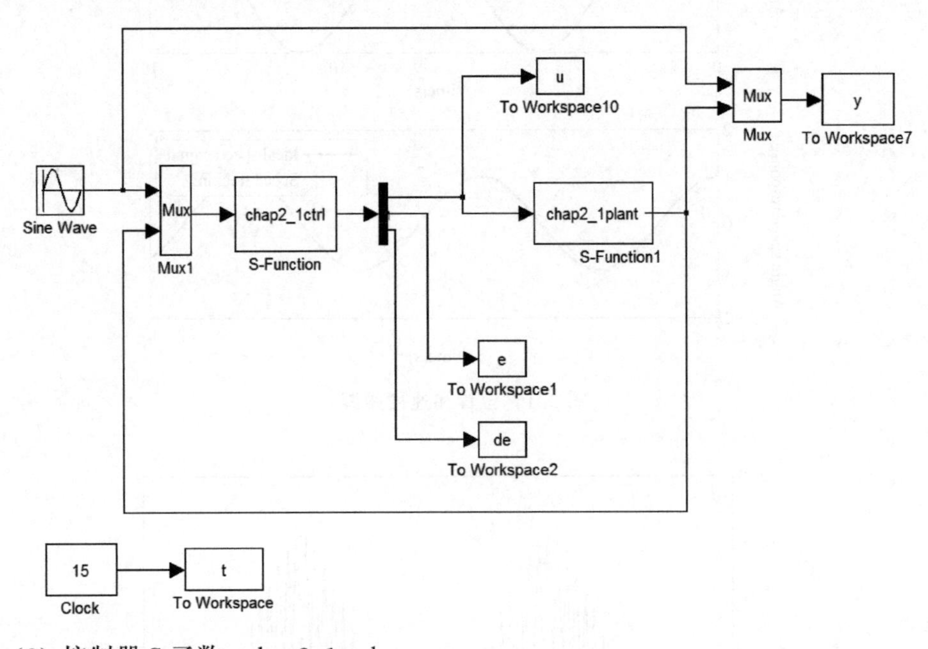

(2) 控制器 S 函数：chap2_1ctrl.m

```
function [sys,x0,str,ts] = spacemodel(t,x,u,flag)
switch flag,
case 0,
    [sys,x0,str,ts] = mdlInitializeSizes;
case 3,
    sys = mdlOutputs(t,x,u);
case {2,4,9}
    sys = [];
otherwise
```

```
    error(['Unhandled flag = ',num2str(flag)]);
end
function [sys,x0,str,ts] = mdlInitializeSizes
sizes = simsizes;
sizes.NumContStates     = 0;
sizes.NumDiscStates     = 0;
sizes.NumOutputs        = 3;
sizes.NumInputs         = 3;
sizes.DirFeedthrough    = 1;
sizes.NumSampleTimes    = 0;
sys = simsizes(sizes);
x0  = [];
str = [];
ts  = [];
function sys = mdlOutputs(t,x,u)
thd = u(1);
dthd = cos(t);
ddthd = - sin(t);

th = u(2);
dth = u(3);

c = 0.5;
e = th - thd;
de = dth - dthd;
s = c * e + de;

J = 10;
xite = 0.50;
ut = J * ( - c * de + ddthd - xite * sign(s));

sys(1) = ut;
sys(2) = e;
sys(3) = de;
```

(3) 被控对象 S 函数：chap2_1plant. m

```
function [sys,x0,str,ts] = s_function(t,x,u,flag)
switch flag,
case 0,
    [sys,x0,str,ts] = mdlInitializeSizes;
case 1,
    sys = mdlDerivatives(t,x,u);
case 3,
    sys = mdlOutputs(t,x,u);
case {2, 4, 9}
    sys = [];
otherwise
    error(['Unhandled flag = ',num2str(flag)]);
end
function [sys,x0,str,ts] = mdlInitializeSizes
```

```
sizes = simsizes;
sizes.NumContStates    = 2;
sizes.NumDiscStates    = 0;
sizes.NumOutputs       = 2;
sizes.NumInputs        = 1;
sizes.DirFeedthrough   = 0;
sizes.NumSampleTimes   = 0;
sys = simsizes(sizes);
x0 = [0.5 1.0];
str = [];
ts = [];
function sys = mdlDerivatives(t,x,u)
J = 10;
sys(1) = x(2);
sys(2) = 1/J * u;
function sys = mdlOutputs(t,x,u)
sys(1) = x(1);
sys(2) = x(2);
```

(4) 作图程序：chap2_1plot.m

```
close all;

figure(1);
subplot(211);
plot(t,y(:,1),'k',t,y(:,2),'r:','linewidth',2);
legend('Ideal position signal','Position tracking');
xlabel('time(s)');ylabel('Angle response');
subplot(212);
plot(t,cos(t),'k',t,y(:,3),'r:','linewidth',2);
legend('Ideal speed signal','Speed tracking');
xlabel('time(s)');ylabel('Angle speed response');

figure(2);
plot(t,u(:,1),'k','linewidth',0.01);
xlabel('time(s)');ylabel('Control input');

c = 0.5;
figure(3);
plot(e,de,'r',e,-c'.*e,'k','linewidth',2);
xlabel('e');ylabel('de');
legend('s change','s = 0');
title('phase trajectory');
```

2.2 基于趋近律的滑模控制

滑模运动包括趋近运动和滑模运动两个过程。系统从任意初始状态趋向切换面，直到到达切换面的运动称为趋近运动，即趋近运动为$s \to 0$的过程。根据滑模变结构原理，滑模可达性条件仅保证由状态空间任意位置运动点在有限时间内到达切换面的要求，而对于趋近运动的具体轨迹未作任何限制,采用趋近律的方法可以改善趋近运动的动态品质[1]。理想的滑动模态如图 2.4 所示。

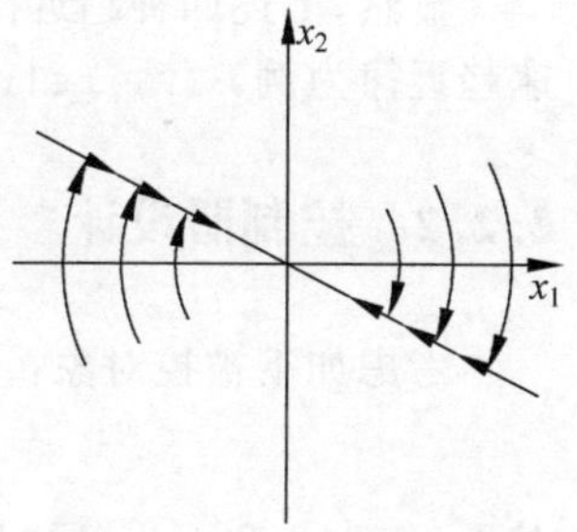

图 2.4 理想的滑动模态

2.2.1 几种典型的趋近律

1. 等速趋近律

$$\dot{s}=-\varepsilon \operatorname{sgn} s \quad \varepsilon>0 \tag{2.7}$$

其中,常数 ε 表示系统的运动点趋近切换面 $s=0$ 的速率。ε 小,趋近速度慢;ε 大,则运动点到达切换面时将具有较大的速度,引起的抖动也较大。

2. 指数趋近律

$$\dot{s}=-\varepsilon \operatorname{sgn} s-k s \quad \varepsilon>0, k>0 \tag{2.8}$$

式中,$\dot{s}=-ks$ 是指数趋近项,其解为 $s=s(0)\mathrm{e}^{-kt}$。

指数趋近律分析如下:

定义 Lyapunov 函数为 $V=\frac{1}{2}s^2$,采用指数趋近律,则可得到 $\dot{V}=-\varepsilon|s|-ks^2=-\frac{k}{2}V-\varepsilon|s|\leqslant-\frac{k}{2}V$。

采用第 1 章附录引理 1[2],针对不等式方程 $\dot{V}\leqslant-\frac{k}{2}V$,有 $\alpha=\frac{k}{2}$,$f=0$,解为

$$V(t)\leqslant \mathrm{e}^{-\frac{k}{2}(t-t_0)}V(t_0)$$

可见,$V(t)$指数收敛至零,从而 s 指数收敛于零,收敛速度取决于 k。指数项 $-ks$ 能保证当 s 较大时,系统状态能以较大的速度趋近于滑动模态。因此,指数趋近律尤其适合解决具有大阶跃的响应控制问题。

需要说明的是,指数趋近中,趋近速度从一较大值逐步减小到零,不仅缩短了趋近时间,而且使运动点到达切换面时的速度很小。单纯的指数趋近,运动点逼近切换面是一个渐近的过程,不能保证有限时间内到达,切换面上也就不存在滑动模态了,所以要增加一个等速趋近项 $\dot{s}=-\varepsilon\operatorname{sgn}(s)$,使当 s 接近于零时,趋近速度是 ε 而不是零,可以保证有限时间到达。

在指数趋近律中,为了保证快速趋近的同时削弱抖振,应在增大 k 的同时减小 ε。

3. 幂次趋近律

$$\dot{s}=-k|s|^{\alpha}\operatorname{sgn} s \quad k>0, 1>\alpha>0 \tag{2.9}$$

通过调整 α 值,可保证当系统状态远离滑动模态(s 较大)时,能以较大的速度趋近于滑动模态,当系统状态趋近滑动模态(s 较小)时,保证较小的控制增益,以降低抖振。

4. 一般趋近律

$$\dot{s}=-\varepsilon \operatorname{sgn} s-f(s) \quad \varepsilon>0 \tag{2.10}$$

其中,$f(0)=0$,当 $s\neq0$ 时,$sf(s)>0$。

显然，上述四种趋近律都满足滑模到达条件 $s\dot{s}\leqslant 0$，当且仅当 $s=0$ 时，$s\dot{s}=0$。以等速趋近律为例，$s\dot{s}=-\varepsilon|s|\leqslant 0$。

2.2.2 控制器设计

考虑如下被控对象：

$$\ddot{\theta}(t)=-f(\theta,t)+bu(t) \tag{2.11}$$

其中，$f(\theta,t)$ 和 b 为已知且 $b>0$。

滑模函数为

$$s(t)=ce(t)+\dot{e}(t) \tag{2.12}$$

其中，$c>0$，满足 Hurwitz 条件。

跟踪误差为

$$e(t)=\theta_{\mathrm{d}}(t)-\theta(t),\quad \dot{e}(t)=\dot{\theta}_{\mathrm{d}}(t)-\dot{\theta}(t)$$

其中，$\theta_{\mathrm{d}}(t)$ 为理想位置信号。

则

$$\begin{aligned}\dot{s}(t)&=c\dot{e}(t)+\ddot{e}(t)=c(\dot{\theta}_{\mathrm{d}}(t)-\dot{\theta}(t))+(\ddot{\theta}_{\mathrm{d}}(t)-\ddot{\theta}(t))\\&=c(\dot{\theta}_{\mathrm{d}}(t)-\dot{\theta}(t))+(\ddot{\theta}_{\mathrm{d}}(t)+f(\theta,t)-bu(t))\end{aligned} \tag{2.13}$$

采用指数趋近律，有

$$\dot{s}=-\varepsilon\operatorname{sgn}s-ks\quad \varepsilon>0,k>0 \tag{2.14}$$

结合式(2.13)和式(2.14)，得

$$c(\dot{\theta}_{\mathrm{d}}(t)-\dot{\theta}(t))+(\ddot{\theta}_{\mathrm{d}}(t)+f(\theta,t)-bu(t))=-\varepsilon\operatorname{sgn}s-ks$$

基于指数趋近律的滑模控制器为

$$u(t)=\frac{1}{b}(\varepsilon\operatorname{sgn}s+ks+c(\dot{\theta}_{\mathrm{d}}-\dot{\theta})+\ddot{\theta}_{\mathrm{d}}+f(\theta,t)) \tag{2.15}$$

取 Lyapunov 函数 $V=\frac{1}{2}s^2$，根据指数趋近律收敛性分析可知，$t\to\infty$ 时，$s\to 0$ 且指数收敛，则 $e\to 0$，$\dot{e}\to 0$ 且指数收敛。

2.2.3 仿真实例

考虑如下被控对象：

$$\ddot{\theta}(t)=-f(\theta,t)+bu(t)$$

其中，$f(\theta,t)=25\dot{\theta}$，$b=133$。

首先运行仿真实例之一，取指令信号为 $\theta_{\mathrm{d}}(t)=\sin(t)$，被控对象初始状态为 $[-0.15\quad -0.15]$，采用控制器式(2.15)，取 $c=15$，$\varepsilon=5$，分别取 $k=0$，$k=10$，$k=20$，$k=30$，仿真结果如图 2.5 所示。由仿真图 2.5 可见，当 k 取值越大时，趋近时间越短。

然后运行仿真实例之二，取指令信号为 $\theta_{\mathrm{d}}(t)=\sin(t)$，被控对象初始状态为 $[-0.15\quad -0.15]$，采用控制器式(2.15)，取 $c=15$，$\varepsilon=5$，$k=10$，仿真结果如图 2.6 和图 2.7 所示。

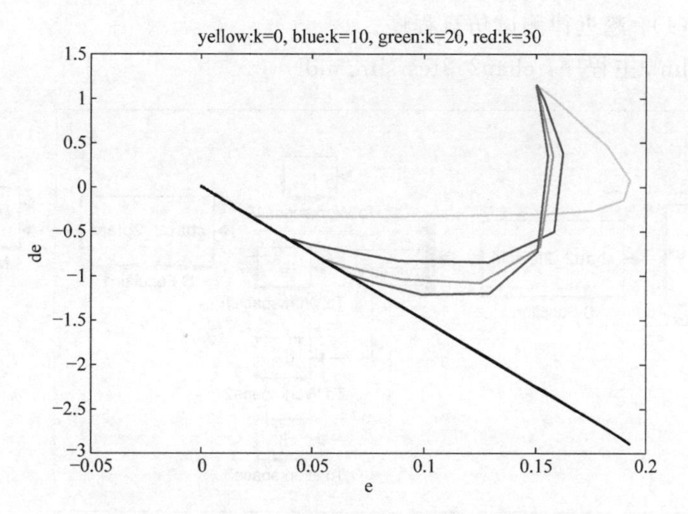

图 2.5　不同 k 值下指数趋近律相轨迹趋近过程

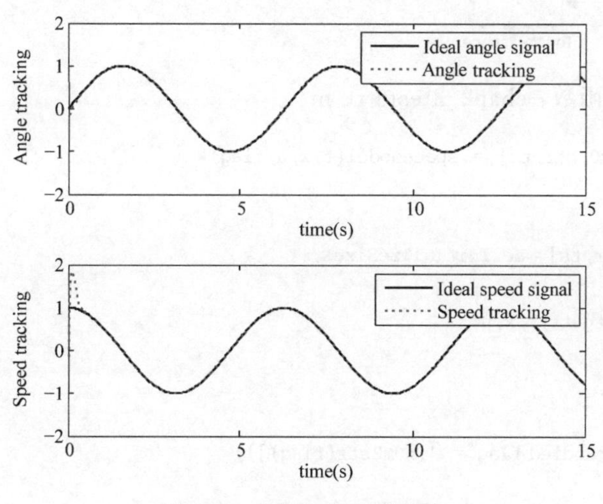

图 2.6　角度和角速度跟踪

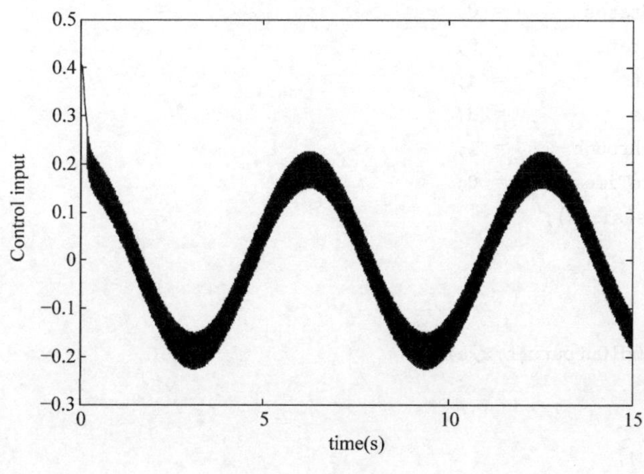

图 2.7　控制输入

仿真实例(1)：趋近律测试仿真程序。

(1) Simulink 主程序：chap2_2testsim. mdl

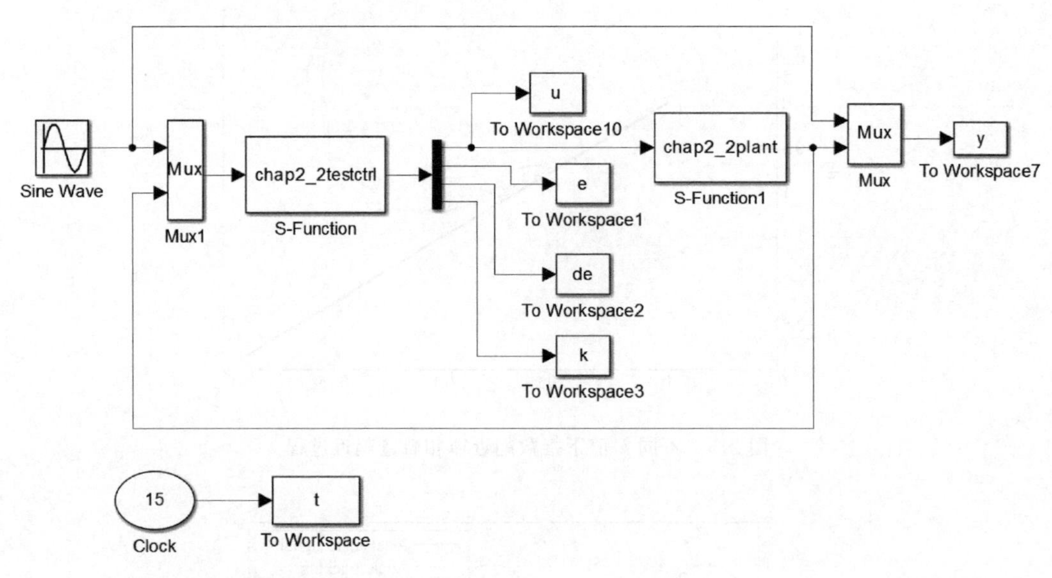

(2) 控制器 S 函数：chap2_2testctrl. m

```
function [sys,x0,str,ts] = spacemodel(t,x,u,flag)
switch flag,
case 0,
    [sys,x0,str,ts] = mdlInitializeSizes;
case 3,
    sys = mdlOutputs(t,x,u);
case {2,4,9}
    sys = [];
otherwise
    error(['Unhandled flag = ',num2str(flag)]);
end
function [sys,x0,str,ts] = mdlInitializeSizes
sizes = simsizes;
sizes.NumContStates      = 0;
sizes.NumDiscStates      = 0;
sizes.NumOutputs         = 4;
sizes.NumInputs          = 3;
sizes.DirFeedthrough     = 1;
sizes.NumSampleTimes     = 0;
sys = simsizes(sizes);
x0  = [];
str = [];
ts  = [];
function sys = mdlOutputs(t,x,u)
thd = u(1);
dthd = cos(t);
ddthd = - sin(t);
```

```
th = u(2);
dth = u(3);

c = 15;
e = thd - th;
de = dthd - dth;
s = c * e + de;

fx = 25 * dth;
b = 133;
epc = 5;

S = 1;
if S == 1
    k = 0;
elseif S == 2
    k = 10;
elseif S == 3
    k = 20;
elseif S == 4
    k = 30;
end
ut = 1/b * (epc * sign(s) + k * s + c * de + ddthd + fx);

sys(1) = ut;
sys(2) = e;
sys(3) = de;
sys(4) = k;
```

(3) 作图程序：chap2_2test_plot. m

```
close all;

figure(1);
c = 15;

load testfile1;
plot(e,de,'y',e, -c'. * e,'k','linewidth',2);
hold on;
load testfile2;
plot(e,de,'b',e, -c'. * e,'k','linewidth',2);
hold on;
load testfile3;
plot(e,de,'g',e, -c'. * e,'k','linewidth',2);
hold on;
load testfile4;
plot(e,de,'r',e, -c'. * e,'k','linewidth',2);
xlabel('e');ylabel('de');
title('yellow:k = 0, blue:k = 10, green:k = 20, red:k = 30');
```

仿真实例(2)：跟踪控制仿真程序。

(1) Simulink 主程序：chap2_2sim. mdl

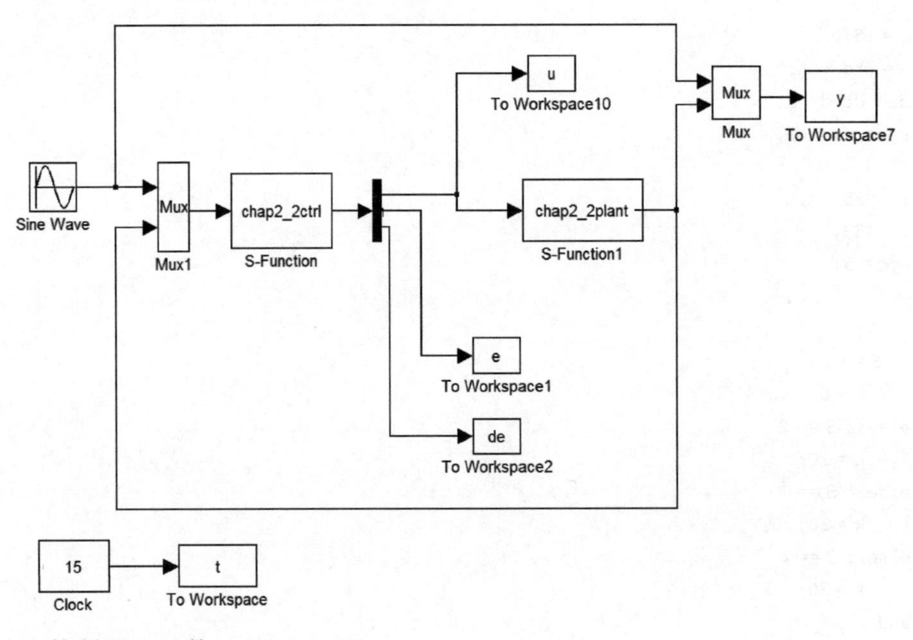

(2) 控制器 S 函数：chap2_2ctrl. m

```
function [sys,x0,str,ts] = spacemodel(t,x,u,flag)
switch flag,
case 0,
    [sys,x0,str,ts] = mdlInitializeSizes;
case 3,
    sys = mdlOutputs(t,x,u);
case {2,4,9}
    sys = [];
otherwise
    error(['Unhandled flag = ',num2str(flag)]);
end
function [sys,x0,str,ts] = mdlInitializeSizes
sizes = simsizes;
sizes.NumContStates      = 0;
sizes.NumDiscStates      = 0;
sizes.NumOutputs         = 3;
sizes.NumInputs          = 3;
sizes.DirFeedthrough     = 1;
sizes.NumSampleTimes     = 0;
sys = simsizes(sizes);
x0  = [];
str = [];
ts  = [];
function sys = mdlOutputs(t,x,u)
thd = u(1);
dthd = cos(t);
ddthd = - sin(t);
```

```
th = u(2);
dth = u(3);

c = 15;
e = thd - th;
de = dthd - dth;
s = c * e + de;

fx = 25 * dth;
b = 133;

epc = 5;k = 10;
ut = 1/b * (epc * sign(s) + k * s + c * de + ddthd + fx);

sys(1) = ut;
sys(2) = e;
sys(3) = de;
```

(3) 被控对象 S 函数：chap2_2plant. m

```
function [sys,x0,str,ts] = s_function(t,x,u,flag)
switch flag,
case 0,
    [sys,x0,str,ts] = mdlInitializeSizes;
case 1,
    sys = mdlDerivatives(t,x,u);
case 3,
    sys = mdlOutputs(t,x,u);
case {2, 4, 9}
    sys = [];
otherwise
    error(['Unhandled flag = ',num2str(flag)]);
end
function [sys,x0,str,ts] = mdlInitializeSizes
sizes = simsizes;
sizes.NumContStates       = 2;
sizes.NumDiscStates       = 0;
sizes.NumOutputs          = 2;
sizes.NumInputs           = 1;
sizes.DirFeedthrough      = 0;
sizes.NumSampleTimes      = 0;
sys = simsizes(sizes);
x0  = [ - 0.15  - 0.15];
str = [];
ts  = [];
function sys = mdlDerivatives(t,x,u)
sys(1) = x(2);
sys(2) = - 25 * x(2) + 133 * u;
function sys = mdlOutputs(t,x,u)
sys(1) = x(1);
sys(2) = x(2);
```

(4) 作图程序：chap2_2plot. m

```
close all;
```

```
figure(1);
subplot(211);
plot(t,y(:,1),'k',t,y(:,2),'r:','linewidth',2);
legend('Ideal position signal','Position tracking');
xlabel('time(s)');ylabel('Angle tracking');
subplot(212);
plot(t,cos(t),'k',t,y(:,3),'r:','linewidth',2);
legend('Ideal speed signal','Speed tracking');
xlabel('time(s)');ylabel('Speed tracking');

figure(2);
plot(t,u(:,1),'k','linewidth',0.01);
xlabel('time(s)');ylabel('Control input');

c=15;
figure(3);
plot(e,de,'r',e,-c'.*e,'k','linewidth',2);
xlabel('e');ylabel('de');
```

2.3 基于趋近律的滑模鲁棒控制

2.3.1 系统描述

考虑如下被控对象：

$$\ddot{\theta}(t)=-f(\theta,t)+bu(t)+d(t) \tag{2.16}$$

其中，$f(\theta,t)$和b为已知，且$b>0$；$d(t)$为外部干扰。

滑模函数设计为

$$s(t)=ce(t)+\dot{e}(t) \tag{2.17}$$

其中，$c>0$满足Hurwitz条件。

误差及其导数为

$$e(t)=\theta_{\mathrm{d}}-\theta(t),\quad \dot{e}(t)=\dot{\theta}_{\mathrm{d}}-\dot{\theta}(t)$$

其中，θ_{d}为理想角度信号。

于是

$$\begin{aligned}\dot{s}(t)&=c\dot{e}(t)+\ddot{e}(t)=c(\dot{\theta}_{\mathrm{d}}-\dot{\theta}(t))+(\ddot{\theta}_{\mathrm{d}}-\ddot{\theta}(t))\\&=c(\dot{\theta}_{\mathrm{d}}-\dot{\theta}(t))+(\ddot{\theta}_{\mathrm{d}}+f-bu-d)\end{aligned} \tag{2.18}$$

采用指数趋近律，有

$$\dot{s}=-\varepsilon\,\mathrm{sgn}s-ks\quad \varepsilon>0,k>0 \tag{2.19}$$

由式(2.18)和式(2.19)，得

$$c(\dot{\theta}_{\mathrm{d}}-\dot{\theta})+(\ddot{\theta}_{\mathrm{d}}+f-bu-d)=-\varepsilon\,\mathrm{sgn}s-ks$$

则滑模控制律为

$$u(t)=\frac{1}{b}(\varepsilon\,\mathrm{sgn}s+ks+c(\dot{\theta}_{\mathrm{d}}-\dot{\theta})+\ddot{\theta}_{\mathrm{d}}+f-d) \tag{2.20}$$

显然，由于干扰d未知，上述控制律无法实现。为了解决这一问题，采用干扰的界来设计控制律。

设计滑模控制律为

$$u(t)=\frac{1}{b}(\varepsilon \operatorname{sgn} s+ks+c(\dot{\theta}_{\mathrm{d}}-\dot{\theta})+\ddot{\theta}_{\mathrm{d}}+f-d_{\mathrm{c}}) \tag{2.21}$$

其中，d_c 为待设计的与干扰 d 的界相关的正实数。

将式(2.21)代入式(2.18)中，得

$$\dot{s}(t)=-\varepsilon \operatorname{sgn} s-ks+d_{\mathrm{c}}-d \tag{2.22}$$

通过选取 d_c 来保证控制系统稳定，即满足滑模到达条件。假设

$$d_{\mathrm{L}}\leqslant d(t)\leqslant d_{\mathrm{U}} \tag{2.23}$$

其中，d_L 和 d_U 为干扰的界。

为了保证 $s\dot{s}<0$，d_c 选取的原则如下：

(1) 当 $s(t)>0$ 时，$\dot{s}(t)=-\varepsilon-ks+d_c-d$，为了保证 $\dot{s}(t)<0$，取 $d_c=d_L$；

(2) 当 $s(t)<0$ 时，$\dot{s}(t)=\varepsilon-ks+d_c-d$，为了保证 $\dot{s}(t)>0$，取 $d_c=d_U$。

取 $d_1=\frac{d_U-d_L}{2}$，$d_2=\frac{d_U+d_L}{2}$，则可设计满足上述两个条件的 d_c 为

$$d_{\mathrm{c}}=d_2-d_1 \operatorname{sgn} s \tag{2.24}$$

取 Lyapunov 函数 $V=\frac{1}{2}s^2$，根据指数趋近律收敛性分析可知，$t\rightarrow\infty$ 时，$s\rightarrow 0$ 且指数收敛，则 $e\rightarrow 0$，$\dot{e}\rightarrow 0$ 且指数收敛。

2.3.2 仿真实例

考虑如下对象：

$$\ddot{\theta}(t)=-f(\theta,t)+bu(t)+d(t)$$

其中，$f(\theta,t)=25\dot{\theta}$，$b=133$，$d(t)=10\sin(\pi t)$。

取理想的角度指令为 $\theta_d=\sin t$，被控对象初始状态为[−0.15　−0.15]，采用控制律式(2.21)，取 $c=15$，$\varepsilon=0.5$，$k=10$，仿真结果如图 2.8～图 2.10 所示。

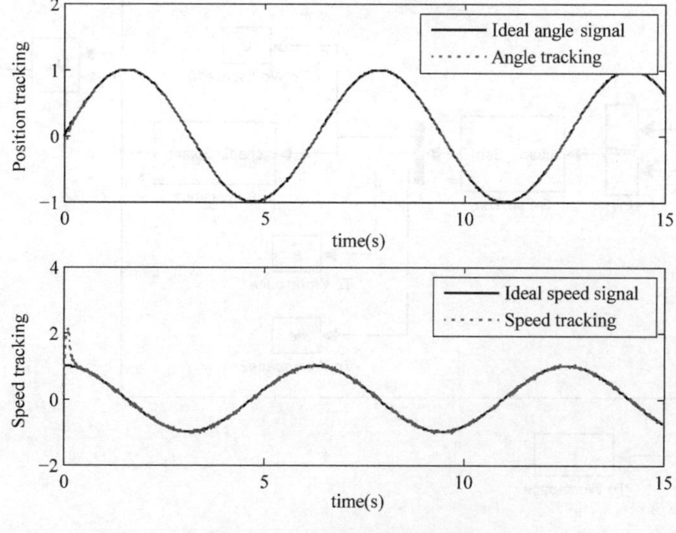

图 2.8　角度及角速度跟踪

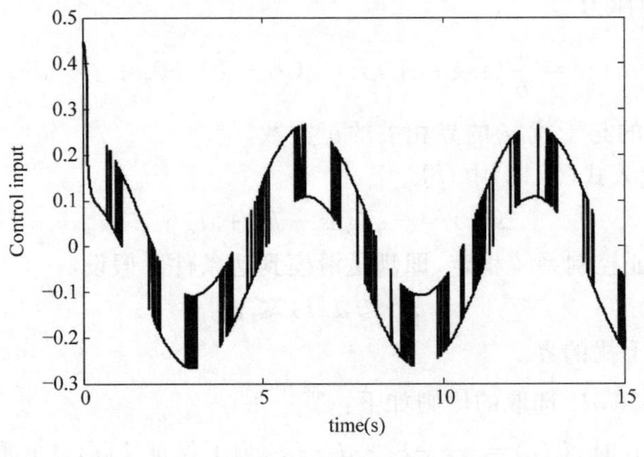

图 2.9　控制输入

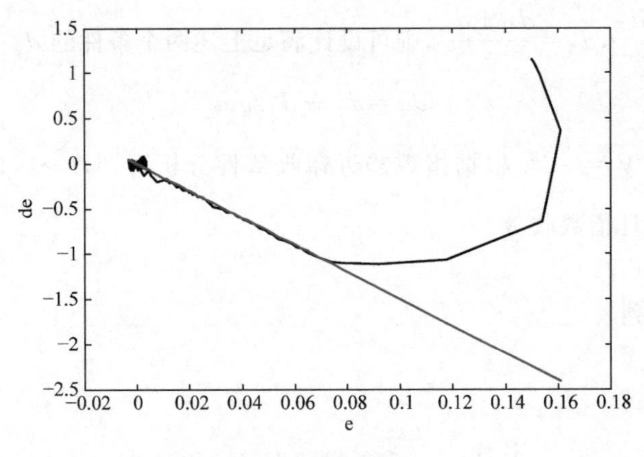

图 2.10　相轨迹

仿真程序：

(1) Simulink 主程序：chap2_3sim.mdl

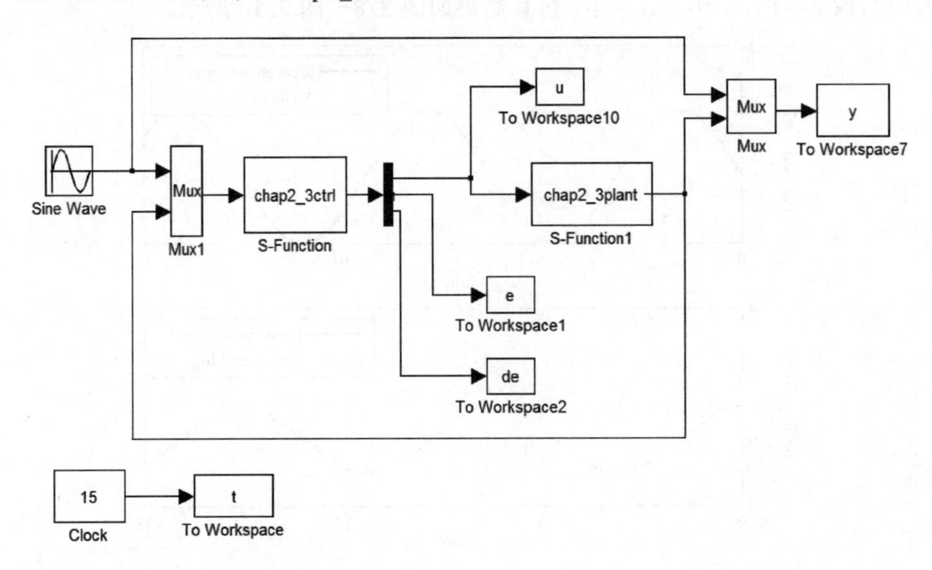

(2) 控制器 S 函数：chap2_3ctrl. m

```
function [sys,x0,str,ts] = spacemodel(t,x,u,flag)
switch flag,
case 0,
    [sys,x0,str,ts] = mdlInitializeSizes;
case 3,
    sys = mdlOutputs(t,x,u);
case {2,4,9}
    sys = [];
otherwise
    error(['Unhandled flag = ',num2str(flag)]);
end
function [sys,x0,str,ts] = mdlInitializeSizes
sizes = simsizes;
sizes.NumContStates        = 0;
sizes.NumDiscStates        = 0;
sizes.NumOutputs           = 3;
sizes.NumInputs            = 3;
sizes.DirFeedthrough       = 1;
sizes.NumSampleTimes       = 0;
sys = simsizes(sizes);
x0  = [];
str = [];
ts  = [];
function sys = mdlOutputs(t,x,u)
r = u(1);
dr = cos(t);
ddr = - sin(t);
th = u(2);
dth = u(3);

c = 15;
e = r - th;
de = dr - dth;
s = c * e + de;

fx = 25 * dth;
b = 133;
dL = - 10;dU = 10;
d1 = (dU - dL)/2;
d2 = (dU + dL)/2;
dc = d2 - d1 * sign(s);

epc = 0.5;k = 10;
ut = 1/b * (epc * sign(s) + k * s + c * de + ddr + fx - dc);

sys(1) = ut;
sys(2) = e;
sys(3) = de;
```

(3) 被控对象 S 函数：chap2_3plant. m

```
function [sys,x0,str,ts] = s_function(t,x,u,flag)
```

```
switch flag,
case 0,
    [sys,x0,str,ts] = mdlInitializeSizes;
case 1,
    sys = mdlDerivatives(t,x,u);
case 3,
    sys = mdlOutputs(t,x,u);
case {2, 4, 9}
    sys = [];
otherwise
    error(['Unhandled flag = ',num2str(flag)]);
end
function [sys,x0,str,ts] = mdlInitializeSizes
sizes = simsizes;
sizes.NumContStates          = 2;
sizes.NumDiscStates          = 0;
sizes.NumOutputs             = 2;
sizes.NumInputs              = 1;
sizes.DirFeedthrough         = 0;
sizes.NumSampleTimes         = 0;
sys = simsizes(sizes);
x0  = [-0.15 -0.15];
str = [];
ts  = [];
function sys = mdlDerivatives(t,x,u)
sys(1) = x(2);
sys(2) = -25*x(2)+133*u+10*sin(pi*t);
function sys = mdlOutputs(t,x,u)
sys(1) = x(1);
sys(2) = x(2);
```

(4) 作图程序：chap2_3plot.m

```
close all;

figure(1);
subplot(211);
plot(t,y(:,1),'k',t,y(:,2),'r:','linewidth',2);
legend('Ideal position signal','Position tracking');
xlabel('time(s)');ylabel('Position tracking');
subplot(212);
plot(t,cos(t),'k',t,y(:,3),'r:','linewidth',2);
legend('Ideal speed signal','Speed tracking');
xlabel('time(s)');ylabel('Speed tracking');


figure(2);
plot(t,u(:,1),'k','linewidth',2);
xlabel('time(s)');ylabel('Control input');

c = 15;
figure(3);
plot(e,de,'k',e,-c'.*e,'r','linewidth',2);
xlabel('e');ylabel('de');
```

2.4 基于上界的滑模控制

2.4.1 系统描述

考虑如下二阶非线性系统：

$$\ddot{\theta}=f(\theta,\dot{\theta})+\Delta f(\theta,\dot{\theta})+g(\theta,\dot{\theta})u+\Delta g(\theta,\dot{\theta})u+d_0(t) \tag{2.25}$$

其中，f 和 g 为已知非线性函数；$u\in R$ 和 $\theta\in R$ 为被控对象的控制输入和测量输出；$d_0(t)$为干扰。

取 $d(\theta,\dot{\theta},t)=\Delta f(\theta,\dot{\theta})+\Delta g(\theta,\dot{\theta})u+d_0(t)$，则式(2.25)可写为

$$\ddot{\theta}=f(\theta,\dot{\theta})+g(\theta,\dot{\theta})u+d(\theta,\dot{\theta},t) \tag{2.26}$$

其中，$|d(\theta,\dot{\theta},t)|\leqslant D$。

2.4.2 控制器设计

取理想位置指令为 θ_{d}，则误差为 $e=\theta_{\mathrm{d}}-\theta$。定义滑模函数为

$$s=\dot{e}+ce \tag{2.27}$$

其中，$c>0$。

则有

$$\dot{s}=\ddot{e}+c\dot{e}=\ddot{\theta}_{\mathrm{d}}-\ddot{\theta}+c\dot{e}=\ddot{\theta}_{\mathrm{d}}-f-gu-d+c\dot{e}$$

滑模控制器设计为

$$u=\frac{1}{g}(-f+\ddot{\theta}_{\mathrm{d}}+c\dot{e}+\eta\mathrm{sgn}(s)) \tag{2.28}$$

取 Lyapunov 函数为

$$L=\frac{1}{2}s^2$$

则

$$\begin{aligned}\dot{L}&=s\dot{s}=s(\ddot{\theta}_{\mathrm{d}}-f-gu-d+c\dot{e})\\&=s(\ddot{\theta}_{\mathrm{d}}-f-(-f+\ddot{\theta}_{\mathrm{d}}+c\dot{e}+\eta\mathrm{sgn}(s))-d+c\dot{e})\\&=s(-d-\eta\mathrm{sgn}(s))\\&=-sd-\eta|s|\end{aligned}$$

取 $\eta\geqslant D$，$\eta=D+\eta_0$，$\eta_0>0$ 则

$$\dot{L}=-sd-\eta|s|\leqslant-\eta_0|s|\leqslant 0$$

当 $\dot{L}\equiv 0$ 时，$s\equiv 0$，根据 LaSalle 不变性原理，闭环系统渐进稳定，当 $t\to\infty$时，$s\to 0$。当建模不确定性和干扰较大时，需要切换项增益 η 较大，这就会造成较大的抖振。为了防止抖振，控制器中采用饱和函数sat(s)代替符号函数 sgn(s)，即

$$\text{sat}(s)=\begin{cases}1 & s>\Delta \\ ks & |s|\leqslant\Delta,\quad k=1/\Delta \\ -1 & s<-\Delta\end{cases} \tag{2.29}$$

其中,Δ 为边界层。

采用饱和函数的滑模控制实质为：在边界层之外,采用切换控制,使系统状态快速趋于滑动模态,在边界层之内,采用反馈控制,以降低在滑动模态快速切换时产生的抖振,并保证函数 s 一直在边界层之内。

2.4.3 仿真实例

倒立摆动力学方程为

$$\dot{x}_1=x_2$$

$$\dot{x}_2=\frac{g\sin x_1-mlx_2^2\cos x_1\sin x_1/(m_c+m)}{l(4/3-m\cos^2 x_1/(m_c+m))}+\frac{\cos x_1/(m_c+m)}{l(4/3-m\cos^2 x_1/(m_c+m))}u$$

其中

$$f(\cdot)=\frac{g\sin x_1-mlx_2^2\cos x_1\sin x_1/(m_c+m)}{l(4/3-m\cos^2 x_1/(m_c+m))}$$

$$g(\cdot)=\frac{\cos x_1/(m_c+m)}{l(4/3-m\cos^2 x_1/(m_c+m))}$$

其中,u 为加在小车上的控制力；$m_c=1\text{kg}$ 和 $m=0.1\text{kg}$ 分别为小车和摆的质量；$l=0.5\text{m}$ 为摆杆旋转点到摆杆中心点的长度；$x_1=\theta$ 为小车的位置；$x_2=\dot{\theta}$ 为摆杆的转动角度；g 为重力加速度。

取角度指令为 $\theta_d(t)=0.1\sin(t)$,倒立摆的初始状态为[π/60,0],取 $\eta=0.20$,采用控制器式(2.28)。采用符号函数,取 $M=1$,仿真结果如图 2.11 和图 2.12 所示。为了降低抖振,采用饱和函数代替符号函数,取 $M=2,\Delta=0.05$,仿真结果如图 2.13 和图 2.14 所示。

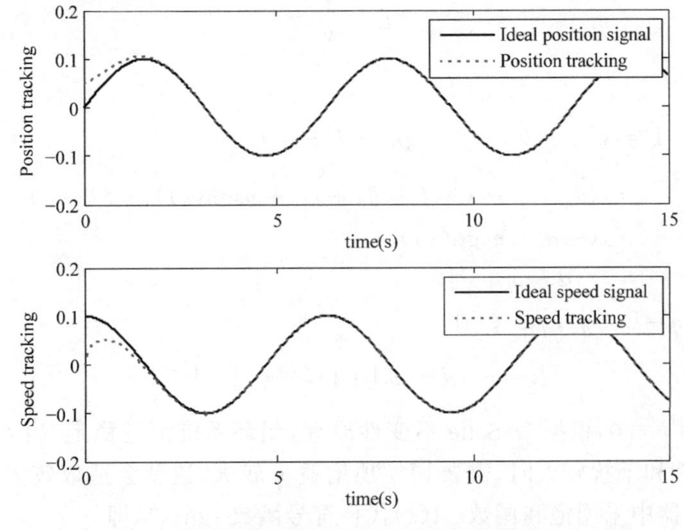

图 2.11 采用符号函数时的角度及角速度跟踪($M=1$)

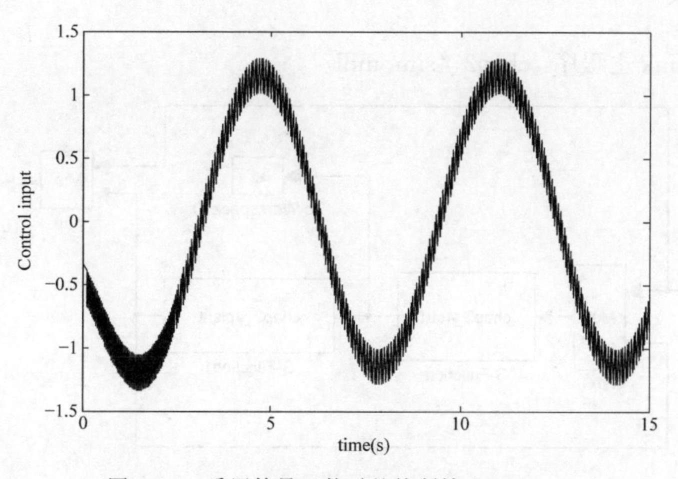

图 2.12　采用符号函数时的控制输入($M=1$)

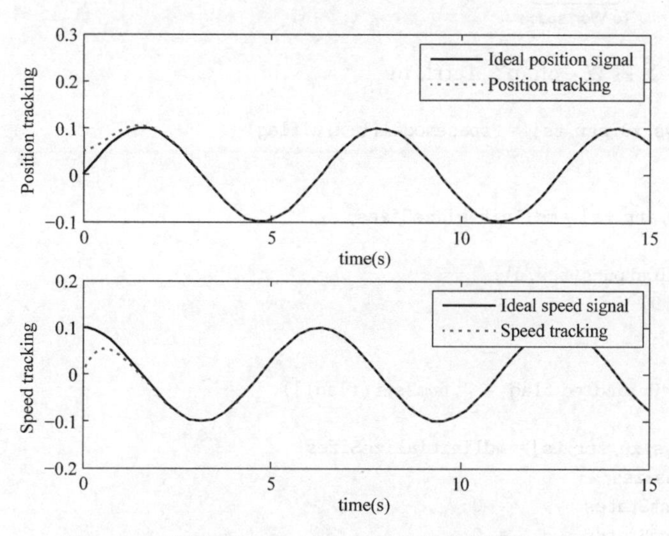

图 2.13　采用饱和函数时的角度及角速度跟踪($M=2$)

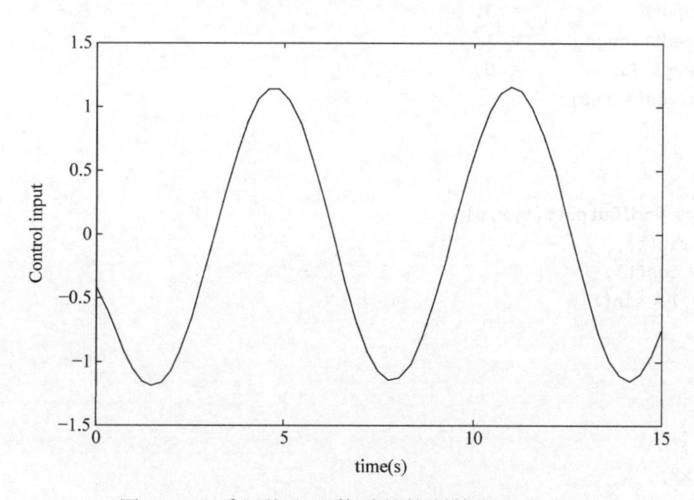

图 2.14　采用饱和函数时的控制输入($M=2$)

仿真程序：

(1) Simulink 主程序：chap2_4sim.mdl

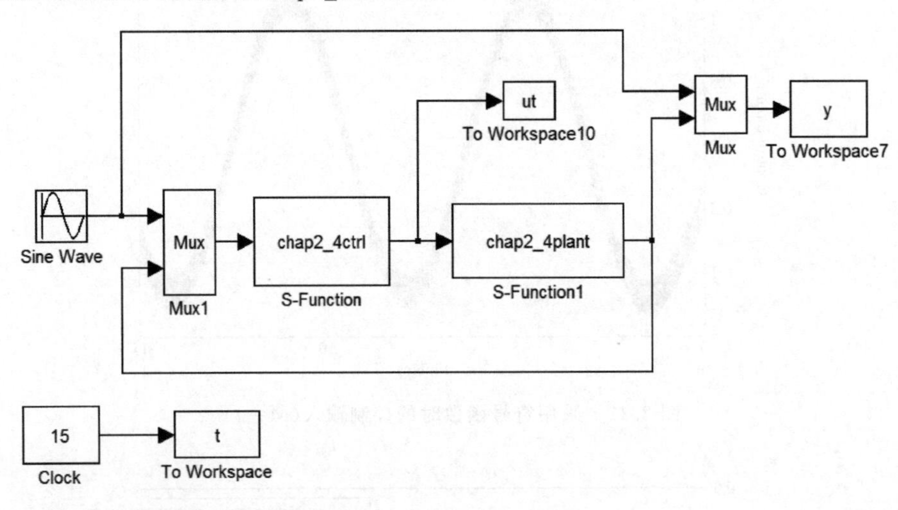

(2) 控制器 S 函数：chap2_4ctrl.m

```
function [sys,x0,str,ts] = spacemodel(t,x,u,flag)
switch flag,
case 0,
    [sys,x0,str,ts] = mdlInitializeSizes;
case 3,
    sys = mdlOutputs(t,x,u);
case {1,2,4,9}
    sys = [];
otherwise
    error(['Unhandled flag = ',num2str(flag)]);
end
function [sys,x0,str,ts] = mdlInitializeSizes
sizes = simsizes;
sizes.NumContStates      = 0;
sizes.NumDiscStates      = 0;
sizes.NumOutputs         = 1;
sizes.NumInputs          = 3;
sizes.DirFeedthrough     = 1;
sizes.NumSampleTimes     = 0;
sys = simsizes(sizes);
x0  = [];
str = [];
ts  = [];
function sys = mdlOutputs(t,x,u)
thd = 0.1 * sin(t);
dthd = 0.1 * cos(t);
ddthd = - 0.1 * sin(t);

x1 = u(2);
x2 = u(3);

e = thd - x1;
de = dthd - x2;
```

```
c = 1.5;
s = c * e + de;

g = 9.8;mc = 1.0;m = 0.1;l = 0.5;
T = l * (4/3 - m * (cos(x1))^2/(mc + m));

fx = g * sin(x1) - m * l * x2^2 * cos(x1) * sin(x1)/(mc + m);
fx = fx/T;

gx = cos(x1)/(mc + m);
gx = gx/T;

xite = 0.20;

M = 2;
if M == 1
    ut = 1/gx * ( - fx + ddthd + c * de + xite * sign(s));
elseif M == 2
        delta = 0.05;
        kk = 1/delta;
      if abs(s)> delta
        sats = sign(s);
      else
        sats = kk * s;
      end
   ut = 1/gx * ( - fx + ddthd + c * de + xite * sats);
end
sys(1) = ut;
```

(3) 被控对象 S 函数：chap2_4plant. m

```
function [sys,x0,str,ts] = s_function(t,x,u,flag)
switch flag,
case 0,
    [sys,x0,str,ts] = mdlInitializeSizes;
case 1,
    sys = mdlDerivatives(t,x,u);
case 3,
    sys = mdlOutputs(t,x,u);
case {2, 4, 9}
    sys = [];
otherwise
    error(['Unhandled flag = ',num2str(flag)]);
end
function [sys,x0,str,ts] = mdlInitializeSizes
sizes = simsizes;
sizes.NumContStates      = 2;
sizes.NumDiscStates      = 0;
sizes.NumOutputs         = 2;
sizes.NumInputs          = 1;
sizes.DirFeedthrough     = 0;
sizes.NumSampleTimes     = 0;
sys = simsizes(sizes);
x0 = [pi/60 0];
str = [];
ts = [];
function sys = mdlDerivatives(t,x,u)
```

```
g=9.8;mc=1.0;m=0.1;l=0.5;
S=l*(4/3-m*(cos(x(1)))^2/(mc+m));
fx=g*sin(x(1))-m*l*x(2)^2*cos(x(1))*sin(x(1))/(mc+m);
fx=fx/S;
gx=cos(x(1))/(mc+m);
gx=gx/S;
%%%%%%%%%
dt=0*10*sin(t);
%%%%%%%%%

sys(1)=x(2);
sys(2)=fx+gx*u+dt;
function sys=mdlOutputs(t,x,u)
sys(1)=x(1);
sys(2)=x(2);
```

(4) 作图程序：chap2_4plot.m

```
close all;

figure(1);
subplot(211);
plot(t,y(:,1),'k',t,y(:,2),'r:','linewidth',2);
legend('Ideal position signal','Position tracking');
xlabel('time(s)');ylabel('Position tracking');
subplot(212);
plot(t,0.1*cos(t),'k',t,y(:,3),'r:','linewidth',2);
legend('Ideal speed signal','Speed tracking');
xlabel('time(s)');ylabel('Speed tracking');

figure(2);
plot(t,ut(:,1),'k','linewidth',0.1);
xlabel('time(s)');ylabel('Control input');
```

2.5 基于准滑动模态的滑模控制

2.5.1 准滑动模态

在滑动模态控制系统中，如果控制结构的切换具有理想的开关特性，则能在切换面上形成理想的滑动模态，这是一种光滑的运动，渐进趋近于原点。但在实际工程中，由于存在时间上的延迟和空间上的滞后等原因，使得滑动模态呈抖动形式，在光滑的滑动上叠加了抖振。理想的滑动模态是不存在的，现实中的滑动模态控制均伴随有抖振，抖振问题是影响滑动模态控制广泛应用的主要障碍。

准滑动模态是指系统的运动轨迹被限制在理想滑动模态的某一 Δ 邻域内的模态。从相轨迹方面来说，具有理想滑动模态的控制是使一定范围内的状态点均被吸引至切换面。而准滑动模态控制则是使一定范围内的状态点均被吸引至切换面的某一 Δ 邻域内，通常称此 Δ 邻域为滑动模态切换面的边界层。

在边界层内，准滑动模态不要求满足滑动模态的存在条件，因此准滑动模态不要求在切换面上进行控制结构的切换。它既可以是在边界层上进行结构变换的控制系统，也可以是根本不进行结构变换的连续状态反馈控制系统。准滑动模态控制在实现上的这种差别,使它从根本上避免或削弱了抖振,从而在实际中得到了广泛的应用。

在连续系统中,常用的准滑动模态控制有以下两种方法:

(1) 用饱和函数 sat(s)代替理想滑动模态中的符号函数 sgn(s)。

$$\mathrm{sat}(s)=\begin{cases}1 & s>\Delta \\ ks & |s|\leqslant\Delta \quad k=\dfrac{1}{\Delta} \\ -1 & s<-\Delta\end{cases} \tag{2.30}$$

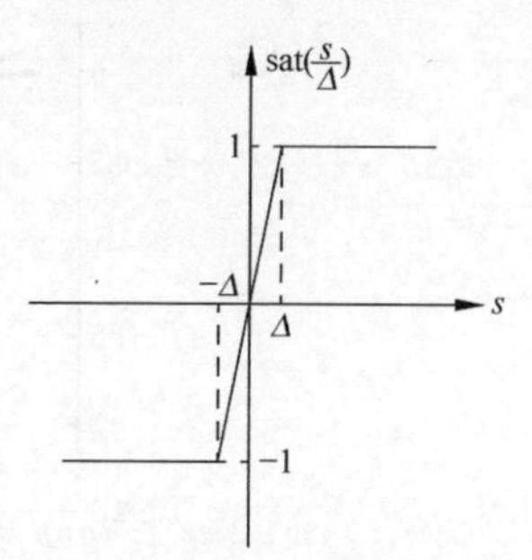

图 2.15　饱和函数

其中,Δ 称为"边界层"。饱和函数 sat(s)如图 2.15 所示。饱和函数的本质为:在边界层外,采用切换控制,在边界层之内,采用线性化反馈控制。

(2) 采用继电特性进行连续化,用连续函数 $\theta(s)$取代 sgn(s)。

$$\theta(s)=\frac{s}{|s|+\delta} \tag{2.31}$$

其中,δ 是很小的正常数。

2.5.2　仿真实例

考虑如下被控对象:

$$\ddot{\theta}(t)=f(\theta,t)+bu(t)+d(t)$$

其中,$f(\theta,t)=-25\dot{\theta}$,$b=133$,$d(t)=50\sin t$。

针对 2.5.1 节"基于上界的滑模控制"方法,通过对比,说明采用饱和函数的优点。

(1) 在控制律式(2.28)中采用符号函数,取 $M=1$,仿真结果如图 2.16～图 2.18 所示。

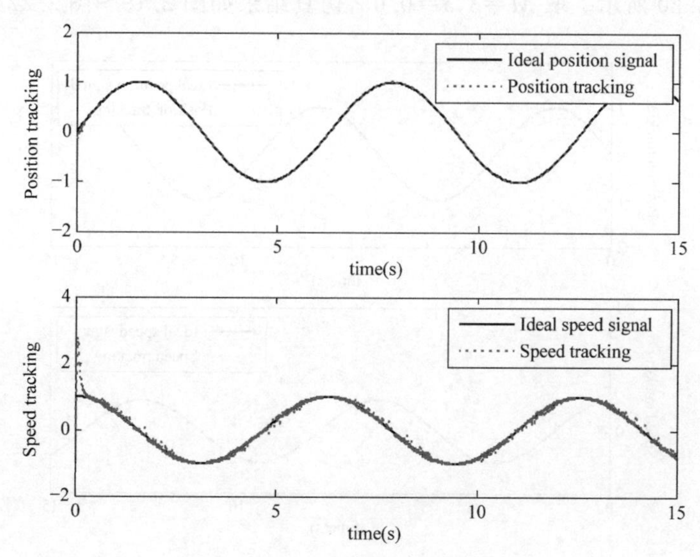

图 2.16　位置及速度跟踪($M=1$)

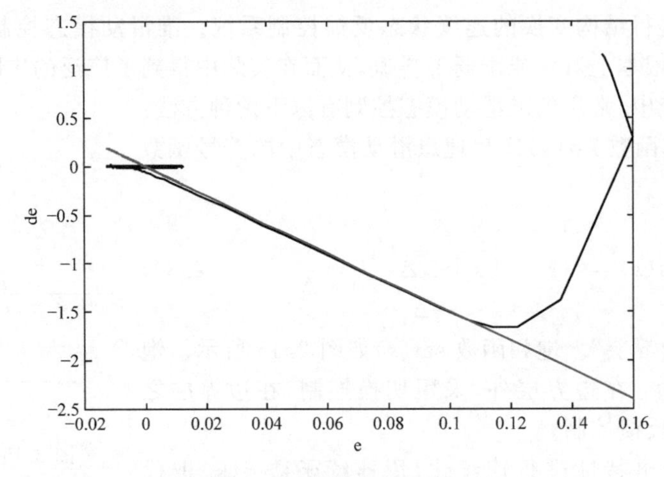

图 2.17　相轨迹($M=1$)

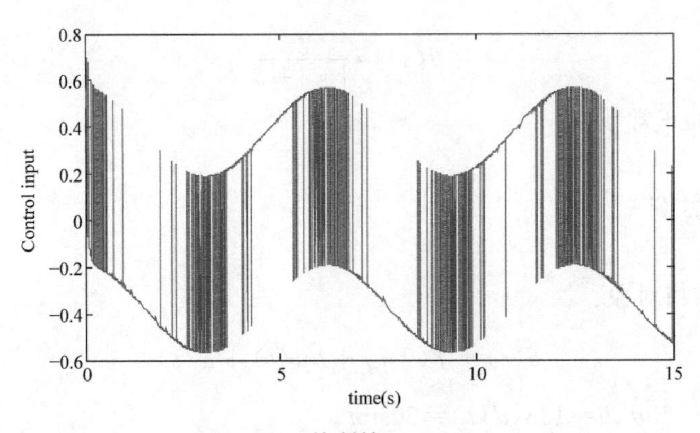

图 2.18　控制输入($M=1$)

(2) 在控制律式(2.28)中采用饱和函数和连续函数，取 $M=2$，$\Delta=0.05$，仿真结果如图 2.19 和图 2.20 所示。取 $M=3$，$\delta=0.05$，仿真结果如图 2.19～图 2.22 所示。

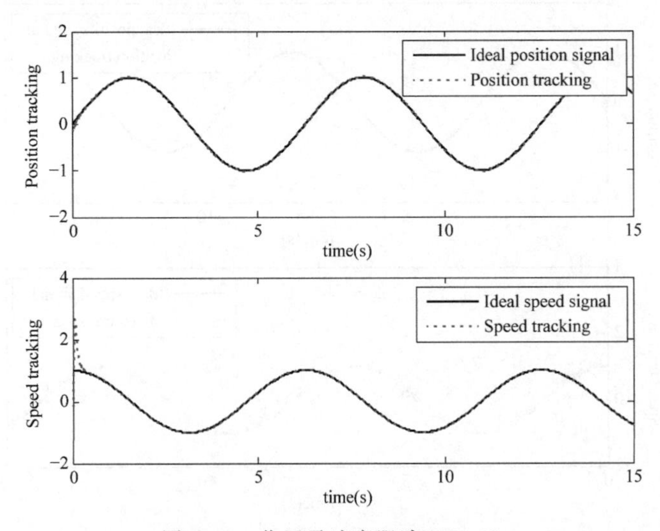

图 2.19　位置及速度跟踪($M=2$)

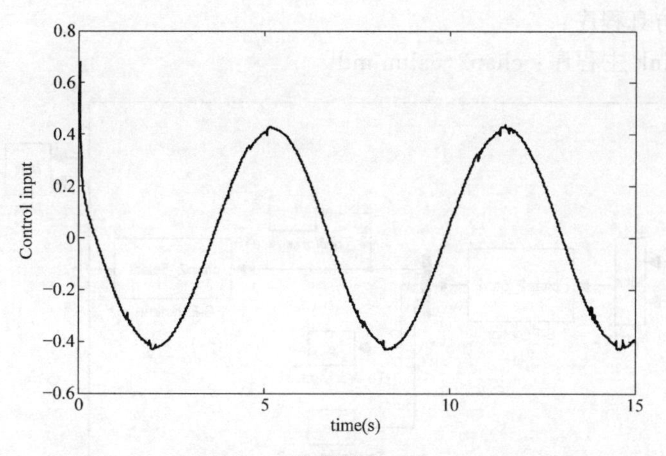

图 2.20　控制输入($M=2$)

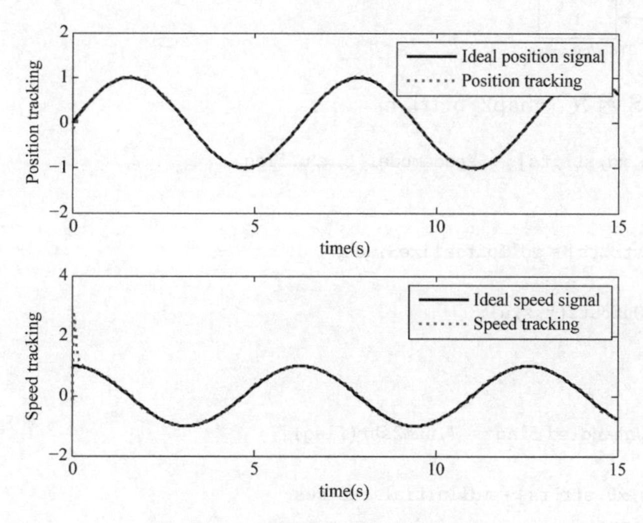

图 2.21　位置及速度跟踪($M=3$)

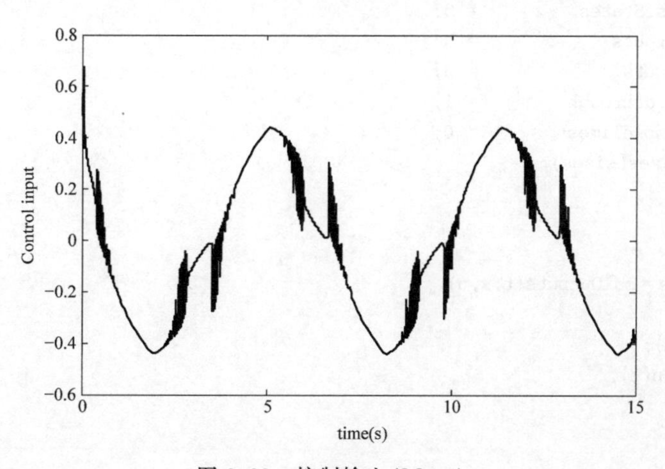

图 2.22　控制输入($M=3$)

连续系统仿真程序：

(1) Simulink 主程序：chap2_5sim. mdl

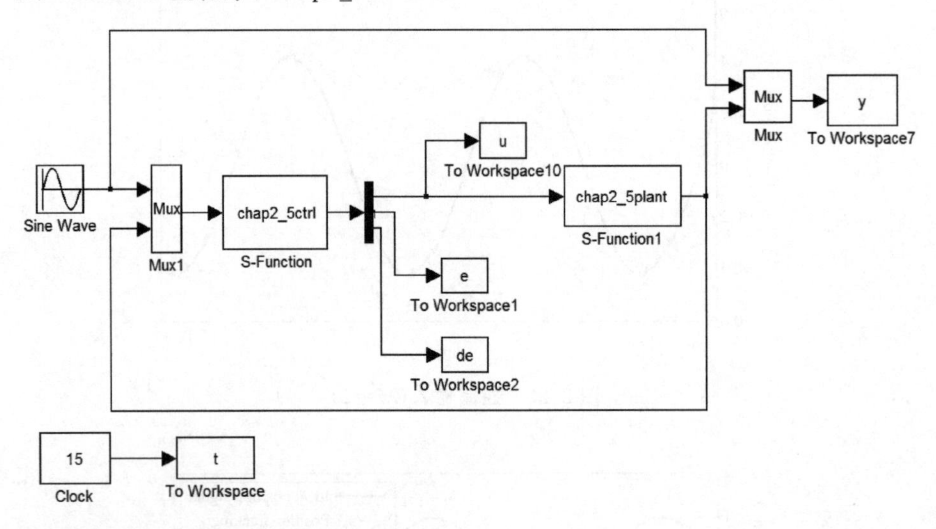

(2) 控制器 S 函数：chap2_5ctrl. m

```
function [sys,x0,str,ts] = spacemodel(t,x,u,flag)
switch flag,
case 0,
    [sys,x0,str,ts] = mdlInitializeSizes;
case 3,
    sys = mdlOutputs(t,x,u);
case {2,4,9}
    sys = [];
otherwise
    error(['Unhandled flag = ',num2str(flag)]);
end
function [sys,x0,str,ts] = mdlInitializeSizes
sizes = simsizes;
sizes.NumContStates        = 0;
sizes.NumDiscStates        = 0;
sizes.NumOutputs           = 3;
sizes.NumInputs            = 3;
sizes.DirFeedthrough       = 1;
sizes.NumSampleTimes       = 0;
sys = simsizes(sizes);
x0  = [];
str = [];
ts  = [];
function sys = mdlOutputs(t,x,u)
thd = u(1);
dthd = cos(t);
ddthd = - sin(t);

th = u(2);
dth = u(3);

c = 15;
```

```
e = thd - th;
de = dthd - dth;
s = c * e + de;

D = 50;
xite = D + 1.5;

fx = - 25 * dth;
b = 133;

M = 3;
if M == 1             % Switch function
   ut = 1/b * ( - fx + ddthd + c * (dthd - dth) + xite * sign(s));
elseif M == 2         % Saturated function
   fai = 0.20;
   if abs(s)< = fai
      sat = s/fai;
   else
      sat = sign(s);
   end
   ut = 1/b * ( - fx + ddthd + c * (dthd - dth) + xite * sat);
elseif M == 3         % Relay function
   delta = 0.015;
   rs = s/(abs(s) + delta);
   ut = 1/b * ( - fx + ddthd + c * (dthd - dth) + xite * rs);
end
sys(1) = ut;
sys(2) = e;
sys(3) = de;
```

(3) 被控对象S函数：chap2_5plant.m

```
function [sys,x0,str,ts] = s_function(t,x,u,flag)
switch flag,
case 0,
    [sys,x0,str,ts] = mdlInitializeSizes;
case 1,
    sys = mdlDerivatives(t,x,u);
case 3,
    sys = mdlOutputs(t,x,u);
case {2, 4, 9}
    sys = [];
otherwise
    error(['Unhandled flag = ',num2str(flag)]);
end
function [sys,x0,str,ts] = mdlInitializeSizes
sizes = simsizes;
sizes.NumContStates      = 2;
sizes.NumDiscStates      = 0;
sizes.NumOutputs         = 2;
sizes.NumInputs          = 1;
sizes.DirFeedthrough     = 0;
sizes.NumSampleTimes     = 0;
```

```
sys = simsizes(sizes);
x0 = [ - 0.15  - 0.15];
str = [];
ts = [];
function sys = mdlDerivatives(t,x,u)
dt = 50 * sin(t);
sys(1) = x(2);
sys(2) = - 25 * x(2) + 133 * u + dt;
function sys = mdlOutputs(t,x,u)
sys(1) = x(1);
sys(2) = x(2);
```

(4) 作图程序：chap2_5plot.m

```
close all;

figure(1);
subplot(211);
plot(t,y(:,1),'k',t,y(:,2),'r:','linewidth',2);
legend('Ideal position signal','Position tracking');
xlabel('time(s)');ylabel('Position tracking');
subplot(212);
plot(t,cos(t),'k',t,y(:,3),'r:','linewidth',2);
legend('Ideal speed signal','Speed tracking');
xlabel('time(s)');ylabel('Speed tracking');


figure(2);
plot(t,u(:,1),'k','linewidth',2);
xlabel('time(s)');ylabel('Control input');

c = 15;
figure(3);
plot(e,de,'k',e, - c'. * e,'r','linewidth',2);
xlabel('e');ylabel('de');
```

2.6 基于连续切换的滑模控制

2.6.1 双曲正切函数性质

采用饱和函数法，可以有效地克服滑模抖振，其缺点是属于不连续函数，不适合需要对切换函数求导的场合。由于双曲正切函数是连续光滑的，采用双曲正切函数代替不连续的切换函数，可有效地降低滑模控制中的抖振。

双曲正切函数如下：

$$\tanh\left(\frac{x}{\varepsilon}\right)=\frac{e^{\frac{x}{\varepsilon}}-e^{-\frac{x}{\varepsilon}}}{e^{\frac{x}{\varepsilon}}+e^{-\frac{x}{\varepsilon}}}$$

其中，$\varepsilon>0$，ε 值大小决定了双曲正切光滑函数拐点的变化快慢。

引理 2.1[3] 对于任意给定的 x，存在 $\varepsilon>0$，存在不等式

$$x\tanh\left(\frac{x}{\varepsilon}\right)=\left|x\tanh\left(\frac{x}{\varepsilon}\right)\right|=|x|\left|\tanh\left(\frac{x}{\varepsilon}\right)\right|\geqslant 0 \tag{2.32}$$

针对引理 2.1 说明如下：根据双曲正切函数的定义，有

$$x\tanh\left(\frac{x}{\varepsilon}\right)=x\frac{\mathrm{e}^{\frac{x}{\varepsilon}}-\mathrm{e}^{-\frac{x}{\varepsilon}}}{\mathrm{e}^{\frac{x}{\varepsilon}}+\mathrm{e}^{-\frac{x}{\varepsilon}}}=\frac{1}{\mathrm{e}^{2\frac{x}{\varepsilon}}+1}x\left(\mathrm{e}^{2\frac{x}{\varepsilon}}-1\right)$$

由于

$$\begin{cases}\mathrm{e}^{2\frac{x}{\varepsilon}}-1\geqslant 0, & x\geqslant 0\\ \mathrm{e}^{2\frac{x}{\varepsilon}}-1<0, & x<0\end{cases}$$

可得

$$x\left(\mathrm{e}^{2\frac{x}{\varepsilon}}-1\right)\geqslant 0$$

从而

$$x\tanh\left(\frac{x}{\varepsilon}\right)=\frac{1}{\mathrm{e}^{2\frac{x}{\varepsilon}}+1}x\left(\mathrm{e}^{2\frac{x}{\varepsilon}}-1\right)\geqslant 0$$

即

$$x\tanh\left(\frac{x}{\varepsilon}\right)=\left|x\tanh\left(\frac{x}{\varepsilon}\right)\right|=|x|\left|\tanh\left(\frac{x}{\varepsilon}\right)\right|\geqslant 0$$

仿真实例：比较切换函数 $g(s)=\eta\mathrm{sgn}(s)$ 和双曲正切光滑函数 $g(v)=\eta\tanh\left(\frac{s}{\varepsilon}\right)$，$s$ 值取[−20,20]，光滑函数与切换函数的对比如图 2.23 所示，其中 $\varepsilon=0.50$。

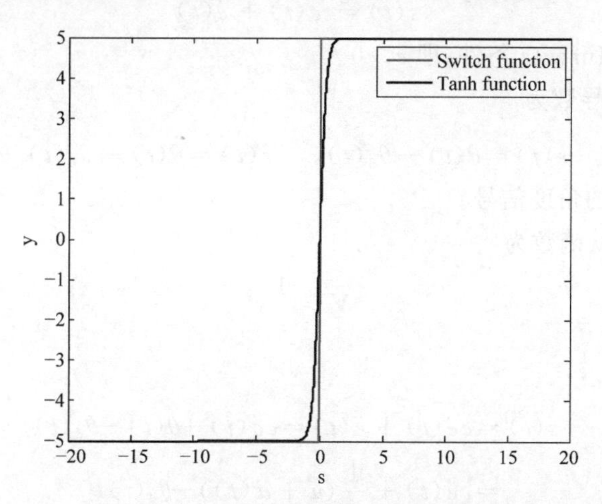

图 2.23 双曲正切光滑函数与切换函数

仿真程序：tanh_test.m

```
clear all;
close all;
```

```
xite = 5.0;
ts = 0.01;
for k = 1:1:4001;

s(k) = (k - 1) * ts - 20;

y1(k) = xite * sign(s(k));

epc = 0.5;
y2(k) = xite * tanh(s(k)/epc);
end

figure(1);
plot(s,y1,'r',s,y2,'k','linewidth',2);
xlabel('s');ylabel('y');
legend('Switch function','Tanh function');
```

引理 2.2[4]　取 $\varepsilon>0$,对于任意 $\chi\in R$,存在常数 $\varepsilon>0$,如下不等式成立

$$0\leqslant|\chi|-\chi\tanh\left(\frac{\chi}{\varepsilon}\right)\leqslant\mu\varepsilon,\quad \mu=0.2785 \tag{2.33}$$

2.6.2　基于双曲正切函数的滑模控制

考虑如下被控对象：

$$J\ddot{\theta}(t)=u(t)+d(t) \tag{2.34}$$

其中,J 为转动惯量；$\theta(t)$为角度；$u(t)$为控制输入；$d(t)$为外加干扰；$|dt|\leqslant D$。

设计滑模函数为

$$s(t)=ce(t)+\dot{e}(t)$$

其中,c 必须满足 Hurwitz 条件,即 $c>0$。

跟踪误差及其导数为

$$e(t)=\theta(t)-\theta_{\mathrm{d}}(t),\quad \dot{e}(t)=\dot{\theta}(t)-\dot{\theta}_{\mathrm{d}}(t)$$

其中,$\theta_{\mathrm{d}}(t)$为理想的角度信号。

定义 Lyapunov 函数为

$$V=\frac{1}{2}s^2$$

则

$$\begin{aligned}\dot{s}(t)&=c\dot{e}(t)+\ddot{e}(t)=c\dot{e}(t)+\ddot{\theta}(t)-\ddot{\theta}_{\mathrm{d}}(t)\\&=c\dot{e}(t)+\frac{1}{J}(u+d(t))-\ddot{\theta}_{\mathrm{d}}(t)\end{aligned}$$

且

$$s\dot{s}=s\left(c\dot{e}+\frac{1}{J}(u+d(t))-\ddot{\theta}_{\mathrm{d}}\right)$$

为了保证 $s\dot{s}<0$,考虑如下两种情况设计滑模控制律。

(1) 基于切换函数的滑模控制：

$$u(t)=J(-c\dot{e}+\ddot{\theta}_{\mathrm{d}}-\eta s)-D\operatorname{sgn}(s) \tag{2.35}$$

则

$$\begin{aligned}
s\dot{s}&=s\left(c\dot{e}+(-c\dot{e}+\ddot{\theta}_{\mathrm{d}}-\eta s)-\frac{1}{J}D\operatorname{sgn}(s)+\frac{1}{J}d(t)-\ddot{\theta}_{\mathrm{d}}\right)\\
&=s\left(-\eta s-\frac{1}{J}D\operatorname{sgn}(s)+\frac{1}{J}d(t)\right)\\
&=-\eta s^2-\frac{1}{J}D\mid s\mid+\frac{1}{J}sd(t)\leqslant-\eta s^2=-2\eta V
\end{aligned}$$

采用第1章附录中的引理1.1，不等式 $\dot{V}\leqslant-2\eta V$ 的解为

$$V(t)\leqslant \mathrm{e}^{-2\eta(t-t_0)}V(t_0)$$

即 $V(t)$指数收敛，收敛精度取决于 η。

(2) 基于双曲正切函数的滑模控制：

$$u(t)=J(-c\dot{e}+\ddot{\theta}_{\mathrm{d}}-\eta s)-D\tanh\left(\frac{s}{\varepsilon}\right) \tag{2.36}$$

根据引理2.2，有

$$\mid s\mid-s\tanh\left(\frac{s}{\varepsilon}\right)\leqslant\mu\varepsilon$$

则 $D|s|-Ds\tanh\left(\frac{s}{\varepsilon}\right)\leqslant D\mu\varepsilon$，即

$$-Ds\tanh\left(\frac{s}{\varepsilon}\right)\leqslant-D\mid s\mid+D\mu\varepsilon$$

进一步可知

$$\begin{aligned}
s\dot{s}&=s\left(c\dot{e}+\frac{1}{J}(u+d(t))-\ddot{\theta}_{\mathrm{d}}\right)\\
&=s\left(c\dot{e}+(-c\dot{e}+\ddot{\theta}_{\mathrm{d}}-\eta s)-\frac{1}{J}D\tanh\left(\frac{s}{\varepsilon}\right)+\frac{1}{J}d(t)-\ddot{\theta}_{\mathrm{d}}\right)\\
&=s\left(-\eta s-\frac{1}{J}D\tanh\left(\frac{s}{\varepsilon}\right)+\frac{1}{J}d(t)\right)\\
&=-\eta s^2+\frac{1}{J}\left(-Ds\tanh\left(\frac{s}{\varepsilon}\right)+sd(t)\right)\\
&\leqslant-\eta s^2+\frac{1}{J}(-D\mid s\mid+D\mu\varepsilon+sd(t))\\
&\leqslant-\eta s^2+\frac{1}{J}D\mu\varepsilon=-2\eta V+b
\end{aligned}$$

其中，$b=\frac{1}{J}D\mu\varepsilon$。

采用引理1.1，不等式 $\dot{V}\leqslant-2\eta V+b$ 的解为

$$\begin{aligned}
V(t)&\leqslant \mathrm{e}^{-2\eta(t-t_0)}V(t_0)+b\mathrm{e}^{-2\eta t}\int_{t_0}^{t}\mathrm{e}^{2\eta\tau}\mathrm{d}\tau\\
&=\mathrm{e}^{-2\eta(t-t_0)}V(t_0)+\frac{b\mathrm{e}^{-2\eta t}}{2\eta}(\mathrm{e}^{2\eta t}-\mathrm{e}^{2\eta t_0})
\end{aligned}$$

$$=\mathrm{e}^{-2\eta(t-t_0)}V(t_0)+\frac{b}{2\eta}(1-\mathrm{e}^{-2\eta(t-t_0)})$$

$$=\mathrm{e}^{-2\eta(t-t_0)}V(t_0)+\frac{D\mu\varepsilon}{2\eta J}(1-\mathrm{e}^{-2\eta(t-t_0)})$$

即

$$\lim_{t\to\infty}V(t)\leqslant\frac{D\mu\varepsilon}{2\eta J} \tag{2.37}$$

且 $V(t)$ 渐进收敛，从而 s 渐进收敛，收敛精度取决于 D、η 和 ε，即 D 越小、η 越大、ε 越小，收敛精度越小。

2.6.3 仿真实例

被控对象取式(2.34)，$J=10$，取角度指令为 $\theta_{\mathrm{d}}(t)=\sin t$，干扰为 $d(t)=50\sin t$，对象的初始状态为[0.5，1.0]，取 $c=0.50$，$\eta=0.50$，$D=50$，$\varepsilon=0.02$，分别采用控制器式(2.35)和式(2.36)，仿真结果如图 2.24～图 2.27 所示。

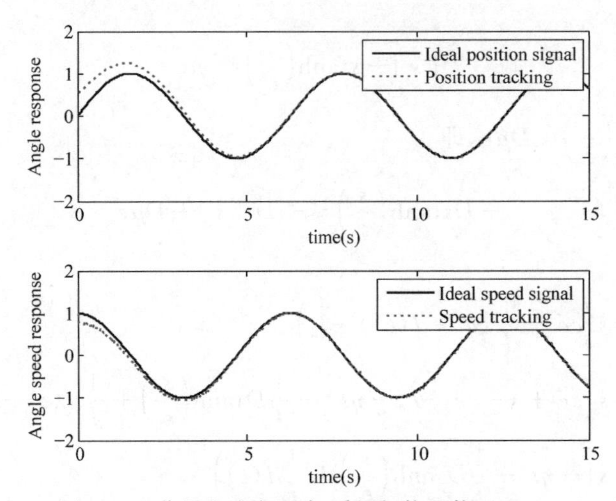

图 2.24 位置和速度跟踪(采用切换函数)($M=1$)

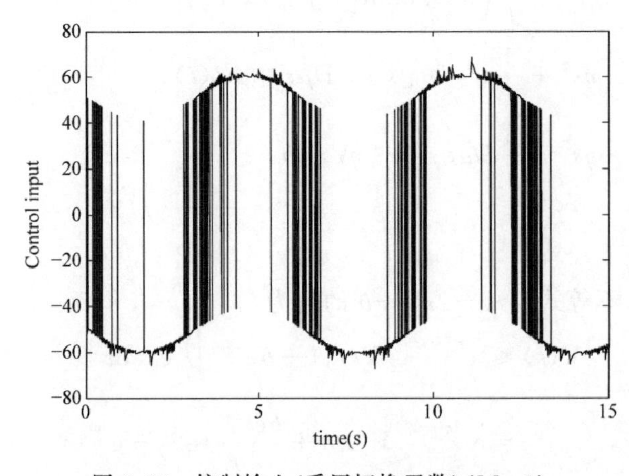

图 2.25 控制输入(采用切换函数)($M=1$)

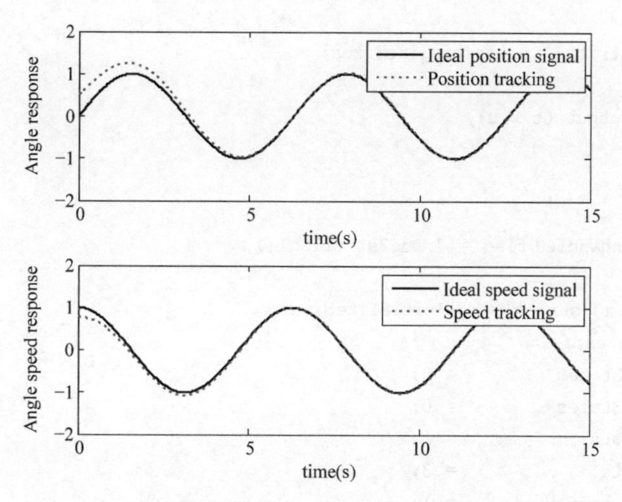

图 2.26　位置和速度跟踪(采用双曲正切函数)($M=2$)

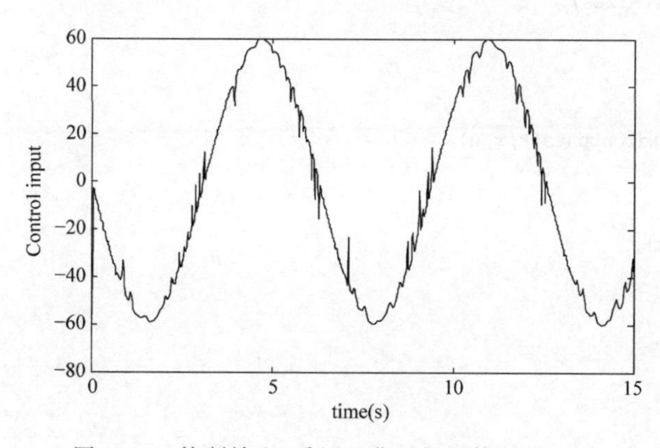

图 2.27　控制输入(采用双曲正切函数)($M=2$)

仿真程序：

(1) Simulink 主程序：chap2_6sim.mdl

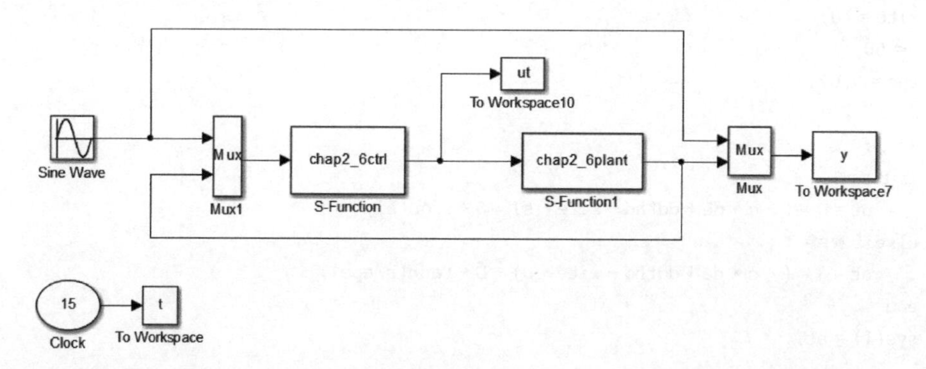

(2) 控制器 S 函数：chap2_6ctrl.m

```
function [sys,x0,str,ts] = spacemodel(t,x,u,flag)
switch flag,
```

```
case 0,
    [sys,x0,str,ts] = mdlInitializeSizes;
case 3,
    sys = mdlOutputs(t,x,u);
case {2,4,9}
    sys = [];
otherwise
    error(['Unhandled flag = ',num2str(flag)]);
end
function [sys,x0,str,ts] = mdlInitializeSizes
sizes = simsizes;
sizes.NumContStates          = 0;
sizes.NumDiscStates          = 0;
sizes.NumOutputs             = 1;
sizes.NumInputs              = 3;
sizes.DirFeedthrough         = 1;
sizes.NumSampleTimes         = 0;
sys = simsizes(sizes);
x0  = [];
str = [];
ts  = [];
function sys = mdlOutputs(t,x,u)
thd = u(1);
dthd = cos(t);
ddthd = -sin(t);

th = u(2);
dth = u(3);

c = 0.5;
e = th - thd;
de = dth - dthd;
s = c * e + de;

J = 10;
xite = 10;
D = 50;
epc = 0.02;

M = 1;
if M == 1
    ut = J * (-c * de + ddthd - xite * s) - D * sign(s);
elseif M == 2
    ut = J * (-c * de + ddthd - xite * s) - D * tanh(s/epc);
end
sys(1) = ut;
```

(3) 作图程序：chap2_6plot. m

```
close all;
```

```
figure(1);
subplot(211);
plot(t,y(:,1),'k',t,y(:,2),'r:','linewidth',2);
legend('Ideal position signal','Position tracking');
xlabel('time(s)');ylabel('Angle response');
subplot(212);
plot(t,cos(t),'k',t,y(:,3),'r:','linewidth',2);
legend('Ideal speed signal','Speed tracking');
xlabel('time(s)');ylabel('Angle speed response');

figure(2);
plot(t,ut(:,1),'k','linewidth',0.01);
xlabel('time(s)');ylabel('Control input');
```

2.7 等效滑模控制

滑模控制律可由等效控制 u_{eq} 和切换鲁棒控制 u_{sw} 构成。先不考虑干扰和不确定性，通过取 $\dot{s}=0$,可以容易得到滑模控制律的等效项 u_{eq},然后令 $u=u_{\text{eq}}+u_{\text{sw}}$,通过分析 $\dot{s}$,并将 $u=u_{\text{eq}}+u_{\text{sw}}$ 代入,使 $s\dot{s}\leqslant-\eta|s|$ 成立,从而可得到滑模控制律的切换鲁棒项 u_{sw}。

等效控制保证系统的状态在滑模面上,切换控制保证系统的状态不离开滑模面。

2.7.1 系统描述

考虑如下 n 阶非线性系统：

$$x^{(n)}=f(x,t)+bu(t)+d(t) \tag{2.38}$$

$$\boldsymbol{x}=(x,\dot{x},\cdots,x^{(n-1)})^{\mathrm{T}},\quad y=x \tag{2.39}$$

其中,$b>0,x\in R^n,u\in R,y\in R,d(t)$为外加干扰,$|d(t)|\leqslant D$。

2.7.2 等效控制

不考虑干扰和不确定性,被控对象描述为

$$x^{(n)}=f(x,t)+bu(t) \tag{2.40}$$

跟踪误差向量为

$$\boldsymbol{e}=\boldsymbol{x}_{\mathrm{d}}-\boldsymbol{x}=(e,\dot{e},\cdots,e^{(n-1)})^{\mathrm{T}} \tag{2.41}$$

切换函数设计为

$$s(x,t)=\boldsymbol{C}e=c_1e+c_2\dot{e}+\cdots+e^{(n-1)} \tag{2.42}$$

其中,$\boldsymbol{C}=[c_1,c_2,\cdots,c_{n-1},1]$。

取 $\dot{s}=0$,则

$$\dot{s}(x,t)=c_1\dot{e}+c_2\ddot{e}+\cdots+e^{(n)}$$

$$=c_1\dot{e}+c_2\ddot{e}+\cdots+c_{n-1}e^{(n-1)}+x_{\mathrm{d}}^{(n)}-x^{(n)}$$

$$=\sum_{i=1}^{n-1}c_ie^{(i)}+x_{\mathrm{d}}^{(n)}-f(x,t)-bu(t)=0 \tag{2.43}$$

等效控制器设计为

$$u_{\mathrm{eq}}=\frac{1}{b}\left(\sum_{i=1}^{n-1}c_ie^{(i)}+x_{\mathrm{d}}^{(n)}-f(x,t)\right) \tag{2.44}$$

2.7.3 滑模控制

为了保证滑模到达条件成立，即 $s(x,t)\cdot\dot{s}(x,t)\leqslant-\eta|s|,(\eta>0)$，设计切换控制如下：

$$u_{\mathrm{sw}}=\frac{1}{b}K\operatorname{sgn}(s) \tag{2.45}$$

其中，$K=D+\eta$。

滑模控制律由等效控制项和切换控制项组成，即

$$u=u_{\mathrm{eq}}+u_{\mathrm{sw}} \tag{2.46}$$

$$\dot{s}(x,t)=\sum_{i=1}^{n-1}c_ie^{(i)}+x_{\mathrm{d}}^{(n)}-f(x,t)-bu(t)-d(t) \tag{2.47}$$

将式(2.46)代入式(2.47)，得

$$\begin{aligned}\dot{s}(x,t)&=\sum_{i=1}^{n-1}c_ie^{(i)}+x_{\mathrm{d}}^{(n)}-f(x,t)-\\&\quad b\left(\frac{1}{b}\left(\sum_{i=1}^{n-1}c_ie^{(i)}+x_{\mathrm{d}}^{(n)}-f(x,t)\right)+\right.\\&\quad\left.\frac{1}{b}K\operatorname{sgn}(s)\right)-d(t)\\&=-K\operatorname{sgn}(s)-d(t)\end{aligned}$$

则

$$s\dot{s}=s(-K\operatorname{sgn}(s))-s\cdot d(t)=-\eta\mid s\mid\leqslant0 \tag{2.48}$$

取 Lyapunov 函数为 $V=\frac{1}{2}s^2$，则 $\dot{V}=s\dot{s}\leqslant0$，当 $\dot{V}\equiv0$ 时，$s\equiv0$，根据 LaSalle 不变性原理，闭环系统渐进稳定，$t\to\infty$时，$s\to0$。

2.7.4 仿真实例

考虑如下对象：

$$\ddot{x}=-25\dot{x}+133u(t)+d(t)$$

则有 $f(x,t)=-25\dot{x}$，$b=133$，取 $d(t)=50\sin(t)$，$\eta=0.10$，理想位置指令为 $x_{\mathrm{d}}=\sin(2\pi t)$，取 $c=25$，$D=50$，采用控制律式(2.46)，仿真结果如图 2.28 和图 2.29 所示。

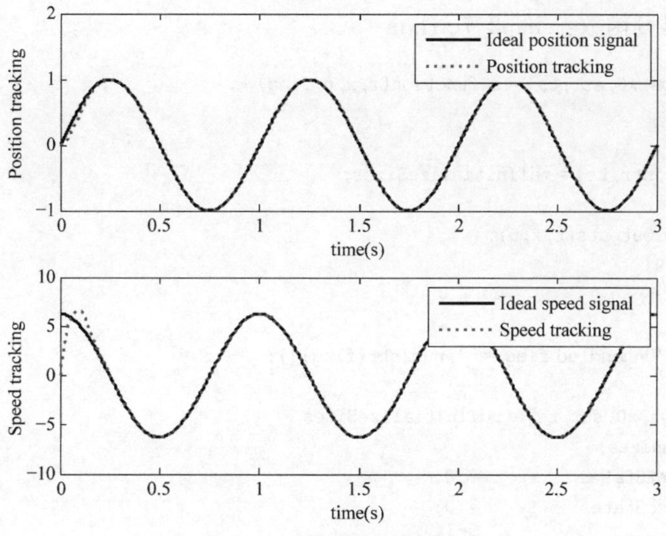

图 2.28　位置及速度跟踪

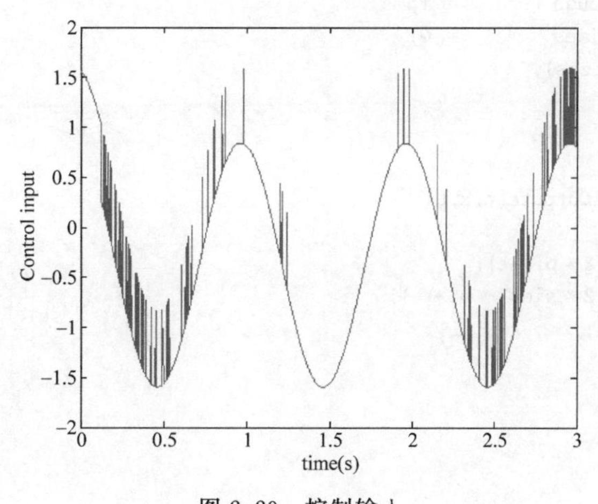

图 2.29　控制输入

仿真程序：

(1) Simulink 主程序：chap2_7sim.mdl

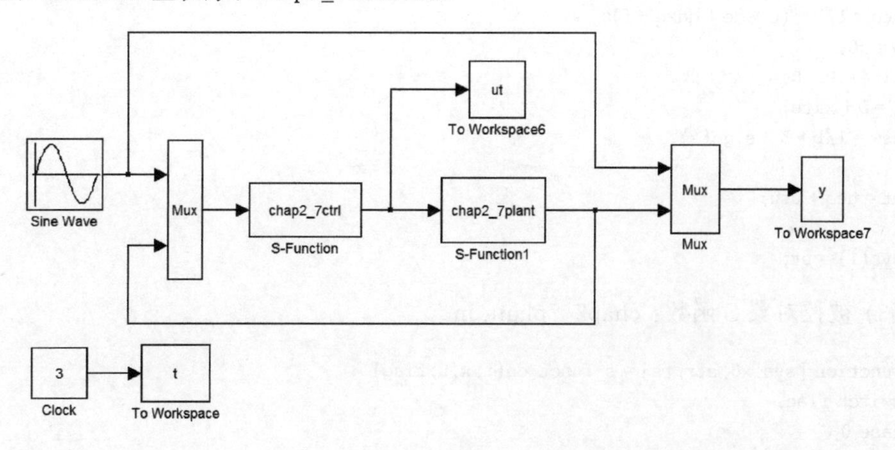

(2) 控制器 S 函数：chap2_7ctrl. m

```
function [sys,x0,str,ts] = s_function(t,x,u,flag)
switch flag,
case 0,
    [sys,x0,str,ts] = mdlInitializeSizes;
case 3,
    sys = mdlOutputs(t,x,u);
case {2, 4, 9}
    sys = [];
otherwise
    error(['Unhandled flag = ',num2str(flag)]);
end
function [sys,x0,str,ts] = mdlInitializeSizes
sizes = simsizes;
sizes.NumContStates        = 0;
sizes.NumDiscStates        = 0;
sizes.NumOutputs           = 1;
sizes.NumInputs            = 3;
sizes.DirFeedthrough       = 1;
sizes.NumSampleTimes       = 0;
sys = simsizes(sizes);
x0  = [];
str = [];
ts  = [];
function sys = mdlOutputs(t,x,u)
xd = u(1);
dxd = 2 * pi * cos(2 * pi * t);
ddxd = - (2 * pi)^2 * sin(2 * pi * t);
x = u(2);dx = u(3);
e = xd - x;
de = dxd - dx;

c = 25;
s = c * e + de;

f = - 25 * dx;
b = 133;

ueq = 1/b * (c * de + ddxd - f);
D = 50;
xite = 0.10;
K = D + xite;
usw = 1/b * K * sign(s);

ut = ueq + usw;

sys(1) = ut;
```

(3) 被控对象 S 函数：chap2_7plant. m

```
function [sys,x0,str,ts] = s_function(t,x,u,flag)
switch flag,
case 0,
```

```
    [sys,x0,str,ts] = mdlInitializeSizes;
case 1,
    sys = mdlDerivatives(t,x,u);
case 3,
    sys = mdlOutputs(t,x,u);
case {2, 4, 9}
    sys = [];
otherwise
    error(['Unhandled flag = ',num2str(flag)]);
end
function [sys,x0,str,ts] = mdlInitializeSizes
sizes = simsizes;
sizes.NumContStates          = 2;
sizes.NumDiscStates          = 0;
sizes.NumOutputs             = 2;
sizes.NumInputs              = 1;
sizes.DirFeedthrough         = 0;
sizes.NumSampleTimes         = 0;
sys = simsizes(sizes);
x0 = [0,0];
str = [];
ts = [];
function sys = mdlDerivatives(t,x,u)
dt = 50 * sin(t);
sys(1) = x(2);
sys(2) = - 25 * x(2) + 133 * u + dt;
function sys = mdlOutputs(t,x,u)
sys(1) = x(1);
sys(2) = x(2);
```

(4) 作图程序：chap2_6plot.m

```
close all;

figure(1);
subplot(211);
plot(t,y(:,1),'k',t,y(:,2),'r:','linewidth',2);
legend('Ideal position signal','Position tracking');
xlabel('time(s)');ylabel('Position tracking');
subplot(212);
plot(t,2 * pi * cos(2 * pi * t),'k',t,y(:,3),'r:','linewidth',2);
legend('Ideal speed signal','Speed tracking');
xlabel('time(s)');ylabel('Speed tracking');

figure(2);
plot(t,ut(:,1),'r','linewidth',2);
xlabel('time(s)');ylabel('Control input');
```

2.8 滑模控制的数字化仿真

采样定理，又称香农采样定理或奈奎斯特采样定理，是通信与信号处理学科中的一个重要基本结论，是控制系统中连续信号与离散信号进行转换的主要理论依据[3]。

根据香农采样定理，为了在信号处理过程中不失真，采样频率应该不小于连续信号频谱中最高频率的2倍，即 $f_s \geqslant 2f_{max}$。因此，在连续控制系统的离散化设计中，为了保证控制算法的连续性，往往需要将离散化采样时间设计得足够小。

2.8.1 基本原理

在实际工程中，通常采用数字控制算法，此时就需要对控制算法进行离散化，如图2.30所示，对应的程序框图如图2.31所示。

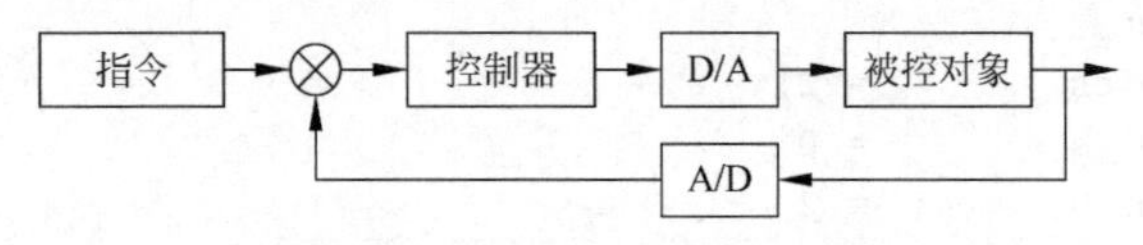

图2.30 数字控制系统结构

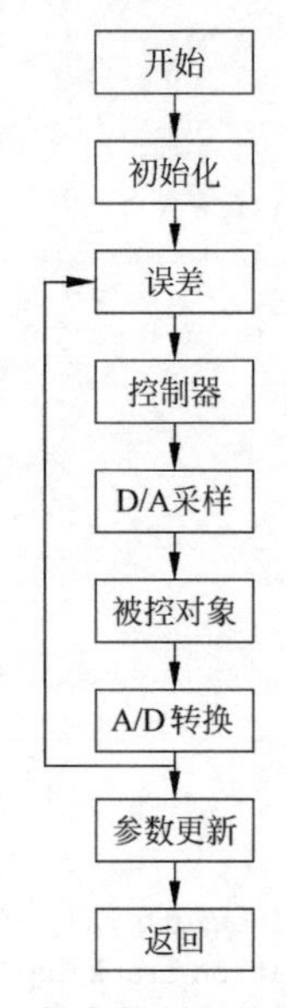

图2.31 数字控制系统程序框图

2.8.2 仿真实例

考虑如下被控对象：

$$\ddot{x} = -25\dot{x} + 133u(t) + d(t)$$

取 $f(x,t) = -25\dot{x}$，$b = 133$，取 $\theta = x$，$\dot{\theta} = \dot{x}$，采样时间取 $T = 0.001$，干扰取 $d(t) = 3\sin t$，$\eta = 3.1$。取位置指令为 $\theta_d = \sin(t)$，并取 $c = 5$。采用2.4节的控制器式(2.28)，采用差分方式离散控制器，程序中取 $M = 1$，采用龙格库塔法来描述被控对象，即MATLAB中的“ode45”函数，仿真结果如图2.32～图2.34所示。

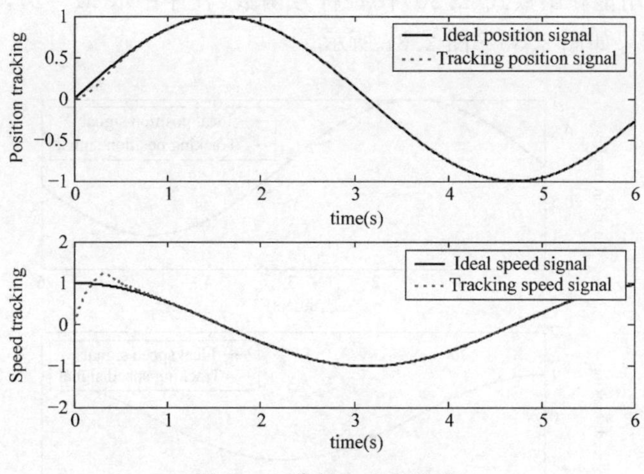

图 2.32　位置和速度跟踪

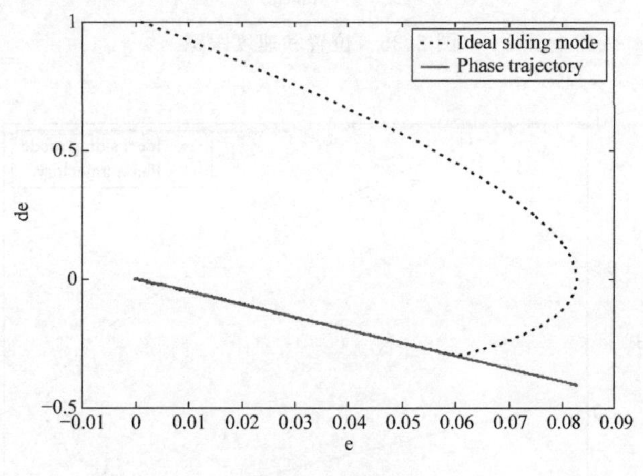

图 2.33　相轨迹

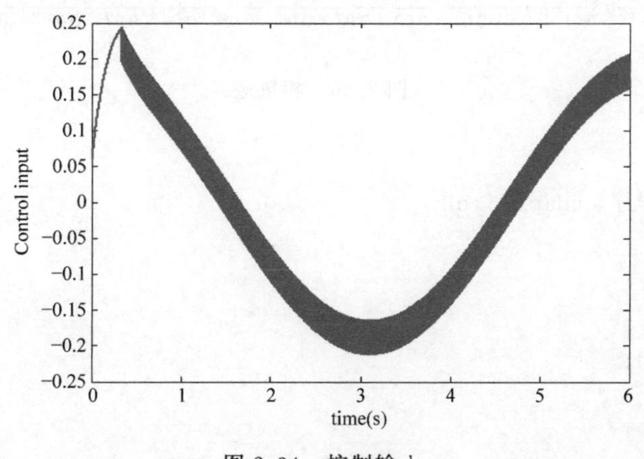

图 2.34　控制输入

进一步可采用饱和函数式(2.30)代替符号函数(程序中取 $M=2$)，取边界层厚度为 $\Delta=0.05$，仿真结果如图 2.35～图 2.37 所示。

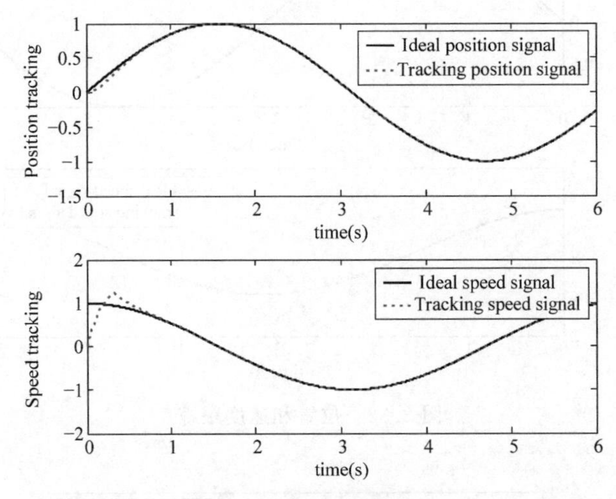

图 2.35　位置和速度跟踪

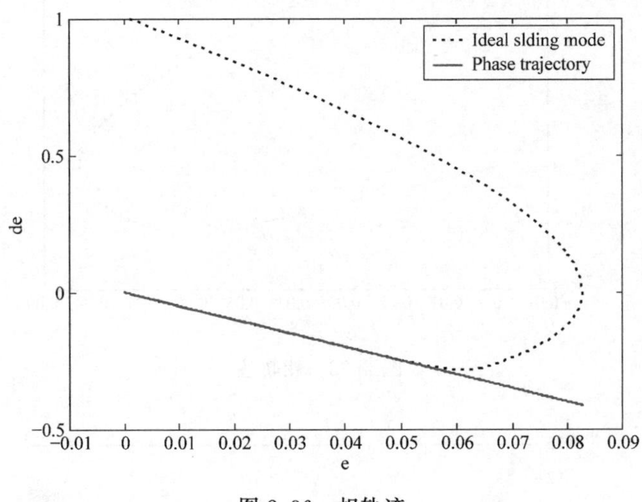

图 2.36　相轨迹

仿真程序：

(1) 控制主程序：chap2_8.m

```
clear all;
close all;
a = 25;b = 133;
xk = zeros(2,1);
ut_1 = 0;
c = 5;
T = 0.001;
for k = 1:1:6000
time(k) = k * T;
thd(k) = sin(k * T);
```

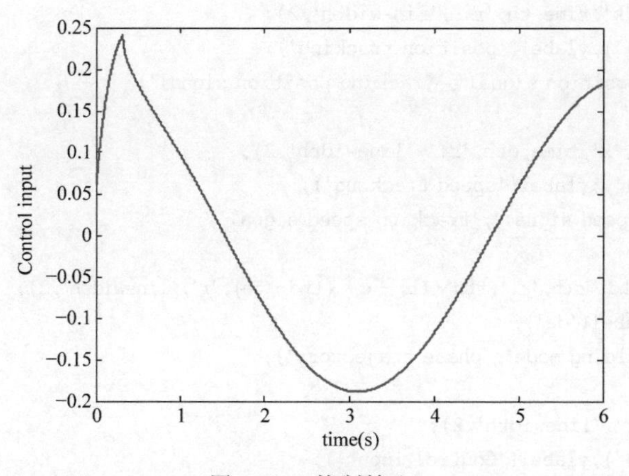

图 2.37　控制输入

```
    dthd(k) = cos(k * T);
    ddthd(k) = - sin(k * T);

    tSpan = [0 T];

    para = ut_1;                        % D/A
    [tt,xx] = ode45('chap2_8plant',tSpan,xk,[],para);
    xk = xx(length(xx),:);              % A/D
    th(k) = xk(1);
    dth(k) = xk(2);

    e(k) = thd(k) - th(k);
    de(k) = dthd(k) - dth(k);
    s(k) = c * e(k) + de(k);

    fx(k) = - 25 * xk(2);

    xite = 3.1;                         % xite > max(dt)
    M = 2;
    if M == 1
       ut(k) = 1/b * ( - fx(k) + ddthd(k) + c * de(k) + xite * sign(s(k)));
    elseif M == 2
           delta = 0.05;
           kk = 1/delta;
         if abs(s(k))> delta
           sats = sign(s(k));
         else
           sats = kk * s(k);
         end
       ut(k) = 1/b * ( - fx(k) + ddthd(k) + c * de(k) + xite * sats);
    end
    ut_1 = ut(k);
    end
    figure(1);
    subplot(211);
```

```
plot(time,thd,'k',time,th,'r:','linewidth',2);
xlabel('time(s)');ylabel('position tracking');
legend('ideal position signal','tracking position signal');
subplot(212);
plot(time,dthd,'k',time,dth,'r:','linewidth',2);
xlabel('time(s)');ylabel('speed tracking');
legend('ideal speed signal','tracking speed signal');
figure(2);
plot(thd-th,dthd-dth,'k:',thd-th,-c*(thd-th),'r','linewidth',2);      % Draw line(s=0)
xlabel('e');ylabel('de');
legend('ideal slding mode','phase trajectory');
figure(3);
plot(time,ut,'r','linewidth',2);
xlabel('time(s)');ylabel('Control input');
```

(2) 被控对象子程序：chap2_8plant.m

```
function dx = Plant(t,x,flag,para)
dx = zeros(2,1);
fx = -25 * x(2);

ut = para(1);
dt = 3.0 * sin(t);
dx(1) = x(2);
dx(2) = fx + 133 * ut + dt;
```

参考文献

[1] 高为炳.变结构控制的理论及设计方法[M].北京：科学出版社，1996.

[2] Ioannou P A，Sun J. Robust Adaptive Control[M]. PTR Prentice-Hall，1996：75-76.

[3] Aghababa M P，Akbari M E. A chattering-free robust adaptive sliding mode controller for synchronization of two different chaotic systems with unknown uncertainties and external disturbances[J]. Applied Mathematics and Computation，2012，218：5757-5768.

[4] Polycarpou M M，Ioannou P A，A robust adaptive nonlinear control design[J]. IEEE American Control Conference，1993：1365-1369.

[5] Sophocles J. Orfanidis，Introduction to Signal Processing[M]. Prentice-Hall，1995.

第3章 几种典型滑模控制

3.1 基于名义模型的滑模控制

3.1.1 系统描述

考虑如下对象：

$$J\ddot{\theta}+B\dot{\theta}=u-d \tag{3.1}$$

其中，J 为转动惯量；B 为阻尼系数；u 为控制输入；d 为干扰，θ 为角度，且 $J>0, B>0$。

实际工程中，真实的物理参数和干扰往往无法精确获得，通常需要建模，得到真实对象的名义模型

$$J_{\mathrm{n}}\ddot{\theta}_{\mathrm{n}}+B_{\mathrm{n}}\dot{\theta}_{\mathrm{n}}=\mu \tag{3.2}$$

其中，J_{n} 和 B_{n} 分别为 J 和 B 的名义值；μ 为名义模型控制律，且 $J_{\mathrm{n}}>0, B_{\mathrm{n}}>0$。

3.1.2 控制系统结构

由图 3.1 可见，控制系统由两个控制器构成，一个是针对实际系统的滑模控制器，实现 $\theta\to\theta_{\mathrm{n}}$ 及 $\dot{\theta}\to\dot{\theta}_{\mathrm{n}}$；另一个是针对名义模型的控制器，实现 $\theta_{\mathrm{n}}\to\theta_{\mathrm{d}}, \dot{\theta}_{\mathrm{n}}\to\dot{\theta}_{\mathrm{d}}$。整个控制系统实现 $\theta\to\theta_{\mathrm{d}}, \dot{\theta}\to\dot{\theta}_{\mathrm{d}}$。

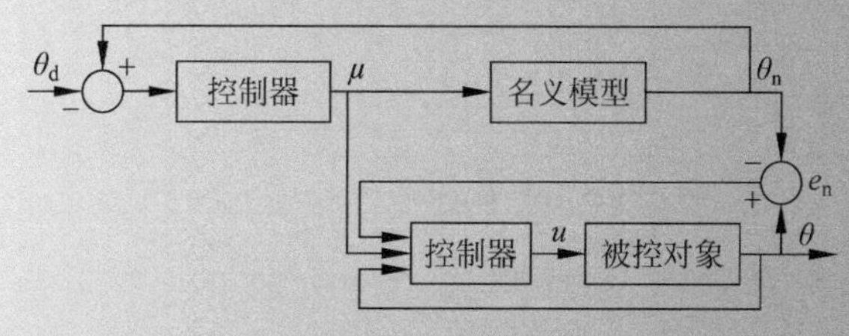

图 3.1　控制系统结构

3.1.3 针对名义模型的控制

取理想的位置为 θ_{d}，名义模型的跟踪误差为 $e=\theta_{\mathrm{n}}-\theta_{\mathrm{d}}$，则可得到

$\dot{\theta}_n=\dot{e}+\dot{\theta}_d$，$\ddot{\theta}_n=\ddot{e}+\ddot{\theta}_d$，且

$$J_n(\ddot{e}+\ddot{\theta}_d)+B_n(\dot{e}+\dot{\theta}_d)=\mu$$

即

$$\ddot{e}+\ddot{\theta}_d=-\frac{B_n}{J_n}(\dot{e}+\dot{\theta}_d)+\frac{1}{J_n}\mu \tag{3.3}$$

针对名义模型的控制律设计如下：

$$\mu=J_n\left(-h_1e-h_2\dot{e}+\frac{B_n}{J_n}\dot{\theta}_d+\ddot{\theta}_d\right) \tag{3.4}$$

将式(3.4)代入式(3.3)，得

$$\ddot{e}+\ddot{\theta}_d=-\frac{B_n}{J_n}(\dot{e}+\dot{\theta}_d)+\left(-h_1e-h_2\dot{e}+\frac{B_n}{J_n}\dot{\theta}_d+\ddot{\theta}_d\right)$$

则

$$\ddot{e}+\left(h_2+\frac{B_n}{J_n}\right)\dot{e}+h_1e=0$$

为了保证系统稳定，需要保证 $\sigma^2+\left(h_2+\frac{B_n}{J_n}\right)\sigma+h_1$ 为 Hurwitz，σ 为 Laplace 算子。

不妨取$(\sigma+k)^2=0$，$k>0$，则可满足多项式 $\sigma^2+2k\sigma+k^2=0$ 的特征值实数部分为负，对应可得到 $h_2+\frac{B_n}{J_n}=2k$，$h_1=k^2$，即 $h_2=2k-\frac{B_n}{J_n}$，$h_1=k^2$。通过取 k 值可实现 h_1 和 h_2。

3.1.4 滑模控制器的设计

假设

$$J_m\leqslant J\leqslant J_M,\quad B_m\leqslant B\leqslant B_M,\quad |d|\leqslant d_M \tag{3.5}$$

取 $e_n=\theta-\theta_n$，定义滑模函数为

$$s=\dot{e}_n+\lambda e_n \tag{3.6}$$

其中，$\lambda>0$，λ 定义为$\lambda=\frac{B_n}{J_n}$。

定义

$$J_a=\frac{1}{2}(J_m+J_M) \tag{3.7}$$

$$B_a=\frac{1}{2}(B_m+B_M) \tag{3.8}$$

设计控制律为

$$u=-Ks-h\cdot\operatorname{sgn}(s)+J_a\left(\frac{1}{J_n}\mu-\lambda\dot{\theta}\right)+B_a\dot{\theta} \tag{3.9}$$

其中，$K>0$。

定义

$$h=d_M+\frac{1}{2}(J_M-J_m)\left|\frac{1}{J_n}\mu-\lambda\dot{\theta}\right|+\frac{1}{2}(B_M-B_m)|\dot{\theta}|$$

取 Lyapunov 函数为

$$V=\frac{1}{2}Js^2$$

由于

$$\begin{aligned}J\dot{s}&=J[(\ddot{\theta}-\ddot{\theta}_n)+\lambda(\dot{\theta}-\dot{\theta}_n)]\\&=(J\ddot{\theta}+B\dot{\theta})-B\dot{\theta}-\frac{J}{J_n}J_n\ddot{\theta}_n-\frac{J}{J_n}B_n\dot{\theta}_n+\frac{J}{J_n}B_n\dot{\theta}_n+J\lambda(\dot{\theta}-\dot{\theta}_n)\\&=(J\ddot{\theta}+B\dot{\theta})-\frac{J}{J_n}(J_n\ddot{\theta}_n+B_n\dot{\theta}_n)-B\dot{\theta}+\lambda J\dot{\theta}\\&=u-d-\frac{J}{J_n}\mu-B\dot{\theta}+\lambda J\dot{\theta}\end{aligned}$$

将式(3.9)代入上式,得

$$\begin{aligned}J\dot{s}&=-Ks-h\,\mathrm{sgn}(s)+J_a\left(\frac{1}{J_n}\mu-\lambda\dot{\theta}\right)+B_a\dot{\theta}-d-\frac{J}{J_n}\mu-B\dot{\theta}+\lambda J\dot{\theta}\\&=-Ks-h\,\mathrm{sgn}(s)-d+(J_a-J)\left(\frac{1}{J_n}\mu-\lambda\dot{\theta}\right)+(B_a-B)\dot{\theta}\end{aligned}$$

则

$$\begin{aligned}\dot{V}=Js\dot{s}&=-Ks^2-h\mid s\mid+s\left[-d+(J_a-J)\left(\frac{1}{J_n}\mu-\lambda\dot{\theta}\right)+(B_a-B)\dot{\theta}\right]\\&\leqslant-Ks^2-h\mid s\mid+\mid s\mid\left[\mid d\mid+\mid J_a-J\mid\left|\frac{1}{J_n}\mu-\lambda\dot{\theta}\right|+\mid B_a-B\mid\mid\dot{\theta}\mid\right]\end{aligned}$$

由式(3.7)和式(3.8)可知

$$\frac{1}{2}(J_M-J_m)\geqslant\mid J_a-J\mid$$

$$\frac{1}{2}(B_M-B_m)\geqslant\mid B_a-B\mid$$

则

$$h\geqslant\mid d\mid+\mid J_a-J\mid\left|\frac{1}{J_n}\mu-\lambda\dot{\theta}\right|+\mid B_a-B\mid\mid\dot{\theta}\mid$$

从而

$$\dot{V}\leqslant-Ks^2$$

由引理 1.1,可解得

$$V(t)\leqslant V(0)\exp\left(-\frac{2K}{J}t\right)$$

可见,$V(t)$为指数收敛,从而 s 指数收敛,$t\to 0$ 时,$s\to 0$,$e_n\to 0$,$\dot{e}_n\to 0$ 且指数收敛。

3.1.5 仿真实例

考虑如下对象:

$$J\ddot{\theta}+B\dot{\theta}=u-d$$

其中,$B=10+3\sin(2\pi t)$,$J=3+0.5\sin(2\pi t)$,$d=10\sin t$。

取 $B_{\mathrm{n}}=10$，$J_{\mathrm{n}}=3$，假设 $B_{\mathrm{m}}=7$，$B_{\mathrm{M}}=13$，$J_{\mathrm{m}}=2.5$，$J_{\mathrm{M}}=3.5$，$d_{\mathrm{M}}=10$。取 $k=1.0$，则 $h_2=2k-\dfrac{B_{\mathrm{n}}}{J_{\mathrm{n}}}$，$h_1=k^2$。采用控制律式(3.9)，取 $\lambda=\dfrac{B_{\mathrm{n}}}{J_{\mathrm{n}}}=\dfrac{10}{3}$，$K=10$，理想位置指令为 $\theta_{\mathrm{d}}(t)=\sin t$，对象初始状态为[0.5 0]。仿真结果如图 3.2～图 3.4 所示。

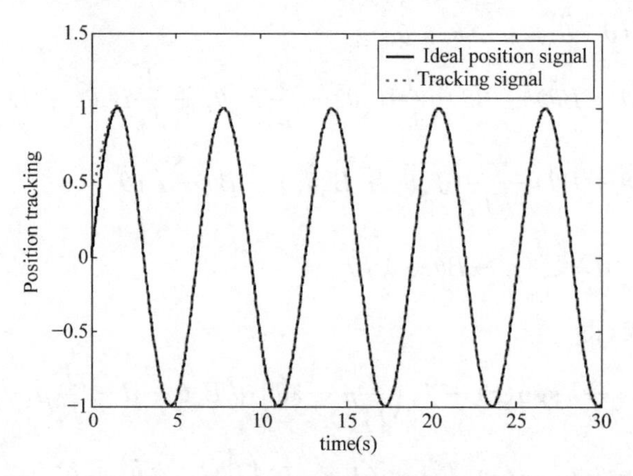

图 3.2 位置跟踪

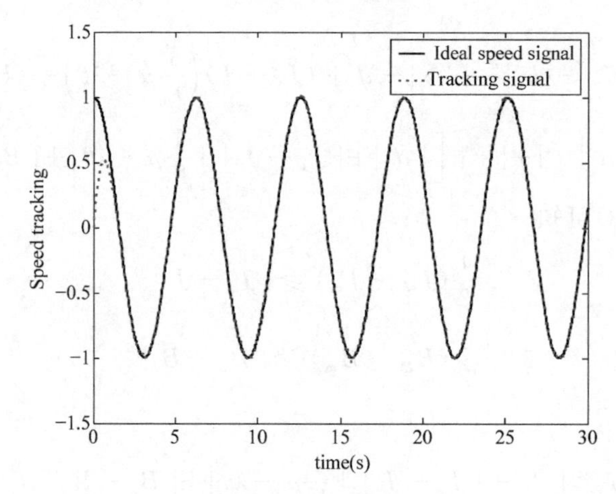

图 3.3 速度跟踪

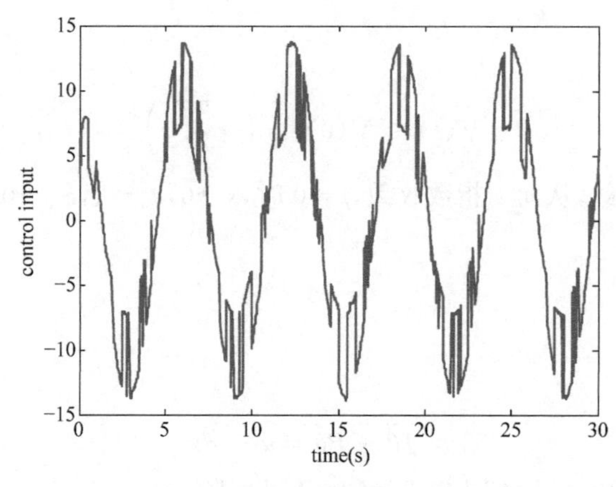

图 3.4 控制输入

仿真程序：

(1) Simulink 主程序：chap3_1sim.mdl

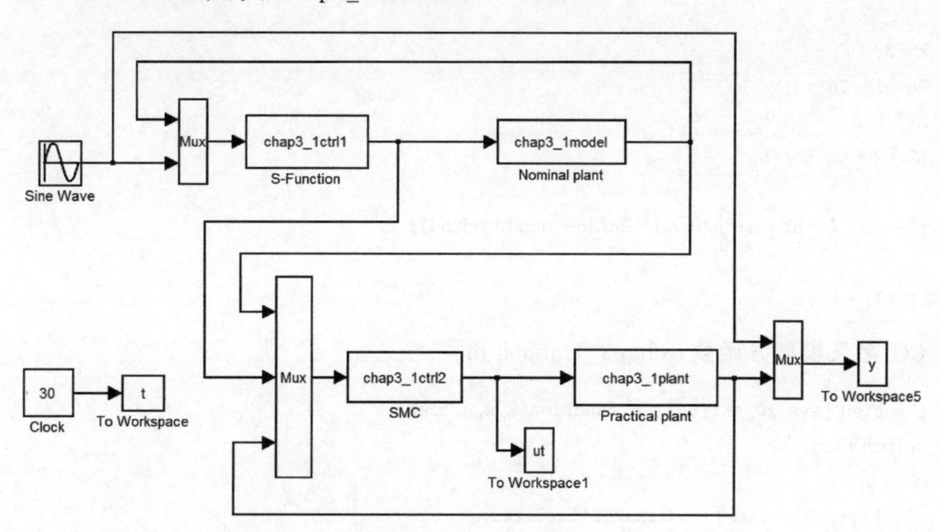

(2) 针对名义模型的控制器 S 函数：chap3_1ctrl1.m

```
function [sys,x0,str,ts] = s_function(t,x,u,flag)
switch flag,
case 0,
    [sys,x0,str,ts] = mdlInitializeSizes;
case 3,
    sys = mdlOutputs(t,x,u);
case {2, 4, 9}
    sys = [];
otherwise
    error(['Unhandled flag = ',num2str(flag)]);
end
function [sys,x0,str,ts] = mdlInitializeSizes
sizes = simsizes;
sizes.NumContStates      = 0;
sizes.NumDiscStates      = 0;
sizes.NumOutputs         = 1;
sizes.NumInputs          = 3;
sizes.DirFeedthrough     = 1;
sizes.NumSampleTimes     = 0;
sys = simsizes(sizes);
x0  = [];
str = [];
ts  = [];
function sys = mdlOutputs(t,x,u)
thn = u(1);
dthn = u(2);
thd = u(3);dthd = cos(t);ddthd = - sin(t);
```

```
e = thn - thd;
de = dthn - dthd;

k = 3;
Bn = 10;Jn = 3;
h1 = k^2;
h2 = 2 * k - Bn/Jn;

ut = Jn * ( - h1 * e - h2 * de + Bn/Jn * dthd + ddthd);

sys(1) = ut;
```

(3) 名义模型 S 函数：chap3_1model. m

```
function [sys,x0,str,ts] = s_function(t,x,u,flag)
switch flag,
case 0,
    [sys,x0,str,ts] = mdlInitializeSizes;
case 1,
    sys = mdlDerivatives(t,x,u);
case 3,
    sys = mdlOutputs(t,x,u);
case {2, 4, 9}
    sys = [];
otherwise
    error(['Unhandled flag = ',num2str(flag)]);
end
function [sys,x0,str,ts] = mdlInitializeSizes
sizes = simsizes;
sizes.NumContStates         = 2;
sizes.NumDiscStates         = 0;
sizes.NumOutputs            = 2;
sizes.NumInputs             = 1;
sizes.DirFeedthrough        = 0;
sizes.NumSampleTimes        = 0;
sys = simsizes(sizes);
x0 = [0.5,0];
str = [];
ts = [];
function sys = mdlDerivatives(t,x,u)
Bn = 10;
Jn = 3;
sys(1) = x(2);
sys(2) = 1/Jn * (u - Bn * x(2));
function sys = mdlOutputs(t,x,u)
sys(1) = x(1);
sys(2) = x(2);
```

(4) 针对实际对象的滑模控制器 S 函数：chap3_1ctrl2. m

```
function [sys,x0,str,ts] = s_function(t,x,u,flag)
switch flag,
case 0,
    [sys,x0,str,ts] = mdlInitializeSizes;
case 3,
    sys = mdlOutputs(t,x,u);
case {2, 4, 9}
    sys = [];
otherwise
    error(['Unhandled flag = ',num2str(flag)]);
end
function [sys,x0,str,ts] = mdlInitializeSizes
sizes = simsizes;
sizes.NumContStates        = 0;
sizes.NumDiscStates        = 0;
sizes.NumOutputs           = 1;
sizes.NumInputs            = 5;
sizes.DirFeedthrough       = 1;
sizes.NumSampleTimes       = 0;
sys = simsizes(sizes);
x0  = [];
str = [];
ts  = [];
function sys = mdlOutputs(t,x,u)
Bn = 10;Jn = 3;
lamt = Bn/Jn;

Jm = 2.5;JM = 3.5;
Bm = 7;BM = 13;

dM = 0.10;
K = 10;

thn = u(1);dthn = u(2);
nu = u(3);
th = u(4);dth = u(5);

en = th - thn;
den = dth - dthn;

s = den + lamt * en;

temp0 = (1/Jn) * nu - lamt * dth;

Ja = 1/2 * (JM + Jm);
Ba = 1/2 * (BM + Bm);

h = dM + 1/2 * (JM - Jm) * abs(temp0) + 1/2 * (BM - Bm) * abs(dth);

ut = - K * s - h * sign(s) + Ja * ((1/Jn) * nu - lamt * dth) + Ba * dth;
```

```
sys(1) = ut;
```

(5) 被控对象S函数：chap3_1plant.m

```
function [sys,x0,str,ts] = s_function(t,x,u,flag)
switch flag,
case 0,
    [sys,x0,str,ts] = mdlInitializeSizes;
case 1,
    sys = mdlDerivatives(t,x,u);
case 3,
    sys = mdlOutputs(t,x,u);
case {2, 4, 9}
    sys = [];
otherwise
    error(['Unhandled flag = ',num2str(flag)]);
end
function [sys,x0,str,ts] = mdlInitializeSizes
sizes = simsizes;
sizes.NumContStates          = 2;
sizes.NumDiscStates          = 0;
sizes.NumOutputs             = 2;
sizes.NumInputs              = 1;
sizes.DirFeedthrough         = 0;
sizes.NumSampleTimes         = 0;
sys = simsizes(sizes);
x0  = [0.5,0];
str = [];
ts  = [];
function sys = mdlDerivatives(t,x,u)
d = 0.10 * sin(t);
B = 10 + 3 * sin(2 * pi * t);
J = 3 + 0.5 * sin(2 * pi * t);

sys(1) = x(2);
sys(2) = 1/J * (u - B * x(2) - d);
function sys = mdlOutputs(t,x,u)
sys(1) = x(1);
sys(2) = x(2);
```

(6) 作图程序：chap3_1plot.m

```
close all;

figure(1);
plot(t,sin(t),'k',t,y(:,2),'r:','linewidth',2);
xlabel('time(s)');ylabel('Position tracking');
legend('Ideal position signal','tracking signal');

figure(2);
```

```
plot(t,cos(t),'k',t,y(:,3),'r:','linewidth',2);
xlabel('time(s)');ylabel('Speed tracking');
legend('Ideal speed signal','tracking signal');

figure(3);
plot(t,ut,'r','linewidth',2);
xlabel('time(s)');ylabel('control input');
```

3.2 全局滑模控制

传统的滑模变结构控制系统包括趋近模态和滑动模态两部分,该类系统对系统参数不确定性和外部扰动的鲁棒性仅存在于滑动模态阶段,系统的动力学特性在响应的全过程并不具有鲁棒性。

全局滑模控制是通过设计一种动态非线性滑模面方程来实现的。全局滑模控制消除滑模控制的到达运动阶段,使系统在响应的全过程都具有鲁棒性,克服了传统滑模变结构控制中到达模态不具有鲁棒性的特点。

3.2.1 系统描述

考虑二阶线性系统:

$$J\ddot{\theta}=u(t)-d(t) \tag{3.10}$$

则有

$$\ddot{\theta}(t)=b(u(t)-d(t))$$

其中,J 为转动惯量,$b=\frac{1}{J}>0$,$d(t)$为干扰。

对此二阶线性系统,假设

$$J_{\min}\leqslant J\leqslant J_{\max} \tag{3.11}$$

$$|d(t)|\leqslant D \tag{3.12}$$

3.2.2 全局滑模函数的设计

假设理想轨迹为 θ_{d},定义跟踪误差为 $e=\theta-\theta_{\mathrm{d}}$,设计全局滑模函数为

$$s=\dot{e}+ce-f(t) \tag{3.13}$$

其中,$c>0$,$f(t)$是为了达到全局滑模而设计的函数,$f(t)$满足以下三个条件[1]:

(1) $f(0)=\dot{e}_0+ce_0$;

(2) $t\to\infty$时,$f(t)\to 0$;

(3) $f(t)$具有一阶导数。

根据上述三个条件,可将 $f(t)$设计为

$$f(t)=f(0)\mathrm{e}^{-kt} \tag{3.14}$$

当系统满足滑模到达条件时,可保证 $s\cdot\dot{s}<0$ 始终成立,即实现了全局滑模。

3.2.3 滑模控制器的设计

设计全局滑模控制律为

$$u=-\hat{J}(c\dot{\theta}-\dot{f})+\hat{J}(\ddot{\theta}_{\mathrm{d}}+c\dot{\theta}_{\mathrm{d}})-\{\Delta J\,|c\dot{\theta}-\dot{f}|+D+\Delta J\,|\ddot{\theta}_{\mathrm{d}}+c\dot{\theta}_{\mathrm{d}}|\}\operatorname{sgn}(s) \tag{3.15}$$

其中

$$\hat{J}=\frac{J_{\max}+J_{\min}}{2},\quad \Delta J=\frac{J_{\max}-J_{\min}}{2} \tag{3.16}$$

定义 Lyapunov 函数为

$$V=\frac{1}{2}s^2$$

又有

$$\begin{aligned}\dot{s}&=\ddot{e}+c\dot{e}-\dot{f}=\ddot{\theta}-\ddot{\theta}_{\mathrm{d}}+c(\dot{\theta}-\dot{\theta}_{\mathrm{d}})-\dot{f}\\&=bu-bd+(c\dot{\theta}-\dot{f})-(\ddot{\theta}_{\mathrm{d}}+c\dot{\theta}_{\mathrm{d}})\\&=b(b^{-1}(c\dot{\theta}-\dot{f})-b^{-1}(\ddot{\theta}_{\mathrm{d}}+c\dot{\theta}_{\mathrm{d}})+u-d)\end{aligned}$$

由式(3.15)可得

$$\begin{aligned}b^{-1}\dot{s}=&\,b^{-1}(c\dot{\theta}-\dot{f})-b^{-1}(\ddot{\theta}_{\mathrm{d}}+c\dot{\theta}_{\mathrm{d}})-\hat{J}(c\dot{\theta}-\dot{f})+\hat{J}(\ddot{\theta}_{\mathrm{d}}+c\dot{\theta}_{\mathrm{d}})-\\&\{\Delta J\,|c\dot{\theta}-\dot{f}|+D+\Delta J\,|\ddot{\theta}_{\mathrm{d}}+c\dot{\theta}_{\mathrm{d}}|\}\operatorname{sgn}(s)-d\\=&\,(b^{-1}-\hat{J})(c\dot{\theta}-\dot{f})-\Delta J\,|c\dot{\theta}-\dot{f}|\operatorname{sgn}(s)-\\&(b^{-1}-\hat{J})(\ddot{\theta}_{\mathrm{d}}+c\dot{\theta}_{\mathrm{d}})-\Delta J\,|\ddot{\theta}_{\mathrm{d}}+c\dot{\theta}_{\mathrm{d}}|\operatorname{sgn}(s)-d-D\operatorname{sgn}(s)\end{aligned}$$

则

$$\begin{aligned}b^{-1}\dot{V}=b^{-1}s\dot{s}=&\,(b^{-1}-\hat{J})(c\dot{\theta}-\dot{f})s-\Delta J\,|c\dot{\theta}-\dot{f}|\,|s|-\\&(b^{-1}-\hat{J})(\ddot{\theta}_{\mathrm{d}}+c\dot{\theta}_{\mathrm{d}})s-\Delta J\,|\ddot{\theta}_{\mathrm{d}}+c\dot{\theta}_{\mathrm{d}}|\,|s|-ds-D\,|s|\end{aligned}$$

由式(3.16)可得

$$b^{-1}-\hat{J}=J-\frac{J_{\max}+J_{\min}}{2}\leqslant\frac{J_{\max}-J_{\min}}{2}=\Delta J>0$$

则

$$b^{-1}\dot{V}\leqslant-ds-D\,|s|\leqslant 0$$

即

$$\dot{V}\leqslant 0,\text{亦即 } s\cdot\dot{s}\leqslant 0$$

可见，当 $\dot{V}\equiv 0$ 时，$s\equiv 0$，根据 LaSalle 不变性原理，闭环系统渐进稳定，当 $t\to\infty$ 时，$s\to 0$，从而 $e\to 0$，$\dot{e}\to 0$。

为了降低抖振，采用饱和函数代替符号函数

$$\text{sat}\left(\frac{s}{\phi}\right)=\begin{cases}1 & s/\phi>1\\ \frac{s}{\phi} & |s/\phi|\leqslant 1\\ -1 & s/\phi<-1\end{cases} \tag{3.17}$$

其中,ϕ 为边界层厚度。

3.2.4 仿真实例

被控对象为

$$J\ddot{\theta}=u(t)-d(t)$$

其中,$J=1.0+0.2\sin t$,$d(t)=0.1\sin(2\pi t)$。

取 $J_{\min}=0.80$,$J_{\max}=1.2$,$D=0.10$;则 $\hat{J}=\frac{J_{\max}+J_{\min}}{2}=1.0$,$\Delta J=\frac{J_{\max}-J_{\min}}{2}=0.20$。

理想角度信号取 $\theta_d=\sin t$,控制器取式(3.15),取 $c=10$,$f(t)=s(0)e^{-130t}$,$M=1$ 和 $M=2$ 分别为采用饱和与符号函数两种情况。取 $M=2$,$\varphi=0.05$,仿真结果如图 3.5～图 3.7 所示。

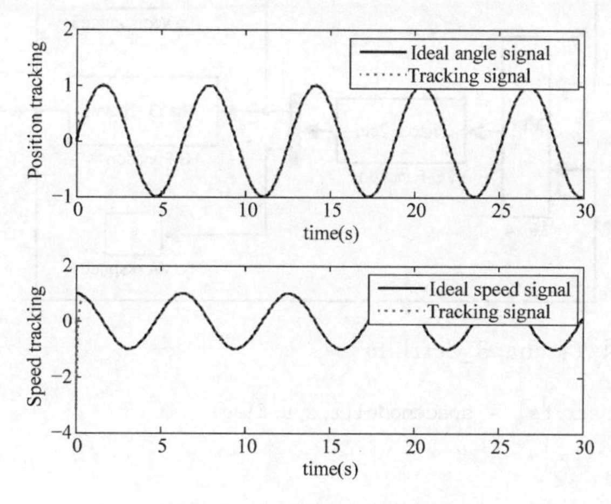

图 3.5 角度和角速度跟踪

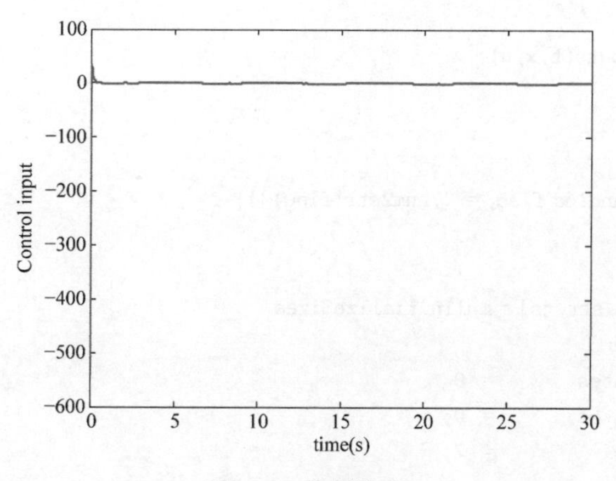

图 3.6 控制输入

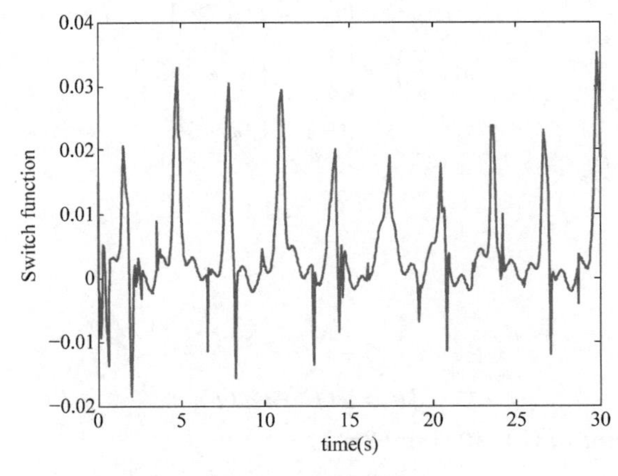

图 3.7 切换函数

仿真程序：

(1) Simulink 主程序：chap3_2sim.mdl

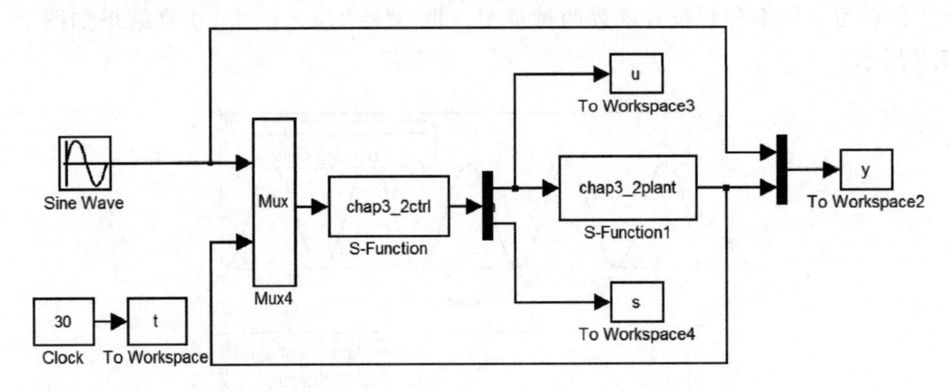

(2) 控制器 S 函数：chap3_2ctrl.m

```
function [sys,x0,str,ts] = spacemodel(t,x,u,flag)

switch flag,
case 0,
    [sys,x0,str,ts] = mdlInitializeSizes;
case 3,
    sys = mdlOutputs(t,x,u);
case {2,4,9}
    sys = [];
otherwise
    error(['Unhandled flag = ',num2str(flag)]);
end

function [sys,x0,str,ts] = mdlInitializeSizes
sizes = simsizes;
sizes.NumContStates        = 0;
sizes.NumDiscStates        = 0;
sizes.NumOutputs           = 2;
```

```
sizes.NumInputs          = 3;
sizes.DirFeedthrough     = 1;
sizes.NumSampleTimes     = 1;
sys = simsizes(sizes);
x0  = [];
str = [];
ts  = [0 0];

function sys = mdlOutputs(t,x,u)
thd = u(1);
dthd = cos(t);
ddthd = - sin(t);
th = u(2);
dth = u(3);

c = 10;
e = th - thd;
de = dth - dthd;

dt = 0.10 * sin(2 * pi * t);
D = 0.10;

e0 = pi/6;
de0 = 0 - 1.0;
s0 = de0 + c * e0;
ft = s0 * exp( - 130 * t);
df = - 130 * s0 * exp( - 130 * t);

s = de + c * e - ft;
R = ddthd + c * dthd;

J_min = 0.80;
J_max = 1.20;

aJ = (J_min + J_max)/2;
dJ = (J_max - J_min)/2;

M = 2;
if M == 1
    ut = - aJ * (c * dth - df) + aJ * R - [dJ * abs(c * dth - df) + D + dJ * abs(R)] * sign(s);
elseif M == 2
    fai = 0.05;
    if s/fai > 1
       sat = 1;
    elseif abs(s/fai)<= 1
       sat = s/fai;
    elseif s/fai < - 1
       sat = - 1;
    end
    ut = - aJ * (c * dth - df) + aJ * R - [dJ * abs(c * dth - df) + D + dJ * abs(R)] * sat;
end
sys(1) = ut;
sys(2) = s;
```

(3) 被控对象S函数：chap3_2plant.m

```
function [sys,x0,str,ts] = spacemodel(t,x,u,flag)

switch flag,
case 0,
    [sys,x0,str,ts] = mdlInitializeSizes;
case 1,
    sys = mdlDerivatives(t,x,u);
case 3,
    sys = mdlOutputs(t,x,u);
case {2,4,9}
    sys = [];
otherwise
    error(['Unhandled flag = ',num2str(flag)]);
end

function [sys,x0,str,ts] = mdlInitializeSizes
sizes = simsizes;
sizes.NumContStates         = 2;
sizes.NumDiscStates         = 0;
sizes.NumOutputs            = 2;
sizes.NumInputs             = 1;
sizes.DirFeedthrough        = 0;
sizes.NumSampleTimes        = 0;
sys = simsizes(sizes);
x0  = [pi/6;0];
str = [];
ts  = [];
function sys = mdlDerivatives(t,x,u)
J = 1.0 + 0.2 * sin(t);
dt = 0.10 * sin(2 * pi * t);

sys(1) = x(2);
sys(2) = 1/J * (u - dt);
function sys = mdlOutputs(t,x,u)
sys(1) = x(1);
sys(2) = x(2);
```

(4) 作图程序：chap3_2plot.m

```
close all;

figure(1);
subplot(211);
plot(t,y(:,1),'k',t,y(:,2),'r:','linewidth',2);
xlabel('time(s)');ylabel('Position tracking');
legend('ideal position signal','tracking signal');
subplot(212);
plot(t,cos(t),'k',t,y(:,3),'r:','linewidth',2);
xlabel('time(s)');ylabel('Speed tracking');
```

```
legend('Ideal speed signal','tracking signal');

figure(2);
plot(t,u(:,1),'r','linewidth',2);
xlabel('time(s)');ylabel('Control input');

figure(3);
plot(t,s(:,1),'r','linewidth',2);
xlabel('time(s)');ylabel('Switch function');
```

3.3 基于线性化反馈的滑模控制

3.3.1 线性化反馈控制

考虑如下非线性二阶系统：

$$\ddot{x}=f(x,t)+g(x,t)u \tag{3.18}$$

其中，f 和 g 为已知非线性函数。

若位置指令为 x_{d}，则误差为 $e=x_{\mathrm{d}}-x$。根据线性化反馈方法，控制器设计为

$$u=\frac{v-f(x,t)}{g(x,t)} \tag{3.19}$$

其中，v 为控制器的辅助项。

将式(3.19)代入式(3.18)得

$$\ddot{x}=v \tag{3.20}$$

设计 v 为

$$v=\ddot{x}_{\mathrm{d}}+k_1e+k_2\dot{e} \tag{3.21}$$

其中，k_1 和 k_2 为正的常数。

将式(3.21)代入式(3.20)，得

$$\ddot{e}+k_1e+k_2\dot{e}=0 \tag{3.22}$$

则当 $t\to\infty$ 时，$e_1\to0$，$e_2\to0$。

本方法的缺点是需要精确的模型信息，无法克服干扰。

3.3.2 仿真实例

考虑如下被控对象：

$$\begin{aligned}\dot{x}_1&=x_2\\ \dot{x}_2&=\frac{g\sin x_1-mlx_2^2\cos x_1\sin x_1/(m_{\mathrm{c}}+m)}{l(4/3-m\cos^2x_1/(m_{\mathrm{c}}+m))}+\\ &\quad\frac{\cos x_1/(m_{\mathrm{c}}+m)}{l(4/3-m\cos^2x_1/(m_{\mathrm{c}}+m))}u\end{aligned}$$

其中，x_1 和 x_2 为倒立摆的角度和角速度，$g=9.8\mathrm{m/s^2}$；$m_{\mathrm{c}}=1\mathrm{kg}$ 为小车质量；$m=0.1\mathrm{kg}$ 为摆杆的质量；$l=0.5\mathrm{m}$ 为摆的长度；u 为控制输入。

理想角度为 $x_d=\sin t$，采用控制律式(3.19)，$k_1=k_2=5$，摆的初始状态为$[\pi/60,0]$，仿真结果如图3.8和图3.9所示。

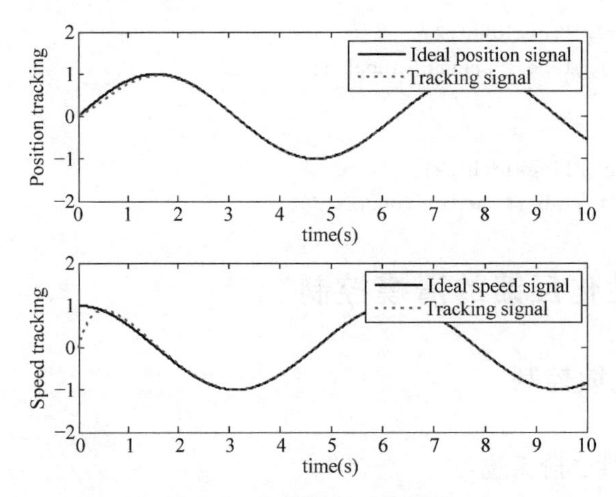

图3.8　角度和角速度跟踪

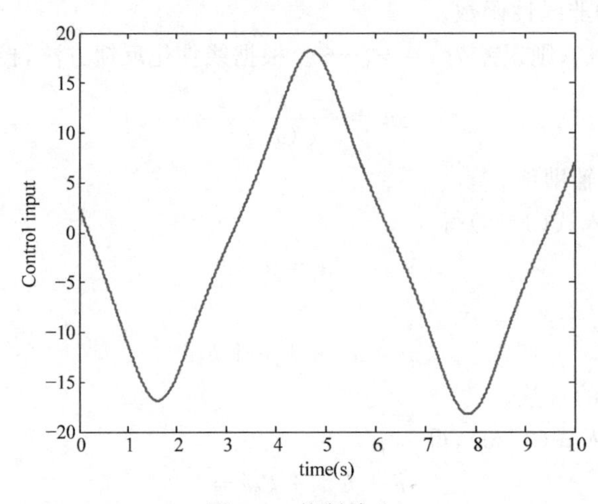

图3.9　控制输入

(1) 仿真主程序：chap3_3sim.mdl

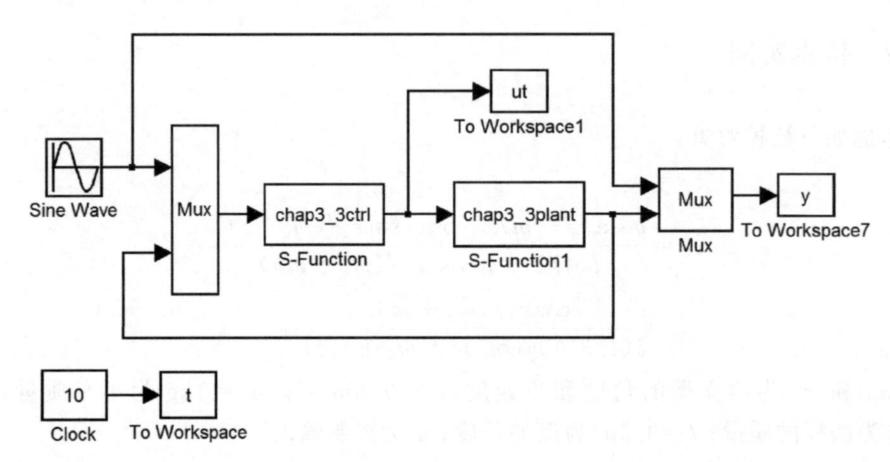

(2) 控制器 S 函数：chap3_3ctrl. m

```
function [sys,x0,str,ts] = spacemodel(t,x,u,flag)
switch flag,
case 0,
    [sys,x0,str,ts] = mdlInitializeSizes;
case 1,
    sys = mdlDerivatives(t,x,u);
case 3,
    sys = mdlOutputs(t,x,u);
case {1,2,4,9}
    sys = [];
otherwise
    error(['Unhandled flag = ',num2str(flag)]);
end
function [sys,x0,str,ts] = mdlInitializeSizes
sizes = simsizes;
sizes.NumContStates          = 0;
sizes.NumDiscStates          = 0;
sizes.NumOutputs             = 1;
sizes.NumInputs              = 5;
sizes.DirFeedthrough         = 1;
sizes.NumSampleTimes         = 0;
sys = simsizes(sizes);
x0  = [];
str = [];
ts  = [];
function sys = mdlOutputs(t,x,u)
xd = sin(t);
dxd = cos(t);
ddxd = - sin(t);

x1 = u(2);
x2 = u(3);
fx = u(4);
gx = u(5);

e = xd - x1;
de = dxd - x2;

k1 = 5;k2 = 5;
v = ddxd + k1 * e + k2 * de;
ut = (v - fx)/(gx + 0.002);

sys(1) = ut;
```

(3) 被控对象 S 函数：chap3_3plant. m

```
function [sys,x0,str,ts] = s_function(t,x,u,flag)
switch flag,
case 0,
    [sys,x0,str,ts] = mdlInitializeSizes;
case 1,
    sys = mdlDerivatives(t,x,u);
```

```
case 3,
    sys = mdlOutputs(t,x,u);
case {2, 4, 9}
    sys = [];
otherwise
    error(['Unhandled flag = ',num2str(flag)]);
end
function [sys,x0,str,ts] = mdlInitializeSizes
sizes = simsizes;
sizes.NumContStates          = 2;
sizes.NumDiscStates          = 0;
sizes.NumOutputs             = 4;
sizes.NumInputs              = 1;
sizes.DirFeedthrough         = 0;
sizes.NumSampleTimes         = 0;
sys = simsizes(sizes);
x0 = [pi/60 0];
str = [];
ts = [];
function sys = mdlDerivatives(t,x,u)
g = 9.8;mc = 1.0;m = 0.1;l = 0.5;
S = l * (4/3 - m * (cos(x(1)))^2/(mc + m));
fx = g * sin(x(1)) - m * l * x(2)^2 * cos(x(1)) * sin(x(1))/(mc + m);
fx = fx/S;
gx = cos(x(1))/(mc + m);
gx = gx/S;

sys(1) = x(2);
sys(2) = fx + gx * u;
function sys = mdlOutputs(t,x,u)
g = 9.8;mc = 1.0;m = 0.1;l = 0.5;
S = l * (4/3 - m * (cos(x(1)))^2/(mc + m));
fx = g * sin(x(1)) - m * l * x(2)^2 * cos(x(1)) * sin(x(1))/(mc + m);
fx = fx/S;
gx = cos(x(1))/(mc + m);
gx = gx/S;

sys(1) = x(1);
sys(2) = x(2);
sys(3) = fx;
sys(4) = gx;
```

(4) 作图程序：chap3_3plot. m

```
close all;
figure(1);
subplot(211);
plot(t,y(:,1),'k',t,y(:,2),'r:','linewidth',2);
xlabel('time(s)');ylabel('Position tracking');
legend('Ideal position signal','tracking signal');
subplot(212);
plot(t,cos(t),'k',t,y(:,3),'r:','linewidth',2);
xlabel('time(s)');ylabel('Speed tracking');
legend('Ideal speed signal','tracking signal');
```

```
figure(2);
plot(t,ut(:,1),'r','linewidth',2);
xlabel('time(s)');ylabel('Control input');
```

3.3.3 基于线性化反馈的滑模控制

考虑如下二阶非线性不确定系统：

$$\ddot{x}=f(x,t)+g(x,t)u+d(t) \tag{3.23}$$

其中，f 和 g 为未知非线性函数；$d(t)$为干扰，且$|d(t)|\leqslant D$。

理想角度信号为 x_d，则误差为 $e=x-x_d$，取滑模函数为

$$s(x,t)=ce+\dot{e} \tag{3.24}$$

其中，$c>0$。

根据线性化反馈理论，设计滑模控制器为

$$u=\frac{v-f(x,t)}{g(x,t)} \tag{3.25}$$

$$v=\ddot{x}_d-c\dot{e}-\eta\operatorname{sgn}(s), \quad \eta>D \tag{3.26}$$

定义 Lyapunov 函数为

$$V=\frac{1}{2}s^2 \tag{3.27}$$

则

$$\begin{aligned}\dot{V}&=s\dot{s}=s(\ddot{e}+c\dot{e})=s(\ddot{x}-\ddot{x}_d+c\dot{e})\\&=s(f(x,t)+g(x,t)u+d(t)-\ddot{x}_d+c\dot{e})\end{aligned}$$

将控制律式(3.25)代入上式，得

$$\begin{aligned}\dot{V}&=s(v+d(t)-\ddot{x}_d+c\dot{e})=s(\ddot{x}_d-c\dot{e}-\eta\operatorname{sgn}(s)+d(t)-\ddot{x}_d+c\dot{e})\\&=s(-\eta\operatorname{sgn}(s)+d(t))=-\eta|s|+d(t)s\end{aligned}$$

取 $\eta=\eta_0+D$，$\eta_0>0$，则 $\dot{V}\leqslant-\eta_0|s|\leqslant 0$，当 $\dot{V}\equiv 0$ 时，$s\equiv 0$，根据 LaSalle 不变性原理，闭环系统渐进稳定。当 $t\to\infty$时，$s\to 0$，$e\to 0$，$\dot{e}\to 0$。

3.3.4 仿真实例

考虑如下被控对象：

$$\begin{aligned}\dot{x}_1&=x_2\\\dot{x}_2&=\frac{g\sin x_1-mlx_2^2\cos x_1\sin x_1/(m_c+m)}{l(4/3-m\cos^2x_1/(m_c+m))}+\\&\quad\frac{\cos x_1/(m_c+m)}{l(4/3-m\cos^2x_1/(m_c+m))}u+d(t)\end{aligned}$$

其中，x_1 和 x_2 为倒立摆的角度和角速度，$g=9.8\text{m/s}^2$；$m_c=1\text{kg}$ 为小车质量；$m=0.1\text{kg}$ 为摆杆的质量；$l=0.5\text{m}$ 为摆的长度；u 为控制输入，$d(t)$为干扰。

理想角度为 $x_d=\sin t$，$d(t)=10\sin t$，则 $D=15$。采用控制律式(3.25)，取 $\eta=D+0.10$，$c=30$，摆的初始状态为$[\pi/60,0]$，$M=1$ 为采用符号函数，$M=2$ 为采用饱和函数式(2.31)，取 $M=2$，$\delta_0=0.03$，$\delta_1=5$，$\delta=\delta_0+\delta_1|e|$，仿真结果如图 3.10 和图 3.11 所示。

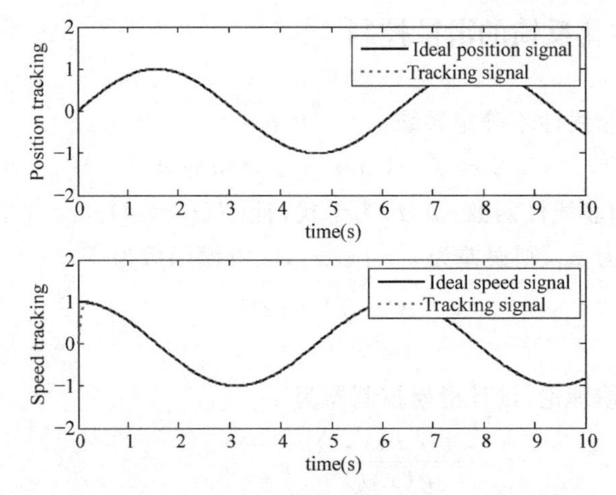

图 3.10 角度和角速度跟踪

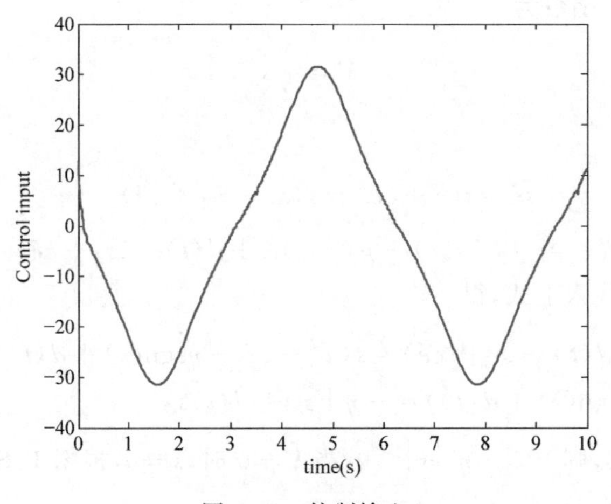

图 3.11 控制输入

(1) Simulink 主程序：chap3_4sim.mdl

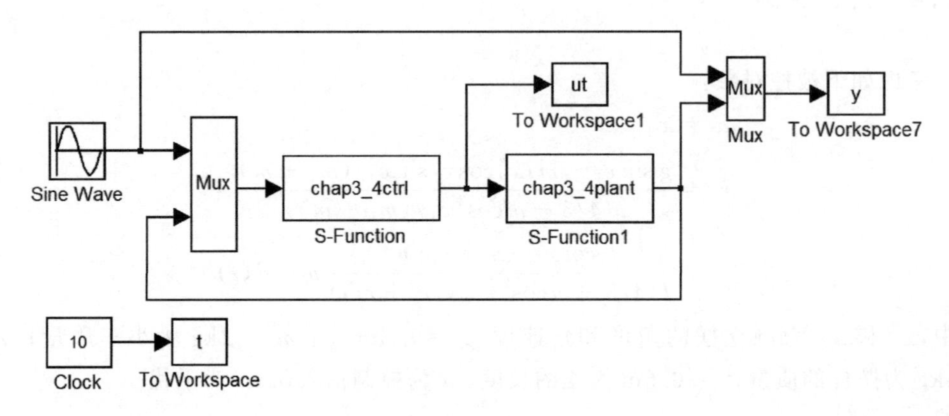

(2) 控制器 S 函数：chap3_4ctrl.m

```
function [sys,x0,str,ts] = spacemodel(t,x,u,flag)
switch flag,
case 0,
[sys,x0,str,ts] = mdlInitializeSizes;
case 1,
sys = mdlDerivatives(t,x,u);
case 3,
sys = mdlOutputs(t,x,u);
case {1,2,4,9}
sys = [];
otherwise
error(['Unhandled flag = ',num2str(flag)]);
end
function [sys,x0,str,ts] = mdlInitializeSizes
sizes = simsizes;
sizes.NumContStates          = 0;
sizes.NumDiscStates          = 0;
sizes.NumOutputs             = 1;
sizes.NumInputs              = 5;
sizes.DirFeedthrough         = 1;
sizes.NumSampleTimes         = 0;
sys = simsizes(sizes);
x0  = [];
str = [];
ts  = [];
function sys = mdlOutputs(t,x,u)
xd = sin(t);
dxd = cos(t);
ddxd = - sin(t);

x1 = u(2);
x2 = u(3);
fx = u(4);
gx = u(5);

e = x1 - xd;
de = x2 - dxd;
c = 30;
s = c * e + de;
D = 15;


M = 2;
if M == 1
xite = D + 0.50;
v = ddxd - c * de - xite * sign(s);
```

```
elseif M == 2
xite = D + 0.50;
delta0 = 0.03;
delta1 = 5;
delta = delta0 + delta1 * abs(e);
v = ddxd - c * de - xite * s/(abs(s) + delta);
end

ut = ( - fx + v)/(gx + 0.002);
sys(1) = ut;
```

(3) 被控对象 S 函数：chap3_4plant.m

```
function [sys,x0,str,ts] = s_function(t,x,u,flag)
switch flag,
case 0,
[sys,x0,str,ts] = mdlInitializeSizes;
case 1,
sys = mdlDerivatives(t,x,u);
case 3,
sys = mdlOutputs(t,x,u);
case {2, 4, 9}
sys = [];
otherwise
error(['Unhandled flag = ',num2str(flag)]);
end
function [sys,x0,str,ts] = mdlInitializeSizes
sizes = simsizes;
sizes.NumContStates        = 2;
sizes.NumDiscStates        = 0;
sizes.NumOutputs           = 4;
sizes.NumInputs            = 1;
sizes.DirFeedthrough       = 0;
sizes.NumSampleTimes       = 0;
sys = simsizes(sizes);
x0  = [pi/60 0];
str = [];
ts  = [];
function sys = mdlDerivatives(t,x,u)
g = 9.8;mc = 1.0;m = 0.1;l = 0.5;
S = l * (4/3 - m * (cos(x(1)))^2/(mc + m));
fx = g * sin(x(1)) - m * l * x(2)^2 * cos(x(1)) * sin(x(1))/(mc + m);
fx = fx/S;
gx = cos(x(1))/(mc + m);
gx = gx/S;
dt = 10 * sin(t);

sys(1) = x(2);
sys(2) = fx + gx * u + dt;
function sys = mdlOutputs(t,x,u)
g = 9.8;mc = 1.0;m = 0.1;l = 0.5;
```

```
S=l*(4/3-m*(cos(x(1)))^2/(mc+m));
fx=g*sin(x(1))-m*l*x(2)^2*cos(x(1))*sin(x(1))/(mc+m);
fx=fx/S;
gx=cos(x(1))/(mc+m);
gx=gx/S;

sys(1)=x(1);
sys(2)=x(2);
sys(3)=fx;
sys(4)=gx;
```

(4) 作图程序：chap3_4plot.m

```
close all;

figure(1);
subplot(211);
plot(t,y(:,1),'k',t,y(:,2),'r:','linewidth',2);
xlabel('time(s)');ylabel('Position tracking');
legend('Ideal position signal','tracking signal');
subplot(212);
plot(t,cos(t),'k',t,y(:,3),'r:','linewidth',2);
xlabel('time(s)');ylabel('Speed tracking');
legend('Ideal speed signal','tracking signal');

figure(2);
plot(t,ut(:,1),'r','linewidth',2);
xlabel('time(s)');ylabel('Control input');
```

3.4 输入输出反馈线性化控制

3.4.1 系统描述

考虑如下系统：

$$\begin{cases}\dot{x}_1=\sin x_2+(x_2+1)x_3\\ \dot{x}_2=x_1^5+x_3\\ \dot{x}_3=x_1^2+u\\ y=x_1\end{cases}\tag{3.28}$$

控制任务为对象输出 y 跟踪理想轨迹 y_d。由式(3.28)可见，对象输出 y 与控制输入 u 没有直接的联系，无法直接设计控制器。

3.4.2 控制器设计

为了得到 y 和 u 的关系，对 y 求微分：

$$\dot{y}=\dot{x}_1=\sin x_2+(x_2+1)x_3\tag{3.29}$$

可见，$\dot{y}$ 和 u 没有直接的关系，为此再对 $\dot{y}$ 求微分

$$\begin{aligned}\ddot{y}&=\ddot{x}_1=\dot{x}_2\cos x_2+\dot{x}_2x_3+(x_2+1)\dot{x}_3\\&=(x_1^5+x_3)\cos x_2+(x_1^5+x_3)x_3+(x_2+1)(x_1^2+u)\\&=(x_1^5+x_3)(\cos x_2+x_3)+(x_2+1)x_1^2+(x_2+1)u\end{aligned}\tag{3.30}$$

取 $f(x)=(x_1^5+x_3)(\cos x_2+x_3)+(x_2+1)x_1^2$，则

$$\ddot{y}=(x_2+1)u+f(x)\tag{3.31}$$

上式表明了 y 和 u 之间的关系，取控制律为

$$u=\frac{1}{x_2+1}(v-f)\tag{3.32}$$

其中，v 为控制律的辅助项。

由式(3.32)和式(3.31)，得

$$\ddot{y}=v\tag{3.33}$$

定义误差 $e=y_{\mathrm{d}}-y$，设计 v 为反馈线性化的形式

$$v=\ddot{y}_{\mathrm{d}}+k_1e+k_2\dot{e}\tag{3.34}$$

其中，k_1 和 k_2 为正实数。

由式(3.33)和式(3.34)，得

$$\ddot{e}+k_2\dot{e}+k_1e=0\tag{3.35}$$

则当 $t\to\infty$ 时，$\dot{e}\to0$，$e\to0$。

本方法的缺点是需要精确的模型信息，无法克服干扰。

3.4.3 仿真实例

理想轨迹为 $y_{\mathrm{d}}=\sin t$，取 $k_1=k_2=10$，控制器取式(3.32)。仿真结果如图 3.12 和图 3.13 所示。

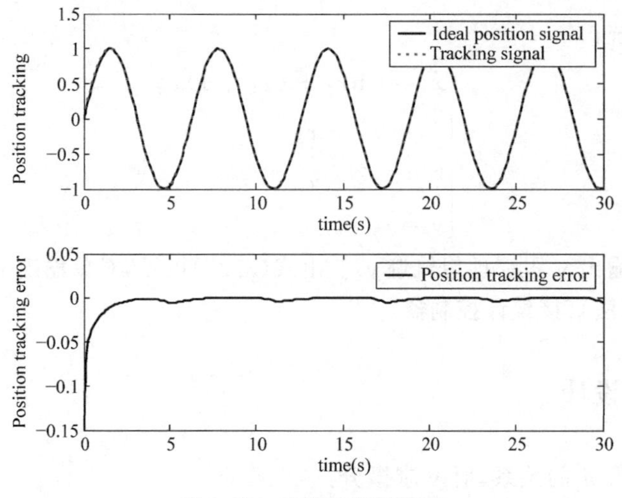

图 3.12　位置及速度跟踪

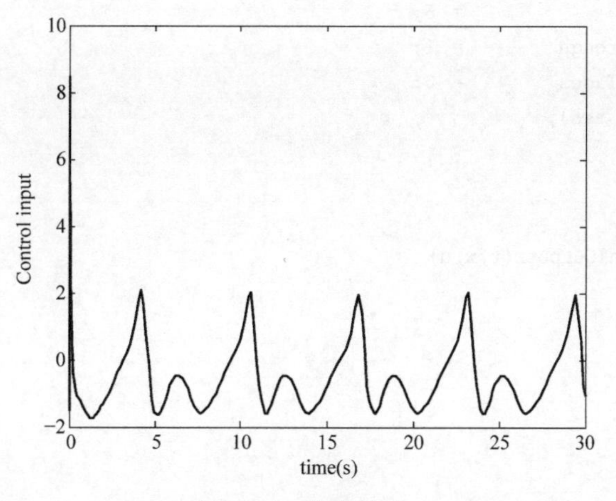

图 3.13　控制输入

仿真程序：

(1) Simulink 主程序：chap3_5sim. mdl

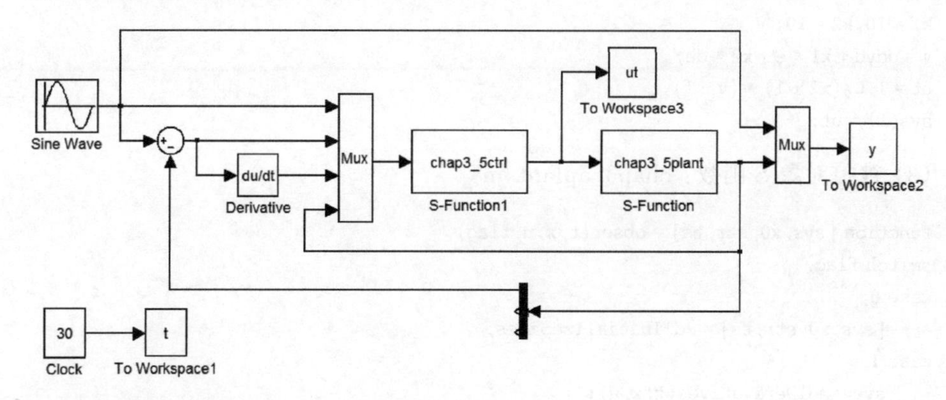

(2) 控制器 S 函数：chap3_5ctrl. m

```
function [sys,x0,str,ts] = obser(t,x,u,flag)
switch flag,
case 0,
    [sys,x0,str,ts] = mdlInitializeSizes;
case 1,
    sys = mdlDerivatives(t,x,u);
case 3,
    sys = mdlOutputs(t,x,u);
case {1, 2, 4, 9}
    sys = [];
otherwise
    error(['Unhandled flag = ',num2str(flag)]);
end
function [sys,x0,str,ts] = mdlInitializeSizes
sizes = simsizes;
sizes.NumDiscStates          = 0;
sizes.NumOutputs             = 1;
```

```
sizes.NumInputs          = 6;
sizes.DirFeedthrough     = 1;
sizes.NumSampleTimes     = 0;
sys = simsizes(sizes);
x0  = [];
str = [];
ts  = [];
function sys = mdlOutputs(t,x,u)
yd = u(1);
dyd = cos(t);
ddyd = - sin(t);
e = u(2);
de = u(3);
x1 = u(4);
x2 = u(5);
x3 = u(6);

f = (x1^5 + x3) * (x3 + cos(x2)) + (x2 + 1) * x1^2;

k1 = 10;k2 = 10;
v = ddyd + k1 * e + k2 * de;
ut = 1.0/(x2 + 1) * (v - f);
sys(1) = ut;
```

(3) 被控对象 S 函数：chap3_5plant.m

```
function [sys,x0,str,ts] = obser(t,x,u,flag)
switch flag,
case 0,
    [sys,x0,str,ts] = mdlInitializeSizes;
case 1,
    sys = mdlDerivatives(t,x,u);
case 3,
    sys = mdlOutputs(t,x,u);
case {2, 4, 9}
    sys = [];
otherwise
    error(['Unhandled flag = ',num2str(flag)]);
end
function [sys,x0,str,ts] = mdlInitializeSizes
sizes = simsizes;
sizes.NumContStates      = 3;
sizes.NumDiscStates      = 0;
sizes.NumOutputs         = 3;
sizes.NumInputs          = 1;
sizes.DirFeedthrough     = 1;
sizes.NumSampleTimes     = 0;
sys = simsizes(sizes);
x0  = [0.15 0 0];
str = [];
ts  = [];
```

```
function sys = mdlDerivatives(t,x,u)
ut = u(1);
sys(1) = sin(x(2)) + (x(2) + 1) * x(3);
sys(2) = x(1)^5 + x(3);
sys(3) = x(1)^2 + ut;
function sys = mdlOutputs(t,x,u)
sys(1) = x(1);
sys(2) = x(2);
sys(3) = x(3);
```

(4) 作图程序：chap3_5plot.m

```
close all;

figure(1);
subplot(211);
plot(t,y(:,1),'k',t,y(:,2),'r:','linewidth',2);
xlabel('time(s)');ylabel('Position tracking');
legend('Ideal position signal','tracking signal');
subplot(212);
plot(t,y(:,1) - y(:,2),'k','linewidth',2);
xlabel('time');ylabel('position tracking error');
legend('position tracking error');

figure(2);
plot(t,ut(:,1),'k','linewidth',2);
xlabel('time');ylabel('control input');
```

3.5 基于输入输出反馈线性化的滑模控制

在线性化反馈控制中，如果加入滑模项，可以保证鲁棒性。

3.5.1 系统描述

考虑如下不确定系统：

$$\begin{cases}\dot{x}_1 = \sin x_2 + (x_2 + 1)x_3 + d_1 \\ \dot{x}_2 = x_1^5 + x_3 + d_2 \\ \dot{x}_3 = x_1^2 + u + d_3 \\ y = x_1\end{cases} \tag{3.36}$$

其中，d_1，d_2 和 d_3 为系统的不确定部分或扰动。

控制任务为对象输出 y 跟踪理想轨迹 y_d。由式(3.36)可见，对象输出 y 与控制输入 u 没有直接的联系，无法直接设计控制器。

3.5.2 控制器设计

为了得到式(3.36)中 y 和 u 的联系，对 y 求微分：

$$\dot{y}=\dot{x}_1=\sin x_2+(x_2+1)x_3+d_1 \tag{3.37}$$

可见，$\dot{y}$ 和 u 没有直接的关系，为此，再对 $\dot{y}$ 求微分：

$$\begin{aligned}\ddot{y}=\ddot{x}_1&=\dot{x}_2\cos x_2+\dot{x}_2x_3+(x_2+1)\dot{x}_3+\dot{d}_1\\&=(x_1^5+x_3+d_2)\cos x_2+(x_1^5+x_3+d_2)x_3+\\&\quad(x_2+1)(x_1^2+u+d_3)+\dot{d}_1\\&=(x_1^5+x_3)(\cos x_2+x_3)+(x_2+1)x_1^2+\\&\quad(x_2+1)u+d\end{aligned} \tag{3.38}$$

其中，$d=d_2\cos x_2+d_2x_3+(x_2+1)d_3+\dot{d}_1$，假设$|d|\leqslant D$。

取 $f(x)=(x_1^5+x_3)(\cos x_2+x_3)+(x_2+1)x_1^2$，则式(3.38)可写为

$$\ddot{y}=(x_2+1)u+f(x)+d \tag{3.39}$$

定义 $e=y_{\mathrm{d}}-y$，则滑模函数为

$$s(x,t)=\boldsymbol{ce} \tag{3.40}$$

其中，$\boldsymbol{c}=[c\quad 1]$，$c>0$，$\boldsymbol{e}=[e\quad \dot{e}]^{\mathrm{T}}$。

设计控制律为

$$u=\frac{1}{x_2+1}(v-f+\eta\,\mathrm{sgn}(s)) \tag{3.41}$$

其中，v 为控制律的辅助项，$\eta\geqslant D$。

取 Lyapunov 函数为

$$V=\frac{1}{2}s^2$$

则

$$\begin{aligned}\dot{V}&=s\dot{s}=s(\ddot{e}+c\dot{e})=s(\ddot{y}_{\mathrm{d}}-\ddot{y}+c\dot{e})\\&=s(\ddot{y}_{\mathrm{d}}-(x_2+1)u-f(x)-d+c\dot{e})\end{aligned}$$

将式(3.41)代入式(3.40)，得

$$\begin{aligned}\dot{V}&=s(\ddot{y}_{\mathrm{d}}-(v-f(x)+\eta\,\mathrm{sgn}(s))-f(x)-d+c\dot{e})\\&=s(\ddot{y}_{\mathrm{d}}-v+f(x)-\eta\,\mathrm{sgn}(s)-f(x)-d+c\dot{e})\end{aligned} \tag{3.42}$$

取 $v=\ddot{y}_{\mathrm{d}}+c\dot{e}$，则

$$\dot{V}=s(-\eta\,\mathrm{sgn}(s)-d)=ds-\eta\,|\,s\,|$$

取 $\eta=\eta_0+D$，$\eta_0>0$，则 $\dot{V}\leqslant-\eta_0|s|\leqslant 0$，当 $\dot{V}\equiv 0$ 时，$s\equiv 0$，根据 LaSalle 不变性原理，闭环系统渐进稳定，当 $t\to\infty$时，$s\to 0$，$e\to 0$，$\dot{e}\to 0$。

3.5.3 仿真实例

理想轨迹为 $y_{\mathrm{d}}=\sin t$，取 $c=10$，$\eta=3.0$，控制器取式(3.41)。仿真结果如图 3.14 和图 3.15 所示。

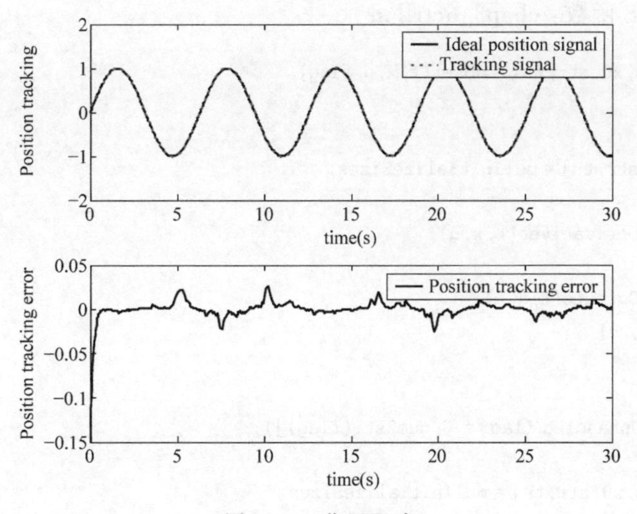

图 3.14　位置跟踪

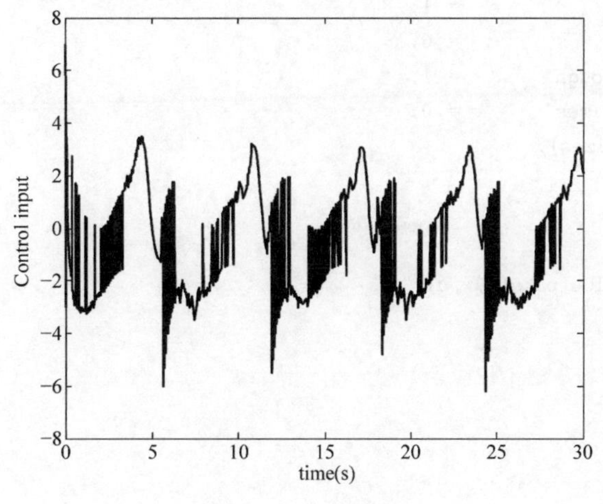

图 3.15　控制输入

仿真程序：

(1) Simulink 主程序：chap3_6sim. mdl

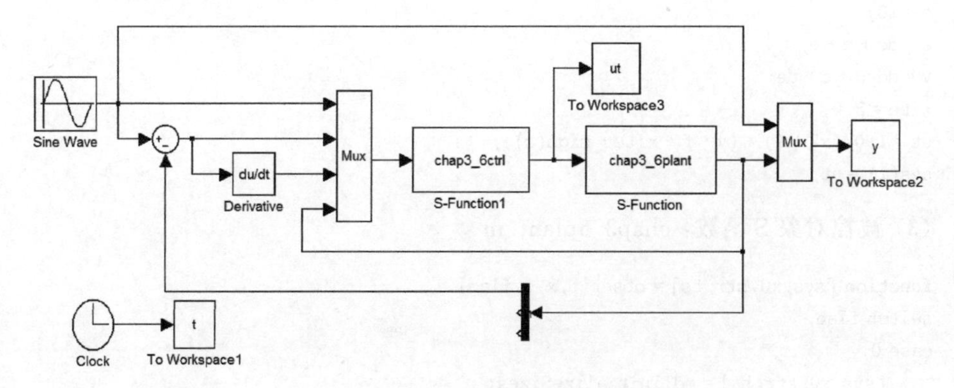

(2) 控制器S函数：chap3_6ctrl.m

```
function [sys,x0,str,ts] = obser(t,x,u,flag)
switch flag,
case 0,
    [sys,x0,str,ts] = mdlInitializeSizes;
case 1,
    sys = mdlDerivatives(t,x,u);
case 3,
    sys = mdlOutputs(t,x,u);
case {1, 2, 4, 9}
    sys = [];
otherwise
    error(['Unhandled flag = ',num2str(flag)]);
end
function [sys,x0,str,ts] = mdlInitializeSizes
sizes = simsizes;
sizes.NumDiscStates          = 0;
sizes.NumOutputs             = 1;
sizes.NumInputs              = 6;
sizes.DirFeedthrough         = 1;
sizes.NumSampleTimes         = 0;
sys = simsizes(sizes);
x0  = [];
str = [];
ts  = [];
function sys = mdlOutputs(t,x,u)
yd = u(1);
dyd = cos(t);
ddyd = - sin(t);
e = u(2);
de = u(3);
x1 = u(4);
x2 = u(5);
x3 = u(6);

f = (x1^5 + x3) * (x3 + cos(x2)) + (x2 + 1) * x1^2;
c = 10;
s = de + c * e;
v = ddyd + c * de;
xite = 3.0;
ut = 1.0/(x2 + 1) * (v - f + xite * sign(s));
sys(1) = ut;
```

(3) 被控对象S函数：chap3_6plant.m

```
function [sys,x0,str,ts] = obser(t,x,u,flag)
switch flag,
case 0,
    [sys,x0,str,ts] = mdlInitializeSizes;
case 1,
```

```
    sys = mdlDerivatives(t,x,u);
case 3,
    sys = mdlOutputs(t,x,u);
case {2, 4, 9}
    sys = [];
otherwise
    error(['Unhandled flag = ',num2str(flag)]);
end
function [sys,x0,str,ts] = mdlInitializeSizes
sizes = simsizes;
sizes.NumContStates        = 3;
sizes.NumDiscStates        = 0;
sizes.NumOutputs           = 3;
sizes.NumInputs            = 1;
sizes.DirFeedthrough       = 1;
sizes.NumSampleTimes       = 0;
sys = simsizes(sizes);
x0  = [0.15 0 0];
str = [];
ts  = [];
function sys = mdlDerivatives(t,x,u)
ut = u(1);
d1 = sin(t);
d2 = sin(t);
d3 = sin(t);
sys(1) = sin(x(2)) + (x(2) + 1) * x(3) + d1;
sys(2) = x(1)^5 + x(3) + d2;
sys(3) = x(1)^2 + ut + d3;
function sys = mdlOutputs(t,x,u)
sys(1) = x(1);
sys(2) = x(2);
sys(3) = x(3);
```

(4) 作图程序：chap3_6plot.m

```
close all;

figure(1);
subplot(211);
plot(t,y(:,1),'k',t,y(:,2),'r:','linewidth',2);
xlabel('time(s)');ylabel('Position tracking');
legend('Ideal position signal','tracking signal');
subplot(212);
plot(t,y(:,1) - y(:,2),'k','linewidth',2);
xlabel('time');ylabel('position tracking error');
legend('position tracking error');

figure(2);
plot(t,ut(:,1),'k','linewidth',2);
xlabel('time');ylabel('control input');
```

3.6 模型参考滑模控制

3.6.1 系统描述

被控对象为二阶系统：

$$\ddot{y}=a(t)\dot{y}+b(t)u(t)+d(t) \tag{3.43}$$

其中，$b(t)>0$，$d(t)$为外部干扰，且$|d(t)|\leqslant D$。

参考模型为二阶系统：

$$\ddot{y}_{\mathrm{m}}=a_{\mathrm{m}}\dot{y}_{\mathrm{m}}+b_{\mathrm{m}}r(t) \tag{3.44}$$

3.6.2 滑模控制器设计

模型跟踪误差为$e=y-y_{\mathrm{m}}$，则$\dot{e}=\dot{y}-\dot{y}_{\mathrm{m}}$。滑模函数设计为

$$s=\dot{e}+ce \tag{3.45}$$

滑模控制律为

$$u=\frac{1}{b(t)}(-c|\dot{e}|-|b_{\mathrm{m}}r|-D-\eta-|a_{\mathrm{m}}\dot{y}_{\mathrm{m}}|-|a\dot{y}|)\operatorname{sgn}(s) \tag{3.46}$$

其中，$\eta>0$。

下面进行稳定性分析。

定义 Lyapunov 函数为

$$V=\frac{1}{2}s^2 \tag{3.47}$$

由式(3.45)得

$$\dot{s}=\ddot{e}+c\dot{e}=\ddot{y}-\ddot{y}_{\mathrm{m}}+c\dot{e}=a\dot{y}-a_{\mathrm{m}}\dot{y}_{\mathrm{m}}+bu-b_{\mathrm{m}}r+d(t)+c\dot{e}$$

将滑模控制律式(3.46)代入式(3.45)，得

$$\begin{aligned}\dot{s}=&a\dot{y}-a_{\mathrm{m}}\dot{y}_{\mathrm{m}}-(c|\dot{e}|+|b_{\mathrm{m}}r|+D+\eta+|a\dot{y}|+\\&|a_{\mathrm{m}}\dot{y}_{\mathrm{m}}|)\operatorname{sgn}(s)-b_{\mathrm{m}}r+d(t)+c\dot{e}\end{aligned}$$

则

$$\begin{aligned}s\dot{s}=&a\dot{y}s-a_{\mathrm{m}}\dot{y}_{\mathrm{m}}s-(c|\dot{e}|+|b_{\mathrm{m}}r|+D+\eta+|a\dot{y}|+\\&|a_{\mathrm{m}}\dot{y}_{\mathrm{m}}|)|s|-b_{\mathrm{m}}rs+d(t)s+c\dot{e}s\\=&a\dot{y}s-|a\dot{y}||s|-a_{\mathrm{m}}\dot{y}_{\mathrm{m}}s-|a_{\mathrm{m}}\dot{y}_{\mathrm{m}}||s|+\\&c\dot{e}s-c|\dot{e}||s|-b_{\mathrm{m}}rs-|b_{\mathrm{m}}r||s|+d(t)s-\\&D|s|-\eta|s|\leqslant-\eta|s|\end{aligned}$$

即

$$\dot{V}\leqslant-\eta|s|$$

当$\dot{V}\equiv0$时，$s\equiv0$，根据 LaSalle 不变性原理，闭环系统渐进稳定，当$t\to\infty$时，$s\to0$，从而$e\to0$，$\dot{e}\to0$。采用饱和函数代替符号函数，可消除抖振。饱和函数设计为

$$\operatorname{sat}(s)=\begin{cases}1 & s>\delta \\ s/\delta & |s|\leqslant\delta \\ -1 & s<-\delta\end{cases} \tag{3.48}$$

其中，$\delta>0$。

3.6.3 仿真实例

被控对象为

$$\ddot{x}+a\dot{x}=bu(t)+d(t)$$

其中，$a=25,b=133,d(t)=10\sin(t)$。

参考模型为 $\ddot{x}+a_{\mathrm{m}}\dot{x}=b_{\mathrm{m}}r(t)$，$a_{\mathrm{m}}=20$，$b_{\mathrm{m}}=100$，$r=\sin(\pi t)$。采用控制律式(3.46)，取 $D=10,\eta=0.02,c=10,M=1$ 时为采用符号函数的控制律，$M=2$ 时为采用饱和函数的控制律。饱和函数中取 $\delta=0.02$。系统初始状态为[1.5, 0]^{T}。仿真结果如图 3.16～图 3.19 所示。

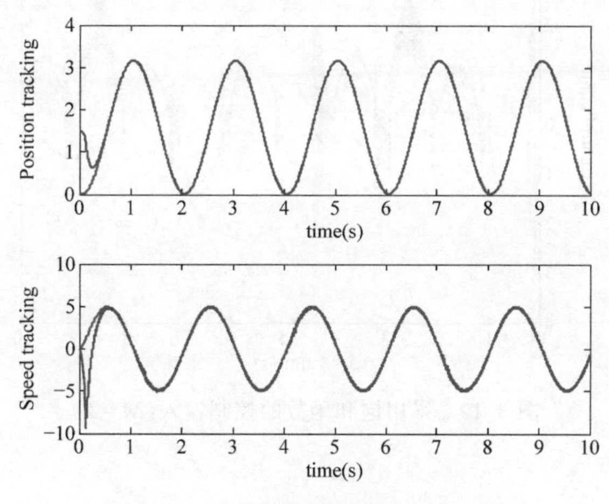

图 3.16 位置和速度跟踪($M=1$)

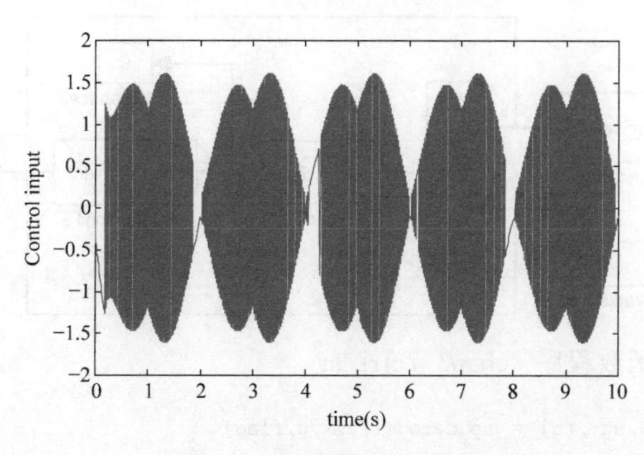

图 3.17 控制输入($M=1$)

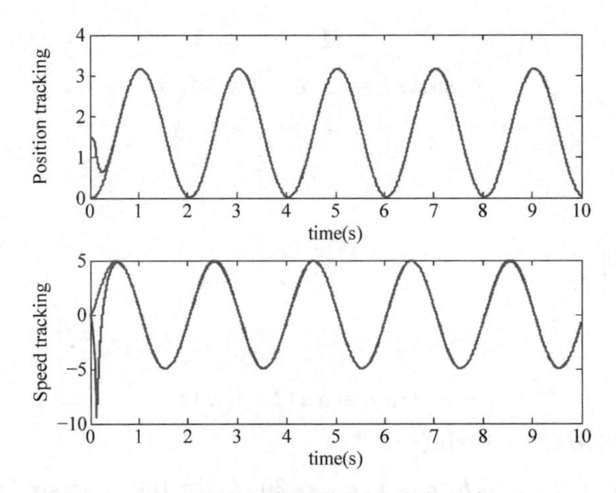

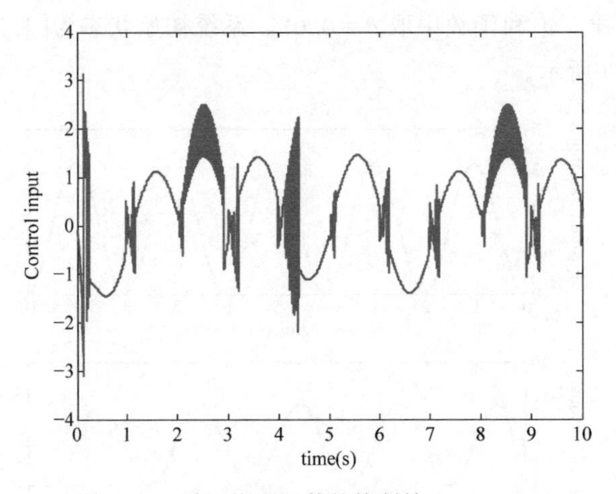

图 3.18 采用饱和函数的位置和速度跟踪($M=2$)

Control input
time(s)

图 3.19 采用饱和函数的控制输入($M=2$)

仿真程序：

(1) Simulink 主程序：chap3_7sim.mdl

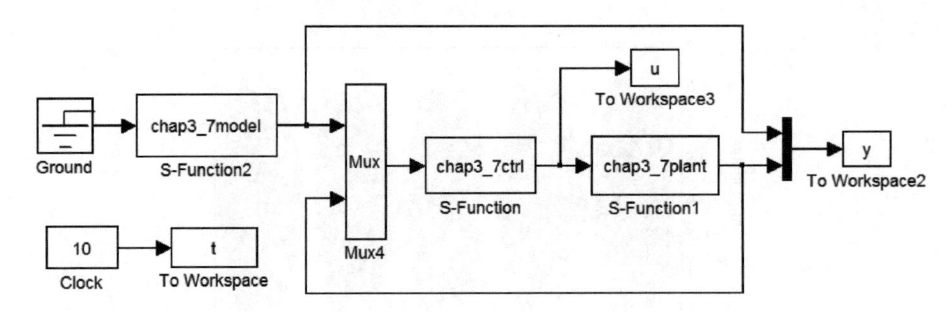

(2) 控制器 S 函数程序：chap3_7ctrl.m

```
function [sys,x0,str,ts] = spacemodel(t,x,u,flag)
switch flag,
case 0,
    [sys,x0,str,ts] = mdlInitializeSizes;
```

```
case 3,
    sys = mdlOutputs(t,x,u);
case {2,4,9}
    sys = [];
otherwise
    error(['Unhandled flag = ',num2str(flag)]);
end
function [sys,x0,str,ts] = mdlInitializeSizes
sizes = simsizes;
sizes.NumContStates        = 0;
sizes.NumDiscStates        = 0;
sizes.NumOutputs           = 1;
sizes.NumInputs            = 4;
sizes.DirFeedthrough       = 1;
sizes.NumSampleTimes       = 1;
sys = simsizes(sizes);
x0  = [];
str = [];
ts  = [0 0];
function sys = mdlOutputs(t,x,u)
a = 25;b = 133;
am = 20;bm = 100;
D = 10;
c = 10;
ym = u(1);y = u(3);
dym = u(2);dy = u(4);

e = y - ym;
de = dy - dym;
s = c * e + de;

r = sin(pi * t);
xite = 0.02;

wt = 1/b * ( - c * abs(de) - abs(bm * r) - D - xite - abs(am * dym) - abs(a * dy));

M = 1;
if M == 1
   ut = wt * sign(s);
elseif M == 2
   delta = 0.02;
   if s > delta
       sats = 1;
   elseif abs(s)< = delta
       sats = s/delta;
   elseif s < - delta
       sats = - 1;
   end
```

```
    ut = wt * sats;
end
sys(1) = ut;
```

（3）参考模型S函数程序：chap3_7model.m

```
function [sys,x0,str,ts] = spacemodel(t,x,u,flag)

switch flag,
case 0,
    [sys,x0,str,ts] = mdlInitializeSizes;
case 1,
    sys = mdlDerivatives(t,x,u);
case 3,
    sys = mdlOutputs(t,x,u);
case {2,4,9}
    sys = [];
otherwise
    error(['Unhandled flag = ',num2str(flag)]);
end

function [sys,x0,str,ts] = mdlInitializeSizes
sizes = simsizes;
sizes.NumContStates        = 2;
sizes.NumDiscStates        = 0;
sizes.NumOutputs           = 2;
sizes.NumInputs            = 1;
sizes.DirFeedthrough       = 0;
sizes.NumSampleTimes       = 1;
sys  = simsizes(sizes);
x0   = [0,0];
str  = [];
ts   = [0 0];

function sys = mdlDerivatives(t,x,u)
am = 20;
bm = 100;
r = sin(pi * t);

sys(1) = x(2);
sys(2) = -20 * x(2) + 100 * r;

function sys = mdlOutputs(t,x,u)
sys(1) = x(1);
sys(2) = x(2);
```

（4）被控对象S函数程序：chap3_7plant.m

```
function [sys,x0,str,ts] = spacemodel(t,x,u,flag)
```

```
switch flag,
case 0,
    [sys,x0,str,ts] = mdlInitializeSizes;
case 1,
    sys = mdlDerivatives(t,x,u);
case 3,
    sys = mdlOutputs(t,x,u);
case {2,4,9}
    sys = [];
otherwise
    error(['Unhandled flag = ',num2str(flag)]);
end

function [sys,x0,str,ts] = mdlInitializeSizes
sizes = simsizes;
sizes.NumContStates    = 2;
sizes.NumDiscStates    = 0;
sizes.NumOutputs       = 2;
sizes.NumInputs        = 1;
sizes.DirFeedthrough   = 0;
sizes.NumSampleTimes   = 1;
sys = simsizes(sizes);
x0  = [1.5;0];
str = [];
ts  = [0 0];

function sys = mdlDerivatives(t,x,u)
a = 25;
b = 133;

sys(1) = x(2);
sys(2) = -a * x(2) + b * u + 10 * sin(t);
function sys = mdlOutputs(t,x,u)
sys(1) = x(1);
sys(2) = x(2);
```

(5) 作图程序：chap3_7plot.m

```
close all;

figure(1);
plot(t,y(:,1),'r',t,y(:,3),'b','linewidth',2);
xlabel('time(s)');ylabel('Position tracking');

figure(2);
plot(t,u(:,1),'r','linewidth',2);
xlabel('time(s)');ylabel('Control input');
```

3.7 一阶系统滑模控制

3.7.1 系统描述

针对简单的动力学系统，如只考虑速度控制，可设计一阶系统来描述。考虑被控对象

$$\dot{x}=bu(t)+f(x)+d(t) \tag{3.49}$$

其中，$u(t)$为控制输入，$d(t)$为外加干扰，$|d(t)|\leqslant D$。

3.7.2 滑模控制器设计

针对一阶系统，需要引入积分设计滑模函数，即

$$s(t)=e(t)+c\int_0^t e\mathrm{d}t \tag{3.50}$$

其中，$c>0$。

跟踪误差为$e=x-x_{\mathrm{d}}$，其中x_{d}为理想信号。定义Lyapunov函数为

$$V=\frac{1}{2}s^2$$

则

$$\dot{s}(t)=\dot{e}+ce=\dot{x}-\dot{x}_{\mathrm{d}}+ce=bu+f(x)+d-\dot{x}_{\mathrm{d}}+ce$$

为了保证$s\dot{s}\leqslant 0$，设计滑模控制律为

$$u(t)=\frac{1}{b}(-ce+\dot{x}_{\mathrm{d}}-f(x)-ks-D\operatorname{sgn}s) \tag{3.51}$$

其中，$k>0$。

于是

$$\dot{s}(t)=ce+(-ce+\dot{x}_{\mathrm{d}}-ks-D\operatorname{sgn}s)+d-\dot{x}_{\mathrm{d}}=-ks-D\operatorname{sgn}s+d$$

从而

$$\dot{V}=s\dot{s}=-ks^2-D|s|+ds\leqslant -ks^2=-\frac{k}{2}V$$

不等式方程$\dot{V}\leqslant -\frac{k}{2}V$的解为

$$V(t)\leqslant \mathrm{e}^{-\frac{k}{2}(t-t_0)}V(t_0)$$

可见，$V(t)$指数收敛至零，则$s(t)$指数收敛至零，从而$\int_0^t e\mathrm{d}t$和$e(t)$指数收敛至零，收敛速度取决于k。指数项$-ks$能保证当s较大时，系统状态能以较大的速度趋近于滑动模态。因此，指数趋近律尤其适合解决具有大阶跃的响应控制问题。

从控制律的表达式可知，当干扰$d(t)$较大时，为了保证鲁棒性，必须保证足够大的干扰上界，而较大的上界D会造成抖振。

3.7.3 仿真实例

被控对象取式(3.49)，$b=10$，取角度指令为 $x_{\mathrm{d}}(t)=\sin t$，$d(t)=0.5\sin t$，对象的初始状态为[1.0]，取 $c=5.0$，$k=3.0$，$D=0.50$，采用控制器式(3.51)，仿真结果如图 3.20～图 3.22 所示。

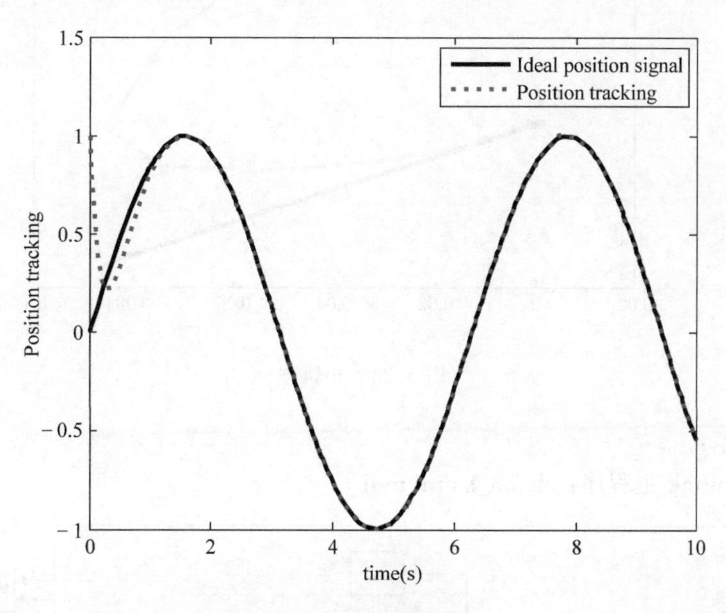

图 3.20 位置跟踪

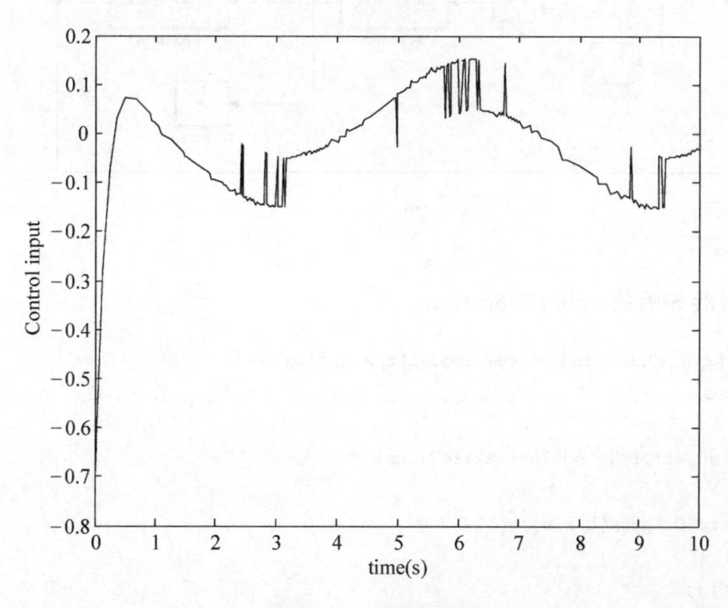

图 3.21 控制输入

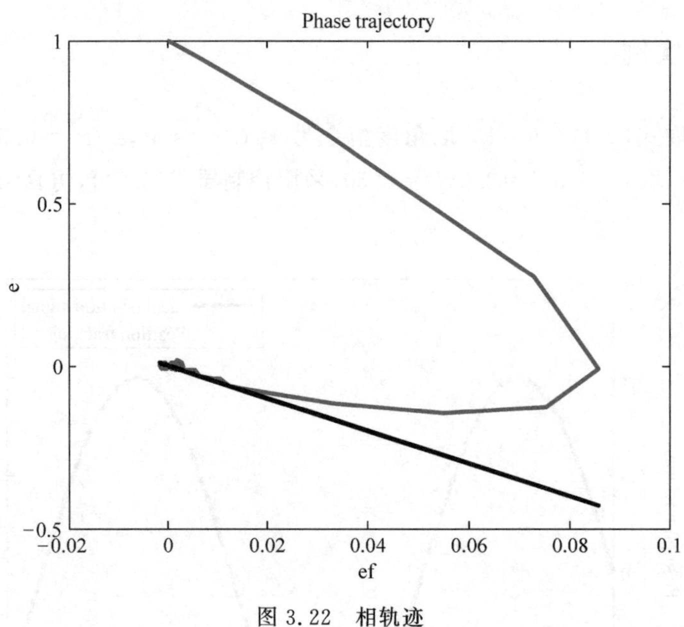

图 3.22　相轨迹

仿真程序：

(1) Simulink 主程序：chap3_8sim.mdl

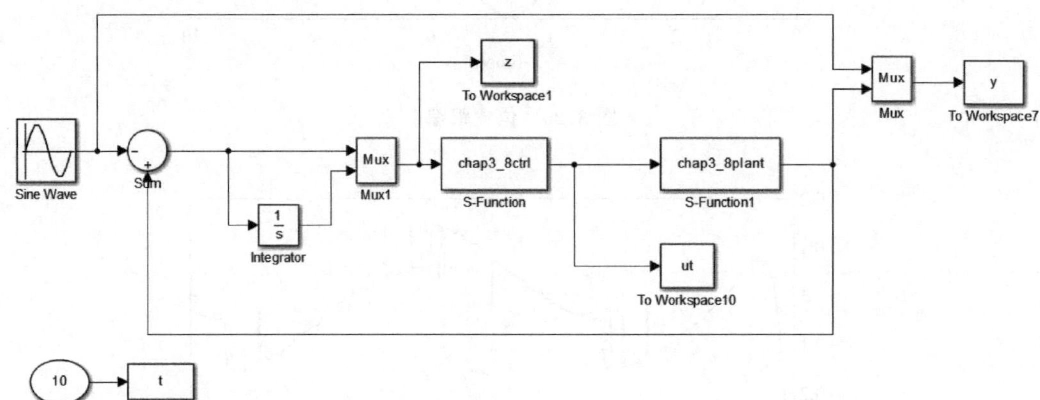

(2) 控制器 S 函数：chap3_8ctrl.m

```
function [sys,x0,str,ts] = spacemodel(t,x,u,flag)
switch flag,
case 0,
    [sys,x0,str,ts] = mdlInitializeSizes;
case 3,
    sys = mdlOutputs(t,x,u);
case {2,4,9}
    sys = [];
otherwise
    error(['Unhandled flag = ',num2str(flag)]);
end
```

```
function [sys,x0,str,ts] = mdlInitializeSizes
sizes = simsizes;
sizes.NumContStates = 0;
sizes.NumDiscStates = 0;
sizes.NumOutputs = 1;
sizes.NumInputs = 2;
sizes.DirFeedthrough = 1;
sizes.NumSampleTimes = 0;
sys = simsizes(sizes);
x0 = [];
str = [];
ts = [];
function sys = mdlOutputs(t,x,u)
xd = sin(t);
dxd = cos(t);

e = u(1);
ef = u(2);

c = 5;
s = e + c * ef;

b = 10;k = 3.0;
D = 0.5;
ut = 1/b * ( - c * e + dxd - k * s - D * sign(s));

sys(1) = ut;
```

(3) 被控对象 S 函数：chap3_8plant. m

```
function [sys,x0,str,ts] = s_function(t,x,u,flag)
switch flag,
case 0,
    [sys,x0,str,ts] = mdlInitializeSizes;
case 1,
    sys = mdlDerivatives(t,x,u);
case 3,
    sys = mdlOutputs(t,x,u);
case {2, 4, 9 }
    sys = [];
otherwise
    error(['Unhandled flag = ',num2str(flag)]);
end
function [sys,x0,str,ts] = mdlInitializeSizes
sizes = simsizes;
sizes.NumContStates = 1;
sizes.NumDiscStates = 0;
sizes.NumOutputs = 1;
sizes.NumInputs = 1;
sizes.DirFeedthrough = 0;
sizes.NumSampleTimes = 0;
```

```
sys = simsizes(sizes);
x0 = [1.0];
str = [];
ts = [];
function sys = mdlDerivatives(t,x,u)
b = 10;
ut = u(1);
dt = 0.5 * sin(t);
sys(1) = b * ut + dt;
function sys = mdlOutputs(t,x,u)
sys(1) = x(1);
```

(4) 作图程序：chap3_8plot. m

```
close all;

figure(1);
plot(t,y(:,1),'k',t,y(:,2),'r:','linewidth',2);
legend('Ideal position signal','Position tracking');
xlabel('time(s)');ylabel('Position tracking');

figure(2);
plot(t,ut(:,1),'k','linewidth',0.01);
xlabel('time(s)');ylabel('Control input');

c = 5;
e = z(:,1);
ef = z(:,2);
figure(3);
plot(ef,e,'r',ef, - c * ef,'k','linewidth',2);
xlabel('ef');ylabel('e');
title('phase trajectory');
```

3.8 滑模预测控制

3.8.1 系统描述

被控对象为

$$\begin{cases}\dot{x}_1 = x_2 \\ \dot{x}_2 = x_2 + bu\end{cases} \tag{3.52}$$

位置输出为 x_1，其指令为 x_d。误差信息为 $e = x_1 - x_{1d}$，$\dot{e} = x_2 - \dot{x}_{1d}$，取滑模函数

$$s = ce + \dot{e}$$

其中，$c > 0$。

于是

$$\dot{s} = c\dot{e} + \ddot{e} = c\dot{e} + \dot{x}_2 - \ddot{x}_{1d} = c\dot{e} + x_2 + bu - \ddot{x}_{1d} \tag{3.53}$$

3.8.2 传统滑模控制算法

传统的滑模控制算法为

$$u=\frac{1}{b}(-c\dot{e}-x_2+\ddot{x}_{1\mathrm{d}}-ks-\eta\mathrm{sgn}s) \tag{3.54}$$

其中，$k>0$，$\eta>0$。

取 $V=\frac{1}{2}s^2$，可得

$$\dot{V}=s\dot{s}=s(-ks-\eta\mathrm{sgn})=-ks^2-\eta|s|\leqslant-2kV$$

针对不等式方程 $\dot{V}\leqslant-2kV$，有

$$V(t)\leqslant \mathrm{e}^{-2k(t-t_0)}V(t_0)$$

可见，$V(t)$ 指数收敛至零，收敛速度取决于 k。

3.8.3 预测滑模控制算法

取滑模函数

$$s(t+T)=ce(t+T)+\dot{e}(t+T)$$

预测经过时间 T 的滑模面表示为

$$s(t+T)=s(t)+T\dot{s}(t) \tag{3.55}$$

预测控制目标为 $s(t+T)\to0$，即 $x_1(t+T)\to x_\mathrm{d}(t+T)$，$x_2(t+T)\to\dot{x}_\mathrm{d}(t+T)$。

设计滑模预测控制的目标函数[2]为

$$J(x,u,t)=\frac{1}{2}s^2(t+T) \tag{3.56}$$

要实现最优控制需满足 $\frac{\partial J(x,u,t)}{\partial u}=0$，即

$$s(t+T)\frac{\partial s(t+T)}{\partial u}=0$$

由于

$$\frac{\partial s(t+T)}{\partial u}=\frac{\partial(s(t)+T\dot{s}(t))}{\partial u}=T\frac{\partial\dot{s}(t)}{\partial u}=T\frac{\partial(c\dot{e}+x_2+bu-\ddot{x}_{1\mathrm{d}})}{\partial u}=Tb$$

则最优控制条件转化为 $s(t+T)=0$，由式(3.53)和式(3.55)可得

$$s+T(c\dot{e}+x_2+bu-\ddot{x}_{1\mathrm{d}})=0$$

滑模预测控制器为

$$u=\frac{1}{b}\left(-\frac{1}{T}s-c\dot{e}-x_2+\ddot{x}_{1\mathrm{d}}\right) \tag{3.57}$$

从而可实现 $s(t+T)\to0$，即 $x_1(t+T)\to x_\mathrm{d}(t+T)$，$x_2(t+T)\to\dot{x}_\mathrm{d}(t+T)$。

3.8.4 仿真实例

被控对象取式(3.52)，$b=10$，取位置指令为 $x_{\mathrm{d}}(t)=\sin t$，对象的初始状态为[1 0]，取 $c=5.0$，$T=0.50$，采用控制器式(3.57)，仿真结果如图 3.23～图 3.25 所示。

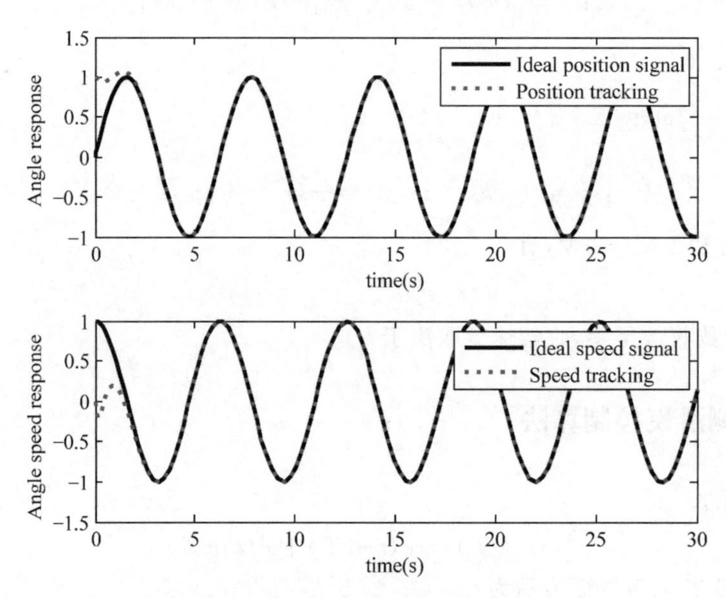

图 3.23 t 时刻位置和速度跟踪

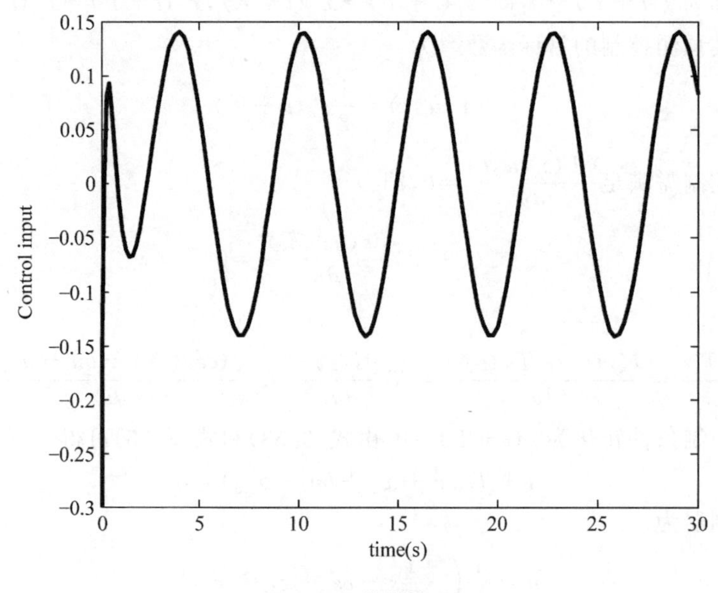

图 3.24 控制输入

仿真程序：

(1) Simulink 主程序：chap3_9sim.mdl

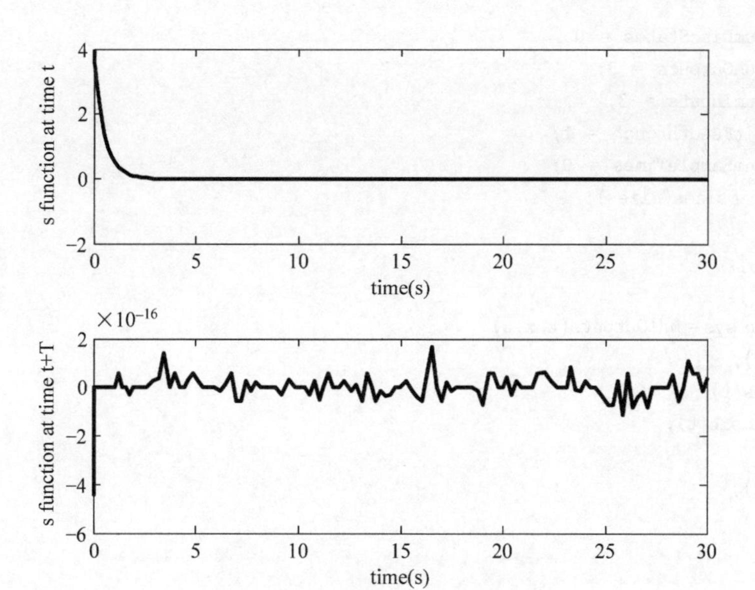

图 3.25 滑模函数 $s(t+T)$

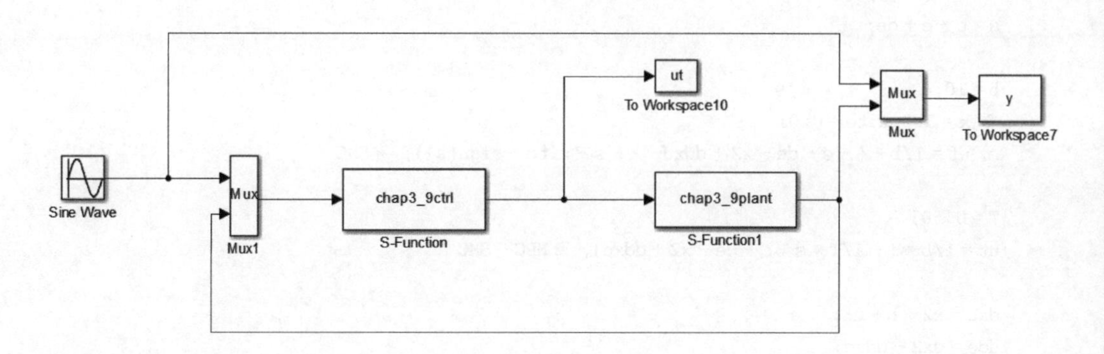

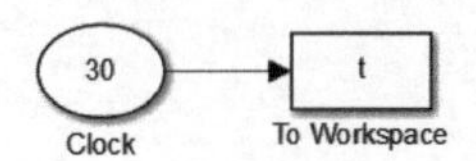

(2) 控制器 S 函数：chap3_9ctrl. m

```
function [sys,x0,str,ts] = spacemodel(t,x,u,flag)
switch flag,
case 0,
    [sys,x0,str,ts] = mdlInitializeSizes;
case 3,
    sys = mdlOutputs(t,x,u);
case {2,4,9}
    sys = [];
otherwise
    error(['Unhandled flag = ',num2str(flag)]);
end
function [sys,x0,str,ts] = mdlInitializeSizes
sizes = simsizes;
sizes.NumContStates = 0;
```

```
sizes.NumDiscStates = 0;
sizes.NumOutputs = 3;
sizes.NumInputs = 3;
sizes.DirFeedthrough = 1;
sizes.NumSampleTimes = 0;
sys = simsizes(sizes);
x0  = [];
str = [];
ts  = [];
function sys = mdlOutputs(t,x,u)
xd = u(1);
dxd = cos(t);
ddxd = - sin(t);

x1 = u(2);
x2 = u(3);

c = 5;
e = x1 - xd;
de = x2 - dxd;
s = c * e + de;

b = 10;
 % k = 3.0;xite = 0.01;
 % ut = 1/b * ( - c * de - x2 + ddxd - k * s - xite * sign(s)); % SMC

T = 0.50;
ut = 1/b * ( - 1/T * s - c * de - x2 + ddxd); % MPC - SMC

dx2 = x2 + b * ut;
dde = dx2 - ddxd;
ds = c * de + dde;
sp = s + T * ds;

sys(1) = ut;
sys(2) = s;
sys(3) = sp;
```

(3) 被控对象 S 函数：chap3_9plant. m

```
function [sys,x0,str,ts] = s_function(t,x,u,flag)
switch flag,
case 0,
    [sys,x0,str,ts] = mdlInitializeSizes;
case 1,
    sys = mdlDerivatives(t,x,u);
case 3,
    sys = mdlOutputs(t,x,u);
case {2, 4, 9 }
    sys = [];
otherwise
```

```
    error(['Unhandled flag = ',num2str(flag)]);
end
function [sys,x0,str,ts] = mdlInitializeSizes
sizes = simsizes;
sizes.NumContStates = 2;
sizes.NumDiscStates = 0;
sizes.NumOutputs = 2;
sizes.NumInputs = 3;
sizes.DirFeedthrough = 0;
sizes.NumSampleTimes = 0;
sys = simsizes(sizes);
x0  = [1 0];
str = [];
ts  = [];
function sys = mdlDerivatives(t,x,u)
b = 10;
sys(1) = x(2);
sys(2) = x(2) + b * u(1);
function sys = mdlOutputs(t,x,u)
sys(1) = x(1);
sys(2) = x(2);
```

（4）作图程序：chap3_9plot.m

```
close all;
T = 0.50;

figure(1);
subplot(211);
plot(t,sin(t),'k',t,y(:,2),'r:','linewidth',2);
legend('Ideal position signal','Position tracking');
xlabel('time(s)');ylabel('Angle response');
subplot(212);
plot(t,cos(t),'k',t,y(:,3),'r:','linewidth',2);
legend('Ideal speed signal','Speed tracking');
xlabel('time(s)');ylabel('Angle speed response');

figure(2);
plot(t,ut(:,1),'k','linewidth',2);
xlabel('time(s)');ylabel('Control input');

figure(3);
subplot(211);
plot(t,ut(:,2),'k','linewidth',2);
xlabel('time(s)');ylabel('s function at time t');
subplot(212);
plot(t,ut(:,3),'k','linewidth',2);
xlabel('time(s)');ylabel('s function at time t + T');
```

参考文献

[1] Lu Y S, Chen J S. Design of a Global Sliding-mode Controller for a Motor Drive with Bounded Control[J]. International Journal of Control, 1995, 62(5): 1001-1019.

[2] Chen W H, Ballance D J, Gawthrop P J. Optimal Control of Nonlinear Systems: a Predictive Control Approach[J]. Automatica, 2003, 39(4): 633-641.

第4章 自适应鲁棒滑模控制

4.1 自适应鲁棒滑模控制描述

自适应控制(Adaptive Control)是一种能修正自己特性以适应对象和扰动动态特性变化的一种控制方法。鲁棒控制(Robust Control)是指控制系统在一定的参数摄动下,维持某些性能的特性。通过采用自适应鲁棒滑模控制方法,可达到很好的控制系统性能[1]。

4.1.1 问题的提出

不确定性机械系统可描述为

$$\frac{\mathrm{d}x_1}{\mathrm{d}t}=x_2 \tag{4.1}$$

$$J\frac{\mathrm{d}x_2}{\mathrm{d}t}=u(t)+\Delta \tag{4.2}$$

其中,$x=[x_1 \quad x_2]^{\mathrm{T}}$ 表示位置和速度; J 为系统未知转动惯量; J 为大于零的常数; Δ 表示包括干扰和模型不确定部分的总的不确定性。

取 $\theta=J$,则式(4.2)可写为

$$\theta\frac{\mathrm{d}x_2}{\mathrm{d}t}=u+\Delta \tag{4.3}$$

假设1　不确定参数 θ 的上下界定义为

$$\theta\in\Omega\triangleq\{\theta:0<\theta_{\min}\leqslant\theta\leqslant\theta_{\max}\} \tag{4.4}$$

假设2　不确定项 Δ 有界,表示为

$$|\Delta|\leqslant D \tag{4.5}$$

4.1.2 自适应滑模控制律的设计

定义滑模函数为

$$s=\dot{e}+ce=x_2-\dot{x}_{\mathrm{d}}+ce \tag{4.6}$$

其中,x_{d} 为位置指令; $e=x_1-x_{\mathrm{d}}$ 为位置跟踪误差,$c>0$。

于是

$$\theta\dot{s}=\theta(\dot{x}_2-\ddot{x}_{\mathrm{d}}+c\dot{e}) \tag{4.7}$$

取 $\hat{\theta}$ 为 θ 的估计值,定义 Lyapunov 函数为

$$V=\frac{1}{2}\theta s^2+\frac{1}{2\gamma}\tilde{\theta}^2 \tag{4.8}$$

其中，$\tilde{\theta}=\hat{\theta}-\theta,\gamma>0$。

于是

$$\begin{aligned}\dot{V}&=\theta s\dot{s}+\frac{1}{\gamma}\tilde{\theta}\dot{\tilde{\theta}}=s(\theta\dot{x}_2-\theta\ddot{x}_{\mathrm{d}}+\theta c\dot{e})+\frac{1}{\gamma}\tilde{\theta}\dot{\hat{\theta}}\\&=s(u+\Delta-\theta(\ddot{x}_{\mathrm{d}}-c\dot{e}))+\frac{1}{\gamma}\tilde{\theta}\dot{\hat{\theta}}\end{aligned} \tag{4.9}$$

控制律设计为

$$u=\hat{\theta}(\ddot{x}_{\mathrm{d}}-c\dot{e})-k_{\mathrm{s}}s-\eta\operatorname{sign}(s) \tag{4.10}$$

其中，$k_{\mathrm{s}}>0,\eta>D$。

于是

$$\begin{aligned}\dot{V}&=s(\hat{\theta}(\ddot{x}_{\mathrm{d}}-c\dot{e})-k_{\mathrm{s}}s-\eta\operatorname{sign}(s)+\Delta-\theta(\ddot{x}_{\mathrm{d}}-c\dot{e}))+\frac{1}{\gamma}\tilde{\theta}\dot{\hat{\theta}}\\&=s(\tilde{\theta}(\ddot{x}_{\mathrm{d}}-c\dot{e})-k_{\mathrm{s}}s-\eta\operatorname{sign}(s)+\Delta)+\frac{1}{\gamma}\tilde{\theta}\dot{\hat{\theta}}\\&=s(\tilde{\theta}(\ddot{x}_{\mathrm{d}}-c\dot{e})-k_{\mathrm{s}}s-\eta\operatorname{sign}(s)+\Delta)+\frac{1}{\gamma}\tilde{\theta}\dot{\hat{\theta}}\\&=-k_{\mathrm{s}}s^2-\eta|s|+\Delta\cdot s+\tilde{\theta}\left(s(\ddot{x}_{\mathrm{d}}-c\dot{e})+\frac{1}{\gamma}\dot{\hat{\theta}}\right)\end{aligned}$$

取自适应律为

$$\dot{\hat{\theta}}=-\gamma s(\ddot{x}_{\mathrm{d}}-c\dot{e}) \tag{4.11}$$

则

$$\dot{V}=-k_{\mathrm{s}}s^2-\eta|s|+\Delta\cdot s\leqslant-k_{\mathrm{s}}s^2\leqslant 0$$

由于当且仅当 $s=0$ 时，$\dot{V}=0$。即当 $\dot{V}\equiv 0$ 时，$s\equiv 0$。根据 LaSalle 不变性原理[2]，闭环系统为渐进稳定，即当 $t\to\infty$时，$s\to 0$。系统的收敛速度取决于 k_{s}。

由于$V\geqslant 0,\dot{V}\leqslant 0$，则当 $t\to\infty$时，V 有界；因此可以证明 $\hat{\theta}$ 有界，但无法保证 $\hat{\theta}$ 收敛于 θ。原因是：当 $s=0$ 时，$\dot{V}=0$，此时 V 不再减小，因此无法保证 $\tilde{\theta}\to 0$。

为了防止 $\hat{\theta}$ 过大而造成控制输入信号 $u(t)$过大或 $\hat{\theta}\leqslant 0$ 情况，需要通过自适应律的设计使 $\hat{\theta}$ 的变化在$[\theta_{\min}\quad\theta_{\max}]$范围内，可采用一种映射自适应算法[1]，对式(4.11)进行以下修正：

$$\dot{\hat{\theta}}=\operatorname{Proj}_{\hat{\theta}}(-\gamma s(\ddot{x}_{\mathrm{d}}-c\dot{e})) \tag{4.12}$$

$$\operatorname{Proj}_{\hat{\theta}}(\cdot)=\begin{cases}0 & \text{if}\hat{\theta}\geqslant\theta_{\max}\text{and}\cdot>0\\0 & \text{if}\hat{\theta}\leqslant\theta_{\min}\text{and}\cdot<0\\\cdot & \text{otherwise}\end{cases} \tag{4.13}$$

即当 $\hat{\theta}$ 超过最大值时，如果有继续增大的趋势，即 $\dot{\hat{\theta}}>0$，则取 $\hat{\theta}$ 值不变，即 $\dot{\hat{\theta}}=0$；当 $\hat{\theta}$ 超过最小值时，如果有继续减小的趋势，即 $\dot{\hat{\theta}}<0$，则取 $\hat{\theta}$ 值不变，即 $\dot{\hat{\theta}}=0$。

需要说明的是，采用该映射自适应算法，可保证 $\tilde{\theta}\left(s(\ddot{x}_{\mathrm{d}}-c\dot{e})+\frac{1}{r}\dot{\hat{\theta}}\right)\leqslant 0$，从而保证 $\dot{V}\leqslant 0$。

4.1.3 仿真实例

取被控对象为

$$\frac{\mathrm{d}x_1}{\mathrm{d}t}=x_2$$

$$\theta\frac{\mathrm{d}x_2}{\mathrm{d}t}=u(t)+\Delta$$

其中，$\theta=1.0$，Δ 取摩擦模型，表示为 $\Delta=0.5x_2+1.5\mathrm{sign}(x_2)$。

位置指令信号取 $\sin t$，参数 θ 的变化范围取 $\theta_{\min}=0.5$，$\theta_{\max}=1.5$。控制参数取 $c=15$，$k_s=15$，$\gamma=500$，$\eta=D+0.01=2.01$。采用自适应鲁棒控制律式(4.10)，如果自适应律取式(4.11)，则仿真结果如图4.1～图4.3所示；如果自适应律取式(4.12)，则仿真结果如图4.4～图4.6所示。可见，通过采用改进的自适应律，可限制参数 θ 的自适应变化范围，防止控制输入信号 $u(t)$ 过大。

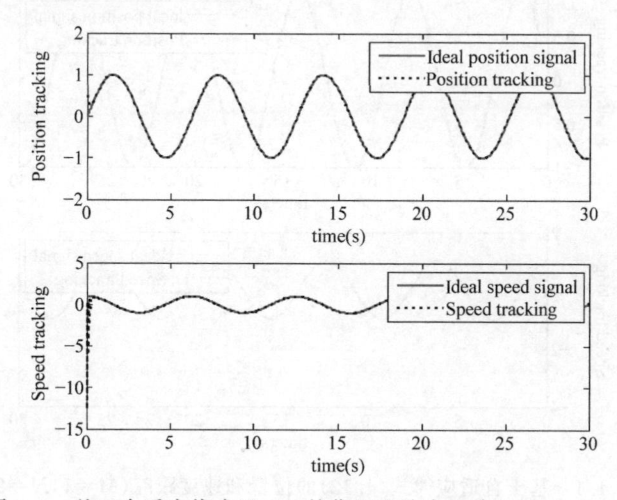

图4.1 基于自适应律式(4.11)的位置和速度跟踪($M=1,N=1$)

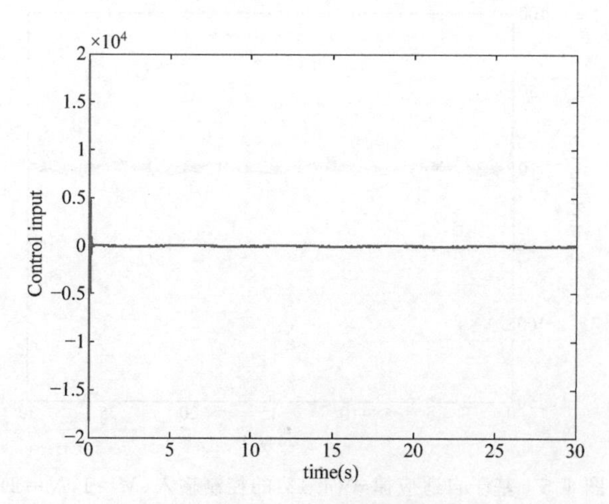

图4.2 基于自适应律式(4.11)的控制输入($M=1,N=1$)

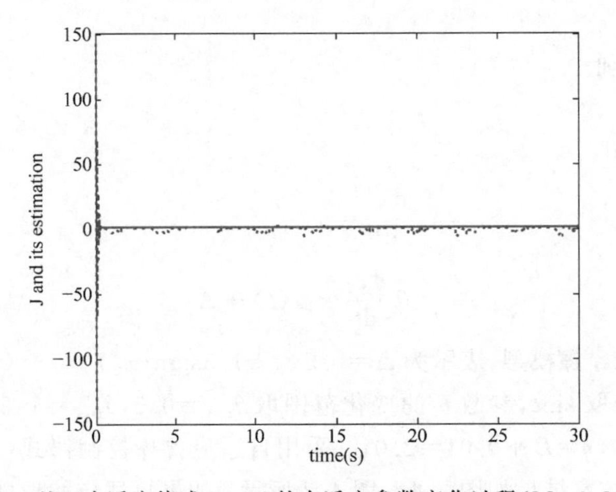

图 4.3　基于自适应律式(4.11)的自适应参数变化过程($M=1,N=1$)

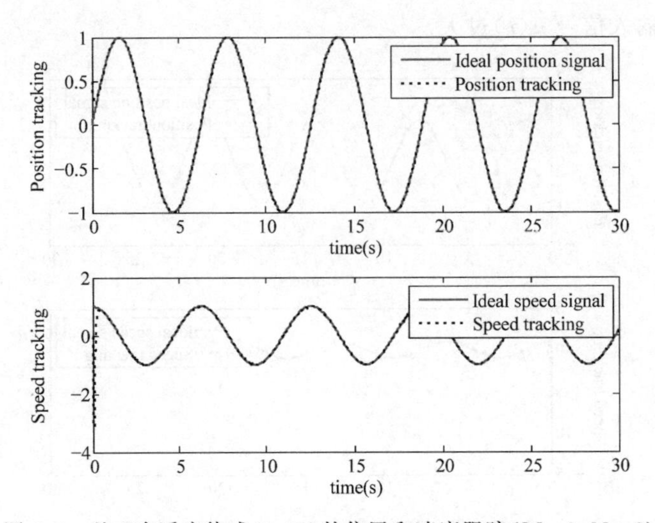

图 4.4　基于自适应律式(4.12)的位置和速度跟踪($M=1,N=2$)

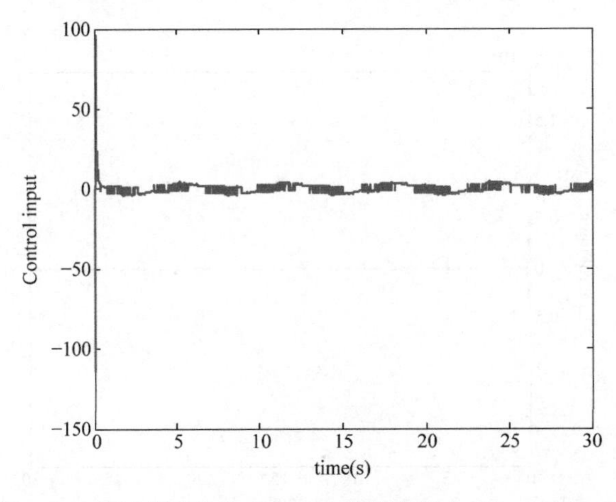

图 4.5　基于自适应律式(4.12)的控制输入($M=1,N=2$)

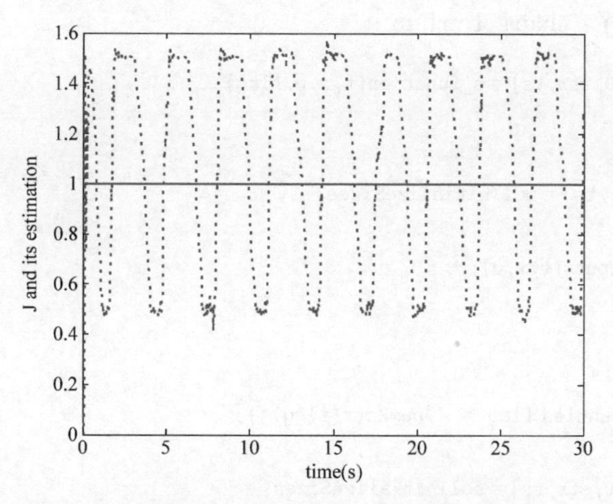

图 4.6　基于自适应律式(4.12)的自适应参数变化过程($M=1,N=2$)

如果采用PD控制($M=2$),取$k_p=100,k_d=50$,仿真结果如图4.7所示。由仿真结果可见,位置跟踪出现了平顶现象,PD控制无法获得高精度控制效果。

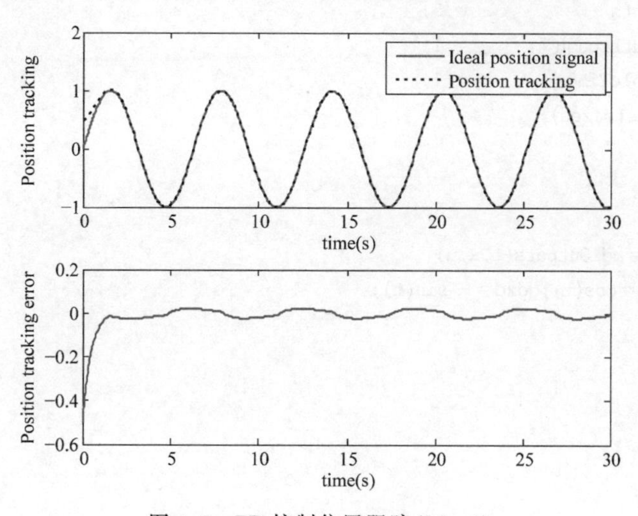

图 4.7　PD控制位置跟踪($M=2$)

仿真程序:

(1) Simulink主程序:chap4_1sim.mdl

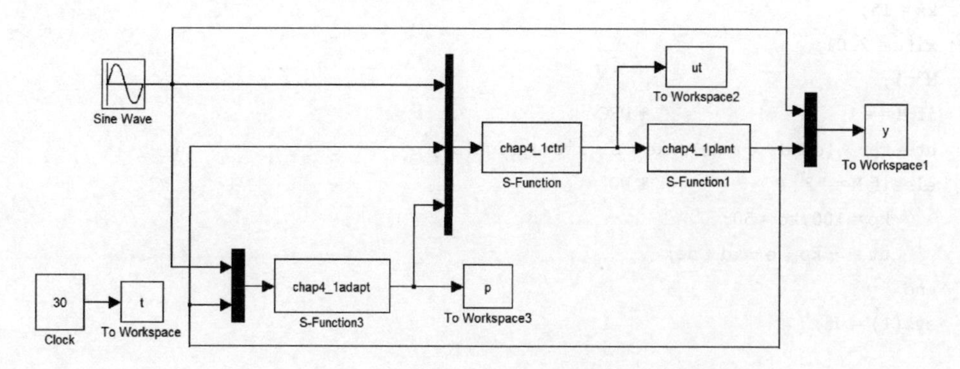

(2) 控制律程序：chap4_1ctrl. m

```
function [sys,x0,str,ts] = s_function(t,x,u,flag)
switch flag,
case 0,
    [sys,x0,str,ts] = mdlInitializeSizes;
case 3,
    sys = mdlOutputs(t,x,u);
case {1,2, 4, 9}
    sys = [];
otherwise
    error(['Unhandled flag = ',num2str(flag)]);
end
function [sys,x0,str,ts] = mdlInitializeSizes
sizes = simsizes;
sizes.NumContStates          = 0;
sizes.NumDiscStates          = 0;
sizes.NumOutputs             = 1;
sizes.NumInputs              = 5;
sizes.DirFeedthrough         = 1;
sizes.NumSampleTimes         = 1;
sys = simsizes(sizes);
x0  = [];
str = [];
ts  = [0 0];
function sys = mdlOutputs(t,x,u)
xd = u(1);dxd = cos(t);ddxd = - sin(t);
x1 = u(2);
x2 = u(3);
e = x1 - xd;
de = x2 - dxd;

thp = u(5);

c = 15;
s = de + c * e;

ks = 15;
xite = 2.01;
M = 1;
if M == 1                  % DRC
ut = thp * (ddxd - c * de) - ks * s - xite * sign(s);
elseif M == 2              % PD
    kp = 100;kd = 50;
    ut = - kp * e - kd * de;
end
sys(1) = ut;
```

(3) 自适应律程序：chap4_1adapt.m

```
function [sys,x0,str,ts] = s_function(t,x,u,flag)
switch flag,
case 0,
    [sys,x0,str,ts] = mdlInitializeSizes;
case 1,
    sys = mdlDerivatives(t,x,u);
case 3,
    sys = mdlOutputs(t,x,u);
case {2, 4, 9}
    sys = [];
otherwise
    error(['Unhandled flag = ',num2str(flag)]);
end
function [sys,x0,str,ts] = mdlInitializeSizes
sizes = simsizes;
sizes.NumContStates          = 1;
sizes.NumDiscStates          = 0;
sizes.NumOutputs             = 1;
sizes.NumInputs              = 4;
sizes.DirFeedthrough         = 1;
sizes.NumSampleTimes         = 0;
sys = simsizes(sizes);
x0  = [0];
str = [];
ts  = [];
function sys = mdlDerivatives(t,x,u)
xd = u(1);dxd = cos(t);ddxd = - sin(t);
x1 = u(2);
x2 = u(3);

e = x1 - xd;
de = x2 - dxd;

c = 15;
gama = 500;

s = de + c * e;
thp = x(1);

th_min = 0.5;
th_max = 1.5;
alaw = - gama * (ddxd - c * de) * s;        % Adaptive law

N = 2;
if N == 1
    sys(1) = alaw;
```

```
elseif N == 2
    if thp >= th_max&alaw > 0
        sys(1) = 0;
    elseif thp <= th_min&alaw < 0
        sys(1) = 0;
    else
    sys(1) = alaw;
    end
end
function sys = mdlOutputs(t,x,u)
sys(1) = x(1);                          % J estimation
```

(4) 被控对象程序：chap4_1plant. m

```
function [sys,x0,str,ts] = s_function(t,x,u,flag)
switch flag,
case 0,
    [sys,x0,str,ts] = mdlInitializeSizes;
case 1,
    sys = mdlDerivatives(t,x,u);
case 3,
    sys = mdlOutputs(t,x,u);
case {2, 4, 9}
    sys = [];
otherwise
    error(['Unhandled flag = ',num2str(flag)]);
end
function [sys,x0,str,ts] = mdlInitializeSizes
sizes = simsizes;
sizes.NumContStates         = 2;
sizes.NumDiscStates         = 0;
sizes.NumOutputs            = 3;
sizes.NumInputs             = 1;
sizes.DirFeedthrough        = 1;
sizes.NumSampleTimes        = 0;
sys = simsizes(sizes);
x0  = [0.5;0];
str = [];
ts  = [];
function sys = mdlDerivatives(t,x,u)
J = 1.0;
ut = u(1);

F = 0.5 * x(2) + 1.5 * sign(x(2));
sys(1) = x(2);
sys(2) = 1/J * (ut - F);
function sys = mdlOutputs(t,x,u)
J = 1.0;
sys(1) = x(1);
sys(2) = x(2);
sys(3) = J;
```

(5) 作图程序：chap4_1plot.m

```
close all;
figure(1);
subplot(211);
plot(t,y(:,1),'r',t,y(:,2),'k:','linewidth',2)
xlabel('time(s)');ylabel('Position tracking');
legend('ideal position signal','position tracking');
subplot(212);
plot(t,cos(t),'r',t,y(:,3),'k:','linewidth',2)
xlabel('time(s)');ylabel('Speed tracking');
legend('ideal speed signal','Speed tracking');

figure(2);
plot(t,ut(:,1),'r','linewidth',2)
xlabel('time(s)');ylabel('Control input');

figure(3);
plot(t,y(:,4),'r',t,p(:,1),':','linewidth',2)
xlabel('time(s)');ylabel('J and its estimation');
```

4.2 无须物理参数的倒立摆自适应滑模控制

4.2.1 系统描述

在图4.8中，F 为加在小车上的控制力；l 为摆杆旋转点到摆杆中心点的长度；x 为小车的位置；θ 为摆杆的转动角度。此外，m_c 和 m_p 分别为小车和摆的质量；g 为重力加速度；b 为小车和轨道之间的摩擦系数。

倒立摆动力学方程为

$$\begin{cases}F=(m_c+m_p)\ddot{x}+m_pl\ddot{\theta}\cos\theta-m_pl\dot{\theta}^2\sin\theta+b\dot{x} & (4.14)\\ m_pgl\sin\theta-(I+m_pl^2)\ddot{\theta}=m_pl\ddot{x}\cos\theta & (4.15)\end{cases}$$

由式(4.15)可得

$$\begin{aligned}\ddot{x}&=\frac{1}{m_pl\cos\theta}(m_pgl\sin\theta-(I+m_pl^2)\ddot{\theta})\\&=\frac{\sec\theta}{m_pl}(m_pgl\sin\theta-(I+m_pl^2)\ddot{\theta})\end{aligned}\tag{4.16}$$

忽略摩擦，取 $b=0$，将式(4.16)代入式(4.14)，得

$$\begin{aligned}F&=(m_c+m_p)\left(\frac{\sec\theta}{m_pl}(m_pgl\sin\theta-(I+m_pl^2)\ddot{\theta})\right)+\\&\quad m_pl\ddot{\theta}\cos\theta-m_pl\dot{\theta}^2\sin\theta\\&=(m_c+m_p)g\tan\theta-(m_c+m_p)\frac{(I+m_pl^2)}{m_pl}\ddot{\theta}\sec\theta+\\&\quad m_pl\ddot{\theta}\cos\theta-m_pl\dot{\theta}^2\sin\theta\end{aligned}\tag{4.17}$$

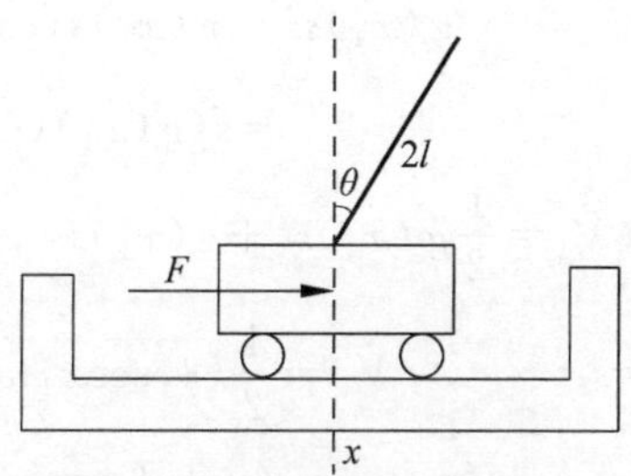

图4.8 单极倒立摆系统

为了实现无须物理模型的自适应控制，将物理参数按下式进行整理[3]：

$$\phi_1=(m_c+m_p)\left[\frac{I+m_p l^2}{m_p l}\right],\quad \phi_2=(m_c+m_p)g,\quad \phi_3=m_p l$$

则式(4.17)表示为

$$g(\theta)\ddot{\theta}=-F+\phi_2\tan\theta-\phi_3\dot{\theta}^2\sin\theta \tag{4.18}$$

其中，$g(\theta)=\phi_1\sec\theta-\phi_3\cos\theta$。

可见，倒立摆模型中的物理参数都包含在 ϕ_1、ϕ_2 和 ϕ_3 中。取 $x_1=\theta, x_2=\dot{\theta}$，扰动为 dt，则式(4.18)描述为

$$\begin{cases}\dot{x}_1=x_2\\ g(x_1)\dot{x}_2=u+\phi_2\tan x_1-\phi_3 x_2^2\sin x_1-d(t)\end{cases} \tag{4.19}$$

其中，$g(x_1)=\phi_1\sec x_1-\phi_3\cos x_1, u=-F$ 且 $|d(t)|\leqslant D$。

4.2.2 控制律设计

跟踪误差为

$$e=x_1-\theta_d$$

其中，θ_d 为理想角度信号。

滑模函数为

$$s=ce+\dot{e}$$

其中，$c>0$。

Lyapunov 函数为

$$V=\frac{1}{2}g(x_1)s^2+\frac{1}{2\gamma_1}(\phi_1-\hat{\phi}_1)^2+\frac{1}{2\gamma_2}(\phi_2-\hat{\phi}_2)^2+\frac{1}{2\gamma_3}(\phi_3-\hat{\phi}_3)^2 \tag{4.20}$$

其中，$\gamma_i>0, \hat{\phi}_i(i=1,2,3)$ 为 ϕ_i 的估计值。

于是

$$\dot{V}=\frac{1}{2}\dot{g}(x_1)s^2+g(x_1)s\dot{s}-\frac{1}{\gamma_1}(\phi_1-\hat{\phi}_1)\dot{\hat{\phi}}_1-\frac{1}{\gamma_2}(\phi_2-\hat{\phi}_2)\dot{\hat{\phi}}_2-\frac{1}{\gamma_3}(\phi_3-\hat{\phi}_3)\dot{\hat{\phi}}_3$$

由于

$$\dot{g}(x_1)=(\phi_1\sec x_1\tan x_1+\phi_3\sin x_1)x_2$$

$$\begin{aligned}g(x_1)s\dot{s}&=g(x_1)s(c\dot{e}+\dot{x}_2-\ddot{\theta}_d)\\&=s(g(x_1)(c\dot{e}-\ddot{\theta}_d)+(u+\phi_2\tan x_1-\phi_3x_2^2\sin x_1-d(t)))\end{aligned}$$

取 $\dot{V}_1=\frac{1}{2}\dot{g}(x_1)s^2+g(x_1)s\dot{s}$，则

$$\begin{aligned}\dot{V}_1=&\frac{1}{2}(\phi_1\sec x_1\tan x_1+\phi_3\sin x_1)x_2s^2+s(g(x_1)(c\dot{e}-\ddot{\theta}_d)+\\&(u+\phi_2\tan x_1-\phi_3x_2^2\sin x_1-d(t)))\\=&\frac{1}{2}(\phi_1\sec x_1\tan x_1+\phi_3\sin x_1)x_2s^2+\\&s((\phi_1\sec x_1-\phi_3\cos x_1)(c\dot{e}-\ddot{\theta}_d)+\end{aligned}$$

$$(u+\phi_2\tan x_1-\phi_3 x_2^2\sin x_1-d(t)))$$

整理上式可得

$$\dot{V}_1=\phi_1\left(\frac{1}{2}x_2 s^2\sec x_1\tan x_1+s\sec x_1(c\dot{e}-\ddot{\theta}_d)\right)+\phi_2(s\tan x_1)+$$

$$\phi_3\left(\frac{1}{2}x_2 s^2\sin x_1-s x_2^2\sin x_1-s\cos x_1(c\dot{e}-\ddot{\theta}_d)\right)+s(u-d(t)) \quad (4.21)$$

设计控制律为

$$u=-\eta\operatorname{sgn}(s)-\hat{\phi}_1\left(\frac{1}{2}s x_2\sec x_1\tan x_1+\sec x_1(c\dot{e}-\ddot{\theta}_d)\right)-\hat{\phi}_2\tan x_1-$$

$$\hat{\phi}_3\left(\frac{1}{2}s x_2\sin x_1-x_2^2\sin x_1-\cos x_1(c\dot{e}-\ddot{\theta}_d)\right) \quad (4.22)$$

其中，$\eta=\eta_0+D$，$\eta_0>0$。

将控制律式(4.22)代入式(4.21)中，得

$$\dot{V}_1=-\eta\mid s\mid-sdt+(\phi_1-\hat{\phi}_1)\left(\frac{1}{2}x_2 s^2\sec x_1\tan x_1+s\sec x_1(c\dot{e}-\ddot{\theta}_d)\right)+$$

$$(\phi_2-\hat{\phi}_2)(s\tan x_1)+(\phi_3-\hat{\phi}_3)\left(\frac{1}{2}s^2 x_2\sin x_1-s x_2^2\sin x_1-\right.$$

$$\left.s\cos x_1(c\dot{e}-\ddot{\theta}_d)\right) \quad (4.23)$$

则

$$\dot{V}=\dot{V}_1+\dot{V}_2=-\eta\mid s\mid-sdt+$$

$$(\phi_1-\hat{\phi}_1)\left(\left(\frac{1}{2}s^2 x_2\sec x_1\tan x_1+s\sec x_1(c\dot{e}-\ddot{\theta}_d)\right)-\frac{1}{\gamma_1}\dot{\hat{\phi}}_1\right)+$$

$$(\phi_2-\hat{\phi}_2)\left(s\tan x_1-\frac{1}{\gamma_2}\dot{\hat{\phi}}_2\right)+(\phi_3-\hat{\phi}_3)\left(\left(\frac{1}{2}s^2 x_2\sin x_1-s x_2^2\sin x_1-\right.\right.$$

$$\left.\left.s\cos x_1(c\dot{e}-\ddot{\theta}_d)\right)-\frac{1}{\gamma_3}\dot{\hat{\phi}}_3\right) \quad (4.24)$$

设计自适应律为

$$\begin{cases}\dot{\hat{\phi}}_1=\gamma_1\left(\frac{1}{2}s^2 x_2\sec x_1\tan x_1+s\sec x_1(c\dot{e}-\ddot{\theta}_d)\right)\\ \dot{\hat{\phi}}_2=\gamma_2 s(\tan x_1)\\ \dot{\hat{\phi}}_3=\gamma_3\left(\frac{1}{2}s^2 x_2\sin x_1-s x_2^2\sin x_1-s\cos x_1(c\dot{e}-\ddot{\theta}_d)\right)\end{cases} \quad (4.25)$$

则

$$\dot{V}=-\eta\mid s\mid-sdt\leqslant 0\quad -\eta\mid s\mid+D\mid s\mid=-\eta_0\mid s\mid\leqslant 0$$

可见，当$\dot{V}\equiv 0$时，$s\equiv 0$，根据 LaSalle 不变性原理，闭环系统渐进稳定，$t\to\infty$时，$s\to 0$，从而$e\to 0$，$\dot{e}\to 0$。

4.2.3 仿真实例

采用控制律式(4.22)和自适应律式(4.25)，取理想角度指令为$\theta_d=0.1\sin t$，被控对

象初始角度取 0.01。

在控制律中，取 $c=30$，$\gamma_1=\gamma_2=\gamma_3=50$，$dt=\sin t$，$\eta=1$，采用饱和函数 $\mathrm{sat}(s)$ 代替切换函数 $\mathrm{sgn}(s)$，仿真结果如图 4.9～图 4.11 所示。

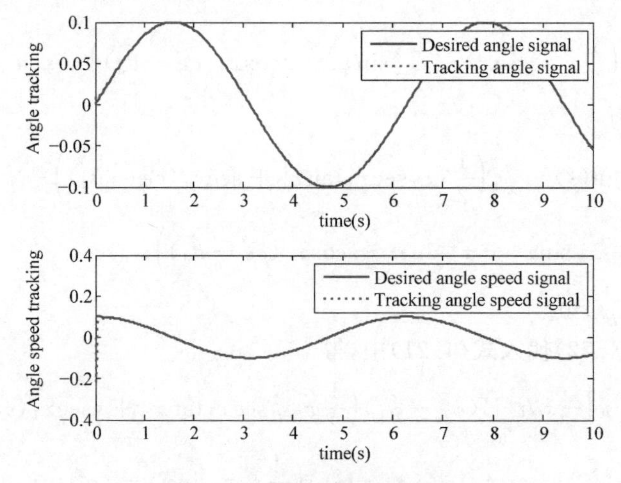

图 4.9　角度和角速度跟踪

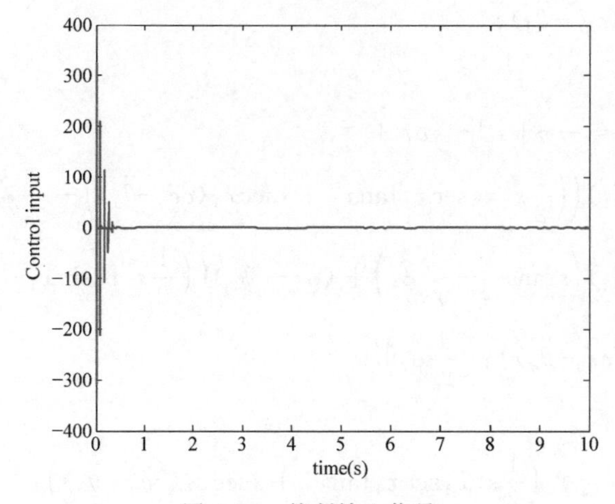

图 4.10　控制输入信号

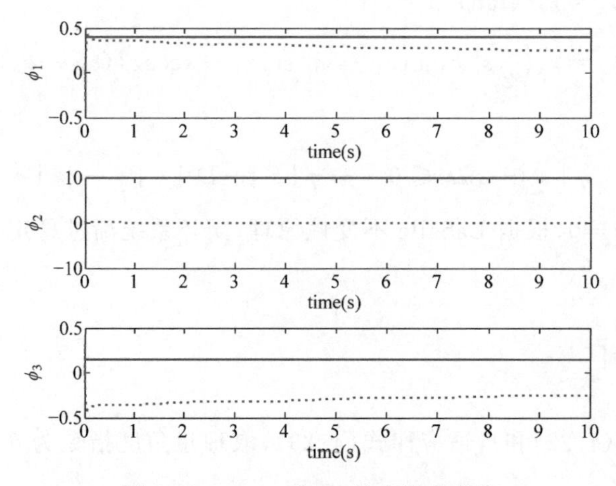

图 4.11　ϕ_1、ϕ_2 和 ϕ_3 的自适应变化

仿真程序:

(1) Simulink 主程序:chap4_2sim.mdl

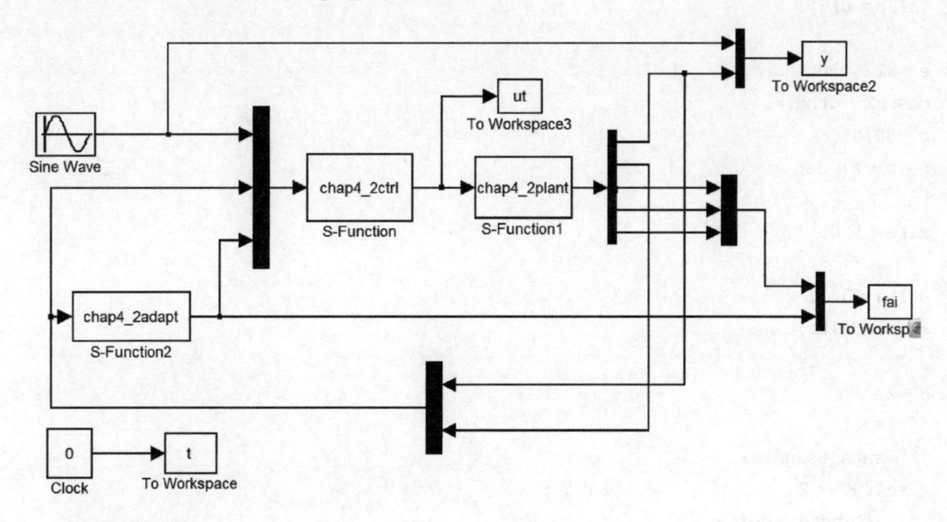

(2) 控制律程序:chap4_2ctrl.m

```
function [sys,x0,str,ts] = s_function(t,x,u,flag)
switch flag,
case 0,
    [sys,x0,str,ts] = mdlInitializeSizes;
case 3,
    sys = mdlOutputs(t,x,u);
case {1,2,4,9}
    sys = [];
otherwise
    error(['Unhandled flag = ',num2str(flag)]);
end
function [sys,x0,str,ts] = mdlInitializeSizes
sizes = simsizes;
sizes.NumContStates      = 0;
sizes.NumDiscStates      = 0;
sizes.NumOutputs         = 1;
sizes.NumInputs          = 6;
sizes.DirFeedthrough     = 1;
sizes.NumSampleTimes     = 1;
sys = simsizes(sizes);
x0  = [];
str = [];
ts  = [0 0];
function sys = mdlOutputs(t,x,u)
thd = u(1);
dthd = 0.1 * cos(t);
ddthd = - 0.1 * sin(t);
x1 = u(2);
x2 = u(3);
```

```
fai1p = u(4);
fai2p = u(5);
fai3p = u(6);

e = x1 - thd;
de = x2 - dthd;
c = 30;
s = c * e + de;

xite = 1.0;

delta = 0.1;
kk = 1/delta;

M = 2;
if M == 1
    sats = sign(s);
elseif M == 2
    if abs(s)> delta
        sats = sign(s);
    else
        sats = kk * s;
    end
end

% ut = - xite * sign(s) - fai2p * tan(x1) - fai1p * (0.5 * s * x2 * sec(x1) * tan(x1) + sec(x1)
* (c * de - ddthd)) - fai3p * (0.5 * s * x2 * sin(x1) - x2^2 * sin(x1) - cos(x1) * (c * de -
ddthd));
ut = - xite * sats - fai2p * tan(x1) - fai1p * (0.5 * s * x2 * sec(x1) * tan(x1) + sec(x1) * (c *
de - ddthd)) - fai3p * (0.5 * s * x2 * sin(x1) - x2^2 * sin(x1) - cos(x1) * (c * de - ddthd));

sys(1) = ut;
```

(3) 自适应律程序：chap4_2adapt.m

```
function [sys,x0,str,ts] = s_function(t,x,u,flag)
switch flag,
case 0,
    [sys,x0,str,ts] = mdlInitializeSizes;
case 1,
    sys = mdlDerivatives(t,x,u);
case 3,
    sys = mdlOutputs(t,x,u);
case {2, 4, 9}
    sys = [];
otherwise
    error(['Unhandled flag = ',num2str(flag)]);
end
function [sys,x0,str,ts] = mdlInitializeSizes
sizes = simsizes;
sizes.NumContStates         = 3;
```

```
sizes.NumDiscStates          = 0;
sizes.NumOutputs             = 3;
sizes.NumInputs              = 2;
sizes.DirFeedthrough         = 1;
sizes.NumSampleTimes         = 0;
sys = simsizes(sizes);
x0  = [0];
str = [];
ts  = [];
function sys = mdlDerivatives(t,x,u)
x1 = u(1);
x2 = u(2);

thd = 0.1 * sin(t);
dthd = 0.1 * cos(t);
ddthd = - 0.1 * sin(t);

e = x1 - thd;
de = x2 - dthd;
c = 30;
s = c * e + de;

gama1 = 50;gama2 = 50;gama3 = 50;

sys(1) = gama1 * (0.5 * s^2 * x2 * sec(x1) * tan(x1) + s * sec(x1) * (c * de - ddthd));
sys(2) = gama2 * s * tan(x1);
sys(3) = gama3 * (0.5 * s^2 * x2 * sin(x1) - s * x2^2 * sin(x1) - s * cos(x1) * (c * de - ddthd));
function sys = mdlOutputs(t,x,u)
sys(1) = x(1);               % fai1
sys(2) = x(2);               % fai2
sys(3) = x(3);               % fai3
```

(4) 被控对象程序：chap4_2plant.m

```
function [sys,x0,str,ts] = s_function(t,x,u,flag)
switch flag,
case 0,
    [sys,x0,str,ts] = mdlInitializeSizes;
case 1,
    sys = mdlDerivatives(t,x,u);
case 3,
    sys = mdlOutputs(t,x,u);
case {2, 4, 9}
    sys = [];
otherwise
    error(['Unhandled flag = ',num2str(flag)]);
end
function [sys,x0,str,ts] = mdlInitializeSizes
sizes = simsizes;
sizes.NumContStates          = 2;
sizes.NumDiscStates          = 0;
```

```
sizes.NumOutputs          = 5;
sizes.NumInputs           = 1;
sizes.DirFeedthrough      = 1;
sizes.NumSampleTimes      = 0;
sys = simsizes(sizes);
x0 = [0.01;0];
str = [];
ts = [];
function sys = mdlDerivatives(t,x,u)
u = u(1);
mc = 0.5;mp = 0.5;
l = 0.3;
I = 1/3 * mp * l^2;
g = 9.8;
fai1 = (mc + mp) * (I + mp * l^2)/(mp * l);
fai2 = (mc + mp) * g;
fai3 = mp * l;

gx1 = fai1 * sec(x(1)) - fai3 * cos(x(1));

dt = sin(t);
sys(1) = x(2);
sys(2) = 1/gx1 * (u - dt + fai2 * tan(x(1)) - fai3 * x(2)^2 * sin(x(1)));
function sys = mdlOutputs(t,x,u)
mc = 0.5;mp = 0.5;
l = 0.3;
I = 1/3 * mp * l^2;
g = 9.8;

fai1 = (mc + mp) * (I + mp * l^2)/(mp * l);
fai2 = (mc + mp) * g;
fai3 = mp * l;

sys(1) = x(1);
sys(2) = x(2);
sys(3) = fai1;
sys(4) = fai2;
sys(5) = fai3;
```

(5) 作图程序：chap4_2plot.m

```
close all;

figure(1);
subplot(211);
plot(t,y(:,1),'b',t,y(:,2),'r:','linewidth',2);
xlabel('time(s)');ylabel('Angle tracking');
legend('Desired angle signal','Tracking angle signal');
subplot(212);
plot(t,0.1 * cos(t),'b',t,y(:,3),'r:','linewidth',2);
xlabel('time(s)');ylabel('Angle speed tracking');
legend('Desired angle speed signal','Tracking angle speed signal');
```

```
figure(2);
plot(t,ut(:,1),'r','linewidth',2);
xlabel('time(s)');ylabel('Control input');

figure(3);
subplot(311);
plot(t,fai(:,1),'b',t,fai(:,4),'r:','linewidth',2);
xlabel('time(s)');ylabel('\psi_1');

subplot(312);
plot(t,fai(:,2),'b',t,fai(:,5),'r:','linewidth',2);
xlabel('time(s)');ylabel('\psi_2');

subplot(313);
plot(t,fai(:,3),'b',t,fai(:,6),'r:','linewidth',2);
xlabel('time(s)');ylabel('\psi_3');
```

4.3 基于HJI理论的滑模鲁棒控制

4.3.1 基本原理

考虑如下系统：

$$\begin{cases}\dot{\boldsymbol{x}}=\boldsymbol{f}(\boldsymbol{x})+\boldsymbol{g}(\boldsymbol{x})\boldsymbol{d}\\ \boldsymbol{z}=\boldsymbol{h}(\boldsymbol{x})\end{cases}\tag{4.26}$$

其中，$\boldsymbol{d}$ 为干扰；$\boldsymbol{z}$ 为系统的评价信号。

定义滑模函数为评价信号，即 $\boldsymbol{z}=\dot{\boldsymbol{e}}+c\boldsymbol{e}, c>0$，则 $\boldsymbol{z}\to 0$ 时，$\boldsymbol{e}\to 0, \dot{\boldsymbol{e}}\to 0$。定义信号 $\boldsymbol{d}$ 的 $\boldsymbol{L}_2$ 指标为 $\|\boldsymbol{d}\|_2=\left\{\int_0^\infty \boldsymbol{d}^{\mathrm{T}}\boldsymbol{d}\,\mathrm{d}t\right\}^{\frac{1}{2}}$。

为了表示系统的抗干扰能力，定义如下性能指标：

$$J=\sup_{\|\boldsymbol{d}\|\neq 0}\frac{\|\boldsymbol{z}\|_2}{\|\boldsymbol{d}\|_2}\tag{4.27}$$

其中，J 为系统的 L_2 增益，表示系统的鲁棒性能。显然，J 值越小，表示系统的鲁棒性能越好。

根据文献[4]中的定理2及该文献中的式(6.25)，HJI(Hamilton-Jacobi Inequality)理论描述如下：

对任意给定正实数 γ，如果存在正定且可微的函数 $L(x)\geqslant 0$ 且

$$\dot{L}\leqslant\frac{1}{2}\{\gamma^2\|\boldsymbol{d}\|_2^2-\|\boldsymbol{z}\|_2^2\}\quad(\forall\boldsymbol{d})\tag{4.28}$$

则 $J\leqslant\gamma$，从而保证当 γ 足够小，$\boldsymbol{d}$ 有界时，$\|\boldsymbol{z}\|_2$ 足够小，$\|\boldsymbol{z}\|_2\to 0$ 时，$e\to 0, \dot{e}\to 0$。

文献[5]将HJI用于机械手的神经网络自适应鲁棒控制中。本节的控制任务为：设计控制系统的Lyapunov函数 $L(\boldsymbol{x})\geqslant 0$，通过设计滑模控制律使式(4.28)得到满足，则鲁棒条件 $J\leqslant\gamma$ 成立。

4.3.2 控制器设计与分析

考虑 n 关节机械手动力学方程

$$\boldsymbol{M}(\boldsymbol{q})\ddot{\boldsymbol{q}}+\boldsymbol{V}(\boldsymbol{q},\dot{\boldsymbol{q}})\dot{\boldsymbol{q}}+\boldsymbol{G}(\boldsymbol{q})+\Delta(\boldsymbol{q},\dot{\boldsymbol{q}})+\boldsymbol{d}t=\boldsymbol{T} \tag{4.29}$$

其中，$\boldsymbol{M}(\boldsymbol{q})$为 $n\times n$ 正定质量惯性矩阵；$\boldsymbol{V}(\boldsymbol{q},\dot{\boldsymbol{q}})$为哥氏力、离心力；$\boldsymbol{G}(\boldsymbol{q})$为重力；$\boldsymbol{T}$ 为控制输入信号；$\Delta(\boldsymbol{q},\dot{\boldsymbol{q}})$为建模不确定部分；$\boldsymbol{d}t$ 为外加干扰。

理想位置指令为$\boldsymbol{q}_{\mathrm{d}}$，跟踪误差为 $\boldsymbol{e}=\boldsymbol{q}-\boldsymbol{q}_{\mathrm{d}}$，设计控制律为

$$\boldsymbol{T}=\boldsymbol{u}+\boldsymbol{M}(\boldsymbol{q})\ddot{\boldsymbol{q}}_{\mathrm{d}}+\boldsymbol{V}(\boldsymbol{q},\dot{\boldsymbol{q}})\dot{\boldsymbol{q}}_{\mathrm{d}}+\boldsymbol{G}(\boldsymbol{q}) \tag{4.30}$$

其中，$\boldsymbol{u}$ 为反馈控制律。

将式(4.30)代入式(4.29)，得到

$$\boldsymbol{M}(\boldsymbol{q})\ddot{\boldsymbol{e}}+\boldsymbol{V}(\boldsymbol{q},\dot{\boldsymbol{q}})\dot{\boldsymbol{e}}+\Delta(\boldsymbol{q},\dot{\boldsymbol{q}})+\boldsymbol{d}t=\boldsymbol{u} \tag{4.31}$$

取 $\boldsymbol{d}=\Delta(\boldsymbol{q},\dot{\boldsymbol{q}})+\boldsymbol{d}t$，则

$$\boldsymbol{M}(\boldsymbol{q})\ddot{\boldsymbol{e}}+\boldsymbol{V}(\boldsymbol{q},\dot{\boldsymbol{q}})\dot{\boldsymbol{e}}+\boldsymbol{d}=\boldsymbol{u} \tag{4.32}$$

定义滑模函数 s 为评价信号 $\boldsymbol{z}$，即

$$\boldsymbol{s}=\dot{\boldsymbol{e}}+\boldsymbol{c}\boldsymbol{e} \tag{4.33}$$

其中，$\boldsymbol{c}>0$。

于是

$$\begin{cases}\dot{\boldsymbol{e}}=\boldsymbol{s}-\boldsymbol{c}\boldsymbol{e}\\ \boldsymbol{M}\dot{\boldsymbol{s}}=-\boldsymbol{V}\boldsymbol{s}+\boldsymbol{\omega}-\boldsymbol{d}+\boldsymbol{u}\end{cases} \tag{4.34}$$

其中，$\boldsymbol{\omega}=\boldsymbol{M}\boldsymbol{c}\,\dot{\boldsymbol{e}}+\boldsymbol{V}\boldsymbol{c}\boldsymbol{e}$。

为了利用 HJI 不等式，将式(4.34)写为

$$\begin{cases}\dot{\boldsymbol{x}}=\boldsymbol{f}(\boldsymbol{x})+\boldsymbol{g}(\boldsymbol{x})\boldsymbol{d}\\ \boldsymbol{z}=\boldsymbol{h}(\boldsymbol{x})\end{cases} \tag{4.35}$$

其中，$\boldsymbol{f}(\boldsymbol{x})=\begin{bmatrix}\boldsymbol{s}-\boldsymbol{c}\boldsymbol{e}\\ \dfrac{1}{\boldsymbol{M}}(-\boldsymbol{V}\boldsymbol{s}+\boldsymbol{\omega}+\boldsymbol{u})\end{bmatrix}$，$\boldsymbol{g}(\boldsymbol{x})=\begin{bmatrix}0\\ -\dfrac{1}{\boldsymbol{M}}\end{bmatrix}$。

设计控制律为

$$\boldsymbol{u}=-\boldsymbol{\omega}-\frac{1}{2\gamma^2}\boldsymbol{s}-\frac{1}{2}\boldsymbol{s} \tag{4.36}$$

则闭环系统式(4.31)满足 $J\leqslant\gamma$。证明过程如下：

定义 Lyapunov 函数为

$$L=\frac{1}{2}\boldsymbol{s}^{\mathrm{T}}\boldsymbol{M}\boldsymbol{s}$$

则

$$\begin{aligned}\dot{L}&=\boldsymbol{s}^{\mathrm{T}}\boldsymbol{M}\dot{\boldsymbol{s}}+\frac{1}{2}\boldsymbol{s}^{\mathrm{T}}\dot{\boldsymbol{M}}\boldsymbol{s}=\boldsymbol{s}^{\mathrm{T}}(-\boldsymbol{V}\boldsymbol{s}+\boldsymbol{\omega}-\boldsymbol{d}+\boldsymbol{u})+\frac{1}{2}\boldsymbol{s}^{\mathrm{T}}\dot{\boldsymbol{M}}\boldsymbol{s}\\ &=\boldsymbol{s}^{\mathrm{T}}\left(-\boldsymbol{d}-\frac{1}{2\gamma^2}\boldsymbol{s}-\frac{1}{2}\boldsymbol{s}\right)+\frac{1}{2}\boldsymbol{s}^{\mathrm{T}}(\dot{\boldsymbol{M}}-2\boldsymbol{V})\boldsymbol{s}=-\boldsymbol{s}^{\mathrm{T}}\boldsymbol{d}-\frac{1}{2\gamma^2}\boldsymbol{s}^{\mathrm{T}}\boldsymbol{s}-\frac{1}{2}\boldsymbol{s}^{\mathrm{T}}\boldsymbol{s}\end{aligned}$$

定义

$$H = \dot{L} - \frac{1}{2}\gamma^2 \| \boldsymbol{d} \|_2^2 + \frac{1}{2} \| \boldsymbol{z} \|_2^2 \tag{4.37}$$

则

$$H = -\boldsymbol{s}^{\mathrm{T}}\boldsymbol{d} - \frac{1}{2\gamma^2}\boldsymbol{s}^{\mathrm{T}}\boldsymbol{s} - \frac{1}{2}\boldsymbol{s}^{\mathrm{T}}\boldsymbol{s} - \frac{1}{2}\gamma^2 \| \boldsymbol{d} \|_2^2 + \frac{1}{2} \| \boldsymbol{z} \|_2^2$$

由于

$$-\boldsymbol{s}^{\mathrm{T}}\boldsymbol{d} - \frac{1}{2\gamma^2}\boldsymbol{s}^{\mathrm{T}}\boldsymbol{s} - \frac{1}{2}\gamma^2 \| \boldsymbol{d} \|_2^2 = -\frac{1}{2}\left\| \frac{1}{\gamma}\boldsymbol{s} + \gamma\boldsymbol{d} \right\|_2^2 \leqslant 0$$

$$-\frac{1}{2}\boldsymbol{s}^{\mathrm{T}}\boldsymbol{s} + \frac{1}{2} \| \boldsymbol{z} \|_2^2 = 0$$

则 $H \leqslant 0$,即

$$\dot{L} \leqslant \frac{1}{2}\gamma^2 \| \boldsymbol{d} \|_2^2 - \frac{1}{2} \| \boldsymbol{z} \|_2^2$$

根据 HJI 理论,可得 $J \leqslant \gamma$,性能指标达到要求。

4.3.3 仿真实例

双关节机械手动力学方程为

$$\boldsymbol{M}(\boldsymbol{q})\ddot{\boldsymbol{q}} + \boldsymbol{V}(\boldsymbol{q}, \dot{\boldsymbol{q}})\dot{\boldsymbol{q}} + \boldsymbol{G}(\boldsymbol{q}) + \boldsymbol{D} = \boldsymbol{T}$$

其中,$\boldsymbol{D} = \Delta(\boldsymbol{q}, \dot{\boldsymbol{q}}) + \boldsymbol{d}$,$M_{11} = (m_1 + m_2)r_1^2 + m_2 r_2^2 + 2m_2 r_1 r_2 \cos q_2$,$M_{12} = M_{21} = m_2 r_2^2 + m_2 r_1 r_2 \cos q_2$,$M_{22} = m_2 r_2^2$,$\boldsymbol{V} = \begin{bmatrix} -V_{12}\dot{q}_2 & -V_{12}(\dot{q}_1 + \dot{q}_2) \\ V_{12}q_1 & 0 \end{bmatrix}$,$V_{12} = m_2 r_1 \sin q_2$,$G_1 = (m_1 + m_2) r_1 \cos q_2 + m_2 r_2 \cos(q_1 + q_2)$,$G_2 = m_2 r_2 \cos(q_1 + q_2)$,$\boldsymbol{D} = \begin{bmatrix} 30\mathrm{sgn} q_2 \\ 30\mathrm{sgn} q_4 \end{bmatrix}$,$r_1 = 1$,$r_2 = 0.8$,$m_1 = 1$,$m_2 = 1.5$。

关节理想角度信号为 $q_{1\mathrm{d}} = \sin t$,$q_{2\mathrm{d}} = \sin t$,系统初始向量为零,取 $\boldsymbol{c} = \begin{bmatrix} 20 & 0 \\ 0 & 20 \end{bmatrix}$,$\gamma = 0.05$,采用控制律式(4.30)和式(4.36),仿真结果如图 4.12 和图 4.13 所示。

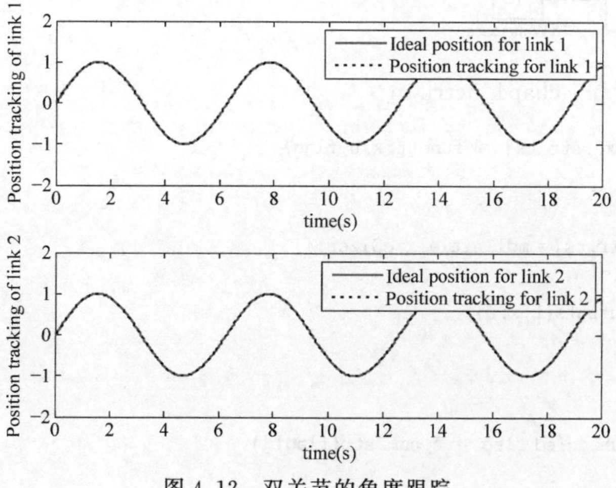

图 4.12　双关节的角度跟踪

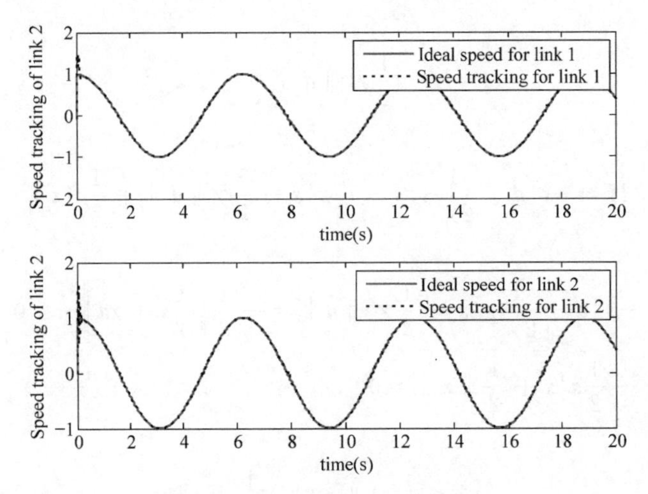

图 4.13　双关节的角速度跟踪

仿真程序：

(1) Simulink 主程序：chap4_3sim. mdl

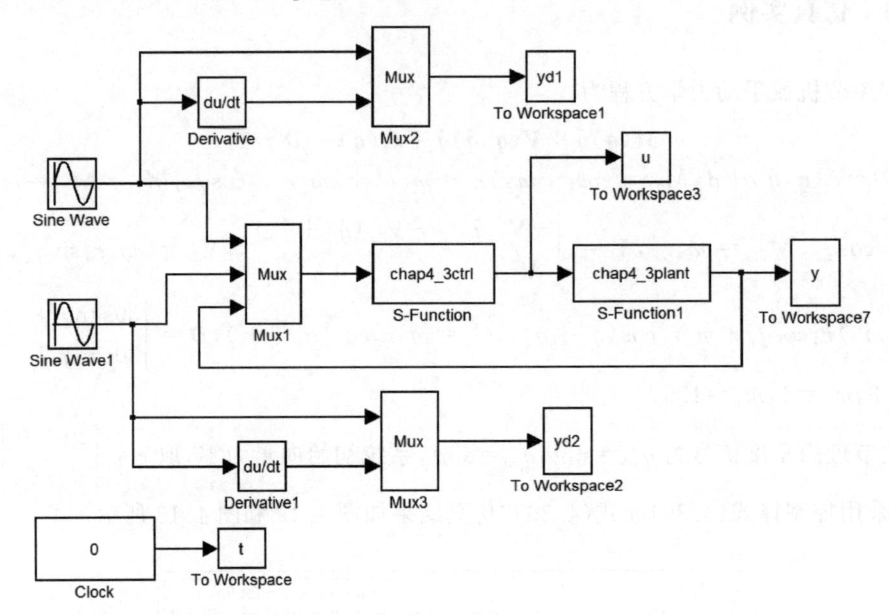

(2) 控制律程序：chap4_3ctrl. m

```
function [sys,x0,str,ts] = func(t,x,u,flag)
switch flag,
case 0,
    [sys,x0,str,ts] = mdlInitializeSizes;
case 3,
    sys = mdlOutputs(t,x,u);
case {1,2,4,9}
    sys = [];
otherwise
    error(['Unhandled flag = ',num2str(flag)]);
```

```
end
function [sys,x0,str,ts] = mdlInitializeSizes
sizes = simsizes;
sizes.NumDiscStates       = 0;
sizes.NumOutputs          = 2;
sizes.NumInputs           = 6;
sizes.DirFeedthrough      = 1;
sizes.NumSampleTimes      = 0;
sys = simsizes(sizes);
x0  = [];
str = [];
ts  = [];
function sys = mdlOutputs(t,x,u)
qd1 = u(1);qd2 = u(2);
dqd1 = cos(t);dqd2 = cos(t);
dqd = [dqd1 dqd2]';
ddqd1 = - sin(t);ddqd2 = - sin(t);
ddqd = [ddqd1 ddqd2]';

q1 = u(3);dq1 = u(4);
q2 = u(5);dq2 = u(6);

e1 = q1 - qd1;
e2 = q2 - qd2;
e = [e1 e2]';
de1 = dq1 - dqd1;
de2 = dq2 - dqd2;
de = [de1 de2]';

r1 = 1;r2 = 0.8;
m1 = 1;m2 = 1.5;

M11 = (m1 + m2) * r1^2 + m2 * r2^2 + 2 * m2 * r1 * r2 * cos(q2);
M22 = m2 * r2^2;
M21 = m2 * r2^2 + m2 * r1 * r2 * cos(q2);
M12 = M21;
M = [M11 M12;M21 M22];

V12 = m2 * r1 * sin(q2);
V = [ - V12 * dq2 - V12 * (dq1 + dq2);V12 * q1 0];
g1 = (m1 + m2) * r1 * cos(q2) + m2 * r2 * cos(q1 + q2);
g2 = m2 * r2 * cos(q1 + q2);
G = [g1;g2];

alfa = 20;
w = M * alfa * de + V * alfa * e;

Gama = 0.05;
ut = - e - w - 0.5 * 1/Gama^2 * (de + alfa * e);
T = ut + M * ddqd + V * dqd + G;
```

```
sys(1) = T(1);
sys(2) = T(2);
```

(3) 被控对象程序：chap4_3plant.m

```
function [sys,x0,str,ts] = plant(t,x,u,flag)
switch flag,
case 0,
    [sys,x0,str,ts] = mdlInitializeSizes;
case 1,
    sys = mdlDerivatives(t,x,u);
case 3,
    sys = mdlOutputs(t,x,u);
case {2, 4, 9}
    sys = [];
otherwise
    error(['Unhandled flag = ',num2str(flag)]);
end
function [sys,x0,str,ts] = mdlInitializeSizes
sizes = simsizes;
sizes.NumContStates          = 4;
sizes.NumDiscStates          = 0;
sizes.NumOutputs             = 4;
sizes.NumInputs              = 2;
sizes.DirFeedthrough         = 0;
sizes.NumSampleTimes         = 0;
sys = simsizes(sizes);
x0  = [0 0 0 0];
str = [];
ts  = [];
function sys = mdlDerivatives(t,x,u)
r1 = 1;r2 = 0.8;
m1 = 1;m2 = 1.5;

M11 = (m1 + m2) * r1^2 + m2 * r2^2 + 2 * m2 * r1 * r2 * cos(x(3));
M22 = m2 * r2^2;
M21 = m2 * r2^2 + m2 * r1 * r2 * cos(x(3));
M12 = M21;
M = [M11 M12;M21 M22];

V12 = m2 * r1 * sin(x(3));
V = [ - V12 * x(4)  - V12 * (x(2) + x(4));V12 * x(1) 0];

g1 = (m1 + m2) * r1 * cos(x(3)) + m2 * r2 * cos(x(1) + x(3));
g2 = m2 * r2 * cos(x(1) + x(3));
G = [g1;g2];

D = [10 * x(2) + 30 * sign(x(2)) 10 * x(4) + 30 * sign(x(4))]';

T = [u(1) u(2)]';
S = inv(M) * (T - V * [x(2);x(4)] - G - D);
```

```
sys(1) = x(2);
sys(2) = S(1);
sys(3) = x(4);
sys(4) = S(2);
function sys = mdlOutputs(t,x,u)
sys(1) = x(1);
sys(2) = x(2);
sys(3) = x(3);
sys(4) = x(4);
```

(4) 作图程序：chap4_3plot.m

```
close all;

figure(1);
subplot(211);
plot(t,yd1(:,1),'r',t,y(:,1),'k:','linewidth',2);
xlabel('time(s)');ylabel('Position tracking of link 1');
legend('ideal position for link 1','position tracking for link 1');
subplot(212);
plot(t,yd2(:,1),'r',t,y(:,3),'k:','linewidth',2);
xlabel('time(s)');ylabel('Position tracking of link 2');
legend('ideal position for link 2','position tracking for link 2');

figure(2);
subplot(211);
plot(t,yd1(:,2),'r',t,y(:,2),'k:','linewidth',2);
xlabel('time(s)');ylabel('Speed tracking of link 2');
legend('ideal speed for link 1','speed tracking for link 1');
subplot(212);
plot(t,yd2(:,2),'r',t,y(:,4),'k:','linewidth',2);
xlabel('time(s)');ylabel('Speed tracking of link 2');
legend('ideal speed for link 2','speed tracking for link 2');
```

参考文献

[1] Xu L, Yao B. Adaptive Robust Control of Mechanical Systems with Non-linear Dynamic Friction Compensation[J]. International Journal of control, 2008, 81(2): 167-176.

[2] LaSalle J, Lefschetz S. Stability by Lyapunov's direct method[M]. New York: Academic Press, 1961.

[3] Ebrahim A, Murphy G V. Adaptive Backstepping Controller Design of an Inverted Pendulum[C]. Proceedings of the Thirty-Seventh Southeastern Symposium on System Theory, 2005: 172-174.

[4] Schaft A J V. Gain Analysis of Nonlinear Systems and Nonlinear State Feedback Control[J]. IEEE Transaction on Automatic Control, 1992, 37(6): 770-784.

[5] Wang Y, Sun W, Xiang Y, et al. Neural Network-Based Robust Tracking Control for Robots[J]. International Journal of Intelligent Automation and Soft Computing, 2009, 15(2): 211-222.

第5章 基于干扰及输出测量延迟观测器的滑模控制

5.1 基于慢时变干扰观测器的连续滑模控制

5.1.1 系统描述

考虑带有慢干扰的二阶系统：

$$\ddot{\theta} = -b\dot{\theta} + au - d \tag{5.1}$$

其中，$a>0$，$b>0$，a 和 b 为已知值；d 为慢干扰时变信号。

5.1.2 观测器设计

针对二阶系统式(5.1)，设计观测器为[1]

$$\dot{\hat{d}} = k_1(\hat{\omega} - \dot{\theta}) \tag{5.2}$$

$$\dot{\hat{\omega}} = -\hat{d} + au - k_2(\hat{\omega} - \dot{\theta}) - b\dot{\theta} \tag{5.3}$$

其中，$\hat{d}$ 为对 d 项的估计，$\hat{\omega}$ 为对 $\dot{\theta}$ 的估计，$k_1>0$，$k_2>0$。

由于 $d = -\ddot{\theta} - b\dot{\theta} + au$，$\hat{d} = -\dot{\hat{\omega}} - b\dot{\theta} + au - k_2(\hat{\omega} - \dot{\theta})$，则 $\tilde{d} = (\dot{\hat{\omega}} + \ddot{\theta}) + k_2(\hat{\omega} - \dot{\theta}) = -\dot{\tilde{\omega}} - k_2\tilde{\omega}$。

稳定性分析如下：

定义 Lyapunov 函数为

$$V_1 = \frac{1}{2k_1}\tilde{d}^2 + \frac{1}{2}\tilde{\omega}^2 \tag{5.4}$$

其中，$\tilde{d} = d - \hat{d}$，$\tilde{\omega} = \dot{\theta} - \hat{\omega}$。

于是

$$\dot{V}_1 = \frac{1}{k_1}\tilde{d}\dot{\tilde{d}} + \tilde{\omega}\dot{\tilde{\omega}} = \frac{1}{k_1}\tilde{d}(\dot{d} - \dot{\hat{d}}) + \tilde{\omega}(\ddot{\theta} - \dot{\hat{\omega}}) \tag{5.5}$$

假设干扰 d 为慢时变信号，$\dot{d}$ 很小，当取 k_1 较大值时，可认为

$$\frac{1}{k_1}\dot{d} = 0 \tag{5.6}$$

将式(5.2)、式(5.3)和式(5.6)代入式(5.5)，得

$$
\begin{aligned}
\dot{V}_1 &= \frac{1}{k_1}\tilde{d}\dot{d} - \frac{1}{k_1}\tilde{d}\dot{\hat{d}} + \tilde{\omega}(\ddot{\theta} - (-\hat{d} + au - k_2(\hat{\omega} - \dot{\theta}) - b\dot{\theta})) \\
&= \frac{1}{k_1}\tilde{d}\dot{d} - \frac{1}{k_1}\tilde{d}k_1(\hat{\omega} - \dot{\theta}) + \tilde{\omega}(-b\dot{\theta} + au - d - \\
&\quad (-\hat{d} + au - k_2(\hat{\omega} - \dot{\theta}) - b\dot{\theta})) \\
&= \frac{1}{k_1}\tilde{d}\dot{d} - \tilde{d}(\hat{\omega} - \dot{\theta}) + \tilde{\omega}(-d + \hat{d} + k_2(\hat{\omega} - \dot{\theta})) \\
&= \frac{1}{k_1}\tilde{d}\dot{d} + \tilde{d}\tilde{\omega} + \tilde{\omega}(-\tilde{d} - k_2\tilde{\omega}) = \frac{1}{k_1}\tilde{d}\dot{d} - k_2\tilde{\omega}^2 = -k_2\tilde{\omega}^2 \leqslant 0
\end{aligned} \tag{5.7}
$$

当 $\dot{V}_1 \equiv 0$ 时，$\tilde{\omega} \equiv 0$，$\dot{\tilde{\omega}} \equiv 0$，$\tilde{d} \equiv 0$。根据 LaSalle 不变性定理，$t \to \infty$ 时，$\tilde{d} \to 0$。通过采用本观测器，对 d 项进行有效的观测，从而实现补偿。

5.1.3 仿真实例

考虑带有慢干扰的二阶系统：

$$\ddot{\theta} = -b\dot{\theta} + au - d$$

其中，$a=5$，$b=0.15$，$d=150\sin(0.1t)$。

采用观测器式(5.2)和式(5.3)，取 $k_1=500$，$k_2=200$。仿真结果如图 5.1 所示。

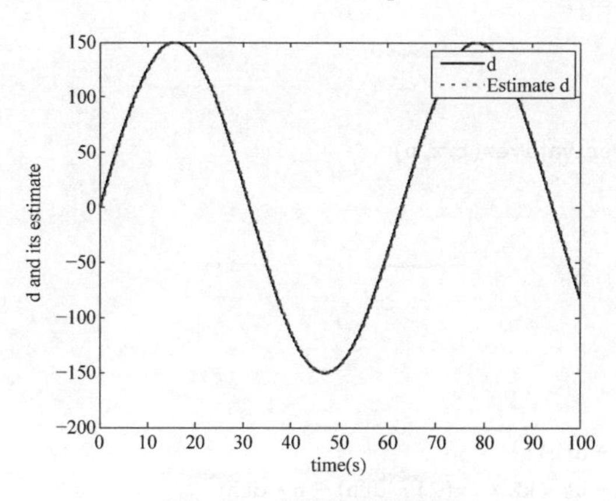

图 5.1 干扰及观测结果

仿真程序：

(1) Simulink 主程序：chap5_1sim. mdl

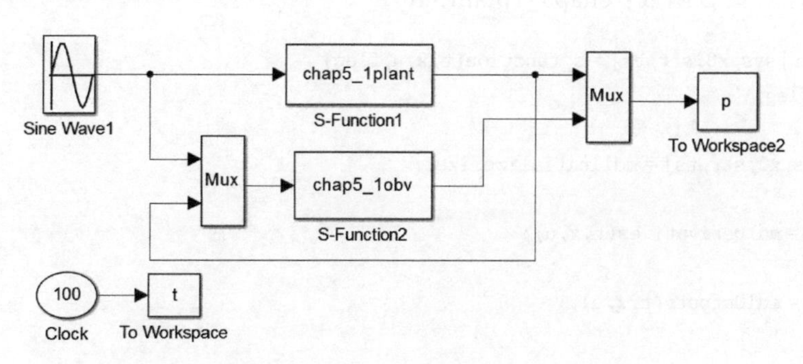

(2) 观测器S函数：chap5_1obv.m

```
function [sys,x0,str,ts] = s_function(t,x,u,flag)
switch flag,
case 0,
    [sys,x0,str,ts] = mdlInitializeSizes;
case 1,
    sys = mdlDerivatives(t,x,u);
case 3,
    sys = mdlOutputs(t,x,u);
case {2,4,9}
    sys = [];
otherwise
    error(['Unhandled flag = ',num2str(flag)]);
end
function [sys,x0,str,ts] = mdlInitializeSizes
sizes = simsizes;
sizes.NumContStates  = 2;
sizes.NumDiscStates  = 0;
sizes.NumOutputs     = 2;
sizes.NumInputs      = 4;
sizes.DirFeedthrough = 0;
sizes.NumSampleTimes = 0;
sys = simsizes(sizes);
x0  = [0;0];
str = [];
ts  = [];
function sys = mdlDerivatives(t,x,u)
ut = u(1);
dth = u(3);

k1 = 1000;
k2 = 200;

a = 5;b = 0.15;
sys(1) = k1 * (x(2) - dth);
sys(2) = - x(1) + a * ut - k2 * (x(2) - dth) - b * dth;
function sys = mdlOutputs(t,x,u)
sys(1) = x(1);          % 估算
sys(2) = x(2);          % 速度估算
```

(3) 被控对象S函数：chap5_1plant.m

```
function [sys,x0,str,ts] = s_function(t,x,u,flag)
switch flag,
case 0,
    [sys,x0,str,ts] = mdlInitializeSizes;
case 1,
    sys = mdlDerivatives(t,x,u);
case 3,
    sys = mdlOutputs(t,x,u);
```

```
case {2,4,9}
    sys = [];
otherwise
    error(['Unhandled flag = ',num2str(flag)]);
end
function [sys,x0,str,ts] = mdlInitializeSizes
sizes = simsizes;
sizes.NumContStates    = 2;
sizes.NumDiscStates    = 0;
sizes.NumOutputs       = 3;
sizes.NumInputs        = 1;
sizes.DirFeedthrough   = 0;
sizes.NumSampleTimes   = 0;
sys = simsizes(sizes);
x0  = [0;0];
str = [];
ts  = [];
function sys = mdlDerivatives(t,x,u)
ut = u(1);
b = 0.15;
a = 5;

d = 150 * sin(0.1 * t);
ddth = - b * x(2) + a * ut - d;

sys(1) = x(2);
sys(2) = ddth;
function sys = mdlOutputs(t,x,u)
d = 150 * sin(0.1 * t);
sys(1) = x(1);
sys(2) = x(2);
sys(3) = d;
```

(4) 作图程序：chap5_1plot.m

```
close all;

figure(1);
plot(t,p(:,3),'k',t,p(:,4),'r:','linewidth',2);
xlabel('time(s)');ylabel('d and its estimate');
legend('d','Estimate d');
```

5.1.4 基于慢时变干扰观测器的连续滑模控制

针对式(5.1)，取位置指令为 θ_{d}，误差为 $e=\theta_{\mathrm{d}}-\theta$。滑模函数为

$$s=\dot{e}+ce$$

其中，$c>0$，则

$$\dot{s}=\ddot{e}+c\dot{e}=\ddot{\theta}_{\mathrm{d}}-\ddot{\theta}+c\dot{e}=\ddot{\theta}_{\mathrm{d}}+b\dot{\theta}-au+d+c\dot{e}$$

基于干扰补偿的滑模控制器设计为

$$u=\frac{1}{a}[\ddot{\theta}_{\mathrm{d}}+b\dot{\theta}+c\dot{e}+\hat{d}+\eta\operatorname{sgn}(s)] \tag{5.8}$$

定义 $\tilde{d}=d-\hat{d}$，$|\tilde{d}|\leqslant\eta$。

取 Lyapunov 函数为

$$V_2=\frac{1}{2}s^2$$

则

$$\begin{aligned}\dot{V}_2&=s\dot{s}=s(\ddot{\theta}_{\mathrm{d}}+b\dot{\theta}-au+d+c\dot{e})\\&=s(\ddot{\theta}_{\mathrm{d}}+b\dot{\theta}-(\ddot{\theta}_{\mathrm{d}}+b\dot{\theta}+c\dot{e}+\hat{d}+\eta\operatorname{sgn}(s))+d+c\dot{e})\\&=s(d-\hat{d}-\eta\operatorname{sgn}(s))\\&=\tilde{d}s-\eta\mid s\mid\leqslant 0\end{aligned} \tag{5.9}$$

取闭环系统的 Lyapunov 函数为

$$V=V_1+V_2=\frac{1}{2k_1}\tilde{d}^2+\frac{1}{2}\tilde{\omega}^2+\frac{1}{2}s^2$$

由式(5.7)和式(5.9)，可得 $\dot{V}=-k_2\tilde{\omega}^2+\tilde{d}s-\eta|s|$。

由于 $|\tilde{d}|\leqslant\eta$，则存在 $\eta_1\geqslant 0$，使 $\tilde{d}s-\eta|s|=-\eta_1|s|$ 成立，则 $\dot{V}=-k_2\tilde{\omega}^2-\eta_1|s|$。

当 $\dot{V}\equiv 0$ 时，$s\equiv 0$。根据 LaSalle 不变性定理，$t\to\infty$ 时，$s\to 0$，$e\to 0$，$\dot{e}\to 0$。

为了降低抖振，采用饱和函数 sat(s)代替符号函数 sgn(s)。

5.1.5 仿真实例

考虑带有慢干扰的二阶系统：

$$\ddot{\theta}=-b\dot{\theta}+au-d$$

其中，$a=5$，$b=0.15$，$d=150\sin(0.1t)$。

位置指令为 $\theta_{\mathrm{d}}=\sin t$，控制器采用式(5.8)，观测器采用式(5.2)和式(5.3)。取 $k_1=500$，$k_2=200$，取 $\eta=5.0$，$c=15$，$\Delta=0.10$。仿真结果如图 5.2～图 5.4 所示。

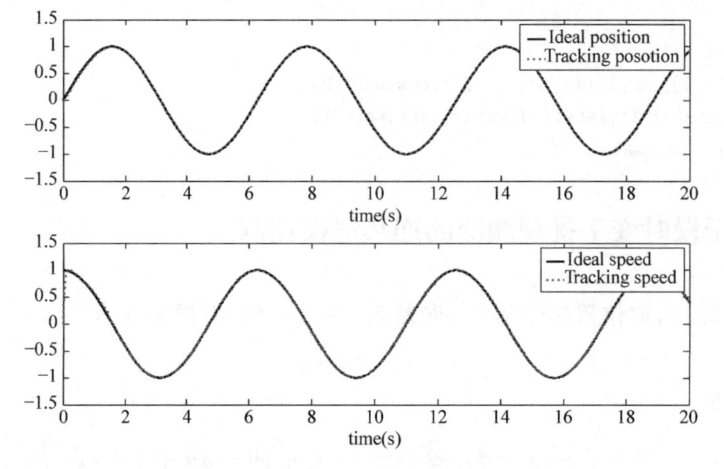

图 5.2 位置和速度跟踪

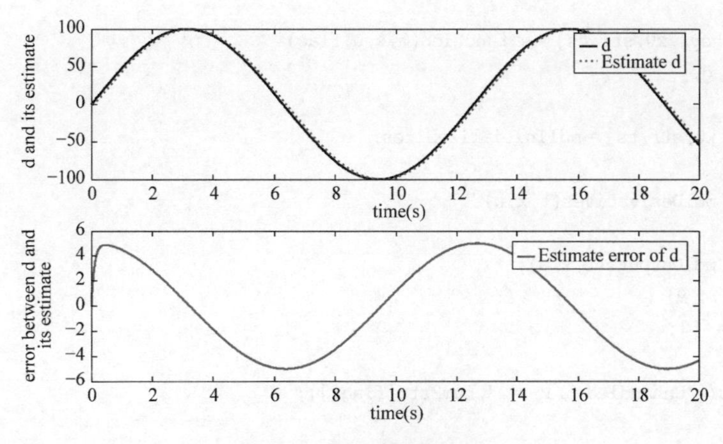

图 5.3　干扰及观测结果

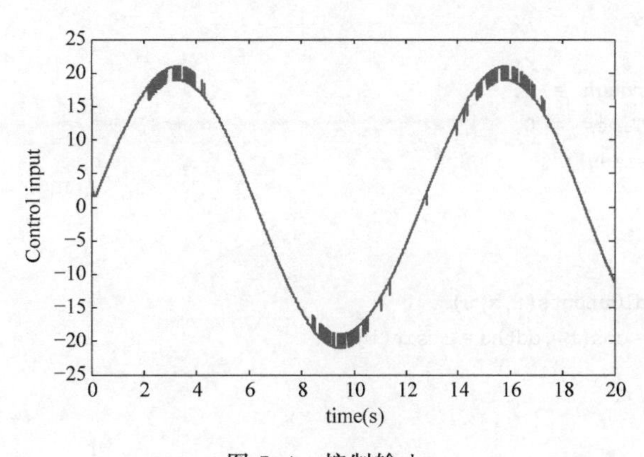

图 5.4　控制输入

仿真程序：

(1) Simulink 主程序：chap5_2sim.mdl

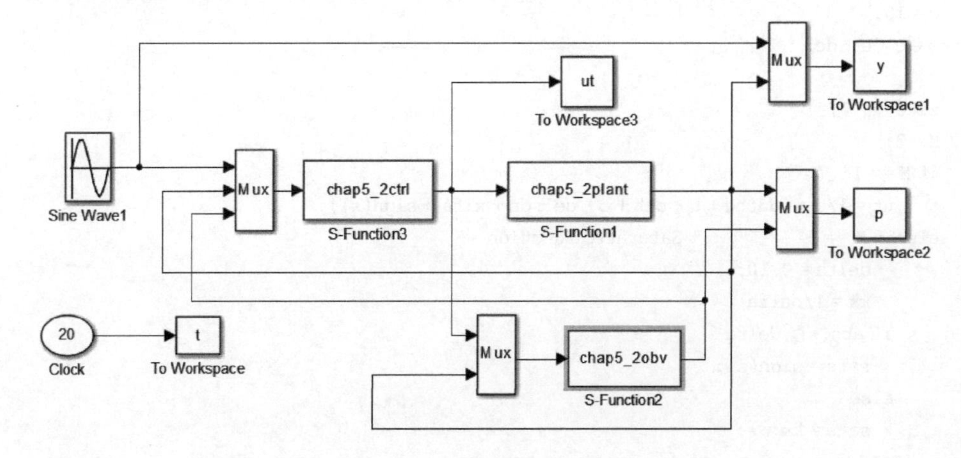

(2) 控制器 S 函数：chap5_2ctrl.m

```
function [sys,x0,str,ts] = s_function(t,x,u,flag)
switch flag,
case 0,
    [sys,x0,str,ts] = mdlInitializeSizes;
case 1,
    sys = mdlDerivatives(t,x,u);
case 3,
    sys = mdlOutputs(t,x,u);
case {1,2,4,9}
    sys = [];
otherwise
    error(['Unhandled flag = ',num2str(flag)]);
end
function [sys,x0,str,ts] = mdlInitializeSizes
sizes = simsizes;
sizes.NumDiscStates   = 0;
sizes.NumOutputs      = 1;
sizes.NumInputs       = 5;
sizes.DirFeedthrough  = 1;
sizes.NumSampleTimes  = 0;
sys = simsizes(sizes);
x0  = [];
str = [];
ts  = [];
function sys = mdlOutputs(t,x,u)
thd = u(1);dthd = cos(t);ddthd = - sin(t);
th = u(2);
dth = u(3);
dp = u(5);
b = 0.15;a = 5;

e = thd - th;
de = dthd - dth;
c = 15;
s = c * e + de;

xite = 5.0;
M = 2;
if M == 1
    ut = 1/a * (ddthd + b * dth + c * de + dp + xite * sign(s));
elseif M == 2           % Saturated function
      delta = 0.10;
      kk = 1/delta;
    if abs(s)> delta
      sats = sign(s);
    else
      sats = kk * s;
    end
    ut = 1/a * (ddthd + b * dth + c * de + dp + xite * sign(s));
```

```
end
sys(1) = ut;
```

(3) 观测器 S 函数：chap5_2obv. m

```
function [sys,x0,str,ts] = s_function(t,x,u,flag)
switch flag,
case 0,
    [sys,x0,str,ts] = mdlInitializeSizes;
case 1,
    sys = mdlDerivatives(t,x,u);
case 3,
    sys = mdlOutputs(t,x,u);
case {2,4,9}
    sys = [];
otherwise
    error(['Unhandled flag = ',num2str(flag)]);
end
function [sys,x0,str,ts] = mdlInitializeSizes
sizes = simsizes;
sizes.NumContStates   = 2;
sizes.NumDiscStates   = 0;
sizes.NumOutputs      = 1;
sizes.NumInputs       = 4;
sizes.DirFeedthrough  = 0;
sizes.NumSampleTimes  = 0;
sys = simsizes(sizes);
x0  = [0;0];
str = [];
ts  = [];
function sys = mdlDerivatives(t,x,u)
ut = u(1);
dth = u(3);

k1 = 5000;
k2 = 500;

a = 5;b = 0.15;
sys(1) = k1 * (x(2) - dth);
sys(2) = - x(1) + a * ut - k2 * (x(2) - dth) - b * dth;
function sys = mdlOutputs(t,x,u)
sys(1) = x(1);            % d估算
```

(4) 被控对象 S 函数：chap5_2plant. m

```
function [sys,x0,str,ts] = s_function(t,x,u,flag)
switch flag,
case 0,
    [sys,x0,str,ts] = mdlInitializeSizes;
case 1,
    sys = mdlDerivatives(t,x,u);
case 3,
```

```
    sys = mdlOutputs(t,x,u);
case {2,4,9}
    sys = [];
otherwise
    error(['Unhandled flag = ',num2str(flag)]);
end
function [sys,x0,str,ts] = mdlInitializeSizes
sizes = simsizes;
sizes.NumContStates   = 2;
sizes.NumDiscStates   = 0;
sizes.NumOutputs      = 3;
sizes.NumInputs       = 1;
sizes.DirFeedthrough  = 0;
sizes.NumSampleTimes  = 0;
sys = simsizes(sizes);
x0  = [0;0];
str = [];
ts  = [];
function sys = mdlDerivatives(t,x,u)
ut = u(1);
b = 0.15;
a = 5;

d = 100 * sin(0.5 * t);
ddth = - b * x(2) + a * ut - d;

sys(1) = x(2);
sys(2) = ddth;
function sys = mdlOutputs(t,x,u)
d = 100 * sin(0.5 * t);
sys(1) = x(1);
sys(2) = x(2);
sys(3) = d;
```

（5）作图程序：chap5_2plot. m

```
close all;

figure(1);
subplot(211);
plot(t,y(:,1),'k',t,y(:,2),'r:','linewidth',2);
legend('ideal position','tracking posotion');
subplot(212);
plot(t,cos(t),'k',t,y(:,3),'r:','linewidth',2);
legend('ideal speed','tracking speed');

figure(2);
subplot(211);
plot(t,p(:,3),'k',t,p(:,4),'r:','linewidth',2);
xlabel('time(s)');ylabel('d and its estimate');
legend('d','Estimate d');
```

```
subplot(212);
plot(t,p(:,3) - p(:,4),'r','linewidth',2);
xlabel('time(s)');ylabel('error between d and its estimate');
legend('Estimate error of d');

figure(3);
plot(t,ut(:,1),'r','linewidth',2);
xlabel('time(s)');ylabel('Control input');
```

5.2 基于指数收敛干扰观测器的滑模控制

5.2.1 系统描述

考虑 SISO 系统动态方程：

$$J\ddot{\theta}+b\dot{\theta}=u+d \tag{5.10}$$

其中，J 为转动惯量；b 为阻尼系数；u 为控制输入；θ、$\dot{\theta}$ 分别代表角度、角速度；d 为外界干扰，且 $J>0,b>0$。

5.2.2 指数收敛干扰观测器的问题提出

由式(5.10)得

$$d=J\ddot{\theta}+b\dot{\theta}-u \tag{5.11}$$

设计观测器或估计器的基本思想就是用估计输出与实际输出的差值对估计值进行修正。因此，将干扰观测器设计为

$$\dot{\hat{d}}=K(d-\hat{d})=-K\hat{d}+Kd=-K\hat{d}+K(J\ddot{\theta}+b\dot{\theta}-u) \tag{5.12}$$

其中，$K>0$。

一般没有干扰 d 的微分的先验知识，相对于观测器的动态特性，干扰 d 的变化是缓慢的[2]，即

$$\dot{d}=0$$

令观测误差为

$$\tilde{d}=d-\hat{d}$$

则

$$\dot{\tilde{d}}=-\dot{\hat{d}}=-K(d-\hat{d})=-K\tilde{d}$$

即观测误差满足如下约束：

$$\dot{\tilde{d}}+K\tilde{d}=0 \tag{5.13}$$

则观测器是指数收敛的，且收敛速率可通过选择 K 值来确定。

在实际工程中，由于观测噪声，很难通过速度信号求微分来得到加速度信号。因此，观测器式(5.12)在实际工程中不能实现，但它为设计非线性观测器提供了基础。

5.2.3 指数收敛干扰观测器的设计

取 $\dot{\hat{d}}=K(d-\hat{d})$，定义辅助参数向量[2]为

$$z=\hat{d}-KJ\dot{\theta} \tag{5.14}$$

则

$$\dot{z}=\dot{\hat{d}}-KJ\ddot{\theta}$$

由于 $\dot{\hat{d}}=K(d-\hat{d})=K(J\ddot{\theta}+b\dot{\theta}-u)-K\hat{d}$，则

$$\dot{z}=K(J\ddot{\theta}+b\dot{\theta}-u)-K\hat{d}-KJ\ddot{\theta}=K(b\dot{\theta}-u)-K\hat{d}$$

干扰观测器设计为

$$\begin{cases}\dot{z}=K(b\dot{\theta}-u)-K\hat{d}\\ \hat{d}=z+KJ\dot{\theta}\end{cases} \tag{5.15}$$

则

$$\dot{z}=K(b\dot{\theta}-T)-K(z+KJ\dot{\theta})=K(b\dot{\theta}-T-KJ\upsilon)-Kz$$

针对常值干扰或慢干扰，可假设 $\dot{d}=0$[2]，则

$$\dot{\tilde{d}}=\dot{d}-\dot{\hat{d}}=-\dot{\hat{d}}=-\dot{z}-KJ\ddot{\theta}$$

将 $\dot{z}$ 代入上式，得

$$\begin{aligned}\dot{\tilde{d}}&=-(K(b\dot{\theta}-T-KJ\dot{\theta})-Kz)-KJ\ddot{\theta}=-K(b\dot{\theta}-T-KJ\dot{\theta})+Kz-KJ\ddot{\theta}\\&=K(z+KJ\dot{\theta})-K(J\ddot{\theta}+b\dot{\theta}-T)\\&=K\hat{d}-K(J\ddot{\theta}+b\dot{\theta}-T)=K(\hat{d}-d)=-K\tilde{d}\end{aligned}$$

因而得到观测误差方程为

$$\dot{\tilde{d}}+K\tilde{d}=0$$

解为

$$\tilde{d}(t)=\tilde{d}(t_0)\mathrm{e}^{-Kt}$$

由于 $\tilde{d}(t_0)$的值是确定的，可见，观测器的收敛精度取决于参数 K 值。通过设计参数 K，使估计值 $\hat{d}$ 按指数逼近干扰 d。由观测器式(5.15)可知，该观测器不需要$\ddot{\boldsymbol{\theta}}$ 信息。

5.2.4 滑模控制器的设计与分析

采用观测器式(5.15)观测干扰 d，在滑模控制中对干扰进行补偿，可有效地降低切换增益，从而有效地降低抖振。

取控制目标为 $\theta\to\theta_{\mathrm{d}}$，$\dot{\theta}\to\dot{\theta}_{\mathrm{d}}$。针对模型式(5.10)，设计滑模函数

$$s=ce+\dot{e} \tag{5.16}$$

其中，$c>0$，$e=\theta_{\mathrm{d}}-\theta$。

由于 $\ddot{\theta}=\frac{1}{J}(-b\dot{\theta}+u+d)$，则

$$\ddot{e}=\ddot{\theta}_{\mathrm{d}}-\ddot{\theta}=\ddot{\theta}_{\mathrm{d}}-\frac{1}{J}(-b\dot{\theta}+u+d)$$

$$\dot{s}=c\dot{e}+\ddot{e}=c\dot{e}+\ddot{\theta}_{\mathrm{d}}-\frac{1}{J}(-b\dot{\theta}+u+d)$$

$$=c\dot{e}+\ddot{\theta}_{\mathrm{d}}+\frac{b}{J}\dot{\theta}-\frac{1}{J}u-\frac{1}{J}d$$

取控制律为

$$u(t)=J\left(c\dot{e}+\ddot{\theta}_{\mathrm{d}}+\frac{b}{J}\dot{\theta}-\frac{1}{J}\hat{d}+k_0 s+\eta\operatorname{sgn}s\right)\tag{5.17}$$

其中，$k_0>0$。

则

$$\dot{s}=c\dot{e}+\ddot{\theta}_{\mathrm{d}}+\frac{b}{J}\dot{\theta}-\left(c\dot{e}+\ddot{\theta}_{\mathrm{d}}+\frac{b}{J}\dot{\theta}-\frac{1}{J}\hat{d}+k_0 s+\eta\operatorname{sgn}s\right)-\frac{1}{J}d$$

$$=\frac{1}{J}\hat{d}-k_0 s-\eta\operatorname{sgn}s-\frac{1}{J}d=-k_0 s-\eta\operatorname{sgn}s-\frac{1}{J}\tilde{d}$$

取闭环系统的 Lyapunov 函数为

$$V=\frac{1}{2}s^2+\frac{1}{2}\tilde{d}^2$$

则

$$\dot{V}=s\dot{s}+\tilde{d}\dot{\tilde{d}}=s\left(-k_0 s-\eta\operatorname{sgn}s-\frac{1}{J}\tilde{d}\right)-K\tilde{d}^2$$

$$=-k_0 s^2-\eta\,|\,s\,|-\frac{1}{J}\tilde{d}s-K\tilde{d}^2\leqslant 0$$

其中，$\eta\geqslant\frac{1}{J}|\tilde{d}|_{\max}$。

由于观测器初始观测误差为 $\tilde{d}(0)$，则可取 $|\tilde{d}(0)|=|\tilde{d}|_{\max}$，从而可取 $\eta\geqslant\frac{1}{J}|\tilde{d}(0)|$。

控制系统收敛性分析如下：

由于

$$\dot{V}=-k_0 s^2-\eta\,|\,s\,|-\frac{1}{J}\tilde{d}s-K\tilde{d}^2\leqslant-k_0 s^2-K\tilde{d}^2\leqslant-k_1\left(\frac{1}{2}s^2+\frac{1}{2}\tilde{d}^2\right)=-k_1 V$$

其中，$k_1=2\min\{k_0,K\}$。

采用引理 1.1，不等式 $\dot{V}\leqslant-k_1 V$ 的解为

$$V(t)\leqslant \mathrm{e}^{-k_1(t-t_0)}V(t_0)$$

可见，控制系统指数收敛，收敛精度取决于参数 k_1 值，$t\to\infty$ 时，$s\to 0$，$\tilde{d}\to 0$，从而 $e\to 0$，$\dot{e}\to 0$。

5.2.5 仿真实例

模型为 $\ddot{\theta}=-25\dot{\theta}+133(u+d)$，对比 $J\ddot{\theta}+b\dot{\theta}=u+d$，可知 $J=\frac{1}{133}$，$b=\frac{25}{133}$。

1. 仿真实例(1)：干扰观测器的测试

分别取 $d(t)=-5$ 和 $d(t)=0.05\sin t$。取参数 $K=50$，采用观测器式(5.15)，仿真结果如图5.5和图5.6所示。为了提高收敛精度，可在Simulink环境中将ODE45迭代法的Relative tolerance精度取1e−6或更小。

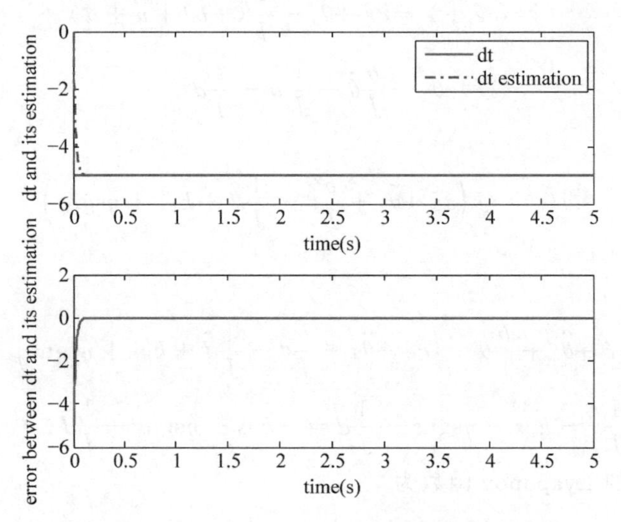

图5.5　$d(t)=-5$ 的干扰观测结果

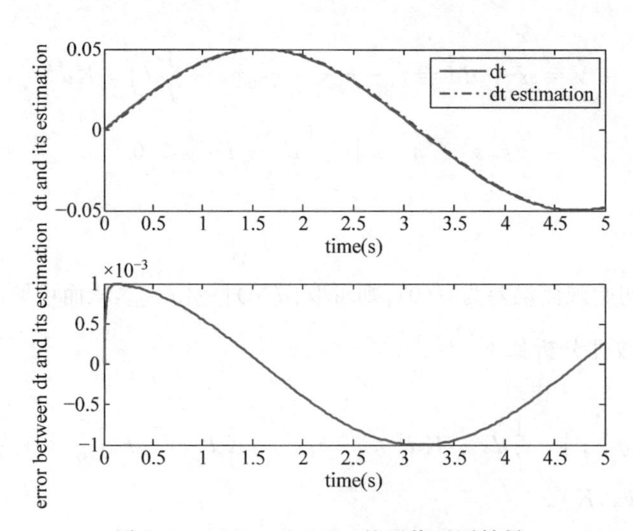

图5.6　$d(t)=0.05\sin t$ 的干扰观测结果

2. 仿真实例(2)：闭环控制仿真实例

针对模型式(5.10)，取 $d(t)=-5$。位置指令为 $\theta_{\mathrm{d}}=\sin t$，观测器采用式(5.15)，控制器采用式(5.17)，取 $c=10$，$K=50$，根据干扰值及观测器初始值，取 $\eta=5.0$。采用饱和函数代替连续函数，取边界层厚度为 $\Delta=0.05$，仿真结果如图5.7～图5.9所示。

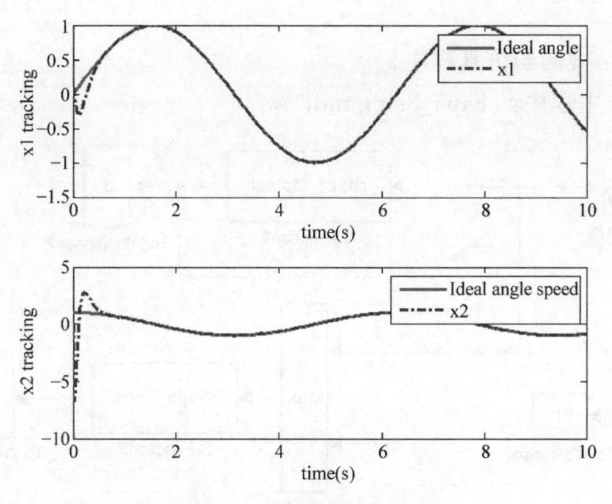

图 5.7　角度和角速度跟踪

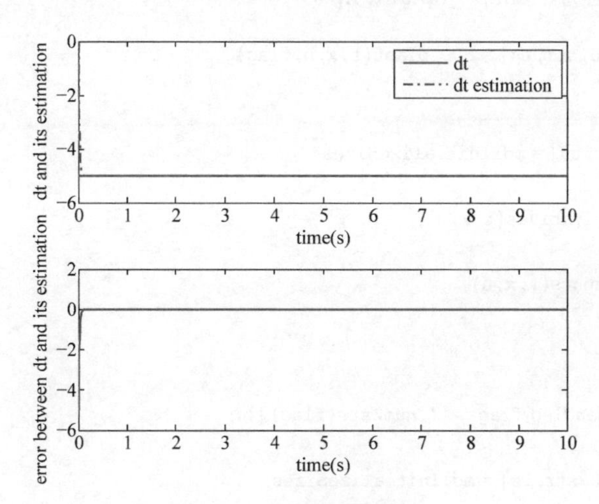

图 5.8　干扰及观测结果

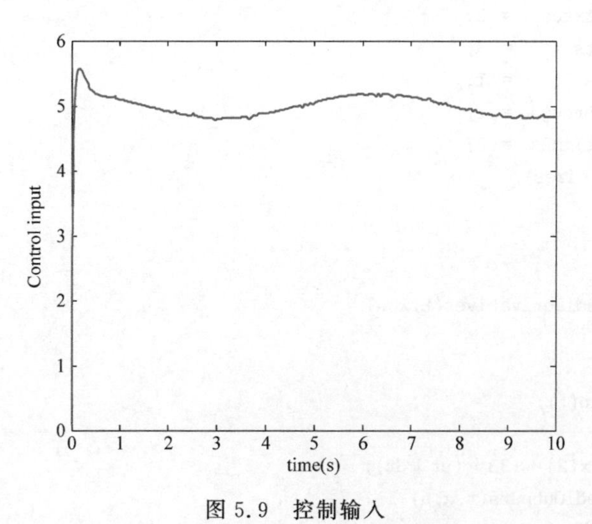

图 5.9　控制输入

仿真程序：

仿真实例(1)：观测器仿真程序。

(1) Simulink 主程序：chap5_3sim.mdl

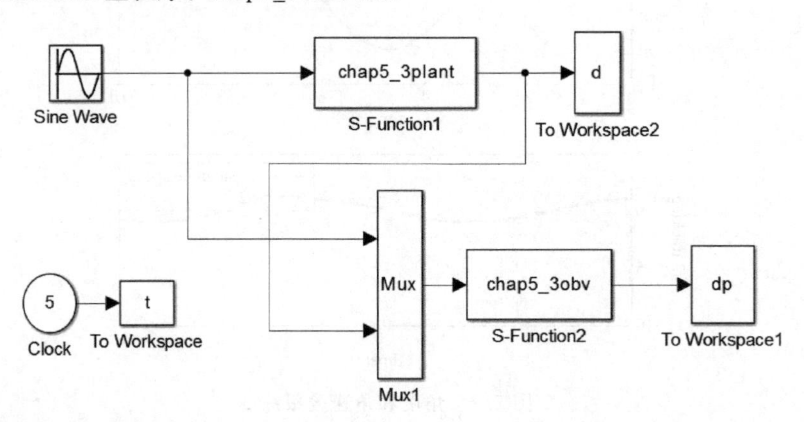

(2) 被控对象程序：chap5_3plant.m

```
function [sys,x0,str,ts] = NDO_plant(t,x,u,flag)
switch flag,
case 0,
    [sys,x0,str,ts] = mdlInitializeSizes;
case 1,
    sys = mdlDerivatives(t,x,u);
case 3,
    sys = mdlOutputs(t,x,u);
case {2,4,9}
    sys = [];
otherwise
    error(['Unhandled flag = ',num2str(flag)]);
end
function [sys,x0,str,ts] = mdlInitializeSizes
sizes = simsizes;
sizes.NumContStates   = 2;
sizes.NumDiscStates   = 0;
sizes.NumOutputs      = 3;
sizes.NumInputs       = 1;
sizes.DirFeedthrough  = 1;
sizes.NumSampleTimes  = 0;
sys = simsizes(sizes);
x0  = [0.1,0];
str = [];
ts  = [];
function sys = mdlDerivatives(t,x,u)
ut = u(1);
dt = -5;
%dt = 0.05*sin(t);
sys(1) = x(2);
sys(2) = -25*x(2)+133*(ut+dt);
function sys = mdlOutputs(t,x,u)
```

```
dt = - 5;
%dt = 0.05 * sin(t);
sys(1) = x(1);
sys(2) = x(2);
sys(3) = dt;
```

(3) 干扰观测器程序：chap5_3obv.m

```
function [sys,x0,str,ts] = NDO(t,x,u,flag)
switch flag,
case 0,
    [sys,x0,str,ts] = mdlInitializeSizes;
case 1,
    sys = mdlDerivatives(t,x,u);
case 3,
    sys = mdlOutputs(t,x,u);
case {2,4,9}
    sys = [];
otherwise
    error(['Unhandled flag = ',num2str(flag)]);
end
function [sys,x0,str,ts] = mdlInitializeSizes
sizes = simsizes;
sizes.NumContStates   = 1;
sizes.NumDiscStates   = 0;
sizes.NumOutputs      = 1;
sizes.NumInputs       = 4;
sizes.DirFeedthrough  = 1;
sizes.NumSampleTimes  = 0;
sys = simsizes(sizes);
x0  = [0];
str = [];
ts  = [];
function sys = mdlDerivatives(t,x,u)
K = 50;
J = 1/133;
b = 25/133;

ut = u(1);

dth = u(3);
z = x(1);
dp = z + K * J * dth;

dz = K * (b * dth - ut) - K * dp;
sys(1) = dz;
function sys = mdlOutputs(t,x,u)
K = 50;
J = 1/133;
dth = u(3);
z = x(1);
```

```
dp = z + K * J * dth;

sys(1) = dp;
```

(4) 作图程序：chap5_3plot. m

```
close all;

figure(1);
subplot(211);
plot(t,d(:,3),'r',t,dp(:,1),'-.b','linewidth',2);
xlabel('time(s)');ylabel('dt and its estimation');
legend('dt','dt estimation');
subplot(212);
plot(t,d(:,3)-dp(:,1),'r','linewidth',2);
xlabel('time(s)');ylabel('error between dt and its estimation');
```

仿真实例(2)：控制系统仿真程序。

(1) Simulink 主程序：chap5_4sim. mdl

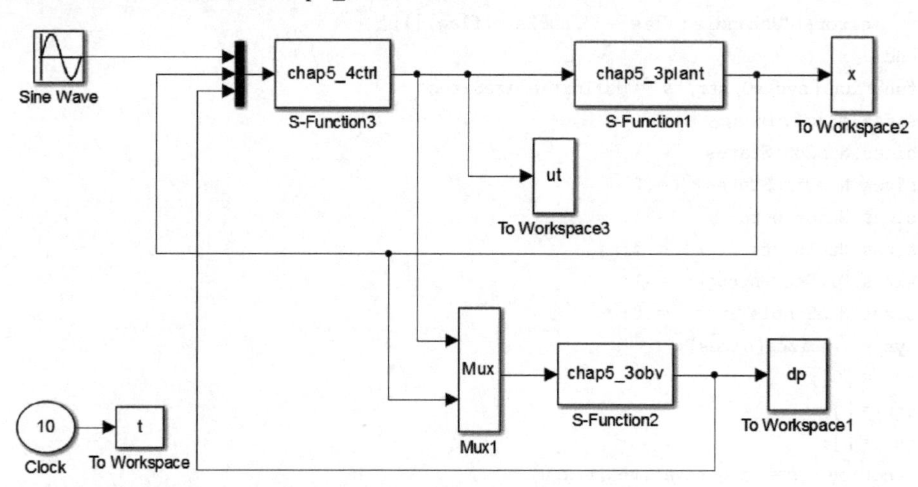

(2) 被控对象程序：chap5_3plant. m(见仿真实例(1))

(3) 控制器程序：chap5_4ctrl. m

```
function [sys,x0,str,ts] = s_function(t,x,u,flag)
switch flag,
case 0,
    [sys,x0,str,ts] = mdlInitializeSizes;
case 3,
    sys = mdlOutputs(t,x,u);
case {1,2,4,9}
    sys = [];
otherwise
    error(['Unhandled flag = ',num2str(flag)]);
end
function [sys,x0,str,ts] = mdlInitializeSizes
sizes = simsizes;
sizes.NumContStates   = 0;
```

```
sizes.NumDiscStates    = 0;
sizes.NumOutputs       = 1;
sizes.NumInputs        = 5;
sizes.DirFeedthrough   = 1;
sizes.NumSampleTimes   = 1;
sys = simsizes(sizes);
x0  = [];
str = [];
ts  = [-1 0];
function sys = mdlOutputs(t,x,u)
J = 1/133;
b = 25/133;

thd = u(1);
dthd = cos(t);
ddthd = -sin(t);

th = u(2);
dth = u(3);
dp = u(5);

e = thd - th;
de = dthd - dth;

c = 10;
xite = 5.0;
s = c * e + de;
 % Saturated function
delta = 0.05;
kk = 1/delta;
if abs(s)> delta
    sats = sign(s);
else
    sats = kk * s;
end

k0 = 10;
 % ut = J * (c * de + ddthd + b/J * dth - 1/J * dp + k0 * s + xite * sign(s));
ut = J * (c * de + ddthd + b/J * dth - 1/J * dp + k0 * s + xite * sats);

sys(1) = ut;
```

(4) 干扰观测器程序：chap5_3obv. m(见仿真实例(1))

(5) 作图程序：chap5_4plot. m

```
close all;
figure(1);
subplot(211);
plot(t,sin(t),'r',t,x(:,1),'-.b','linewidth',2);
xlabel('time(s)');ylabel('x1 tracking');
```

```
legend('ideal angle','x1');
subplot(212);
plot(t,cos(t),'r',t,x(:,2),'-.b','linewidth',2);
xlabel('time(s)');ylabel('x2 tracking');
legend('ideal angle speed','x2');

figure(2);
subplot(211);
plot(t,x(:,3),'r',t,dp(:,1),'-.b','linewidth',2);
xlabel('time(s)');ylabel('dt and its estimation');
legend('dt','dt estimation');
subplot(212);
plot(t,x(:,3)-dp(:,1),'r','linewidth',2);
xlabel('time(s)');ylabel('error between dt and its estimation');

figure(3);
plot(t,ut(:,1),'r','linewidth',2);
xlabel('time(s)');ylabel('Control input');
```

5.3 基于输出延时观测器的滑模控制

在运动控制系统中，由于测量传感器的因素，会造成位置和速度信号的测量延迟，通过设计输出延时观测器，可很好地对测量信号进行校正。国内外学者在输出延时观测器方面取得了很大的进展。针对线性系统，文献[3]基于时滞微分方程设计了线性系统的有输出延时的观测器，文献[4]针对线性系统中输出延时做了进一步研究，在时变延时的情况下设计了延时观测器。

文献[5]针对非线性系统输出延时的情况，设计了一种链式观测器，这类观测器由很多个观测器串联组成，每个子观测器负责观测出指定的一小段延时信号，由最后一个子观测器观测出正确的无延时信号，其缺点是每个子观测器的参数都是不同的，给工程实践造成了不便。针对这一情况，文献[6]提出了另一种结构的链式延时观测器，其中每个子观测器都具有相同的结构和参数，便于工程实现，并且具有指数收敛的良好稳定性能。本节针对简单的线性系统，设计一种具有固定测量延迟的观测器，在此基础上设计了一种滑模控制方法。

5.3.1 系统描述

考虑对象：

$$G(s)=\frac{k}{s^2+as+b} \tag{5.18}$$

上式可表示为

$$\ddot{\theta}(t)=-a\dot{\theta}(t)-b\theta(t)+ku(t) \tag{5.19}$$

其中，$\theta(t)$为角度信号，$u(t)$为控制输入。

取 $\boldsymbol{z}=[\theta \quad \dot{\theta}]^{\mathrm{T}}$，式(5.19)可表示为

$$\dot{\boldsymbol{z}}(t)=\boldsymbol{A}\boldsymbol{z}(t)+\boldsymbol{H}u(t) \tag{5.20}$$

其中，$\boldsymbol{A}=\begin{bmatrix}0 & 1\\ -b & -a\end{bmatrix}$，$\boldsymbol{H}=[0 \quad k]^{\mathrm{T}}$。

假设输出信号有延迟，Δ 为输出的测量时间延迟，则实际输出可表示为

$$\bar{y}(t)=\theta(t-\Delta)=\boldsymbol{C}z(t-\Delta) \tag{5.21}$$

其中，$\boldsymbol{C}=[1 \quad 0]$。

观测的目标为：当 $t\to\infty$ 时，$\hat{\theta}(t)\to\theta(t)$，$\hat{\dot{\theta}}\to\dot{\theta}(t)$。

5.3.2 输出延迟观测器的设计

引理 5.1[7,8]：对于线性延迟系统

$$\dot{\boldsymbol{x}}(t)=\boldsymbol{A}\boldsymbol{x}(t)+\boldsymbol{B}\boldsymbol{x}(t-\Delta) \tag{5.22}$$

其稳定性条件为

$$\sigma\boldsymbol{I}-\boldsymbol{A}-\boldsymbol{B}\mathrm{e}^{-\Delta\sigma}=0 \tag{5.23}$$

特征根的实部为负，则延迟系统式(5.22)为指数稳定。

针对本延迟系统式(5.20)，取 $\hat{z}=[\hat{\theta} \quad \hat{\dot{\theta}}]^{\mathrm{T}}$，设计如下延迟观测器：

$$\dot{\hat{z}}(t)=\boldsymbol{A}\hat{z}(t)+\boldsymbol{H}u(t)+\boldsymbol{K}[\bar{y}(t)-\boldsymbol{C}\hat{z}(t-\Delta)] \tag{5.24}$$

其中，$\hat{z}(t-\Delta)$ 是 $\hat{z}(t)$ 的延迟信号。

由式(5.20)～式(5.24)可得

$$\dot{\boldsymbol{\delta}}(t)=\boldsymbol{A}\boldsymbol{\delta}(t)-\boldsymbol{K}\boldsymbol{C}\boldsymbol{\delta}(t-\Delta) \tag{5.25}$$

其中，$\boldsymbol{\delta}(t)=\boldsymbol{z}(t)-\hat{\boldsymbol{z}}(t)$。

则根据引理 5.1，延迟观测器的稳定性条件为：选择合适的 $\boldsymbol{K}$，使式(5.25)的特征根的实部为负，则延迟系统式(5.25)为指数稳定，即 $t\to\infty$ 时，$\delta(t)$ 指数收敛于零。

根据引理 5.1，针对线性延迟系统式(5.25)，其稳定性条件方程为

$$\sigma\boldsymbol{I}-\boldsymbol{A}+\boldsymbol{K}\boldsymbol{C}\mathrm{e}^{-\Delta s}=0 \tag{5.26}$$

的特征根 σ 在负半面。

仿真中首先根据经验给出 $\boldsymbol{K}$ 值，然后采用 MATLAB 函数“fsolve”来解方程式(5.26)中的根 σ，使其在负半面，从而验证 $\boldsymbol{K}$。

为了简便，以下推导中，省略变量中的(t)。

5.3.3 滑模控制器的设计与分析

控制的目标为 $\theta\to\theta_{\mathrm{d}}$。针对模型式(5.18)，设计滑模函数

$$s=ce+\dot{e} \tag{5.27}$$

其中，$c>0$，$e=\theta_{\mathrm{d}}-\theta$。

采用观测器式(5.24)求 $\hat{\theta}$ 和 $\hat{\dot{\theta}}$，设计控制律为

$$u(t)=\frac{1}{k}(\ddot{\theta}_{\mathrm{d}}+a\hat{\dot{\theta}}+b\hat{\theta}+\eta\hat{s}+c\hat{\dot{e}}) \tag{5.28}$$

其中，$\eta>0$，令 $\hat{e}=\theta_{\mathrm{d}}-\hat{\theta}$，$\hat{s}=c\hat{e}+\dot{\hat{e}}$。

取滑模控制的 Lyapunov 函数为

$$V=\frac{1}{2}s^2$$

由于

$$\ddot{e}=\ddot{\theta}_{\mathrm{d}}-\ddot{\theta}=\ddot{\theta}_{\mathrm{d}}+a\dot{\theta}+b\theta-ku$$

$$\dot{s}=c\dot{e}+\ddot{e}=c\dot{e}+\ddot{\theta}_{\mathrm{d}}+a\dot{\theta}+b\theta-ku$$

则

$$\begin{aligned}\dot{s}&=c\dot{e}+\ddot{\theta}_{\mathrm{d}}+a\dot{\theta}+b\theta-(\ddot{\theta}_{\mathrm{d}}+a\dot{\hat{\theta}}+b\hat{\theta}+\eta\hat{s}+c\dot{\hat{e}})\\&=c\dot{\tilde{e}}+a\dot{\tilde{\theta}}+b\tilde{\theta}-\eta\hat{s}\\&=-\eta s+\eta\tilde{s}+c\dot{\tilde{e}}+a\dot{\tilde{\theta}}+b\tilde{\theta}\\&=-\eta s+\eta(-c\tilde{\theta}-\dot{\tilde{\theta}})+c(-\dot{\tilde{\theta}})+a\dot{\tilde{\theta}}+b\tilde{\theta}\\&=-\eta s+\eta(-c\tilde{\theta}-\dot{\tilde{\theta}})+c(-\dot{\tilde{\theta}})+a\dot{\tilde{\theta}}+b\tilde{\theta}\\&=-\eta s+(b-\eta c)\tilde{\theta}+(a-\eta-c)\dot{\tilde{\theta}}\end{aligned}$$

其中，$\tilde{\theta}=\theta-\hat{\theta}$，$\dot{\tilde{\theta}}=\dot{\theta}-\dot{\hat{\theta}}$，$\tilde{e}=e-\hat{e}=-\theta+\hat{\theta}=-\tilde{\theta}$，$\dot{\tilde{e}}=-\dot{\tilde{\theta}}$，$\tilde{s}=s-\hat{s}=c\tilde{e}+\dot{\tilde{e}}=-c\tilde{\theta}-\dot{\tilde{\theta}}$。

于是

$$\dot{V}=-\eta s^2+s((b-\eta c)\tilde{\theta}+(a-\eta-c)\dot{\tilde{\theta}})=-\eta s^2+k_1s\tilde{\theta}+k_2s\dot{\tilde{\theta}}$$

其中，$k_1=b-\eta c$，$k_2=a-\eta-c$。

由于 $k_1s\tilde{\theta}\leqslant\frac{1}{2}s^2+\frac{1}{2}k_1^2\tilde{\theta}^2$，$k_2s\dot{\tilde{\theta}}\leqslant\frac{1}{2}s^2+\frac{1}{2}k_2^2\dot{\tilde{\theta}}^2$，则

$$\dot{V}\leqslant-\eta s^2+\frac{1}{2}s^2+\frac{1}{2}k_1^2\tilde{\theta}^2+\frac{1}{2}s^2+\frac{1}{2}k_2^2\dot{\tilde{\theta}}^2=-(\eta-1)s^2+\frac{1}{2}k_1^2\tilde{\theta}^2+\frac{1}{2}k_2^2\dot{\tilde{\theta}}^2$$

其中，$\eta>1$。

由于观测器指数收敛，所以

$$\dot{V}\leqslant-\eta_1V+\chi(\cdot)\mathrm{e}^{-\sigma_0(t-t_0)}\leqslant-\eta_1V+\chi(\cdot)$$

其中，$\eta_1=\eta-1>0$，$\chi(\cdot)$是$\|\tilde{z}(t_0)\|$的 K 类函数，取 $\boldsymbol{z}=[\theta\quad\dot{\theta}]^{\mathrm{T}}$。

采用引理 1.1，不等式方程 $\dot{V}\leqslant-\eta_1V+\chi(\cdot)$的解为

$$\begin{aligned}V(t)&\leqslant\mathrm{e}^{-\eta_1(t-t_0)}V(t_0)+\chi(\cdot)\mathrm{e}^{-\eta_1t}\int_{t_0}^{t}\mathrm{e}^{\eta_1\tau}\mathrm{d}\tau\\&=\mathrm{e}^{-\eta_1(t-t_0)}V(t_0)+\frac{\chi(\cdot)\mathrm{e}^{-\eta_1t}}{\eta_1}(\mathrm{e}^{\eta_1t}-\mathrm{e}^{\eta_1t_0})\\&=\mathrm{e}^{-\eta_1(t-t_0)}V(t_0)+\frac{\chi(\cdot)}{\eta_1}(1-\mathrm{e}^{-\eta_1(t-t_0)})\end{aligned}$$

即

$$\lim_{t\to\infty}V(t)\leqslant\frac{1}{\eta_1}\chi(\cdot)$$

且 $V(t)$渐进收敛，收敛精度取决于 η_1。

5.3.4 仿真实例

考虑对象：

$$G(s)=\frac{1}{s^2+10s+1}$$

该对象可表示为

$$\ddot{\theta}=-10\dot{\theta}-\theta+u(t)$$

取角度延迟时间为 $\Delta=3.0$。延迟观测器中，取 $\boldsymbol{K}=[0.1\quad 0.1]$，采用 MATLAB 函数"fsolve"求方程式(5.26)的根为 $\sigma=-0.3661$，根据引理 5.1，满足稳定性要求。

取 $u(t)=\sin t$，系统初始状态为[0.2　0]，延迟观测器式(5.24)的初始值 $\hat{z}(t-\Delta)=[0\quad 0]^{\mathrm{T}}$。延迟观测器的观测结果如图 5.10 和图 5.11 所示。可见，采用延迟观测器，可实现角度和角速度的理想观测。

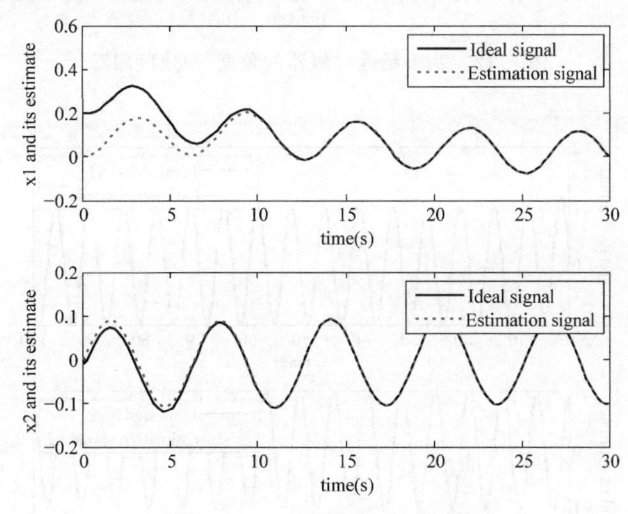

图 5.10　角度和角速度的观测

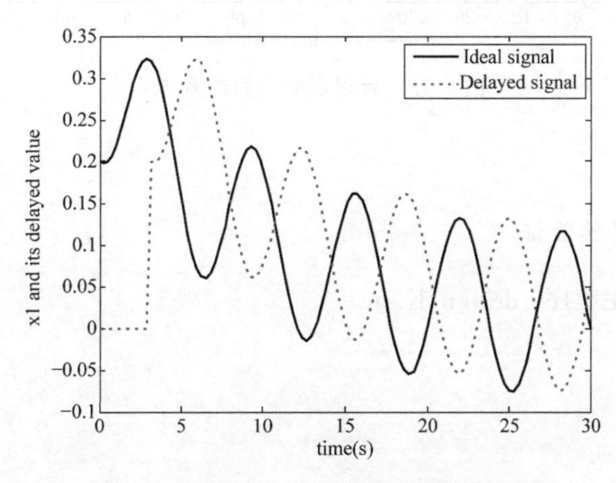

图 5.11　理想角度信号及其实测延迟信号

采用基于延迟观测器的滑模控制，控制器取式(5.28)，取 $c=10, k=1, \eta=15$，控制效果如图5.12和图5.13所示。可见，通过采用输出延迟观测器，可获得良好的跟踪性能。

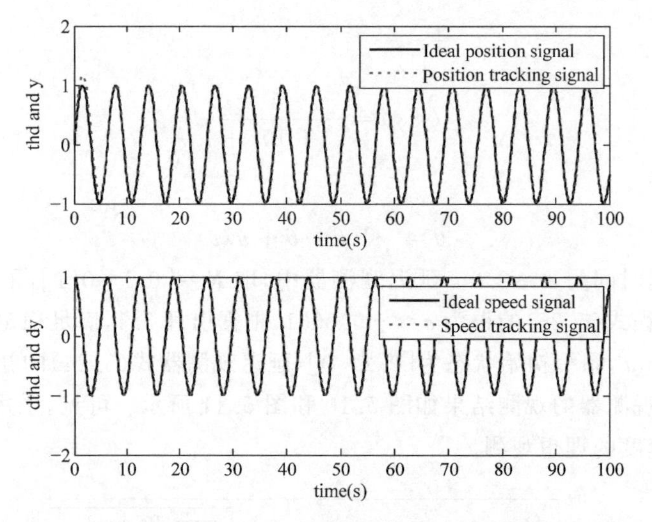

图5.12 基于延迟观测器的角度、角速度跟踪

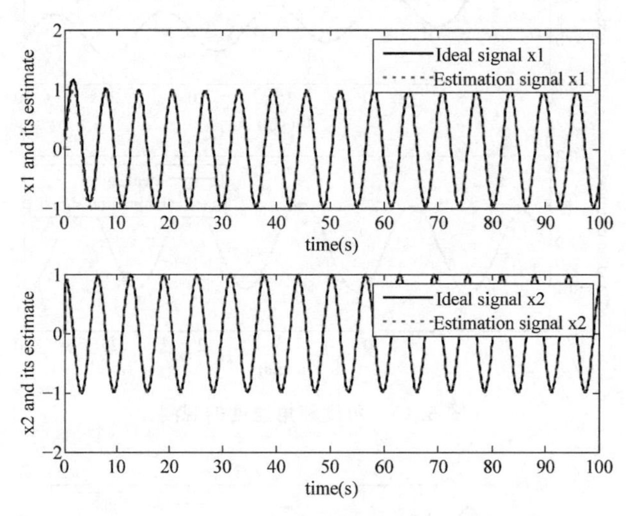

图5.13 延迟观测器的观测结果

仿真程序：

1. 延迟观测器的验证

(1) K的验证主程序：design_K.m

```
close all;

x0 = 0;
options = foptions;
options(1) = 1;
x = fsolve('fun_x',x0,options)
```

(2) K 的验证子程序：fun_x. m

```
function F = fun(x)
tol = 3;
k1 = 0.1;k2 = 0.1;

K = [k1,k2]';
C = [1,0];
A = [0 1; - 1  - 10];

F = det(x * eye(2) - A + K * C * exp( - tol * x));
```

2. 延迟观测器

(1) 主程序：chap5_5sim. mdl

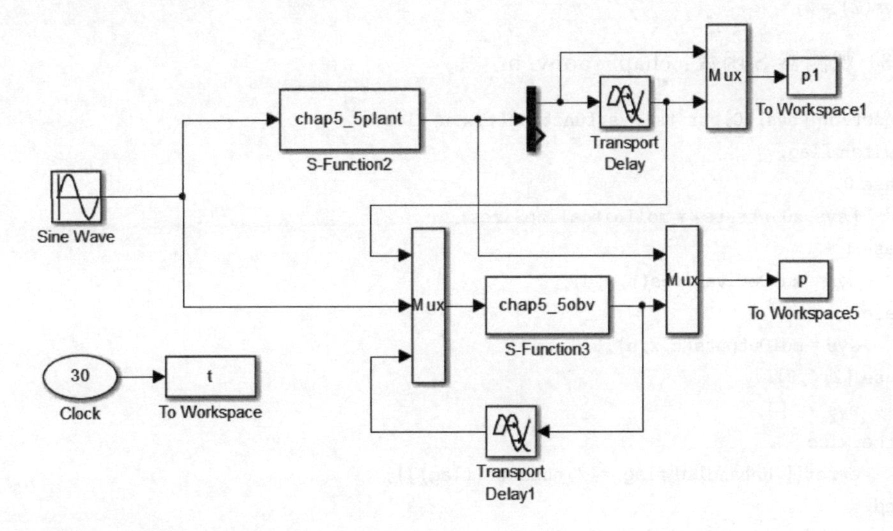

(2) 对象 S 函数：chap5_5plant. m

```
function [sys,x0,str,ts] = s_function(t,x,u,flag)
switch flag,
case 0,
    [sys,x0,str,ts] = mdlInitializeSizes;
case 1,
    sys = mdlDerivatives(t,x,u);
case 3,
    sys = mdlOutputs(t,x,u);
case {2,4,9}
    sys = [];
otherwise
    error(['Unhandled flag = ',num2str(flag)]);
end
function [sys,x0,str,ts] = mdlInitializeSizes
sizes = simsizes;
sizes.NumContStates   = 2;
sizes.NumDiscStates   = 0;
sizes.NumOutputs      = 2;
```

```
sizes.NumInputs        = 1;
sizes.DirFeedthrough = 1;
sizes.NumSampleTimes  = 1;
sys = simsizes(sizes);
x0  = [0.2 0];
str = [];
ts  = [-1 0];
function sys = mdlDerivatives(t,x,u)
sys(1) = x(2);
sys(2) = -10*x(2) - x(1) + u(1);
function sys = mdlOutputs(t,x,u)
th = x(1);w = x(2);

sys(1) = th;
sys(2) = w;
```

(3) 观测器S函数：chap5_5obv.m

```
function [sys,x0,str,ts] = s_function(t,x,u,flag)
switch flag,
case 0,
    [sys,x0,str,ts] = mdlInitializeSizes;
case 1,
    sys = mdlDerivatives(t,x,u);
case 3,
    sys = mdlOutputs(t,x,u);
case {2,4,9}
    sys = [];
otherwise
    error(['Unhandled flag = ',num2str(flag)]);
end
function [sys,x0,str,ts] = mdlInitializeSizes
sizes = simsizes;
sizes.NumContStates   = 2;
sizes.NumDiscStates   = 0;
sizes.NumOutputs      = 2;
sizes.NumInputs       = 4;
sizes.DirFeedthrough  = 0;
sizes.NumSampleTimes  = 1;
sys = simsizes(sizes);
x0  = [0 0];
str = [];
ts  = [-1 0];
function sys = mdlDerivatives(t,x,u)
tol = 3;
th_tol = u(1);
yp = th_tol;

ut = u(2);

z_tol = [u(3);u(4)];
```

```
thp = x(1);wp = x(2);
%%%%%%%%%%%%%%%%%%
A = [0 1; -1  -10];
C = [1 0];

H = [0;1];

k1 = 0.1;k2 = 0.1;  % Verify by design_K.m
z = [thp wp]';
%%%%%%%%%%%%%%%%%
K = [k1 k2]';

dz = A * z + H * ut + K * (yp - C * z_tol);

for i = 1:2
    sys(i) = dz(i);

end
function sys = mdlOutputs(t,x,u)
thp = x(1);wp = x(2);

sys(1) = thp;
sys(2) = wp;
```

(4) 作图程序：chap7_11plot.m

```
close all;

figure(1);
subplot(211);
plot(t,p(:,1),'k',t,p(:,3),'r:','linewidth',2);
xlabel('time(s)');ylabel('x1 and its estimate');
legend('ideal signal','estimation signal');
subplot(212);
plot(t,p(:,2),'k',t,p(:,4),'r:','linewidth',2);
xlabel('time(s)');ylabel('x2 and its estimate');
legend('ideal signal','estimation signal');

figure(2);
subplot(211);
plot(t,p(:,1) - p(:,3),'r','linewidth',2);
xlabel('time(s)');ylabel('error of x1 and its estimate');
subplot(212);
plot(t,p(:,2) - p(:,4),'r','linewidth',2);
xlabel('time(s)');ylabel('error of x2 and its estimate');

figure(3);
plot(t,p1(:,1),'k',t,p1(:,2),'r:','linewidth',2);
xlabel('time(s)');ylabel('x1 and its delayed value');
legend('ideal signal','delayed signal');
```

3. 滑模控制系统仿真程序

(1) 主程序：chap5_6sim.mdl

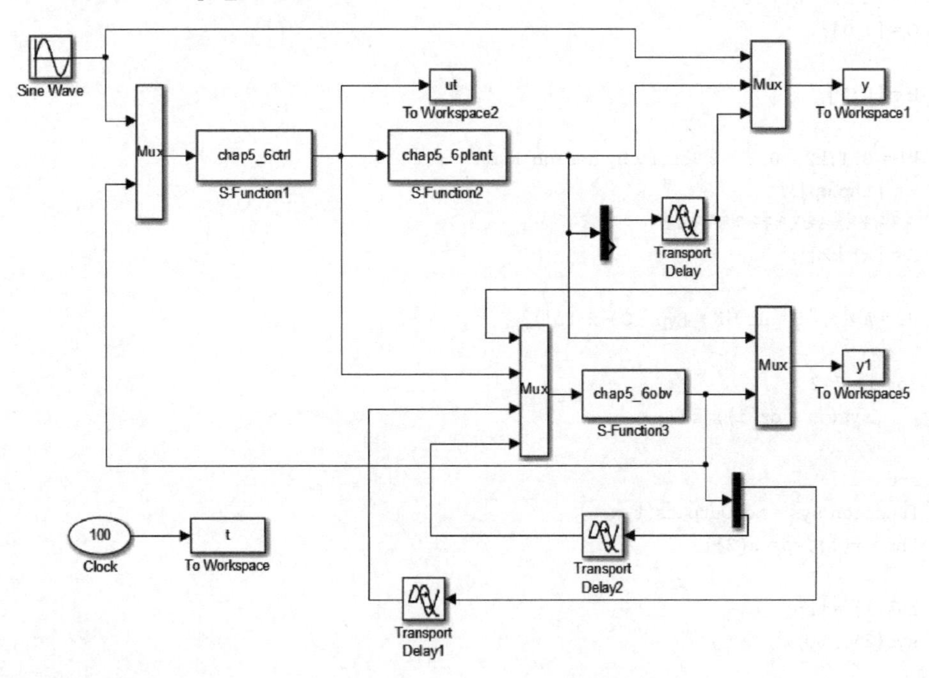

(2) 控制器 S 函数：chap5_6ctrl.m

```
function [sys,x0,str,ts] = s_function(t,x,u,flag)
switch flag,
case 0,
    [sys,x0,str,ts] = mdlInitializeSizes;
case 3,
    sys = mdlOutputs(t,x,u);
case {1,2,4,9}
    sys = [];
otherwise
    error(['Unhandled flag = ',num2str(flag)]);
end
function [sys,x0,str,ts] = mdlInitializeSizes
sizes = simsizes;
sizes.NumContStates    = 0;
sizes.NumDiscStates    = 0;
sizes.NumOutputs       = 1;
sizes.NumInputs        = 3;
sizes.DirFeedthrough   = 1;
sizes.NumSampleTimes   = 1;
sys = simsizes(sizes);
x0  = [];
str = [];
ts  = [-1 0];
```

```
function sys = mdlOutputs(t,x,u)
tol = 3;
thd = sin(t);
wd = cos(t);
ddthd = - sin(t);

thp = u(2);
wp = u(3);

e1p = thd - thp;
e2p = wd - wp;

k = 1;a = 10;b = 1;
c = 10;
xite = 15;
sp = c * e1p + e2p;
ut = 1/k * (ddthd + a * wp + b * thp + xite * sp + c * e2p);

sys(1) = ut;
```

(3) 对象 S 函数：chap5_6plant.m

```
function [sys,x0,str,ts] = s_function(t,x,u,flag)
switch flag,
case 0,
    [sys,x0,str,ts] = mdlInitializeSizes;
case 1,
    sys = mdlDerivatives(t,x,u);
case 3,
    sys = mdlOutputs(t,x,u);
case {2,4,9}
    sys = [];
otherwise
    error(['Unhandled flag = ',num2str(flag)]);
end
function [sys,x0,str,ts] = mdlInitializeSizes
sizes = simsizes;
sizes.NumContStates    = 2;
sizes.NumDiscStates    = 0;
sizes.NumOutputs       = 2;
sizes.NumInputs        = 1;
sizes.DirFeedthrough   = 1;
sizes.NumSampleTimes   = 1;
sys = simsizes(sizes);
x0  = [0.2 0];
str = [];
ts  = [-1 0];
function sys = mdlDerivatives(t,x,u)
sys(1) = x(2);
```

```
sys(2) = - 10 * x(2) - x(1) + u(1);
function sys = mdlOutputs(t,x,u)
th = x(1);w = x(2);

sys(1) = th;
sys(2) = w;
```

(4) 观测器 S 函数：chap5_6obv.m

```
function [sys,x0,str,ts] = s_function(t,x,u,flag)
switch flag,
case 0,
    [sys,x0,str,ts] = mdlInitializeSizes;
case 1,
    sys = mdlDerivatives(t,x,u);
case 3,
    sys = mdlOutputs(t,x,u);
case {2,4,9}
    sys = [];
otherwise
    error(['Unhandled flag = ',num2str(flag)]);
end
function [sys,x0,str,ts] = mdlInitializeSizes
sizes = simsizes;
sizes.NumContStates    = 2;
sizes.NumDiscStates    = 0;
sizes.NumOutputs       = 2;
sizes.NumInputs        = 4;
sizes.DirFeedthrough   = 0;
sizes.NumSampleTimes   = 1;
sys = simsizes(sizes);
x0  = [0 0];
str = [];
ts  = [-1 0];
function sys = mdlDerivatives(t,x,u)
tol = 3;
th_tol = u(1);
yp = th_tol;

ut = u(2);

z_tol = [u(3);u(4)];

thp = x(1);wp = x(2);
%%%%%%%%%%%%%%%%%%
A = [0 1; -1 -10];
C = [1 0];

H = [0;1];

k1 = 0.1;k2 = 0.1; % Verify by design_K.m
```

```
z = [thp wp]';
%%%%%%%%%%%%%%%%%%
K = [k1 k2]';

dz = A * z + H * ut + K * (yp - C * z_tol);

for i = 1:2
    sys(i) = dz(i);

end
function sys = mdlOutputs(t,x,u)
thp = x(1);wp = x(2);

sys(1) = thp;
sys(2) = wp;
```

(5) 作图程序：chap5_6plot.m

```
close all;
figure(1);
plot(t,y(:,1),'k',t,y(:,3),'r:','linewidth',2);
xlabel('time(s)');ylabel('thd and y');
legend('ideal position signal','delayed position signal');

figure(2);
subplot(211);
plot(t,y1(:,1),'k',t,y1(:,3),'r:','linewidth',2);
xlabel('time(s)');ylabel('x1 and its estimate');
legend('ideal signal x1','estimation signal x1');
subplot(212);
plot(t,y1(:,2),'k',t,y1(:,4),'r:','linewidth',2);
xlabel('time(s)');ylabel('x2 and its estimate');
legend('ideal signal x2','estimation signal x2');

figure(3);
subplot(211);
plot(t,y(:,1),'k',t,y(:,2),'r:','linewidth',2);
xlabel('time(s)');ylabel('thd and y');
legend('ideal position signal','position tracking signal');
subplot(212);
plot(t,cos(t),'k',t,y(:,3),'r:','linewidth',2);
xlabel('time(s)');ylabel('dthd and dy');
legend('ideal speed signal','speed tracking signal');

figure(4);
subplot(211);
plot(t,y(:,1) - y(:,2),'r','linewidth',2);
xlabel('time(s)');ylabel('error between thd and y');
legend('position tracking error');
subplot(212);
plot(t,cos(t) - y(:,3),'r','linewidth',2);
```

```
xlabel('time(s)');ylabel('error between dthd and dy');
legend('speed tracking error');

figure(5);
plot(t,ut(:,1),'k','linewidth',2);
xlabel('time(s)');ylabel('Control input');
```

5.4 一种时变测量延迟观测器及滑模控制

在实际过程中,测量延迟信号往往是时变的,此时需要设计时变测量延迟观测器。文献[9,10]给出了满足 Lipschitz 条件的两类测量延迟观测器的设计方法。本节针对满足 Lipschitz 条件的非线性系统,设计一种具有时变测量延迟的观测器[9]。

5.4.1 系统描述

假设二阶非线性系统为

$$\dot{\boldsymbol{x}}(t)=\boldsymbol{A}\boldsymbol{x}(t)+\boldsymbol{M}(x,t,u) \tag{5.29}$$

其中,$\boldsymbol{x}=[x_1 \quad x_2]^{\mathrm{T}}$,$x_1$ 为位置信号,u 为控制输入,$\boldsymbol{A}=\begin{bmatrix}0 & 1\\ 0 & 0\end{bmatrix}$,$\boldsymbol{M}(x,t,u)=\boldsymbol{B}\boldsymbol{\chi}(x,t,u)$,$\boldsymbol{B}=[0 \quad 1]^{\mathrm{T}}$。

假设 1：$\boldsymbol{M}(x,t,u)$为 Lipschitz 条件；

假设 2：$\delta(t)$为时变的,$\delta(t)\in[0,\Delta]$。

假设输出信号有延迟,$\delta(t)$为输出位置的时间延迟,则实际输出可表示为

$$\bar{y}(t)=x_1(t-\delta)=\boldsymbol{C}\boldsymbol{x}(t-\delta(t)) \tag{5.30}$$

其中,$\boldsymbol{C}=[1 \quad 0]$。

观测的目标为：当 $t\to\infty$时,$\hat{x}_1(t)\to x_1(t)$,$\hat{x}_2(t)\to x_2(t)$。

5.4.2 输出延迟观测器的设计

定理 5.1[9]：针对非线性系统式(5.29),假设 $x_1(t-\delta)$为实测的延迟信号,则延迟观测器设计为

$$\begin{aligned}\dot{\hat{\boldsymbol{x}}}(t)=\boldsymbol{A}\hat{\boldsymbol{x}}(t)+\boldsymbol{M}(\hat{\boldsymbol{x}},t,u)+\boldsymbol{K}(\bar{y}(t)\\ -\boldsymbol{C}\hat{\boldsymbol{x}}(t-\delta))\end{aligned} \tag{5.31}$$

针对二阶系统,观测器具体表示为

$$\dot{\hat{x}}_1=\hat{x}_2+k_1(x_1(t-\delta)-\hat{x}_1(t-\delta))$$
$$\dot{\hat{x}}_2=\boldsymbol{\chi}(\hat{x},t,u)+k_2(x_1(t-\delta)-\hat{x}_1(t-\delta))$$

其中,$\hat{\boldsymbol{x}}(t-\delta)$是$\hat{\boldsymbol{x}}(t)$的延迟信号,$\boldsymbol{K}=[k_1 \quad k_2]^{\mathrm{T}}$,通过 $\boldsymbol{K}$ 的设计,使 $\boldsymbol{A}-\boldsymbol{KC}$ 满足 Hurwitz 条件。

根据定理 5.1,延迟观测器式(5.31)为渐进收敛,即当 $t\to\infty$时,$\hat{x}_1(t)\to x_1(t)$,

$\hat{x}_2(t) \to x_2(t)$。该定理的分析和证明见文献[9]。

5.4.3 按 $A-KC$ 为 Hurwitz 进行 K 的设计

观测器稳定条件为$(\boldsymbol{A}-\boldsymbol{KC})$为 Hurwitz。由于

$$\bar{\boldsymbol{A}} = \boldsymbol{A} - \boldsymbol{KC} = \begin{bmatrix} 0 & 1 \\ 0 & 0 \end{bmatrix} - \begin{bmatrix} k_1 \\ k_2 \end{bmatrix} \begin{bmatrix} 1 & 0 \end{bmatrix}$$

$$= \begin{bmatrix} 0 & 1 \\ 0 & 0 \end{bmatrix} - \begin{bmatrix} k_1 & 0 \\ k_2 & 0 \end{bmatrix} = \begin{bmatrix} -k_1 & 1 \\ -k_2 & 0 \end{bmatrix}$$

其特征方程为

$$|\lambda \boldsymbol{I} - \bar{\boldsymbol{A}}| = \begin{vmatrix} \lambda + k_1 & 1 \\ -k_2 & \lambda \end{vmatrix} = \lambda^2 + k_1\lambda + k_2 = 0$$

由$(\lambda+k)^2=0$得$\lambda^2+2k\lambda+k^2=0$，$k>0$，从而

$$k_1 = 2k, \quad k_2 = k^2 \tag{5.32}$$

通过 $\boldsymbol{K}$ 的设计，使 $\boldsymbol{A}-\boldsymbol{KC}$ 满足 Hurwitz 条件。

5.4.4 观测器仿真实例

单力臂机械手动力学方程为

$$\ddot{x} = -\frac{1}{I}(d\dot{x} + mgl\cos x) + \frac{1}{I}u$$

该动态方程可写为

$$\dot{x}_1 = x_2$$

$$\dot{x}_2 = -\frac{d}{I}x_2 - \frac{mgl}{I}\cos x_1 + \frac{1}{I}u$$

其中，x_1 和 x_2 分别为角度和角速度；输出为 $\tilde{y}(t)=x_1(t-\Delta)$；$u$ 为控制输入。模型物理参数取 $g=9.8$，$m=1$，$l=0.25$，$d=2.0$。

上式可整理为

$$\dot{\boldsymbol{x}}(t) = \boldsymbol{A}\boldsymbol{x}(t) + \boldsymbol{M}(x,t,u)$$

其中，$\boldsymbol{x}=[x_1 \quad x_2]^{\mathrm{T}}$，$x_1$ 为角度信号，$u(t)$为控制输入，$\boldsymbol{A}=\begin{bmatrix} 0 & 1 \\ 0 & 0 \end{bmatrix}$，$\boldsymbol{M}(x,t,u)=\boldsymbol{B}\boldsymbol{\chi}(x,t,u)$，$\boldsymbol{B}=[0 \quad 1]^{\mathrm{T}}$，$\boldsymbol{\chi}(x,t,u)=\begin{bmatrix} 0 & -\frac{d}{I}x_2-\frac{mgl}{I}\cos x_1+\frac{1}{I}u \end{bmatrix}^{\mathrm{T}}$。

可见，$\boldsymbol{M}(x,t,u)$为 Lipschitz 的。仿真时，取 $\Delta=1.0$，则延迟时间取值范围为 $\delta(t)\in[0,1.0]$，$\delta(t)$取随机值，仿真中由程序 delta. m 实现。延迟观测器中，按式(5.32)设计 $\boldsymbol{K}$，取 $k=1$，则 $\boldsymbol{K}=[2 \quad 1]^{\mathrm{T}}$。取输入 $u(t)=\sin t$，模型式(5.29)初始状态为$[0.50 \quad 0]^{\mathrm{T}}$，延迟观测器式(5.31)的初始值$\hat{\boldsymbol{x}}(t-\delta)=[0 \quad 0]^{\mathrm{T}}$。延迟观测器的观测结果如图 5.14～图 5.16 所示。可见，采用延迟观测器，可实现带角度测量延迟的角度和角速度理想观测。

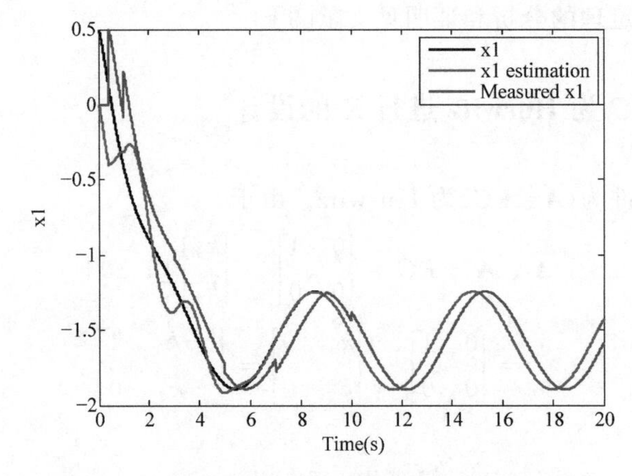

图 5.14 理想位置信号、观测值及实测延迟信号

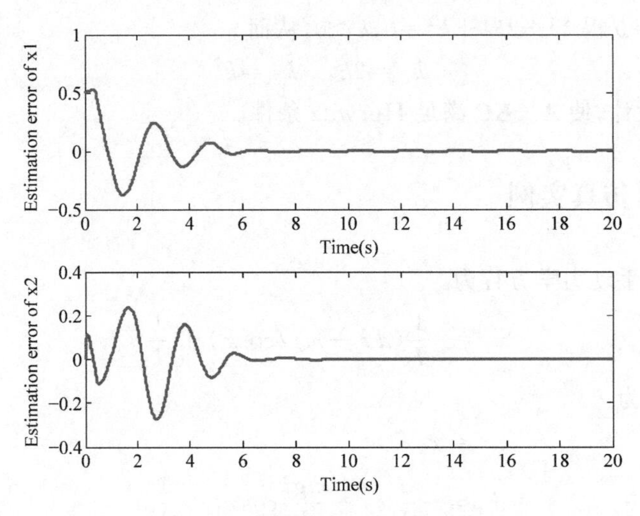

图 5.15 位置和速度的观测误差

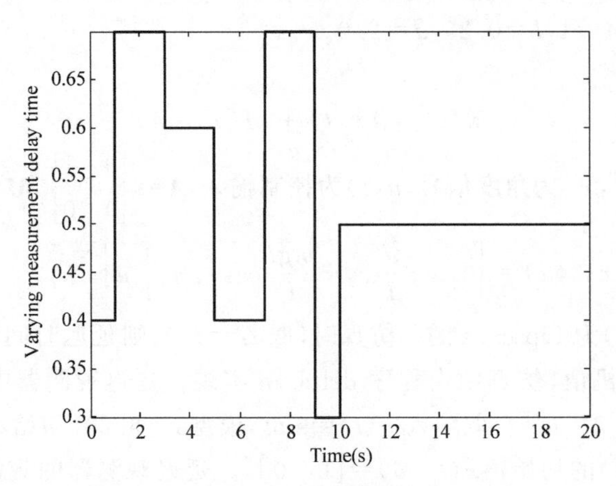

图 5.16 时变的测量延迟

仿真程序：

(1) 测量延迟信号程序：chap5_7delta. m

```
function [sys,x0,str,ts] = s_function(t,x,u,flag)
switch flag,
case 0,
    [sys,x0,str,ts] = mdlInitializeSizes;
case 1,
    sys = mdlDerivatives(t,x,u);
case 3,
    sys = mdlOutputs(t,x,u);
case {2,4,9}
    sys = [];
otherwise
    error(['Unhandled flag = ',num2str(flag)]);
end
function [sys,x0,str,ts] = mdlInitializeSizes
sizes = simsizes;
sizes.NumContStates  = 0;
sizes.NumDiscStates  = 0;
sizes.NumOutputs     = 1;
sizes.NumInputs      = 0;
sizes.DirFeedthrough = 0;
sizes.NumSampleTimes = 1;
sys = simsizes(sizes);
x0  = [];
str = [];
ts  = [-1 0];
function sys = mdlOutputs(t,x,u)
sys(1) = delta(t);
```

(2) 测量延迟信号产生函数：delta. m

```
function [tout] = tolt(tin)
if tin <= 1.0
    tout = 0.40;
elseif tin <= 3.0
    tout = 0.70;
elseif tin <= 5.0
    tout = 0.60;
elseif tin <= 7.0
    tout = 0.40;
elseif tin <= 9.0
    tout = 0.70;
elseif tin <= 10.0
    tout = 0.30;
else
    tout = 0.50;
end
tout = tout;
```

(3) 主程序：chap5_7sim. mdl

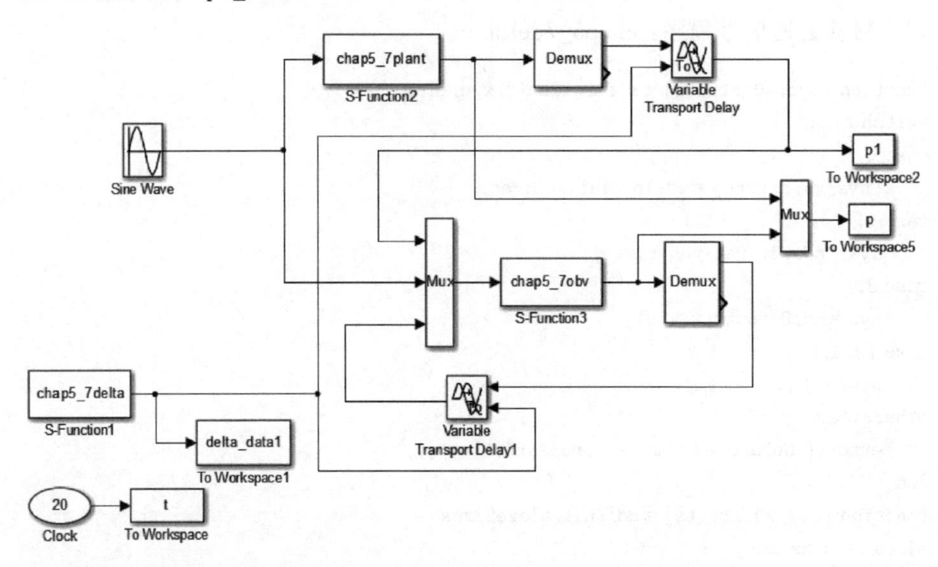

(4) 对象 S 函数：chap5_7plant. m

```
function [sys,x0,str,ts] = s_function(t,x,u,flag)
switch flag,
case 0,
    [sys,x0,str,ts] = mdlInitializeSizes;
case 1,
    sys = mdlDerivatives(t,x,u);
case 3,
    sys = mdlOutputs(t,x,u);
case {2,4,9}
    sys = [];
otherwise
    error(['Unhandled flag = ',num2str(flag)]);
end
function [sys,x0,str,ts] = mdlInitializeSizes
sizes = simsizes;
sizes.NumContStates   = 2;
sizes.NumDiscStates   = 0;
sizes.NumOutputs      = 2;
sizes.NumInputs       = 1;
sizes.DirFeedthrough  = 0;
sizes.NumSampleTimes  = 0;
sys = simsizes(sizes);
x0  = [0.5 0];
str = [];
ts  = [];
function sys = mdlDerivatives(t,x,u)
g = 9.8;m = 1;l = 0.25;d = 2.0;
I = 4/3 * m * l^2;

sys(1) = x(2);
```

```
sys(2) = 1/I * ( - d * x(2) - m * g * l * cos(x(1))) + 1/I * u;
function sys = mdlOutputs(t,x,u)
sys(1) = x(1);
sys(2) = x(2);
```

（5）观测器 S 函数：chap5_7obv.m

```
function [sys,x0,str,ts] = s_function(t,x,u,flag)
switch flag,
case 0,
    [sys,x0,str,ts] = mdlInitializeSizes;
case 1,
    sys = mdlDerivatives(t,x,u);
case 3,
    sys = mdlOutputs(t,x,u);
case {2,4,9}
    sys = [];
otherwise
    error(['Unhandled flag = ',num2str(flag)]);
end
function [sys,x0,str,ts] = mdlInitializeSizes
sizes = simsizes;
sizes.NumContStates   = 2;
sizes.NumDiscStates   = 0;
sizes.NumOutputs      = 2;
sizes.NumInputs       = 3;
sizes.DirFeedthrough  = 1;
sizes.NumSampleTimes  = 1;
sys = simsizes(sizes);
x0  = [0 0];
str = [];
ts  = [ - 1 0];
function sys = mdlDerivatives(t,x,u)
x1p = x(1);
x2p = x(2);

y = u(1);
ut = u(2);
yp = u(3);

k1 = 2;k2 = 1;
K = [k1 k2]';

g = 9.8;m = 1;l = 0.25;d = 2.0;
I = 4/3 * m * l^2;

X = 1/I * ( - d * x2p - m * g * l * cos(x1p)) + 1/I * ut;

sys(1) = x2p + k1 * (y - yp);
sys(2) = X + k2 * (y - yp);
function sys = mdlOutputs(t,x,u)
sys(1) = x(1);
sys(2) = x(2);
```

(6) 作图程序：chap5_7plot. m

```
close all;
figure(1);
plot(t,p(:,1),'k',t,p(:,3),'r',t,p1(:,1),'b','linewidth',2);
xlabel('Time/s');ylabel('x1');
legend('x1','x1 estimation','measured x1');

figure(2);
subplot(211);
plot(t,p(:,1) - p(:,3),'r','linewidth',2);
xlabel('Time/s');ylabel('Estimation error of x1');
subplot(212);
plot(t,p(:,2) - p(:,4),'r','linewidth',2);
xlabel('Time/s');ylabel('Estimation error of x2');

figure(3);
plot(t,delta_data1,'k','linewidth',2);
xlabel('Time/s');ylabel('Varying measurement delay time');
```

5.4.5 基于时变测量输出延迟观测器的滑模控制

考虑5.4.4节的单力臂机械手动力学方程：

$$\begin{cases}\dot{x}_1 = x_2 \\ \dot{x}_2 = -\dfrac{d}{I}x_2 - \dfrac{mgl}{I}\cos x_1 + \dfrac{1}{I}u\end{cases} \tag{5.33}$$

输出为 $\tilde{y}(t)=x_1(t-\delta)$，$\delta$ 为时变，采用观测器(5.31)求 $\hat{x}_1$ 和 $\hat{x}_2$。控制目标为 $x_1 \to x_{1d}$，$x_2 \to \dot{x}_{1d}$。设计滑模函数为

$$s = ce + \dot{e}$$

其中，$c>0$，$e=x_1-x_{1d}$。

取 Lyapunov 函数为

$$V = \frac{1}{2}s^2$$

由于

$$\ddot{e} = \ddot{x}_1 - \ddot{x}_{1d} = -\frac{d}{I}x_2 - \frac{mgl}{I}\cos x_1 + \frac{1}{I}u - \ddot{x}_{1d}$$

则

$$\dot{s} = c\dot{e} + \ddot{e} = c\dot{e} - \frac{d}{I}x_2 - \frac{mgl}{I}\cos x_1 + \frac{1}{I}u - \ddot{x}_{1d}$$

采用观测器式(5.31)求 $\hat{x}_1$ 和 $\hat{x}_2$，设计控制律为

$$u(t) = I\left(\frac{d}{I}\hat{x}_2 + \frac{mgl}{I}\cos\hat{x}_1 + \ddot{x}_{1d} - c\hat{\dot{e}} - \eta\hat{s}\right) \tag{5.34}$$

其中，$\eta>0$，$\hat{e}=\hat{x}_1-x_{1d}$，$\hat{s}=c\hat{e}+\hat{\dot{e}}$。

取 $\tilde{s}=\hat{s}-s$，则

$$
\begin{aligned}
\dot{s} &= c\dot{e} + \ddot{e} = c\dot{e} - \frac{d}{I}x_2 - \frac{mgl}{I}\cos x_1 + \frac{1}{I}u - \ddot{x}_{1d} \\
&= c\dot{e} - \frac{d}{I}x_2 - \frac{mgl}{I}\cos x_1 + \frac{d}{I}\hat{x}_2 + \frac{mgl}{I}\cos\hat{x}_1 - c\dot{\hat{e}} - \eta\hat{s} \\
&= -\eta s - \eta\tilde{s} - c\dot{\tilde{e}} + \frac{d}{I}\tilde{x}_2 + \frac{mgl}{I}(\cos\hat{x}_1 - \cos x_1) \\
&= -\eta s - \eta(c\tilde{x}_1 + \tilde{x}_2) - c\tilde{x}_2 + \frac{d}{I}\tilde{x}_2 + \frac{mgl}{I}(\cos\hat{x}_1 - \cos x_1)
\end{aligned}
$$

其中，令 $\tilde{e} = e - \hat{e} = x_1 - \hat{x}_1 = \tilde{x}_1$，$\dot{\tilde{e}} = \dot{e} - \dot{\hat{e}} = x_2 - \hat{x}_2 = \tilde{x}_2$，$\tilde{s} = \hat{s} - s = c\tilde{e} + \dot{\tilde{e}} = c\tilde{x}_1 + \tilde{x}_2$。

于是

$$
\begin{aligned}
\dot{V} &= -\eta s^2 + s\left(-\eta(c\tilde{x}_1 + \tilde{x}_2) - c\tilde{x}_2 + \frac{d}{I}\tilde{x}_2 + \frac{mgl}{I}(\cos\hat{x}_1 - \cos x_1)\right) \\
&\leqslant -\eta s^2 + s\left(-\eta(c\tilde{x}_1 + \tilde{x}_2) - c\tilde{x}_2 + \frac{d}{I}\tilde{x}_2 + \frac{2mgl}{I}\right) \\
&= -\eta s^2 + s\left(O(\tilde{x}_1, \tilde{x}_2) + \frac{2mgl}{I}\right)
\end{aligned}
$$

其中，$O(\tilde{x}_1, \tilde{x}_2) = -\eta(c\tilde{x}_1 + \tilde{x}_2) - c\tilde{x}_2 + \frac{d}{I}\tilde{x}_2$。

由于观测器渐进收敛，则 $O(\tilde{x}_1, \tilde{x}_2) + \frac{2mgl}{I} \leqslant O_{\max}$，于是

$$
\begin{aligned}
\dot{V} &\leqslant -\eta s^2 + 0.5(s^2 + O_{\max}^2) = -(\eta - 0.5)s^2 + 0.5O_{\max}^2 \\
&= -(2\eta - 1)V + 0.5O_{\max}^2
\end{aligned}
$$

取 $\eta_1 = 2\eta - 1 > 0$，采用引理1.1，不等式方程 $\dot{V} \leqslant -\eta_1 V + 0.5O_{\max}^2$ 的解为

$$
V(t) \leqslant \mathrm{e}^{-\eta_1 t}V(t_0) + 0.5O_{\max}^2\int_0^t \mathrm{e}^{-\eta_1(t-\tau)}\mathrm{d}\tau
$$

由于 $\int_0^t \mathrm{e}^{-\eta_1(t-\tau)}\mathrm{d}\tau = \frac{1}{\eta_1}\mathrm{e}^{-\eta_1 t}\int_0^t \mathrm{e}^{\eta_1\tau}\mathrm{d}\eta_1\tau = \frac{1}{\eta_1}\mathrm{e}^{-\eta_1 t}\mathrm{e}^{\eta_1 t} = \frac{1}{\eta_1}$，则

$$
V(t) \leqslant \mathrm{e}^{-\eta_1 t}V(t_0) + \frac{1}{2\eta_1}O_{\max}^2
$$

当 $t\to\infty$ 时，$V(t)\to\frac{1}{2\eta_1}O_{\max}^2$。可见，跟踪误差收敛结果取决于 η 和 $O_{\max}$，当 η_1 足够大，$O_{\max}\to 0$ 时，$s\to 0$，$e\to 0$，$\dot{e}\to 0$。

5.4.6 闭环控制仿真实例

采用与观测器仿真实例相同的单力臂机械手动力学方程为被控对象模型。仿真时，取 $\Delta=1.0$，则延迟时间取值范围为 $\delta(t)\in[0,1.0]$。延迟观测器中，取 $k=1$，则 $\boldsymbol{K}=[2\quad 1]^{\mathrm{T}}$。取输入 $u(t)=\sin t$，模型式(5.29)初始状态为 $[0.5\quad 0]^{\mathrm{T}}$，延迟观测器式(5.31)的初始值 $\hat{\boldsymbol{x}}(t-\delta)=[0\quad 0]^{\mathrm{T}}$。

采用控制器式(5.34)，取 $c=50$，$\eta=30$，仿真结果如图5.17～图5.19所示。可见，采用基于延迟观测器的滑模控制方法，可实现角度和角速度的高精度控制。

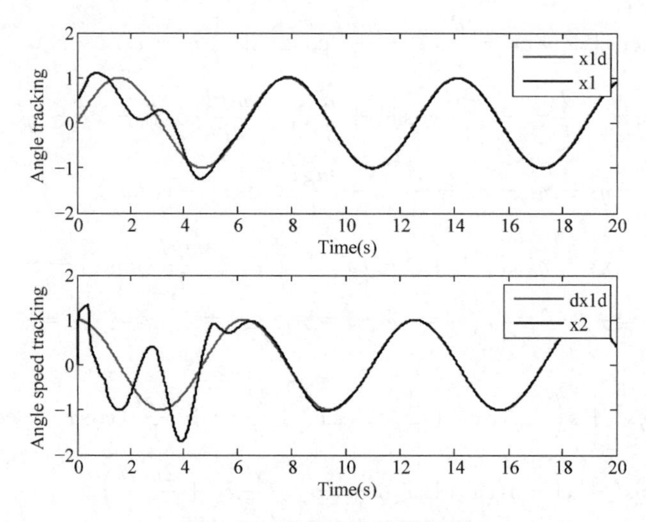

图 5.17　角度和角速度跟踪

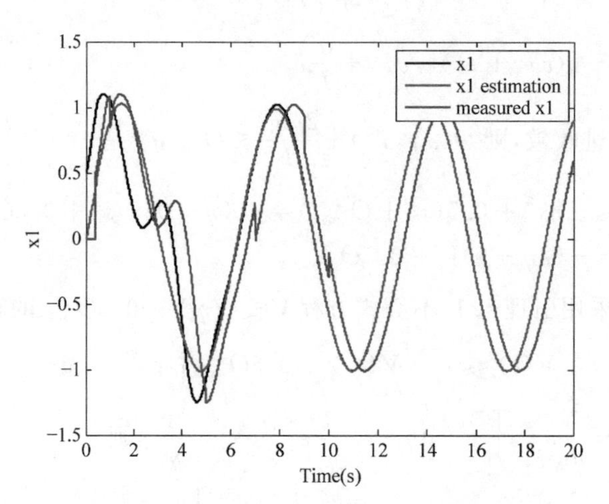

图 5.18　理想角度信号、观测值及实测延迟信号

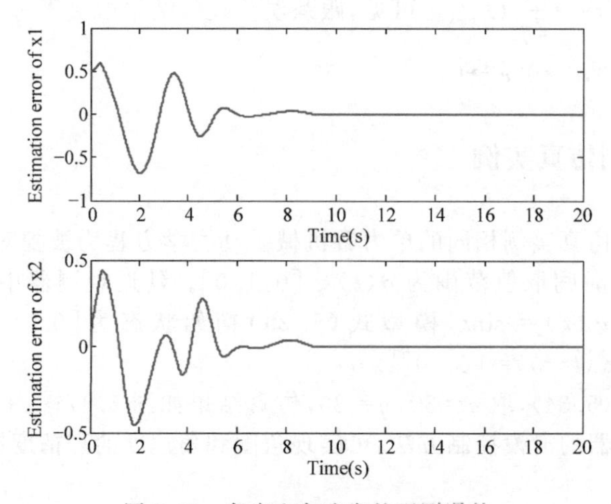

图 5.19　角度和角速度的观测误差

仿真程序：

(1) 测量延迟信号程序[①]：chap5_7delta.m

(2) 测量延迟信号产生函数：delta.m

(3) 主程序：chap5_8sim.mdl

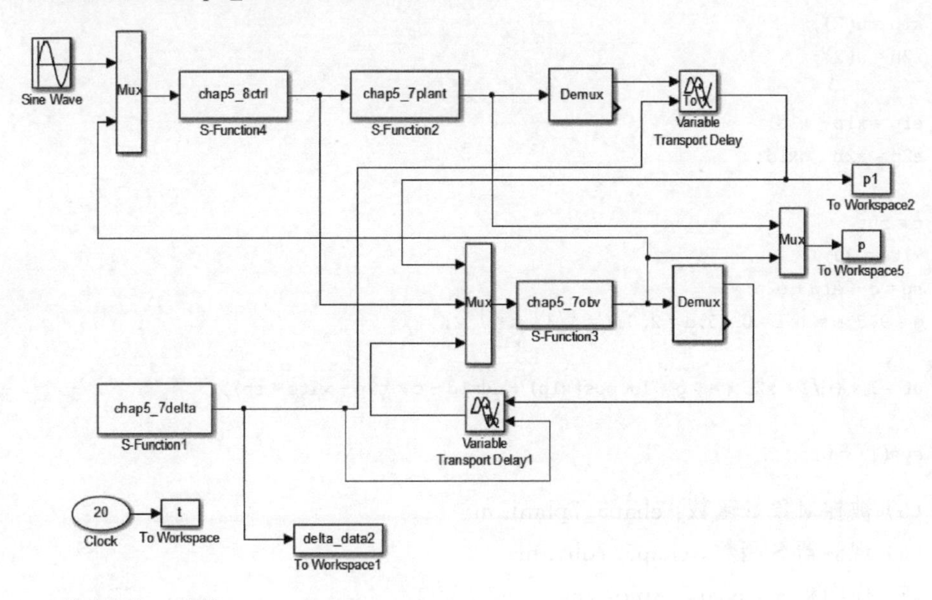

(4) 控制器 S 函数：chap5_8ctrl.m

```
function [sys,x0,str,ts] = s_function(t,x,u,flag)
switch flag,
case 0,
    [sys,x0,str,ts] = mdlInitializeSizes;
case 3,
    sys = mdlOutputs(t,x,u);
case {1,2,4,9}
    sys = [];
otherwise
    error(['Unhandled flag = ',num2str(flag)]);
end
function [sys,x0,str,ts] = mdlInitializeSizes
sizes = simsizes;
sizes.NumContStates   = 0;
sizes.NumDiscStates   = 0;
sizes.NumOutputs      = 1;
sizes.NumInputs       = 3;
sizes.DirFeedthrough  = 1;
sizes.NumSampleTimes  = 1;
sys = simsizes(sizes);
x0  = [];
str = [];
ts  = [-1 0];
```

① 为节约篇幅，这类略去的程序代码可到清华大学出版社网站本书所在页面下载。

```
function sys = mdlOutputs(t,x,u)
x1d = sin(t);
dx1d = cos(t);
ddx1d = - sin(t);

x1p = u(2);
x2p = u(3);

e1p = x1p - x1d;
e2p = x2p - dx1d;

c = 50;
xite = 30;
sp = c * e1p + e2p;
g = 9.8;m = 1;l = 0.25;d = 2.0;I = 4/3 * m * l^2;

ut = I * (d/I * x2p + m * g * l * cos(x1p) + ddx1d - c * e2p - xite * sp);

sys(1) = ut;
```

(5) 被控对象 S 函数：chap5_7plant.m

(6) 观测器 S 函数：chap5_7obv.m

(7) 作图程序：chap5_8plot.m

```
close all;
figure(1);
subplot(211);
plot(t,sin(t),t,p(:,1),'k','linewidth',2);
xlabel('Time/s');ylabel('angle tracking');
legend('x1d','x1');
subplot(212);
plot(t,cos(t),t,p(:,2),'k','linewidth',2);
xlabel('Time/s');ylabel('angle speed tracking');
legend('dx1d','x2');

figure(2);
plot(t,p(:,1),'k',t,p(:,3),'r',t,p1(:,1),'b','linewidth',2);
xlabel('Time/s');ylabel('x1');
legend('x1','x1 estimation','measured x1');

figure(3);
subplot(211);
plot(t,p(:,1) - p(:,3),'r','linewidth',2);
xlabel('Time/s');ylabel('Estimation error of x1');
subplot(212);
plot(t,p(:,2) - p(:,4),'r','linewidth',2);
xlabel('Time/s');ylabel('Estimation error of x2');

figure(4);
plot(t,delta_data2,'k','linewidth',2);
xlabel('Time/s');ylabel('Varying measurement delay time');
```

参考文献

[1] Atsuo K, Hiroshi I, Kiyoshi S. Chattering Reduction of Disturbance Observer Based Sliding Mode Control[J]. IEEE Transactions on Industry Applications, 1994, 30(2): 456-461.

[2] Chen W H, Balance D J, Gawthrop P J, et al. A nonlinear disturbance observer for robotic manipulator[J]. IEEE Transactions on Industrial Electronics, 2000, 47(4): 932-938.

[3] Michiels W, Roose D. Time-delay Compensation in Unstable Plants Using Delayed[C]. Proceedings of the 40th IEEE Conference on Decision and Control, 2001, 2: 1433-1437.

[4] Subbarao K, Muralidhar P C. State Observer for Linear Systems with Piece-Wise Constant Output Delays[J]. IET Control Theory and Applications, 2001, 3: 1017-1022.

[5] Germani A, Manes C, Pepe P. A New Approach to State Observation of Nonlinear Systems with Delayed Output[J]. Automatic Control, 2002, 47(1): 96-101.

[6] Kazantzis N, Wright R A. Nonlinear Observer Design in the Presence of Delayed Output Measurements[J]. Systems & Control Letters, 2005, 54(9): 877-886.

[7] Sun Leping. Stability Criteria for Delay Differential Equations[J]. Journal of Shanghai Teachers University, 1998, 27(3): 1-6.

[8] Desoer C A, Vidyasagar M. Feedback System: Input-output Properties[M]. New York: Academic Press, 1977.

[9] He Qing, Liu Jinkun. An observer for a velocity-sensorless VTOL aircraft with time-varying measurement delay[J/OL]. International Journal of Systems Science, 2014. http://dx.doi.org/10.1080/00207721.2014.900135.

[10] He Qing, Liu Jinkun. Sliding mode observer for a class of globally Lipschitz nonlinear systems with time-varying delay and noise in its output[J/OL]. IET Control Theory & Applications, 2014. http://doi: 10.1049/iet-cta.2013.1004.

第6章 反演及动态面滑模控制

6.1 简单反演滑模控制

反演(backstepping)设计方法的基本思想是将复杂的非线性系统分解成不超过系统阶数的子系统，然后为每个子系统分别设计Lyapunov函数和中间虚拟控制量，一直“后退”到整个系统，直到完成整个控制律的设计。

反演设计方法，又称反步法、回推法或后推法，通常与Lyapunov型自适应律结合使用，综合考虑控制律和自适应律，使整个闭环系统满足期望的动态与静态性能指标。

6.1.1 基本原理

假设被控对象为

$$\begin{cases}\dot{x}_1 = x_2 \\ \dot{x}_2 = f(x,t) + g(x,t)u\end{cases} \tag{6.1}$$

其中，$g(x,t)\neq 0$。

定义角度误差 $z_1 = x_1 - z_d$，其中 z_d 为指令信号，则

$$\dot{z}_1 = \dot{x}_1 - \dot{z}_d = x_2 - \dot{z}_d$$

基本的反演控制方法设计步骤如下。

(1) 定义Lyapunov函数：

$$V_1 = \frac{1}{2}z_1^2 \tag{6.2}$$

则

$$\dot{V}_1 = z_1\dot{z}_1 = z_1(x_2 - \dot{z}_d)$$

取 $x_2 = -c_1z_1 + \dot{z}_d + z_2$，其中 $c_1>0$，z_2 为虚拟控制量，即 $z_2 = x_2 + c_1z_1 - \dot{z}_d$。

则

$$\dot{V}_1 = -c_1z_1^2 + z_1z_2$$

如果 $z_2=0$，则 $\dot{V}_1\leqslant 0$。为此，需要进行下一步设计。

(2) 定义 Lyapunov 函数：

$$V_2 = V_1 + \frac{1}{2}z_2^2 \tag{6.3}$$

由于 $\dot{z}_2 = f(x,t) + g(x,t)u + c_1\dot{z}_1 - \ddot{z}_d$，则

$$\dot{V}_2 = \dot{V}_1 + z_2\dot{z}_2 = -c_1z_1^2 + z_1z_2 + z_2(f(x,t) + g(x,t)u + c_1\dot{z}_1 - \ddot{z}_d)$$

为使 $\dot{V}_2 \leqslant 0$，设计控制器为

$$u = \frac{1}{g(x,t)}(-f(x,t) - c_1\dot{z}_1 + \ddot{z}_d - c_2z_2 - z_1) \tag{6.4}$$

其中，c_2 为大于零的正常数。

于是

$$\dot{V}_2 = -c_1z_1^2 - c_2z_2^2 \leqslant 0$$

即 $\dot{V}_2 = -\eta V_2$，也即 $\frac{1}{V_2}\mathrm{d}V_2 = -\eta\mathrm{d}t$，积分得 $\int_0^t \frac{1}{V_2}\mathrm{d}V_2 = -\int_0^t \eta\mathrm{d}t$，则

$$\ln V_2 \Big|_0^t = -\eta t$$

从而得到指数收敛的形式

$$V_2(t) = V_2(0)\mathrm{e}^{-\eta t}$$

由于 $V_2 = \frac{1}{2}z_1^2 + \frac{1}{2}z_2^2$，则 z_1 和 z_2 指数收敛；且当 $t \to \infty$ 时，$z_1 \to 0$ 和 $z_2 \to 0$。又由于 $z_2 = x_2 + c_1z_1 - \dot{z}_d$，则 $x_2 \to \dot{z}_d$。

6.1.2 滑模反演控制器的设计

控制律式(6.4)的不足之处在于，需要被控对象的精确建模信息 $f(x,t)$ 和 $g(x,t)$，且无法克服扰动。若将反演控制方法与滑模控制相结合，则能扩大反演控制方法的适用范围，使得对模型的干扰具有鲁棒性。

考虑控制扰动 $d(t)$，被控对象为

$$\begin{cases} \dot{x}_1 = x_2 \\ \dot{x}_2 = f(x,t) + g(x,t)u + d(t) \end{cases} \tag{6.5}$$

其中，$g(x,t) \neq 0$，$|d(t)| \leqslant D$。

考虑反演设计的第二步，结合滑模变结构控制定义滑动面为 $s = z_2$，仍按式(6.3)定义 Lyapunov 函数 $V_2 = V_1 + \frac{1}{2}z_2^2$，则

$$\dot{z}_2 = f(x,t) + g(x,t)u + dt + c_1\dot{z}_1 - \ddot{z}_d$$

$$\dot{V}_2 = \dot{V}_1 + z_2\dot{z}_2 = -c_1z_1^2 + z_1z_2 + z_2(f(x,t) + g(x,t)u + dt + c_1\dot{z}_1 - \ddot{z}_d)$$

为使 $\dot{V}_2 \leqslant 0$，设计控制器为

$$u=\frac{1}{g(x,t)}(-f(x,t)-\eta\operatorname{sgn}(z_2)-c_1\dot{z}_1+\ddot{z}_{\mathrm{d}}-c_2z_2-z_1) \tag{6.6}$$

其中，c_2 为大于零的正常数，$\eta\geqslant D$。

于是

$$\dot{V}_2=-c_1z_1^2-c_2z_2^2-\eta|z_2|+z_2\cdot d(t)\leqslant -c_1z_1^2-c_2z_2^2$$

即 $\dot{V}_2=-\eta V_2$，同理可得到指数收敛的形式

$$V_2(t)=V_2(0)\mathrm{e}^{-\eta t}$$

由于 $V_2=\frac{1}{2}z_1^2+\frac{1}{2}z_2^2$，则 z_1 和 z_2 指数收敛，且当 $t\to\infty$ 时，$z_1\to 0$ 和 $z_2\to 0$。又由于 $z_2=x_2+c_1z_1-\dot{z}_{\mathrm{d}}$，则 $x_2\to\dot{z}_{\mathrm{d}}$。

6.1.3 仿真实例

被控对象取单级倒立摆，其动态方程如下：

$$\dot{x}_1=x_2$$

$$\dot{x}_2=\frac{g\sin x_1-mlx_2^2\cos x_1\sin x_1/(m_{\mathrm{c}}+m)}{l(4/3-m\cos^2x_1/(m_{\mathrm{c}}+m))}+\frac{\cos x_1/(m_{\mathrm{c}}+m)}{l(4/3-m\cos^2x_1/(m_{\mathrm{c}}+m))}u+d(t)$$

其中，x_1 和 x_2 分别为摆角和摆速，$g=9.8\mathrm{m/s^2}$；$m_{\mathrm{c}}=1\mathrm{kg}$ 为小车质量；$m_{\mathrm{c}}=1\mathrm{kg}$；$m$ 为摆杆质量，$m=0.1\mathrm{kg}$；l 为摆长的一半，$l=0.5\mathrm{m}$；u 为控制输入，$d(t)=10\sin t$。

位置指令为 $x_{\mathrm{d}}(t)=0.1\sin(\pi t)$，采用控制律式(6.6)，取 $D=10$，$\eta=D+0.10$，系统初始状态为$[-\pi/60,0]$。仿真结果如图 6.1 和图 6.2 所示。

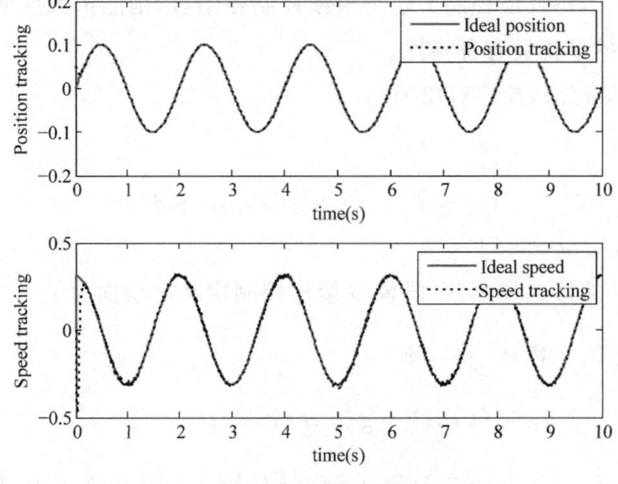

图 6.1 倒立摆的角度和角速度跟踪

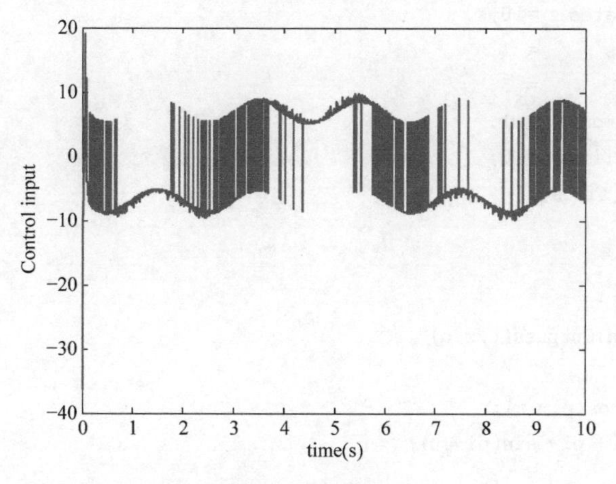

图 6.2 控制输入

仿真程序：

反演控制程序有如下 3 个：

(1) Simulink 主程序：chap6_1sim. mdl

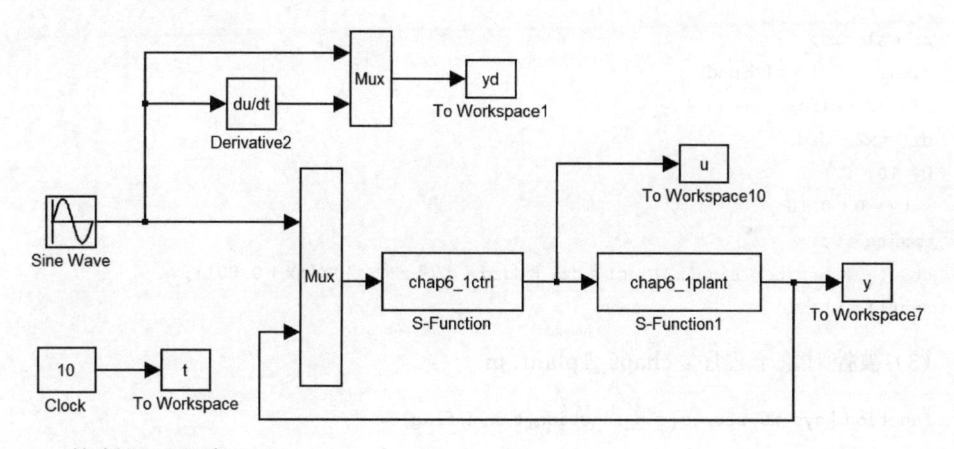

(2) 控制器子程序：chap6_1ctrl. m

```
function [sys,x0,str,ts] = spacemodel(t,x,u,flag)
switch flag,
case 0,
    [sys,x0,str,ts] = mdlInitializeSizes;
case 3,
    sys = mdlOutputs(t,x,u);
case {2,4,9}
    sys = [];
otherwise
    error(['Unhandled flag = ',num2str(flag)]);
end
function [sys,x0,str,ts] = mdlInitializeSizes
sizes = simsizes;
sizes.NumContStates   = 0;
```

```
sizes.NumDiscStates   = 0;
sizes.NumOutputs      = 1;
sizes.NumInputs       = 5;
sizes.DirFeedthrough  = 1;
sizes.NumSampleTimes  = 0;
sys = simsizes(sizes);
x0  = [];
str = [];
ts  = [];
function sys = mdlOutputs(t,x,u)
zd = u(1);
dzd = 0.1 * pi * cos(pi * t);
ddzd = - 0.1 * pi * pi * sin(pi * t);

x1 = u(2);
x2 = u(3);
fx = u(4);
gx = u(5);
c1 = 35;c2 = 35;

z1 = x1 - zd;
alfa1 = - c1 * z1 + dzd;
z2 = x2 - alfa1;
dz1 = x2 - dzd;
D = 10;
xite = D + 0.10;
%xite = 0;
ut = ( - fx - xite * sign(z2) - c1 * dz1 + ddzd - c2 * z2 - z1)/(gx + 0.001);
sys(1) = ut;
```

(3) 被控对象子程序：chap6_1plant.m

```
function [sys,x0,str,ts] = s_function(t,x,u,flag)
switch flag,
case 0,
    [sys,x0,str,ts] = mdlInitializeSizes;
case 1,
    sys = mdlDerivatives(t,x,u);
case 3,
    sys = mdlOutputs(t,x,u);
case {2, 4, 9}
    sys = [];
otherwise
    error(['Unhandled flag = ',num2str(flag)]);
end
function [sys,x0,str,ts] = mdlInitializeSizes
sizes = simsizes;
sizes.NumContStates   = 2;
sizes.NumDiscStates   = 0;
```

```
sizes.NumOutputs       = 4;
sizes.NumInputs        = 1;
sizes.DirFeedthrough   = 0;
sizes.NumSampleTimes   = 0;
sys = simsizes(sizes);
x0  = [pi/60 0];
str = [];
ts  = [];
function sys = mdlDerivatives(t,x,u)
g = 9.8;mc = 1.0;m = 0.1;l = 0.5;
S = l * (4/3 - m * (cos(x(1)))^2/(mc + m));
fx = g * sin(x(1)) - m * l * x(2)^2 * cos(x(1)) * sin(x(1))/(mc + m);
fx = fx/S;
gx = cos(x(1))/(mc + m);
gx = gx/S;
dt = 10 * sin(t);
sys(1) = x(2);
sys(2) = fx + gx * u + dt;
function sys = mdlOutputs(t,x,u)
g = 9.8;mc = 1.0;m = 0.1;l = 0.5;
S = l * (4/3 - m * (cos(x(1)))^2/(mc + m));
fx = g * sin(x(1)) - m * l * x(2)^2 * cos(x(1)) * sin(x(1))/(mc + m);
fx = fx/S;
gx = cos(x(1))/(mc + m);
gx = gx/S;
sys(1) = x(1);
sys(2) = x(2);
sys(3) = fx;
sys(4) = gx;
```

(4) 作图程序：chap6_1plot.m

```
close all;

figure(1);
subplot(211);
plot(t,yd(:,1),'r',t,y(:,1),'k:','linewidth',2);
xlabel('time(s)');ylabel('Position tracking');
legend('ideal position','position tracking');
subplot(212);
plot(t,yd(:,2),'r',t,y(:,2),'k:','linewidth',2);
xlabel('time(s)');ylabel('Speed tracking');
legend('ideal speed','speed tracking');

figure(2);
plot(t,u(:,1),'r','linewidth',2);
xlabel('time(s)');ylabel('Control input');
```

6.2 鲁棒反演滑模控制

传统的反演控制方法无法保证鲁棒性，通过引入滑模项，可克服干扰，保证控制器的鲁棒性[1]。

6.2.1 系统描述

被控对象为

$$\begin{cases}\dot{x}_1 = x_2 \\ \dot{x}_2 = (A + \Delta A)x_2 + (B + \Delta B)u + d(t)\end{cases} \tag{6.7}$$

其中，$d(t)$为外加干扰。

将式(6.7)写为

$$\dot{x}_2 = Ax_2 + Bu + F \tag{6.8}$$

其中，F 为总不确定性，其表达式为

$$F = \Delta A x_2 + \Delta B u + d(t) \tag{6.9}$$

其中，$|F| \leqslant \bar{F}$，ΔA 和 ΔB 为系统参数不确定部分。

6.2.2 Backstepping 滑模控制器的设计

假设位置指令为 x_d，控制器设计步骤如下：

(1) 跟踪误差为 $z_1 = x_1 - x_d$，则 $\dot{z}_1 = x_2 - \dot{x}_d$。

定义 Lyapunov 函数

$$V_1 = \frac{1}{2}z_1^2 \tag{6.10}$$

定义 $x_2 = z_2 + \dot{x}_d - c_1 z_1$，其中 c_1 为正的常数，z_2 为虚拟控制项，$z_2 = x_2 - \dot{x}_d + c_1 z_1$。则 $\dot{z}_1 = x_2 - \dot{x}_d = z_2 - c_1 z_1$，且

$$\dot{V}_1 = z_1\dot{z}_1 = z_1 z_2 - c_1 z_1^2$$

定义切换函数为

$$\sigma = k_1 z_1 + z_2 \tag{6.11}$$

其中，$k_1 > 0$。

由于 $\dot{z}_1 = z_2 - c_1 z_1$，则

$$\sigma = k_1 z_1 + z_2 = k_1 z_1 + \dot{z}_1 + c_1 z_1 = (k_1 + c_1)z_1 + \dot{z}_1$$

由于 $k_1 + c_1 > 0$，显然，如果 $\sigma = 0$，则 $z_1 = 0$，$z_2 = 0$ 且 $\dot{V}_1 \leqslant 0$。为此，需要进行下一步设计。

(2) 定义 Lyapunov 函数

$$V_2 = V_1 + \frac{1}{2}\sigma^2 \tag{6.12}$$

则

$$\begin{aligned}\dot{V}_2 &= \dot{V}_1 + \sigma\dot{\sigma} = z_1 z_2 - c_1 z_1^2 + \sigma\dot{\sigma} = z_1 z_2 - c_1 z_1^2 + \sigma(k_1\dot{z}_1 + \dot{z}_2)\\ &= z_1 z_2 - c_1 z_1^2 + \sigma(k_1(z_2 - c_1 z_1) + \dot{x}_2 - \ddot{x}_\mathrm{d} + c_1\dot{z}_1)\\ &= z_1 z_2 - c_1 z_1^2 + \sigma(k_1(z_2 - c_1 z_1) + A(z_2 + \dot{x}_\mathrm{d} - c_1 z_1) +\\ &\quad Bu + F - \ddot{x}_\mathrm{d} + c_1\dot{z}_1)\end{aligned}$$

设计控制器为

$$\begin{aligned}u = B^{-1}(&-k_1(z_2 - c_1 z_1) - A(z_2 + \dot{x}_\mathrm{d} - c_1 z_1) -\\ &\bar{F}\operatorname{sgn}(\sigma) + \ddot{x}_\mathrm{d} - c_1\dot{z}_1 - h(\sigma + \beta\operatorname{sgn}(\sigma)))\end{aligned} \tag{6.13}$$

其中,h 和 β 为正的常数。

将式(6.13)代入 $\dot{V}_2$ 的表达式可得

$$\begin{aligned}\dot{V}_2 &= z_1 z_2 - c_1 z_1^2 - h\sigma^2 - h\beta|\sigma| + F\sigma - \bar{F}|\sigma|\\ &\leqslant -c_1 z_1^2 + z_1 z_2 - h\sigma^2 - h\beta|\sigma|\end{aligned}$$

取

$$\boldsymbol{Q} = \begin{bmatrix} c_1 + hk_1^2 & hk_1 - \frac{1}{2}\\ hk_1 - \frac{1}{2} & h\end{bmatrix} \tag{6.14}$$

由于

$$\begin{aligned}\boldsymbol{z}^\mathrm{T}\boldsymbol{Q}\boldsymbol{z} &= [z_1 \quad z_2]\begin{bmatrix} c_1 + hk_1^2 & hk_1 - \frac{1}{2}\\ hk_1 - \frac{1}{2} & h\end{bmatrix}[z_1 \quad z_2]^\mathrm{T}\\ &= c_1 z_1^2 - z_1 z_2 + hk_1^2 z_1^2 + 2hk_1 z_1 z_2 + hz_2^2\\ &= c_1 z_1^2 - z_1 z_2 + h\sigma^2\end{aligned} \tag{6.15}$$

其中,$\boldsymbol{z}^\mathrm{T} = [z_1 \quad z_2]$。则如果保证 $\boldsymbol{Q}$ 为正定矩阵,有

$$\dot{V}_2 \leqslant -\boldsymbol{z}^\mathrm{T}\boldsymbol{Q}\boldsymbol{z} - h\beta|\sigma| \leqslant 0$$

由于

$$|\boldsymbol{Q}| = h(c_1 + hk_1^2) - \left(hk_1 - \frac{1}{2}\right)^2 = h(c_1 + k_1) - \frac{1}{4} \tag{6.16}$$

通过取 h、c_1 和 k_1 的值,可使 $|\boldsymbol{Q}|>0$,从而保证 $\boldsymbol{Q}$ 为正定矩阵,从而保证 $\dot{V}_2 \leqslant 0$。

根据 LaSalle 不变性原理,当取 $\dot{V}_2 \equiv 0$ 时,$z \equiv 0$,$\sigma \equiv 0$,则 $t \to \infty$ 时,$z \to 0$,$\sigma \to 0$,从而 $z_1 \to 0$,$z_2 \to 0$,则 $x_1 \to x_\mathrm{d}$,$\dot{x}_1 \to \dot{x}_\mathrm{d}$。

6.2.3 仿真实例

被控对象为

$$\dot{x}_1 = x_2$$

$$\dot{x}_2 = -25x_1 + 133u + F(t)$$

其中，$F(t)$为总的不确定性。

取 $F(t) = -3\sin(0.1t)$，位置指令取 $x_d = \sin t$，采用控制律式(6.13)，取 $\bar{F} = 3.0$，$c_1 = 10$，$k_1 = 20$，$h = 20$，仿真结果如图 6.3 和图 6.4 所示。

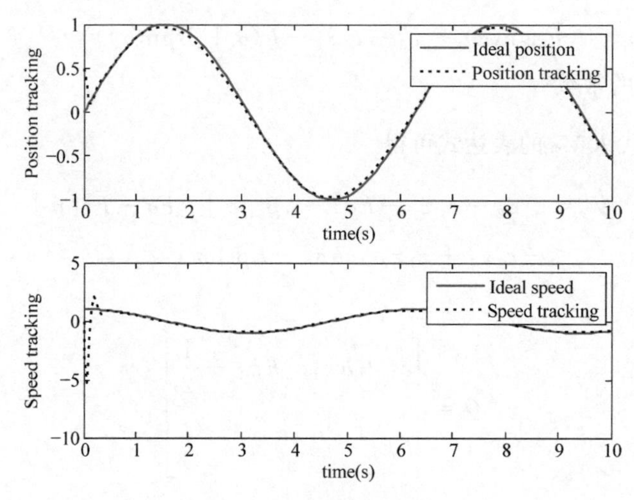

图 6.3 位置和速度跟踪

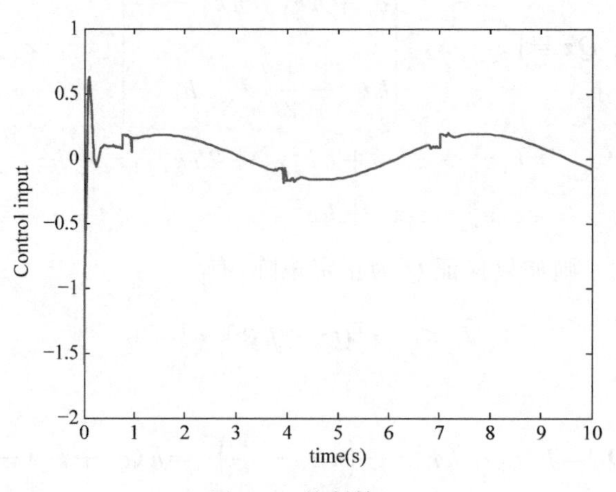

图 6.4 控制输入

矩阵 Q 的验证程序：chap6_2Q. m

```
clear all;
close all;
```

```
c1 = 10;
k1 = 15;
h = 20;
Q = [c1 + h * k1^2   h * k1 - 0.5; h * k1 - 0.5   h];
h * (c1 + k1) - 0.25
```

控制系统仿真程序：

(1) Simulink 主程序：chap6_2sim. mdl

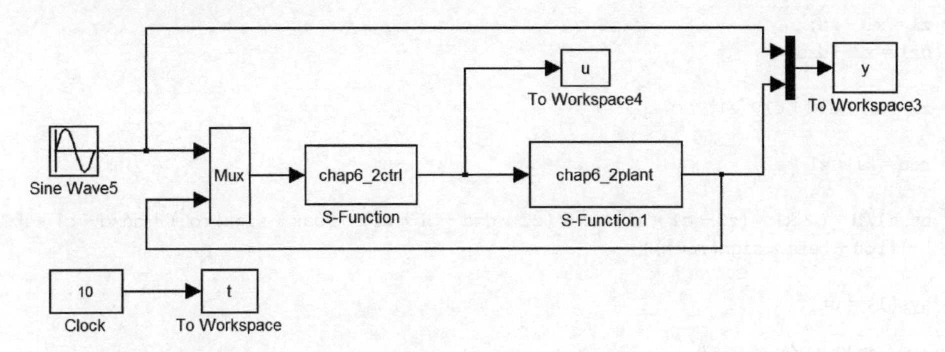

(2) 控制器 S 函数：chap6_2ctrl. m

```
function [sys,x0,str,ts] = controller(t,x,u,flag)

switch flag,
case 0,
    [sys,x0,str,ts] = mdlInitializeSizes;
case 3,
    sys = mdlOutputs(t,x,u);
case {2,4,9},
    sys = [];
otherwise
    error(['Unhandled flag = ',num2str(flag)]);
end

function [sys,x0,str,ts] = mdlInitializeSizes
sizes = simsizes;
sizes.NumContStates   = 0;
sizes.NumDiscStates   = 0;
sizes.NumOutputs      = 1;
sizes.NumInputs       = 4;
sizes.DirFeedthrough  = 1;
sizes.NumSampleTimes  = 0;
sys = simsizes(sizes);
x0  = [];
str = [];
ts  = [];
function sys = mdlOutputs(t,x,u)
c1 = 10;
k1 = 15;
h = 20;
beta = 1.5;
beta = 0.2;
Fmax = 3;

A = - 25;
```

```
B = 133;

xd = u(1);
dxd = cos(t);
ddxd = - sin(t);

x1 = u(2);
x2 = u(3);

z1 = x1 - xd;
dz1 = x2 - dxd;

z2 = x2 - dxd + c1 * z1;

rou = k1 * z1 + z2;

ut = 1/B * ( - k1 * (z2 - c1 * z1) - A * (z2 + dxd - c1 * z1) - Fmax * sign(rou) + ddxd - c1 * dz1 -
h * (rou + beta * sign(rou)));

sys(1) = ut;
```

(3) 被控对象 S 函数：chap6_2plant.m

```
function [sys,x0,str,ts] = s_function(t,x,u,flag)
switch flag,
case 0,
    [sys,x0,str,ts] = mdlInitializeSizes;
case 1,
    sys = mdlDerivatives(t,x,u);
case 3,
    sys = mdlOutputs(t,x,u);
case {2, 4, 9},
    sys = [];
otherwise
    error(['Unhandled flag = ',num2str(flag)]);
  end
function [sys,x0,str,ts] = mdlInitializeSizes
sizes = simsizes;
sizes.NumContStates    = 2;
sizes.NumDiscStates    = 0;
sizes.NumOutputs       = 3;
sizes.NumInputs        = 1;
sizes.DirFeedthrough   = 0;
sizes.NumSampleTimes   = 0;
sys = simsizes(sizes);
x0  = [0.5,0];
str = [];
ts  = [];
function sys = mdlDerivatives(t,x,u)
A = - 25;
B = 133;
F = - 3 * sin(0.1 * t);
sys(1) = x(2);
sys(2) = A * x(1) + B * u + F;
function sys = mdlOutputs(t,x,u)
F = - 3 * sin(0.1 * t);
sys(1) = x(1);
sys(2) = x(2);
```

```
sys(3) = F;
```

(4) 作图程序：chap6_2plot.m

```
close all;

figure(1);
subplot(211);
plot(t,y(:,1),'r',t,y(:,2),'k:','linewidth',2);
xlabel('time(s)');ylabel('Position tracking');
legend('ideal position','position tracking');
subplot(212);
plot(t,cos(t),'r',t,y(:,3),'k:','linewidth',2);
xlabel('time(s)');ylabel('Speed tracking');
legend('ideal speed','speed tracking');

figure(2);
plot(t,u(:,1),'r','linewidth',2);
xlabel('time(s)');ylabel('Control input');
```

6.3 自适应反演滑模控制

6.2 节是针对总不确定性 F 的上界已知的情况进行设计的。在实际控制中,不确定性及外加干扰通常是未知的；因此,其中总不确定性 F 的上界很难确定。采用自适应方法可实现对 F 的估计[2]。

6.3.1 控制律的设计

被控对象为

$$\dot{x}_1 = x_2$$

$$\dot{x}_2 = Ax_2 + Bu + F$$

其中,F 为总不确定性,且 $F = \Delta A x_2 + \Delta B u + d(t)$,$|F| \leqslant \bar{F}$；$\Delta A$ 和 ΔB 为系统参数不确定部分。

假设参数不确定部分及外加干扰项变化缓慢,取

$$\dot{F} = 0 \tag{6.17}$$

考虑 6.2 节的设计,定义 Lyapunov 函数

$$V_3 = V_2 + \frac{1}{2\gamma}\tilde{F}^2 \tag{6.18}$$

其中,$\hat{F}$ 为 F 的估计值；F 的估计误差为 $\tilde{F} = F - \hat{F}$；γ 为一个正的常数。

于是

$$\dot{V}_3 = \dot{V}_2 - \frac{1}{\gamma}\tilde{F}\dot{\hat{F}}$$

$$= z_1 z_2 - c_1 z_1^2 + \sigma(k_1(z_2 - c_1 z_1) + A(z_2 + \dot{x}_d - c_1 z_1) + Bu + F - \ddot{x}_d + c_1 \dot{z}_1) - \frac{1}{\gamma}\tilde{F}\dot{\hat{F}}$$

$$=z_1z_2-c_1z_1^2+\sigma(k_1(z_2-c_1z_1)+A(z_2+\dot{x}_{\mathrm{d}}-c_1z_1)+$$

$$Bu+\hat{F}-\ddot{x}_{\mathrm{d}}+c_1\dot{z}_1)-\frac{1}{\gamma}\widetilde{F}(\dot{\hat{F}}+\gamma\sigma)$$

设计自适应控制器为

$$u=B^{-1}(-k_1(z_2-c_1z_1)-A(z_2+\dot{x}_{\mathrm{d}}-c_1z_1)-$$

$$\hat{F}+\ddot{x}_{\mathrm{d}}-c_1\dot{z}_1-h(\sigma+\beta\mathrm{sgn}(\sigma))) \tag{6.19}$$

设计自适应律为

$$\dot{\hat{F}}=-\gamma\sigma \tag{6.20}$$

将式(6.19)和式(6.20)代入 $\dot{V}_3$ 的表达式可得

$$\dot{V}_3=z_1z_2-c_1z_1^2-h\sigma^2-h\beta\,|\,\sigma\,|$$

根据式(6.15),上式可写为

$$\dot{V}_3=-\boldsymbol{z}^{\mathrm{T}}\boldsymbol{Q}\boldsymbol{z}-h\beta\,|\,\sigma\,|$$

则如果保证 $\boldsymbol{Q}$ 为正定矩阵,有 $\dot{V}_3\leqslant 0$,其中 $\boldsymbol{Q}$ 的设计同式(6.14)。

根据 LaSalle 不变性原理,取 $\dot{V}_3\equiv 0$ 时,$\boldsymbol{z}\equiv 0,\sigma\equiv 0$,则 $t\to\infty$ 时,$\boldsymbol{z}\to 0,\sigma\to 0$,从而 $z_1\to 0,z_2\to 0$,则 $x_1\to x_{\mathrm{d}},\dot{x}_1\to\dot{x}_{\mathrm{d}}$。

6.3.2 仿真实例

被控对象为

$$\dot{x}_1=x_2$$

$$\dot{x}_2=-25x_1+133u+F(t)$$

其中,$F(t)$为外部干扰。

取 $F(t)=-3\sin(0.1t)$。位置指令取 $x_{\mathrm{d}}=\sin t$。采用控制律式(6.19),自适应律取式(6.20),取 $\gamma=30,c_1=10,k_1=20,h=20$。仿真结果如图 6.5～图 6.7 所示。

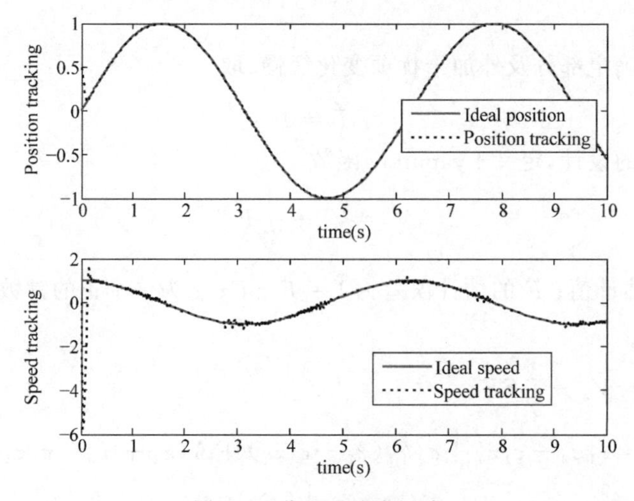

图 6.5 位置和速度跟踪

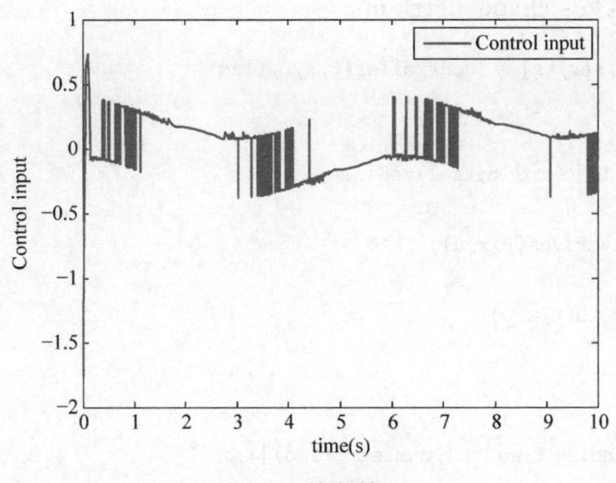

图 6.6　控制输入

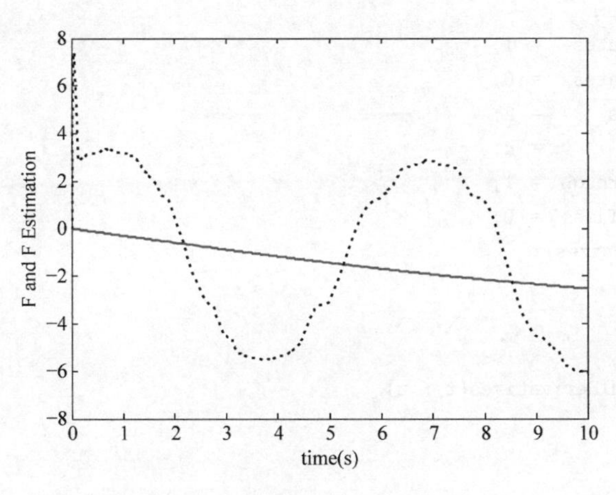

图 6.7　$\hat{F}$ 的自适应变化

仿真程序：

(1) Simulink 主程序：chap6_3sim. mdl

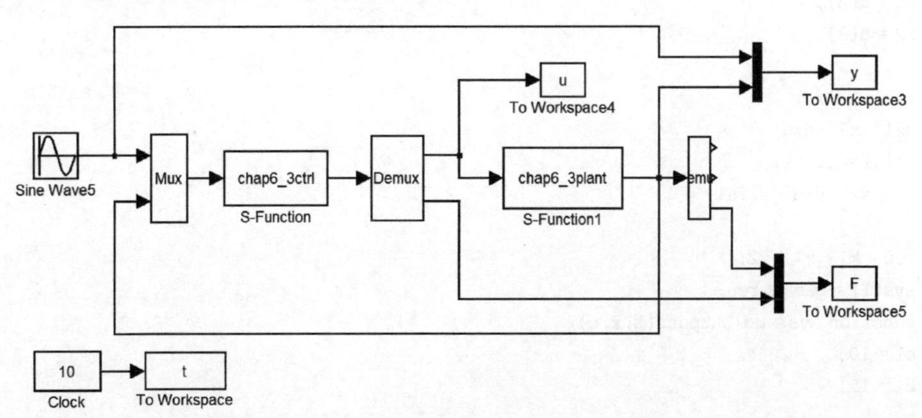

(2) 控制器 S 函数：chap6_3ctrl. m

```
function [sys,x0,str,ts] = controller(t,x,u,flag)
switch flag,
case 0,
    [sys,x0,str,ts] = mdlInitializeSizes;
case 1,
    sys = mdlDerivatives(t,x,u);
case 3,
    sys = mdlOutputs(t,x,u);
case {2,4,9},
    sys = [];
otherwise
    error(['Unhandled flag = ',num2str(flag)]);
end
function [sys,x0,str,ts] = mdlInitializeSizes
sizes = simsizes;
sizes.NumContStates  = 1;
sizes.NumDiscStates  = 0;
sizes.NumOutputs     = 2;
sizes.NumInputs      = 4;
sizes.DirFeedthrough = 1;
sizes.NumSampleTimes = 0;
sys = simsizes(sizes);
x0  = [0];
str = [];
ts  = [];
function sys = mdlDerivatives(t,x,u)
gama = 30;
c1 = 10;
k1 = 15;
h = 20;
xd = u(1);
dxd = cos(t);
ddxd = - sin(t);
x1 = u(2);
x2 = u(3);

z1 = x1 - xd;
dz1 = x2 - dxd;
alfa1 = c1 * z1;
z2 = x2 - dxd + alfa1;

rou = k1 * z1 + z2;
sys(1) = gama * rou;
function sys = mdlOutputs(t,x,u)
c1 = 10;
k1 = 15;
h = 20;
beta = 1.5;
Fp = x(1);
```

```
A = -25;B = 133;
xd = u(1);
dxd = cos(t);
ddxd = -sin(t);
x1 = u(2);
x2 = u(3);
z1 = x1 - xd;
dz1 = x2 - dxd;
z2 = x2 - dxd + c1 * z1;
rou = k1 * z1 + z2;
ut = 1/B * ( -k1 * (z2 - c1 * z1) - A * (z2 + dxd - c1 * z1) - Fp + ddxd - c1 * dz1 - h * (rou +
beta * sign(rou)));
sys(1) = ut;
sys(2) = Fp;
```

（3）被控对象S函数：chap6_3plant.m

```
function [sys,x0,str,ts] = s_function(t,x,u,flag)
switch flag,
case 0,
    [sys,x0,str,ts] = mdlInitializeSizes;
case 1,
    sys = mdlDerivatives(t,x,u);
case 3,
    sys = mdlOutputs(t,x,u);
case {2, 4, 9},
    sys = [];
otherwise
error(['Unhandled flag = ',num2str(flag)]);
end
function [sys,x0,str,ts] = mdlInitializeSizes
sizes = simsizes;
sizes.NumContStates   = 2;
sizes.NumDiscStates   = 0;
sizes.NumOutputs      = 3;
sizes.NumInputs       = 1;
sizes.DirFeedthrough  = 0;
sizes.NumSampleTimes  = 0;
sys = simsizes(sizes);
x0  = [0.5,0];
str = [];
ts  = [];
function sys = mdlDerivatives(t,x,u)
A = -25;
B = 133;
F = -3 * sin(0.1 * t);
sys(1) = x(2);
sys(2) = A * x(1) + B * u + F;
function sys = mdlOutputs(t,x,u)
F = -3 * sin(0.1 * t);
sys(1) = x(1);
```

```
sys(2) = x(2);
sys(3) = F;
```

(4) 作图程序：chap6_3plot.m

```
close all;

figure(1);
subplot(211);
plot(t,y(:,1),'r',t,y(:,2),'k:','linewidth',2);
xlabel('time(s)');ylabel('Position tracking');
legend('ideal position','position tracking');
subplot(212);
plot(t,cos(t),'r',t,y(:,3),'k:','linewidth',2);
xlabel('time(s)');ylabel('Speed tracking');
legend('ideal speed','speed tracking');

figure(2);
plot(t,u(:,1),'r','linewidth',2);
xlabel('time(s)');ylabel('Control input');
legend('Control input');

figure(3);
plot(t,F(:,1),'r',t,F(:,2),'k:','linewidth',2);
xlabel('time(s)');ylabel('F and F Estimation');
```

6.4 简单动态面滑模控制

6.4.1 系统描述

反步法在实现不确定非线性系统(特别是当干扰或不确定性不满足匹配条件时)鲁棒控制或自适应控制方面有着明显的优越性。但是由于反步法本身对虚拟控制求导过程中引起的项数膨胀及由项数膨胀引起的问题没有很好的解决办法，在高阶系统中这一缺点尤为突出。采用动态面(Dynamic Surface Control)的控制方法，利用一阶积分滤波器来计算虚拟控制的导数，可消除微分项的膨胀，使控制器和参数设计简单[3]。

假设被控对象为

$$\begin{cases}\dot{x}_1 = x_2 \\ \dot{x}_2 = f(x,t) + b(x,t)u\end{cases} \tag{6.21}$$

其中，$b(x,t) \neq 0$。

6.4.2 动态面控制器的设计

基本的动态面的控制方法设计步骤如下：

(1) 定义位置误差：

$$z_1 = x_1 - x_{1d} \tag{6.22}$$

其中，x_{1d} 为指令信号，则 $\dot{z}_1=\dot{x}_1-\dot{x}_{1d}$。

定义 Lyapunov 函数

$$V_1=\frac{1}{2}z_1^2$$

则

$$\dot{V}_1=z_1\dot{z}_1=z_1(x_2-\dot{x}_{1d})$$

定义

$$z_2=x_2-\alpha_1 \tag{6.23}$$

则

$$\dot{V}_1=z_1(z_2+\alpha_1-\dot{x}_{1d})$$

需要说明的是，在反演设计中，取 $\alpha_1=-c_1z_1+\dot{x}_{1d}$，导致求 $\dot{\alpha}_1$ 时出现微分爆炸。通过采用低通滤波器可克服这一缺点。

取 α_1 为 $\bar{x}_2$ 的低通滤波器 $\dfrac{1}{\tau s+1}$ 的输出，定义 $\bar{x}_2=-c_1z_1+\dot{x}_{1d}$，并满足

$$\begin{cases}\tau\dot{\alpha}_1+\alpha_1=\bar{x}_2\\ \alpha_1(0)=\bar{x}_2(0)\end{cases} \tag{6.24}$$

由式(6.24)可得 $\dot{\alpha}_1=\dfrac{\bar{x}_2-\alpha_1}{\tau}$，所产生的滤波误差为 $y_2=\alpha_1-\bar{x}_2$。

(2) 考虑到位置跟踪、虚拟控制和滤波误差，定义 Lyapunov 函数

$$V=\frac{1}{2}z_1^2+\frac{1}{2}z_2^2+\frac{1}{2}y_2^2 \tag{6.25}$$

由于 $\dot{z}_2=\dot{x}_2-\dot{\alpha}_1=f(x,t)+b(x,t)u-\dot{\alpha}_1$，$\dot{y}_2=\dfrac{\bar{x}_2-\alpha_1}{\tau}-\dot{\bar{x}}_2=\dfrac{-y_2}{\tau}+c_1\dot{z}_1-\ddot{x}_{1d}$，则

$$\begin{aligned}\dot{V}&=z_1(z_2+y_2+\bar{x}_2-\dot{x}_{1d})+z_2(f(x,t)+b(x,t)u-\dot{\alpha}_1)+\\&\quad y_2\left(\frac{-y_2}{\tau}+c_1\dot{z}_1-\ddot{x}_{1d}\right)\\&=z_1(z_2+y_2+\bar{x}_2-\dot{x}_{1d})+z_2(f(x,t)+\\&\quad b(x,t)u-\dot{\alpha}_1)+y_2\left(\frac{-y_2}{\tau}+B_2\right)\end{aligned}$$

其中，$B_2=c_1\dot{z}_1-\ddot{x}_{1d}$。

由于

$$\begin{aligned}B_2&=c_1(x_2-\dot{x}_{1d})-\ddot{x}_{1d}=c_1(z_2+\alpha_1-\dot{x}_{1d})-\ddot{x}_{1d}\\&=c_1(z_2+y_2+\bar{x}_2-\dot{x}_{1d})-\ddot{x}_{1d}=c_1(z_2+y_2-c_1z_1)-\ddot{x}_{1d}\end{aligned}$$

上式说明 B_2 为 z_1,z_2,y_2 和 $\ddot{x}_{1d}$ 的函数。

设计控制器为

$$u=\frac{1}{b(x,t)}(-f(x,t)+\dot{\alpha}_1-c_2z_2) \tag{6.26}$$

其中，c_2 为大于零的正常数。

6.4.3 动态面控制器的分析

取 $V(0)\leqslant p, p>0$，则闭环系统所有信号有界，收敛。

证明：当 $V=p$ 时，$V=\frac{1}{2}z_1^2+\frac{1}{2}z_2^2+\frac{1}{2}y_2^2=p$，则此时 B_2 有界，记为 M_2，则 $\frac{B_2^2}{M_2^2}-1\leqslant 0$。

于是

$$
\begin{aligned}
\dot{V}&=z_1(z_2+y_2)-c_1z_1^2-c_2z_2^2+y_2\left(\frac{-y_2}{\tau}+B_2\right)\\
&\leqslant |z_1||z_2|+|z_1||y_2|-c_1z_1^2-c_2z_2^2-\frac{1}{\tau}y_2^2+|y_2||B_2|\\
&\leqslant \frac{1}{2}(z_1^2+z_2^2)+\frac{1}{2}(z_1^2+y_2^2)-c_1z_1^2-c_2z_2^2-\frac{1}{\tau}y_2^2+\frac{1}{2}y_2^2B_2^2+\frac{1}{2}\\
&=(1-c_1)z_1^2+\left(\frac{1}{2}-c_2\right)z_2^2+\left(\frac{1}{2}B_2^2+\frac{1}{2}-\frac{1}{\tau}\right)y_2^2+\frac{1}{2}
\end{aligned}
$$

取

$$
c_1\geqslant 1+r,\quad r>0,\quad c_2\geqslant\frac{1}{2}+r,\quad \frac{1}{\tau}\geqslant\frac{1}{2}M_2+\frac{1}{2}+r \tag{6.27}
$$

则

$$
\begin{aligned}
\dot{V}&\leqslant -rz_1^2-rz_2^2+\left(\frac{1}{2}B_2^2-\frac{M_2^2}{2}-r\right)y_2^2+\frac{1}{2}\\
&=-2rV+\left(\frac{M_2^2}{2M_2^2}B_2^2-\frac{M_2^2}{2}\right)y_2^2+\frac{1}{2}\\
&=-2rV+\left(\frac{B_2^2}{M_2^2}-1\right)\frac{M_2^2y_2^2}{2}+\frac{1}{2}\\
&\leqslant -2rV+\frac{1}{2}
\end{aligned} \tag{6.28}
$$

由于此时 $V=p$，则式(6.28)可写为 $\dot{V}\leqslant -2rp+\frac{1}{2}$。为了保证 $\dot{V}\leqslant 0$，取 $-2rp+\frac{1}{2}\leqslant 0$，即 $r\geqslant\frac{1}{4p}$。

式(6.28)说明当 $r\geqslant\frac{1}{4p}$ 时，V 也在紧集之内，即如果 $V(0)\leqslant p$，则 $\dot{V}\leqslant 0$，从而 $V(t)\leqslant p$。

另外，通过上述推理可进行如下收敛性分析：由式(6.28)可知 $\dot{V}\leqslant -2rV+\frac{1}{2}$，利用引理 1.1，不等式方程 $\dot{V}\leqslant -2rV+\frac{1}{2}$ 的解为

$$
\begin{aligned}
V(t)&\leqslant \mathrm{e}^{-2r(t-t_0)}V(t_0)+0.5\mathrm{e}^{-2rt}\int_{t_0}^{t}\mathrm{e}^{\eta_1\tau}\mathrm{d}\tau\\
&=\mathrm{e}^{-2r(t-t_0)}V(t_0)+\frac{0.5\mathrm{e}^{-2rt}}{2r}(\mathrm{e}^{2rt}-\mathrm{e}^{2rt_0})\\
&=\mathrm{e}^{-2r(t-t_0)}V(t_0)+\frac{1}{4r}(1-\mathrm{e}^{-2r(t-t_0)})
\end{aligned}
$$

即

$$\lim_{t\to\infty} V(t) \leqslant \frac{1}{4r}$$

且 $V(t)$ 渐进收敛，收敛精度取决于 r，从而 z_1, z_2 和 y_2 渐进收敛，取 r 足够大，$t\to\infty$ 时，$x_1\to x_{1d}, x_2\to \dot{x}_{1d}$。

进一步可知，由于 $\frac{1}{\tau}\geqslant\frac{1}{2}M_2+\frac{1}{2}+r$，如果取 $\tau\to 0$，则可取 $r\to+\infty$。这是低通滤波器 $\frac{1}{\tau s+1}$ 的设计依据。

6.4.4 动态面滑模控制器的设计

考虑控制扰动 $d(t)$，假设被控对象为

$$\begin{cases}\dot{x}_1 = x_2 \\ \dot{x}_2 = f(x,t)+b(x,t)u+d(t)\end{cases} \tag{6.29}$$

其中，$b(x,t)\neq 0, |d(t)|\leqslant D$。

考虑动态面控制设计的第二步，结合滑模变结构控制定义滑动面为 $s=z_2$，仍按式(6.25)定义 Lyapunov 函数 $V=\frac{1}{2}z_1^2+\frac{1}{2}z_2^2+\frac{1}{2}y_2^2$，则设计动态面滑模控制器为

$$u=\frac{1}{b(x,t)}(-\eta\operatorname{sgn}(z_2)-f(x,t)+\dot{\alpha}_1-c_2z_2) \tag{6.30}$$

其中，c_2 为大于零的正常数，$\eta\geqslant|D|$。

参考 6.4.3 节的推导过程，可证明针对式(6.29)，采用控制律式(6.30)，取 $V(0)\leqslant p, p>0$，则闭环系统所有信号有界且收敛，r, p, τ, c_1 和 c_2 与 6.4.3 节的设计方法相同。

6.4.5 仿真实例

1. 仿真实例(1)：动态面的控制

被控对象取

$$\dot{x}_1 = x_2$$
$$\dot{x}_2 = -25x_2+133u$$

其中，x_1 和 x_2 分别为位置和速度；u 为控制输入。

在仿真中，位置指令为 $x_{1d}=\sin t$，系统初始状态为[1,0]。

由于 $z_1(0)=x_1(0)-x_{1d}=1.0-0=1.0$，根据 $\alpha_1(0)=\bar{x}_2(0)$，取 α_1 的初值为 $\alpha_1(0)=-c_1z_1(0)+\dot{x}_{1d}(0)=-2.5\times1.0+1.0=-1.5$，$z_2(0)=x_2(0)-\alpha_1(0)=1.5$，$y_2(0)=\alpha_1(0)-\bar{x}_2(0)=0$，$V(0)=\frac{1}{2}(z_1(0)^2+z_2(0)^2+y_2(0)^2)=1.625$，则可取 $p=2.0$，从而按 $r\geqslant\frac{1}{4p}$ 可取 $r=1.0$。

采用控制律式(6.26)，按式(6.27)，取 $\tau=0.01$，$c_1=1.5+r=2.5$，$c_2=1.0+r=2.0$。仿真结果如图 6.8～图 6.10 所示。

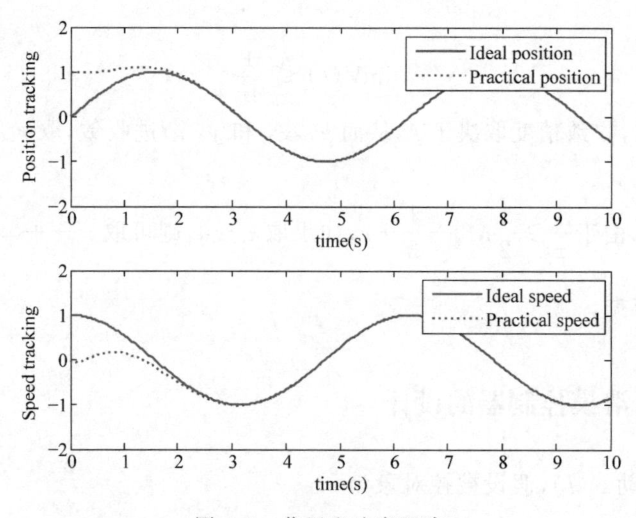

图 6.8　位置和速度跟踪

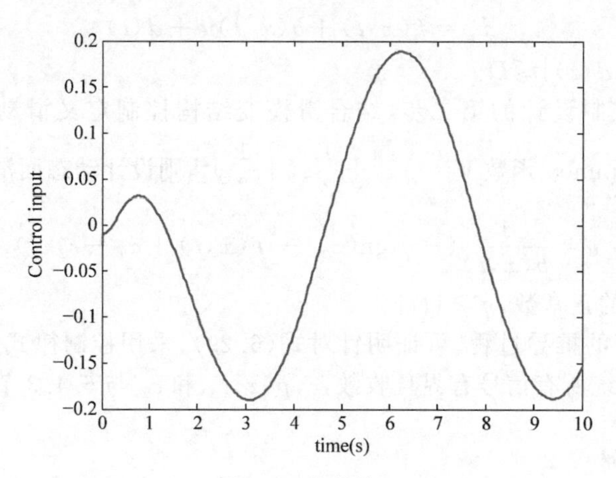

图 6.9　控制输入

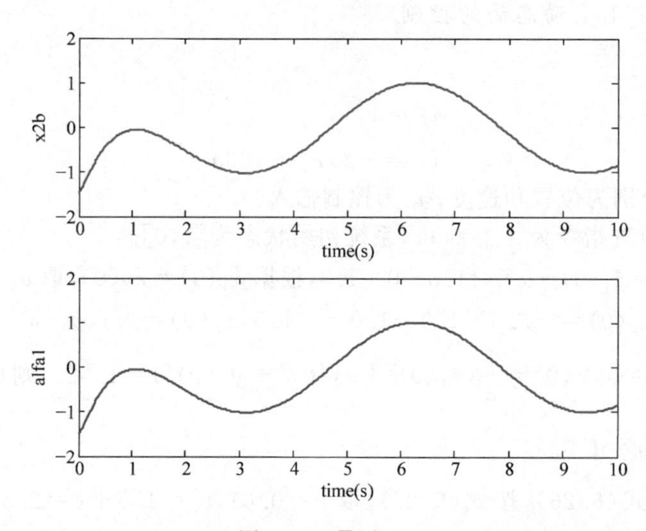

图 6.10　$\bar{x}_2$和α_1

仿真程序：动态面控制程序有如下 7 个。

(1) Simulink 主程序：chap6_4sim. mdl

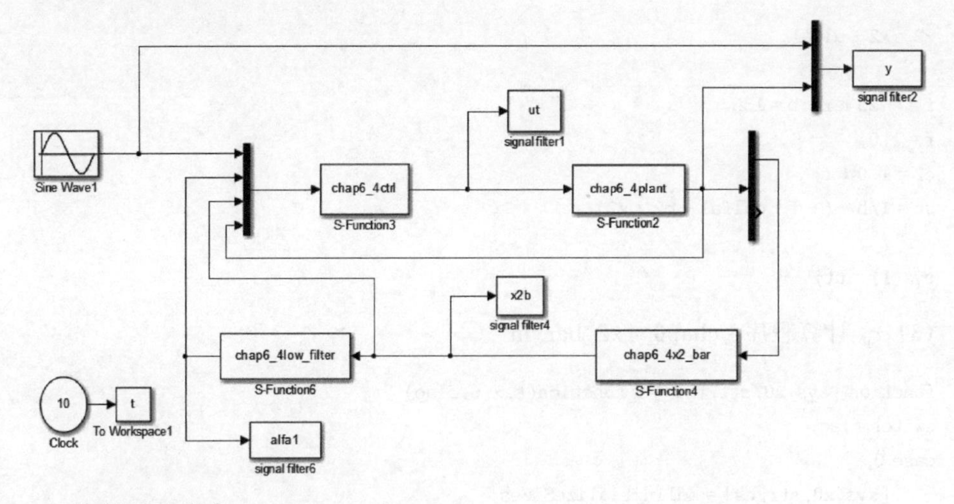

(2) 控制器子程序：chap6_4ctrl. m

```
function [sys,x0,str,ts] = s_function(t,x,u,flag)
switch flag,
case 0,
    [sys,x0,str,ts] = mdlInitializeSizes;
case 3,
    sys = mdlOutputs(t,x,u);
case {1,2, 4, 9}
    sys = [];
otherwise
    error(['Unhandled flag = ',num2str(flag)]);
end
function [sys,x0,str,ts] = mdlInitializeSizes
sizes = simsizes;
sizes.NumContStates  = 0;
sizes.NumDiscStates  = 0;
sizes.NumOutputs     = 1;
sizes.NumInputs      = 5;
sizes.DirFeedthrough = 1;
sizes.NumSampleTimes = 1;
sys = simsizes(sizes);
x0  = [];
str = [];
ts  = [-1 0];
function sys = mdlOutputs(t,x,u)
x1d = sin(t);
alfa1 = u(2);
x2b = u(3);
x1 = u(4);
x2 = u(5);
```

```
tol = 0.01;
dalfa1 = (x2b - alfa1)/tol;

z2 = x2 - alfa1;

f = - 25 * x2;b = 133;
r = 1.0;
c2 = 1.0 + r;
ut = 1/b * ( - f + dalfa1 - c2 * z2);

sys(1) = ut;
```

(3) $\bar{x}_2$ 计算程序：chap6_4x2_bar.m

```
function [sys,x0,str,ts] = s_function(t,x,u,flag)
switch flag,
case 0,
    [sys,x0,str,ts] = mdlInitializeSizes;
case 3,
    sys = mdlOutputs(t,x,u);
case {1,2, 4, 9}
    sys = [];
otherwise
    error(['Unhandled flag = ',num2str(flag)]);
end
function [sys,x0,str,ts] = mdlInitializeSizes
sizes = simsizes;
sizes.NumContStates   = 0;
sizes.NumDiscStates   = 0;
sizes.NumOutputs      = 1;
sizes.NumInputs       = 1;
sizes.DirFeedthrough  = 1;
sizes.NumSampleTimes  = 1;
sys = simsizes(sizes);
x0  = [];
str = [];
ts  = [ - 1 0];
function sys = mdlOutputs(t,x,u)
x1 = u(1);
x1d = sin(t);
dx1d = cos(t);

z1 = x1 - x1d;
r = 1.0;
c1 = 1.5 + r;
x2b = - c1 * z1 + dx1d;

sys(1) = x2b;
```

(4) 初始值设定程序：chap6_4int. m

```
clear all;
close all;
x10 = 1;x20 = 0;

c1 = 2.5;c2 = 2.0;

x1d0 = 0;dx1d0 = 1;ddx1d0 = 0;          % x1d = sint
%%%%%%%%%%%%%%%%%%%%%%%%%%%%%%%%%%%%%%%%%%%%%%
z10 = x10 - x1d0;
x2_bar0 = - c1 * z10 + dx1d0;
alfa10 = x2_bar0;
z20 = x20 - alfa10;
%%%%%%%%%%%%%%%%%%%%%%%%%%%%%%%%%%%%%%%%%%%%%%
y20 = alfa10 - x2_bar0;
V0 = 0.5 * (z10^2 + z20^2) + 0.5 * y20^2
p = 2.0;                                 % p >= V0
1/(4 * p) + 0.10
r = 1.0;                                 % r >= 1/(4 * p) + 0.10

1 + r                                    % c1 >= 1 + r
1/2 + r                                  % c2 >= 1/2 + r
```

(5) 滤波器程序：chap6_4low_filter. m

```
function [sys,x0,str,ts] = s_function(t,x,u,flag)
switch flag,
case 0,
    [sys,x0,str,ts] = mdlInitializeSizes;
case 1,
    sys = mdlDerivatives(t,x,u);
case 3,
    sys = mdlOutputs(t,x,u);
case {2, 4, 9}
    sys = [];
otherwise
    error(['Unhandled flag = ',num2str(flag)]);
end
function [sys,x0,str,ts] = mdlInitializeSizes
sizes = simsizes;
sizes.NumContStates    = 1;
sizes.NumDiscStates    = 0;
sizes.NumOutputs       = 1;
sizes.NumInputs        = 1;
sizes.DirFeedthrough   = 1;
sizes.NumSampleTimes   = 1;
sys = simsizes(sizes);
x0  = [ - 1.5];
str = [];
ts  = [ - 1 0];
```

```
function sys = mdlDerivatives(t,x,u)
tol = 0.01;
x2b = u(1);

sys(1) = 1/tol * (x2b - x(1));
function sys = mdlOutputs(t,x,u)
sys(1) = x(1);    % alfa1
```

(6) 被控对象子程序：chap6_4plant. m

```
function [sys,x0,str,ts] = s_function(t,x,u,flag)
switch flag,
case 0,
    [sys,x0,str,ts] = mdlInitializeSizes;
case 1,
    sys = mdlDerivatives(t,x,u);
case 3,
    sys = mdlOutputs(t,x,u);
case {2, 4, 9}
    sys = [];
otherwise
    error(['Unhandled flag = ',num2str(flag)]);
end
function [sys,x0,str,ts] = mdlInitializeSizes
sizes = simsizes;
sizes.NumContStates   = 2;
sizes.NumDiscStates   = 0;
sizes.NumOutputs      = 2;
sizes.NumInputs       = 1;
sizes.DirFeedthrough  = 1;
sizes.NumSampleTimes  = 1;
sys = simsizes(sizes);
x0  = [1 0];                        % Important
str = [];
ts  = [-1 0];
function sys = mdlDerivatives(t,x,u)
ut = u(1);
f = -25 * x(2);
b = 133;
sys(1) = x(2);
sys(2) = f + b * ut;
function sys = mdlOutputs(t,x,u)
sys(1) = x(1);
sys(2) = x(2);
```

(7) 作图程序：chap6_4plot. m

```
close all;

figure(1);
subplot(211);
plot(t,y(:,1),'r',t,y(:,2),'b:','linewidth',2);
```

```
xlabel('time(s)');ylabel('position tracking');
legend('ideal position','practical position');
subplot(212);
plot(t,cos(t),'r',t,y(:,3),'b:','linewidth',2);
xlabel('time(s)');ylabel('speed tracking');
legend('ideal speed','practical speed');

figure(2);
plot(t,ut(:,1),'r','linewidth',2);
xlabel('time(s)');ylabel('Control input');

figure(3);
subplot(211);
plot(t,x2b(:,1),'r','linewidth',2);
xlabel('time(s)');ylabel('x2b');
subplot(212);
plot(t,alfa1(:,1),'b','linewidth',2);
xlabel('time(s)');ylabel('alfa1');
```

2. 仿真实例(2)：动态面滑模控制

被控对象取

$$\dot{x}_1 = x_2$$

$$\dot{x}_2 = -25x_2 + 133u + dt$$

其中，x_1 和 x_2 分别为位置和速度；u 为控制输入；dt 为干扰。

在仿真中，位置指令为 $x_{1d}=\sin t$，取 $dt=10\sin(2\pi t)$，系统初始状态为[1,0]。同仿真实例(1)，取 $p=2.0$，$r=1.0$。采用控制律式(6.30)，采用饱和函数代替切换函数，取 $\Delta=0.02$，$D=10$，$\eta=D+0.10$。按式(6.27)，取 $\tau=0.01$，$c_1=1.5+r=2.5$，$c_2=1.0+r=2.0$，仿真结果如图6.11～图6.13所示。

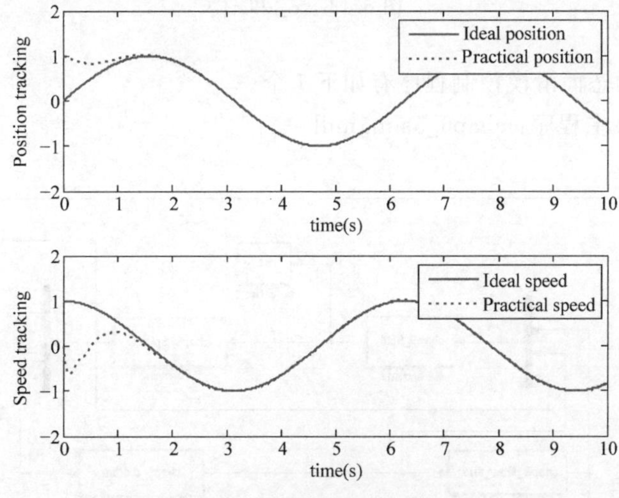

图6.11 位置和速度跟踪

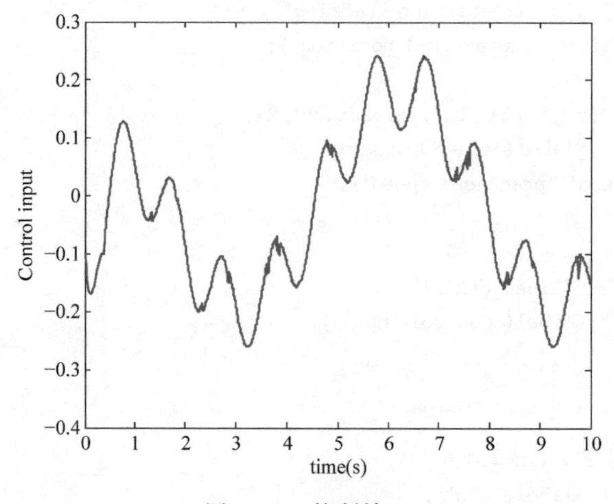

图 6.12　控制输入

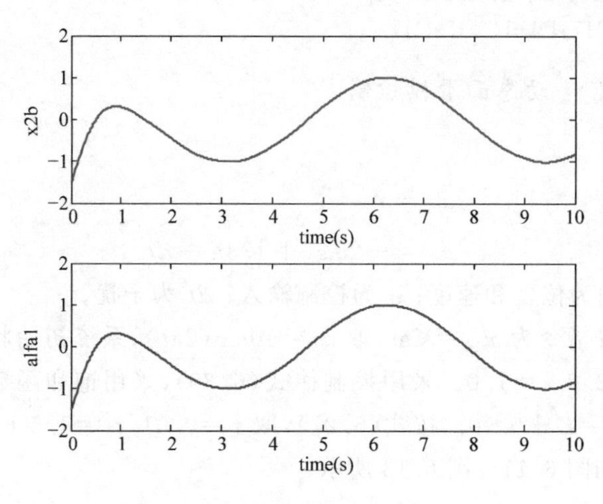

图 6.13　$\bar{x}_2$ 和 α_1

仿真程序：动态面滑模控制程序有如下 7 个。

(1) Simulink 主程序：chap6_5sim.mdl

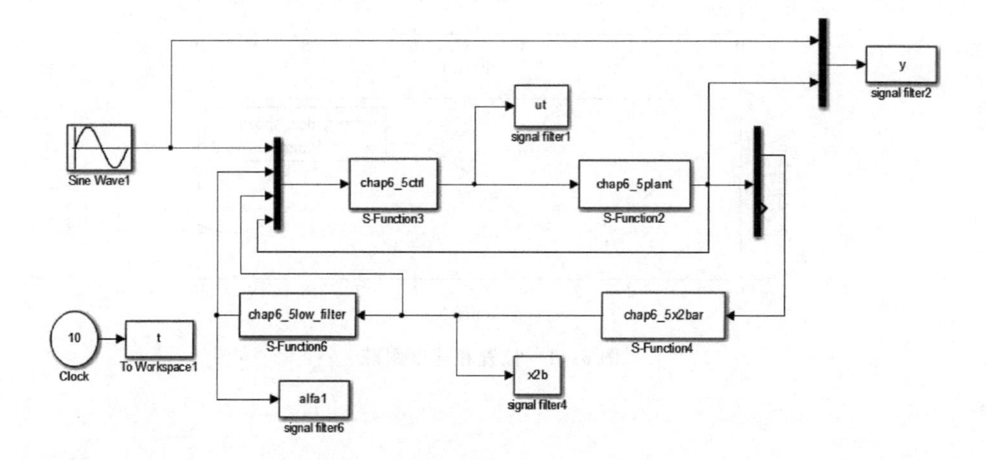

(2) 控制器子程序：chap6_5ctrl. m

```
function [sys,x0,str,ts] = s_function(t,x,u,flag)
switch flag,
case 0,
    [sys,x0,str,ts] = mdlInitializeSizes;
case 3,
    sys = mdlOutputs(t,x,u);
case {1,2, 4, 9}
    sys = [];
otherwise
    error(['Unhandled flag = ',num2str(flag)]);
end
function [sys,x0,str,ts] = mdlInitializeSizes
sizes = simsizes;
sizes.NumContStates  = 0;
sizes.NumDiscStates  = 0;
sizes.NumOutputs     = 1;
sizes.NumInputs      = 5;
sizes.DirFeedthrough = 1;
sizes.NumSampleTimes = 1;
sys = simsizes(sizes);
x0  = [];
str = [];
ts  = [-1 0];
function sys = mdlOutputs(t,x,u)
x1d = sin(t);
alfa1 = u(2);
x2b = u(3);
x1 = u(4);
x2 = u(5);

tol = 0.01;
dalfa1 = (x2b - alfa1)/tol;

z2 = x2 - alfa1;

f = -25 * x2;b = 133;
r = 1.0;
c2 = 1.0 + r;
D = 10;
xite = D + 0.10;
%xite = 0;

fai = 0.020;
if abs(z2)<= fai
   sat = z2/fai;
else
   sat = sign(z2);
end
ut = 1/b * (-xite * sat - f + dalfa1 - c2 * z2);
```

```
sys(1) = ut;
```

(3) $\bar{x}_2$ 计算程序：chap6_5x2bar.m

```
function [sys,x0,str,ts] = s_function(t,x,u,flag)
switch flag,
case 0,
    [sys,x0,str,ts] = mdlInitializeSizes;
case 3,
    sys = mdlOutputs(t,x,u);
case {1,2, 4, 9}
    sys = [];
otherwise
    error(['Unhandled flag = ',num2str(flag)]);
end
function [sys,x0,str,ts] = mdlInitializeSizes
sizes = simsizes;
sizes.NumContStates    = 0;
sizes.NumDiscStates    = 0;
sizes.NumOutputs       = 1;
sizes.NumInputs        = 1;
sizes.DirFeedthrough   = 1;
sizes.NumSampleTimes   = 1;
sys = simsizes(sizes);
x0  = [];
str = [];
ts  = [-1 0];
function sys = mdlOutputs(t,x,u)
x1 = u(1);
x1d = sin(t);
dx1d = cos(t);

z1 = x1 - x1d;
r = 1.0;
c1 = 1.5 + r;
x2b = -c1 * z1 + dx1d;

sys(1) = x2b;
```

(4) 初始值设定程序：chap6_5int.m

```
clear all;
close all;
x10 = 1;x20 = 0;

c1 = 2.5;c2 = 2.0;

x1d0 = 0;dx1d0 = 1;ddx1d0 = 0;    % x1d = sint
%%%%%%%%%%%%%%%%%%%%%%%%%%%%%%%%%%%%%%%%%%%
z10 = x10 - x1d0;
x2_bar0 = -c1 * z10 + dx1d0;
```

```
alfa10 = x2_bar0;
z20 = x20 - alfa10;
%%%%%%%%%%%%%%%%%%%%%%%%%%%%%%%%%%%%%%%%%%%%%%%%
y20 = alfa10 - x2_bar0;
V0 = 0.5 * (z10^2 + z20^2) + 0.5 * y20^2
p = 2.0;                 % p >= V0
1/(4 * p) + 0.10
r = 1.0;                 % r >= 1/(4 * p) + 0.10

1 + r                    % c1 >= 1 + r
1/2 + r                  % c2 >= 1/2 + r
```

(5) 滤波器程序：chap6_5low_filter.m

```
function [sys,x0,str,ts] = s_function(t,x,u,flag)
switch flag,
case 0,
    [sys,x0,str,ts] = mdlInitializeSizes;
case 1,
    sys = mdlDerivatives(t,x,u);
case 3,
    sys = mdlOutputs(t,x,u);
case {2, 4, 9}
    sys = [];
otherwise
    error(['Unhandled flag = ',num2str(flag)]);
end
function [sys,x0,str,ts] = mdlInitializeSizes
sizes = simsizes;
sizes.NumContStates    = 1;
sizes.NumDiscStates    = 0;
sizes.NumOutputs       = 1;
sizes.NumInputs        = 1;
sizes.DirFeedthrough   = 1;
sizes.NumSampleTimes   = 1;
sys = simsizes(sizes);
x0  = [-1.5];
str = [];
ts  = [-1 0];
function sys = mdlDerivatives(t,x,u)
tol = 0.01;
x2b = u(1);

sys(1) = 1/tol * (x2b - x(1));
function sys = mdlOutputs(t,x,u)
sys(1) = x(1);             % alfa1
```

(6) 被控对象子程序：chap6_5plant.m

```
function [sys,x0,str,ts] = s_function(t,x,u,flag)
switch flag,
case 0,
```

```
    [sys,x0,str,ts] = mdlInitializeSizes;
case 1,
    sys = mdlDerivatives(t,x,u);
case 3,
    sys = mdlOutputs(t,x,u);
case {2, 4, 9}
    sys = [];
otherwise
    error(['Unhandled flag = ',num2str(flag)]);
end
function [sys,x0,str,ts] = mdlInitializeSizes
sizes = simsizes;
sizes.NumContStates    = 2;
sizes.NumDiscStates    = 0;
sizes.NumOutputs       = 2;
sizes.NumInputs        = 1;
sizes.DirFeedthrough   = 1;
sizes.NumSampleTimes   = 1;
sys = simsizes(sizes);
x0  = [1 0];            % Important
str = [];
ts  = [-1 0];
function sys = mdlDerivatives(t,x,u)
ut = u(1);
f = -25 * x(2);
b = 133;
dt = 10 * sin(2 * pi * t);
sys(1) = x(2);
sys(2) = f + b * ut + dt;
function sys = mdlOutputs(t,x,u)
sys(1) = x(1);
sys(2) = x(2);
```

(7) 作图程序：chap6_5plot.m

```
close all;

figure(1);
subplot(211);
plot(t,y(:,1),'r',t,y(:,2),'b:','linewidth',2);
xlabel('time(s)');ylabel('position tracking');
legend('ideal position','practical position');
subplot(212);
plot(t,cos(t),'r',t,y(:,3),'b:','linewidth',2);
xlabel('time(s)');ylabel('speed tracking');
legend('ideal speed','practical speed');

figure(2);
plot(t,ut(:,1),'r','linewidth',2);
xlabel('time(s)');ylabel('Control input');
```

```
figure(3);
subplot(211);
plot(t,x2b(:,1),'r','linewidth',2);
xlabel('time(s)');ylabel('x2b');
subplot(212);
plot(t,alfa1(:,1),'b','linewidth',2);
xlabel('time(s)');ylabel('alfa1');
```

6.5 基于反演的动态滑模控制

6.5.1 系统描述

被控对象为

$$\dot{x}=u+\theta x^2 \tag{6.31}$$

其中，θ 为已知常数；u 为控制输入。

指令为 x_{d}，控制目标为 $x\rightarrow x_{\mathrm{d}}$，跟踪误差为 $e=x-x_{\mathrm{d}}$，则

$$\dot{e}=u+\theta x^2-\dot{x}_{\mathrm{d}}$$

如果采用传统的控制方法，取 Lyapunov 函数为

$$V=\frac{1}{2}e^2$$

则

$$\dot{V}=e\dot{e}=e(u+\theta x^2-\dot{x}_{\mathrm{d}})$$

取滑模控制律为

$$u=-\eta\operatorname{sgn}e-\theta x^2+\dot{x}_{\mathrm{d}} \tag{6.32}$$

则

$$\dot{V}=e(-\eta\operatorname{sgn}e)=-\eta\mid e\mid\leqslant 0$$

6.5.2 控制律设计

控制律式(6.32)存在切换项，会造成抖振。为了消除抖振，可采用动态滑模控制方法，取 $\dot{u}=v$，采用 v 作为控制输入，扩张后的被控对象为[4]

$$\begin{cases}\dot{x}=u+\theta x^2\\ \dot{u}=v\end{cases} \tag{6.33}$$

其中，v 为辅助控制输入。

式(6.33)是一个上三角形的非匹配系统，为了实现 $x\rightarrow x_{\mathrm{d}}$，需要采用反演控制方法设计辅助控制输入 v。

取 Lyapunov 函数为

$$V_1=\frac{1}{2}e^2$$

滑模函数设计为

$$s = c_1 e + u + \theta x^2 - \dot{x}_{\mathrm{d}} \tag{6.34}$$

其中，$c_1 > 0$。

于是

$$\dot{V}_1 = e\dot{e} = e(u + \theta x^2 - \dot{x}_{\mathrm{d}}) = e(s - c_1 e) = es - c_1 e^2$$

为了实现 $\dot{V}_1 \leqslant 0$，需要 $s \to 0$，取 Lyapunov 函数为

$$V_2 = V_1 + \frac{1}{2}s^2$$

则

$$\dot{V}_2 = \dot{V}_1 + s\dot{s} = es - c_1 e^2 + s\dot{s} = -c_1 e^2 + s(e + \dot{s})$$

由于

$$\dot{s} = c_1 \dot{e} + v + 2\theta x \dot{x} - \ddot{x}_{\mathrm{d}}$$

设计控制律为

$$v = -e - c_1 \dot{e} - 2\theta x \dot{x} + \ddot{x}_{\mathrm{d}} - \eta \operatorname{sgn} s，即 \dot{u} = v \tag{6.35}$$

则 $\dot{s} = -e - \eta \operatorname{sgn} s$，从而

$$\dot{V}_2 = -c_1 e^2 - \eta |s| \leqslant 0$$

令 $\dot{V}_2 \equiv 0$，则 $e \equiv 0$，根据 LaSalle 不变集定理，闭环系统渐进收敛，当 $t \to \infty$ 时，$e \to 0$。

6.5.3 仿真实例

取被控对象为式(6.31)，其中 $\theta = 4.0$。指令为 $x_{\mathrm{d}} = \sin t$。取 $M=1$，采用传统的控制方法，采用控制律式(6.32)，滑模函数的参数取 $c_1 = 15$，$\eta = 0.30$。仿真结果如图 6.14 和图 6.15 所示。可见，通过采用该控制律，由于切换项的存在造成了抖振。取 $M=2$，采用动态滑模反演控制律式(6.35)，滑模函数的参数取 $c_1 = 15$，$\eta = 1.0$。仿真结果如图 6.16 和图 6.17 所示。可见，通过采用该控制律，可有效地消除抖振。

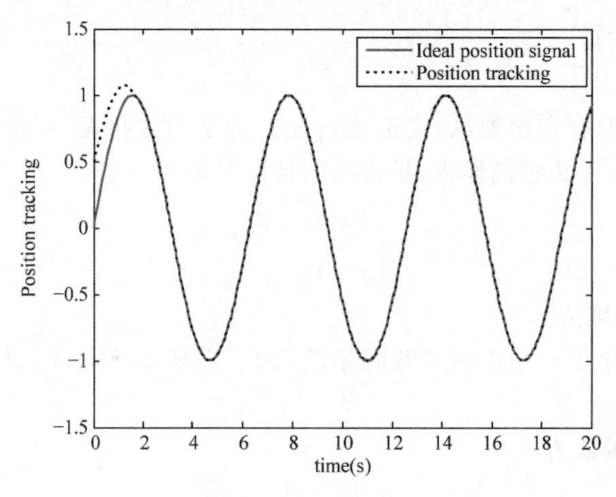

图 6.14 位置跟踪

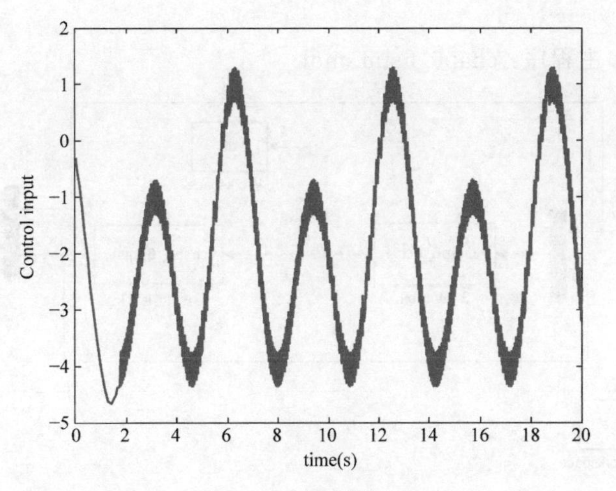

图 6.15 控制输入

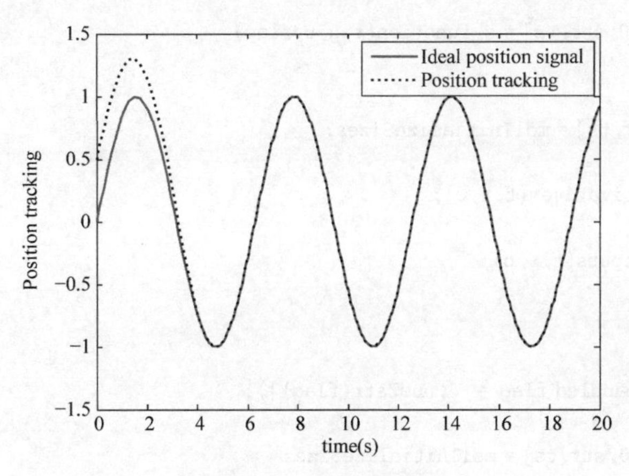

图 6.16 位置跟踪

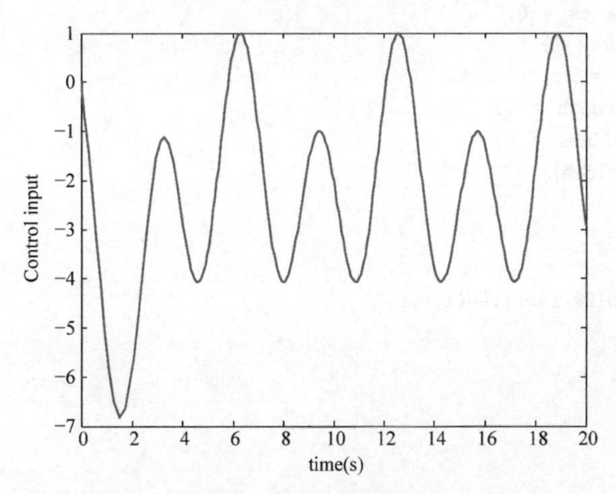

图 6.17 控制输入

仿真程序：

(1) Simulink 主程序：chap6_6sim.mdl

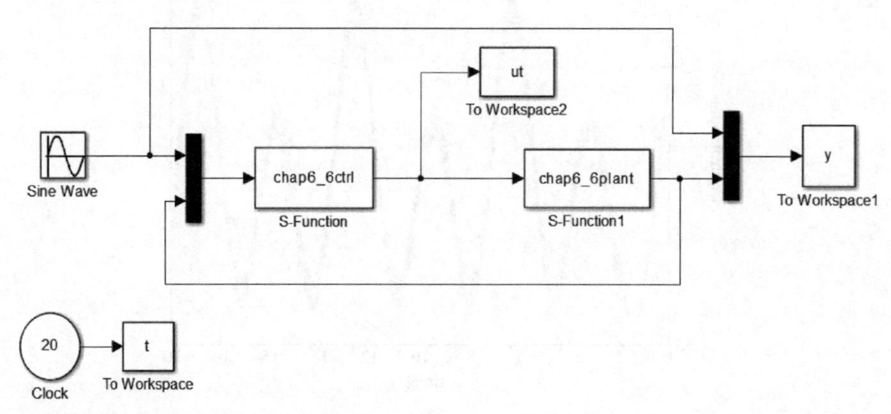

(2) 控制律程序:chap6_6ctrl.m

```
function [sys,x0,str,ts] = s_function(t,x,u,flag)
switch flag,
case 0,
    [sys,x0,str,ts] = mdlInitializeSizes;
case 1,
    sys = mdlDerivatives(t,x,u);
case 3,
    sys = mdlOutputs(t,x,u);
case {2, 4, 9 }
    sys = [];
otherwise
    error(['Unhandled flag = ',num2str(flag)]);
end
function [sys,x0,str,ts] = mdlInitializeSizes
sizes = simsizes;
sizes.NumContStates = 1;
sizes.NumDiscStates = 0;
sizes.NumOutputs = 1;
sizes.NumInputs = 2;
sizes.DirFeedthrough = 1;
sizes.NumSampleTimes = 0;
sys = simsizes(sizes);
x0  = [0];
str = [];
ts  = [];
function sys = mdlDerivatives(t,x,u)
theta = 4.0;

xd = sin(t);
dxd = cos(t);
ddxd = - sin(t);

x1 = u(2);
e = x1 - xd;
ut = x(1);
```

```
dx1 = ut + theta * x1^2;
de = dx1 - dxd;

c1 = 10;xite = 1.0;

s = c1 * e + ut + theta * x1^2 - dxd;
v = - e - c1 * de - 2 * theta * x1 * dx1 + ddxd - xite * sign(s);

sys(1) = v;
function sys = mdlOutputs(t,x,u)

M = 2;
if M == 1
    theta = 4.0;
    xd = sin(t);dxd = cos(t);
    x1 = u(2);
        e = x1 - xd;
    xite = 0.30;
    ut = - xite * sign(e) - theta * x1^2 + dxd;
elseif M == 2
    ut = x(1);
end
sys(1) = ut;
```

(3) 作图程序:chap6_6plot.m

```
close all;
figure(1);
plot(t,y(:,1),'r',t,y(:,2),'k:','linewidth',2)
xlabel('time(s)');ylabel('Position tracking');
legend('ideal position signal','position tracking');

figure(2);
plot(t,ut(:,1),'r','linewidth',2)
xlabel('time(s)');ylabel('Control input');
```

参考文献

[1] Lin F J,Shen P H,Hsu S P. Adaptive Backstepping Sliding Mode Control for Linear Induction Motor Drive[J]. IEE Proceeding Electrical Power Application,2002,149(3):184-194.

[2] 刘金琨,机器人控制系统的设计与仿真[M].北京:清华大学出版社,2008.

[3] Swaroop D,Hedrick J K,Yip P P,et al. Dynamic Surface Controller for a Class of Nonlinear Systems[J]. IEEE Transactions on Automatic Control,2000,45(10):1893-1899.

[4] Sira-Ramirez H,Llanes-Santiago O. Adaptive dynamical sliding mode control via backstepping[J]. Proceedings of the 32nd IEEE Conference on Decision and Control,1993:1422-1427.

第7章 基于滤波器及状态观测器的滑模控制

将滑模控制方法与滤波器结合，可实现对带有噪声信号的滤波，为滑模控制器提供光滑的位置和速度信号。将滑模控制方法与状态观测器结合，可实现对速度信号的有效观测，从而实现无须速度测量的滑模控制。因此，基于滤波器及状态观测器的滑模控制方法对于实际工程具有重要价值[1]。

7.1 基于低通滤波器的滑模控制

7.1.1 系统描述

考虑如下不确定系统：

$$J\ddot{\theta}=\tau-d(t) \tag{7.1}$$

其中，J 为转动惯量；τ 为控制输入；$d(t)$为干扰。

7.1.2 滑模控制器设计

基于低通滤波的滑模控制器控制系统结构如图7.1所示[2]。

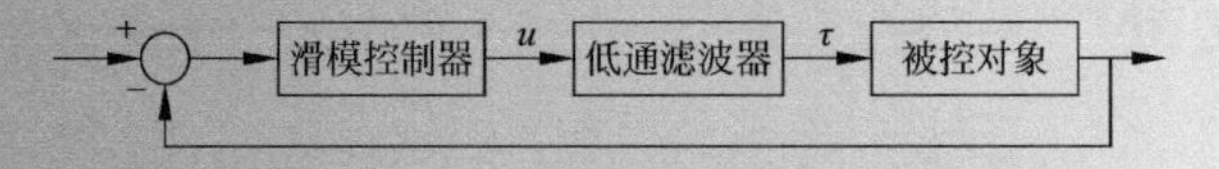

图7.1 基于低通滤波的滑模控制器控制系统结构

图7.1中，$u(t)$为虚拟控制输入；$\tau(t)$为实际控制输入。为了降低滑膜控制器产生的抖振，设计如下低通滤波器[2]：

$$Q(s)=\frac{\lambda}{s+\lambda} \tag{7.2}$$

其中，$\lambda>0$。

由图7.1可得

$$\dot{\tau}+\lambda\tau=\lambda u \tag{7.3}$$

其中，$\lambda>0$。

由式 (7.1)可得 $\tau=J\ddot{\theta}+d(t)$，代入式(7.3)，可得

$$J\dddot{\theta}+\dot{d}+\lambda(J\ddot{\theta}+d)=\lambda u$$

即

$$J\dddot{\theta}=\lambda u-\dot{d}-\lambda(J\ddot{\theta}+d)$$

假设理想角度指令为 $\theta_{\mathrm{d}}(t)$，角度跟踪误差为

$$e(t)=\theta(t)-\theta_{\mathrm{d}}(t) \tag{7.4}$$

设计滑模函数如下：

$$s(t)=\ddot{e}+\lambda_1\dot{e}+\lambda_2 e \tag{7.5}$$

其中，$\lambda_1>0,\lambda_2>0$，λ_1 和 λ_2 的取值需要满足 Hurwitz 条件。

于是

$$\begin{aligned}J\dot{s}(t)&=J(\dddot{e}+\lambda_1\ddot{e}+\lambda_2\dot{e})\\&=J\dddot{\theta}+J(-\dddot{\theta}_{\mathrm{d}}+\lambda_1\ddot{e}+\lambda_2\dot{e})\\&=\lambda u-\dot{d}-\lambda(J\ddot{\theta}+d)+J(-\dddot{\theta}_{\mathrm{d}}+\lambda_1\ddot{e}+\lambda_2\dot{e})\end{aligned}$$

定义 Lyapunov 函数为

$$V=\frac{1}{2}Js^2 \tag{7.6}$$

则

$$\begin{aligned}\dot{V}=Js\dot{s}&=s(\lambda u-\dot{d}-\lambda(J\ddot{\theta}+d)+J(-\dddot{\theta}_{\mathrm{d}}+\lambda_1\ddot{e}+\lambda_2\dot{e}))\\&=s(\lambda u-\dot{d}-\lambda d-\lambda J\ddot{\theta}+J(-\dddot{\theta}_{\mathrm{d}}+\lambda_1\ddot{e}+\lambda_2\dot{e}))\end{aligned}$$

设计滑模控制律为

$$u=-\frac{1}{\lambda}(-\lambda J\ddot{\theta}+J(-\dddot{\theta}_{\mathrm{d}}+\lambda_1\ddot{e}+\lambda_2\dot{e})+\eta\operatorname{sgn}(s)) \tag{7.7}$$

其中，$\eta>|\dot{d}+\lambda d|$。

取 $\eta=|\dot{d}+\lambda d|+\eta_0,\eta_0>0$，根据 LaSalle 不变性原理，取 $\dot{V}\equiv 0$ 时，$s\equiv 0$，则 $t\to\infty$ 时，$s\to 0$，从而 $e\to 0,\dot{e}\to 0$。

于是

$$\begin{aligned}\dot{V}&=s(-\eta\operatorname{sgn}(s)-\dot{d}-\lambda d)=-s(\dot{d}+\lambda d)-\eta s\operatorname{sgn}(s)\\&=-s(\dot{d}+\lambda d)-\eta\mid s\mid\leqslant-\eta_0\mid s\mid\leqslant 0\end{aligned}$$

该控制律的不足之处是需要加速度信号。

7.1.3 仿真实例

被控对象为

$$J\ddot{\theta}=\tau-d(t)$$

其中，$J=\dfrac{1}{133}$，$d(t)=10\sin(t)$。

理想角度指令为 $\theta_{\mathrm{d}}=\sin(t)$，对象初始状态为 $[0.5\quad 0]^{\mathrm{T}}$。取 $\lambda=25,\lambda_1=30,\lambda_2=50$，$\eta=50$。采用控制律式(7.7)，仿真结果如图 7.2～图 7.4 所示。

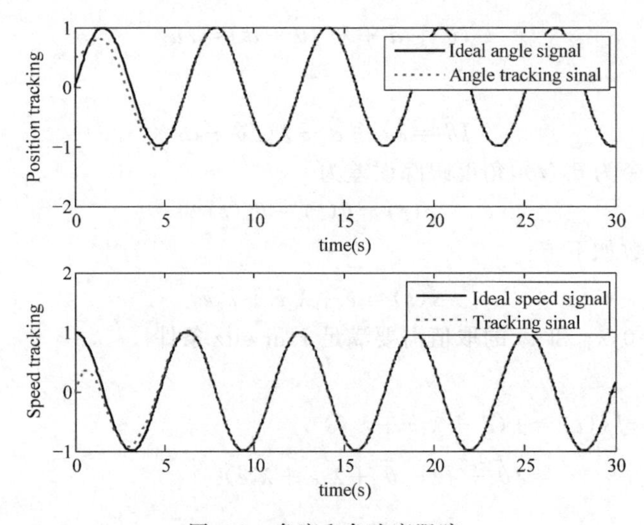

图 7.2　角度和角速度跟踪

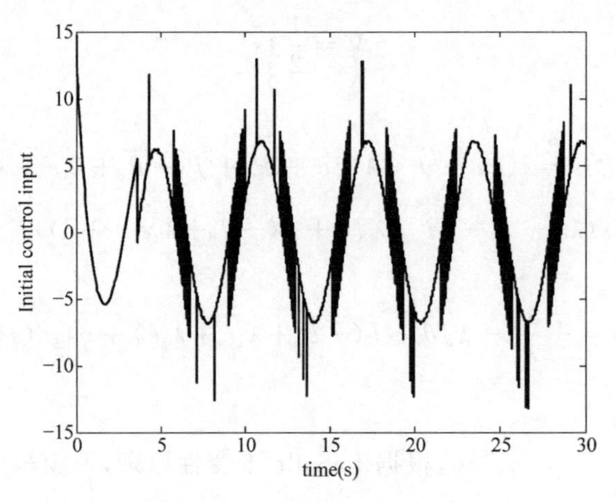

图 7.3　虚拟控制输入 u

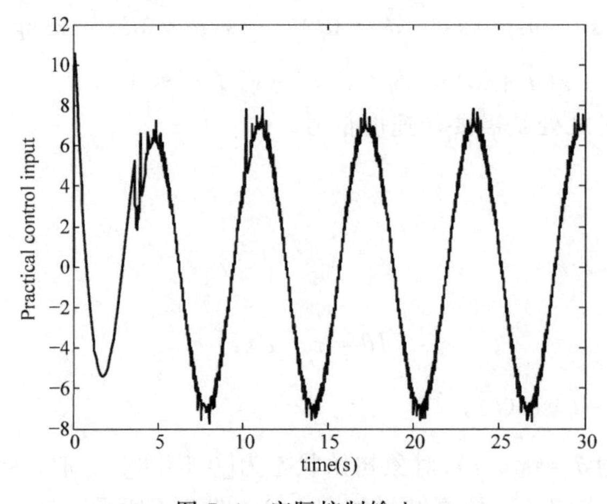

图 7.4　实际控制输入 τ

仿真程序：

(1) Simulink 主程序：chap7_1sim. mdl

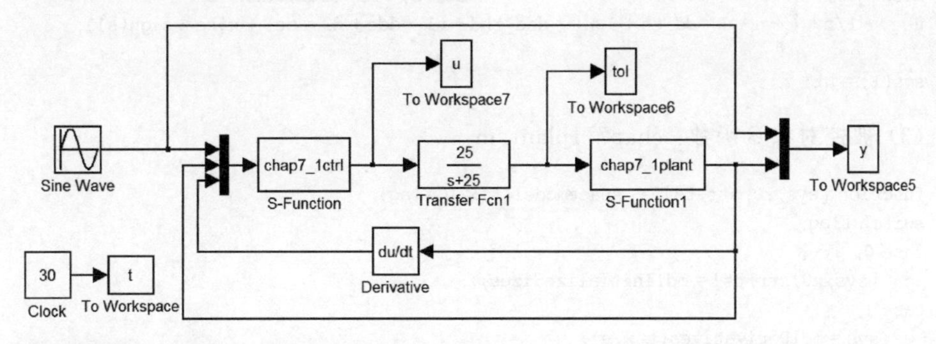

(2) 控制器 S 函数：chap7_1ctrl. m

```
function [sys,x0,str,ts] = spacemodel(t,x,u,flag)
switch flag,
case 0,
    [sys,x0,str,ts] = mdlInitializeSizes;
case 3,
    sys = mdlOutputs(t,x,u);
case {2,4,9}
    sys = [];
otherwise
    error(['Unhandled flag = ',num2str(flag)]);
end
function [sys,x0,str,ts] = mdlInitializeSizes
sizes = simsizes;
sizes.NumContStates  = 0;
sizes.NumDiscStates  = 0;
sizes.NumOutputs     = 1;
sizes.NumInputs      = 5;
sizes.DirFeedthrough = 1;
sizes.NumSampleTimes = 1;
sys = simsizes(sizes);
x0  = [];
str = [];
ts  = [0 0];
function sys = mdlOutputs(t,x,u)
tol = u(1);
th = u(2);
d_th = u(3);
dd_th = u(5);

J = 10;
thd = sin(t);
d_thd = cos(t);
dd_thd = - sin(t);
ddd_thd = - cos(t);
e = th - thd;
de = d_th - d_thd;
dde = dd_th - dd_thd;

n1 = 30;n2 = 30;
n = 25;
```

```
s = dde + n1 * de + n2 * e;

xite = 80;                                   % dot(d) + n * dmax, dmax = 3
ut = - 1/n * ( - n * J * dd_th + J * ( - ddd_thd + n1 * dde + n2 * de) + xite * sign(s));

sys(1) = ut;
```

(3) 被控对象 S 函数：chap7_1plant. m

```
function [sys,x0,str,ts] = spacemodel(t,x,u,flag)
switch flag,
case 0,
    [sys,x0,str,ts] = mdlInitializeSizes;
case 1,
    sys = mdlDerivatives(t,x,u);
case 3,
    sys = mdlOutputs(t,x,u);
case {2,4,9}
    sys = [];
otherwise
    error(['Unhandled flag = ',num2str(flag)]);
end
function [sys,x0,str,ts] = mdlInitializeSizes
sizes = simsizes;
sizes.NumContStates  = 2;
sizes.NumDiscStates  = 0;
sizes.NumOutputs     = 2;
sizes.NumInputs      = 1;
sizes.DirFeedthrough = 1;
sizes.NumSampleTimes = 1;                    % At least one sample time is needed
sys = simsizes(sizes);
x0  = [0.5;0];
str = [];
ts  = [0 0];
function sys = mdlDerivatives(t,x,u)         % Time - varying model
J = 10;
ut = u(1);
d = 3.0 * sin(t);
sys(1) = x(2);
sys(2) = 1/J * (ut - d);
function sys = mdlOutputs(t,x,u)
sys(1) = x(1);
sys(2) = x(2);
```

(4) 作图程序：chap7_1plot. m

```
close all;

figure(1);
subplot(211);
plot(t,y(:,1),'k',t,y(:,2),'r:','linewidth',2);
xlabel('time(s)');ylabel('Position tracking');
legend('ideal position signal','pracking signal');
subplot(212);
plot(t,cos(t),'k',t,y(:,3),'r:','linewidth',2);
xlabel('time(s)');ylabel('Speed tracking');
```

```
legend('ideal speed signal','tracking signal');

figure(2);
plot(t,u,'k','linewidth',2);
xlabel('time(s)');ylabel('initial control input');

figure(3);
plot(t,tol,'k','linewidth',2);
xlabel('time(s)');ylabel('practical control input');
```

7.2 基于 Kalman 滤波器的滑模控制

控制系统中经常伴有过程噪声和随机噪声,采用离散 Kalman 滤波器可对噪声进行滤波。

7.2.1 系统描述

对于离散域线性系统:

$$\begin{cases}\boldsymbol{x}(k)=\boldsymbol{A}\boldsymbol{x}(k-1)+\boldsymbol{B}(u(k-1)+w(k))\\ y_{\mathrm{v}}(k)=\boldsymbol{C}\boldsymbol{x}(k)+v(k)\end{cases}\tag{7.8}$$

其中,$w(k)$为过程噪声信号;$v(k)$为测量噪声信号。

设位置指令为 $y_{\mathrm{d}}(k)$,其变化率为 $dy_{\mathrm{d}}(k)$,取 $\boldsymbol{Y}_{\mathrm{d}}=[y_{\mathrm{d}}(k)\quad dy_{\mathrm{d}}(k)]^{\mathrm{T}}$,$\boldsymbol{Y}_{\mathrm{d1}}=[y_{\mathrm{d}}(k+1)\quad dy_{\mathrm{d}}(k+1)]^{\mathrm{T}}$。采用线性外推的方法预测 $y_{\mathrm{d}}(k+1)$及 $dy_{\mathrm{d}}(k+1)$,即

$$\begin{aligned}&y_{\mathrm{d}}(k+1)=2y_{\mathrm{d}}(k)-y_{\mathrm{d}}(k-1),\\&dy_{\mathrm{d}}(k+1)=2dy_{\mathrm{d}}(k)-dy_{\mathrm{d}}(k-1)\end{aligned}\tag{7.9}$$

忽略 $w(k)$和 $v(k)$,由于

$$\begin{aligned}ds(k)&=s(k+1)-s(k)=\boldsymbol{C}_{\mathrm{e}}\mathrm{e}(k+1)-s(k)\\&=\boldsymbol{C}_{\mathrm{e}}(Y_{\mathrm{d1}}-\boldsymbol{A}\boldsymbol{x}(k)-\boldsymbol{B}u(k))-s(k)\end{aligned}$$

采用基于指数趋近律的滑模控制,即

$$u(k)=(\boldsymbol{C}_{\mathrm{e}}\boldsymbol{B})^{-1}(\boldsymbol{C}_{\mathrm{e}}\boldsymbol{Y}_{\mathrm{d1}}-\boldsymbol{C}_{\mathrm{e}}\boldsymbol{A}\boldsymbol{x}(k)-s(k)-ds(k))\tag{7.10}$$

其中,切换函数为 $s(k)=\boldsymbol{C}_{\mathrm{e}}(\boldsymbol{Y}_{\mathrm{d}}-\boldsymbol{x})$,$\boldsymbol{C}_{\mathrm{e}}=[c\quad 1]$,$c>0$,$ds(k)=-\varepsilon T\operatorname{sgn}(s(k))-qTs(k)$。

7.2.2 卡尔曼滤波器原理

针对系统式(7.8),离散卡尔曼滤波器递推算法为

$$M_{\mathrm{n}}(k)=\boldsymbol{P}(k)\boldsymbol{C}^{\mathrm{T}}(\boldsymbol{C}\boldsymbol{P}(k)\boldsymbol{C}^{\mathrm{T}}+\boldsymbol{R})^{-1}\tag{7.11}$$

$$\boldsymbol{P}(k)=\boldsymbol{A}\boldsymbol{P}(k-1)\boldsymbol{A}^{\mathrm{T}}+\boldsymbol{B}^{\mathrm{T}}\boldsymbol{Q}\boldsymbol{B}\tag{7.12}$$

$$\boldsymbol{P}(k)=(\boldsymbol{I}_{\mathrm{n}}-M_{\mathrm{n}}(k)\boldsymbol{C})\boldsymbol{P}(k)\tag{7.13}$$

$$\boldsymbol{x}(k)=\boldsymbol{A}\boldsymbol{x}(k-1)+M_{\mathrm{n}}(k)(y_{\mathrm{v}}(k)-\boldsymbol{C}\boldsymbol{A}\boldsymbol{x}(k-1))\tag{7.14}$$

$$y_{\mathrm{e}}(k)=\boldsymbol{C}\boldsymbol{x}(k)\tag{7.15}$$

其中，Q 为噪声 $w(k)$ 的协方差；R 为噪声 $v(k)$ 的协方差。

带有 Kalman 滤波器的控制系统结构如图 7.5 所示，其中 y_{v} 为滤波器输入，y_{e} 为滤波器输出。

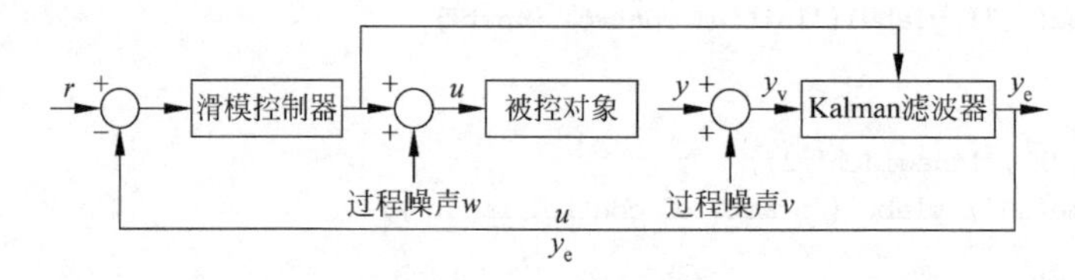

图 7.5　控制系统结构

此时，控制律式(7.10)中的状态输出 x 由 Kalman 滤波器提供。

7.2.3 仿真实例

对象传递函数为

$$G(s)=\frac{133}{s(s+25)}$$

取采样时间为 $T=0.001$，被控对象可转化为离散形式：

$$\boldsymbol{x}(k)=\boldsymbol{A}\boldsymbol{x}(k-1)+\boldsymbol{B}(u(k)+w(k))$$
$$y_{\mathrm{v}}(k)=\boldsymbol{C}\boldsymbol{x}(k)+v(k)$$

其中，$\boldsymbol{A}=\begin{bmatrix}1 & 0.0010\\0 & 0.9753\end{bmatrix}$，$\boldsymbol{B}=\begin{bmatrix}0.0001\\0.1314\end{bmatrix}$，$\boldsymbol{C}=[1\quad 0]$，$w(k)$ 为 $[-1.0,1.0]$ 的白噪声信号，$v(k)$ 为 $[-0.015,0.015]$ 的白噪声信号。

在 Kalman 滤波算法中，取 $\boldsymbol{Q}=\begin{bmatrix}10 & 0\\0 & 10\end{bmatrix}$，$R=10$。位置指令为 $y_{\mathrm{d}}(k)=\sin t$，$t=k\times T$，取 $k=10000$。

控制律取式(7.10)，取控制器参数为 $c=30$，$\varepsilon=150$，$q=300$。当 $M=2$ 时，不采用 Kalman 滤波算法，位置跟踪及相轨迹如图 7.6 和图 7.7 所示。当 $M=1$ 时，采用 Kalman 滤波算法式(7.11)～式(7.15)，位置跟踪及相轨迹如图 7.8～图 7.10 所示。由仿真结果可见，采用 Kalman 滤波器后，控制精度大大提高。

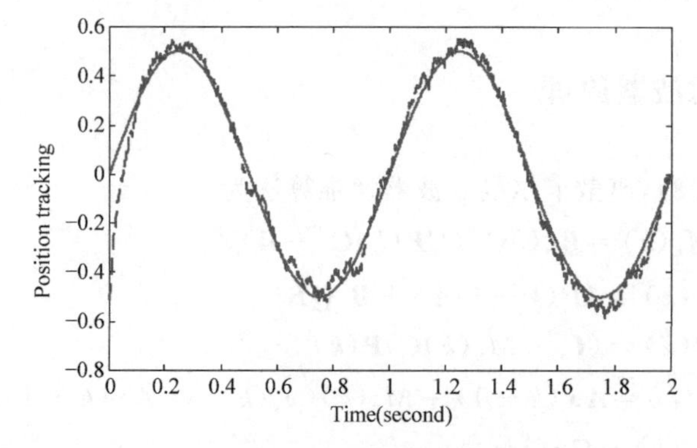

图 7.6　未加滤波器时的位置跟踪($M=2$)

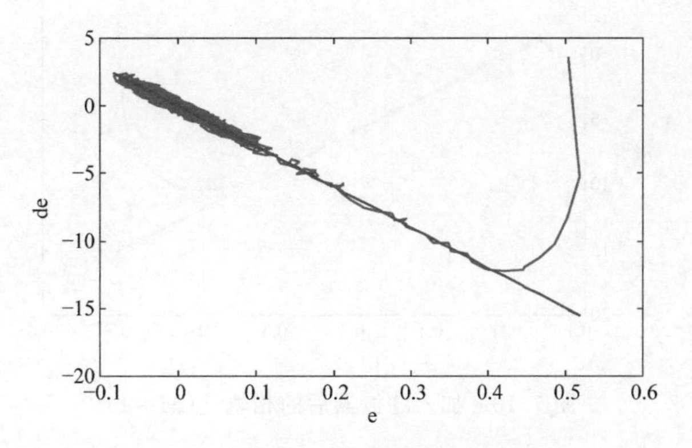

图 7.7　未加滤波器时的相轨迹($M=2$)

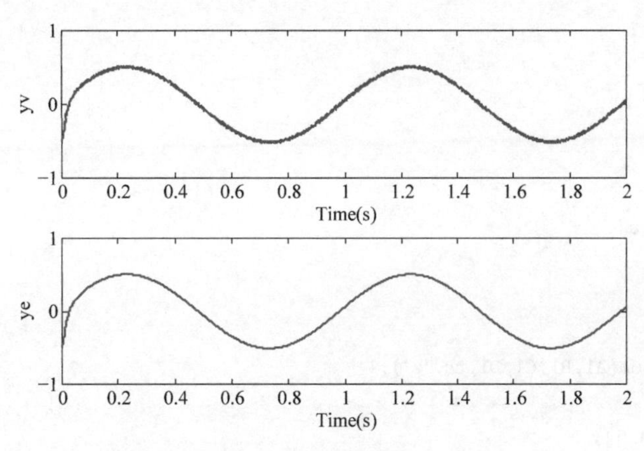

图 7.8　滤波前后对象的输出($M=1$)

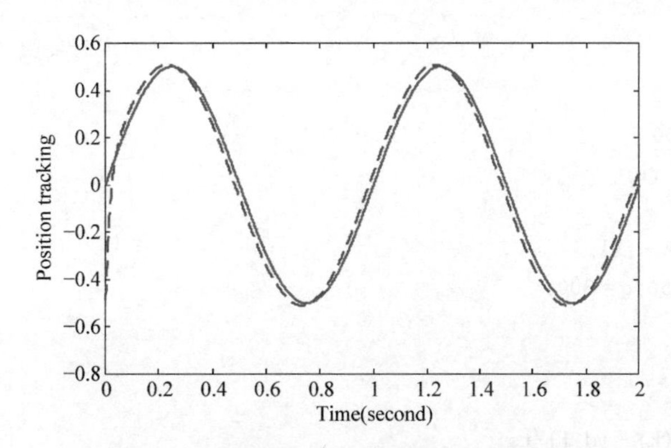

图 7.9　加滤波器后的位置跟踪($M=1$)

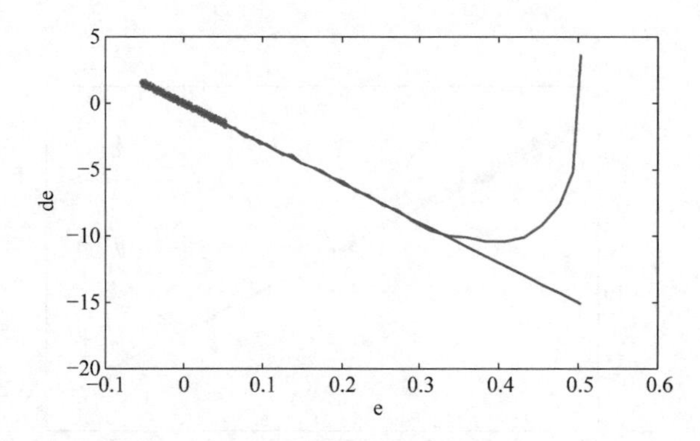

图 7.10　加入滤波器后的相轨迹($M=1$)

仿真程序：chap7_2.m

```
% Discrete Reaching Law VSS Control based on Kalman Filter
clear all;
close all;

a = 25;b = 133;

ts = 0.001;
A1 = [0,1;0, - a];
B1 = [0;b];
C1 = [1,0];
D1 = 0;
[A,B,C,D] = c2dm(A1,B1,C1,D1,ts,'z');

x = [ - 0.5; - 0.5];
yd_1 = 0;yd_2 = 0;

Q = 10;
R = 10;
P = B * Q * B';

for k = 1:1:10000
   time(k) = k * ts;

   yd(k) = sin(k * ts);
   c = 30;eq = 150;q = 300;
   Ce = [c,1];

% 外推法
   dyd(k) = (yd(k) - yd_1)/ts;
   dyd_1 = (yd_1 - yd_2)/ts;
   yd1(k) = 2 * yd(k) - yd_1;
   dyd1(k) = 2 * dyd(k) - dyd_1;
```

```
    Yd = [yd(k);dyd(k)];
    Yd1 = [yd1(k);dyd1(k)];

    E = Yd - x;
    e(k) = E(1);
    de(k) = E(2);

    s(k) = Ce * E;
    ds(k) = - eq * ts * sign(s(k)) - q * ts * s(k);

    u(k) = inv(Ce * B) * (Ce * Yd1 - Ce * A * x - s(k) - ds(k));
     wn(k) = rands(1);
     u(k) = u(k) + wn(k);

    x = A * x + B * u(k);
    v(k) = 0.015 * rands(1);
    yv(k) = C * x + v(k);

M = 2;
if M == 1                                          %卡尔曼滤波
    Mn = P * C'/(C * P * C' + R);
    P = A * P * A' + B * Q * B';
    P = (eye(2) - Mn * C) * P;
    x = A * x + Mn * (yv(k) - C * A * x);
    ye(k) = C * x;
elseif M == 2                                      %无滤波器
     ye(k) = yv(k);
    x(1) = ye(k);
end


%更新参数
yd_2 = yd_1;
yd_1 = yd(k);
end

figure(1);
subplot(211);
plot(time,yv,'r','linewidth',2);
xlabel('Time(s)');ylabel('yv');
legend('signal with noise');
subplot(212);
plot(time,ye,'r','linewidth',2);
xlabel('Time(s)');ylabel('ye');
legend('filtered signal with kalman');

figure(2);
plot(time,yd,'r',time,ye,'b');
xlabel('Time(second)');ylabel('position tracking');
figure(3);
```

```
plot(time,s,'r');
xlabel('Time(second)');ylabel('Switch function s');
figure(4);
plot(e,de,'r',e,-c*e,'b');
xlabel('e');ylabel('de');
figure(5);
plot(time,u,'r');
xlabel('Time(second)');ylabel('u');
```

7.3 基于高增益观测器的滑模控制

7.3.1 高增益观测器机理分析

考虑对象

$$G(s)=\frac{k}{s^2+as+b} \tag{7.16}$$

式(7.16)可表示为

$$\ddot{\theta}=-a\dot{\theta}-b\theta+ku(t) \tag{7.17}$$

其中，θ 为位置信号；$u(t)$为控制输入。

定义 $x_1=\theta, x_2=\dot{\theta}$，将式(7.17)写成状态方程形式：

$$\begin{cases}\dot{x}_1=x_2\\ \dot{x}_2=-ax_2-bx_1+ku(t)\\ y=x_1\end{cases} \tag{7.18}$$

控制问题为角度 x_1 跟踪指令 x_{1d}。

设计观测器为

$$\begin{cases}\dot{\hat{x}}_1=\hat{x}_2+\dfrac{\alpha_1}{\varepsilon}(y-\hat{x}_1)\\ \dot{\hat{x}}_2=-ax_2-bx_1+ku+\dfrac{\alpha_2}{\varepsilon^2}(y-\hat{x}_1)\end{cases}$$

其中，α_1 和 α_2 为正实数，$\varepsilon\ll 1$。

取 $h_1=\dfrac{\alpha_1}{\varepsilon}, h_2=\dfrac{\alpha_2}{\varepsilon^2}$，则观测器表达式为

$$\begin{cases}\dot{\hat{x}}_1=\hat{x}_2+h_1(y-\hat{x}_1)\\ \dot{\hat{x}}_2=-a\hat{x}_2-bx_1+ku(t)+h_2(y-\hat{x}_1)\end{cases} \tag{7.19}$$

定义$\tilde{\boldsymbol{x}}=\boldsymbol{x}-\hat{\boldsymbol{x}}$。

由式(7.18)和式(7.19)，可得

$$\begin{cases}\dot{\tilde{x}}_1=-h_1\tilde{x}_1+\tilde{x}_2\\ \dot{\tilde{x}}_2=-h_2\tilde{x}_1-a\tilde{x}_2\\ y=x_1\end{cases}$$

即

$$\dot{\tilde{x}} = A\tilde{x} \tag{7.20}$$

其中，$A=\begin{bmatrix}-h_1 & 1\\ -h_2 & -a\end{bmatrix}$，$\tilde{x}=\begin{bmatrix}\tilde{x}_1\\ \tilde{x}_2\end{bmatrix}$。

如果取 A 为 Hurwitz，即 A 的特征值为负，故 h_1 和 h_2 的设计为使 A 满足 Hurwitz。由式(7.20)，可得 $\tilde{x}$ 指数收敛

$$\|\tilde{x}(t)\| \leqslant \varphi_0 \|\tilde{x}(t_0)\| \mathrm{e}^{-\sigma_0(t-t_0)} \tag{7.21}$$

其中，φ_0 和 σ_0 为正的常数。

特征方程为 $|sI-A|=\begin{vmatrix}s+h_1 & -1\\ h_2 & s+a\end{vmatrix}=0$，即 $s^2+(h_1+a)s+h_2=0$。对应 $(s+p)^2=0$，有 $s^2+2ps+p^2=0$，则

$$\begin{cases}h_1+a=2p\\ h_2=p^2\end{cases} \tag{7.22}$$

其中，p 的设计需要满足 $p>0$，$h_1=2p-a>0$。

例如，取 $p=100$，则 $h_1=200-a$，$h_2=10000$，A 满足 Hurwitz。

由观测器式(7.19)，定义 $\tilde{x}_2=x_2-\hat{x}_2$，则

$$\begin{aligned}\dot{\tilde{x}}_2 &= \dot{x}_2-\dot{\hat{x}}_2=-ax_2-bx_1+ku-(-a\hat{x}_2-bx_1+ku+h_2(y-\hat{x}_1))\\ &=-a\tilde{x}_2-h_2\tilde{x}_1\end{aligned}$$

7.3.2 高增益观测器的滑模控制器设计

针对模型式(7.16)，设计滑模函数为 $s=ce+\dot{e}$，取

$$\hat{s}=c\hat{e}+\dot{\hat{e}} \tag{7.23}$$

其中，$c>0$，$\hat{e}=\theta_{\mathrm{d}}-\hat{\theta}$，$\dot{\hat{e}}=\dot{\theta}_{\mathrm{d}}-\dot{\hat{\theta}}$，定义 $e=\theta_{\mathrm{d}}-\theta$，$\dot{e}=\dot{\theta}_{\mathrm{d}}-\dot{\theta}$。

取控制律为

$$u(t)=\frac{1}{k}(\ddot{\theta}_{\mathrm{d}}+a\dot{\hat{\theta}}+b\theta+\eta\hat{s}+c\dot{\hat{e}}) \tag{7.24}$$

其中，$\eta>0$。

取滑模控制的 Lyapunov 函数为

$$V_s=\frac{1}{2}s^2$$

由于

$$\ddot{e}=\ddot{\theta}_{\mathrm{d}}-\ddot{\theta}=\ddot{\theta}_{\mathrm{d}}+a\dot{\theta}+b\theta-ku$$

$$\dot{s}=c\dot{e}+\ddot{e}=c\dot{e}+\ddot{\theta}_{\mathrm{d}}+a\dot{\theta}+b\theta-ku$$

则

$$\begin{aligned}\dot{s}&=c\dot{e}+\ddot{\theta}_{\mathrm{d}}+a\dot{\theta}+b\theta-(\ddot{\theta}_{\mathrm{d}}+a\dot{\hat{\theta}}+b\theta+\eta\hat{s}+c\dot{\hat{e}})\\ &=c\dot{\tilde{e}}+a\dot{\tilde{\theta}}-\eta\hat{s}=-\eta s+\eta\tilde{s}+c\dot{\tilde{e}}+a\dot{\tilde{\theta}}\end{aligned}$$

$$=-\eta s+\eta(-c\tilde{\theta}-\dot{\tilde{\theta}})+c(-\dot{\tilde{\theta}})+a\dot{\tilde{\theta}}$$
$$=-\eta s+\eta(-c\tilde{\theta}-\dot{\tilde{\theta}})+c(-\dot{\tilde{\theta}})+a\dot{\tilde{\theta}}$$
$$=-\eta s-\eta c\tilde{\theta}+(a-\eta-c)\dot{\tilde{\theta}}$$

其中，$\tilde{\theta}=\theta-\hat{\theta}$，$\dot{\tilde{\theta}}=\dot{\theta}-\dot{\hat{\theta}}$，定义 $\tilde{e}=e-\hat{e}$，然后推导出 $\tilde{e}=e-\hat{e}=-\theta+\hat{\theta}=-\tilde{\theta}$，$\dot{\tilde{e}}=-\dot{\tilde{\theta}}$，$\tilde{s}=s-\hat{s}=c\tilde{e}+\dot{\tilde{e}}=-c\tilde{\theta}-\dot{\tilde{\theta}}$。

于是

$$\dot{V}_s=-\eta s^2+s(-\eta c\tilde{\theta}+(a-\eta-c)\dot{\tilde{\theta}})=-\eta s^2+k_1 s\tilde{\theta}+k_2 s\dot{\tilde{\theta}}$$

其中，$k_1=-\eta c$，$k_2=a-\eta-c$。

由于 $k_1 s\tilde{\theta}\leqslant\frac{1}{2}s^2+\frac{1}{2}k_1^2\tilde{\theta}^2$，$k_2 s\dot{\tilde{\theta}}\leqslant\frac{1}{2}s^2+\frac{1}{2}k_2^2\dot{\tilde{\theta}}^2$，则

$$\dot{V}_s\leqslant-\eta s^2+\frac{1}{2}s^2+\frac{1}{2}k_1^2\tilde{\theta}^2+\frac{1}{2}s^2+\frac{1}{2}k_2^2\dot{\tilde{\theta}}^2$$
$$=-(\eta-1)s^2+\frac{1}{2}k_1^2\tilde{\theta}^2+\frac{1}{2}k_2^2\dot{\tilde{\theta}}^2$$

其中，$\eta>1$。

闭环系统 Liyapunov 函数为

$$V=V_s+V_o \tag{7.25}$$

其中，$V_o=\frac{1}{2}\tilde{\boldsymbol{x}}^{\mathrm{T}}\tilde{\boldsymbol{x}}=\frac{1}{2}\tilde{\theta}^2+\frac{1}{2}\dot{\tilde{\theta}}^2$，则 $\dot{V}_o=\tilde{\boldsymbol{x}}^{\mathrm{T}}\dot{\tilde{\boldsymbol{x}}}=\tilde{\boldsymbol{x}}^{\mathrm{T}}\boldsymbol{A}\tilde{\boldsymbol{x}}$，即 $\dot{V}_o$ 指数收敛。

由于观测器指数收敛，则

$$\dot{V}\leqslant-(\eta-1)s^2+\frac{1}{2}k_1^2\tilde{\theta}^2+\frac{1}{2}k_2^2\dot{\tilde{\theta}}^2+\tilde{\boldsymbol{x}}^{\mathrm{T}}\boldsymbol{A}\tilde{\boldsymbol{x}}$$
$$=-\eta_1 V_s-\frac{1}{2}\eta_1\tilde{\theta}^2-\frac{1}{2}\eta_1\dot{\tilde{\theta}}^2+\frac{1}{2}(k_1^2+\eta_1)\tilde{\theta}^2+\frac{1}{2}(k_2^2+\eta_1)\dot{\tilde{\theta}}^2+\tilde{\boldsymbol{x}}^{\mathrm{T}}\boldsymbol{A}\tilde{\boldsymbol{x}}$$
$$\leqslant-\eta_1 V+\chi(\cdot)\mathrm{e}^{-\sigma_0(t-t_0)}$$

其中，$\eta_1=2(\eta-1)>0$，$\chi(\cdot)$是 $\|\tilde{\boldsymbol{x}}(t_0)\|$ 的 K 类函数，$\sigma_0>0$，$\boldsymbol{x}=[\theta\quad\dot{\theta}]^{\mathrm{T}}$。

引理 7.1[3] 针对 $V:[0,\infty)\in R$，不等式方程 $\dot{V}\leqslant-\alpha V+f$，$\forall t\geqslant t_0\geqslant 0$ 的解为

$$V(t)\leqslant\mathrm{e}^{-\alpha(t-t_0)}V(t_0)+\int_{t_0}^{t}\mathrm{e}^{-\alpha(t-\tau)}f(\tau)\mathrm{d}\tau \tag{7.26}$$

其中，α 为任意常数。

采用引理 7.1，不等式方程 $\dot{V}\leqslant-\eta_1 V+\chi(\cdot)\mathrm{e}^{-\sigma_0(t-t_0)}$ 的解为

$$V(t)\leqslant\mathrm{e}^{-\eta_1(t-t_0)}V(t_0)+\chi(\cdot)\int_{t_0}^{t}\mathrm{e}^{-\eta_1(t-\tau)}\mathrm{e}^{-\sigma_0(\tau-t_0)}\mathrm{d}\tau$$
$$=\mathrm{e}^{-\eta_1(t-t_0)}V(t_0)+\chi(\cdot)\mathrm{e}^{-\eta_1 t+\sigma_0 t_0}\int_{t_0}^{t}\mathrm{e}^{\eta_1\tau}\mathrm{e}^{-\sigma_0\tau}\mathrm{d}\tau$$
$$=\mathrm{e}^{-\eta_1(t-t_0)}V(t_0)+\frac{\chi(\cdot)}{\eta_1-\sigma_0}\mathrm{e}^{-\eta_1 t+\sigma_0 t_0}\mathrm{e}^{(\eta_1-\sigma_0)\tau}\Big|_{t_0}^{t}$$

$$=\mathrm{e}^{-\eta_1(t-t_0)}V(t_0)+\frac{\chi(\cdot)}{\eta_1-\sigma_0}\mathrm{e}^{-\eta_1 t+\sigma_0 t_0}(\mathrm{e}^{(\eta_1-\sigma_0)t}-\mathrm{e}^{(\eta_1-\sigma_0)t_0})$$

$$=\mathrm{e}^{-\eta_1(t-t_0)}V(t_0)+\frac{\chi(\cdot)}{\eta_1-\sigma_0}(\mathrm{e}^{-\sigma_0(t-t_0)}-\mathrm{e}^{-\eta_1(t-t_0)})$$

即

$$\lim_{t\to\infty}V(t)\leqslant 0$$

由于 $V(t)\geqslant 0$，故 $t\to\infty$ 时，$V(t)=0$，且 $V(t)$ 指数收敛，从而 $t\to\infty$ 时，$s\to 0$，$e\to 0$，$\dot{e}\to 0$。收敛精度取决于 η_1，即 η。

7.3.3 仿真实例

考虑对象

$$G(s)=\frac{1}{s^2+10s+1}$$

该对象可表示为

$$\begin{cases}\dot{x}_1=x_2\\ \dot{x}_2=-10x_2-x_1+u(t)\end{cases}$$

高增益观测器设计为

$$\begin{cases}\dot{\hat{x}}_1=\hat{x}_2+h_1(y-\hat{x}_1)\\ \dot{\hat{x}}_2=-10\hat{x}_2-x_1+u+h_2(y-\hat{x}_1)\end{cases}$$

采用基于高增益观测器的滑模控制，被控对象初始状态取 $x_1(0)=0.20$，$x_2(0)=0$，位置指令为 $\theta_{\mathrm{d}}=\sin t$，观测器取式(7.16)，观测器参数取 $\varepsilon=0.10$，$\alpha_1=\alpha_2=1$，控制器取式(7.23)，取 $c=5$，$\eta=1.5$，控制效果如图 7.11～图 7.13 所示。可见，通过采用高增益观测器，无须测量速度信号，可获得很好的跟踪性能。

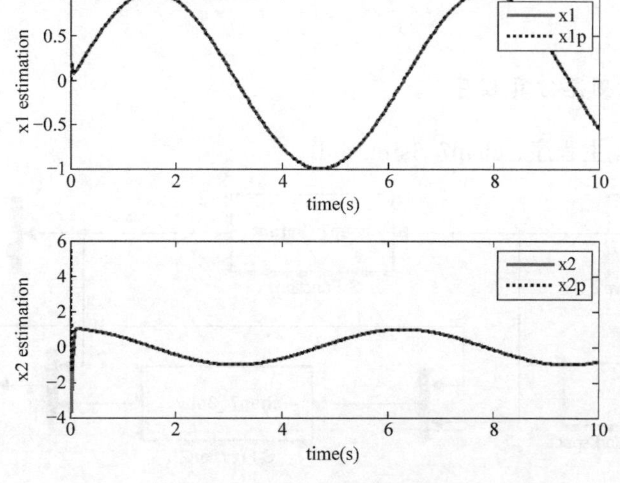

图 7.11　位置和速度的观测

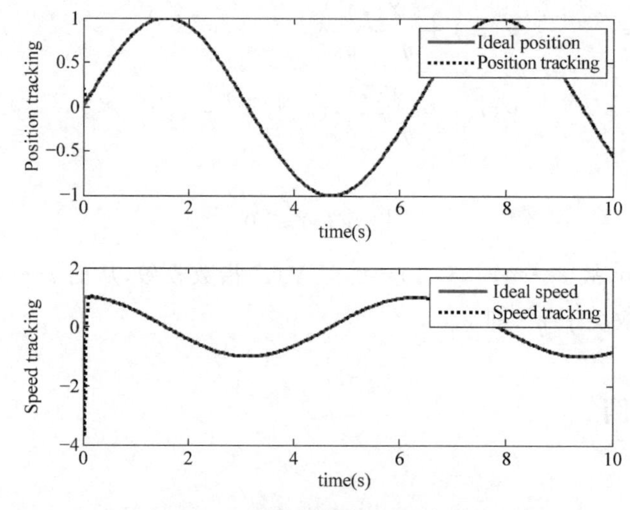

图 7.12　滑模控制位置、速度跟踪

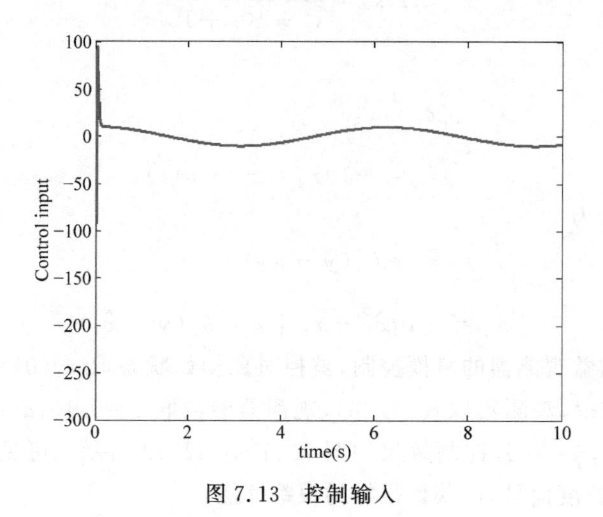

图 7.13　控制输入

仿真程序：

1. 高增益观测器仿真程序

(1) Simulink 主程序：chap7_3sim.mdl

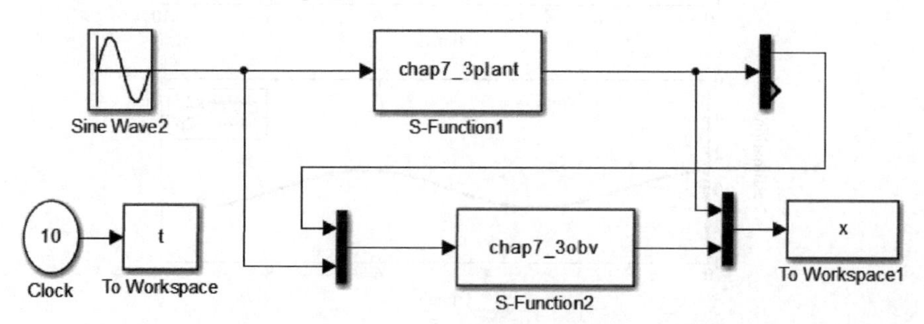

(2) 观测器 S 函数程序：chap7_3obv. m

```
function [sys,x0,str,ts] = s_function(t,x,u,flag)
switch flag,
case 0,
    [sys,x0,str,ts] = mdlInitializeSizes;
case 1,
    sys = mdlDerivatives(t,x,u);
case 3,
    sys = mdlOutputs(t,x,u);
case {2, 4, 9}
    sys = [];
otherwise
    error(['Unhandled flag = ',num2str(flag)]);
end
function [sys,x0,str,ts] = mdlInitializeSizes
sizes = simsizes;
sizes.NumContStates   = 2;
sizes.NumDiscStates   = 0;
sizes.NumOutputs      = 2;
sizes.NumInputs       = 2;
sizes.DirFeedthrough  = 1;
sizes.NumSampleTimes  = 0;
sys = simsizes(sizes);
x0  = [0 0];
str = [];
ts  = [];
function sys = mdlDerivatives(t,x,u)
x1 = u(1);
e1 = x1 - x(1);
alfa1 = 1;alfa2 = 1;
epc = 0.01;
h1 = alfa1/epc;
h2 = alfa2/(epc^2);

A = [ - h1 1; - h2 0];
eig(A);

sys(1) = x(2) + h1 * e1;
sys(2) = - 10 * x(2) - x(1) + u(2) + h2 * e1;
function sys = mdlOutputs(t,x,u)
sys(1) = x(1);
sys(2) = x(2);
```

(3) 被控对象 S 函数程序：chap7_3plant. m

```
function [sys,x0,str,ts] = s_function(t,x,u,flag)
switch flag,
```

```
case 0,
    [sys,x0,str,ts] = mdlInitializeSizes;
case 1,
    sys = mdlDerivatives(t,x,u);
case 3,
    sys = mdlOutputs(t,x,u);
case {2, 4, 9}
    sys = [];
otherwise
    error(['Unhandled flag = ',num2str(flag)]);
end
function [sys,x0,str,ts] = mdlInitializeSizes
sizes = simsizes;
sizes.NumContStates   = 2;
sizes.NumDiscStates   = 0;
sizes.NumOutputs      = 2;
sizes.NumInputs       = 1;
sizes.DirFeedthrough  = 0;
sizes.NumSampleTimes  = 0;
sys = simsizes(sizes);
x0  = [0.5;0];
str = [];
ts  = [];
function sys = mdlDerivatives(t,x,u)
ut = u(1);

f = -10*x(2) - x(1);

sys(1) = x(2);
sys(2) = f + ut;
function sys = mdlOutputs(t,x,u)
sys(1) = x(1) + 0.003*rands(1);
sys(2) = x(2);
```

(4) 作图程序：chap7_3plot.m

```
close all;

figure(1);
subplot(211);
plot(t,x(:,1),'r',t,x(:,3),'k:','linewidth',2);
xlabel('time(s)');ylabel('x1 and its estimate');
legend('practical position','position estimation');
subplot(212);
plot(t,x(:,2),'r',t,x(:,4),'k:','linewidth',2);
xlabel('time(s)');ylabel('x2 and its estimate');
legend('practical speed','speed estimation');
```

2. 控制系统仿真程序

(1) Simulink 主程序：chap7_4sim. mdl

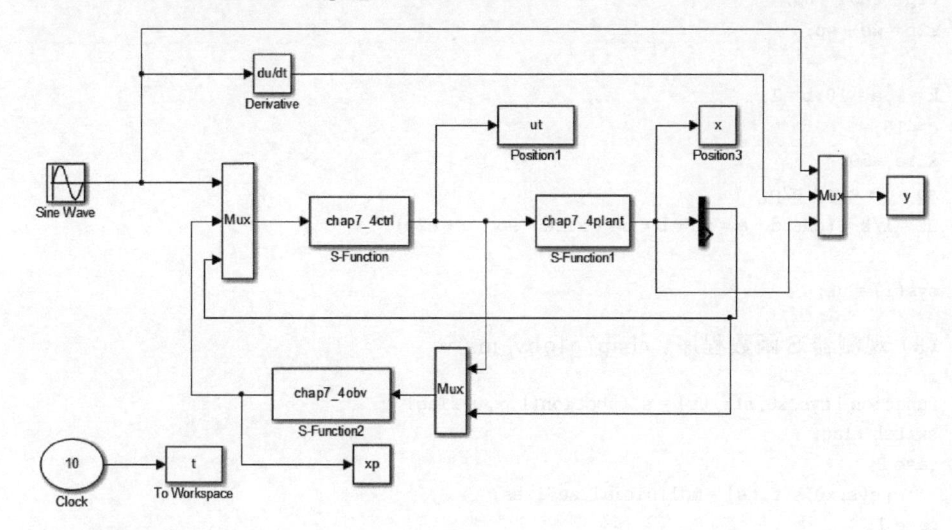

(2) 控制器 S 函数程序：chap7_4ctrl. m

```
function [sys,x0,str,ts] = s_function(t,x,u,flag)
switch flag,
case 0,
    [sys,x0,str,ts] = mdlInitializeSizes;
case 3,
    sys = mdlOutputs(t,x,u);
case {1,2, 4, 9}
    sys = [];
otherwise
    error(['Unhandled flag = ',num2str(flag)]);
end
function [sys,x0,str,ts] = mdlInitializeSizes
sizes = simsizes;
sizes.NumContStates   = 0;
sizes.NumDiscStates   = 0;
sizes.NumOutputs      = 1;
sizes.NumInputs       = 4;
sizes.DirFeedthrough  = 1;
sizes.NumSampleTimes  = 1;
sys = simsizes(sizes);
x0  = [];
str = [];
ts  = [-1 0];
function sys = mdlOutputs(t,x,u)
thd = sin(t);
wd = cos(t);
ddthd = -sin(t);

thp = u(2);
```

```
wp = u(3);
th = u(4);

e1p = thd - thp;
e2p = wd - wp;

k = 1;a = 10;b = 1;
c = 10;
xite = 50;
sp = c * e1p + e2p;
ut = 1/k * (ddthd + a * wp + b * th + xite * sp + c * e2p);

sys(1) = ut;
```

(3) 观测器 S 函数程序：chap7_4obv.m

```
function [sys,x0,str,ts] = s_function(t,x,u,flag)
switch flag,
case 0,
    [sys,x0,str,ts] = mdlInitializeSizes;
case 1,
    sys = mdlDerivatives(t,x,u);
case 3,
    sys = mdlOutputs(t,x,u);
case {2, 4, 9}
    sys = [];
otherwise
    error(['Unhandled flag = ',num2str(flag)]);
end
function [sys,x0,str,ts] = mdlInitializeSizes
sizes = simsizes;
sizes.NumContStates  = 2;
sizes.NumDiscStates  = 0;
sizes.NumOutputs     = 2;
sizes.NumInputs      = 2;
sizes.DirFeedthrough = 1;
sizes.NumSampleTimes = 0;
sys = simsizes(sizes);
x0  = [0 0];
str = [];
ts  = [];
function sys = mdlDerivatives(t,x,u)
ut = u(1);
y = u(2);
a = 10;
h1 = 200 - a;
h2 = 10000;

sys(1) = x(2) + h1 * (y - x(1));
sys(2) = - 10 * x(2) - y + ut + h2 * (y - x(1));
function sys = mdlOutputs(t,x,u)
sys(1) = x(1);
sys(2) = x(2);
```

(4) 被控对象 S 函数程序：chap7_4plant.m

```
function [sys,x0,str,ts] = s_function(t,x,u,flag)
switch flag,
case 0,
    [sys,x0,str,ts] = mdlInitializeSizes;
case 1,
    sys = mdlDerivatives(t,x,u);
case 3,
    sys = mdlOutputs(t,x,u);
case {2, 4, 9}
    sys = [];
otherwise
    error(['Unhandled flag = ',num2str(flag)]);
end
function [sys,x0,str,ts] = mdlInitializeSizes
sizes = simsizes;
sizes.NumContStates  = 2;
sizes.NumDiscStates  = 0;
sizes.NumOutputs     = 2;
sizes.NumInputs      = 1;
sizes.DirFeedthrough = 1;
sizes.NumSampleTimes = 1;
sys = simsizes(sizes);
x0  = [0.2 0];
str = [];
ts  = [-1 0];
function sys = mdlDerivatives(t,x,u)
sys(1) = x(2);
sys(2) = -10 * x(2) - x(1) + u(1);
function sys = mdlOutputs(t,x,u)
sys(1) = x(1);
sys(2) = x(2);
```

(5) 作图程序：chap7_4plot.m

```
close all;

figure(1);
subplot(211);
plot(t,x(:,1),'r',t,xp(:,1),'k:','linewidth',2);
xlabel('time(s)');ylabel('x1 estimation');
legend('x1','x1p');
subplot(212);
plot(t,x(:,2),'r',t,xp(:,2),'k:','linewidth',2);
xlabel('time(s)');ylabel('x2 estimation');
legend('x2','x2p');

figure(2);
subplot(211);
plot(t,y(:,1),'r',t,y(:,3),'k:','linewidth',2);
xlabel('time(s)');ylabel('Position tracking');
legend('ideal position','position tracking');
subplot(212);
```

```
plot(t,y(:,2),'r',t,y(:,4),'k:','linewidth',2);
xlabel('time(s)');ylabel('Speed tracking');
legend('ideal speed','speed tracking');

figure(3);
plot(t,ut(:,1),'r','linewidth',2);
xlabel('time(s)');ylabel('Control input');
```

7.4 基于扩张观测器的滑模控制

扩张观测器中采用的高增益误差反馈使得观测器的动态远远高于系统的动态[4-7]，相当于系统中的快变子系统，可以保证观测误差的快速收敛和足够高的估计精度，进而提供可用的角速度信号用于反馈。

7.4.1 扩张观测器的设计

考虑如下对象：

$$J\ddot{\theta}=u(t)-d(t) \tag{7.27}$$

其中，J 为转动惯量；$u(t)$为控制输入；θ 为实际角度；$d(t)$为外加干扰。

式(7.27)可写为

$$\ddot{\theta}=bu(t)+f(t) \tag{7.28}$$

其中，$b=\frac{1}{J}$为已知；$f(t)=-\frac{1}{J}d(t)$为未知，$f(t)$的导数存在且有界。

式(7.28)可写为

$$\begin{cases}\dot{\boldsymbol{x}}=\boldsymbol{A}\boldsymbol{x}+\boldsymbol{B}(bu+f(t))\\ y=\boldsymbol{C}\boldsymbol{x}\end{cases} \tag{7.29}$$

其中，$\boldsymbol{x}=\begin{bmatrix}x_1\\x_2\end{bmatrix}=\begin{bmatrix}\theta\\\dot{\theta}\end{bmatrix}$，$\boldsymbol{A}=\begin{bmatrix}0&1\\0&0\end{bmatrix}$，$\boldsymbol{B}=\begin{bmatrix}0\\1\end{bmatrix}$，$\boldsymbol{C}=[1\quad 0]$，$|\dot{f}(t)|\leqslant L$。

参考文献[7,8]，扩张观测器设计为

$$\begin{cases}\dot{\hat{x}}_1=\hat{x}_2+\frac{\alpha_1}{\varepsilon}(y-\hat{x}_1)\\ \dot{\hat{x}}_2=bu+\hat{\sigma}+\frac{\alpha_2}{\varepsilon^2}(y-\hat{x}_1)\\ \dot{\hat{\sigma}}=\frac{\alpha_3}{\varepsilon^3}(y-\hat{x}_1)\end{cases} \tag{7.30}$$

采用该扩张观测器，可实现当$t\to\infty$时，$\hat{x}_1(t)\to x_1(t)$，$\hat{x}_2(t)\to x_2(t)$，$\hat{\sigma}(t)\to f(\theta,\dot{\theta},t)$，其中 $\hat{x}_1$、$\hat{x}_2$ 和 $\hat{\sigma}$ 为观测器状态，$\varepsilon>0$，α_1、α_2 和 α_3 为正实数，多项式 $s^3+\alpha_1 s^2+\alpha_2 s+\alpha_3$ 满足 Hurwitz 条件。

7.4.2 扩张观测器的分析

定义[7]

$$\boldsymbol{\eta}=[\eta_1 \quad \eta_2 \quad \eta_3]^{\mathrm{T}}$$

其中

$$\eta_1=\frac{x_1-\hat{x}_1}{\varepsilon^2},\quad \eta_2=\frac{x_2-\hat{x}_2}{\varepsilon},\quad \eta_3=f(t)-\hat{\sigma}$$

由于

$$\varepsilon\dot{\eta}_1=\frac{\dot{x}_1-\dot{\hat{x}}_1}{\varepsilon}=\frac{1}{\varepsilon}\left(x_2-\left(\hat{x}_2+\frac{\alpha_1}{\varepsilon}(y-\hat{x}_1)\right)\right)=\frac{1}{\varepsilon}\left(x_2-\hat{x}_2-\frac{\alpha_1}{\varepsilon}(y-\hat{x}_1)\right)$$

$$=-\frac{\alpha_1}{\varepsilon^2}(x_1-\hat{x}_1)+\frac{1}{\varepsilon}(x_2-\hat{x}_2)=-\alpha_1\eta_1+\eta_2$$

$$\varepsilon\dot{\eta}_2=\varepsilon\frac{\dot{x}_2-\dot{\hat{x}}_2}{\varepsilon}=\left(bu+f(t)-\left(bu+\hat{\sigma}+\frac{\alpha_2}{\varepsilon^2}(y-\hat{x}_1)\right)\right)$$

$$=\left(f(t)-\hat{\sigma}-\frac{\alpha_2}{\varepsilon^2}(y-\hat{x}_1)\right)=-\frac{\alpha_2}{\varepsilon^2}(x_1-\hat{x}_1)+(f(t)-\hat{\sigma})=-\alpha_2\eta_1+\eta_3$$

$$\varepsilon\dot{\eta}_3=\varepsilon(\dot{f}(t)-\dot{\hat{\sigma}})=\varepsilon\left(\dot{f}(t)-\frac{\alpha_3}{\varepsilon^3}(y-\hat{x}_1)\right)=\varepsilon\dot{f}(t)-\frac{\alpha_3}{\varepsilon^2}(y-\hat{x}_1)=-\alpha_3\eta_1+\varepsilon\dot{f}(t)$$

则观测误差状态方程可写为

$$\varepsilon\dot{\boldsymbol{\eta}}=\bar{\boldsymbol{A}}\boldsymbol{\eta}+\varepsilon\bar{\boldsymbol{B}}\dot{f} \tag{7.31}$$

其中

$$\bar{\boldsymbol{A}}=\begin{bmatrix}-\alpha_1 & 1 & 0\\ -\alpha_2 & 0 & 1\\ -\alpha_3 & 0 & 0\end{bmatrix},\quad \bar{\boldsymbol{B}}=\begin{bmatrix}0\\0\\1\end{bmatrix}$$

矩阵 $\bar{\boldsymbol{A}}$ 的特征方程为

$$|\lambda\boldsymbol{I}-\bar{\boldsymbol{A}}|=\begin{vmatrix}\lambda+\alpha_1 & -1 & 0\\ \alpha_2 & \lambda & -1\\ \alpha_3 & 0 & \lambda\end{vmatrix}=0$$

则

$$(\lambda+\alpha_1)\lambda^2+\alpha_3+\alpha_2\lambda=0$$

且

$$\lambda^3+\alpha_1\lambda^2+\alpha_2\lambda+\alpha_3=0$$

通过选择 $\alpha_i(i=1,2,3)$ 使 $\bar{\boldsymbol{A}}$ 为 Hurwitz。例如,对于 $\lambda^3+\alpha_1\lambda^2+\alpha_2\lambda+\alpha_3=0$,通过选择$(\lambda+1)(\lambda+2)(\lambda+3)=0$,则 $\lambda^3+6\lambda^2+11\lambda+6=0$,从而 $\alpha_1=6,\alpha_2=11,\alpha_3=6$。

对于任意给定的对称正定阵 $\boldsymbol{Q}$,存在对称正定阵 $\boldsymbol{P}$ 满足如下 Lyapunov 方程:

$$\bar{\boldsymbol{A}}^{\mathrm{T}}\boldsymbol{P}+\boldsymbol{P}\bar{\boldsymbol{A}}+\boldsymbol{Q}=0 \tag{7.32}$$

定义观测器的 Lyapunov 函数为

$$V_{\mathrm{o}}=\varepsilon\boldsymbol{\eta}^{\mathrm{T}}\boldsymbol{P}\boldsymbol{\eta}$$

则

$$\begin{aligned}\dot{V}_o &= \varepsilon\dot{\boldsymbol{\eta}}^T\boldsymbol{P}\boldsymbol{\eta}+\varepsilon\boldsymbol{\eta}^T\boldsymbol{P}\dot{\boldsymbol{\eta}}=(\bar{\boldsymbol{A}}\boldsymbol{\eta}+\varepsilon\bar{\boldsymbol{B}}\dot{f})^T\boldsymbol{P}\boldsymbol{\eta}+\boldsymbol{\eta}^T\boldsymbol{P}(\bar{\boldsymbol{A}}\boldsymbol{\eta}+\varepsilon\bar{\boldsymbol{B}}\dot{f})\\ &=\boldsymbol{\eta}^T\bar{\boldsymbol{A}}^T\boldsymbol{P}\boldsymbol{\eta}+\varepsilon(\bar{\boldsymbol{B}}\dot{f}(t))^T\boldsymbol{P}\boldsymbol{\eta}+\boldsymbol{\eta}^T\boldsymbol{P}\bar{\boldsymbol{A}}\boldsymbol{\eta}+\varepsilon\boldsymbol{\eta}^T\boldsymbol{P}\bar{\boldsymbol{B}}\dot{f}(t)\\ &=\boldsymbol{\eta}^T(\bar{\boldsymbol{A}}^T\boldsymbol{P}+\boldsymbol{P}\bar{\boldsymbol{A}})\boldsymbol{\eta}+2\varepsilon\boldsymbol{\eta}^T\boldsymbol{P}\bar{\boldsymbol{B}}\dot{f}(t)\leqslant-\boldsymbol{\eta}^T\boldsymbol{Q}\boldsymbol{\eta}+2\varepsilon\|\boldsymbol{P}\bar{\boldsymbol{B}}\|\cdot\|\boldsymbol{\eta}\|\cdot|\dot{f}(t)|\end{aligned}$$

且

$$\dot{V}_o\leqslant-\lambda_{\min}(\boldsymbol{Q})\|\boldsymbol{\eta}\|^2+2\varepsilon L\|\boldsymbol{P}\bar{\boldsymbol{B}}\|\|\boldsymbol{\eta}\|$$

其中，$\lambda_{\min}(\boldsymbol{Q})$为$\boldsymbol{Q}$的最小特征值。

由$\dot{V}_o\leqslant 0$可得观测器的收敛条件为

$$\|\boldsymbol{\eta}\|\leqslant\frac{2\varepsilon L\|\boldsymbol{P}\bar{\boldsymbol{B}}\|}{\lambda_{\min}(\boldsymbol{Q})}\tag{7.33}$$

由式(7.33)可见，观测误差$\boldsymbol{\eta}$收敛速度与参数ε有关。实际上，当参数ε很小时，根据奇异摄动系统理论，误差动态方程式(7.28)为系统中的快变子系统，而且ε越小，$\boldsymbol{\eta}$收敛的速度越快，$\|\boldsymbol{\eta}\|$是$O(\varepsilon)$的，随着ε的减小，观测误差逐渐向零趋近。

由于扩张观测器属于高增益观测器，如果扩张观测器的初始值与对象的初值不同，对于很小的ε，将产生峰值现象[9]，造成观测器的收敛效果差。为了防止峰值现象，设计ε为[10]

$$\frac{1}{\varepsilon}=R=\begin{cases}100t^3, & 0\leqslant t\leqslant 1\\ 100, & t>1\end{cases}\tag{7.34}$$

或

$$\frac{1}{\varepsilon}=R=\begin{cases}\mu\dfrac{1-e^{-\lambda_1 t}}{1+e^{-\lambda_2 t}}, & 0\leqslant t\leqslant t_{\max}\\ \mu, & t>t_{\max}\end{cases}\tag{7.35}$$

其中，μ、λ_1和λ_2为正实数。

例如，取$\lambda_1=\lambda_2=50$，$\mu=100$，R和ε的变化如图7.14所示。

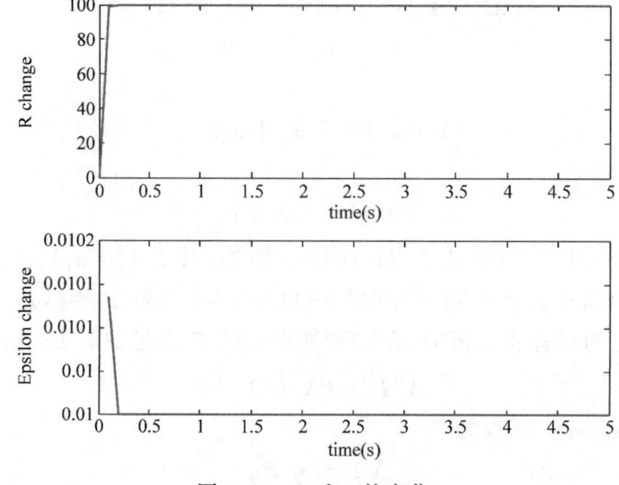

图7.14　R和ε的变化

上述防止峰值算法的不足之处为：由于初始时刻采用了低增益，降低了扩张观测器的初始动态，使观测误差的收敛速度变慢，进而提供的角速度信号不适合快速控制。

7.4.3 仿真实例

考虑如下对象：

$$J\ddot{\theta}=u(t)-d(t)$$

其中，J 为转动惯量；$u(t)$为控制输入；θ 为实际角度；$d(t)$为外加干扰；θ 为角度信号。

在扩张观测器仿真中，对象信息取 $d(t)=3\sin(t)$，$J=10$，$u(t)=0.1\sin t$，取观测器参数 $\alpha_1=6$，$\alpha_2=11$，$\alpha_3=6$，为了防止峰值现象，按式(7.34)或式(7.35)设计 ε，仿真结果如图 7.15～图 7.17 所示。

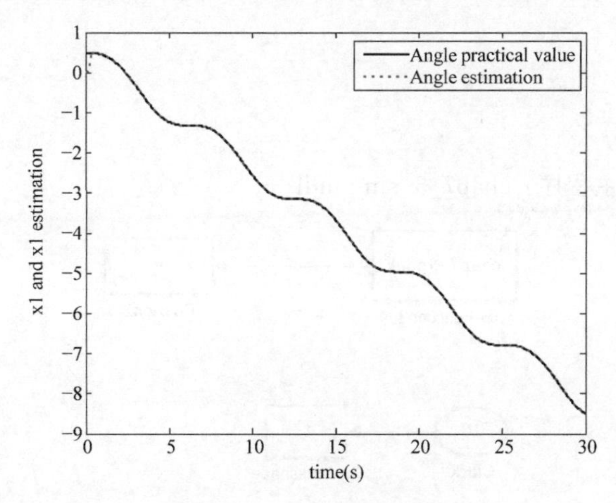

图 7.15　θ 及其观测信号

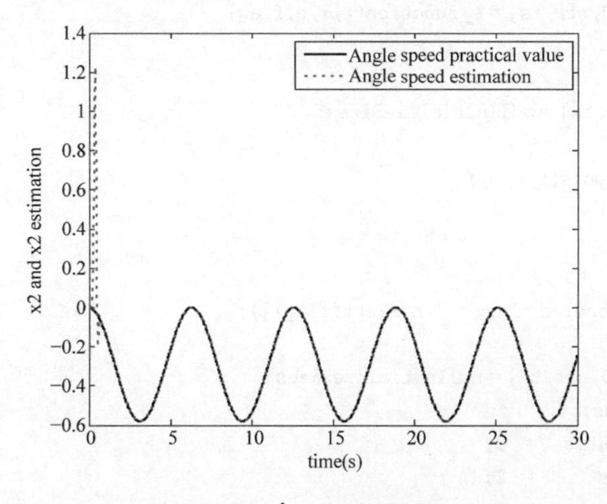

图 7.16　$\dot{\theta}$ 及其观测信号

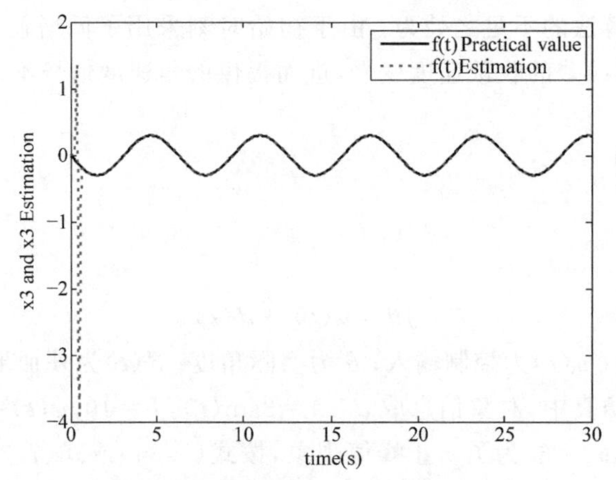

图 7.17　不确定性 $f(t)$及其观测结果

仿真程序：

1. 峰值抑制

(1) Simulink 主程序：chap7_5. sim. mdl

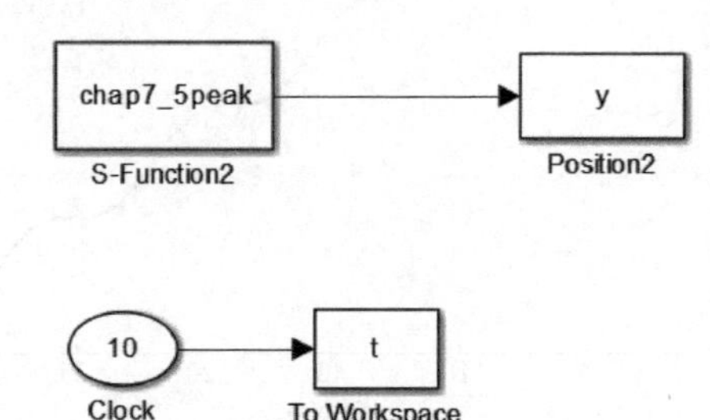

(2) 峰值抑制 S 函数：chap7_5peak. m

```
function [sys,x0,str,ts] = s_function(t,x,u,flag)
switch flag,
case 0,
    [sys,x0,str,ts] = mdlInitializeSizes;
case 3,
    sys = mdlOutputs(t,x,u);
case {1, 2, 4, 9}
    sys = [];
otherwise
    error(['Unhandled flag = ',num2str(flag)]);
end
function [sys,x0,str,ts] = mdlInitializeSizes
sizes = simsizes;
sizes.NumDiscStates   = 0;
sizes.NumOutputs      = 2;
sizes.NumInputs       = 0;
sizes.DirFeedthrough  = 1;
sizes.NumSampleTimes  = 1;
sys = simsizes(sizes);
```

```
x0  = [];
str = [];
ts  = [0 0];
function sys = mdlOutputs(t,x,u)
Lambda = 50;
R = 100 * (1 - exp( - Lambda * t))/(1 + exp( - Lambda * t));
Epsilon = 1/R;
sys(1) = R;
sys(2) = Epsilon;
```

(3) 作图程序：chap7_5plot.m

```
close all;

figure(1);
subplot(211);
plot(t,y(:,1),'r','linewidth',2);
xlabel('time(s)');ylabel('R change');
subplot(212);
plot(t,y(:,2),'r','linewidth',2);
xlabel('time(s)');ylabel('Epsilon change');
```

2. 扩张观测器

(1) Simulink 主程序：chap7_6sim.mdl

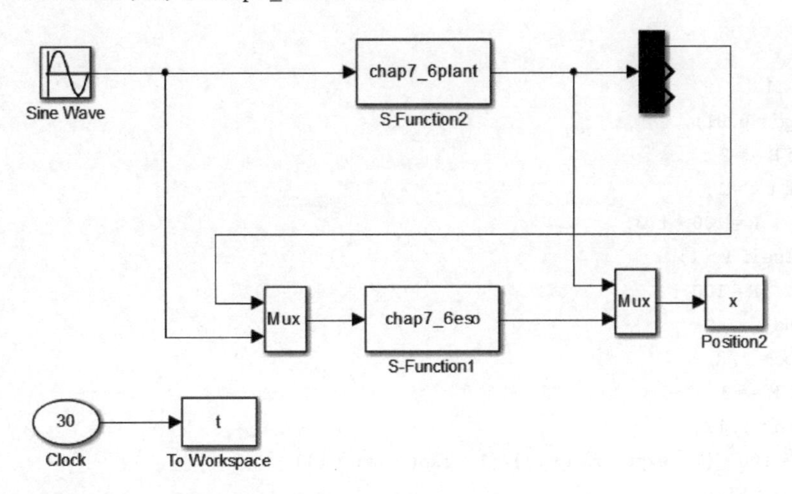

(2) 扩张观测器 S 函数：chap7_6eso.m

```
function [sys,x0,str,ts] = s_function(t,x,u,flag)
switch flag,
case 0,
    [sys,x0,str,ts] = mdlInitializeSizes;
case 1,
    sys = mdlDerivatives(t,x,u);
case 3,
    sys = mdlOutputs(t,x,u);
case {2, 4, 9}
```

```
    sys = [];
otherwise
    error(['Unhandled flag = ',num2str(flag)]);
end
function [sys,x0,str,ts] = mdlInitializeSizes
sizes = simsizes;
sizes.NumContStates   = 3;
sizes.NumDiscStates   = 0;
sizes.NumOutputs      = 3;
sizes.NumInputs       = 2;
sizes.DirFeedthrough  = 1;
sizes.NumSampleTimes  = 0;
sys = simsizes(sizes);
x0  = [0 0 0];
str = [];
ts  = [];
function sys = mdlDerivatives(t,x,u)
y = u(1);
ut = u(2);

J = 10;
b = 1/J;

alfa1 = 6;alfa2 = 11;alfa3 = 6;

M = 2;
if M == 1
    epc = 0.01;
elseif M == 2
    if t <= 1;
        R = 100 * t^3;
    elseif t > 1;
        R = 100;
    end
    epc = 1/R;
elseif M == 3
    nmn = 0.1;
    R = 100 * (1 - exp( - nmn * t))/(1 + exp( - nmn * t));
    epc = 1/R;
end

e = y - x(1);
sys(1) = x(2) + alfa1/epc * e;
sys(2) = b * ut + x(3) + alfa2/epc^2 * e;
sys(3) = alfa3/epc^3 * e;
function sys = mdlOutputs(t,x,u)
sys(1) = x(1);
sys(2) = x(2);
sys(3) = x(3);
```

(3) 被控对象 S 函数：chap7_6plant.m

```
function [sys,x0,str,ts] = s_function(t,x,u,flag)
switch flag,
case 0,
    [sys,x0,str,ts] = mdlInitializeSizes;
case 1,
    sys = mdlDerivatives(t,x,u);
case 3,
    sys = mdlOutputs(t,x,u);
case {2, 4, 9}
    sys = [];
otherwise
    error(['Unhandled flag = ',num2str(flag)]);
end
function [sys,x0,str,ts] = mdlInitializeSizes
sizes = simsizes;
sizes.NumContStates   = 2;
sizes.NumDiscStates   = 0;
sizes.NumOutputs      = 3;
sizes.NumInputs       = 1;
sizes.DirFeedthrough  = 0;
sizes.NumSampleTimes  = 0;
sys = simsizes(sizes);
x0  = [0.5;0];
str = [];
ts  = [];
function sys = mdlDerivatives(t,x,u)
J = 10;
ut = u(1);

d = 3.0 * sin(t);
sys(1) = x(2);
sys(2) = 1/J * (ut - d);
function sys = mdlOutputs(t,x,u)
J = 10;
d = 3.0 * sin(t);
f = - d/J;
sys(1) = x(1);
sys(2) = x(2);
sys(3) = f;
```

(4) 作图程序：chap7_6plot.m

```
close all;

figure(1);
plot(t,x(:,1),'k',t,x(:,4),'r:','linewidth',2);
xlabel('time(s)');ylabel('x1 and x1 estimation');
```

```
legend('angle practical value','angle estimation');

figure(2);
plot(t,x(:,2),'k',t,x(:,5),'r:','linewidth',2);
xlabel('time(s)');ylabel('x2 and x2 estimation');
legend('angle speed practical value','angle speed estimation');

figure(3);
plot(t,x(:,3),'k',t,x(:,6),'r:','linewidth',2);
xlabel('time(s)');ylabel('x3 and x3 estimation');
legend('f practical value','f estimation');
```

7.4.4 基于扩张观测器的滑模控制器设计

采用扩张观测器，只需角度信号 θ，便可实现高精度控制。针对被控对象式(7.27)，设计滑模函数为

$$s = ce + \dot{e} \tag{7.36}$$

其中，$c>0$，$e = x_1 - x_{1d}$。

基于扩张观测器的滑模控制器设计为

$$u = \frac{1}{b}(-k_g\hat{s} - \hat{v} - \hat{f}) \tag{7.37}$$

其中，定义 $\hat{v} = c\hat{\dot{e}} - \ddot{x}_{1d}$，$\hat{s} = c\hat{e} + \hat{\dot{e}}$，$\hat{e} = \hat{x}_1 - x_{1d}$，$\hat{\dot{e}} = \hat{x}_2 - \dot{x}_{1d}$。

取滑模控制的 Lyapunov 函数为 $V_s = \frac{1}{2}s^2$，则

$$\begin{aligned}\dot{V}_s &= s\dot{s} = s(c\dot{e} + \ddot{e}) = s(c\dot{e} + bu + f - \ddot{x}_{1d})\\ &= s(c\dot{e} - k_g\hat{s} - \hat{v} - \hat{f} + f - \ddot{x}_{1d})\\ &= s(v - \hat{v} + f - \hat{f} - k_g\hat{s})\\ &= -k_g\hat{s}s + s(\tilde{v} + \tilde{f}) = -k_g s^2 + s(\tilde{v} + \tilde{f} + k_g\tilde{s})\end{aligned}$$

其中，$\tilde{f} = f - \hat{f}$，$\tilde{v} = v - \hat{v} = c(\dot{x}_1 - \hat{x}_2) = c\tilde{x}_2$，$\tilde{s} = s - \hat{s} = c\tilde{x}_1 + \tilde{x}_2$。

可见，$\tilde{v} + \tilde{f} + k_g\tilde{s}$ 取决于扩张观测器各个状态的观测误差，取 $\Delta_{\max} \geqslant |\tilde{v} + \tilde{f} + k_g\tilde{s}|$，则

$$\begin{aligned}\dot{V}_s &\leqslant -k_g s^2 + \frac{1}{2}(s^2 + \Delta_{\max}^2) = -\left(k_g - \frac{1}{2}\right)s^2 + \frac{1}{2}\Delta_{\max}^2\\ &= -(2k_g - 1)V_s + \frac{1}{2}\Delta_{\max}^2\end{aligned}$$

采用引理1.1，取 $\alpha = 2k_g - 1$，$f = \frac{1}{2}\Delta_{\max}^2$，不等式方程 $\dot{V}_s \leqslant -(2k_g - 1)V_s + \frac{1}{2}\Delta_{\max}^2$ 的解为

$$\begin{aligned}V_s(t) &\leqslant \mathrm{e}^{-\alpha(t-t_0)}V_s(t_0) + \frac{1}{2}\Delta_{\max}^2\int_{t_0}^{t}\mathrm{e}^{-\alpha(t-\tau)}\mathrm{d}\tau\\ &= \mathrm{e}^{-\alpha(t-t_0)}V_s(t_0) - \frac{1}{2\alpha}\Delta_{\max}^2\int_{t_0}^{t}\mathrm{e}^{-\alpha(t-\tau)}\mathrm{d}(-\alpha(t-\tau))\end{aligned}$$

$$=\mathrm{e}^{-(2k_g-1)(t-t_0)}V_s(t_0)-\frac{1}{2(2k_g-1)}\Delta_{\max}^2(1-\mathrm{e}^{-\alpha(t-t_0)})$$

即取 $k_g>\frac{1}{2}$,则

$$\lim_{t\to\infty}V_s(t)\leqslant\frac{1}{2(2k_g-1)}\Delta_{\max}^2$$

由于 $V_s(t)\geqslant0$,故 $t\to\infty$时,$V_s(t)=\frac{1}{2(2k_g-1)}\Delta_{\max}^2$,收敛速度取决于控制增益 k_g 和观测器参数 ε。

综合考虑观测器和控制器构成的闭环系统,Lyapunov 函数为 $V=V_s+V_o$,则

$$\dot{V}=\dot{V}_s+\dot{V}_o\leqslant-(2k_g-1)V_s+\frac{1}{2}\Delta_{\max}^2-\lambda_{\min}(Q)\|\eta\|^2+2\varepsilon L\|P\bar{B}\|\|\eta\|$$

取足够大的 k_g 和足够小的 ε,可保证 $\dot{V}\leqslant0$,从而 $t\to\infty$时,$s\to0$,$e\to0$,$\dot{e}\to0$。收敛速度取决于控制增益 k_g 和观测器参数 ε。

7.4.5 仿真实例

考虑如下对象:

$$J\ddot{\theta}=u(t)-d(t)$$

其中,J 为转动惯量;$u(t)$为控制输入;$d(t)$为外加干扰;θ 为角度信号。

角度指令取 $\sin t$,取 $d(t)=3\sin(t)$,$J=10$,取观测器参数为 $\alpha_1=6$,$\alpha_2=11$,$\alpha_3=6$,$\varepsilon=0.01$,为了防止峰值现象,对象初值取[0,0]。控制器取式(7.37),控制器参数取 $k_g=10$,$c=50$。仿真结果如图 7.18 和图 7.19 所示。

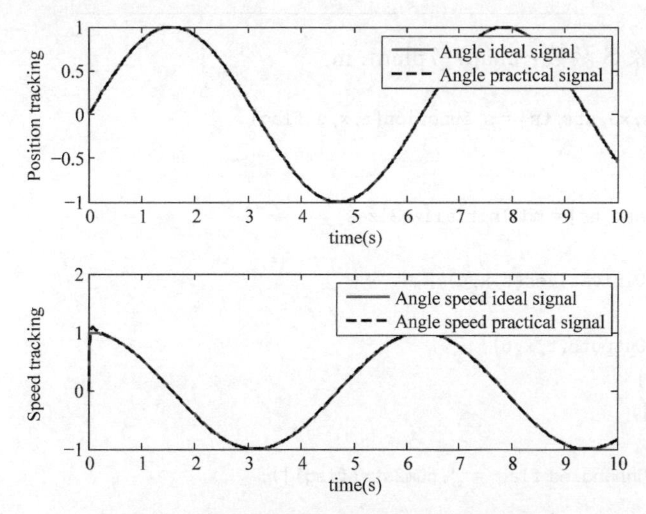

图 7.18 基于扩张观测器的角度和角速度跟踪

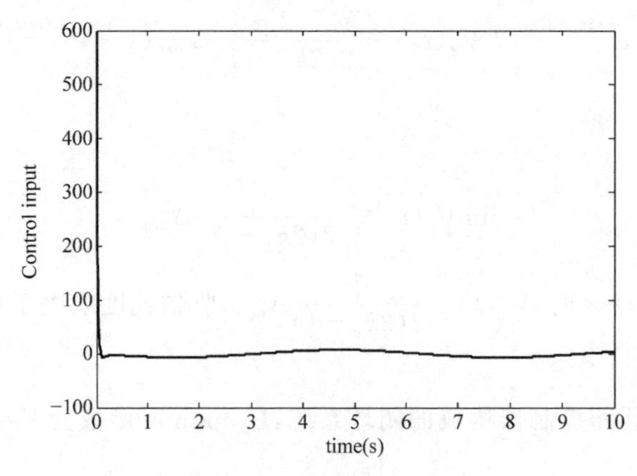

图 7.19 控制输入信号

仿真程序：

(1) Simulink 主程序：chap7_7sim. mdl

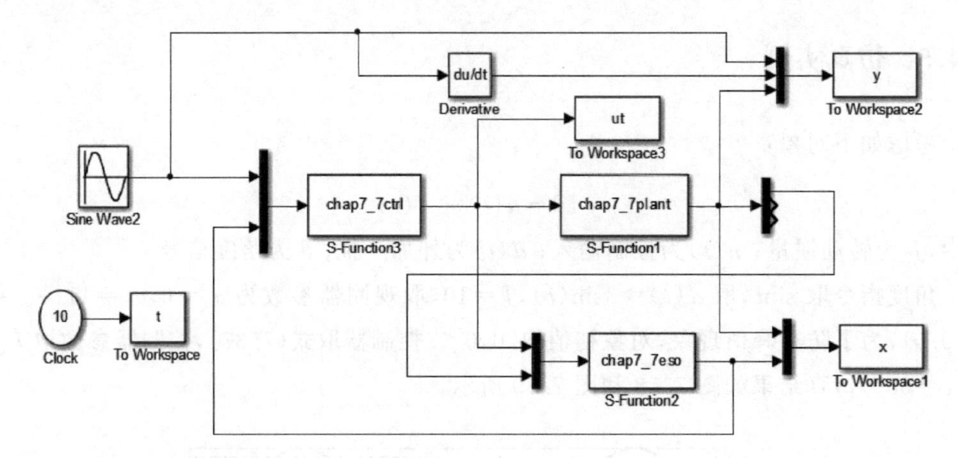

(2) 被控对象 S 函数：chap7_7plant. m

```
function [sys,x0,str,ts] = s_function(t,x,u,flag)
switch flag,
case 0,
    [sys,x0,str,ts] = mdlInitializeSizes;
case 1,
    sys = mdlDerivatives(t,x,u);
case 3,
    sys = mdlOutputs(t,x,u);
case {2, 4, 9}
    sys = [];
otherwise
    error(['Unhandled flag = ',num2str(flag)]);
end
function [sys,x0,str,ts] = mdlInitializeSizes
sizes = simsizes;
sizes.NumContStates  = 2;
```

```
sizes.NumDiscStates   = 0;
sizes.NumOutputs      = 3;
sizes.NumInputs       = 1;
sizes.DirFeedthrough  = 0;
sizes.NumSampleTimes  = 0;
sys = simsizes(sizes);
x0  =[0;0];
str =[];
ts  =[];
function sys = mdlDerivatives(t,x,u)
J = 10;
ut = u(1);

d = 3.0 * sin(t);
sys(1) = x(2);
sys(2) = 1/J * (ut - d);
function sys = mdlOutputs(t,x,u)
J = 10;
d = 3.0 * sin(t);
f = - d/J;
sys(1) = x(1);
sys(2) = x(2);
sys(3) = f;
```

(3) 扩张观测器 S 函数：chap7_7eso. m

```
function [sys,x0,str,ts] = s_function(t,x,u,flag)
switch flag,
case 0,
    [sys,x0,str,ts] = mdlInitializeSizes;
case 1,
    sys = mdlDerivatives(t,x,u);
case 3,
    sys = mdlOutputs(t,x,u);
case {2, 4, 9}
    sys = [];
otherwise
    error(['Unhandled flag = ',num2str(flag)]);
end
function [sys,x0,str,ts] = mdlInitializeSizes
sizes = simsizes;
sizes.NumContStates   = 3;
sizes.NumDiscStates   = 0;
sizes.NumOutputs      = 3;
sizes.NumInputs       = 2;
sizes.DirFeedthrough  = 1;
sizes.NumSampleTimes  = 0;
sys = simsizes(sizes);
x0  = [0 0 0];
str = [];
ts  = [];
```

```
function sys = mdlDerivatives(t,x,u)
ut = u(1);
y = u(2);

J = 10;
b = 1/J;

alfa1 = 6;alfa2 = 11;alfa3 = 6;
epc = 0.01;

e = y - x(1);
sys(1) = x(2) + alfa1/epc * e;
sys(2) = b * ut + x(3) + alfa2/epc^2 * e;
sys(3) = alfa3/epc^3 * e;
function sys = mdlOutputs(t,x,u)
sys(1) = x(1);
sys(2) = x(2);
sys(3) = x(3);
```

(4) 控制器S函数：chap7_7ctrl.m

```
function [sys,x0,str,ts] = s_function(t,x,u,flag)
switch flag,
case 0,
    [sys,x0,str,ts] = mdlInitializeSizes;
case 3,
    sys = mdlOutputs(t,x,u);
case {1,2, 4, 9}
    sys = [];
otherwise
    error(['Unhandled flag = ',num2str(flag)]);
end
function [sys,x0,str,ts] = mdlInitializeSizes
sizes = simsizes;
sizes.NumContStates   = 0;
sizes.NumDiscStates   = 0;
sizes.NumOutputs      = 1;
sizes.NumInputs       = 4;
sizes.DirFeedthrough  = 1;
sizes.NumSampleTimes  = 0;
sys = simsizes(sizes);
x0  = [];
str = [];
ts  = [];
function sys = mdlOutputs(t,x,u)
x1d = u(1);
dx1d = cos(t);ddx1d = - sin(t);
x1p = u(2);x2p = u(3);x3p = u(4);

J = 10;b = 1/J;

ep = x1p - x1d;
dep = x2p - dx1d;
```

```
c = 50;
sp = c * ep + dep;
fp = x3p;

vp = c * dep - ddx1d;
kg = 10;
ut = 1/b * ( - kg * sp - vp - fp);

sys(1) = ut;
```

(5) 作图程序：chap7_7plot. m

```
close all;

figure(1);
subplot(211);
plot(t,y(:,1),'r',t,y(:,3),'--k','linewidth',2);
xlabel('time(s)');ylabel('position tracking');
legend('angle ideal signal','angle practical signal');
subplot(212);
plot(t,y(:,2),'r',t,y(:,4),'--k','linewidth',2);
xlabel('time(s)');ylabel('speed tracking');
legend('angle speed ideal signal','angle speed practical signal');
figure(2);
plot(t,ut(:,1),'k','linewidth',2);
xlabel('time(s)');ylabel('control input');
```

7.5 基于高增益微分器的滑模控制

信号微分的求取是控制的关键问题，迅速而精确地获取信号的速度对于控制系统至关重要。根据传感器测量到的位置信息来估计速度和加速度，在工程上比较具有挑战性。

针对微分器的时域和频域分析可参考文献[10]。本节采用高增益微分器实现信号的提取并求导，从而实现无须速度和加速度测量的滑模控制。

7.5.1 系统描述

考虑对象：

$$G(s)=\frac{K}{(Ts+1)^3} \tag{7.38}$$

其中，K 为增益；T 为时间常数。

式(7.38)可以表示成

$$\dot{\boldsymbol{x}}(t)=\boldsymbol{A}\boldsymbol{x}(t)+\boldsymbol{H}u(t) \tag{7.39}$$

其中，$\boldsymbol{x}=[x_1 \quad x_2 \quad x_3]^{\mathrm{T}}$，$\boldsymbol{A}=\begin{bmatrix}0 & 1 & 0\\ 0 & 0 & 1\\ -\frac{1}{T^3} & -\frac{3}{T^2} & -\frac{3}{T}\end{bmatrix}$，$\boldsymbol{H}=\begin{bmatrix}0 & 0 & \frac{K}{T^3}\end{bmatrix}^{\mathrm{T}}$。

式(7.39)可写为

$$\begin{cases}\dot{x}_1=x_2\\ \dot{x}_2=x_3\\ \dot{x}_3=\alpha(x)+bu\end{cases} \tag{7.40}$$

其中，$\alpha(x)=-\frac{1}{T^3}x_1-\frac{3}{T^2}x_2-\frac{3}{T}x_3, b=\frac{K}{T^3}$。

控制目标为：当 $t\to\infty$ 时，$x_1\to x_{1d}, \dot{x}_1\to\dot{x}_{1d}, \ddot{x}_1\to\ddot{x}_{1d}$。

7.5.2 传统滑模控制器的设计

针对模型(7.40)，设计滑模函数

$$s=c_1e+c_2\dot{e}+\ddot{e} \tag{7.41}$$

其中，$c_1>0, c_2>0, e=x_1-x_{1d}$。

$$\begin{aligned}\dot{s}&=c_1\dot{e}+c_2\ddot{e}+\dddot{e}=c_1\dot{e}+c_2\ddot{e}+\dddot{x}_1-\dddot{x}_{1d}\\ &=c_1\dot{e}+c_2\ddot{e}+\alpha(\boldsymbol{x})+bu-\dddot{x}_{1d}\end{aligned}$$

取控制律为

$$u(t)=\frac{1}{b}(-c_1\dot{e}-c_2\ddot{e}-\alpha(\boldsymbol{x})-\eta\operatorname{sgn}s+\dddot{x}_{1d}) \tag{7.42}$$

其中，$\eta>0$。

取滑模控制的 Lyapunov 函数为 $V=\frac{1}{2}s^2$，则 $\dot{V}=s\dot{s}=-\eta|s|\leqslant 0$。

可见，采用控制律式(7.42)，需要知道被控对象的速度和加速度，限制了在工程中的应用。

7.5.3 高增益微分器设计

高增益微分器[11]是指在增益趋于无穷大(或者充分小)的时候，对给定信号提供准确的时间导数。针对被控对象式(7.38)的三阶高增益微分器表达为

$$\begin{cases}\dot{\hat{x}}_1=\hat{x}_2-\frac{k_1}{\varepsilon}(\hat{x}_1-x_1(t))\\ \dot{\hat{x}}_2=\hat{x}_3-\frac{k_2}{\varepsilon^2}(\hat{x}_1-x_1(t))\\ \dot{\hat{x}}_3=-\frac{k_3}{\varepsilon^3}(\hat{x}_1-x_1(t))\end{cases} \tag{7.43}$$

取 k_1、k_2 和 k_3 为正实数，$\varepsilon\ll 1$，取 $h_1=\frac{k_1}{\varepsilon}, h_2=\frac{k_2}{\varepsilon^2}, h_3=\frac{k_3}{\varepsilon^3}$，则微分器表达式为

$$\begin{cases}\dot{\tilde{x}}_1=\tilde{x}_2-h_1\tilde{x}_1\\ \dot{\tilde{x}}_2=\tilde{x}_3-h_2\tilde{x}_1\\ \dot{\tilde{x}}_3=-h_3\tilde{x}_1\end{cases}$$

定义$\tilde{\boldsymbol{x}}=\boldsymbol{x}-\hat{\boldsymbol{x}}$。

即$\dot{\tilde{\boldsymbol{x}}}=\boldsymbol{A}\tilde{\boldsymbol{x}}$,其中$\boldsymbol{A}=\begin{bmatrix}-h_1 & 1 & 0\\-h_2 & 0 & 1\\-h_3 & 0 & 0\end{bmatrix}$,$\tilde{\boldsymbol{x}}=\begin{bmatrix}\tilde{x}_1\\\tilde{x}_2\\\tilde{x}_3\end{bmatrix}$。如果取$\boldsymbol{A}$为Hurwitz,即$\boldsymbol{A}$的特征值为负,需要设计使$h_1$、$h_2$和$h_3$,使$\boldsymbol{A}$满足Hurwitz。由式$\dot{\tilde{\boldsymbol{x}}}=\boldsymbol{A}\tilde{\boldsymbol{x}}$,可得$\tilde{x}$指数收敛形式为

$$\|\tilde{\boldsymbol{x}}(t)\|\leqslant\varphi_0\|\tilde{\boldsymbol{x}}(t_0)\|\mathrm{e}^{-\sigma_0(t-t_0)}$$

其中,φ_0和σ_0为正的常数。

$\dot{\tilde{\boldsymbol{x}}}=\boldsymbol{A}\tilde{\boldsymbol{x}}$特征方程为$|\lambda\boldsymbol{I}-\boldsymbol{A}|=\begin{bmatrix}\lambda+h_1 & -1 & 0\\h_2 & \lambda & -1\\h_3 & 0 & \lambda\end{bmatrix}=0$,即$\lambda^3+h_1\lambda^2+h_2\lambda+h_3=0$。考虑$\varepsilon\ll 1$,对应$(\lambda+100)^3=0$可得$\lambda^3+300\lambda^2+30000\lambda+1000000=0$,从而按$\lambda^3+h_1\lambda^2+h_2\lambda+h_3=0$可取$h_1=300$,$h_2=30000$,$h_3=1000000$,即$k_1=\varepsilon h_1$,$k_2=\varepsilon^2h_2$,$k_3=\varepsilon^3h_3$,此时$\boldsymbol{A}$满足Hurwitz。

7.5.4 高增益微分器的滑模控制器设计

基于高增益微分器的滑模控制器设计为

$$u(t)=\frac{1}{b}(-c_1\dot{\hat{e}}-c_2\ddot{\hat{e}}-\alpha(\hat{\boldsymbol{x}})-\eta\hat{s}+\dddot{x}_{1\mathrm{d}})\tag{7.44}$$

定义$\hat{e}=\hat{x}_1-x_{1\mathrm{d}}$,$\hat{s}=c_1\hat{e}+c_2\dot{\hat{e}}+\ddot{\hat{e}}$。

于是

$$\begin{aligned}\dot{s}&=c_1\dot{e}+c_2\ddot{e}+\dddot{e}=c_1\dot{e}+c_2\ddot{e}+\dot{x}_3-\dddot{x}_{1\mathrm{d}}\\&=c_1\dot{e}+c_2\ddot{e}+\alpha(\boldsymbol{x})+bu-\dddot{x}_{1\mathrm{d}}\\&=c_1\dot{e}+c_2\ddot{e}+\alpha(\boldsymbol{x})-c_1\dot{\hat{e}}-c_2\ddot{\hat{e}}-\alpha(\hat{\boldsymbol{x}})-\eta\hat{s}+\dddot{x}_{1\mathrm{d}}-\dddot{x}_{1\mathrm{d}}\\&=-\eta\hat{s}+v(\tilde{\boldsymbol{x}})+\alpha(\boldsymbol{x})-\alpha(\hat{\boldsymbol{x}})\end{aligned}$$

其中,$v(\tilde{\boldsymbol{x}})=c_1\dot{e}+c_2\ddot{e}-c_1\dot{\hat{e}}-c_2\ddot{\hat{e}}$。

取滑模控制的Lyapunov函数为$V=\frac{1}{2}s^2$,则

$$\begin{aligned}\dot{V}&=s\dot{s}=-\eta s\hat{s}+s(v(\tilde{\boldsymbol{x}})+\alpha(\boldsymbol{x})-\alpha(\hat{\boldsymbol{x}}))\\&=-\eta s(s-\tilde{s})+s(v(\tilde{\boldsymbol{x}})+\alpha(\boldsymbol{x})-\alpha(\hat{\boldsymbol{x}}))\\&=-\eta s^2+s(\eta\tilde{s}+v(\tilde{\boldsymbol{x}})+\alpha(\boldsymbol{x})-\alpha(\hat{\boldsymbol{x}}))\\&=-\eta s^2+sf(\tilde{\boldsymbol{x}})\leqslant-\eta s^2+\frac{1}{2}(s^2+f(\tilde{\boldsymbol{x}})^2)\\&=-(\eta-0.5)s^2+0.5f(\tilde{\boldsymbol{x}})^2\\&=-\eta_1V+0.5f(\tilde{\boldsymbol{x}})^2\end{aligned}\tag{7.45}$$

其中,$\eta_1=2\eta-1>0$,$\tilde{\boldsymbol{x}}=\boldsymbol{x}-\hat{\boldsymbol{x}}$,$\tilde{s}=s-\hat{s}$,$f(\tilde{\boldsymbol{x}})=\eta\tilde{s}+v(\tilde{\boldsymbol{x}})+\alpha(\boldsymbol{x})-\alpha(\hat{\boldsymbol{x}})$。

由于$e-\hat{e}=\tilde{x}_1$,$\dot{e}-\dot{\hat{e}}=\tilde{x}_2$,$\ddot{e}-\ddot{\hat{e}}=\tilde{x}_3$,则

$$\tilde{s}=s-\hat{s}=c_1\tilde{x}_1+c_2\tilde{x}_2+\tilde{x}_3$$

$$v(\tilde{x})=c_1\dot{e}+c_2\ddot{e}-c_1\dot{\hat{e}}-c_2\ddot{\hat{e}}=c_1\tilde{x}_2+c_2\tilde{x}_3$$

$$\begin{aligned}\alpha(x)-\alpha(\hat{x})&=-\frac{1}{T^3}x_1-\frac{3}{T^2}x_2-\frac{3}{T}x_3+\frac{1}{T^3}\hat{x}_1+\frac{3}{T^2}\hat{x}_2+\frac{3}{T}\hat{x}_3\\&=-\frac{1}{T^3}\tilde{x}_1-\frac{3}{T^2}\tilde{x}_2-\frac{3}{T}\tilde{x}_3\end{aligned}$$

则

$$f(\tilde{\boldsymbol{x}})=\eta\tilde{s}+v(\tilde{\boldsymbol{x}})+\alpha(\boldsymbol{x})-\alpha(\hat{\boldsymbol{x}})=\left(\eta c_1-\frac{1}{T^3}\right)\tilde{x}_1+\left(\eta c_2-\frac{3}{T^2}+c_1\right)\tilde{x}_2+\left(\eta-\frac{3}{T}+c_2\right)\tilde{x}_3$$

由于$\tilde{\boldsymbol{x}}$指数收敛，即$\|\tilde{\boldsymbol{x}}(t)\|\leqslant\varphi_0\|\tilde{\boldsymbol{x}}(t_0)\|\mathrm{e}^{-\sigma_0(t-t_0)}$，则可得如下表达式：

$$\dot{V}_\mathrm{c}\leqslant-\eta_1V_\mathrm{c}+0.5f(\tilde{\boldsymbol{x}})^2\leqslant-\eta_1V_\mathrm{c}+\chi(\cdot)\mathrm{e}^{-\sigma_0(t-t_0)}$$

其中，$\chi(\cdot)$是$\|\tilde{\boldsymbol{x}}(t_0)\|$的$K$类函数。

采用引理1.1[3]，不等式方程$\dot{V}_\mathrm{c}\leqslant-\eta_1V_\mathrm{c}+\chi(\cdot)\mathrm{e}^{-\sigma_0(t-t_0)}$的解为

$$\begin{aligned}V_\mathrm{c}(t)&\leqslant\mathrm{e}^{-\eta_1(t-t_0)}V_\mathrm{c}(t_0)+\chi(\cdot)\int_{t_0}^{t}\mathrm{e}^{-\eta_1(t-\tau)}\mathrm{e}^{-\sigma_0(\tau-t_0)}\mathrm{d}\tau\\&=\mathrm{e}^{-\eta_1(t-t_0)}V_\mathrm{c}(t_0)+\chi(\cdot)\mathrm{e}^{-\eta_1t+\sigma_0t_0}\int_{t_0}^{t}\mathrm{e}^{\eta_1\tau}\mathrm{e}^{-\sigma_0\tau}\mathrm{d}\tau\\&=\mathrm{e}^{-\eta_1(t-t_0)}V_\mathrm{c}(t_0)+\frac{\chi(\cdot)}{\eta_1-\sigma_0}\mathrm{e}^{-\eta_1t+\sigma_0t_0}\mathrm{e}^{(\eta_1-\sigma_0)\tau}\Big|_{t_0}^{t}\\&=\mathrm{e}^{-\eta_1(t-t_0)}V_\mathrm{c}(t_0)+\frac{\chi(\cdot)}{\eta_1-\sigma_0}\mathrm{e}^{-\eta_1t+\sigma_0t_0}(\mathrm{e}^{(\eta_1-\sigma_0)t}-\mathrm{e}^{(\eta_1-\sigma_0)t_0})\\&=\mathrm{e}^{-\eta_1(t-t_0)}V_\mathrm{c}(t_0)+\frac{\chi(\cdot)}{\eta_1-\sigma_0}(\mathrm{e}^{-\sigma_0(t-t_0)}-\mathrm{e}^{-\eta_1(t-t_0)})\end{aligned}$$

即

$$\lim_{t\to\infty}V_\mathrm{c}(t)\leqslant0$$

由于$V_\mathrm{c}(t)\geqslant0$，故$t\to\infty$时，$V_\mathrm{c}(t)=0$，且$V_\mathrm{c}(t)$指数收敛，收敛精度取决于$\eta_1$，即$\eta$。

整个闭环系统Lyapunov函数为$V=V_\mathrm{o}+V_\mathrm{c}$，则$V$指数收敛，从而$s$指数收敛，$t\to\infty$时，$s\to0$，$e\to0$，$\dot{e}\to0$。

7.5.5 仿真实例

针对被控对象式(7.38)，取$K=0.2$，$T=18.5$，初始值取[0 0 0]。位置指令取$\sin t$，采用微分器式(7.43)，取$\varepsilon=0.01$，$h_1=3$，$h_2=3$，$h_3=1$。采用控制律式(7.44)，取$\eta=0.50$，$c_1=c_2=5$，仿真结果如图7.20～图7.22所示。仿真中，通过手动切换，可实现采用微分器与不采用微分器时仿真结果的比较。

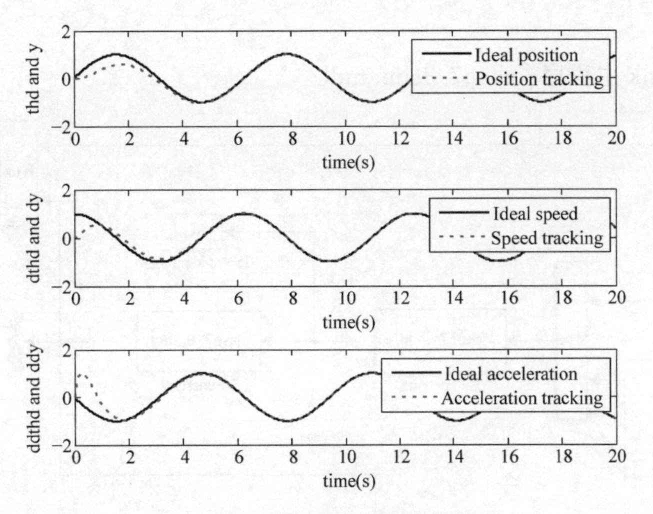

图 7.20　位置、速度和加速度跟踪

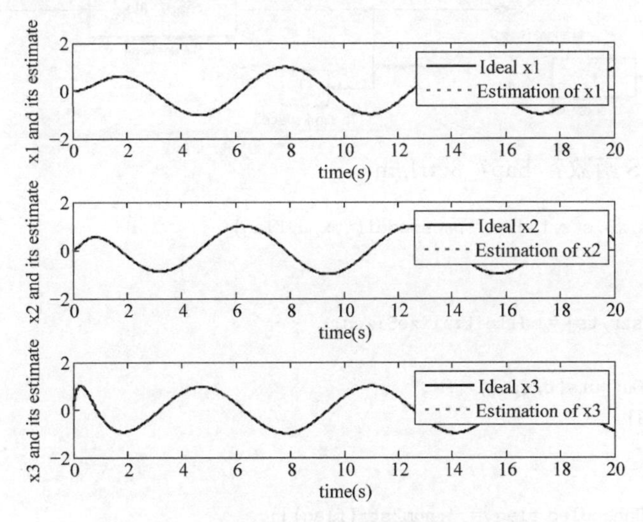

图 7.21　位置、速度和加速度的微分器估计

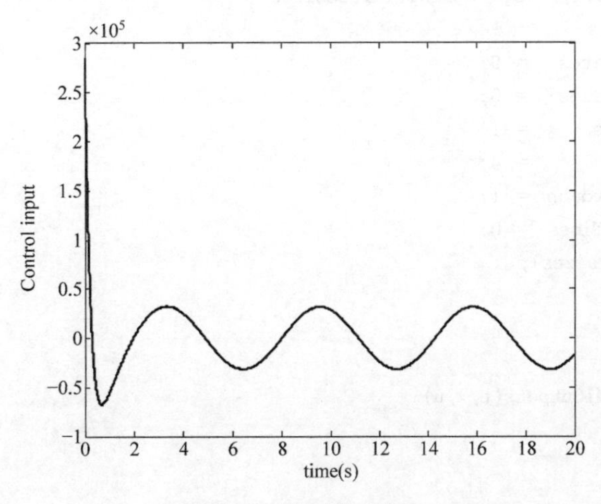

图 7.22　控制输入信号

仿真程序：

(1) Simulink 主程序：chap7_8sim.mdl

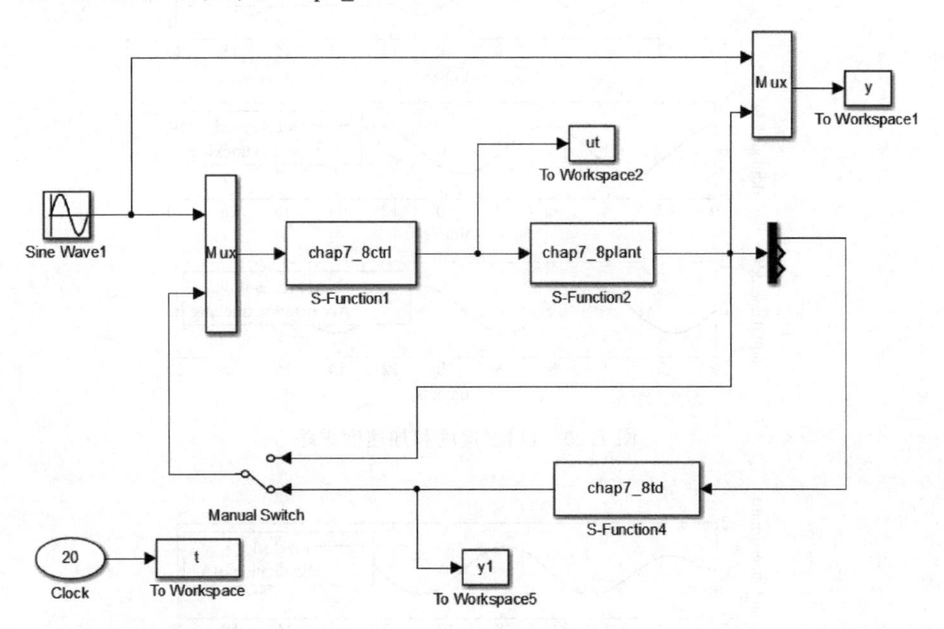

(2) 控制器 S 函数：chap7_8ctrl.m

```
function [sys,x0,str,ts] = spacemodel(t,x,u,flag)
switch flag,
case 0,
    [sys,x0,str,ts]=mdlInitializeSizes;
case 3,
    sys=mdlOutputs(t,x,u);
case {1,2,4,9}
    sys=[];
otherwise
    error(['Unhandled flag = ',num2str(flag)]);
end
function [sys,x0,str,ts]=mdlInitializeSizes
sizes = simsizes;
sizes.NumContStates  = 0;
sizes.NumDiscStates  = 0;
sizes.NumOutputs     = 1;
sizes.NumInputs      = 4;
sizes.DirFeedthrough = 1;
sizes.NumSampleTimes = 0;
sys = simsizes(sizes);
x0  = [];
str = [];
ts  = [];
function sys=mdlOutputs(t,x,u)
c1=5;
c2=5;
```

```
yd = u(1);
dyd = cos(t);
ddyd = - sin(t);
dddyd = - cos(t);

x1 = u(2);
x2 = u(3);
x3 = u(4);

e = x1 - yd;
de = x2 - dyd;
dde = x3 - ddyd;

s = c1 * e + c2 * de + dde;
v = - dddyd + c1 * de + c2 * dde;

T = 18.5;K = 0.2;
b = K/(T^3);
alfa = - 1/(T^3) * x1 - 3/(T^2) * x2 - 3/T * x3;
xite = 0.50;
ut = - 1/b * (v + alfa + xite * s);

sys(1) = ut;
```

(3) 微分器 S 函数：chap7_8td. m

```
function [sys,x0,str,ts] = Differentiator(t,x,u,flag)
switch flag,
case 0,
    [sys,x0,str,ts] = mdlInitializeSizes;
case 1,
    sys = mdlDerivatives(t,x,u);
case 3,
    sys = mdlOutputs(t,x,u);
case {2, 4, 9}
    sys = [];
otherwise
    error(['Unhandled flag = ',num2str(flag)]);
end
function [sys,x0,str,ts] = mdlInitializeSizes
sizes = simsizes;
sizes.NumContStates    = 3;
sizes.NumDiscStates    = 0;
sizes.NumOutputs       = 3;
sizes.NumInputs        = 1;
sizes.DirFeedthrough   = 1;
sizes.NumSampleTimes   = 1;
sys = simsizes(sizes);
x0  = [0 0 0];
str = [];
ts  = [0 0];
```

```
function sys = mdlDerivatives(t,x,u)
vt = u(1);
epc = 0.01;

h1 = 300;h2 = 30000;h3 = 1000000;

sys(1) = x(2) - h1 * (x(1) - vt);          % Kahlil TD
sys(2) = x(3) - h2 * (x(1) - vt);
sys(3) = - h3 * (x(1) - vt);
function sys = mdlOutputs(t,x,u)
sys = x;
```

（4）被控对象 S 函数：chap7_8plant. m

```
function [sys,x0,str,ts] = s_function(t,x,u,flag)
switch flag,
case 0,
    [sys,x0,str,ts] = mdlInitializeSizes;
case 1,
    sys = mdlDerivatives(t,x,u);
case 3,
    sys = mdlOutputs(t,x,u);
case {2, 4, 9}
    sys = [];
otherwise
    error(['Unhandled flag = ',num2str(flag)]);
end
function [sys,x0,str,ts] = mdlInitializeSizes
sizes = simsizes;
sizes.NumContStates   = 3;
sizes.NumDiscStates   = 0;
sizes.NumOutputs      = 3;
sizes.NumInputs       = 1;
sizes.DirFeedthrough  = 0;
sizes.NumSampleTimes  = 1;
sys = simsizes(sizes);
x0  = [0,0,0];
str = [];
ts  = [ - 1 0];
function sys = mdlDerivatives(t,x,u)
T = 18.5;
K = 0.20;

sys(1) = x(2);
sys(2) = x(3);
sys(3) = - 1/(T^3) * x(1) - 3/(T^2) * x(2) - 3/T * x(3) + K/(T^3) * u(1); %% + 0.1 * sin(t);
function sys = mdlOutputs(t,x,u)
sys(1) = x(1);
sys(2) = x(2);
sys(3) = x(3);
```

(5) 作图程序：chap7_8plot.m

```
close all;

figure(1);
subplot(311);
plot(t,y(:,1),'k',t,y(:,2),'r:','linewidth',2);
xlabel('time(s)');ylabel('thd and y');
legend('ideal position','position tracking');
subplot(312);
plot(t,cos(t),'k',t,y(:,3),'r:','linewidth',2);
xlabel('time(s)');ylabel('dthd and dy');
legend('ideal speed','speed tracking');
subplot(313);
plot(t, - sin(t),'k',t,y(:,4),'r:','linewidth',2);
xlabel('time(s)');ylabel('ddthd and ddy');
legend('ideal acceleration','acceleration tracking');

figure(2);
subplot(311);
plot(t,y(:,2),'k',t,y1(:,1),'r:','linewidth',2);
xlabel('time(s)');ylabel('x1 and its estimate');
legend('ideal x1','estimation of x1');
subplot(312);
plot(t,y(:,3),'k',t,y1(:,2),'r:','linewidth',2);
xlabel('time(s)');ylabel('x2 and its estimate');
legend('ideal x2','estimation of x2');
subplot(313);
plot(t,y(:,4),'k',t,y1(:,3),'r:','linewidth',2);
xlabel('time(s)');ylabel('x3 and its estimate');
legend('ideal x3','estimation of x3');

figure(3);
plot(t,ut(:,1),'k','linewidth',2);
xlabel('time(s)');ylabel('Control input');
```

7.6 基于K观测器的高阶系统设计与分析

由于实际工程中，测量信号经常伴有噪声，如果采用高增益观测器，很容易造成噪声信号的放大，从而无法进行精确的观测。K观测器是一种低增益观测器[12]，采用该观测器是解决这一问题的有效方法。本节针对高阶线性系统，采用K观测器实现速度和加速度的观测，从而实现只需位置信号的高精度跟踪。

7.6.1 K观测器设计与分析

考虑对象：

$$G(s)=\frac{K}{(Ts+1)^3} \tag{7.46}$$

其中，K 为增益，T 为时间常数。

式(7.46)可表示成

$$\dot{\boldsymbol{x}} = \boldsymbol{A}\boldsymbol{x} + \boldsymbol{B}u \tag{7.47}$$

其中，$\boldsymbol{x} = [x_1 \quad x_2 \quad x_3]^{\mathrm{T}}$，$\boldsymbol{A} = \begin{bmatrix} 0 & 1 & 0 \\ 0 & 0 & 1 \\ -\dfrac{1}{T^3} & -\dfrac{3}{T^2} & -\dfrac{3}{T} \end{bmatrix}$，$\boldsymbol{B} = \begin{bmatrix} 0 & 0 & \dfrac{K}{T^3} \end{bmatrix}^{\mathrm{T}}$。

式(7.47)可写为

$$\begin{cases} \dot{x}_1 = x_2 \\ \dot{x}_2 = x_3 \\ \dot{x}_3 = -\dfrac{1}{T^3}x_1 - \dfrac{3}{T^2}x_2 - \dfrac{3}{T}x_3 + bu \\ y = \boldsymbol{c}^{\mathrm{T}}\boldsymbol{x} = x_1 \end{cases} \tag{7.48}$$

其中，$b = \dfrac{K}{T^3}$，$\boldsymbol{c} = [1 \quad 0 \quad 0]^{\mathrm{T}}$。

假定输出 $y = x_1$ 可测，通过设计 K 观测器，实现状态的低增益观测。选取一个向量 $\boldsymbol{k} = [k_1 \quad k_2 \quad k_3]^{\mathrm{T}}$ 使得 $\boldsymbol{A}_0 = \boldsymbol{A} - \boldsymbol{k}\boldsymbol{c}^{\mathrm{T}}$ 是 Hurwitz 的。采用如下形式的一类 K 观测器

$$\begin{cases} \dot{\boldsymbol{\omega}} = \boldsymbol{A}_0\boldsymbol{\omega} + \boldsymbol{k}x_1 \\ \dot{\boldsymbol{v}} = \boldsymbol{A}_0\boldsymbol{v} + \boldsymbol{e}_3 u \end{cases} \tag{7.49}$$

其中，$\boldsymbol{\omega}$、$\boldsymbol{v}$ 均为观测器状态向量，$\boldsymbol{e}_3 = [0 \quad 0 \quad 1]^{\mathrm{T}}$，且

$$\begin{aligned} \boldsymbol{A}_0 = \boldsymbol{A} - \boldsymbol{k}\boldsymbol{c}^{\mathrm{T}} &= \begin{bmatrix} 0 & 1 & 0 \\ 0 & 0 & 1 \\ -\dfrac{1}{T^3} & -\dfrac{3}{T^2} & -\dfrac{3}{T} \end{bmatrix} - \begin{bmatrix} k_1 \\ k_2 \\ k_3 \end{bmatrix} [1 \quad 0 \quad 0] \\ &= \begin{bmatrix} 0 & 1 & 0 \\ 0 & 0 & 1 \\ -\dfrac{1}{T^3} & -\dfrac{3}{T^2} & -\dfrac{3}{T} \end{bmatrix} - \begin{bmatrix} k_1 & 0 & 0 \\ k_2 & 0 & 0 \\ k_3 & 0 & 0 \end{bmatrix} \\ &= \begin{bmatrix} -k_1 & 1 & 0 \\ -k_2 & 0 & 1 \\ -\dfrac{1}{T^3} - k_3 & -\dfrac{3}{T^2} & -\dfrac{3}{T} \end{bmatrix} \end{aligned}$$

定义状态估计为

$$\hat{\boldsymbol{x}} = \boldsymbol{\omega} + b\boldsymbol{v} \tag{7.50}$$

估计误差为 $\tilde{\boldsymbol{x}} = \boldsymbol{x} - \hat{\boldsymbol{x}}$，则

$$\dot{\hat{\boldsymbol{x}}} = \dot{\boldsymbol{\omega}} + b\dot{\boldsymbol{v}} = \boldsymbol{A}_0\boldsymbol{\omega} + \boldsymbol{k}x_1 + b(\boldsymbol{A}_0\boldsymbol{v} + \boldsymbol{e}_3 u)$$

从而

$$\begin{aligned} \dot{\tilde{\boldsymbol{x}}} &= \dot{\boldsymbol{x}} - \dot{\hat{\boldsymbol{x}}} = \boldsymbol{A}\boldsymbol{x} + \boldsymbol{B}u - \dot{\boldsymbol{\omega}} - b\dot{\boldsymbol{v}} \\ &= (\boldsymbol{A}_0 + \boldsymbol{k}\boldsymbol{c}^{\mathrm{T}})\boldsymbol{x} + \boldsymbol{B}u - (\boldsymbol{A}_0\boldsymbol{\omega} + \boldsymbol{k}x_1) - b(\boldsymbol{A}_0\boldsymbol{v} + \boldsymbol{e}_3 u) \end{aligned}$$

$$=\boldsymbol{A}_0\boldsymbol{x}-\boldsymbol{A}_0(\boldsymbol{\omega}+b\boldsymbol{v})$$
$$=\boldsymbol{A}_0(\boldsymbol{x}-\hat{\boldsymbol{x}})=\boldsymbol{A}_0\tilde{\boldsymbol{x}} \tag{7.51}$$

通过参数 $\boldsymbol{k}=[k_1\quad k_2\quad k_3]^{\mathrm{T}}$ 的设计使 $\boldsymbol{A}_0$ 为 Hurwitz。观测器的 Lyapunov 函数为 $V_{\mathrm{o}}=\frac{1}{2}\tilde{\boldsymbol{x}}^{\mathrm{T}}\tilde{\boldsymbol{x}}$，则 $\dot{V}_{\mathrm{o}}=\tilde{\boldsymbol{x}}^{\mathrm{T}}\dot{\tilde{\boldsymbol{x}}}=\boldsymbol{A}_0\tilde{\boldsymbol{x}}^{\mathrm{T}}\tilde{\boldsymbol{x}}\leqslant 2\boldsymbol{A}_0V_{\mathrm{o}}$，从而保证 $\tilde{\boldsymbol{x}}$ 按指数趋于零。

7.6.2 按 $\boldsymbol{A}_0$ 为 Hurwitz 进行 $\boldsymbol{k}$ 的设计

由于 $\dot{\tilde{\boldsymbol{x}}}=\boldsymbol{A}_0\tilde{\boldsymbol{x}}$ 的特征方程为

$$|\lambda\boldsymbol{I}-\boldsymbol{A}_0|=\begin{vmatrix}\lambda+k_1 & -1 & 0\\ k_2 & \lambda & -1\\ \dfrac{1}{T^3}+k_3 & \dfrac{3}{T^2} & \lambda+\dfrac{3}{T}\end{vmatrix}=0$$

即

$$\lambda^3+\left(\frac{3}{T}+k_1\right)\lambda^2+\left(\frac{3k_1}{T}+\frac{3}{T^2}+k_2\right)\lambda+\frac{1}{T^3}+k_3+\frac{3}{T^2}k_1+\frac{3}{T}k_2=0$$

按特征值 $\lambda=-1$ 进行设计，对应 $(\lambda+1)^3=0$ 可得 $\lambda^3+3\lambda^2+3\lambda+1=0$，从而

$$\begin{cases}\dfrac{3}{T}+k_1=3\\ \dfrac{3k_1}{T}+\dfrac{3}{T^2}+k_2=3\\ \dfrac{1}{T^3}+k_3+\dfrac{3}{T^2}k_1+\dfrac{3}{T}k_2=1\end{cases}$$

可得观测器参数为

$$\begin{cases}k_1=3-\dfrac{3}{T}\\ k_2=3-\dfrac{3k_1}{T}-\dfrac{3}{T^2}\\ k_3=1-\dfrac{1}{T^3}-\dfrac{3}{T^2}k_1-\dfrac{3}{T}k_2\end{cases} \tag{7.52}$$

通过设计 k_1、k_2 和 k_3，使 $\boldsymbol{A}$ 满足 Hurwitz。由式 $\dot{\tilde{\boldsymbol{x}}}=\boldsymbol{A}\tilde{\boldsymbol{x}}$，可得 $\tilde{\boldsymbol{x}}$ 指数收敛形式为

$$\|\tilde{\boldsymbol{x}}(t)\|\leqslant\varphi_0\|\tilde{\boldsymbol{x}}(t_0)\|\mathrm{e}^{-\sigma_0(t-t_0)} \tag{7.53}$$

其中，φ_0 和 σ_0 为正的常数。

7.6.3 基于K观测器的高阶系统滑模控制

由于观测器是指数收敛的。为了实现控制目标，即只用信号 x_1，输出 x_1 跟踪 x_{d}，输出 x_2 跟踪 $\dot{x}_{\mathrm{d}}$。利用 x_1 作为反馈量，通过观测器采用 $\boldsymbol{k}$ 观测器式(7.49)和式(7.50)求状态/估计 $\hat{\boldsymbol{x}}=[\hat{x}_1\quad\hat{x}_2\quad\hat{x}_3]^{\mathrm{T}}$，然后针对模型式(7.46)设计滑模控制律。

取跟踪误差为 $e=x_1-x_{1\mathrm{d}}$，滑模函数 $s=c_1e+c_2\dot{e}+\ddot{e}$，$c_1$ 和 c_2 满足使 $c_1+c_2\sigma+\sigma^2=0$ 为 Hurwitz 条件，定义 $\alpha(\boldsymbol{x})=-\frac{1}{T^3}x_1-\frac{3}{T^2}x_2-\frac{3}{T}x_3$。

基于 K 观测器的滑模控制器设计为

$$u(t)=\frac{1}{b}(-c_1\dot{\hat{e}}-c_2\ddot{\hat{e}}-\alpha(\hat{\boldsymbol{x}})-\eta\hat{s}+\dddot{x}_{1\mathrm{d}})\tag{7.54}$$

其中，定义 $\hat{e}=\hat{x}_1-x_{1\mathrm{d}}$，$\hat{s}=c_1\hat{e}+c_2\dot{\hat{e}}+\ddot{\hat{e}}$，$\alpha(\hat{\boldsymbol{x}})=-\frac{1}{T^3}\hat{x}_1-\frac{3}{T^2}\hat{x}_2-\frac{3}{T}\hat{x}_3$。

于是

$$\begin{aligned}\dot{s}&=c_1\dot{e}+c_2\ddot{e}+\dddot{e}=c_1\dot{e}+c_2\ddot{e}+\dot{x}_3-\dddot{x}_{1\mathrm{d}}\\&=c_1\dot{e}+c_2\ddot{e}+\alpha(\boldsymbol{x})+bu-\dddot{x}_{1\mathrm{d}}\\&=c_1\dot{e}+c_2\ddot{e}+\alpha(\boldsymbol{x})-c_1\dot{\hat{e}}-c_2\ddot{\hat{e}}-\alpha(\hat{\boldsymbol{x}})-\eta\hat{s}+\dddot{x}_{1\mathrm{d}}-\dddot{x}_{1\mathrm{d}}\\&=-\eta\hat{s}+v(\tilde{\boldsymbol{x}})+\alpha(\boldsymbol{x})-\alpha(\hat{\boldsymbol{x}})\end{aligned}$$

其中，$v(\tilde{\boldsymbol{x}})=c_1\dot{e}+c_2\ddot{e}-c_1\dot{\hat{e}}-c_2\ddot{\hat{e}}$。

取 Lyapunov 函数为 $V=\frac{1}{2}s^2$，则

$$\begin{aligned}\dot{V}&=s\dot{s}=-\eta s\hat{s}+s(v(\tilde{\boldsymbol{x}})+\alpha(\boldsymbol{x})-\alpha(\hat{\boldsymbol{x}}))\\&=-\eta s(s-\tilde{s})+s(v(\tilde{\boldsymbol{x}})+\alpha(\boldsymbol{x})-\alpha(\hat{\boldsymbol{x}}))\\&=-\eta s^2+s(\eta\tilde{s}+v(\tilde{\boldsymbol{x}})+\alpha(\boldsymbol{x})-\alpha(\hat{\boldsymbol{x}}))\\&=-\eta s^2+sf(\tilde{\boldsymbol{x}})\leqslant-\eta s^2+\frac{1}{2}(s^2+f(\tilde{\boldsymbol{x}})^2)\\&=-(\eta-0.5)s^2+0.5f(\tilde{\boldsymbol{x}})^2=-\eta_1V+0.5f(\tilde{\boldsymbol{x}})^2\end{aligned}$$

其中，$\eta_1=2\eta-1>0$，$\tilde{s}=s-\hat{s}$，$f(\tilde{\boldsymbol{x}})=\eta\tilde{s}+v(\tilde{\boldsymbol{x}})+\alpha(\boldsymbol{x})-\alpha(\hat{\boldsymbol{x}})$。

由于 $e-\hat{e}=\tilde{x}_1$，$\dot{e}-\dot{\hat{e}}=\tilde{x}_2$，$\ddot{e}-\ddot{\hat{e}}=\tilde{x}_3$，则

$$\tilde{s}=s-\hat{s}=c_1\tilde{x}_1+c_2\tilde{x}_2+\tilde{x}_3$$

$$v(\tilde{x})=c_1\dot{e}+c_2\ddot{e}-c_1\dot{\hat{e}}-c_2\ddot{\hat{e}}=c_1\tilde{x}_2+c_2\tilde{x}_3$$

$$\begin{aligned}\alpha(x)-\alpha(\hat{x})&=-\frac{1}{T^3}x_1-\frac{3}{T^2}x_2-\frac{3}{T}x_3+\frac{1}{T^3}\hat{x}_1+\frac{3}{T^2}\hat{x}_2+\frac{3}{T}\hat{x}_3\\&=-\frac{1}{T^3}\tilde{x}_1-\frac{3}{T^2}\tilde{x}_2-\frac{3}{T}\tilde{x}_3\end{aligned}$$

于是

$$\begin{aligned}f(\tilde{\boldsymbol{x}})&=\eta\tilde{s}+v(\tilde{\boldsymbol{x}})+\alpha(\boldsymbol{x})-\alpha(\hat{\boldsymbol{x}})\\&=\left(\eta c_1-\frac{1}{T^3}\right)\tilde{x}_1+\left(\eta c_2-\frac{3}{T^2}+c_1\right)\tilde{x}_2+\left(\eta-\frac{3}{T}+c_2\right)\tilde{x}_3\end{aligned}$$

由于 $\tilde{\boldsymbol{x}}$ 指数收敛，根据式(7.50)，可得如下表达式

$$\dot{V}\leqslant-\eta_1V+0.5f(\tilde{\boldsymbol{x}})^2\leqslant-\eta_1V+\chi(\cdot)\exp(-\sigma_0(t-t_0))$$

其中，$\chi(\cdot)$是 $\|\tilde{\boldsymbol{x}}(t_0)\|$ 的 K 类函数。

采用引理1.1[3]，不等式方程 $\dot{V}\leqslant-\eta_1 V+\chi(\cdot)\exp(-\sigma_0(t-t_0))$ 的解为

$$V(t)\leqslant\exp(-\eta_1(t-t_0))V(t_0)+\chi(\cdot)\int_{t_0}^{t}\exp(-\eta_1(t-\tau))\exp(-\sigma_0(\tau-t_0))\mathrm{d}\tau$$

$$=\exp(-\eta_1(t-t_0))V(t_0)+\chi(\cdot)\exp(-\eta_1 t+\sigma_0 t_0)\int_{t_0}^{t}\exp(\eta_1\tau)\exp(-\sigma_0\tau)\mathrm{d}\tau$$

$$=\exp(-\eta_1(t-t_0))V(t_0)+\frac{\chi(\cdot)}{\eta_1-\sigma_0}\exp(-\eta_1 t+\sigma_0 t_0)\exp((\eta_1-\sigma_0)\tau)\Big|_{t_0}^{t}$$

$$=\exp(-\eta_1(t-t_0))V(t_0)+\frac{\chi(\cdot)}{\eta_1-\sigma_0}\exp(-\eta_1 t+\sigma_0 t_0)(\exp((\eta_1-\sigma_0)t)-\exp((\eta_1-\sigma_0)t_0))$$

$$=\exp(-\eta_1(t-t_0))V(t_0)+\frac{\chi(\cdot)}{\eta_1-\sigma_0}(\exp(-\sigma_0(t-t_0))-\exp(-\eta_1(t-t_0)))$$

即

$$\lim_{t\to\infty}V(t)\leqslant 0$$

由于 $V(t)\geqslant 0$，故 $t\to\infty$ 时，$V(t)=0$，且 $V(t)$ 指数收敛，从而 s 指数收敛，当 $t\to\infty$ 时，$e\to 0$，$\dot{e}\to 0$。收敛精度取决于 η_1，即 η。

7.6.4 仿真实例

针对被控对象式(7.46)，取 $K=0.2$，$T=18.5$，初始值取[0.5 0 0]。位置指令取 $\sin t$，采用观测器式(7.49)和式(7.50)，按式(7.52)设计 $\boldsymbol{k}=[k_1\quad k_2\quad k_3]^{\mathrm{T}}$。采用控制律式(7.54)，取 $\eta=0.50$，$c_1=c_2=5$，仿真结果如图7.23～图7.25所示。仿真时，通过手动切换，可实现采用观测器与不采用观测器两种情况下仿真结果的比较。

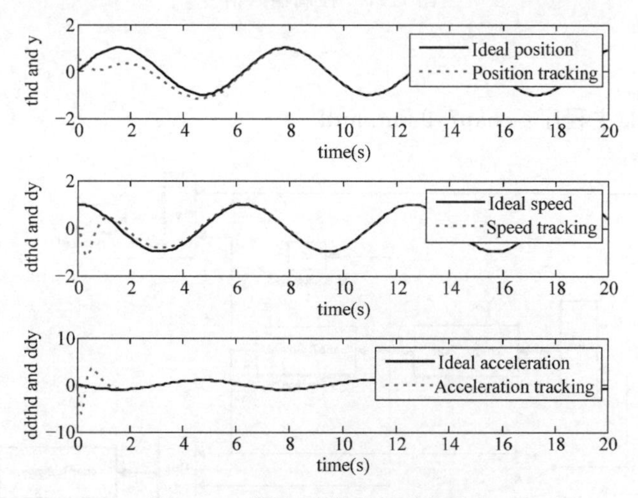

图7.23 位置、速度和加速度跟踪

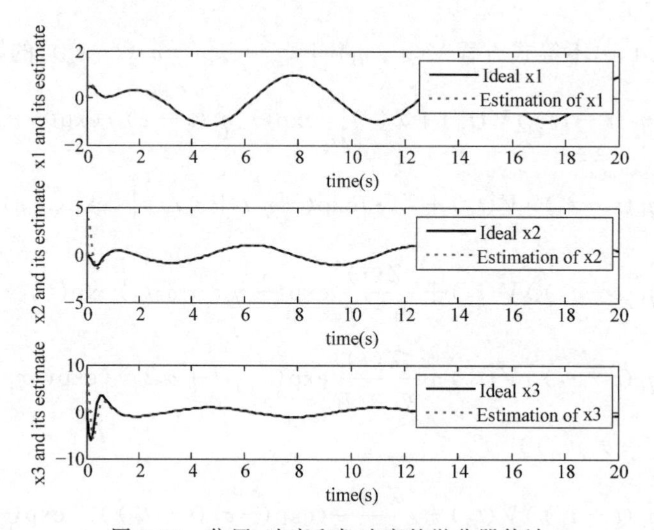

图 7.24　位置、速度和加速度的微分器估计

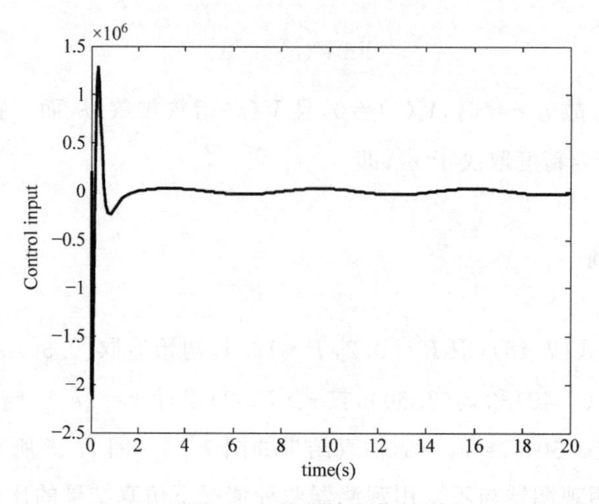

图 7.25　控制输入信号

仿真程序：

(1) Simulink 主程序：chap7_9sim. mdl

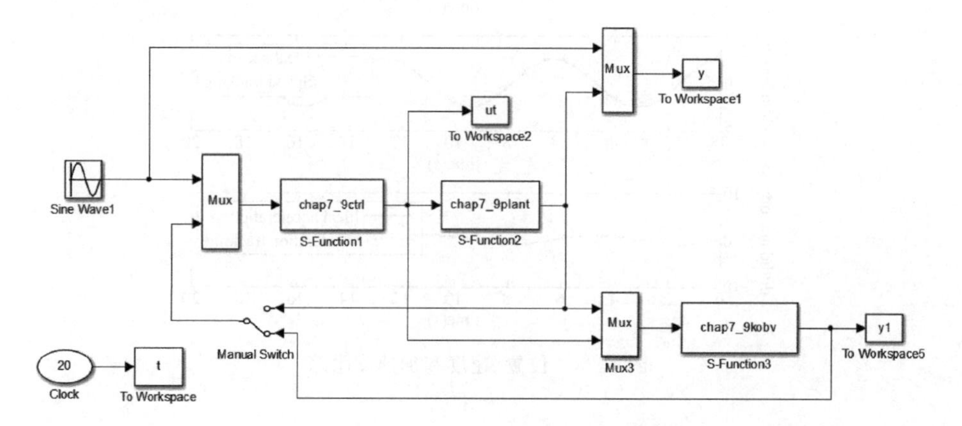

(2) 控制器 S 函数：chap7_9ctrl. m

```
function [sys,x0,str,ts] = spacemodel(t,x,u,flag)
switch flag,
case 0,
    [sys,x0,str,ts] = mdlInitializeSizes;
case 3,
    sys = mdlOutputs(t,x,u);
case {1,2,4,9}
    sys = [];
otherwise
    error(['Unhandled flag = ',num2str(flag)]);
end
function [sys,x0,str,ts] = mdlInitializeSizes
sizes = simsizes;
sizes.NumContStates  = 0;
sizes.NumDiscStates  = 0;
sizes.NumOutputs     = 1;
sizes.NumInputs      = 4;
sizes.DirFeedthrough = 1;
sizes.NumSampleTimes = 0;
sys = simsizes(sizes);
x0  = [];
str = [];
ts  = [];
function sys = mdlOutputs(t,x,u)
c1 = 5;
c2 = 5;

yd = u(1);
dyd = cos(t);
ddyd = - sin(t);
dddyd = - cos(t);

x1 = u(2);
x2 = u(3);
x3 = u(4);

e = x1 - yd;
de = x2 - dyd;
dde = x3 - ddyd;

s = c1 * e + c2 * de + dde;
v = - dddyd + c1 * de + c2 * dde;

T = 18.5;K = 0.2;
b = K/(T^3);
alfa = - 1/(T^3) * x1 - 3/(T^2) * x2 - 3/T * x3;
xite = 0.50;
ut = - 1/b * (v + alfa + xite * s);

sys(1) = ut;
```

(3) 观测器S函数：chap7_9kobv.m

```
function [sys,x0,str,ts] = obv(t,x,u,flag)
switch flag,
case 0,
    [sys,x0,str,ts] = mdlInitializeSizes;
case 1,
    sys = mdlDerivatives(t,x,u);
case 3,
    sys = mdlOutputs(t,x,u);
case {2,4,9}
    sys = [];
otherwise
    error(['Unhandled flag = ',num2str(flag)]);
end
function [sys,x0,str,ts] = mdlInitializeSizes
sizes = simsizes;
sizes.NumContStates   = 6;
sizes.NumDiscStates   = 0;
sizes.NumOutputs      = 3;
sizes.NumInputs       = 4;
sizes.DirFeedthrough  = 1;
sizes.NumSampleTimes  = 1;
sys = simsizes(sizes);
x0  = [0;0;0;0;0;0];
str = [];
ts  = [0 0];
function sys = mdlDerivatives(t,x,u)
w = [x(1) x(2) x(3)]';
v = [x(4) x(5) x(6)]';

x1 = u(1);
ut = u(4);

T = 18.5;K = 0.20;
A = [0 1 0;
    0 0 1;
    -1/T^3 -3/T^2 -3/T];

k1 = 30 - 3/T;
k2 = 300 - 3 * k1/T - 3/T^2;
k3 = 1000 - 1/T^3 - 3/T^2 * k1 - 3/T * k2;

k = [k1 k2 k3]';
c = [1 0 0];
A0 = A - k * c;

e4 = [0 0 1]';

dw = A0 * w + k * x1;
dv = A0 * v + e4 * ut;
```

```
sys(1) = dw(1);
sys(2) = dw(2);
sys(3) = dw(3);
sys(4) = dv(1);
sys(5) = dv(2);
sys(6) = dv(3);
function sys = mdlOutputs(t,x,u)
T = 18.5;K = 0.20;
b = K/T^3;
w = [x(1) x(2) x(3)]';
v = [x(4) x(5) x(6)]';

xp = w + b * v;

sys(1) = xp(1);
sys(2) = xp(2);
sys(3) = xp(3);
```

(4) 被控对象S函数：chap7_9plant.m

```
function [sys,x0,str,ts] = s_function(t,x,u,flag)
switch flag,
case 0,
    [sys,x0,str,ts] = mdlInitializeSizes;
case 1,
    sys = mdlDerivatives(t,x,u);
case 3,
    sys = mdlOutputs(t,x,u);
case {2, 4, 9}
    sys = [];
otherwise
    error(['Unhandled flag = ',num2str(flag)]);
end
function [sys,x0,str,ts] = mdlInitializeSizes
sizes = simsizes;
sizes.NumContStates   = 3;
sizes.NumDiscStates   = 0;
sizes.NumOutputs      = 3;
sizes.NumInputs       = 1;
sizes.DirFeedthrough  = 0;
sizes.NumSampleTimes  = 1;
sys = simsizes(sizes);
x0  = [0.5,0,0];
str = [];
ts  = [-1 0];
function sys = mdlDerivatives(t,x,u)
T = 18.5;
K = 0.20;

sys(1) = x(2);
```

```
sys(2) = x(3);
sys(3) = -1/(T^3) * x(1) - 3/(T^2) * x(2) - 3/T * x(3) + K/(T^3) * u(1);
function sys = mdlOutputs(t,x,u)
sys(1) = x(1);
sys(2) = x(2);
sys(3) = x(3);
```

(5) 作图程序：chap7_9plot. m

```
close all;

figure(1);
subplot(311);
plot(t,y(:,1),'k',t,y(:,2),'r:','linewidth',2);
xlabel('time(s)');ylabel('thd and y');
legend('ideal position','position tracking');
subplot(312);
plot(t,cos(t),'k',t,y(:,3),'r:','linewidth',2);
xlabel('time(s)');ylabel('dthd and dy');
legend('ideal speed','speed tracking');
subplot(313);
plot(t,-sin(t),'k',t,y(:,4),'r:','linewidth',2);
xlabel('time(s)');ylabel('ddthd and ddy');
legend('ideal acceleration','acceleration tracking');

figure(2);
subplot(311);
plot(t,y(:,2),'k',t,y1(:,1),'r:','linewidth',2);
xlabel('time(s)');ylabel('x1 and its estimate');
legend('ideal x1','estimation of x1');
subplot(312);
plot(t,y(:,3),'k',t,y1(:,2),'r:','linewidth',2);
xlabel('time(s)');ylabel('x2 and its estimate');
legend('ideal x2','estimation of x2');
subplot(313);
plot(t,y(:,4),'k',t,y1(:,3),'r:','linewidth',2);
xlabel('time(s)');ylabel('x3 and its estimate');
legend('ideal x3','estimation of x3');

figure(3);
plot(t,ut(:,1),'k','linewidth',2);
xlabel('time(s)');ylabel('Control input');
```

参考文献

[1] Young K D,Utkin V I,Ozguner U. A Control Engineer's Guide to Sliding Mode Control[J]. IEEE Transactions on Control Systems Technology,1999,7(3): 328-342.

[2] Kang B P,Ju J L. Sliding Mode Controller with Filtered Signal for Robot Manipulators Using Virtual Plant/Controller[J]. Mechatronics,1997,7(3): 277-286.

[3] Petros A, Ioannou, Jing Sun. Robust Adaptive Control[M]. PTR Prentice-Hall, 1996: 75.
[4] Freidovich L B, Khalil H K. Performance Recovery of Feedback Linearization Based Designs[J]. IEEE Transaction on Automatic Control, 2008, 53(10): 2324-2334.
[5] Ahmad N A, Khalil H K. A Separation Principle for the Stabilization of a Class of Nonlinear Systems[J]. IEEE Transaction on Automatic Control, 1999, 44(9): 1672-1687.
[6] Ball A A, Khalil H K. High-gain Observers in the Presence of Measurement Noise: A Nonlinear Gain Approach[C]. Cancun, Mexico: 47th IEEE Conference on Decision and Control, 2008: 2288-2293.
[7] Khalil H K. Nonlinear Systems[M]. 3rd edition. New Jersey: Prentice Hall, 2002.
[8] 王新华,陈增强,袁著祉. 基于扩张观测器的非线性不确定系统输出跟踪[J]. 控制与决策,2004, 19(10): 1113-1116.
[9] Cunha J P V S, Costa R R, Lizarralde F, et al. Peaking Free Variable Structure Control of Uncertain Linear Systems Based on a High Gain Observer[J]. Automatica, 2009, 45(5): 1156-1164.
[10] 王新华,刘金琨. 微分器设计与应用——信号滤波与求导[M]. 北京: 电子工业出版社,2010.
[11] Atassi A N, Khalil H K. Separation Results for the Stabilization of Nonlinear Systems Using Different High-gain Observer Designs[J]. Systems and Control Letters, 2000, 39(3): 183-191.
[12] Kanellakopoulos I, Kokotovic P V, Morse A S. Adaptive output-feedback control of a class of nonlinear systems[C]. Proceedings of the 30th IEEE Conference on Decision and Control, Brighton, 1991: 1082-1087.

第8章 模糊滑模控制

如果被控对象的数学模型已知，滑模控制器可以使系统输出直接跟踪期望指令，但较大的建模不确定性需要较大的切换增益，这就造成抖振，抖振是滑模控制中难以避免的问题。

模糊逻辑的设计不依靠被控对象的模型，但它却非常依靠控制专家或操作者的经验、知识。模糊逻辑的突出优点是能够比较容易地将人的控制经验通过模糊规则融入控制器中，通过设计模糊规则，实现高水平的控制器。

但基于模糊逻辑的控制器由于采用了 IF-THEN 控制规则，不便于控制参数的学习和调整，使得构造具有自适应的模糊控制器较困难。万能逼近定理表明模糊系统是除多项式函数逼近器、神经网络逼近之外的一个新的万能逼近器。模糊逼近器与其他逼近器相比，其优势在于能够有效地利用模糊语言的能力。万能逼近器是自适应模糊控制的理论基础。

将滑模控制结合模糊逼近用于非线性系统的控制中，采用模糊系统实现模型未知部分的自适应逼近，可有效降低模糊增益。模糊自适应律通过 Lyapunov 方法导出，通过自适应权重的调节保证整个闭环系统的稳定性和收敛性。

8.1 基于模糊切换增益调节的滑模控制

采用模糊规则，可根据滑模到达条件对切换增益进行有效估计，并利用切换增益消除干扰项，从而消除抖振。

8.1.1 系统描述

考虑不确定系统：

$$\ddot{\theta}=f(\theta,\dot{\theta})+b(u(t)+E(t)) \tag{8.1}$$

其中，$f(\theta,\dot{\theta})$为已知，$b>0$；$E(t)$为未知干扰。

8.1.2 滑模控制器设计

取滑模函数为

$$s=\dot{e}+ce,\quad c>0 \tag{8.2}$$

其中,e 为跟踪误差,$e=\theta_{\mathrm{d}}-\theta$,$\theta_{\mathrm{d}}$ 为指令角度。

设计滑模控制器为

$$u=\frac{1}{b}(-f(\theta)+\ddot{\theta}_{\mathrm{d}}+c\dot{e}+K(t)\operatorname{sgn}(s)) \tag{8.3}$$

取

$$K(t)=\max|E(t)|+\eta \tag{8.4}$$

其中,$\eta>0$。

稳定性分析如下:

取 Lyapunov 函数为

$$V=\frac{1}{2}s^2$$

则

$$\begin{aligned}\dot{V}&=s\dot{s}=s(\ddot{e}+c\dot{e})=s(\ddot{\theta}_{\mathrm{d}}-\ddot{\theta}+c\dot{e})\\&=s(\ddot{\theta}_{\mathrm{d}}-f(\theta)-bu-E(t)+c\dot{e})\end{aligned}$$

将控制律代入,得

$$\dot{V}=s(-K(t)\operatorname{sgn}(s)-E(t))=-K(t)|s|-E(t)s\leqslant-\eta|s| \tag{8.5}$$

根据 LaSalle 不变性原理,$t\to\infty$时,$s\to0$,$e\to0$,$\dot{e}\to0$。在滑模控制律式(8.3)中,切换增益 $K(t)$值是造成抖振的原因。$K(t)$用于补偿不确定项 $E(t)$,以保证滑模存在性条件得到满足。如果 $E(t)$时变,则为了降低抖振,$K(t)$也应该时变。可采用模糊规则,根据经验实现 $K(t)$的变化。

8.1.3 模糊规则设计

滑模存在条件为 $s\dot{s}<0$,当系统到达滑模面后,将会保持在滑模面上。由式(8.5)可见,$K(t)$为保证系统运动得以到达滑模面的增益,其值必须足以消除不确定项的影响,才能保证滑模存在条件 $s\dot{s}<0$ 成立。

模糊规则如下:

$$\text{If } s\dot{s}>0,\quad \text{则 } K(t) \text{ 应增大} \tag{8.6}$$

$$\text{If } s\dot{s}<0,\quad \text{则 } K(t) \text{ 应减小} \tag{8.7}$$

由式(8.6)和式(8.7)可设计关于 $s\dot{s}$ 和 $\Delta K(t)$之间关系的模糊系统,在该系统中,$s\dot{s}$ 为输入,$\Delta K(t)$为输出。系统输入/输出的模糊集分别定义如下:

$$s\dot{s}=\{NB\quad NM\quad ZO\quad PM\quad PB\}$$

$$\Delta K=\{NB\quad NM\quad ZO\quad PM\quad PB\}$$

其中，NB 为负大，NM 为负中，ZO 为零，PM 为正中，PB 为正大。

模糊系统的输入、输出隶属函数如图 8.1 和图 8.2 所示。

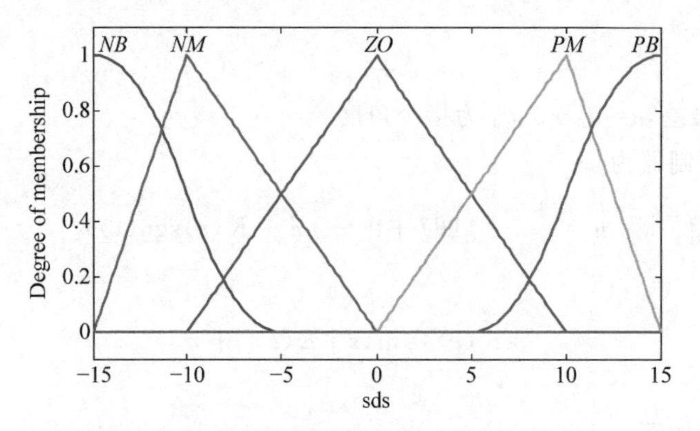

图 8.1　模糊输入的隶属函数

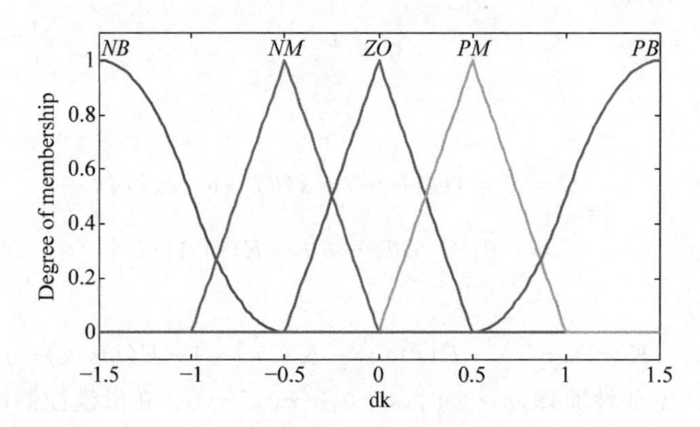

图 8.2　模糊输出的隶属函数

模糊规则设计如下：

R1：IF $s\dot{s}$ is PB THEN ΔK is PB

R2：IF $s\dot{s}$ is PM THEN ΔK is PM

R3：IF $s\dot{s}$ is ZO THEN ΔK is ZO

R4：IF $s\dot{s}$ is NM THEN ΔK is NM

R5：IF $s\dot{s}$ is NB THEN ΔK is NB

采用积分的方法对 $\hat{K}(t)$的上界进行估计：

$$\hat{K}(t)=G\int_0^t \Delta K\,\mathrm{d}t \tag{8.8}$$

其中，G 为比例系数，根据经验确定。

用 $\hat{K}(t)$代替式(8.3)的 $K(t)$，则控制律变为

$$u=\frac{1}{b}(-f(\theta)+\ddot{\theta}_{\mathrm{d}}+c\dot{e}+\hat{K}(t)\operatorname{sgn}(s)) \tag{8.9}$$

模糊滑模控制系统的结构如图 8.3 所示。

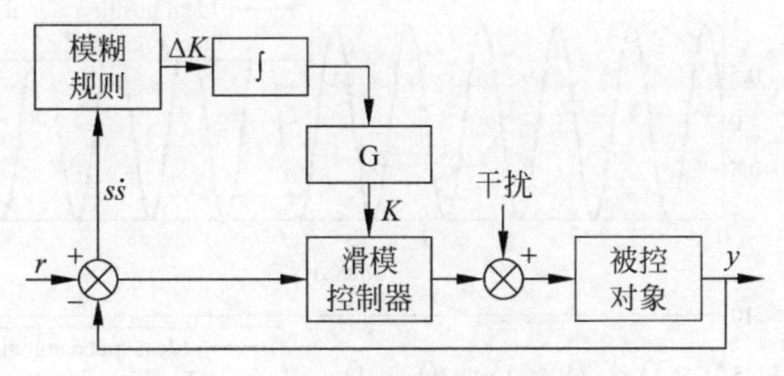

图 8.3 模糊滑模控制系统结构

8.1.4 仿真实例

被控对象为

$$\ddot{\theta}=f(\theta,\dot{\theta})+b(u(t)+E(t))$$

其中，$f(\theta,\dot{\theta})=-25\dot{\theta}$；$b=133$。

采用高斯函数的形式表示 $E(t)$，如图 8.4 所示。

$$E(t)=200\exp\left(-\frac{(t-c_i)^2}{2b_i^2}\right)$$

取 $b_i=0.50$，$c_i=5.0$，$\eta=1.0$，则 $\hat{K}(t)=\max(|E(t)|)+\eta=201$。

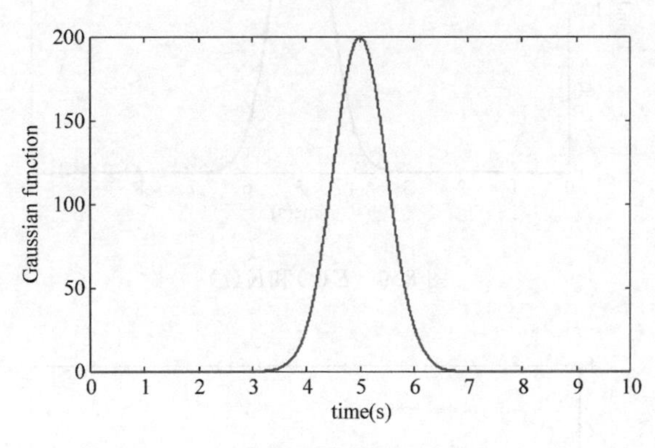

图 8.4 高斯函数形式的不确定性 $E(t)$

位置指令信号为 $\theta_d=\sin(2\pi t)$。采用程序 chap8_2fuzz. m 建立模糊系统，模糊规则库保存在 smc_fuzz. fis 中，并得到模糊系统输入、输出的隶属函数图，如图 8.1 和图 8.2 所示。

首先，取 $M=2$，采用控制律式(8.9)，取 $G=400$，$c=150$，$\lambda=10$。仿真结果如图 8.5～图 8.7 所示。取 $M=1$，采用传统的控制律式(8.3)，$D=200$，取 $c=150$，仿真结果如图 8.8 和图 8.9 所示。可见，采用基于模糊规则的模糊滑模控制方法，可有效地通过切换增益消除干扰项，从而消除抖振。

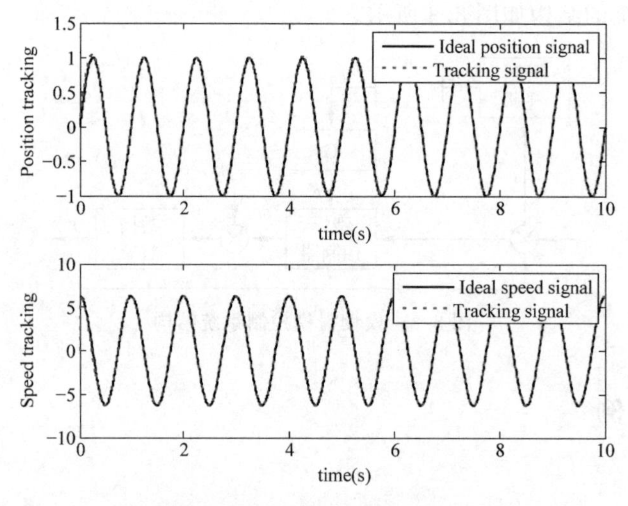

图 8.5　采用模糊滑模控制器时的位置和速度跟踪($M=2$)

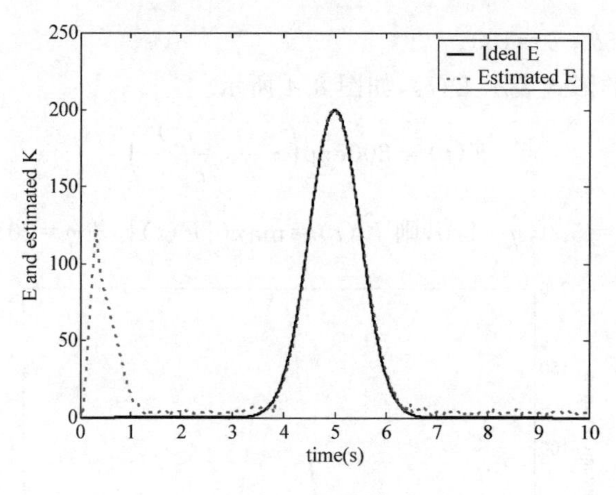

图 8.6　$E(t)$和$\hat{K}(t)$

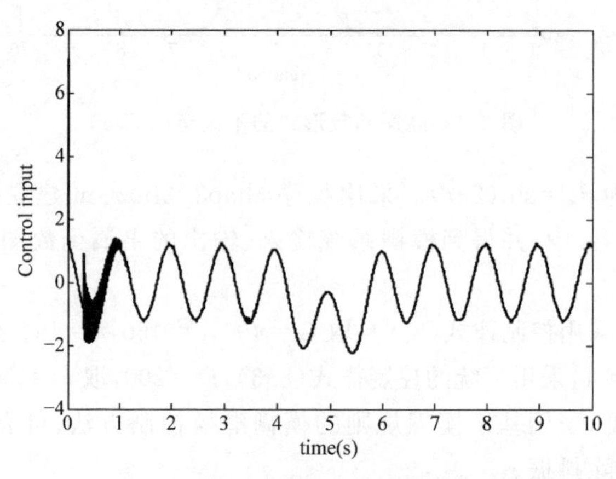

图 8.7　模糊滑模控制时的控制输入

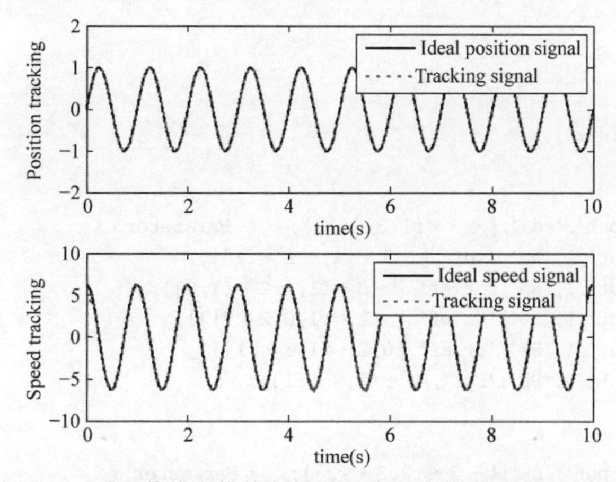

图 8.8 采用传统滑模控制器时的位置和速度跟踪($M=1$)

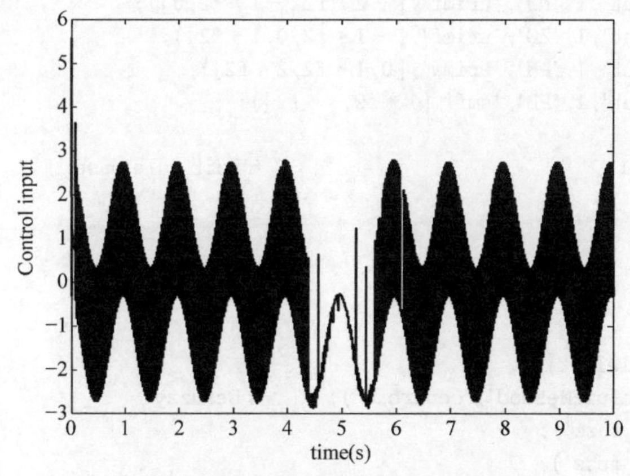

图 8.9 传统滑模控制时的控制输入

仿真程序：

1. 高斯基函数：chap8_1func.m

```
clear all;
close all;

b = 0.5;
c = 5;
ts = 0.001;
for k = 1:1:10000
   t(k) = k * ts;
   E(k) = 200 * exp( - (t(k) - c)^2/(2 * b^2));
end
figure(1);
plot(t,E,'linewidth',2);
xlabel('time(s)');
ylabel('Gaussian function');
```

2. 控制系统仿真

(1) 模糊系统设计程序：chap8_2fuzz.m

```
clear all;
close all;

a = newfis('smc_fuzz');

f1 = 5;
a = addvar(a,'input','sds',[ - 3 * f1,3 * f1]);    % Parameter e
a = addmf(a,'input',1,'NB','zmf',[ - 3 * f1, - 1 * f1]);
a = addmf(a,'input',1,'NM','trimf',[ - 3 * f1, - 2 * f1,0]);
a = addmf(a,'input',1,'ZO','trimf',[ - 2 * f1,0,2 * f1]);
a = addmf(a,'input',1,'PM','trimf',[0,2 * f1,3 * f1]);
a = addmf(a,'input',1,'PB','smf',[1 * f1,3 * f1]);

f2 = 0.5;
a = addvar(a,'output','dk',[ - 3 * f2,3 * f2]);    %Parameter u
a = addmf(a,'output',1,'NB','zmf',[ - 3 * f2, - 1 * f2]);
a = addmf(a,'output',1,'NM','trimf',[ - 2 * f2, - 1 * f2,0]);
a = addmf(a,'output',1,'ZO','trimf',[ - 1 * f2,0,1 * f2]);
a = addmf(a,'output',1,'PM','trimf',[0,1 * f2,2 * f2]);
a = addmf(a,'output',1,'PB','smf',[1 * f2,3 * f2]);

rulelist = [1 1 1 1;                                %Edit rule base
         2 2 1 1;
         3 3 1 1;
         4 4 1 1;
         5 5 1 1];

a1 = addrule(a,rulelist);
a1 = setfis(a1,'DefuzzMethod','centroid');          %Defuzzy
writefis(a1,'smc_fuzz');
a1 = readfis('smc_fuzz');

figure(1);
plotmf(a1,'input',1);
figure(2);
plotmf(a1,'output',1);
```

(2) Simulink 主程序：chap8_2sim. mdl

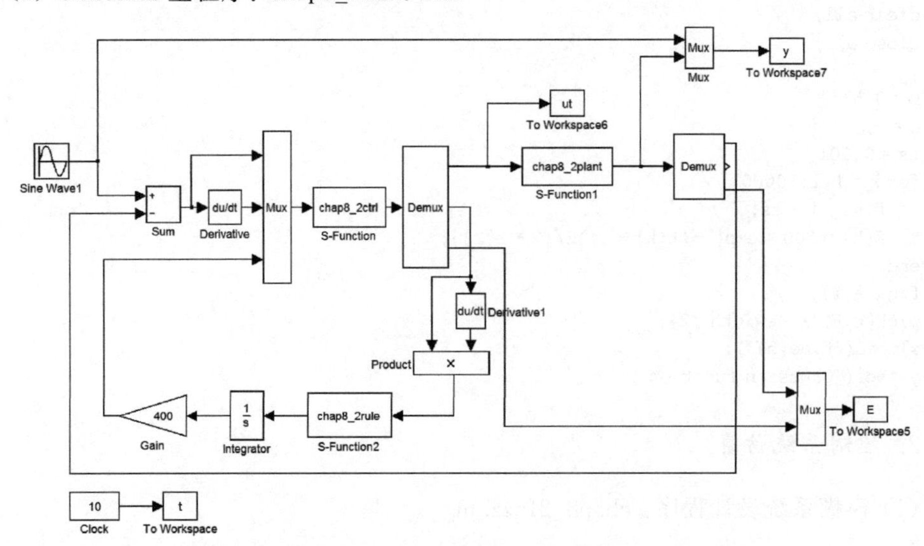

(3) 控制器 S 函数：chap8_2ctrl.m

```
function [sys,x0,str,ts] = s_function(t,x,u,flag)
switch flag,
case 0,
    [sys,x0,str,ts] = mdlInitializeSizes;
case 3,
    sys = mdlOutputs(t,x,u);
case {2, 4, 9}
    sys = [];
otherwise
    error(['Unhandled flag = ',num2str(flag)]);
end
function [sys,x0,str,ts] = mdlInitializeSizes
sizes = simsizes;
sizes.NumContStates  = 0;
sizes.NumDiscStates  = 0;
sizes.NumOutputs     = 3;
sizes.NumInputs      = 3;
sizes.DirFeedthrough = 1;
sizes.NumSampleTimes = 0;
sys = simsizes(sizes);
x0  = [];
str = [];
ts  = [];
function sys = mdlOutputs(t,x,u)
persistent s0
e = u(1);
de = u(2);

c = 150;
thd = sin(2 * pi * t);
dthd = 2 * pi * cos(2 * pi * t);
ddthd =- (2 * pi)^2 * sin(2 * pi * t);

x1 = thd - e;
x2 = dthd - de;

fx =- 25 * x2;b = 133;

s = c * e + de;

D = 200;xite = 1.0;

M = 2;
if M == 1
   K = D + xite;
elseif M == 2                                  % Estimation for K with fuzzy
   K = abs(u(3)) + xite;
end

ut = 1/b * ( - fx + ddthd + c * de + K * sign(s));

sys(1) = ut;
```

```
sys(2) = s;
sys(3) = K;
```

(4) 被控对象S函数：chap8_2plant.m

```
function [sys,x0,str,ts] = s_function(t,x,u,flag)
switch flag,
case 0,
    [sys,x0,str,ts] = mdlInitializeSizes;
case 1,
    sys = mdlDerivatives(t,x,u);
case 3,
    sys = mdlOutputs(t,x,u);
case {2, 4, 9}
    sys = [];
otherwise
    error(['Unhandled flag = ',num2str(flag)]);
end
function [sys,x0,str,ts] = mdlInitializeSizes
sizes = simsizes;
sizes.NumContStates  = 2;
sizes.NumDiscStates  = 0;
sizes.NumOutputs     = 3;
sizes.NumInputs      = 1;
sizes.DirFeedthrough = 0;
sizes.NumSampleTimes = 0;
sys = simsizes(sizes);
x0  = [0.15,0];
str = [];
ts  = [];
function sys = mdlDerivatives(t,x,u)
%bi = 0.05;ci = 5;
bi = 0.5;ci = 5;
dt = 200 * exp( - (t - ci)^2/(2 * bi^2));          %rbf_func.m
%dt = 0;

sys(1) = x(2);
sys(2) =- 25 * x(2) + 133 * u + dt;
function sys = mdlOutputs(t,x,u)
%bi = 0.05;ci = 5;
bi = 0.5;ci = 5;
dt = 200 * exp( - (t - ci)^2/(2 * bi^2));          %rbf_func.m
%dt = 0;

sys(1) = x(1);
sys(2) = x(2);
sys(3) = dt;
```

(5) 模糊系统S函数：chap8_2rule.m

```
function [sys,x0,str,ts] = s_function(t,x,u,flag)
switch flag,
case 0,
    [sys,x0,str,ts] = mdlInitializeSizes;
case 3,
```

```
    sys = mdlOutputs(t,x,u);
case {2, 4, 9}
    sys = [];
otherwise
    error(['Unhandled flag = ',num2str(flag)]);
end
function [sys,x0,str,ts] = mdlInitializeSizes
sizes = simsizes;
sizes.NumContStates  = 0;
sizes.NumDiscStates  = 0;
sizes.NumOutputs     = 1;
sizes.NumInputs      = 1;
sizes.DirFeedthrough = 1;
sizes.NumSampleTimes = 0;
sys = simsizes(sizes);
x0  = [];
str = [];
ts  = [];
function sys = mdlOutputs(t,x,u)
warning off;
persistent a1
if t == 0
   a1 = readfis('smc_fuzz');
end

sys(1) = evalfis([u(1)],a1);
```

(6) 作图程序：chap8_2plot. mclose all

```
figure(1);
subplot(211);
plot(t,y(:,1),'k',t,y(:,2),'r:','linewidth',2);
xlabel('time(s)');ylabel('Position tracking');
legend('Ideal position signal','tracking signal');
subplot(212);
plot(t,2 * pi * cos(2 * pi * t),'k',t,y(:,3),'r:','linewidth',2);
xlabel('time(s)');ylabel('Speed tracking');
legend('Ideal speed signal','tracking signal');

figure(2);
plot(t,E(:,1),'k',t,E(:,2),'r:','linewidth',2);
xlabel('time(s)');ylabel('E and estimated K');
legend('Ideal E','estimated E');

figure(3);
plot(t,ut(:,1),'k','linewidth',2);
xlabel('time(s)');ylabel('Control input');
```

8.2 基于等效控制的模糊滑模控制

在等效滑模控制中，控制律通常由等效控制 u_{eq} 和切换控制 u_s 组成，即 $u=u_{eq}+u_s$。等效控制将系统状态保持在滑模面上，切换控制迫使系统在状态滑模面上滑动。

滑模控制的鲁棒性由切换控制项得到保证,滑模控制的抖振也由切换控制造成。为了消除抖振,应使切换控制项在保证鲁棒性能的同时尽量小。为此,可利用模糊规则,对切换项进行模糊化。当干扰较大时,切换项较大；当干扰较小时,切换项较小。通过建立基于模糊切换控制的等效滑模控制,从而消除抖振[1]。

8.2.1 系统描述

考虑带干扰的不确定系统

$$\ddot{x}=f(x,t)+g(x,t)u(t)+d(t) \tag{8.10}$$

位置指令为 x_d,跟踪误差为 $e=x_d-x$。

8.2.2 模糊滑模控制律的设计

滑模函数为

$$s=ce+\dot{e} \tag{8.11}$$

等效滑模控制律由等效控制 u_{eq} 和切换控制 u_s 组成,取 $u=u_{eq}+\mu\cdot u_s$,通过模糊系数 μ 将切换控制模糊化。

为保证 $s\to 0$,模糊规则表示为

$$\text{If } s(t) \text{ is N then } \mu \text{ is P} \tag{8.12a}$$

$$\text{If } s(t) \text{ is Z then } \mu \text{ is Z} \tag{8.12b}$$

$$\text{If } s(t) \text{ is P then } \mu \text{ is P} \tag{8.12c}$$

其中,模糊集 Z、N 和 P 分别表示“零”“负”和“正”,模糊系统的输出为 μ。

模糊规则式(8.12b)表示“当 $\mu=0$ 时,表示无干扰”,此时控制律只由等效控制项构成；模糊规则式(8.12a)和式(8.12c)表示“当 $\mu\neq 0$ 时,表示有干扰”,此时控制律由等效控制和切换控制构成,通过模糊输出 μ 实现切换控制项 u_s 的模糊化,从而在克服干扰的同时,有效地降低抖振。

控制律设计如下：

$$u=u_{eq}+\mu\cdot u_s \tag{8.13}$$

当 $\mu=1$ 时,$u=u_{eq}+u_s$,此时控制律为传统的等效控制。当 $\mu\neq 1$ 时,此时控制律为切换模糊化的等效控制,通过 μ 实现抖振的降低。

8.2.3 仿真实例

考虑倒立摆动力学方程

$$\begin{cases}\dot{x}_1=x_2\\ \dot{x}_2=f(\cdot)+g(\cdot)u+d(t)\end{cases}$$

其中,$f(\cdot)=\dfrac{g\sin x_1-mlx_2^2\cos x_1\sin x_1/(m_c+m)}{l(4/3-m\cos^2 x_1/(m_c+m))}$,$g(\cdot)=\dfrac{\cos x_1/(m_c+m)}{l(4/3-m\cos^2 x_1/(m_c+m))}$,

x_1 和 x_2 分别为摆角和摆速，$g=9.8\text{m/s}^2$；m_c 为小车质量 $m_c=1\text{kg}$；m 为摆杆质量，$m=0.1\text{kg}$；l 为摆长的一半，$l=0.5\text{m}$；u 为控制输入。

干扰 $d(t)$ 采用高斯函数的形式

$$d(t)=5\exp\left(-\frac{(t-c_i)^2}{2b_i^2}\right)$$

取 $b_i=0.50, c_i=5.0, \eta=0.15$。高斯形式的干扰如图 8.10 所示，干扰的上界取为 $D=\max(|d(t)|)+\eta=5.15$，位置指令为 $x_d=\sin t$，系统初始状态为$[-\pi/60,0]$。

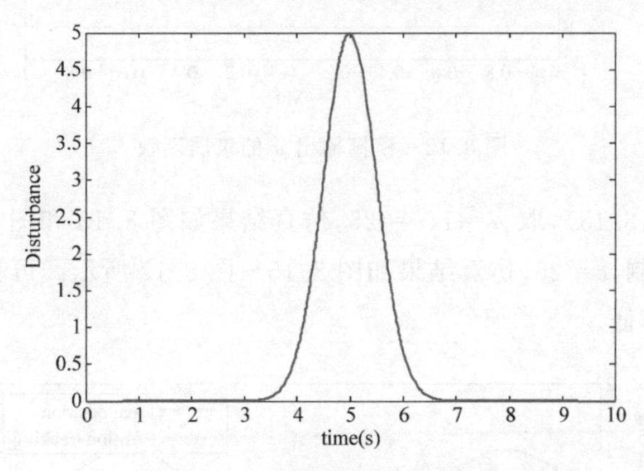

图 8.10 采用高斯形式的干扰

在子程序中 chap8_3fuzz.m 实现模糊系统的设计，在控制器 S 函数 chap8_3ctrl.m 中通过“persistent”实现模糊推理系统“a2”的引入。模糊系统的输入和输出隶属函数见图 8.11 和图 8.12。

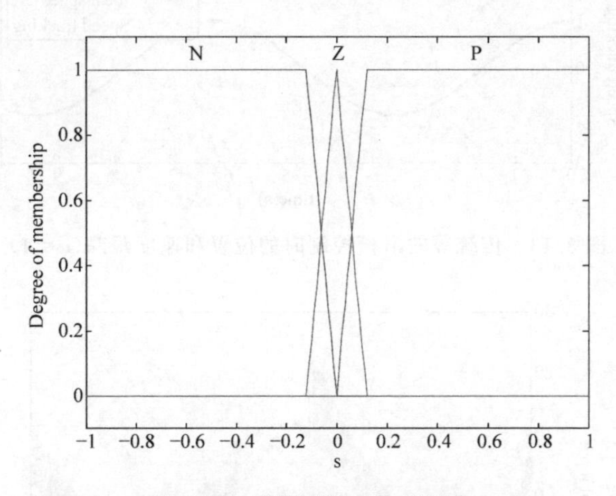

图 8.11 滑模函数 s 隶属函数

在程序中模糊规则表示如下：

(1) If (s is N) then (Mu is P)；

(2) If (s is Z) then (u is Z)；

(3) If (s is P) then (Mu is P)。

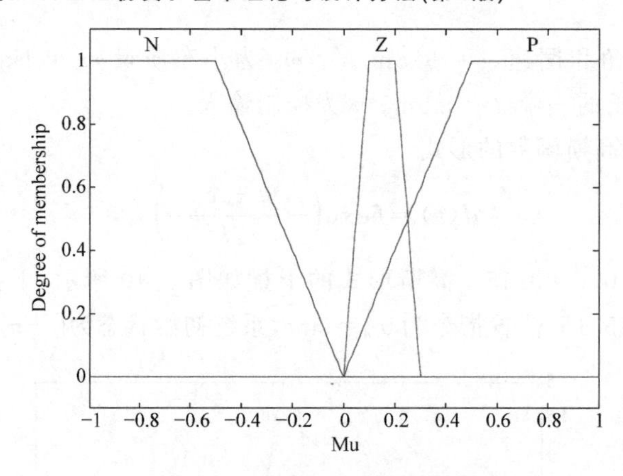

图 8.12　模糊输出 μ 的隶属函数

采用控制律式(8.13)，取 $\mu=1$，$c=25$，仿真结果如图 8.13 和图 8.14 所示。取 $\mu\neq 1$，采用模糊滑模控制，$c=25$，仿真结果如图 8.15～图 8.17 所示。可见，通过引入模糊系统，实现了抖振的降低。

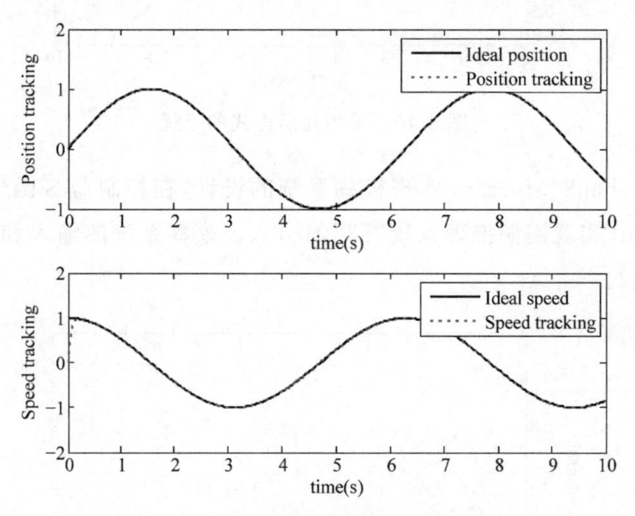

图 8.13　传统等效滑模控制时的位置和速度跟踪($\mu=1$)

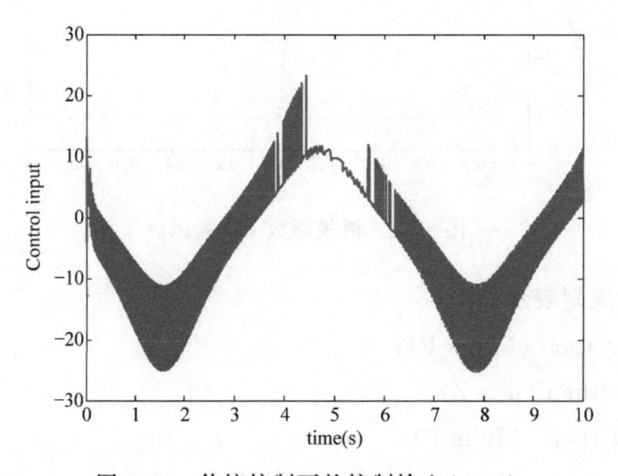

图 8.14　传统控制下的控制输入($\mu=1$)

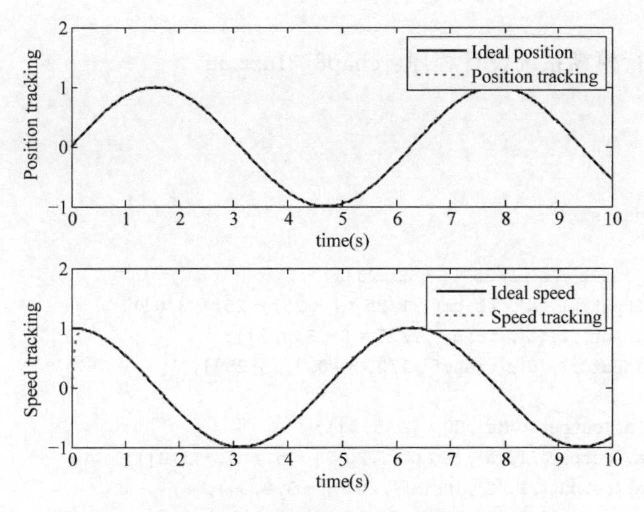

图 8.15　模糊等效控制时的位置和速度跟踪($\mu \neq 1$)

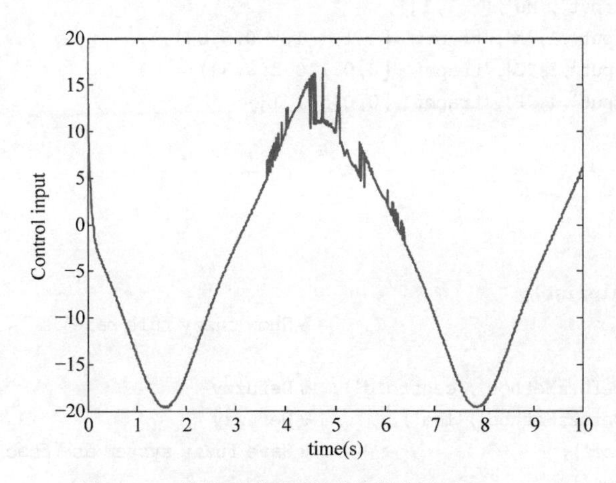

图 8.16　模糊等效控制时的控制输入($\mu \neq 1$)

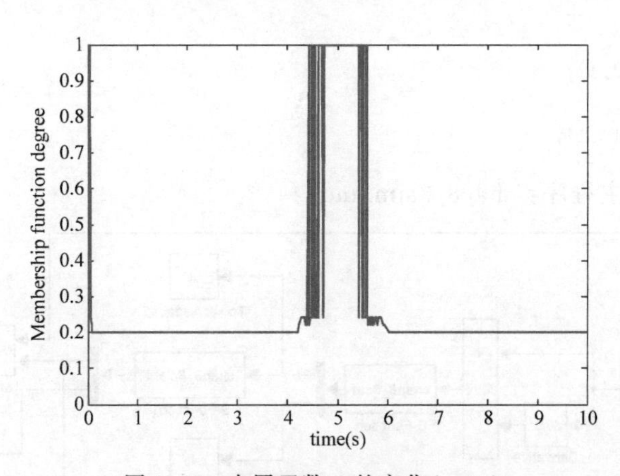

图 8.17　隶属函数 μ 的变化($\mu \neq 1$)

仿真程序：

（1）首先运行模糊系统设计程序：chap8_3fuzz. m

```
close all
clear all;

a = newfis('fuzz_smc');

a = addvar(a,'input','s',1/25 * [ - 25,25]);
a = addmf(a,'input',1,'N','trapmf',1/25 * [ - 25, - 25, - 3,0]);
a = addmf(a,'input',1,'Z','trimf',1/25 * [ - 3,0,3]);
a = addmf(a,'input',1,'P','trapmf',1/25 * [0,3,25,25]);

 % a = addvar(a,'output','Mu',20 * [ - 5,5]);
 % a = addmf(a,'output',1,'N','trapmf',20 * [ - 5, - 5, - 3,0]);
 % a = addmf(a,'output',1,'Z','trimf',20 * [ - 3,0,3]);
 % a = addmf(a,'output',1,'P','trapmf',20 * [0,3,5,5]);

a = addvar(a,'output','Mu',[ - 1,1]);
a = addmf(a,'output',1,'N','trapmf',[ - 1, - 1, - 0.5,0]);
a = addmf(a,'output',1,'Z','trapmf',[0,0.1,0.2,0.3]);
a = addmf(a,'output',1,'P','trapmf',[0,0.5,1,1]);

rulelist = [1 3 1 1;
          2 2 1 1;
          3 3 1 1];

a = addrule(a,rulelist);
showrule(a)                                    % Show fuzzy rule base

a1 = setfis(a,'DefuzzMethod','centroid');  % Defuzzy
a1 = setfis(a,'DefuzzMethod','lom');           % Defuzzy
writefis(a1,'fsmc');                           % Save fuzzy system as "fsmc.fis"
a2 = readfis('fsmc');
ruleview(a2);

figure(1);
plotmf(a,'input',1);
figure(2);
plotmf(a,'output',1);
```

（2）Simulink 主程序：chap8_3sim. mdl

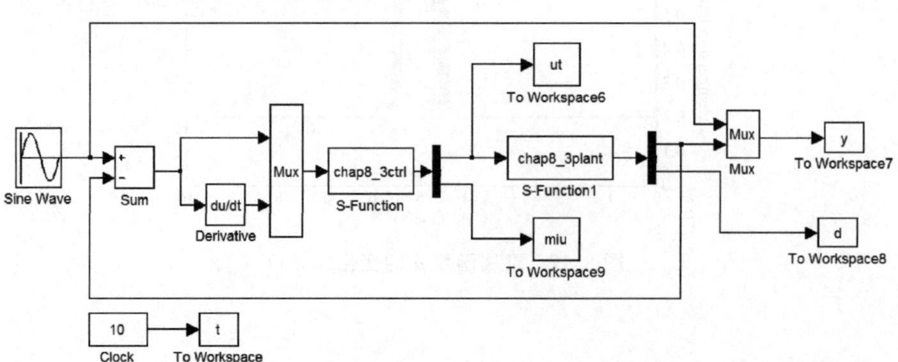

(3) 控制器 S 函数：chap8_3ctrl.m

```
function [sys,x0,str,ts] = s_function(t,x,u,flag)
switch flag,
case 0,
    [sys,x0,str,ts] = mdlInitializeSizes;
case 3,
    sys = mdlOutputs(t,x,u);
case {2, 4, 9}
    sys = [];
otherwise
    error(['Unhandled flag = ',num2str(flag)]);
end
function [sys,x0,str,ts] = mdlInitializeSizes
sizes = simsizes;
sizes.NumContStates  = 0;
sizes.NumDiscStates  = 0;
sizes.NumOutputs     = 2;
sizes.NumInputs      = 4;
sizes.DirFeedthrough = 1;
sizes.NumSampleTimes = 0;
sys = simsizes(sizes);
x0  = [];
str = [];
ts  = [];
function sys = mdlOutputs(t,x,u)
persistent a2

if t == 0
   a2 = readfis('fsmc.fis');
end
xd = sin(t);
dxd = cos(t);
ddxd =- sin(t);

x1 = u(2);
x2 = u(3);

e = xd - x1;
de = dxd - x2;

c = 25;
s = c * e + de;

g = 9.8;mc = 1.0;m = 0.1;l = 0.5;
S = l * (4/3 - m * (cos(x1))^2/(mc + m));
fx = g * sin(x1) - m * l * x2^2 * cos(x1) * sin(x1)/(mc + m);
fx = fx/S;
gx = cos(x1)/(mc + m);
gx = gx/S;
```

```
ueq = 1/gx * (c * de + ddxd - fx);
D = 5;
xite = D + 0.15;
us = 1/gx * xite * sign(s);

M = 1;
if M == 1                          % Using conventional equavalent sliding mode control
  Mu = 1.0;
elseif M == 2
   Mu = evalfis([s],a2);       % Using fuzzy equavalent sliding mode control
end
ut = ueq + Mu * us;

sys(1) = ut;
sys(2) = Mu;
```

(4) 被控对象S函数：chap8_3plant. m

```
function [sys,x0,str,ts] = s_function(t,x,u,flag)
switch flag,
case 0,
   [sys,x0,str,ts] = mdlInitializeSizes;
case 1,
   sys = mdlDerivatives(t,x,u);
case 3,
   sys = mdlOutputs(t,x,u);
case {2, 4, 9}
   sys = [];
otherwise
   error(['Unhandled flag = ',num2str(flag)]);
end
function [sys,x0,str,ts] = mdlInitializeSizes
sizes = simsizes;
sizes.NumContStates  = 2;
sizes.NumDiscStates  = 0;
sizes.NumOutputs     = 3;
sizes.NumInputs      = 1;
sizes.DirFeedthrough = 0;
sizes.NumSampleTimes = 0;
sys = simsizes(sizes);
x0  = [pi/60 0];
str = [];
ts  = [];
function sys = mdlDerivatives(t,x,u)
g = 9.8;mc = 1.0;m = 0.1;l = 0.5;
S = l * (4/3 - m * (cos(x(1)))^2/(mc + m));
fx = g * sin(x(1)) - m * l * x(2)^2 * cos(x(1)) * sin(x(1))/(mc + m);
fx = fx/S;
gx = cos(x(1))/(mc + m);
gx = gx/S;
%%%%%%%%%
```

```
bi = 0.50;ci = 5;
dt = 5 * exp( - (t - ci)^2/(2 * bi^2));          % rbf_func.m
%%%%%%%%%

sys(1) = x(2);
sys(2) = fx + gx * u + dt;
function sys = mdlOutputs(t,x,u)
bi = 0.50;ci = 5;
dt = 5 * exp( - (t - ci)^2/(2 * bi^2));          % rbf_func.m

sys(1) = x(1);
sys(2) = x(2);
sys(3) = dt;
```

(5) 作图程序：chap8_3plot.m

```
close all;

figure(1);
subplot(211);
plot(t,y(:,1),'k',t,y(:,2),'r:','linewidth',2);
xlabel('time(s)');ylabel('Position tracking');
legend('Ideal position','Position tracking');
subplot(212);
plot(t,cos(t),'k',t,y(:,3),'r:','linewidth',2);
xlabel('time(s)');ylabel('Speed tracking');
legend('Ideal speed','Speed tracking');

figure(2);
plot(t,ut,'r','linewidth',2);
xlabel('time(s)');ylabel('control input');

figure(3);
plot(t,y(:,4),'r','linewidth',2);
xlabel('time(s)');ylabel('Disturbance');

figure(4);
plot(t,miu(:,1),'r','linewidth',2);
xlabel('time(s)');ylabel('Membership function degree');
```

8.3 一种简单的模糊自适应滑模控制

8.3.1 问题描述

简单的机械系统动力学方程为

$$\ddot{\theta} = f(\theta, \dot{\theta}) + u \tag{8.14}$$

其中，θ 为角度；u 为控制输入。

取 $f(x)=f(x_1, x_2)=f(\theta, \dot{\theta})$，写成状态方程形式为

$$\begin{cases}\dot{x}_1=x_2\\ \dot{x}_2=f(x)+u\end{cases}\tag{8.15}$$

其中，$f(x)$为未知函数。

位置指令为 x_d，则误差及其变化率为

$$e=x_1-x_d,\dot{e}=x_2-\dot{x}_d$$

定义误差函数为

$$s=ce+\dot{e},\quad c>0\tag{8.16}$$

则

$$\dot{s}=c\dot{e}+\ddot{e}=c\dot{e}+\dot{x}_2-\ddot{x}_d=c\dot{e}+f(x)+u-\ddot{x}_d$$

由式(8.16)可见，如果 $s\to 0$，则 $e\to 0$ 且 $\dot{e}\to 0$。

8.3.2 模糊逼近原理

由于模糊系统具有万能逼近特性[2]，以 $\hat{f}(\boldsymbol{x}|\boldsymbol{\theta})$来逼近 $f(\boldsymbol{x})$。针对模糊系统输入 x_1 和 x_2 分别设计 5 个模糊集，即取 $n=2$；$i=1,2$；$p_1=p_2=25$，则共有 $p_1\times p_2=25$ 条模糊规则。

采用以下两个步骤构造模糊系统 $\hat{f}(\boldsymbol{x}|\boldsymbol{\theta})$。

步骤 1：对变量 $x_i(i=1,2)$，定义 p_i 个模糊集合 $A_i^{l_i}(l_i=1,2,3,4,5)$。

步骤 2：采用$\prod_{i=1}^{n}p_i=p_1\times p_2=25$ 条模糊规则来构造模糊系统$\hat{f}(\boldsymbol{x}\mid\boldsymbol{\theta})$，则第$j$条模糊规则为

$$\mathrm{R}^{(j)}:\text{IF } x_1 \text{ is } A_1^{l_1} \text{ and } x_2 \text{ is } A_1^{l_2} \text{ THEN } \hat{f} \text{ is } B^{l_1l_2}\tag{8.17}$$

其中，$l_i=1,2,3,4,5,i=1,2,j=1,2,\cdots,25,B^{l_1l_2}$ 为结论的模糊集。

第 1 条和第 25 条模糊规则表示为

$$\mathrm{R}^{(1)}:\text{IF } x_1 \text{ is } A_1^1 \text{ and } x_2 \text{ is } A_2^1 \text{ THEN } \hat{f} \text{ is } B^1$$
$$\vdots$$
$$\mathrm{R}^{(25)}:\text{IF } x_1 \text{ is } A_1^5 \text{ and } x_2 \text{ is } A_1^5 \text{ THEN } \hat{f} \text{ is } B^{25}$$

模糊推理过程采用如下四个步骤[2]：

(1) 采用乘积推理机实现规则的前提推理，推理结果为$\prod_{i=1}^{2}\mu_{A_i^{l_i}}(x_i)$。

(2) 采用单值模糊器求 $\bar{\boldsymbol{y}}_f^{l_1l_2}$，即隶属函数最大值(1.0)所对应的横坐标值$(x_1,x_2)$的函数值 $f(x_1,x_2)$。

(3) 采用乘积推理机实现规则前提与规则结论的推理，推理结果为$\bar{\boldsymbol{y}}_f^{l_1l_2}\left(\prod_{i=1}^{2}\mu_{A_i^{l_i}}(x_i)\right)$；对所有的模糊规则进行并运算，则模糊系统的输出为$\sum_{l_1=1}^{5}\sum_{l_2=1}^{5}\bar{\boldsymbol{y}}_f^{l_1l_2}\left(\prod_{i=1}^{2}\mu_{A_i^{l_i}}(x_i)\right)$。

(4) 采用平均解模糊器,得到模糊系统的输出为

$$\hat{f}(\boldsymbol{x} \mid \boldsymbol{\theta})=\frac{\sum_{l_1=1}^{5}\sum_{l_2=1}^{5}\bar{y}_f^{l_1 l_2}\left(\prod_{i=1}^{2}\mu_{A_i^{l_i}}(x_i)\right)}{\sum_{l_1=1}^{5}\sum_{l_2=1}^{5}\left(\prod_{i=1}^{2}\mu_{A_i^{l_i}}(x_i)\right)} \tag{8.18}$$

其中,$\mu_{A_i^j}(x_i)$为 x_i 的隶属函数。

令 $\bar{y}_f^{l_1 l_2}$ 是自由参数,放在集合$\boldsymbol{\theta} \in R^{(25)}$中。引入模糊基向量$\boldsymbol{\xi}(\boldsymbol{x})$,式(8.18)变为

$$\hat{f}(\boldsymbol{x} \mid \boldsymbol{\theta})=\hat{\boldsymbol{\theta}}^{\mathrm{T}}\boldsymbol{\xi}(\boldsymbol{x}) \tag{8.19}$$

其中,$\boldsymbol{\xi}(\boldsymbol{x})$ 为 $\prod_{i=1}^{n} p_i = p_1 \times p_2 = 25$ 维模糊基向量,其第 $l_1 l_2$ 个元素为

$$\boldsymbol{\xi}_{l_1 l_2}(\boldsymbol{x})=\frac{\prod_{i=1}^{2}\mu_{A_i^{l_i}}(x_i)}{\sum_{l_1=1}^{5}\sum_{l_2=1}^{5}\left(\prod_{i=1}^{2}\mu_{A_i^{l_i}}(x_i)\right)} \tag{8.20}$$

8.3.3 控制算法设计与分析

设最优参数为

$$\boldsymbol{\theta}^{*}=\underset{\boldsymbol{\theta}\in\boldsymbol{\Omega}}{\arg\min}\left[\sup_{x\in\boldsymbol{R}^2}\left|\hat{f}(\boldsymbol{x} \mid \boldsymbol{\theta})-f(\boldsymbol{x})\right|\right] \tag{8.21}$$

其中,$\boldsymbol{\Omega}$ 为 $\boldsymbol{\theta}$ 的集合。

于是

$$f(x)=\boldsymbol{\theta}^{*\mathrm{T}}\boldsymbol{\xi}(\boldsymbol{x})+\varepsilon$$

其中,ε 为模糊系统的逼近误差。

$$f(x)-\hat{f}(x)=\boldsymbol{\theta}^{*\mathrm{T}}\boldsymbol{\xi}(\boldsymbol{x})+\varepsilon-\hat{\boldsymbol{\theta}}\boldsymbol{\xi}(\boldsymbol{x})=-\tilde{\boldsymbol{\theta}}^{\mathrm{T}}\boldsymbol{\xi}(\boldsymbol{x})+\varepsilon$$

定义 Lyapunov 函数为

$$V=\frac{1}{2}s^2+\frac{1}{2\gamma}\tilde{\boldsymbol{\theta}}^{\mathrm{T}}\tilde{\boldsymbol{\theta}} \tag{8.22}$$

其中,$\gamma>0$,$\tilde{\theta}=\hat{\theta}-\theta^{*}$。

于是

$$\dot{V}=s\dot{s}+\frac{1}{\gamma}\tilde{\boldsymbol{\theta}}^{\mathrm{T}}\dot{\hat{\boldsymbol{\theta}}}=s(c\dot{e}+f(x)+u-\ddot{x}_{\mathrm{d}})+\frac{1}{\gamma}\tilde{\boldsymbol{\theta}}^{\mathrm{T}}\dot{\hat{\boldsymbol{\theta}}}$$

设计控制律为

$$u=-c\dot{e}-\hat{f}(x)+\ddot{x}_{\mathrm{d}}-\eta\operatorname{sgn}(s) \tag{8.23}$$

则

$$\begin{aligned}\dot{V}&=s(f(x)-\hat{f}(x)-\eta\operatorname{sgn}(s))+\frac{1}{\gamma}\tilde{\boldsymbol{\theta}}^{\mathrm{T}}\dot{\hat{\boldsymbol{\theta}}}\\&=s(-\tilde{\boldsymbol{\theta}}^{\mathrm{T}}\boldsymbol{\xi}(\boldsymbol{x})+\varepsilon-\eta\operatorname{sgn}(s))+\frac{1}{\gamma}\tilde{\boldsymbol{\theta}}^{\mathrm{T}}\dot{\hat{\boldsymbol{\theta}}}\end{aligned}$$

$$=\varepsilon s-\eta\mid s\mid+\tilde{\boldsymbol{\theta}}^{\mathrm{T}}\left(\frac{1}{\gamma}\dot{\hat{\boldsymbol{\theta}}}-s\boldsymbol{\xi}(\boldsymbol{x})\right)$$

取 $\eta>|\varepsilon|_{\max}$，自适应律为

$$\dot{\hat{\boldsymbol{\theta}}}=\gamma s\boldsymbol{\xi}(\boldsymbol{x}) \tag{8.24}$$

则 $\dot{V}=\varepsilon s-\eta|s|\leqslant 0$。

取 $\dot{V}\equiv 0$，则 $s\equiv 0$，根据 LaSalle 不变集原理，$t\to\infty$ 时，$s\to 0$。

8.3.4 仿真实例

考虑被控对象：

$$\begin{cases}\dot{x}_1=x_2\\ \dot{x}_2=f(x)+u\end{cases}$$

其中，$f(x)=10x_1x_2$。

位置指令为 $x_{\mathrm{d}}(t)=\sin(t)$。取以下 5 种隶属函数对模糊系统输入 x_i 进行模糊化：

$$\mu_{\mathrm{NM}}(x_i)=\exp[-((x_i+\pi/3)/(\pi/12))^2]$$
$$\mu_{\mathrm{NS}}(x_i)=\exp[-((x_i+\pi/6)/(\pi/12))^2]$$
$$\mu_{\mathrm{Z}}(x_i)=\exp[-(x_i/(\pi/12))^2]$$
$$\mu_{\mathrm{PS}}(x_i)=\exp[-((x_i-\pi/6)/(\pi/12))^2]$$
$$\mu_{\mathrm{PM}}(x_i)=\exp[-((x_i-\pi/3)/(\pi/12))^2]$$

则用于逼近 f 的模糊规则有 25 条。

根据隶属函数设计程序，可得到 x_i 的隶属函数图，如图 8.18 所示。

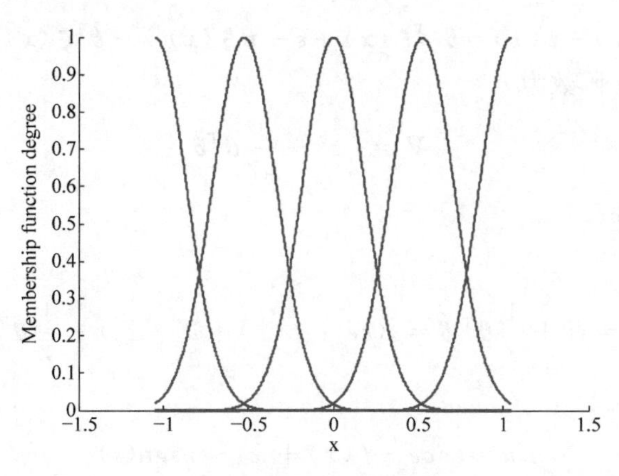

图 8.18 x_i 的隶属函数

在控制器程序中，分别用 FS_2、FS_1 和 FS 表示模糊系统 $\boldsymbol{\xi}(\boldsymbol{x})$ 的分子、分母及 $\boldsymbol{\xi}(\boldsymbol{x})$。被控对象初始值取[0.15,0]，控制律采用式(8.23)，自适应律采用式(8.24)，向量 $\hat{\boldsymbol{\theta}}$ 中各个元素的初值取 0.10，取 $\gamma=500$，$\eta=0.50$。仿真结果如图 8.19 和图 8.20 所示。

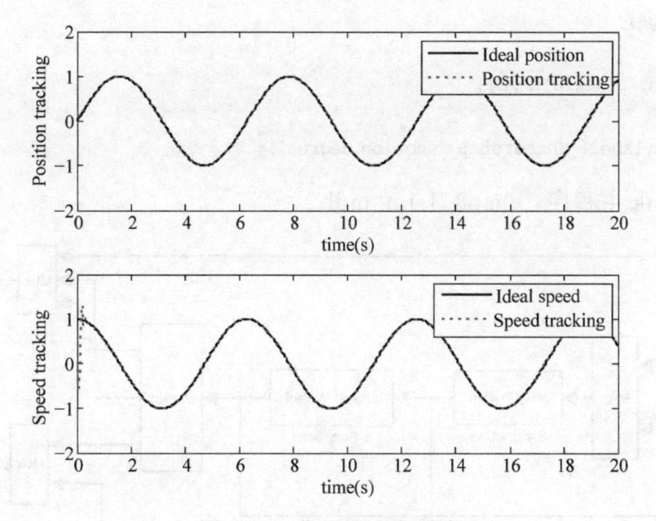

图 8.19 位置和速度跟踪

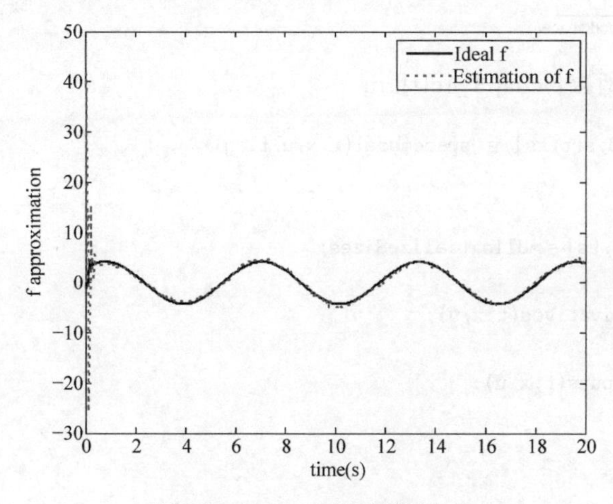

图 8.20 $f(x)$及是模糊逼近

仿真程序

(1) 隶属函数设计：chap8_4mf.m

```
clear all;
close all;

L1 =- pi/3;
L2 = pi/3;
L = L2 - L1;

T = L * 1/1000;

x = L1:T:L2;
figure(1);
for i = 1:1:5
    gs =- [(x + pi/3 - (i - 1) * pi/6)/(pi/12)].^2;
```

```
    u = exp(gs);
    hold on;
    plot(x,u,'linewidth',2);
end
xlabel('x');ylabel('Membership function degree');
```

(2) Simulink 主程序：chap8_4sim.mdl

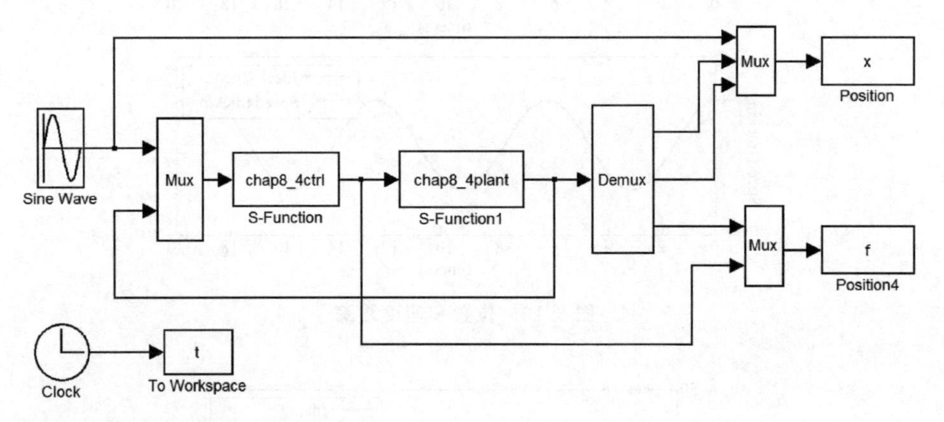

(3) 控制器 S 函数：chap8_4ctrl.m

```
function [sys,x0,str,ts] = spacemodel(t,x,u,flag)
switch flag,
case 0,
    [sys,x0,str,ts] = mdlInitializeSizes;
case 1,
    sys = mdlDerivatives(t,x,u);
case 3,
    sys = mdlOutputs(t,x,u);
case {2,4,9}
    sys = [];
otherwise
    error(['Unhandled flag = ',num2str(flag)]);
end
function [sys,x0,str,ts] = mdlInitializeSizes
sizes = simsizes;
sizes.NumContStates  = 25;
sizes.NumDiscStates  = 0;
sizes.NumOutputs     = 2;
sizes.NumInputs      = 4;
sizes.DirFeedthrough = 1;
sizes.NumSampleTimes = 1;
sys = simsizes(sizes);
x0  = [0.1 * ones(25,1)];
str = [];
ts  = [0 0];
function sys = mdlDerivatives(t,x,u)
xd = sin(t);
dxd = cos(t);
```

```
x1 = u(2);
x2 = u(3);
e = x1 - xd;
de = x2 - dxd;
c = 15;
s = c * e + de;

xi = [x1;x2];

FS1 = 0;
for l1 = 1:1:5
    gs1 =- [(x1 + pi/3 - (l1 - 1) * pi/6)/(pi/12)]^2;
    u1(l1) = exp(gs1);
end

for l2 = 1:1:5
    gs2 =- [(x2 + pi/3 - (l2 - 1) * pi/6)/(pi/12)]^2;
    u2(l2) = exp(gs2);
end
for l1 = 1:1:5
    for l2 = 1:1:5
        FS2(5 * (l1 - 1) + l2) = u1(l1) * u2(l2);
        FS1 = FS1 + u1(l1) * u2(l2);
    end
end
FS = FS2/(FS1 + 0.001);

for i = 1:1:25
    thta(i,1) = x(i);
end
gama = 5000;
S = gama * s * FS;

for i = 1:1:25
    sys(i) = S(i);
end
function sys = mdlOutputs(t,x,u)
xd = sin(t);
dxd = cos(t);
ddxd =- sin(t);

x1 = u(2);
x2 = u(3);
e = x1 - xd;
de = x2 - dxd;
c = 15;
s = c * e + de;

xi = [x1;x2];

FS1 = 0;
```

```
for l1 = 1:1:5
   gs1 =- [(x1 + pi/3 - (l1 - 1) * pi/6)/(pi/12)]^2;
   u1(l1) = exp(gs1);
end
for l2 = 1:1:5
   gs2 =- [(x2 + pi/3 - (l2 - 1) * pi/6)/(pi/12)]^2;
   u2(l2) = exp(gs2);
end
for l1 = 1:1:5
    for l2 = 1:1:5
        FS2(5 * (l1 - 1) + l2) = u1(l1) * u2(l2);
        FS1 = FS1 + u1(l1) * u2(l2);
    end
end
FS = FS2/(FS1 + 0.001);

for i = 1:1:25
    thta(i,1) = x(i);
end
fxp = thta' * FS';
xite = 0.50;
ut =- c * de + ddxd - fxp - xite * sign(s);

sys(1) = ut;
sys(2) = fxp;
```

(4) 被控对象 S 函数：chap8_4plant. m

```
function [sys,x0,str,ts] = s_function(t,x,u,flag)
switch flag,
case 0,
    [sys,x0,str,ts] = mdlInitializeSizes;
case 1,
    sys = mdlDerivatives(t,x,u);
case 3,
    sys = mdlOutputs(t,x,u);
case {2, 4, 9}
    sys = [];
otherwise
    error(['Unhandled flag = ',num2str(flag)]);
end
function [sys,x0,str,ts] = mdlInitializeSizes
sizes = simsizes;
sizes.NumContStates   = 2;
sizes.NumDiscStates   = 0;
sizes.NumOutputs      = 3;
sizes.NumInputs       = 2;
sizes.DirFeedthrough  = 0;
sizes.NumSampleTimes  = 0;
sys = simsizes(sizes);
x0  = [0.15;0];
```

```
str = [];
ts  = [];
function sys = mdlDerivatives(t,x,u)
ut = u(1);

f = 3 * (x(1) + x(2));
sys(1) = x(2);
sys(2) = f + ut;
function sys = mdlOutputs(t,x,u)
f = 3 * (x(1) + x(2));

sys(1) = x(1);
sys(2) = x(2);
sys(3) = f;
```

(5) 作图程序：chap8_4plot.m

```
close all;

figure(1);
subplot(211);
plot(t,x(:,1),'k',t,x(:,2),'r:','linewidth',2);
xlabel('time(s)');ylabel('position tracking');
legend('ideal position','position tracking');
subplot(212);
plot(t,cos(t),'k',t,x(:,3),'r:','linewidth',2);
xlabel('time(s)');ylabel('speed tracking');
legend('ideal speed','speed tracking');

figure(2);
plot(t,f(:,1),'k',t,f(:,3),'r:','linewidth',2);
xlabel('time(s)');ylabel('f approximation');
legend('ideal f','estimation of f');
```

8.4 基于线性化反馈的自适应模糊滑模控制

利用线性化反馈方法,可设计滑模控制器。采用模糊逼近及自适应控制方法,利用线性化反馈技术,可设计一种自适应模糊滑模控制器[3]。

8.4.1 线性化反馈方法

考虑如下 SISO 系统:

$$\begin{cases}\dot{x}=f_0+g_0(x)u \\ y=h(x)\end{cases} \tag{8.25}$$

其中,$x\in R^n$ 为状态向量,f_0,g_0: $R^n\to R^n$,h: $R^n\to R^n$,且 $f_0(0)=0,h(0)=0$。

于是

$$\begin{aligned}\dot{y}&=\frac{\partial h}{\partial x}\dot{x}=\frac{\partial h}{\partial x}f_0(x)+\frac{\partial h}{\partial x}g_0(x)u\\&=f_1(x)+g_1(x)u\end{aligned}\tag{8.26}$$

假设 $g_1(x)\neq 0$,可得到线性化反馈控制律

$$u=\frac{R-f_1(x)}{g_1(x)}\tag{8.27}$$

则式(8.26)变为线性系统

$$\dot{y}=R\tag{8.28}$$

设位置指令为 $y_d(t)$,取 R 为

$$R=\dot{y}_d-\alpha(y-y_d)\tag{8.29}$$

其中,$\alpha>0$。则式(8.29)变为

$$\dot{e}+\alpha e=0\tag{8.30}$$

其中,$e=y-y_d$。

显然,式(8.30)为误差动态方程,$e(t)$和 $\dot{e}(t)$以指数形式趋近于零。如果 $e(0)=\dot{e}(0)=0$,则 $e(t)$和 $\dot{e}(t)$在所有时间($t\geqslant 0$)都为零。

8.4.2 滑模控制器设计

考虑 n 阶 SISO 非线性系统:

$$x^{(n)}=f(x,t)+g(x,t)u\tag{8.31}$$

其中,f 和 g 为未知非线性函数;$x\in R^n$ 为状态变量。

设位置指令为 x_d,则跟踪误差为

$$\boldsymbol{e}=\boldsymbol{x}-\boldsymbol{x}_d=(e,\dot{e},\cdots,e^{(n-1)})^{\mathrm{T}}\tag{8.32}$$

其中,$\boldsymbol{x}=(x,\dot{x},\cdots,x^{(n-1)})^{\mathrm{T}}$;$\boldsymbol{x}_d=(x_d,\dot{x}_d,\cdots,x_d^{(n-1)})^{\mathrm{T}}$。

定义滑模面为

$$s(x,t)=\boldsymbol{ce}\tag{8.33}$$

其中,$\boldsymbol{c}=[c_1,c_2,\cdots,c_{n-1},1]$。

只考虑二阶模型,根据线性化反馈技术,将滑模控制律设计为

$$u=\frac{R-f(x,t)}{g(x,t)}\tag{8.34}$$

$$\xi(x,t)=\ddot{x}_d-c\dot{e}\tag{8.35}$$

$$R=\xi(x,t)-k\,\mathrm{sgn}(s),\quad k>0\tag{8.36}$$

稳定性证明:

定义 Lyapunov 函数为

$$V=\frac{1}{2}s^2$$

则

$$\begin{aligned}\dot{V}&=s\dot{s}=s(\ddot{e}+c\dot{e})=s(\ddot{x}-\ddot{r}+c\dot{e})\\&=s(f(x,t)+g(x,t)u-\ddot{r}+c\dot{e})\end{aligned}$$

将式(8.34)代入上式得

$$\dot{V}=s(-k\operatorname{sgn}(s))$$

即

$$\dot{V}=-k\mid s\mid,\quad 从而\dot{V}\leqslant 0$$

取 $\dot{V}\equiv 0$，则 $s\equiv 0$，根据 LaSalle 不变性原理，$t\to\infty$ 时，$s\to 0$。

8.4.3 自适应模糊滑模控制器设计

如果 $f(x,t)$ 和 $g(x,t)$ 未知，可采用模糊系统 $\hat{f}(x,t)$ 和 $\hat{g}(x,t)$ 代替 $f(x,t)$ 和 $g(x,t)$，实现自适应模糊滑模控制。

1. 基本模糊系统

设模糊系统由 IF-THEN 形式的模糊规则构成：

$$R^{(j)}：\text{IF } x_1 \text{ is } A_1^j \text{ and}\cdots\text{and } x_n \text{ is } A_1^j \text{ THEN } y \text{ is } B^j \tag{8.37}$$

采用乘积推理机、单值模糊器和中心平均解模糊器，则模糊系统的输出为

$$y(x)=\frac{\sum_{j=1}^{m}y^j\left(\prod_{i=1}^{n}\mu_{A_i^j}(x_i)\right)}{\sum_{j=1}^{m}\left(\prod_{i=1}^{n}\mu_{A_i^j}(x_i)\right)} \tag{8.38}$$

其中，$\mu_{A_i^j}(x_i)$ 为 x_i 的隶属函数。

引入向量 $\xi(x)$，式(8.38)变为

$$y(\boldsymbol{x})=\boldsymbol{\theta}^{\mathrm{T}}\boldsymbol{\xi}(\boldsymbol{x}) \tag{8.39}$$

其中，$\boldsymbol{\theta}=(y^1,y^2,\cdots,y^m)^{\mathrm{T}}$，$\xi(x)=(\xi^1(x),\xi^2(x),\cdots,\xi^m(x))^{\mathrm{T}}$。

$$\xi(x)=\frac{\prod_{i=1}^{n}\mu_{A_i^j}(x_i)}{\sum_{j=1}^{m}\left(\prod_{i=1}^{n}\mu_{A_i^j}(x_i)\right)} \tag{8.40}$$

2. 自适应模糊滑模控制器的设计

在实际控制中，f 和 g 往往未知，控制律式(8.34)很难实现。采用模糊系统逼近 f 和 g，则控制律式(8.34)变为

$$u(t)=\frac{R-\hat{f}(x,t)}{\hat{g}(x,t)} \tag{8.41}$$

$$\hat{f}(\boldsymbol{x}\mid\boldsymbol{\theta}_f)=\boldsymbol{\theta}_f^{\mathrm{T}}\boldsymbol{\xi}(\boldsymbol{x}),\quad \hat{g}(\boldsymbol{x}\mid\boldsymbol{\theta}_g)=\boldsymbol{\theta}_g^{\mathrm{T}}\boldsymbol{\xi}(\boldsymbol{x}) \tag{8.42}$$

$\xi(x)$ 为模糊向量，参数 $\boldsymbol{\theta}_f^{\mathrm{T}}$ 和 $\boldsymbol{\theta}_g^{\mathrm{T}}$ 根据自适应律而变化。设计自适应律为

$$\dot{\theta}_f=r_1 s\xi(x) \tag{8.43}$$

$$\dot{\theta}_g=r_2 s\xi(x)u \tag{8.44}$$

稳定性证明：

设最优参数为

$$\theta_f^* = \arg\min_{\theta_f \in \Omega_f}\left[\sup_{x\in R^n} |\hat{f}(x \mid \theta_f) - f(x,t)|\right]$$

$$\theta_g^* = \arg\min_{\theta_g \in \Omega_g}\left[\sup_{x\in R^n} |\hat{g}(x \mid \theta_g) - g(x,t)|\right]$$

其中，Ω_f 和 Ω_g 分别为 θ_f 和 θ_g 的集合。

定义最小逼近误差为

$$w = f(x,t) - \hat{f}(x \mid \theta_f^*) + (g(x,t) - \hat{g}(x \mid \theta_g^*))u \tag{8.45}$$

针对二阶系统，$n=2$，则

$$\begin{aligned}\dot{s} &= c\dot{e} + \ddot{e} = c\dot{e} + \ddot{x} - \ddot{x}_{\mathrm{d}} = c\dot{e} + f(x,t) + g(x,t)u - \ddot{x}_{\mathrm{d}} \\ &= f(x,t) + g(x,t)u + c\dot{e} - \ddot{x}_{\mathrm{d}} = f(x,t) + g(x,t)u - \xi(x,t)\end{aligned}$$

将控制律 u 代入上式，得

$$\begin{aligned}\dot{s} &= f(x,t) + [g(x,t) + \hat{g}(x,t) - \hat{g}(x,t)]u - \zeta(x,t) \\ &= f(x,t) + [g(x,t) - \hat{g}(x,t)]u + \\ &\quad \hat{g}(x,t)[\hat{g}^{-1}(x,t)(-\hat{f}(x,t) + R)] - \zeta(x,t) \\ &= [f(x,t) - \hat{f}(x,t)] + [g(x,t) - \hat{g}(x,t)]u + R - \zeta(x,t) \\ &= [f(x,t) - \hat{f}(x,t)] + [g(x,t) - \hat{g}(x,t)]u + \\ &\quad \zeta(x,t) - k\,\mathrm{sgn}(s) - \zeta(x,t) \\ &= [f(x,t) - \hat{f}(x,t)] + [g(x,t) - \hat{g}(x,t)]u - k\,\mathrm{sgn}(s)\end{aligned}$$

将 w 代入上式，得

$$\begin{aligned}\dot{s} &= \hat{f}^*(x,t) - \hat{f}(x,t) + (\hat{g}^*(x,t) - \hat{g}(x,t))u - k\,\mathrm{sgn}(s) + w \\ &= \varphi_f^{\mathrm{T}}\xi(x) + \varphi_g^{\mathrm{T}}\xi(x)u(t) - k\,\mathrm{sgn}(s) + w\end{aligned}$$

其中，$\varphi_f = \theta_f^* - \theta_f$，$\varphi_g = \theta_g^* - \theta_g$。

定义 Lyapunov 函数为

$$V = \frac{1}{2}\left(s^2 + \frac{1}{r_1}\varphi_f^{\mathrm{T}}\varphi_f + \frac{1}{r_2}\varphi_g^{\mathrm{T}}\varphi_g\right)$$

其中，r_1 和 r_2 为正常数。

则

$$\begin{aligned}\dot{V} &= s\dot{s} + \frac{1}{r_1}\varphi_f^{\mathrm{T}}\dot{\varphi}_f + \frac{1}{r_2}\varphi_g^{\mathrm{T}}\dot{\varphi}_g \\ &= s(\varphi_f^{\mathrm{T}}\xi(x) + \varphi_g^{\mathrm{T}}\xi(x)u(t) - k\,\mathrm{sgn}(s) + w) + \frac{1}{r_1}\varphi_f^{\mathrm{T}}\dot{\varphi}_f + \frac{1}{r_2}\varphi_g^{\mathrm{T}}\dot{\varphi}_g \\ &= s\varphi_f^{\mathrm{T}}\xi(x) + \frac{1}{r_1}\varphi_f^{\mathrm{T}}\dot{\varphi}_f + s\varphi_g^{\mathrm{T}}\xi(x)u(t) + \frac{1}{r_2}\varphi_g^{\mathrm{T}}\dot{\varphi}_g - k|s| + sw \\ &= \frac{1}{r_1}\varphi_f^{\mathrm{T}}(r_1 s\xi(x) + \dot{\varphi}_f) + \frac{1}{r_2}\varphi_g^{\mathrm{T}}(r_2 s\xi(x)u(t) + \dot{\varphi}_g) - k|s| + sw\end{aligned}$$

其中，$\dot{\varphi}_f = -\dot{\theta}_f$，$\dot{\varphi}_g = -\dot{\theta}_g$。

将自适应律代入上式，得

$$\dot{V} = -k|s| + sw$$

根据模糊逼近理论，自适应模糊系统可实现使逼近误差 w 非常小。因此取足够大的 k，使 $k>|\omega|_{\max}$，即取 $k=k_0+|\omega|_{\max}$，$k_0>0$，可保证 $\dot{V}\leqslant -k_0|s|\leqslant 0$。由于 $\dot{V}\equiv 0$ 时，$s\equiv 0$，则根据 LaSalle 不变集原理，$t\rightarrow\infty$ 时，$s\rightarrow 0$。

为了降低抖振，采用连续函数 $\boldsymbol{S}_\delta$ 代替 $\operatorname{sign}(\sigma)$：

$$\boldsymbol{S}_\delta=\frac{\sigma}{|\sigma|+\delta},\quad \delta=\delta_0+\delta_1\|e\|$$

其中，δ_0、δ_1 为两个正常数。

8.4.4 仿真实例

被控对象取单级倒立摆，其动态方程如下：

$$\dot{x}_1=x_2$$

$$\dot{x}_2=\frac{g\sin x_1-mlx_2^2\cos x_1\sin x_1/(m_c+m)}{l(4/3-m\cos^2 x_1/(m_c+m))}+\frac{\cos x_1/(m_c+m)}{l(4/3-m\cos^2 x_1/(m_c+m))}u$$

其中，x_1 和 x_2 分别为摆角和摆速，$g=9.8\mathrm{m/s^2}$；m_c 为小车质量；$m_c=1\mathrm{kg}$；m 为摆杆质量，$m=0.1\mathrm{kg}$；l 为摆长的一半；$l=0.5\mathrm{m}$，u 为控制输入。

摆角指令为 $x_d=\sin t$，切换函数为 $s=ce+\dot{e}$，$c=5$。取5种隶属函数：$\mu_{NM}(x_i)=\exp[-((x_i+\pi/6)/(\pi/24))^2]$，$\mu_{NS}(x_i)=\exp[-((x_i+\pi/12)/(\pi/24))^2]$，$\mu_Z(x_i)=\exp[-(x_i/(\pi/24))^2]$，$\mu_{PS}(x_i)=\exp[-((x_i-\pi/12)/(\pi/24))^2]$，$\mu_{PM}(x_i)=\exp[-((x_i-\pi/6)/(\pi/24))^2]$。则用于逼近 f 和 g 的模糊规则分别有25条。

根据隶属函数设计程序，可得到隶属函数图，如图8.21所示。

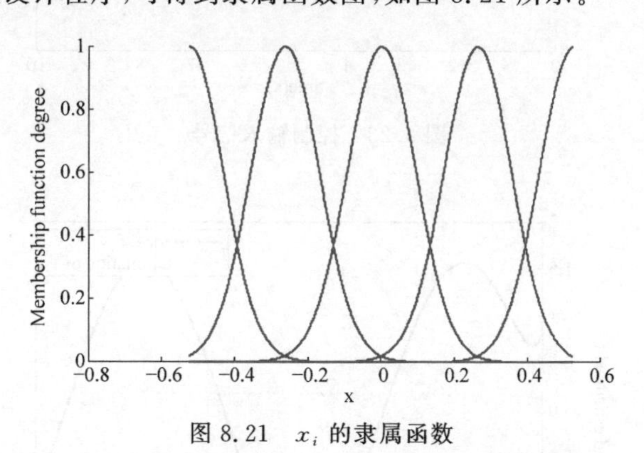

图8.21 x_i 的隶属函数

设 θ_f 和 θ_g 的初始值为0.20，采用控制律式(8.41)，倒立摆初始状态为$[-\pi/60,0]$。自适应参数取 $r_1=5$，$r_2=1$。

在程序中，分别用 fsd、fsu 和 fs 表示模糊系统 $\xi(x)$ 的分子、分母及 $\xi(x)$。$M=1$ 为采用符号函数，$M=2$ 为采用连续函数 $\boldsymbol{S}_\delta$。取 $M=2$，$\delta_0=0.03$，$\delta_1=5$，$\delta=\delta_0+\delta_1|\boldsymbol{e}|$，$k=5$。仿真结果如图8.22～图8.25所示。

函数 $f(x,t)$ 与 $\hat{f}(x,t)$、$g(x,t)$ 与 $\hat{g}(x,t)$ 不收敛的原因：当 $\dot{V}\equiv 0$ 时，只能得出 $s\equiv 0$，根据 LaSalle 不变集原理，只能保证 $t\rightarrow\infty$ 时，$s\rightarrow 0$。

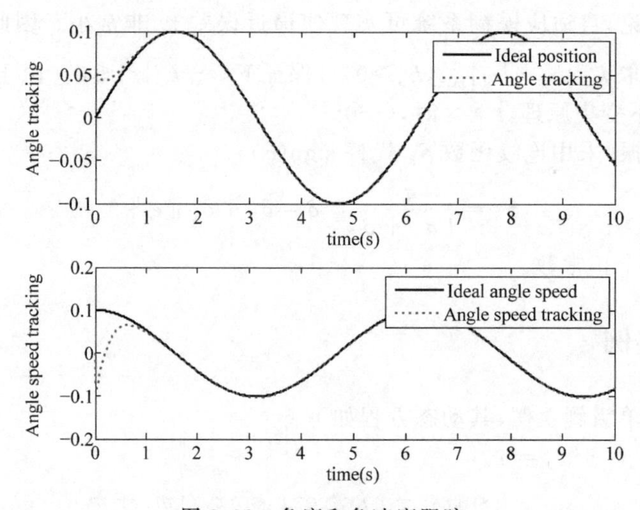

图 8.22　角度和角速度跟踪

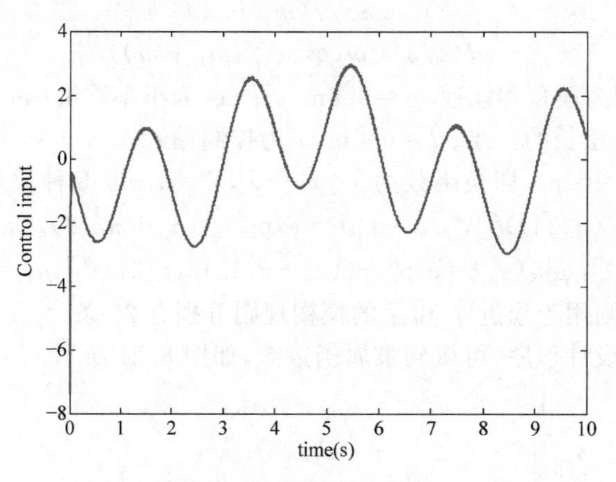

图 8.23　控制输入信号

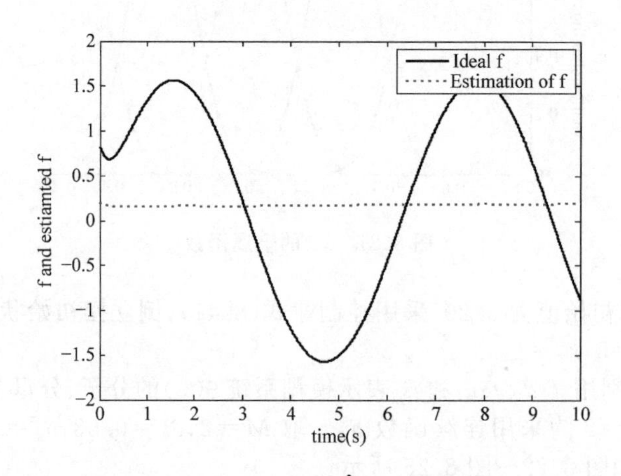

图 8.24　$f(x,t)$及$\hat{f}(x,t)$的变化

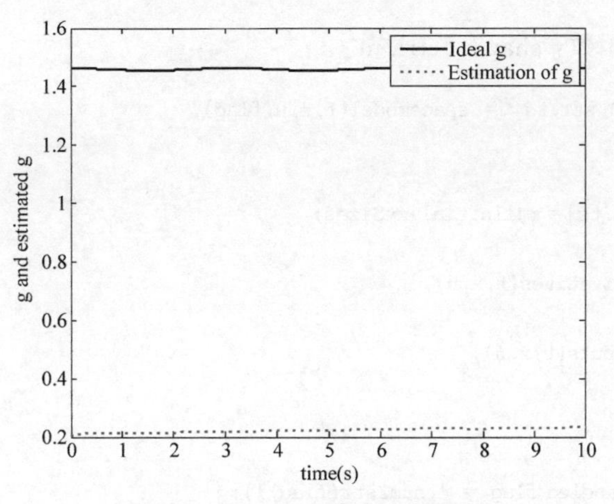

图 8.25　$g(x,t)$及$\hat{g}(x,t)$的变化

仿真程序:

1. 隶属函数设计程序:chap8_5mf.m

```
clear all;
close all;

L1 =- pi/6;
L2 = pi/6;
L = L2 - L1;

T = L * 1/1000;

x = L1:T:L2;
figure(1);
for i = 1:1:5
    gs =- [(x + pi/6 - (i - 1) * pi/12)/(pi/24)].^2;
     u = exp(gs);
     hold on;
     plot(x,u);
end
xlabel('x');ylabel('Membership function degree');
```

2. 模糊系统程序

(1) Simulink 主程序:chap8_5sim.mdl

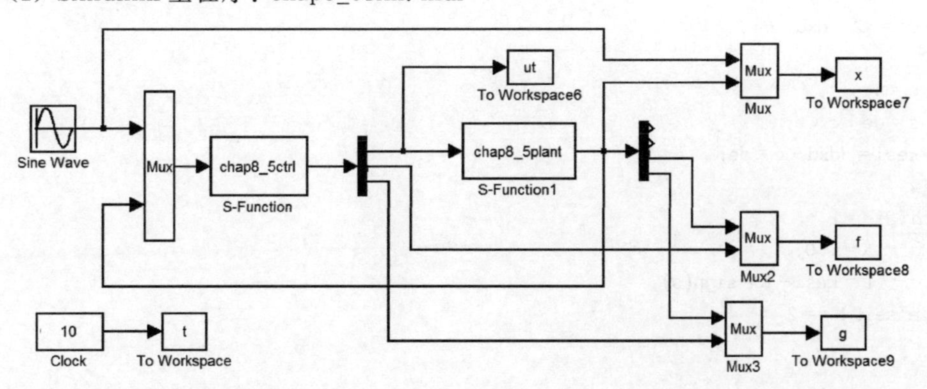

(2) 控制器S函数：chap8_5ctrl.m

```
function [sys,x0,str,ts] = spacemodel(t,x,u,flag)
switch flag,
case 0,
    [sys,x0,str,ts] = mdlInitializeSizes;
case 1,
    sys = mdlDerivatives(t,x,u);
case 3,
    sys = mdlOutputs(t,x,u);
case {2,4,9}
    sys = [];
otherwise
    error(['Unhandled flag = ',num2str(flag)]);
end

function [sys,x0,str,ts] = mdlInitializeSizes
global M

sizes = simsizes;
sizes.NumContStates   = 50;
sizes.NumDiscStates   = 0;
sizes.NumOutputs      = 3;
sizes.NumInputs       = 5;
sizes.DirFeedthrough  = 1;
sizes.NumSampleTimes  = 0;
sys  = simsizes(sizes);
x0   = [0.2 * ones(50,1)];
str  = [];
ts   = [];
M = 2;
function sys = mdlDerivatives(t,x,u)
global M
xd = 0.1 * sin(t);
dxd = 0.1 * cos(t);
ddxd =- 0.1 * sin(t);

x1 = u(2);
x2 = u(3);

e = x1 - xd;
de = x2 - dxd;

c = 5;
s = de + c * e;
kesi = ddxd - c * de;

if M == 1
    K = 1.0;
    R = kesi - K * sign(s);
elseif M == 2
```

```
    K = 5;
   delta0 = 0.03;
   delta1 = 5;
   delta = delta0 + delta1 * abs(e);
   R = kesi - K * s/(abs(s) + delta);
end

for i = 1:1:25
    thtaf(i,1) = x(i);
end
for i = 1:1:25
    thtag(i,1) = x(i + 25);
end

%%%%%%%%%%%%%%%%%%%%%%%%%%%%%%%%%%%%%%%
fsd = 0;
for l1 = 1:1:5
   gs1 =- [(x1 + pi/6 - (l1 - 1) * pi/12)/(pi/24)]^2;
    u1(l1) = exp(gs1);
end

for l2 = 1:1:5
   gs2 =- [(x2 + pi/6 - (l2 - 1) * pi/12)/(pi/24)]^2;
    u2(l2) = exp(gs2);
end

for l1 = 1:1:5
    for l2 = 1:1:5
        fsu(5 * (l1 - 1) + l2) = u1(l1) * u2(l2);
        fsd = fsd + u1(l1) * u2(l2);
    end
end

fs = fsu/(fsd + 0.001);

fx1 = thtaf' * fs';
gx1 = thtag' * fs' + 0.001;

ut = ( - fx1 + R)/gx1;

r1 = 5.0;r2 = 1;

S1 =- r1 * s * fs;
S2 =- r2 * s * fs * ut;

for i = 1:1:25
    sys(i) = S1(i);
end
for j = 26:1:50
    sys(j) = S2(j - 25);
end
```

```
function sys = mdlOutputs(t,x,u)
global M
xd = 0.1 * sin(t);
dxd = 0.1 * cos(t);
ddxd =- 0.1 * sin(t);

x1 = u(2);
x2 = u(3);

e = x1 - xd;
de = x2 - dxd;

c = 5;
s = de + c * e;
kesi = ddxd - c * de;

if M == 1
    K = 1.0;
    R = kesi - K * sign(s);
elseif M == 2
    K = 5;
   delta0 = 0.03;
   delta1 = 5;
   delta = delta0 + delta1 * abs(e);
   R = kesi - K * s/(abs(s) + delta);
end

for i = 1:1:25
    thtaf(i,1) = x(i);
end
for i = 1:1:25
    thtag(i,1) = x(i + 25);
end

%%%%%%%%%%%%%%%%%%%%%%%%%%%%%%%%
fsd = 0;
for l1 = 1:1:5
   gs1 =- [(x1 + pi/6 - (l1 - 1) * pi/12)/(pi/24)]^2;
    u1(l1) = exp(gs1);
end
for l2 = 1:1:5
   gs2 =- [(x2 + pi/6 - (l2 - 1) * pi/12)/(pi/24)]^2;
    u2(l2) = exp(gs2);
end

for l1 = 1:1:5
    for l2 = 1:1:5
        fsu(5 * (l1 - 1) + l2) = u1(l1) * u2(l2);
        fsd = fsd + u1(l1) * u2(l2);
    end
```

```
end

fs = fsu/(fsd + 0.001);

fx1 = thtaf' * fs';
gx1 = thtag' * fs' + 0.001;

ut = ( - fx1 + R)/gx1;

sys(1) = ut;
sys(2) = fx1;
sys(3) = gx1;
```

(3) 被控对象S函数：chap8_5plant.m

```
function [sys,x0,str,ts] = s_function(t,x,u,flag)
switch flag,
case 0,
    [sys,x0,str,ts] = mdlInitializeSizes;
case 1,
    sys = mdlDerivatives(t,x,u);
case 3,
    sys = mdlOutputs(t,x,u);
case {2, 4, 9}
    sys = [];
otherwise
    error(['Unhandled flag = ',num2str(flag)]);
end
function [sys,x0,str,ts] = mdlInitializeSizes
sizes = simsizes;
sizes.NumContStates  = 2;
sizes.NumDiscStates  = 0;
sizes.NumOutputs     = 4;
sizes.NumInputs      = 1;
sizes.DirFeedthrough = 0;
sizes.NumSampleTimes = 0;
sys = simsizes(sizes);
x0  = [pi/60 0];
str = [];
ts  = [];
function sys = mdlDerivatives(t,x,u)
g = 9.8;mc = 1.0;m = 0.1;l = 0.5;

S = l * (4/3 - m * (cos(x(1)))^2/(mc + m));
fx = g * sin(x(1)) - m * l * x(2)^2 * cos(x(1)) * sin(x(1))/(mc + m);
fx = fx/S;
gx = cos(x(1))/(mc + m);
gx = gx/S;
```

```
sys(1) = x(2);
sys(2) = fx + gx * u + 3 * sin(pi * t) * 1;
function sys = mdlOutputs(t,x,u)
g = 9.8;mc = 1.0;m = 0.1;l = 0.5;

S = l * (4/3 - m * (cos(x(1)))^2/(mc + m));
fx = g * sin(x(1)) - m * l * x(2)^2 * cos(x(1)) * sin(x(1))/(mc + m);
fx = fx/S;
gx = cos(x(1))/(mc + m);
gx = gx/S;

sys(1) = x(1);
sys(2) = x(2);
sys(3) = fx;
sys(4) = gx;
```

(4) 作图程序：chap8_5plot.m

```
close all;

figure(1);
subplot(211);
plot(t,x(:,1),'k',t,x(:,2),'r:','linewidth',2);
xlabel('time(s)');ylabel('angle tracking');
legend('ideal position','angle tracking');
subplot(212);
plot(t,0.1 * cos(t),'k',t,x(:,3),'r:','linewidth',2);
xlabel('time(s)');ylabel('angle speed tracking');
legend('ideal angle speed','angle speed tracking');

figure(2);
plot(t,ut(:,1),'r','linewidth',2);
xlabel('time(s)');ylabel('Control input');

figure(3);
plot(t,f(:,1),'k',t,f(:,2),'r:','linewidth',2);
xlabel('time(s)');ylabel('f and estiamted f');
legend('ideal f','estimation of f');

figure(4);
plot(t,g(:,1),'k',t,g(:,2),'r:','linewidth',2);
xlabel('time(s)');ylabel('g and estimated g');
legend('ideal g','estimation of g');
```

8.5 一种简单的切换模糊化自适应滑模控制

利用自适应模糊控制方法，通过将滑模控制器中的切换项进行模糊逼近，可将切换项连续化，从而有效地降低抖振[4]。

8.5.1 系统描述

考虑如下 n 阶 SISO 非线性对象：

$$\begin{aligned} x^{(n)} &= f(x,t)+g(x,t)u(t)+d(t) \\ y &= x \end{aligned} \tag{8.46}$$

其中，f 和 g 为已知非线性函数，$x\in R^n$，$u\in R$，$y\in R$；$d(t)$为未知干扰，$|d(t)|\leqslant D$，$g(x,t)>0$。

8.5.2 自适应模糊滑模控制器设计

定义切换函数为

$$s=k_1 e+k_2\dot{e}+\cdots+k_{n-1}e^{(n-1)}+e^{(n-1)}=\boldsymbol{k}\boldsymbol{e} \tag{8.47}$$

其中，$\boldsymbol{e}=\boldsymbol{x}-\boldsymbol{x}_{\mathrm{d}}=(e,\dot{e},\cdots,e^{(n-1)})^{\mathrm{T}}$，$k_1,\cdots,k_{n-1}$ 满足 Hurwitzian 多项式条件。

将滑模控制律设计为

$$u(t)=\frac{1}{g(x,t)}\left[-f(x,t)-\sum_{i=1}^{n-1}k_i e^{(i)}+x_{\mathrm{d}}^{(n)}-u_{\mathrm{sw}}\right] \tag{8.48}$$

其中，$u_{\mathrm{sw}}=\eta\operatorname{sgn}(s)$，$\eta>D$。

由式(8.46)和式(8.47)，可得

$$\begin{aligned} \dot{s} &= \sum_{i=1}^{n-1}k_i e^{(i)}+x^{(n)}-x_{\mathrm{d}}^{(n)} \\ &= \sum_{i=1}^{n-1}k_i e^{(i)}+f(x,t)+g(x,t)u(t)+d(t)-x_{\mathrm{d}}^{(n)} \end{aligned} \tag{8.49}$$

将式(8.48)代入式(8.49)，可得

$$\dot{s}=d(t)-\eta\operatorname{sgn}(s)$$

即

$$s\dot{s}=d(t)s-\eta\,|\,s\,|\leqslant 0 \tag{8.50}$$

当干扰项 d 的值比较大时，控制器式(8.48)中的切换增益 η 也会比较大，这就造成抖振。为了减弱抖振，可采用模糊系统 $\hat{h}$ 逼近 $\eta\operatorname{sgn}(s)$。

采用乘积推理机、单值模糊器和中心平均解模糊器设计模糊系统，模糊系统的输出为 $\hat{h}$，由式(8.48)，则控制律变为

$$u(t)=\frac{1}{g(x,t)}\left[-f(x,t)-\sum_{i=1}^{n-1}k_i e^{(i)}+x_{\mathrm{d}}^{(n)}-\hat{h}(s)\right] \tag{8.51}$$

$$\hat{\boldsymbol{h}}(s\mid\hat{\boldsymbol{\theta}}_h)=\hat{\boldsymbol{\theta}}_h^{\mathrm{T}}\phi(s) \tag{8.52}$$

其中，$\hat{\boldsymbol{h}}(s|\hat{\boldsymbol{\theta}}_h)$为模糊系统输出；$\boldsymbol{\phi}(s)$为模糊向量；向量$\hat{\boldsymbol{\theta}}_h^{\mathrm{T}}$ 根据自适应律而变化。

理想的 $\hat{\boldsymbol{h}}(s|\theta_h)$为

$$\hat{\boldsymbol{h}}(s\mid\theta_h^*)=\eta\operatorname{sgn}(s) \tag{8.53}$$

其中，$\eta>D$。

自适应律为

$$\dot{\hat{\boldsymbol{\theta}}}_h = \gamma s \boldsymbol{\phi}(s) \tag{8.54}$$

其中，$\gamma>0$。

证明：

定义最优参数为

$$\boldsymbol{\theta}_h^* = \arg\min_{\hat{\theta}_h \in \Omega_h} [\sup |\hat{h}(s \mid \hat{\boldsymbol{\theta}}_h) - \eta \text{sgn}(s)|]$$

其中，Ω_h 为 $\hat{\theta}_h$ 的集合。

于是

$$\begin{aligned}
\dot{s} &= \sum_{i=1}^{n-1} k_i e^{(i)} + x^{(n)} - x_d^{(n)} \\
&= \sum_{i=1}^{n-1} k_i e^{(i)} + f(x,t) + g(x,t)u(t) + d(t) - x_d^{(n)} \\
&= -\hat{h}(s \mid \hat{\boldsymbol{\theta}}_h) + d(t) \\
&= -\hat{h}(s \mid \hat{\boldsymbol{\theta}}_h) + d(t) + \hat{h}(s \mid \boldsymbol{\theta}_h^*) - \hat{h}(s \mid \boldsymbol{\theta}_h^*) \\
&= \tilde{\boldsymbol{\theta}}_h^{\mathrm{T}} \boldsymbol{\phi}(s) + d(t) - \hat{h}(s \mid \boldsymbol{\theta}_h^*)
\end{aligned}$$

其中，$\tilde{\boldsymbol{\theta}}_h = \boldsymbol{\theta}_h^* - \hat{\boldsymbol{\theta}}_h$。

Lyapunov 函数为

$$V = \frac{1}{2}\left(s^2 + \frac{1}{\gamma} \tilde{\boldsymbol{\theta}}_h^{\mathrm{T}} \tilde{\boldsymbol{\theta}}_h\right) \tag{8.55}$$

则

$$\begin{aligned}
\dot{V} &= s\dot{s} + \frac{1}{\gamma} \tilde{\boldsymbol{\theta}}_h^{\mathrm{T}} \dot{\tilde{\boldsymbol{\theta}}}_h \\
&= s(\tilde{\boldsymbol{\theta}}_h^{\mathrm{T}} \boldsymbol{\phi}(s) + d(t) - \hat{h}(s \mid \boldsymbol{\theta}_h^*)) + \frac{1}{\gamma} \tilde{\boldsymbol{\theta}}_h^{\mathrm{T}} \dot{\tilde{\boldsymbol{\theta}}}_h \\
&= s\tilde{\boldsymbol{\theta}}_h^{\mathrm{T}} \boldsymbol{\phi}(s) + \frac{1}{\gamma} \tilde{\boldsymbol{\theta}}_h^{\mathrm{T}} \dot{\tilde{\boldsymbol{\theta}}}_h + s(d(t) - \hat{h}(s \mid \boldsymbol{\theta}_h^*))
\end{aligned}$$

由于

$$\hat{h}(s \mid \boldsymbol{\theta}_h^*) = \eta \text{sgn}(s)$$

则有

$$\dot{V} = \frac{1}{\gamma} \tilde{\boldsymbol{\theta}}_h^{\mathrm{T}} (\gamma s \boldsymbol{\phi}(s) - \dot{\hat{\boldsymbol{\theta}}}_h) + s d(t) - \eta |s|$$

其中，$\dot{\tilde{\boldsymbol{\theta}}}_h = -\dot{\hat{\boldsymbol{\theta}}}_h$。

由式(8.54)代入，可得

$$\dot{V} = s d(t) - \eta |s|$$

取 $\eta = \eta_0 + D$，$\eta_0 > 0$，则 $\dot{V} \leqslant -\eta_0 |s| \leqslant 0$。

可见，当 $\dot{V} \equiv 0$ 时，$s \equiv 0$，则根据 LaSalle 不变集原理，$t \to \infty$ 时，$s \to 0$，$\boldsymbol{e} \to 0$。

8.5.3 仿真实例

被控对象取单级倒立摆，其动态方程如下：

$$\dot{x}_1 = x_2$$

$$\dot{x}_2 = \frac{g\sin x_1 - mlx_2^2\cos x_1 \sin x_1/(m_c + m)}{l(4/3 - m\cos^2 x_1/(m_c + m))} + \frac{\cos x_1/(m_c + m)}{l(4/3 - m\cos^2 x_1/(m_c + m))} u + d(t)$$

其中，x_1 和 x_2 分别为摆角和摆速，$g=9.8\mathrm{m/s^2}$；m_c 为小车质量，$m_c=1\mathrm{kg}$；m 为摆杆质量，$m=0.1\mathrm{kg}$；l 为摆长的一半，$l=0.5\mathrm{m}$；u 为控制输入；$d(t)=10\sin t$。

位置指令为 $x_d(t)=0.1\sin t$，切换函数为 $s=k_1 e+\dot{e}$，$k_1=30$。定义切换函数 $s(t)$ 的隶属函数为 $\mu_N(s)=\frac{1}{1+\exp(5(s+3))}$，$\mu_Z(s)=\exp(-s^2)$，$\mu_P(s)=\frac{1}{1+\exp(5(s-3))}$。

设$\hat{\boldsymbol{\theta}}_h^{\mathrm{T}}$ 为 3×1 向量，向量$\hat{\boldsymbol{\theta}}_h^{\mathrm{T}}$ 的初始值为 0.10。采用控制律式(8.51)和自适应律式(8.54)，倒立摆初始状态为$[-\pi/60, 0]$。自适应参数取 $\gamma=150$。在程序中，分别用 fsd，fsu 和 fs 表示$\phi(s)$的分子、分母及 $\phi(s)$本身。仿真结果如图 8.26～图 8.28 所示。

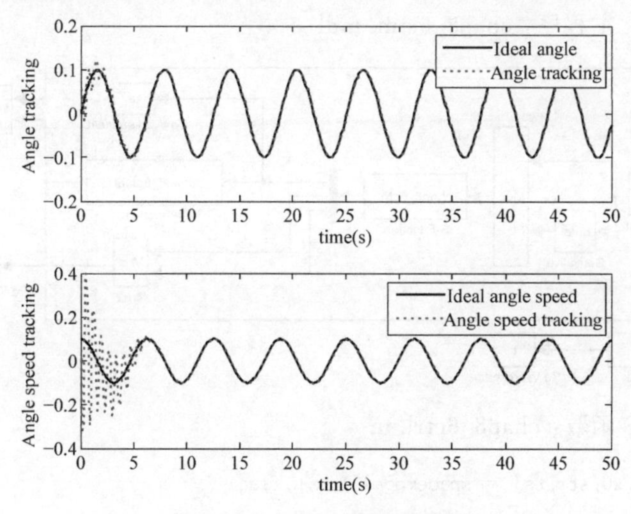

图 8.26　角度和角速度跟踪

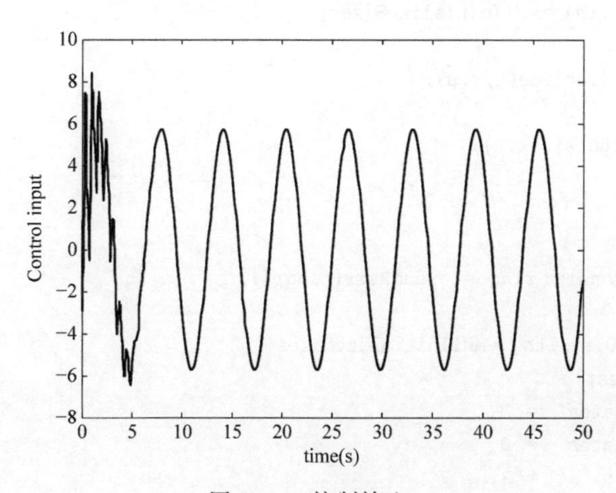

图 8.27　控制输入

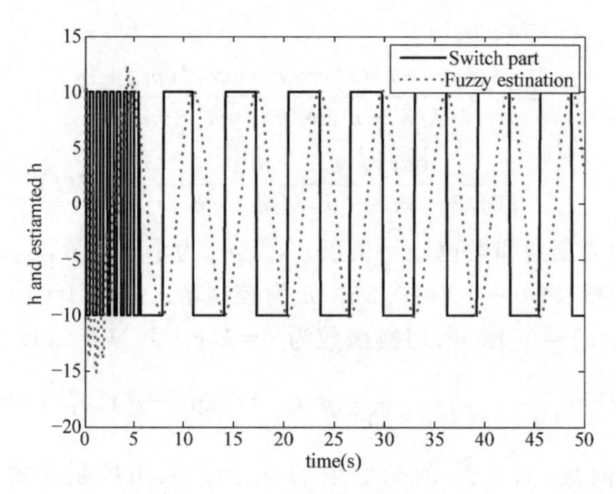

图 8.28　切换项及模糊逼近

仿真程序：

(1) Simulink 主程序：chap8_6sim. mdl

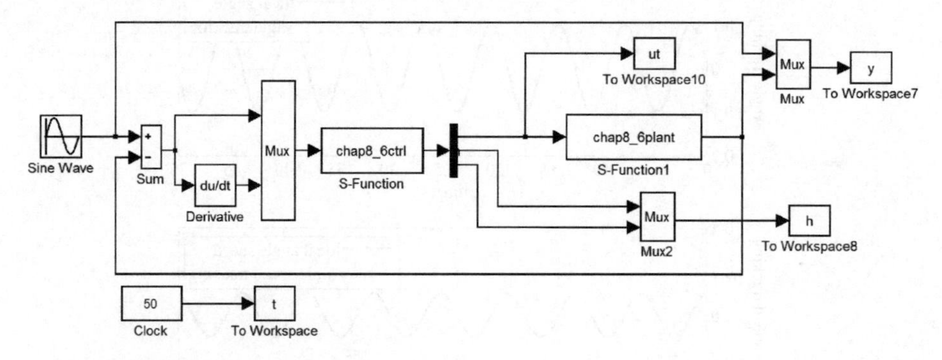

(2) 控制器 S 函数：chap8_6ctrl. m

```
function [sys,x0,str,ts] = spacemodel(t,x,u,flag)
switch flag,
case 0,
    [sys,x0,str,ts] = mdlInitializeSizes;
case 1,
    sys = mdlDerivatives(t,x,u);
case 3,
    sys = mdlOutputs(t,x,u);
case {2,4,9}
    sys = [];
otherwise
    error(['Unhandled flag = ',num2str(flag)]);
end
function [sys,x0,str,ts] = mdlInitializeSizes
sizes = simsizes;
sizes.NumContStates  = 3;
sizes.NumDiscStates  = 0;
sizes.NumOutputs     = 3;
sizes.NumInputs      = 2;
```

```
sizes.DirFeedthrough  =  1;
sizes.NumSampleTimes  =  0;
sys  =  simsizes(sizes);
x0   =  [0.1 * ones(3,1)];
str = [];
ts  = [];
function sys = mdlDerivatives(t,x,u)
xd = 0.1 * sin(t);
dxd = 0.1 * cos(t);
ddxd =- 0.1 * sin(t);

e = u(1);
de = u(2);
x1 = xd + e;
x2 = dxd + de;

k1 = 30;
s = k1 * e + de;

for i = 1:1:3
    thtah(i,1) = x(i);
end
%%%%%%%%%%%%%%%%%%%%%%%%%%%%%%%%
fsd = 0;
gs = 5 * (s + 3);
uh(1) = 1/(1 + exp(gs));

uh(2) = exp( - s^2);

gs = 5 * (s - 3);
uh(3) = 1/(1 + exp(gs));
%%%%%%%%%%%%%%%%%%%%%%%%%%%%%%%%

fsu = uh;
for i = 1:1:3
   fsd = fsd + uh(i);
end
fs = fsu/(fsd + 0.001);

gama = 150;
S = gama * s * fs;
for j = 1:1:3
    sys(j) = S(j);
end

function sys = mdlOutputs(t,x,u)
xd = 0.1 * sin(t);
dxd = 0.1 * cos(t);
ddxd =- 0.1 * sin(t);

e = u(1);
```

```
de = u(2);
x1 = xd + e;
x2 = dxd + de;

k1 = 30;
s = k1 * e + de;

for i = 1:1:3
    thtah(i,1) = x(i);
end
%%%%%%%%%%%%%%%%%%%%%%%%%%%%%%%%%%
fsd = 0;
gs = 5 * (s + 3);
uh(1) = 1/(1 + exp(gs));

uh(2) = exp( - s^2);

gs = 5 * (s - 3);
uh(3) = 1/(1 + exp(gs));
%%%%%%%%%%%%%%%%%%%%%%%%%%%%%%%%%%
fsu = uh;
for i = 1:1:3
   fsd = fsd + uh(i);
end
fs = fsu/(fsd + 0.001);
h = thtah' * fs';
%%%%%%%%%%%%%%%%%%%%%%%%%%%%%%%%%%%%
g = 9.8;mc = 1.0;m = 0.1;l = 0.5;
S = l * (4/3 - m * (cos(x1))^2/(mc + m));
fx = g * sin(x1) - m * l * x2^2 * cos(x1) * sin(x1)/(mc + m);
fx = fx/S;
gx = cos(x1)/(mc + m);
gx = gx/S;
%%%%%%%%%%%%%%%%%%%%%%%%%%%%%%%%%%%%
ut = 1/gx * ( - fx + ddxd - 1 * h - k1 * de);

xite = 10 + 0.01;
sys(1) = ut;
sys(2) = xite * sign(s);
sys(3) = h;
```

(3) 被控对象 S 函数：chap8_6plant. m

```
function [sys,x0,str,ts] = s_function(t,x,u,flag)
switch flag,
case 0,
    [sys,x0,str,ts] = mdlInitializeSizes;
case 1,
    sys = mdlDerivatives(t,x,u);
case 3,
    sys = mdlOutputs(t,x,u);
```

```
case {2, 4, 9}
    sys = [];
otherwise
    error(['Unhandled flag = ',num2str(flag)]);
end
function [sys,x0,str,ts] = mdlInitializeSizes
sizes = simsizes;
sizes.NumContStates  = 2;
sizes.NumDiscStates  = 0;
sizes.NumOutputs     = 2;
sizes.NumInputs      = 1;
sizes.DirFeedthrough = 0;
sizes.NumSampleTimes = 0;
sys = simsizes(sizes);
x0  = [pi/60 0];
str = [];
ts  = [];
function sys = mdlDerivatives(t,x,u)
g = 9.8;mc = 1.0;m = 0.1;l = 0.5;
S = l * (4/3 - m * (cos(x(1)))^2/(mc + m));
fx = g * sin(x(1)) - m * l * x(2)^2 * cos(x(1)) * sin(x(1))/(mc + m);
fx = fx/S;
gx = cos(x(1))/(mc + m);
gx = gx/S;

dt = 10 * sin(t);
sys(1) = x(2);
sys(2) = fx + gx * u - dt;
function sys = mdlOutputs(t,x,u)
sys(1) = x(1);
sys(2) = x(2);
```

(4) 作图程序：chap8_6plot.m

```
close all;

figure(1);
subplot(211);
plot(t,y(:,1),'k',t,y(:,2),'r:','linewidth',2);
xlabel('time(s)');ylabel('angle tracking');
legend('ideal position','angle tracking');
subplot(212);
plot(t,0.1 * cos(t),'k',t,y(:,3),'r:','linewidth',2);
xlabel('time(s)');ylabel('angle speed tracking');
legend('ideal angle speed','angle speed tracking');

figure(2);
plot(t,ut(:,1),'k','linewidth',2);
xlabel('time(s)');ylabel('Control input');

figure(3);
```

```
plot(t,h(:,1),'k',t,h(:,2),'r:','linewidth',2);
xlabel('time(s)');ylabel('h and estiamted h');
legend('Switch part','fuzzy estination');
```

8.6 一种复杂的切换模糊化自适应滑模控制

利用自适应模糊控制方法，通过将滑模控制器中的切换项进行模糊逼近，可将切换项连续化，从而有效地降低抖振[4]。

8.6.1 系统描述

考虑如下 n 阶 SISO 非线性对象：

$$x^{(n)}=f(x,t)+g(x,t)u(t)+d(t) \tag{8.56}$$
$$y=x$$

其中，f 和 g 为未知非线性函数，$x\in R^n$，$u\in R$，$y\in R$；$d(t)$为未知干扰，$|d(t)|\leqslant D$，$g(x,t)\neq 0$，$g(x,t)>0$。

8.6.2 自适应模糊滑模控制器设计

定义切换函数为

$$\begin{aligned}s(x,t)&=k_1e+k_2\dot{e}+\cdots+k_{n-1}e^{(n-1)}+e^{(n-1)}\\&=\boldsymbol{ke}\end{aligned} \tag{8.57}$$

其中，$\boldsymbol{e}=\boldsymbol{x}-\boldsymbol{x}_{\mathrm{d}}=(e,\dot{e},\cdots,e^{(n-1)})^{\mathrm{T}}$，$k_1,k_2,\cdots,k_{n-1}$ 满足 Hurwitzian 多项式条件。

将滑模控制律设计为

$$u(t)=\frac{1}{g(x,t)}\left(-f(x,t)-\sum_{i=1}^{n-1}k_ie^{(i)}+x_{\mathrm{d}}^{(n)}-u_{\mathrm{sw}}\right) \tag{8.58}$$

其中，$u_{\mathrm{sw}}=\eta\operatorname{sgn}(s)$，$\eta\geqslant D$。

于是

$$\begin{aligned}\dot{s}(x,t)&=\sum_{i=1}^{n-1}k_ie^{(i)}+e^{(n)}=\sum_{i=1}^{n-1}k_ie^{(i)}+x^{(n)}-x_{\mathrm{d}}^{(n)}\\&=\sum_{i=1}^{n-1}k_ie^{(i)}+f(x,t)+g(x,t)u(t)+d(t)-x_{\mathrm{d}}^{(n)}\end{aligned}$$

将式(8.56)和式(8.58)代入，得

$$s(x,t)\cdot\dot{s}(x,t)=ds-\eta\mid s\mid\leqslant 0 \tag{8.59}$$

当 f，g 和 d 上界未知时，控制律式(8.58)不适用。采用模糊系统 $\hat{f}$，$\hat{g}$ 及 $\hat{h}$ 逼近 f，g 及 $\eta\operatorname{sgn}(s)$。

采用乘积推理机、单值模糊器和中心平均解模糊器设计模糊系统，模糊系统的输出分别为 $\hat{f}$，$\hat{g}$ 及 $\hat{h}$。则控制律变为

$$u(t)=\frac{1}{\hat{g}(x,t)}\left[-\hat{f}(x,t)-\sum_{i=1}^{n-1}k_ie^{(i)}+x_{\mathrm{d}}^{(n)}-\hat{h}(s)\right] \tag{8.60}$$

$$\hat{f}(\boldsymbol{x} \mid \boldsymbol{\theta}_f) = \boldsymbol{\theta}_f^{\mathrm{T}} \boldsymbol{\xi}(\boldsymbol{x}), \quad \hat{g}(\boldsymbol{x} \mid \boldsymbol{\theta}_g) = \boldsymbol{\theta}_g^{\mathrm{T}} \boldsymbol{\xi}(\boldsymbol{x}),$$

$$\hat{h}(s \mid \boldsymbol{\theta}_h) = \boldsymbol{\theta}_h^{\mathrm{T}} \phi(s) \tag{8.61}$$

其中，$\hat{f}(x|\boldsymbol{\theta}_f)$，$\hat{g}(x|\boldsymbol{\theta}_g)$，$\hat{h}(s|\boldsymbol{\theta}_h)$为模糊系统输出；$\xi(x)$和$\phi(s)$为模糊向量；向量$\boldsymbol{\theta}_f^{\mathrm{T}}$、$\boldsymbol{\theta}_g^{\mathrm{T}}$和$\boldsymbol{\theta}_h^{\mathrm{T}}$根据自适应律而变化。

$$\hat{h}(s \mid \boldsymbol{\theta}_h^*) = \eta_\Delta \operatorname{sgn}(s) \tag{8.62}$$

$$\eta_\Delta = D + \eta, \quad \eta \geqslant 0 \tag{8.63}$$

$$|d(t)| \leqslant D \tag{8.64}$$

设计自适应律为

$$\begin{aligned} \dot{\boldsymbol{\theta}}_f &= r_1 s \xi(x) \\ \dot{\boldsymbol{\theta}}_g &= r_2 s \xi(x) u \\ \dot{\boldsymbol{\theta}}_h &= r_3 s \phi(s) \end{aligned} \tag{8.65}$$

证明：

定义最优参数为

$$\boldsymbol{\theta}_f^* = \arg \min_{\boldsymbol{\theta}_f \in \Omega_f} \left[\sup_{x \in R^n} |\hat{f}(x \mid \boldsymbol{\theta}_f) - f(x,t)| \right]$$

$$\boldsymbol{\theta}_g^* = \arg \min_{\boldsymbol{\theta}_g \in \Omega_g} \left[\sup_{x \in R^n} |\hat{g}(x \mid \boldsymbol{\theta}_g) - g(x,t)| \right]$$

$$\boldsymbol{\theta}_h^* = \arg \min_{\boldsymbol{\theta}_h \in \Omega_h} \left[\sup_{x \in R^n} |\hat{h}(s \mid \boldsymbol{\theta}_h) - u_{sw}| \right]$$

其中，Ω_f、Ω_g和Ω_h分别为$\boldsymbol{\theta}_f$、$\boldsymbol{\theta}_g$和$\boldsymbol{\theta}_h$的集合。

定义最小逼近误差为$\omega = f(x,t) - \hat{f}(x|\boldsymbol{\theta}_f^*) + (g(x,t) - \hat{g}(x|\boldsymbol{\theta}_g^*))u$，$|\omega| \leqslant \omega_{\max}$，并将控制律式(8.60)代入，得

$$\begin{aligned} \dot{s} &= \sum_{i=1}^{n-1} k_i e^{(i)} + x^{(n)} - x_{\mathrm{d}}^{(n)} \\ &= \sum_{i=1}^{n-1} k_i e^{(i)} + f(x,t) + g(x,t)u(t) + d(t) - x_{\mathrm{d}}^{(n)} \\ &= \sum_{i=1}^{n-1} k_i e^{(i)} + f(x,t) + \hat{g}(x,t)u(t) + (g(x,t) - \\ &\quad \hat{g}(x,t))u(t) + d(t) - x_{\mathrm{d}}^{(n)} \\ &= f(x,t) - \hat{f}(x,t) - \hat{h}(s \mid \boldsymbol{\theta}_h) + (g(x,t) - \\ &\quad \hat{g}(x,t))u(t) + d(t) \\ &= \hat{f}(x \mid \boldsymbol{\theta}_f^*) - \hat{f}(x,t) - \hat{h}(s \mid \boldsymbol{\theta}_h) + (\hat{g}(x \mid \boldsymbol{\theta}_g^*) - \\ &\quad \hat{g}(x,t))u(t) + d(t) + w + \hat{h}(s \mid \boldsymbol{\theta}_h^*) - \hat{h}(s \mid \boldsymbol{\theta}_h^*) \\ &= \boldsymbol{\varphi}_f^{\mathrm{T}} \boldsymbol{\xi}(x) + \boldsymbol{\varphi}_g^{\mathrm{T}} \boldsymbol{\xi}(x) u(t) + \boldsymbol{\varphi}_h^{\mathrm{T}} \phi(s) + d(t) + \omega - \hat{h}(s \mid \boldsymbol{\theta}_h^*) \end{aligned}$$

其中，$\boldsymbol{\varphi}_f = \boldsymbol{\theta}_f^* - \boldsymbol{\theta}_f$，$\boldsymbol{\varphi}_g = \boldsymbol{\theta}_g^* - \boldsymbol{\theta}_g$，$\boldsymbol{\varphi}_h = \boldsymbol{\theta}_h^* - \boldsymbol{\theta}_h$。

定义 Lyapunov 函数为

$$V=\frac{1}{2}\left(s^2+\frac{1}{r_1}\boldsymbol{\varphi}_f^{\mathrm{T}}\boldsymbol{\varphi}_f+\frac{1}{r_2}\boldsymbol{\varphi}_g^{\mathrm{T}}\boldsymbol{\varphi}_g+\frac{1}{r_3}\boldsymbol{\varphi}_h^{\mathrm{T}}\boldsymbol{\varphi}_h\right) \tag{8.66}$$

其中，r_1、r_2 及 r_3 为正常数。

则

$$\begin{aligned}\dot{V}&=s\dot{s}+\frac{1}{r_1}\boldsymbol{\varphi}_f^{\mathrm{T}}\dot{\boldsymbol{\varphi}}_f+\frac{1}{r_2}\boldsymbol{\varphi}_g^{\mathrm{T}}\dot{\boldsymbol{\varphi}}_g+\frac{1}{r_3}\boldsymbol{\varphi}_h^{\mathrm{T}}\dot{\boldsymbol{\varphi}}_h\\&=s(\boldsymbol{\varphi}_f^{\mathrm{T}}\boldsymbol{\xi}(x)+\boldsymbol{\varphi}_g^{\mathrm{T}}\xi(x)u(t)+\boldsymbol{\varphi}_h^{\mathrm{T}}\phi(s)+d(t)+\\&\quad\omega-\hat{h}(s\mid\theta_h^*))+\frac{1}{r_1}\boldsymbol{\varphi}_f^{\mathrm{T}}\dot{\boldsymbol{\varphi}}_f+\frac{1}{r_2}\boldsymbol{\varphi}_g^{\mathrm{T}}\dot{\boldsymbol{\varphi}}_g+\frac{1}{r_3}\boldsymbol{\varphi}_h^{\mathrm{T}}\dot{\boldsymbol{\varphi}}_h\\&=s\boldsymbol{\varphi}_f^{\mathrm{T}}\boldsymbol{\xi}(x)+\frac{1}{r_1}\boldsymbol{\varphi}_f^{\mathrm{T}}\dot{\boldsymbol{\varphi}}_f+s\boldsymbol{\varphi}_g^{\mathrm{T}}\boldsymbol{\xi}(x)u(t)+\frac{1}{r_2}\boldsymbol{\varphi}_g^{\mathrm{T}}\dot{\boldsymbol{\varphi}}_g+\\&\quad s\boldsymbol{\varphi}_h^{\mathrm{T}}\phi(s)+\frac{1}{r_3}\boldsymbol{\varphi}_h^{\mathrm{T}}\dot{\boldsymbol{\varphi}}_h+s(d(t)-\hat{h}(s\mid\boldsymbol{\theta}_h^*))+s\omega\end{aligned}$$

由于 $\hat{h}(s|\boldsymbol{\theta}_h^*)=\eta_\Delta\mathrm{sgn}(s)$，则

$$\begin{aligned}\dot{V}&=\frac{1}{r_1}\boldsymbol{\varphi}_f^{\mathrm{T}}(r_1s\boldsymbol{\xi}(x)+\dot{\boldsymbol{\varphi}}_f)+\frac{1}{r_2}\boldsymbol{\varphi}_g^{\mathrm{T}}(r_2s\boldsymbol{\xi}(x)u(t)+\dot{\boldsymbol{\varphi}}_g)+\\&\quad\frac{1}{r_3}\boldsymbol{\varphi}_h^{\mathrm{T}}(r_3s\phi(s)+\dot{\boldsymbol{\varphi}}_h)+sd(t)+s\omega-(D+\eta)\mid s\mid\\&=sd(t)+s\omega-(D+\eta)\mid s\mid\end{aligned}$$

其中，$\dot{\boldsymbol{\varphi}}_f=-\dot{\boldsymbol{\theta}}_f$，$\dot{\boldsymbol{\varphi}}_g=-\dot{\boldsymbol{\theta}}_g$，$\dot{\boldsymbol{\varphi}}_h=-\dot{\boldsymbol{\theta}}_h$。

将自适应律式(8.65)代入上式，得

$$\dot{V}\leqslant s\omega-\eta\mid s\mid$$

根据模糊逼近理论，自适应模糊系统可实现使逼近误差 ω 非常小，通过取足够大的 η，使 $\eta=\eta_{\mathrm{o}}+|\omega|_{\max}$，$\eta_{\mathrm{o}}>0$，从而 $\dot{V}\leqslant-\eta_{\mathrm{o}}|s|\leqslant0$。

当 $\dot{V}\equiv0$ 时，$s\equiv0$，则根据 LaSalle 不变集原理，$t\to\infty$ 时，$s\to0$。

8.6.3 仿真实例

被控对象取单级倒立摆，其动态方程如下：

$$\begin{aligned}\dot{x}_1&=x_2\\\dot{x}_2&=\frac{g\sin x_1-mlx_2^2\cos x_1\sin x_1/(m_{\mathrm{c}}+m)}{l(4/3-m\cos^2x_1/(m_{\mathrm{c}}+m))}+\\&\quad\frac{\cos x_1/(m_{\mathrm{c}}+m)}{l(4/3-m\cos^2x_1/(m_{\mathrm{c}}+m))}u\end{aligned}$$

其中，x_1 和 x_2 分别为摆角和摆速，$g=9.8\mathrm{m/s^2}$；m_{c} 为小车质量，$m_{\mathrm{c}}=1\mathrm{kg}$；$m$ 为摆杆质量，$m=0.1\mathrm{kg}$；l 为摆长的一半；$l=0.5\mathrm{m}$；u 为控制输入。

理想角度指令为 $x_{\mathrm{d}}(t)=0.1\sin t$，切换函数为 $s=k_1e+\dot{e}$，$k_1=5$。

取 5 种隶属函数进行模糊化：$\mu_{NM}(x_i)=\exp[-((x_i+\pi/6)/(\pi/24))^2]$，$\mu_{NS}(x_i)=$

$\exp[-((x_i+\pi/12)/(\pi/24))^2]$，$\mu_Z(x_i)=\exp[-(x_i/(\pi/24))^2]$，$\mu_{PS}(x_i)=\exp[-((x_i-\pi/12)/(\pi/24))^2]$，$\mu_{PM}(x_i)=\exp[-((x_i-\pi/6)/(\pi/24))^2]$。则用于逼近 f 和 g 的模糊规则分别有 25 条。

定义切换函数 $s(t)$ 的隶属函数为 $\mu_N(s)=\dfrac{1}{1+\exp(5(s+3))}$，$\mu_Z(s)=\exp(-s^2)$，$\mu_P(s)=\dfrac{1}{1+\exp(5(s-3))}$。

设 $\boldsymbol{\theta}_f^{\mathrm{T}}$ 和 $\boldsymbol{\theta}_g^{\mathrm{T}}$ 为 25×1 向量，$\boldsymbol{\theta}_h^{\mathrm{T}}$ 为 3×1 向量。向量 $\boldsymbol{\theta}_f^{\mathrm{T}}$、$\boldsymbol{\theta}_g^{\mathrm{T}}$ 和 $\boldsymbol{\theta}_h^{\mathrm{T}}$ 的初始值为 0.10。采用控制律式(8.60)，倒立摆初始状态为$[-\pi/60,0]$。自适应参数取 $r_1=5$，$r_2=1$，$r_3=10$。在程序中，分别用 fsd_1、fsu_1 和 fs_1 表示 $\xi_1(x)$ 的分子、分母及 $\xi_1(x)$，分别用 fsd_2、fsu_2 和 fs_2 表示 $\xi_2(x)$ 的分子、分母及 $\xi_2(x)$。仿真结果如图 8.29～图 8.32 所示。

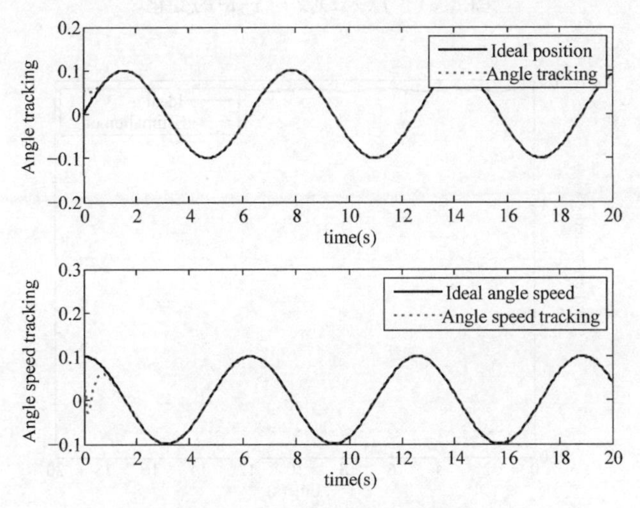

图 8.29　角度及角速度跟踪

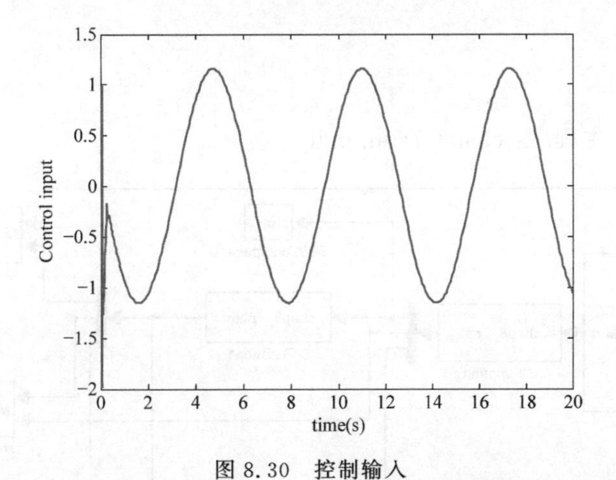

图 8.30　控制输入

函数 $f(x,t)$ 与 $\hat{f}(x,t)$、$g(x,t)$ 与 $\hat{g}(x,t)$ 不收敛的原因同 8.4.4 节。

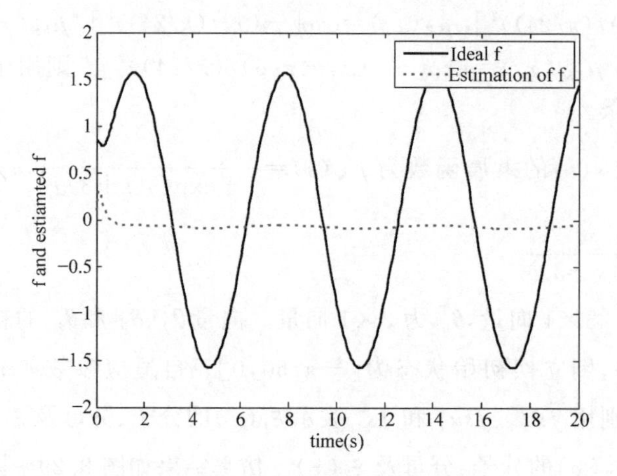

图 8.31　$f(x,t)$及$\hat{f}(x,t)$的变化

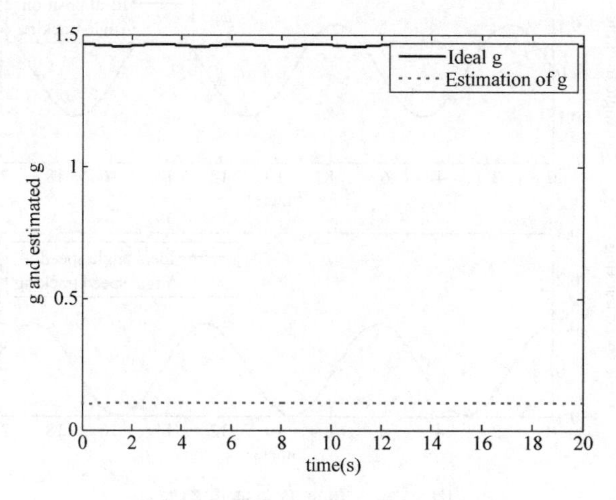

图 8.32　$g(x,t)$及$\hat{g}(x,t)$的变化

仿真程序：

(1) Simulink 主程序：chap8_7sim. mdl

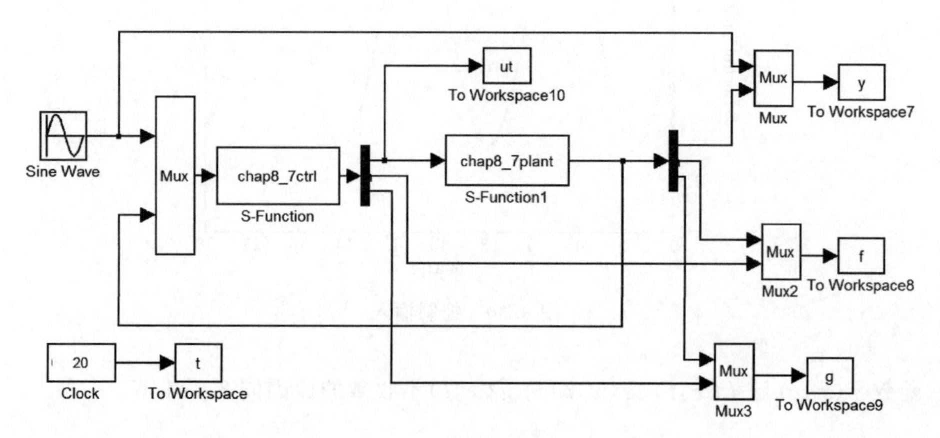

(2) 控制器 S 函数：chap8_7ctrl. m

```
function [sys,x0,str,ts] = spacemodel(t,x,u,flag)

switch flag,
case 0,
    [sys,x0,str,ts] = mdlInitializeSizes;
case 1,
    sys = mdlDerivatives(t,x,u);
case 3,
    sys = mdlOutputs(t,x,u);
case {2,4,9}
    sys = [];
otherwise
    error(['Unhandled flag = ',num2str(flag)]);
end

function [sys,x0,str,ts] = mdlInitializeSizes
sizes = simsizes;
sizes.NumContStates  = 53;
sizes.NumDiscStates  = 0;
sizes.NumOutputs     = 3;
sizes.NumInputs      = 5;
sizes.DirFeedthrough = 1;
sizes.NumSampleTimes = 0;
sys = simsizes(sizes);
x0  = [0.1 * ones(53,1)];
str = [];
ts  = [];

function sys = mdlDerivatives(t,x,u)
r1 = 50;r2 = 1;r3 = 10;

xd = 0.1 * sin(t);
dxd = 0.1 * cos(t);
ddxd =- 0.1 * sin(t);

x1 = u(2);
x2 = u(3);
e = x1 - xd;
de = x2 - dxd;

k1 = 3;
s = k1 * e + de;

for i = 1:1:25
    thtaf(i,1) = x(i);
end
for i = 1:1:25
    thtag(i,1) = x(i + 25);
end
for i = 1:1:3
    thtah(i,1) = x(i + 50);
end
```

```
%%%%%%%%%%%%%%%%%%%%%%%%%%%%%%%%%%%%

fsd1 = 0;
fsd2 = 0;
for l1 = 1:1:5
    gs1 =- [(x1 + pi/6 - (l1 - 1) * pi/12)/(pi/24)]^2;
     u1(l1) = exp(gs1);
end

for l2 = 1:1:5
    gs2 =- [(x2 + pi/6 - (l2 - 1) * pi/12)/(pi/24)]^2;
     u2(l2) = exp(gs2);
end

for l1 = 1:1:5
     for l2 = 1:1:5
          fsu1(5 * (l1 - 1) + l2) = u1(l1) * u2(l2);
          fsd1 = fsd1 + u1(l1) * u2(l2);
     end
end

fs1 = fsu1/(fsd1 + 0.001);

fx1 = thtaf' * fs1';
gx1 = thtag' * fs1' + 0.001;

%%%%%%%%%%%%%%%%%%%%%%%%%%%%%%%%%%%%
gs3 = 5 * (s + 3);
u3(1) = 1/(1 + exp(gs3));

u3(2) = exp( - s^2);

gs3 = 5 * (s - 3);
u3(3) = 1/(1 + exp(gs3));
%%%%%%%%%%%%%%%%%%%%%%%%%%%%%%%%%%%%

fsu2 = u3;
for i = 1:1:3
    fsd2 = fsd2 + u3(i);
end
fs2 = fsu2/(fsd2 + 0.001);
h1 = thtah' * fs2';

ut = 1/gx1 * ( - fx1 - k1 * de + ddxd - h1);

S1 = r1 * s * fs1;
S2 = r2 * s * fs1 * ut;
S3 = r3 * s * fs2;

for i = 1:1:25
     sys(i) = S1(i);
end
for j = 26:1:50
     sys(j) = S2(j - 25);
```

```
end

for j = 51:1:53
    sys(j) = S3(j - 50);
end

function sys = mdlOutputs(t,x,u)
xd = 0.1 * sin(t);
dxd = 0.1 * cos(t);
ddxd =- 0.1 * sin(t);

x1 = u(2);
x2 = u(3);
e = x1 - xd;
de = x2 - dxd;

k1 = 3;
s = k1 * e + de;

for i = 1:1:25
    thtaf(i,1) = x(i);
end
for i = 1:1:25
    thtag(i,1) = x(i + 25);
end
for i = 1:1:3
    thtah(i,1) = x(i + 50);
end
%%%%%%%%%%%%%%%%%%%%%%%%%%%%%%%

fsd1 = 0;
fsd2 = 0;
for l1 = 1:1:5
   gs1 =- [(x1 + pi/6 - (l1 - 1) * pi/12)/(pi/24)]^2;
    u1(l1) = exp(gs1);
end

for l2 = 1:1:5
   gs2 =- [(x2 + pi/6 - (l2 - 1) * pi/12)/(pi/24)]^2;
    u2(l2) = exp(gs2);
end

for l1 = 1:1:5
    for l2 = 1:1:5
        fsu1(5 * (l1 - 1) + l2) = u1(l1) * u2(l2);
        fsd1 = fsd1 + u1(l1) * u2(l2);
    end
end

fs1 = fsu1/(fsd1 + 0.001);

fx1 = thtaf' * fs1';
gx1 = thtag' * fs1' + 0.001;
```

```
%%%%%%%%%%%%%%%%%%%%%%%%%%%%%%%%%%
gs3 = 5 * (s + 3);
u3(1) = 1/(1 + exp(gs3));

u3(2) = exp( - s^2);

gs3 = 5 * (s - 3);
u3(3) = 1/(1 + exp(gs3));
%%%%%%%%%%%%%%%%%%%%%%%%%%%%%%%%%%

fsu2 = u3;
for i = 1:1:3
   fsd2 = fsd2 + u3(i);
end
fs2 = fsu2/(fsd2 + 0.001);
h1 = thtah' * fs2';

ut = 1/gx1 * ( - fx1 - k1 * de + ddxd - h1);

sys(1) = ut;
sys(2) = fx1;
sys(3) = gx1;
```

（3）被控对象S函数：chap8_7plant.m

```
function [sys,x0,str,ts] = s_function(t,x,u,flag)
switch flag,
case 0,
    [sys,x0,str,ts] = mdlInitializeSizes;
case 1,
    sys = mdlDerivatives(t,x,u);
case 3,
    sys = mdlOutputs(t,x,u);
case {2, 4, 9}
    sys = [];
otherwise
    error(['Unhandled flag = ',num2str(flag)]);
end
function [sys,x0,str,ts] = mdlInitializeSizes
sizes = simsizes;
sizes.NumContStates  = 2;
sizes.NumDiscStates  = 0;
sizes.NumOutputs     = 4;
sizes.NumInputs      = 1;
sizes.DirFeedthrough = 0;
sizes.NumSampleTimes = 0;
sys = simsizes(sizes);
x0  = [pi/60 0];
str = [];
ts  = [];
function sys = mdlDerivatives(t,x,u)
g = 9.8;mc = 1.0;m = 0.1;l = 0.5;
```

```
S = l * (4/3 - m * (cos(x(1)))^2/(mc + m));
fx = g * sin(x(1)) - m * l * x(2)^2 * cos(x(1)) * sin(x(1))/(mc + m);
fx = fx/S;
gx = cos(x(1))/(mc + m);
gx = gx/S;

sys(1) = x(2);
sys(2) = fx + gx * u;
function sys = mdlOutputs(t,x,u)
g = 9.8;mc = 1.0;m = 0.1;l = 0.5;
S = l * (4/3 - m * (cos(x(1)))^2/(mc + m));
fx = g * sin(x(1)) - m * l * x(2)^2 * cos(x(1)) * sin(x(1))/(mc + m);
fx = fx/S;
gx = cos(x(1))/(mc + m);
gx = gx/S;

sys(1) = x(1);
sys(2) = x(2);
sys(3) = fx;
sys(4) = gx;
```

（4）作图程序：chap8_7plot. m

```
close all;

figure(1);
subplot(211);
plot(t,y(:,1),'k',t,y(:,2),'r:','linewidth',2);
xlabel('time(s)');ylabel('angle tracking');
legend('ideal position','angle tracking');
subplot(212);
plot(t,0.1 * cos(t),'k',t,y(:,3),'r:','linewidth',2);
xlabel('time(s)');ylabel('angle speed tracking');
legend('ideal angle speed','angle speed tracking');

figure(2);
plot(t,ut(:,1),'r','linewidth',2);
xlabel('time(s)');ylabel('Control input');

figure(3);
plot(t,f(:,1),'k',t,f(:,2),'r:','linewidth',2);
xlabel('time(s)');ylabel('f and estiamted f');
legend('ideal f','estimation of f');

figure(4);
plot(t,g(:,1),'k',t,g(:,2),'r:','linewidth',2);
xlabel('time(s)');ylabel('g and estimated g');
legend('ideal g','estimation of g');
```

8.7 具有积分滑模面的模糊滑模控制

利用滑模控制中的切换函数作为模糊系统的输入，可设计单输入模糊控制器[3]。采用积分滑模面设计切换函数，并采用模糊控制方法，可实现高精度模糊滑模控制[5]。

8.7.1 系统描述

考虑如下SISO非线性系统：

$$\ddot{\theta}=f(\theta,t)+g(\theta,t)u(t)+d(t) \tag{8.67}$$

其中，f 和 g 为未知非线性函数，$g>0$；$d(t)$为外加干扰。

跟踪误差为

$$e(t)=\theta(t)-\theta_{\mathrm{d}}(t) \tag{8.68}$$

其中，$\theta_{\mathrm{d}}(t)$为角度指令。

8.7.2 控制器的设计

定义积分滑模面为

$$s(t)=\dot{\theta}(t)-\int_0^t[\ddot{\theta}_{\mathrm{d}}(t)-k_1\dot{e}(t)-k_2e(t)]\mathrm{d}t \tag{8.69}$$

其中，k_1 和 k_2 为非零正常数。

如果滑模控制处于理想状态，则 $s(t)=\dot{s}(t)=0$，即

$$\ddot{e}(t)+k_1\dot{e}(t)+k_2e(t)=0 \tag{8.70}$$

通过确定 k_1 和 k_2，跟踪误差 $e(t)$及其导数趋近于零。

相对于传统的二输入模糊控制器而言，可以采用切换函数 $s(t)$作为模糊控制器的输入，控制输入 u 作为模糊系统的输出，构成一个单输入/单输出模糊系统，由经验构造模糊规则库，可大大减少模糊规则的数量。为保证 $s=0$，该模糊控制器的模糊规则形式为

$$\text{Rule } i\text{: IF } s \text{ is } F_s^i \text{ THEN } u \text{ is } \alpha_i \tag{8.71}$$

其中，F_s^i 和 $\alpha_i(i=1,2,\cdots,m)$分别为输入和输出的模糊集合。

采用重心法进行反模糊化，得到控制器输出

$$u_{fz}(s)=\frac{\sum_{i=1}^{m}w_i\times\alpha_i}{\sum_{i=1}^{m}w_i} \tag{8.72}$$

其中，w_i 和 α_i 分别为第 i 条规则中前提和结论的隶属度。

8.7.3 仿真实例

采用S函数程序chap8_8ctrl.m建立模糊系统，并通过命令persistent将规则库一直

保持在运行过程中。取 flag=1 时,可给出隶属函数图,如图 8.33 和图 8.34 所示。

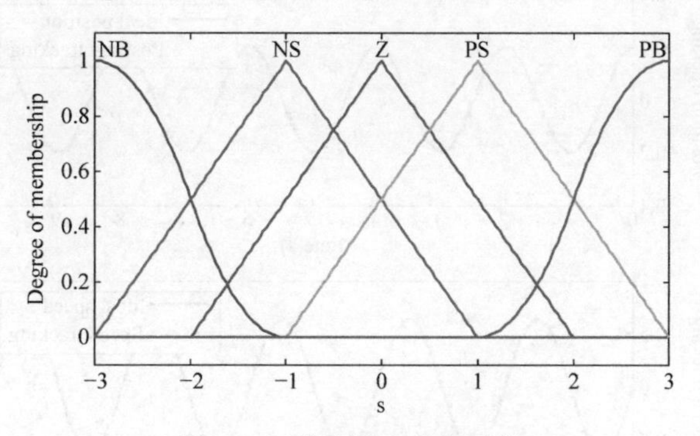

图 8.33 模糊输入隶属函数

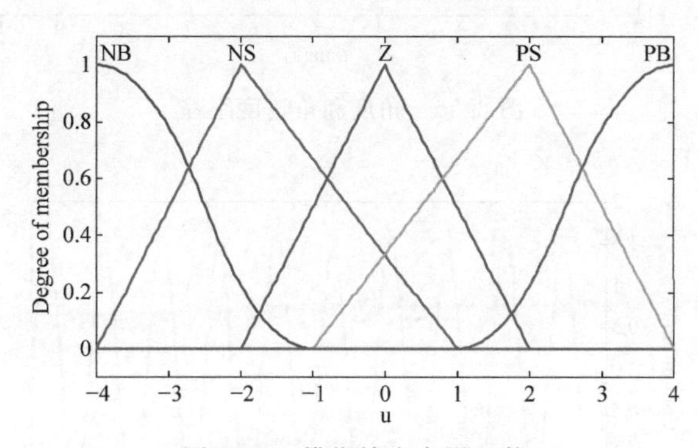

图 8.34 模糊输出隶属函数

在模糊系统中建立如下 5 条模糊规则:

(1) If (s is NB) then (u is PB) (1);

(2) If (s is NS) then (u is PS) (1);

(3) If (s is Z) then (u is Z) (1);

(4) If (s is PS) then (u is NS) (1);

(5) If (s is PB) then (u is NB) (1)。

$s(t)$和$u(t)$的隶属函数采用“负大”(NB)“负小”(NS)“零”(Z)“正小”(PS)“正大”(PB),采用重心法进行反模糊化。

被控对象为一线性系统

$$\begin{cases}\dot{x}_1 = x_2\\ \dot{x}_2 = -25x_2 + 133u(t) + d(t)\end{cases}$$

其中,$u(t)$为控制输入;$d(t)$为外加干扰。

干扰为$d(t)=200\sin(2\pi t)$,角度指令为$\theta_{\mathrm{d}}(t)=0.2\sin\left(\pi t+\dfrac{\pi}{2}\right)$,取$k_1=150$,$k_2=200$,则滑模面为$s(t)=\dot{\theta}(t)-\int_0^t[\ddot{\theta}_{\mathrm{d}}(t)-150\dot{e}(t)-200e(t)]\mathrm{d}t$。

在程序中,采用 S 函数 chap8_8plant. m 描述线性系统被控对象。取系统的初始状态为[0,0],采用模糊滑模控制律式(8.72),仿真结果如图 8.35 和图 8.36 所示。

采用积分模糊滑模控制方法可实现对线性系统的高精度控制,但很难控制非线性系

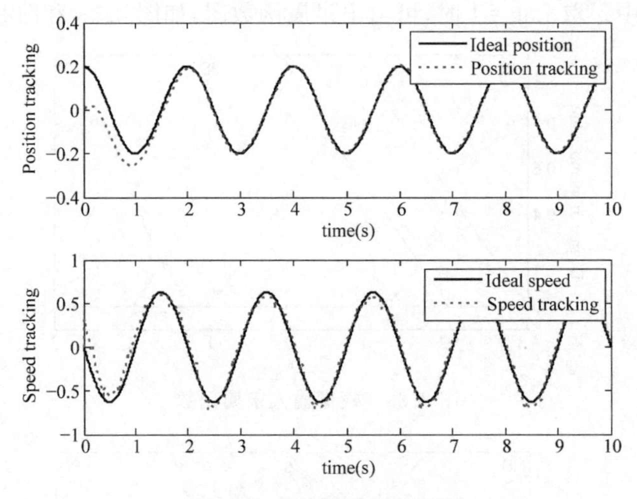

图 8.35 角度和角速度跟踪

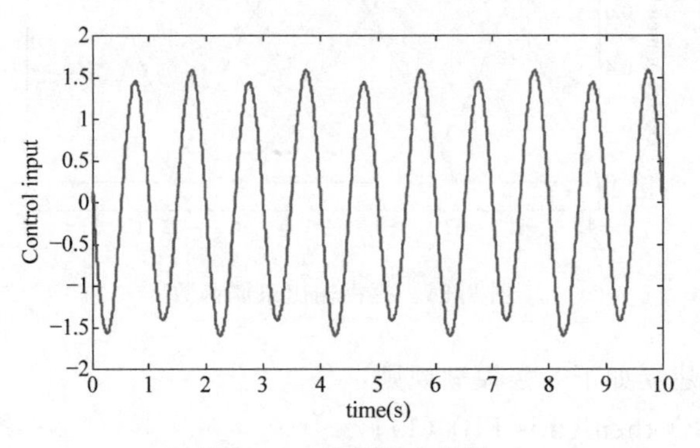

图 8.36 控制输入信号

统。为了解决这一问题,需要采用自适应模糊滑模控制器。

仿真程序：

(1) Simulink 主程序：chap8_8sim. mdl

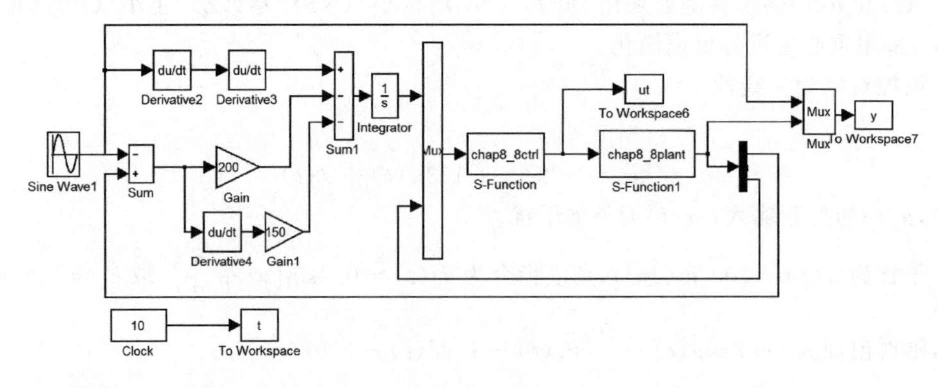

(2) 控制器 S 函数：chap8_8ctrl. m

```
function [sys,x0,str,ts] = spacemodel(t,x,u,flag)
```

```
switch flag,
case 0,
    [sys,x0,str,ts] = mdlInitializeSizes;
case 3,
    sys = mdlOutputs(t,x,u);
case {2,4,9}
    sys = [];
otherwise
    error(['Unhandled flag = ',num2str(flag)]);
end

function [sys,x0,str,ts] = mdlInitializeSizes
sizes = simsizes;
sizes.NumContStates  = 0;
sizes.NumDiscStates  = 0;
sizes.NumOutputs     = 1;
sizes.NumInputs      = 2;
sizes.DirFeedthrough = 1;
sizes.NumSampleTimes = 1;
sys = simsizes(sizes);
x0  = [];
str = [];
ts  = [0 0];

function sys = mdlOutputs(t,x,u)
persistent a2

if t == 0

a = newfis('fuzz_smc');

a = addvar(a,'input','s',[-3,3]);                    % Parameter e
a = addmf(a,'input',1,'NB','zmf',[-3,-1]);
a = addmf(a,'input',1,'NS','trimf',[-3,-1,1]);
a = addmf(a,'input',1,'Z','trimf',[-2,0,2]);
a = addmf(a,'input',1,'PS','trimf',[-1,1,3]);
a = addmf(a,'input',1,'PB','smf',[1,3]);

a = addvar(a,'output','u',[-4,4]);                   % Parameter u
a = addmf(a,'output',1,'NB','zmf',[-4,-1]);
a = addmf(a,'output',1,'NS','trimf',[-4,-2,1]);
a = addmf(a,'output',1,'Z','trimf',[-2,0,2]);
a = addmf(a,'output',1,'PS','trimf',[-1,2,4]);
a = addmf(a,'output',1,'PB','smf',[1,4]);

rulelist = [1 5 1 1;                                  % Edit rule base
        2 4 1 1;
        3 3 1 1;
        4 2 1 1;
        5 1 1 1];

a = addrule(a,rulelist);
 % showrule(a)                                          % Show fuzzy rule base
```

```
a1 = setfis(a,'DefuzzMethod','centroid');        % Defuzzy
writefis(a1,'fsmc');                              % Save fuzzy system as "fsmc.fis"
a2 = readfis('fsmc');

flag = 1;
if flag == 1
figure(1);
plotmf(a1,'input',1);
figure(2);
plotmf(a1,'output',1);
end
end
s = u(2) - u(1);
ut = evalfis([s],a2);                             % Using fuzzy inference
sys(1) = ut;
```

(3) 被控对象S函数：chap8_8plant.m

```
function [sys,x0,str,ts] = s_function(t,x,u,flag)
switch flag,
case 0,
    [sys,x0,str,ts] = mdlInitializeSizes;
case 1,
    sys = mdlDerivatives(t,x,u);
case 3,
    sys = mdlOutputs(t,x,u);
case {2, 4, 9}
    sys = [];
otherwise
    error(['Unhandled flag = ',num2str(flag)]);
end
function [sys,x0,str,ts] = mdlInitializeSizes
sizes = simsizes;
sizes.NumContStates  = 2;
sizes.NumDiscStates  = 0;
sizes.NumOutputs     = 2;
sizes.NumInputs      = 1;
sizes.DirFeedthrough = 0;
sizes.NumSampleTimes = 0;
sys = simsizes(sizes);
x0  = [0 0];
str = [];
ts  = [];
function sys = mdlDerivatives(t,x,u)
dt = 200 * sin(2 * pi * t);
sys(1) = x(2);
sys(2) =- 25 * x(2) + 133 * u + dt;
function sys = mdlOutputs(t,x,u)
sys(1) = x(1);
sys(2) = x(2);
```

(4) 作图程序：chap8_8plot. m

```
close all;

figure(1);
subplot(211);
plot(t,y(:,1),'k',t,y(:,2),'r:','linewidth',2);
xlabel('time(s)');ylabel('Position tracking');
legend('ideal position','position tracking');
subplot(212);
plot(t,0.2 * pi * cos(pi * t + pi/2),'k',t,y(:,3),'r:','linewidth',2);
xlabel('time(s)');ylabel('Speed tracking');
legend('ideal speed','Speed tracking');
figure(2);
plot(t,ut(:,1),'r','linewidth',2);
xlabel('time(s)');ylabel('Control input');
```

8.8 控制输入模糊化的自适应滑模控制

8.8.1 系统描述

考虑如下 SISO 非线性系统：

$$\ddot{\theta}=f(\theta,t)+g(\theta,t)u(t)+d(t) \tag{8.73}$$

其中，$f(\cdot)$和 $g(\cdot)$为未知非线性函数，$g(\cdot)>0$；$d(t)$为外加干扰。

8.8.2 控制器的设计

取 $\theta_{\mathrm{d}}(t)$为角度指令，跟踪误差为 $e(t)=\theta(t)-\theta_{\mathrm{d}}(t)$，定义积分滑模面为

$$s(t)=\dot{\theta}(t)-\int_0^t(\ddot{\theta}_{\mathrm{d}}-k_1\dot{e}(t)-k_2e(t))\mathrm{d}t \tag{8.74}$$

其中，k_1 和 k_2 为非零正常数。

如果滑模控制处于理想状态，则 $s(t)=\dot{s}(t)=0$，即

$$\ddot{e}(t)+k_1\dot{e}(t)+k_2e(t)=0 \tag{8.75}$$

通过确定 k_1 和 k_2，跟踪误差 $e(t)$将趋近于零。

假设 f、g 及 d 为已知，则根据式(8.73)可得控制律为

$$u^*(t)=g(\theta,t)^{-1}(-f(\theta,t)-d(t)+\ddot{\theta}_{\mathrm{d}}-k_1\dot{e}-k_2e) \tag{8.76}$$

当 f、g 和 $d(t)$为未知时，$u^*(t)$难以实现，可利用模糊系统逼近方法[6]，实现理想控制律 $u^*(t)$的逼近。

取 α_i 为可调参数，ξ 为模糊基向量，则控制律变为

$$u_{fz}(s,\boldsymbol{\alpha})=\boldsymbol{\alpha}^{\mathrm{T}}\boldsymbol{\xi}^{\mathrm{T}} \tag{8.77}$$

其中，$\boldsymbol{\alpha}=[\alpha_1,\alpha_2,\cdots,\alpha_m]^{\mathrm{T}}$，$\boldsymbol{\xi}=[\xi_1,\xi_2,\cdots,\xi_m]$，$\xi_i$ 定义为 $\xi_i=\dfrac{w_i}{\sum\limits_{i=1}^{m}w_i}$。

根据模糊逼近理论，存在一个最优模糊系统 $u_{fz}(s,\alpha^*)$ 来逼近 $u^*(t)$。

$$u^*(t)=u_{fz}(s,\boldsymbol{\alpha}^*)+\varepsilon=\boldsymbol{\alpha}^{*\mathrm{T}}\boldsymbol{\xi}+\varepsilon \tag{8.78}$$

其中，ε 为逼近误差，满足 $|\varepsilon|\leqslant E$。

采用模糊系统 u_{fz} 逼近 $u^*(t)$，则

$$u_{fz}(s,\hat{\boldsymbol{\alpha}})=\hat{\boldsymbol{\alpha}}^{\mathrm{T}}\boldsymbol{\xi} \tag{8.79}$$

其中，$\hat{\boldsymbol{\alpha}}$ 为 $\boldsymbol{\alpha}^*$ 的估计值。

采用切换控制律 u_{vs} 来补偿 u^* 与 u_{fz} 之间的，则总控制律为

$$u(t)=u_{fz}+u_{vs} \tag{8.80}$$

自适应模糊滑模控制系统的结构如图 8.37 所示。

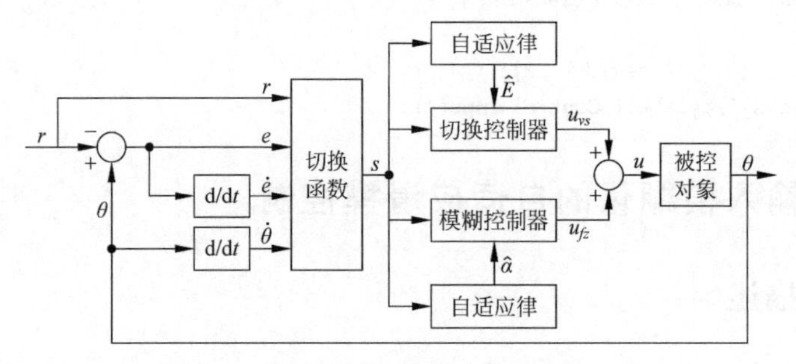

图 8.37 自适应模糊滑模控制系统的结构

8.8.3 自适应控制算法设计

根据式(8.78)，得

$$\tilde{u}_{fz}=\hat{u}_{fz}-u^*=\hat{u}_{fz}-u_{fz}^*-\varepsilon$$

定义 $\tilde{\alpha}=\hat{\alpha}-\alpha^*$，则上式变为

$$\tilde{u}_{fz}=\tilde{\boldsymbol{\alpha}}^{\mathrm{T}}\boldsymbol{\xi}-\varepsilon \tag{8.81}$$

由式(8.74)得

$$\dot{s}(t)=\ddot{e}(t)+k_1\dot{e}(t)+k_2e(t)$$

则式(8.76)变为

$$\begin{aligned}u^*(t)&=g(\theta,t)^{-1}(-f(\theta,t)-d(t)+\ddot{\theta}_{\mathrm{d}}+\ddot{e}(t)-\dot{s}(t))\\&=g(\theta,t)^{-1}(-f(\theta,t)-d(t)+\ddot{\theta}(t)-\dot{s}(t))\\&=g(\theta,t)^{-1}(g(\theta,t)u(t)-\dot{s}(t))\end{aligned} \tag{8.82}$$

由式(8.80)和式(8.82)得

$$\dot{s}(t)=g(\theta,t)(u(t)-u^*(t))=g(\theta,t)(u_{fz}+u_{vs}-u^*(t)) \tag{8.83}$$

定义 Lyapunov 函数

$$V_1(t)=\frac{1}{2}s^2(t)+\frac{g(\theta,t)}{2\eta_1}\tilde{\boldsymbol{\alpha}}^{\mathrm{T}}\tilde{\boldsymbol{\alpha}} \tag{8.84}$$

其中，η_1 为正的实数。

则

$$\begin{aligned}
\dot{V}_1(t) &= s(t)\dot{s}(t) + \frac{g(\theta,t)}{\eta_1}\tilde{\boldsymbol{\alpha}}^{\mathrm{T}}\dot{\tilde{\boldsymbol{\alpha}}} \\
&= s(t)g(\theta,t)(u_{fz} + u_{vs} - u^*(t)) + \frac{g(\theta,t)}{\eta_1}\tilde{\boldsymbol{\alpha}}^{\mathrm{T}}\dot{\tilde{\boldsymbol{\alpha}}} \\
&= s(t)g(\theta,t)(\tilde{u}_{fz} + u_{vs}) + \frac{g(\theta,t)}{\eta_1}\tilde{\boldsymbol{\alpha}}^{\mathrm{T}}\dot{\tilde{\boldsymbol{\alpha}}} \\
&= s(t)g(\theta,t)(\tilde{\alpha}^{\mathrm{T}}\xi - \varepsilon + u_{vs}) + \frac{g(\theta,t)}{\eta_1}\tilde{\boldsymbol{\alpha}}^{\mathrm{T}}\dot{\tilde{\boldsymbol{\alpha}}} \\
&= g(\theta,t)\tilde{\boldsymbol{\alpha}}^{\mathrm{T}}\left(s(t)\xi + \frac{1}{\eta_1}\dot{\tilde{\boldsymbol{\alpha}}}\right) + s(t)g(\theta,t)(u_{vs} - \varepsilon)
\end{aligned}$$

为了达到$\dot{V}_1 \leqslant 0$,采用如下自适应律和切换控制:

$$\dot{\tilde{\boldsymbol{\alpha}}} = \dot{\hat{\boldsymbol{\alpha}}} = -\eta_1 s(t)\xi \tag{8.85}$$

$$u_{vs} = -E(t)\operatorname{sgn}(s(t)) \tag{8.86}$$

则

$$\begin{aligned}
\dot{V}_1(t) &= -E(t) \mid s(t) \mid g(\theta,t) - \varepsilon s(t)g(\theta,t) \\
&\leqslant -E(t) \mid s(t) \mid g(\theta,t) + \mid \varepsilon \mid \mid s(t) \mid g(\theta,t) \\
&= -(E(t) - \mid \varepsilon \mid) \mid s(t) \mid g(\theta,t) \leqslant 0
\end{aligned}$$

在切换控制器中,由于切换增益$E(t)$很难确定,在实际控制中往往通过经验确定。如果$E(t)$值选得过大,则会产生大的抖振。如果$E(t)$过小,则控制系统不稳定。

采用$\hat{E}(t)$代替$E(t)$,则式(8.86)变为

$$u_{vs} = -\hat{E}(t)\operatorname{sgn}(s(t)) \tag{8.87}$$

其中,$\hat{E}(t)$为估计的切换项增益。

定义估计误差为$\tilde{E}(t) = \hat{E}(t) - E$,定义闭环系统 Lyapunov 函数为

$$V(t) = V_1(t) + \frac{g(\theta,t)}{2\eta_2}\tilde{E} = \frac{1}{2}s^2(t) + \frac{g(\theta,t)}{2\eta_1}\tilde{\boldsymbol{\alpha}}^{\mathrm{T}}\tilde{\boldsymbol{\alpha}} + \frac{g(\theta,t)}{2\eta_2}\tilde{E}^2 \tag{8.88}$$

其中,η_1 和 η_2 为正的常数。

于是

$$\begin{aligned}
\dot{V}(t) &= s(t)\dot{s}(t) + \frac{g(\theta,t)}{\eta_1}\tilde{\boldsymbol{\alpha}}^{\mathrm{T}}\dot{\tilde{\boldsymbol{\alpha}}} + \frac{g(\theta,t)}{\eta_2}\tilde{E}\dot{\tilde{E}} \\
&= g(\theta,t)\tilde{\boldsymbol{\alpha}}^{\mathrm{T}}(s(t)\xi + \frac{1}{\eta_1}\dot{\tilde{\boldsymbol{\alpha}}}) + s(t)g(\theta,t)(u_{vs} - \varepsilon) + \frac{g(\theta,t)}{\eta_2}\tilde{E}\dot{\tilde{E}} \\
&= -\hat{E}(t) \mid s(t) \mid g(\theta,t) - \varepsilon s(t)g(\theta,t) + \frac{g(\theta,t)}{\eta_2}(\hat{E}(t) - E)\dot{\hat{E}}(t)
\end{aligned}$$

为了使$\dot{V} \leqslant 0$,定义自适应律为

$$\dot{\hat{E}}(t) = \eta_2 \mid s(t) \mid \tag{8.89}$$

则

$$\begin{aligned}
\dot{V}(t) &= -\hat{E}(t) \mid s(t) \mid g(\theta,t) - \varepsilon s(t)g(\theta,t) + (\hat{E}(t) - E) \mid s(t) \mid g(\theta,t) \\
&= -\varepsilon s(t)g(\theta,t) - E \mid s(t) \mid g(\theta,t) \leqslant \mid \varepsilon \mid \mid s(t) \mid g(\theta,t) - E \mid s(t) \mid g(\theta,t)
\end{aligned}$$

$$=-(E-|\varepsilon|)|s(t)|g(\theta,t)\leqslant 0$$

可见，当 $\dot{V}(t)\equiv 0$ 时，$s(t)\equiv 0$，根据 LaSalle 不变集原理，$t\to\infty$ 时，$s\to 0$，从而 $e\to 0$，$\dot{e}\to 0$。

8.8.4 仿真实例

以倒立摆为被控对象，其动态方程如下：

$$\dot{x}_1=x_2$$

$$\dot{x}_2=\frac{g\sin x_1-mlx_2^2\cos x_1\sin x_1/(m_c+m)}{l(4/3-m\cos^2 x_1/(m_c+m))}+\frac{\cos x_1/(m_c+m)}{l(4/3-m\cos^2 x_1/(m_c+m))}u(t)+d(t)$$

其中，x_1 和 x_2 分别为摆角和摆速，$g=9.8\text{m/s}^2$；m_c 为小车质量，$m_c=1\text{kg}$；m 为摆杆质量，$m=0.1\text{kg}$；l 为摆长的一半，$l=0.5\text{m}$；u 为控制输入；$d(t)$ 为外加干扰，$d(t)=20\sin(2\pi t)$。

针对滑模面采用以下 5 种隶属函数来模糊化：$\mu_{NM}(s)=\exp[-((s+\pi/6)/(\pi/24))^2]$，$\mu_{NS}(s)=\exp[-((s+\pi/12)/(\pi/24))^2]$，$\mu_Z(s)=\exp[-(s/(\pi/24))^2]$，$\mu_{PS}(s)=\exp[-((s-\pi/12)/(\pi/24))^2]$，$\mu_{PM}(s)=\exp[-((s-\pi/6)/(\pi/24))^2]$。

采用 5 条规则来逼近 $u^*(t)$。$\hat{\alpha}$ 和 $\hat{E}$ 的初始值取 0.20，控制器参数取 $\eta_1=200$，$\eta_2=0.50$。在程序中，分别用 fsd、fsu 和 fs 表示 ξ 的分子、分母及 ξ。

角度指令为 $\theta_d(t)=0.2\sin\left(\pi t+\frac{\pi}{2}\right)$，取 $k_1=10$，$k_2=25$，则滑模面为 $s(t)=\dot{\theta}(t)-\int_0^t[\ddot{\theta}_d(t)-10\dot{e}(t)-25e(t)]\mathrm{d}t$。倒立摆初始状态为 $\left[\frac{\pi}{60},0\right]$。采用控制律式(8.80)、式(8.79)、式(8.87)及自适应律式(8.85)和式(8.89)，仿真结果如图 8.38 ~ 图 8.40 所示。

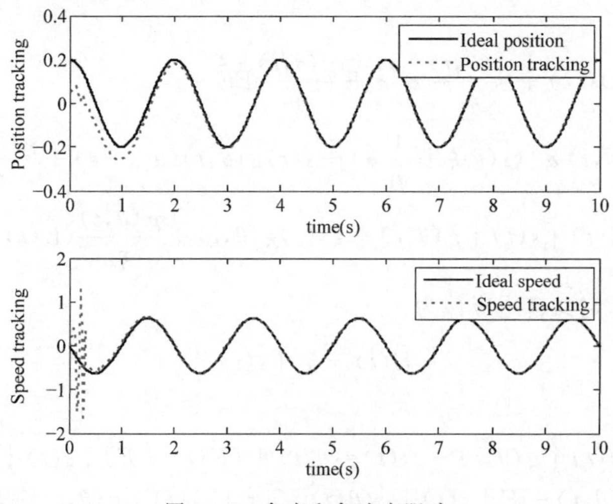

图 8.38 角度和角速度跟踪

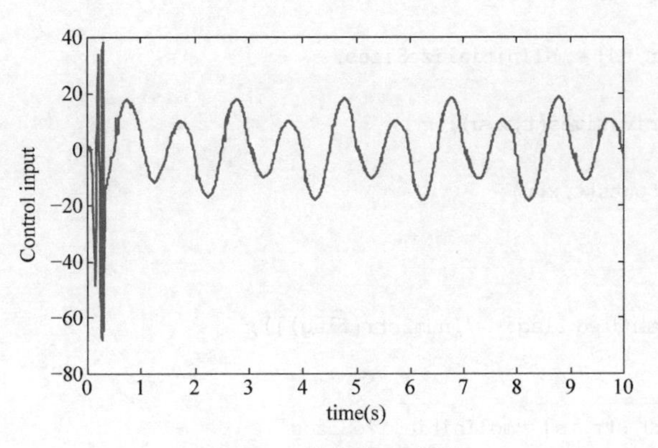

图 8.39　控制输入信号

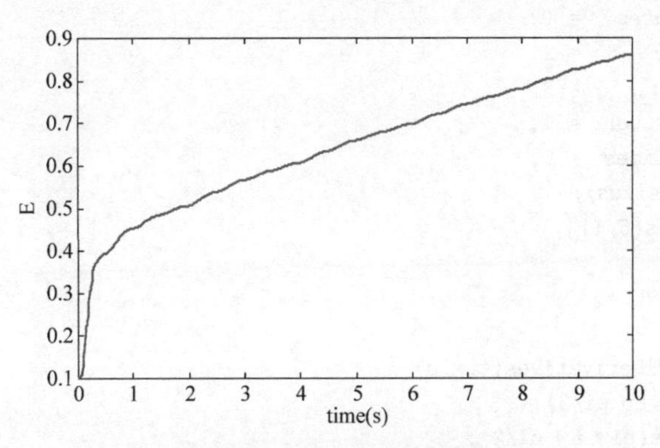

图 8.40　切换项增益的变化

可见,采用自适应模糊滑模控制可实现对线性系统和非线性系统的高精度控制。

仿真程序:

(1) Simulink 主程序:chap8_9sim.mdl

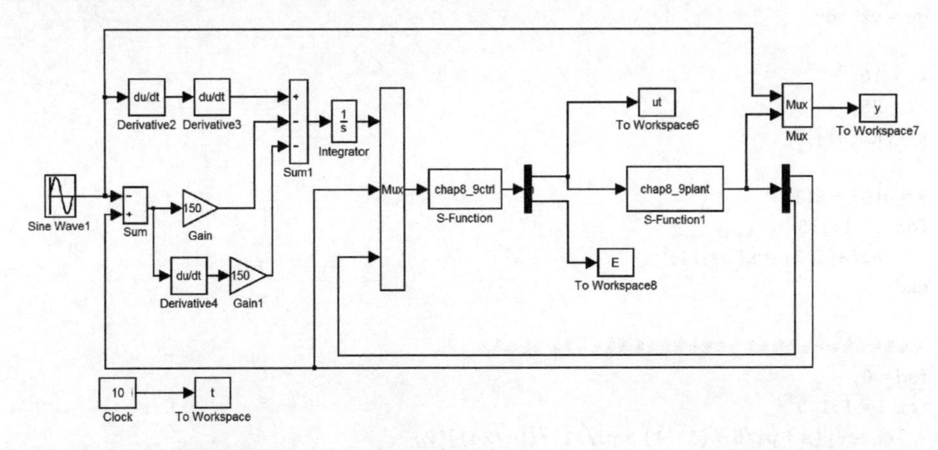

(2) 控制器 S 函数程序:chap8_9ctrl.m

```
function [sys,x0,str,ts] = spacemodel(t,x,u,flag)

switch flag,
```

```
case 0,
    [sys,x0,str,ts] = mdlInitializeSizes;
case 1,
    sys = mdlDerivatives(t,x,u);
case 3,
    sys = mdlOutputs(t,x,u);
case {2,4,9}
    sys = [];
otherwise
    error(['Unhandled flag = ',num2str(flag)]);
end

function [sys,x0,str,ts] = mdlInitializeSizes
sizes = simsizes;
sizes.NumContStates  = 6;
sizes.NumDiscStates  = 0;
sizes.NumOutputs     = 2;
sizes.NumInputs      = 3;
sizes.DirFeedthrough = 1;
sizes.NumSampleTimes = 0;
sys = simsizes(sizes);
x0  = [0.1 * ones(6,1)];
str = [];
ts  = [];

function sys = mdlDerivatives(t,x,u)
r = 0.2 * sin(pi * t + pi/2);
dr = 0.2 * pi * cos(pi * t + pi/2);
ddr =- 0.2 * pi * pi * sin(pi * t + pi/2);

y1 = u(2);
y2 = u(3);

e = y1 - r;
de = y2 - dr;

k1 = 10;
k2 = 25;
k = [k2;k1];

s = u(3) - u(1);
for i = 1:1:5
    alfa(i,1) = x(i + 1);
end

%%%%%%%%%%%%%%%%%%%%%%%%%%%%%%%%%%%%%%
fsd = 0;
for l = 1:1:5
   gs =- [(s + pi/6 - (l - 1) * pi/12)/(pi/24)]^2;
    miu(l) = exp(gs);
end

for l = 1:1:5
     fsu(l) = miu(l);
```

```
        fsd = fsd + miu(l);
    end

    if fsd == 0
        fsd = fsd + 0.01;
    end

    fs = fsu/fsd;

    ufz = alfa' * fs';

    E = x(1);
    uvs =- E * sign(s);

    u = ufz + uvs;

    xite1 = 200;
    S1 =- xite1 * s * fs;

    xite2 = 0.50;
    sys(1) = xite2 * abs(s);
    for i = 2:1:6
        sys(i) = S1(i - 1);
    end

    function sys = mdlOutputs(t,x,u)
    r = 0.2 * sin(pi * t + pi/2);
    dr = 0.2 * pi * cos(pi * t + pi/2);
    ddr =- 0.2 * pi * pi * sin(pi * t + pi/2);

    y1 = u(2);
    y2 = u(3);

    e = y1 - r;
    de = y2 - dr;

    k1 = 10;
    k2 = 25;
    k = [k2;k1];

    s = u(3) - u(1);
    for i = 1:1:5
        alfa(i,1) = x(i + 1);
    end

    %%%%%%%%%%%%%%%%%%%%%%%%%%%%%%%
    fsd = 0;
    for l = 1:1:5
        gs =- [(s + pi/6 - (l - 1) * pi/12)/(pi/24)]^2;
        miu(l) = exp(gs);
    end

    for l = 1:1:5
        fsu(l) = miu(l);
```

```
    fsd = fsd + miu(l);
end

if fsd == 0
   fsd = fsd + 0.01;
end

fs = fsu/fsd;

ufz = alfa' * fs';

E = x(1);
uvs =- E * sign(s);

ut = ufz + uvs;                          % FSMC
% ut =- 1500 * e - 150 * de;             % PD

sys(1) = ut;
sys(2) = E;
```

（3）被控对象 S 函数程序：chap8_9plant. m

```
function [sys,x0,str,ts] = s_function(t,x,u,flag)
switch flag,
case 0,
    [sys,x0,str,ts] = mdlInitializeSizes;
case 1,
    sys = mdlDerivatives(t,x,u);
case 3,
    sys = mdlOutputs(t,x,u);
case {2, 4, 9}
    sys = [];
otherwise
    error(['Unhandled flag = ',num2str(flag)]);
end
function [sys,x0,str,ts] = mdlInitializeSizes
sizes = simsizes;
sizes.NumContStates  = 2;
sizes.NumDiscStates  = 0;
sizes.NumOutputs     = 2;
sizes.NumInputs      = 1;
sizes.DirFeedthrough = 0;
sizes.NumSampleTimes = 0;
sys = simsizes(sizes);
x0  = [pi/60 0];
str = [];
ts  = [];
function sys = mdlDerivatives(t,x,u)
g = 9.8;mc = 1.0;m = 0.1;l = 0.5;
S = l * (4/3 - m * (cos(x(1)))^2/(mc + m));
fx = g * sin(x(1)) - m * l * x(2)^2 * cos(x(1)) * sin(x(1))/(mc + m);
fx = fx/S;
```

```
gx = cos(x(1))/(mc + m);
gx = gx/S;
dt = 1 * 20 * sin(2 * pi * t);
sys(1) = x(2);
sys(2) = fx + gx * u + dt;
function sys = mdlOutputs(t,x,u)
sys(1) = x(1);
sys(2) = x(2);
```

(4) 作图程序：chap8_9plot.m

```
close all;

figure(1);
subplot(211);
plot(t,y(:,1),'k',t,y(:,2),'r:','linewidth',2);
xlabel('time(s)');ylabel('Position tracking');
legend('ideal position','position tracking');
subplot(212);
plot(t,0.2 * pi * cos(pi * t + pi/2),'k',t,y(:,3),'r:','linewidth',2);
xlabel('time(s)');ylabel('Speed tracking');
legend('ideal speed','Speed tracking');
figure(2);
plot(t,ut(:,1),'r','linewidth',2);
xlabel('time(s)');ylabel('Control input');
figure(3);
plot(t,E(:,1),'r','linewidth',2);
xlabel('time(s)');ylabel('E');
```

参考文献

[1] Chen J Y. Expert SMC-based Fuzzy Control with Genetic Algorithms[J]. Journal of the Franklin Institute, 1999, 336(4): 589-610.

[2] 王立新.模糊系统与模糊控制教程[M].北京：清华大学出版社，2003.

[3] Choi B J, Kwak S W, Kim B K. Design of a Single-input Fuzzy Logic Controller and Its Properties[J]. Fuzzy Sets and Systems, 1999, 106(3): 299-308.

[4] Wang J, Rad A B, Chan P T. Indirect Adaptive Fuzzy Sliding Mode Control: Part I: Fuzzy Switching[J]. Fuzzy Sets and systems, 2001, 122(1): 21-30.

[5] Wai R J, Lin C M, Hsu C F. Adaptive Fuzzy Sliding Mode Control for Electrical Servo Drive[J]. Fuzzy Sets and Systems, 2004, 143(2): 295-310.

[6] Wang L X. Fuzzy Systems are Universal Approximators[C]. Proceedings of IEEE Conference on Fuzzy Systems, 1992: 1163-1170.

[7] Yoo B K, Ham W C. Adaptive Control of Robot Manipulator Using Fuzzy Compensator[J]. IEEE Transactions on Fuzzy Systems, 2000, 8(2): 186-199.

第9章 神经网络滑模控制

如果被控对象的数学模型已知,滑模控制器可以使系统输出直接跟踪期望指令,但较大的建模不确定性需要较大的切换增益,这就造成抖振,抖振是滑模控制中难以避免的问题。

将滑模控制结合神经网络逼近用于非线性系统的控制中,采用神经网络实现模型未知部分的自适应逼近,可有效地降低模糊增益。神经网络自适应律通过 Lyapunov 方法导出,通过自适应权重的调节保证整个闭环系统的稳定性和收敛性。

RBF 神经网络于 1988 年提出。相比多层前馈 BP 网络,RBF 网络具有良好的泛化能力,网络结构简单,避免不必要的和冗长的计算。关于 RBF 网络的研究表明了 RBF 神经网络能在一个紧凑集和任意精度下,逼近任何非线性函数[1]。目前,已经有许多针对非线性系统的 RBF 神经网络控制研究成果发表。

9.1 一种简单的 RBF 网络自适应滑模控制

9.1.1 问题描述

考虑一种简单的动力学系统:

$$\ddot{\theta}=f(\theta,\dot{\theta})+u \tag{9.1}$$

其中,θ 为转动角度;u 为控制输入。

写成状态方程形式为

$$\begin{cases}\dot{x}_1=x_2\\ \dot{x}_2=f(x)+u\end{cases} \tag{9.2}$$

其中,$f(x)$为未知。

位置指令为 x_{d},则误差及其导数为

$$e=x_1-x_{\mathrm{d}},\quad \dot{e}=x_2-\dot{x}_{\mathrm{d}}$$

定义滑模函数为

$$s=ce+\dot{e},\quad c>0 \tag{9.3}$$

则

$$\dot{s}=c\dot{e}+\ddot{e}=c\dot{e}+\dot{x}_2-\ddot{x}_d=c\dot{e}+f(x)+u-\ddot{x}_d$$

由式(9.3)可见,如果 $s\to 0$,则 $e\to 0$ 且 $\dot{e}\to 0$。

9.1.2 RBF 网络原理

由于 RBF 网络具有万能逼近特性[1],采用 RBF 神经网络逼近 $f(x)$,网络算法为

$$h_j=\exp\left(\frac{\|\boldsymbol{x}-c_j\|^2}{2b_j^2}\right) \tag{9.4}$$

$$f=\boldsymbol{W}^{*\mathrm{T}}\boldsymbol{h}(\boldsymbol{x})+\varepsilon \tag{9.5}$$

其中,$\boldsymbol{x}$ 为网络的输入;j 为网络隐含层第 j 个节点;$\boldsymbol{h}(\boldsymbol{x})=[h_j]^{\mathrm{T}}$ 为网络的高斯基函数输出,$\boldsymbol{W}^*$ 为网络的理想权值;ε 为网络的逼近误差,$|\varepsilon|\leqslant\varepsilon_{\mathrm{N}}$。

网络输入取 $\boldsymbol{x}=[x_1\quad x_2]^{\mathrm{T}}$,则网络输出为

$$\hat{f}(x)=\hat{\boldsymbol{W}}^{\mathrm{T}}\boldsymbol{h}(x) \tag{9.6}$$

9.1.3 控制算法设计与分析

由于

$$f(x)-\hat{f}(x)=\boldsymbol{W}^{*\mathrm{T}}\boldsymbol{h}(\boldsymbol{x})+\varepsilon-\hat{\boldsymbol{W}}^{\mathrm{T}}\boldsymbol{h}(\boldsymbol{x})=-\tilde{\boldsymbol{W}}^{\mathrm{T}}\boldsymbol{h}(\boldsymbol{x})+\varepsilon$$

定义 Lyapunov 函数为

$$V=\frac{1}{2}s^2+\frac{1}{2\gamma}\tilde{\boldsymbol{W}}^{\mathrm{T}}\tilde{\boldsymbol{W}} \tag{9.7}$$

其中,$\gamma>0$,$\tilde{\boldsymbol{W}}=\hat{\boldsymbol{W}}-\boldsymbol{W}^*$。

于是

$$\dot{V}=s\dot{s}+\frac{1}{\gamma}\tilde{\boldsymbol{W}}^{\mathrm{T}}\dot{\hat{\boldsymbol{W}}}=s(c\dot{e}+f(x)+u-\ddot{x}_d)+\frac{1}{\gamma}\tilde{\boldsymbol{W}}^{\mathrm{T}}\dot{\hat{\boldsymbol{W}}}$$

设计控制律为

$$u=-c\dot{e}-\hat{f}(x)+\ddot{x}_d-\eta\operatorname{sgn}(s) \tag{9.8}$$

则

$$\begin{aligned}\dot{V}&=s(f(x)-\hat{f}(x)-\eta\operatorname{sgn}(s))+\frac{1}{\gamma}\tilde{\boldsymbol{W}}^{\mathrm{T}}\dot{\hat{\boldsymbol{W}}}\\&=s(-\tilde{\boldsymbol{W}}^{\mathrm{T}}\boldsymbol{h}(\boldsymbol{x})+\varepsilon-\eta\operatorname{sgn}(s))+\frac{1}{\gamma}\tilde{\boldsymbol{W}}^{\mathrm{T}}\dot{\hat{\boldsymbol{W}}}\\&=\varepsilon s-\eta|s|+\tilde{\boldsymbol{W}}^{\mathrm{T}}\left(\frac{1}{\gamma}\dot{\hat{\boldsymbol{W}}}-s\boldsymbol{h}(\boldsymbol{x})\right)\end{aligned}$$

取 $\eta>\varepsilon_{\mathrm{N}}$,自适应律为

$$\dot{\hat{\boldsymbol{W}}}=\gamma s\boldsymbol{h}(\boldsymbol{x}) \tag{9.9}$$

则 $\dot{V}=\varepsilon s-\eta|s|$,取 $\eta=\eta_0+\varepsilon_{\mathrm{N}}$,$\eta_0>0$,则 $\dot{V}\leqslant-\eta_0|s|\leqslant 0$。

当 $\dot{V}\equiv 0$ 时,$s\equiv 0$,根据 LaSalle 不变集原理,闭环系统渐进稳定,$t\to\infty$时,$s\to 0$。由于 $V\geqslant 0$,$\dot{V}\leqslant 0$,则当 $t\to\infty$时,V 有界,则 $\hat{W}$ 有界,但无法保证 $\hat{\boldsymbol{W}}$ 收敛于 W。

可见，控制律中的鲁棒项 $\eta\mathrm{sgn}(s)$ 的作用是克服神经网络的逼近误差，以保证系统稳定。

9.1.4 仿真实例

考虑如下被控对象：

$$\begin{cases}\dot{x}_1=x_2\\ \dot{x}_2=f(x)+u\end{cases}$$

其中，$f(x)=10x_1x_2$。

位置指令为 $x_\mathrm{d}=\sin t$，控制律采用式(9.8)，自适应律采用式(9.9)，取 $\gamma=500$，$\eta=0.50$。根据网络输入 x_1 和 x_2 的实际范围来设计高斯基函数的参数[2]，参数 $\boldsymbol{c}_\mathrm{i}$ 和 b_i 取值分别为$[-2\quad -1\quad 0\quad 1\quad 2]$和 3.0。网络权值中各个元素的初始值取 0.10。仿真结果如图 9.1 和图 9.2 所示。

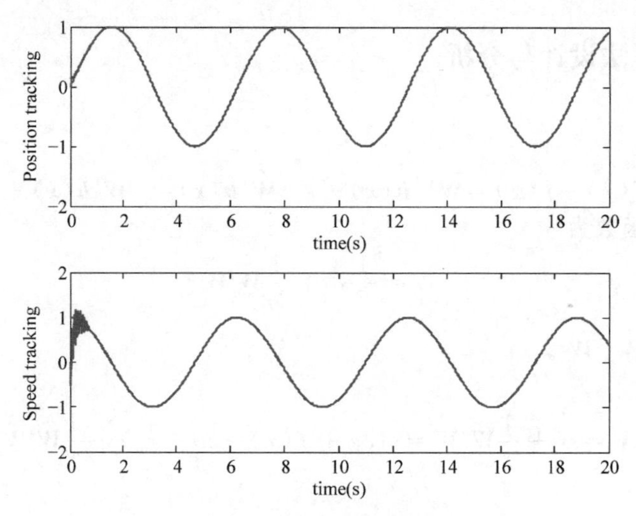

图 9.1 位置和速度跟踪

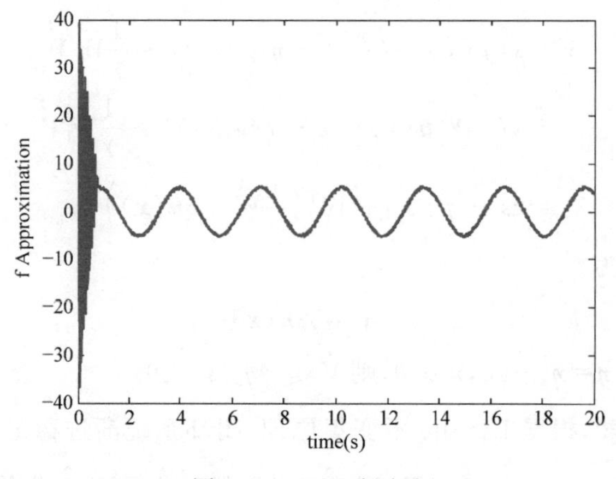

图 9.2 $f(x)$及逼近

仿真程序：

(1) Simulink 主程序：chap9_1sim. mdl

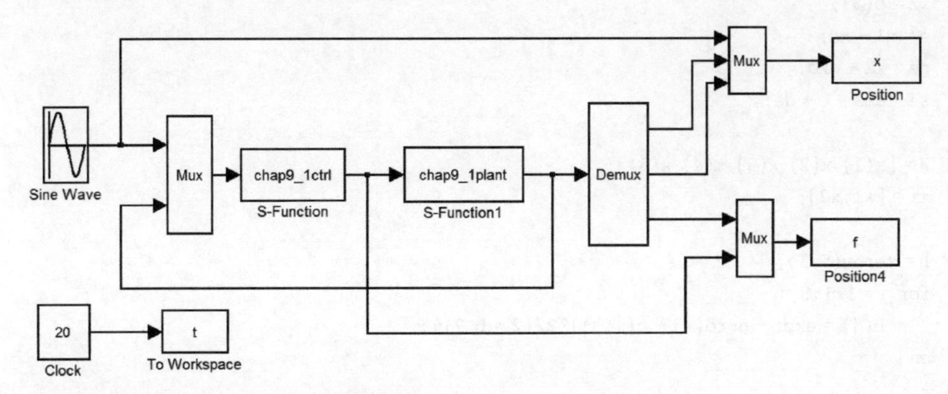

(2) 控制律及自适应律 S 函数：chap9_1ctrl. m

```
function [sys,x0,str,ts] = spacemodel(t,x,u,flag)
switch flag,
case 0,
    [sys,x0,str,ts] = mdlInitializeSizes;
case 1,
    sys = mdlDerivatives(t,x,u);
case 3,
    sys = mdlOutputs(t,x,u);
case {2,4,9}
    sys = [];
otherwise
    error(['Unhandled flag = ',num2str(flag)]);
end
function [sys,x0,str,ts] = mdlInitializeSizes
global b c lama
sizes = simsizes;
sizes.NumContStates   = 5;
sizes.NumDiscStates   = 0;
sizes.NumOutputs      = 2;
sizes.NumInputs       = 4;
sizes.DirFeedthrough  = 1;
sizes.NumSampleTimes  = 1;
sys = simsizes(sizes);
x0  = 0.1 * ones(1,5);
str = [];
ts  = [0 0];
c = 0.5 * [-2 -1 0 1 2;
           -2 -1 0 1 2];
b = 3.0;
lama = 10;
function sys = mdlDerivatives(t,x,u)
global b c lama
xd = sin(t);
dxd = cos(t);
```

```
x1 = u(2);
x2 = u(3);
e = x1 - xd;
de = x2 - dxd;
s = lama * e + de;

W = [x(1) x(2) x(3) x(4) x(5)]';
xi = [x1;x2];

h = zeros(5,1);
for j = 1:1:5
    h(j) = exp( - norm(xi - c(:,j))^2/(2 * b^2));
end

gama = 1500;
for i = 1:1:5
    sys(i) = gama * s * h(i);
end

function sys = mdlOutputs(t,x,u)
global b c lama
xd = sin(t);
dxd = cos(t);
ddxd =- sin(t);

x1 = u(2);
x2 = u(3);
e = x1 - xd;
de = x2 - dxd;
s = lama * e + de;

W = [x(1) x(2) x(3) x(4) x(5)];
xi = [x1;x2];

h = zeros(5,1);
for j = 1:1:5
    h(j) = exp( - norm(xi - c(:,j))^2/(2 * b^2));
end
fn = W * h;
xite = 1.50;

 % fn = 10 * x1 + x2;   % Precise f
ut =- lama * de + ddxd - fn - xite * sign(s);

sys(1) = ut;
sys(2) = fn;
```

(3) 被控对象 S 函数：chap9_1plant. m

```
function [sys,x0,str,ts] = s_function(t,x,u,flag)
```

```
switch flag,
case 0,
    [sys,x0,str,ts] = mdlInitializeSizes;
case 1,
    sys = mdlDerivatives(t,x,u);
case 3,
    sys = mdlOutputs(t,x,u);
case {2, 4, 9}
    sys = [];
otherwise
    error(['Unhandled flag = ',num2str(flag)]);
end
function [sys,x0,str,ts] = mdlInitializeSizes
sizes = simsizes;
sizes.NumContStates  = 2;
sizes.NumDiscStates  = 0;
sizes.NumOutputs     = 3;
sizes.NumInputs      = 2;
sizes.DirFeedthrough = 0;
sizes.NumSampleTimes = 0;
sys = simsizes(sizes);
x0  = [0.15;0];
str = [];
ts  = [];
function sys = mdlDerivatives(t,x,u)
ut = u(1);

f = 10 * x(1) * x(2);
sys(1) = x(2);
sys(2) = f + ut;
function sys = mdlOutputs(t,x,u)
f = 10 * x(1) * x(2);

sys(1) = x(1);
sys(2) = x(2);
sys(3) = f;
```

(4) 作图程序：chap9_1plot.m

```
close all;

figure(1);
subplot(211);
plot(t,x(:,1),'r',t,x(:,2),'b','linewidth',2);
xlabel('time(s)');ylabel('position tracking');
subplot(212);
plot(t,cos(t),'r',t,x(:,3),'b','linewidth',2);
xlabel('time(s)');ylabel('speed tracking');

figure(2);
plot(t,f(:,1),'r',t,f(:,3),'b','linewidth',2);
xlabel('time(s)');ylabel('f approximation');
```

9.2 RBF网络自适应鲁棒滑模控制

9.2.1 问题描述

考虑如下二阶非线性不确定系统：

$$\begin{cases}\dot{x}_1 = x_2 \\ \dot{x}_2 = f(\boldsymbol{x}) + g(\boldsymbol{x})u + d(t)\end{cases} \tag{9.10}$$

其中，$f(\cdot)$为未知非线性函数；u 和 y 为控制输入和对象输出；$d(t)$为干扰，$|d(t)| \leqslant D$。

取 $x_1 = \theta$，理想角度为 θ_{d}，则误差为 $e = \theta_{\mathrm{d}} - \theta$，滑模函数为

$$s = \dot{e} + ce \tag{9.11}$$

其中，$c > 0$，则

$$\dot{s} = \ddot{e} + c\dot{e} = \ddot{\theta}_{\mathrm{d}} - \ddot{\theta} + c\dot{e} = \ddot{\theta}_{\mathrm{d}} - f - gu - d(t) + c\dot{e} \tag{9.12}$$

假设 f 和 g 都为已知，设计控制律为

$$u = \frac{1}{g}(-f + \ddot{\theta}_{\mathrm{d}} + c\dot{e} + \eta \operatorname{sgn}(s)) \tag{9.13}$$

将控制律代入式(9.12)得

$$\dot{s} = \ddot{e} + c\dot{e} = \ddot{\theta}_{\mathrm{d}} - \ddot{\theta} + c\dot{e} = \ddot{\theta}_{\mathrm{d}} - f - gu - d(t) + c\dot{e} = -\eta \operatorname{sgn}(s) - d(t)$$

取 $\eta \geqslant D$，则

$$s\dot{s} = -\eta \mid s \mid - s \cdot d(t) \leqslant 0$$

如果 $f(\cdot)$未知，可采用 RBF 神经网络逼近 $f(\cdot)$。

9.2.2 基于RBF网络逼近 $f(\cdot)$的滑模控制

RBF 网络输入输出算法为

$$h_j = \exp\left(\frac{\| \boldsymbol{x} - \boldsymbol{c}_j \|^2}{2b_j^2}\right)$$

$$f = \boldsymbol{W}^{*\mathrm{T}} \boldsymbol{h}(\boldsymbol{x}) + \varepsilon$$

其中，$\boldsymbol{x}$ 为网络输入；j 为网络隐含层第 j 个网络输入；$\boldsymbol{h} = [h_j]^{\mathrm{T}}$ 为高斯基函数的输出；$\boldsymbol{W}^*$ 为理想网络权值；ε 为网络逼近误差，$|\varepsilon| \leqslant \varepsilon_{\mathrm{N}}$；$f$ 为网络输出。

网络输入取 $\boldsymbol{x} = [e \quad \dot{e}]^{\mathrm{T}}$，则网络输出为

$$\hat{f}(x) = \hat{\boldsymbol{W}}^{\mathrm{T}} \boldsymbol{h}(x) \tag{9.14}$$

控制律为

$$u = \frac{1}{g}[-\hat{f} + \ddot{\theta}_{\mathrm{d}} + c\dot{e} + \eta \operatorname{sgn}(s)] \tag{9.15}$$

将控制律式(9.15)代入式(9.12)得

$$\begin{aligned}\dot{s} &= \ddot{\theta}_d - f - gu - d(t) + c\dot{e} \\ &= \ddot{\theta}_d - f - [-\hat{f} + \ddot{\theta}_d + c\dot{e} + \eta\,\mathrm{sgn}(s)] - d(t) + c\dot{e} \\ &= -f + \hat{f} - \eta\,\mathrm{sgn}(s) - d(t) \\ &= -\tilde{f} - d(t) - \eta\,\mathrm{sgn}(s)\end{aligned} \tag{9.16}$$

其中，$\tilde{f} = f - \hat{f} = \boldsymbol{W}^{*\mathrm{T}}\boldsymbol{h}(\boldsymbol{x}) + \varepsilon - \hat{\boldsymbol{W}}^{\mathrm{T}}\boldsymbol{h}(\boldsymbol{x}) = \tilde{\boldsymbol{W}}^{\mathrm{T}}\boldsymbol{h}(\boldsymbol{x}) + \varepsilon$，$\tilde{\boldsymbol{W}} = \boldsymbol{W}^* - \hat{\boldsymbol{W}}$。

设计 Lyapunov 函数为

$$L = \frac{1}{2}s^2 + \frac{1}{2}\gamma\tilde{\boldsymbol{W}}^{\mathrm{T}}\tilde{\boldsymbol{W}}$$

其中，$\gamma > 0$。

由式(9.15)和式(9.16)可得

$$\begin{aligned}\dot{L} &= s\dot{s} + \gamma\tilde{\boldsymbol{W}}^{\mathrm{T}}\dot{\tilde{\boldsymbol{W}}} = s(-\tilde{f} - d(t) - \eta\,\mathrm{sgn}(s)) - \gamma\tilde{\boldsymbol{W}}^{\mathrm{T}}\dot{\hat{\boldsymbol{W}}} \\ &= s(-\tilde{\boldsymbol{W}}^{\mathrm{T}}\boldsymbol{h}(x) - \varepsilon - d(t) - \eta\,\mathrm{sgn}(s)) - \gamma\tilde{\boldsymbol{W}}^{\mathrm{T}}\dot{\hat{\boldsymbol{W}}} \\ &= -\tilde{\boldsymbol{W}}^{\mathrm{T}}(s\boldsymbol{h}(\boldsymbol{x}) + \gamma\dot{\hat{\boldsymbol{W}}}) - s(\varepsilon + d(t) + \eta\,\mathrm{sgn}(s))\end{aligned}$$

取自适应律为

$$\dot{\hat{\boldsymbol{W}}} = -\frac{1}{\gamma}s\boldsymbol{h}(\boldsymbol{x}) \tag{9.17}$$

则

$$\dot{L} = -s(\varepsilon + d(t) + \eta\,\mathrm{sgn}(s)) = -s(\varepsilon + d(t)) - \eta\,|s|$$

由于 RBF 网络逼近误差 ε 为很小的正实数，取 $\eta \geqslant \varepsilon_{\mathrm{N}} + D + \eta_0$，$\eta_0 > 0$，则 $\dot{L} \leqslant -\eta_0|s| \leqslant 0$。

当 $\dot{L} \equiv 0$ 时，$s \equiv 0$，根据 Lasalle 不变集原理，闭环系统渐进稳定，$t \to \infty$ 时，$s \to 0$。

可见，控制律中的鲁棒项 $\eta\,\mathrm{sgn}(s)$ 的作用是克服干扰和神经网络逼近误差，以保证系统稳定。

9.2.3 仿真实例

被控对象取单级倒立摆，其动态方程如下：

$$\begin{cases}\dot{x}_1 = x_2 \\ \dot{x}_2 = \dfrac{g\sin x_1 - mlx_2^2\cos x_1 \sin x_1/(m_c + m)}{l(4/3 - m\cos^2 x_1/(m_c + m))} \\ \qquad + \dfrac{\cos x_1/(m_c + m)}{l(4/3 - m\cos^2 x_1/(m_c + m))}u\end{cases}$$

其中，x_1 和 x_2 分别为摆角和摆速，$g = 9.8\mathrm{m/s^2}$；m_c 为小车质量 $m_c = 1\mathrm{kg}$；m 为摆杆质量 $m = 0.1\mathrm{kg}$；l 为摆长的一半 $l = 0.5\mathrm{m}$；u 为控制输入。

取 $x_1 = \theta$，角度指令为 $\theta_d = 0.1\sin t$，对象的初始状态为$[\pi/60, 0]$。采用控制律式(9.15)和自适应律式(9.17)，取 $c = 15$，$\eta = 0.1$，$\gamma = 0.05$。

RBF 网络结构取 2-5-1，网络输入取 $\boldsymbol{x} = [e \quad \dot{e}]^{\mathrm{T}}$，根据网络输入实际范围来设计高

斯基函数的参数[2]，取 $\boldsymbol{c}_i=[-1.0 \quad -0.5 \quad 0 \quad 0.5 \quad 1.0]$ 和 $b_j=0.50$，网络权值的初始值为0.10。仿真结果如图9.3～图9.5所示。

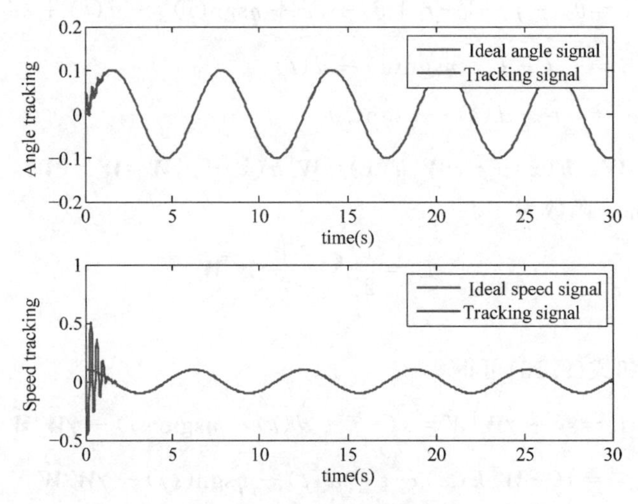

图9.3　角度和角速度跟踪

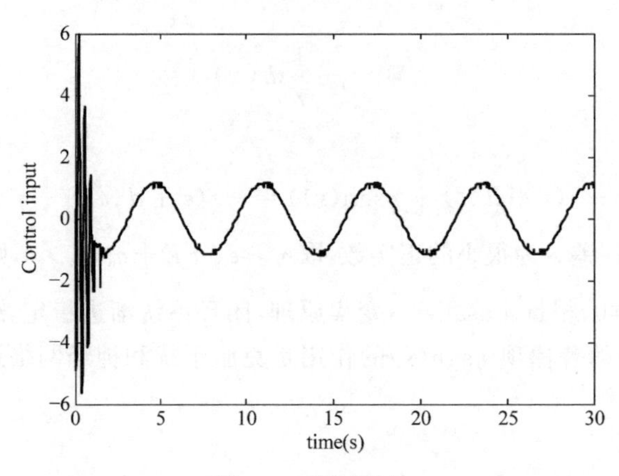

图9.4　控制输入

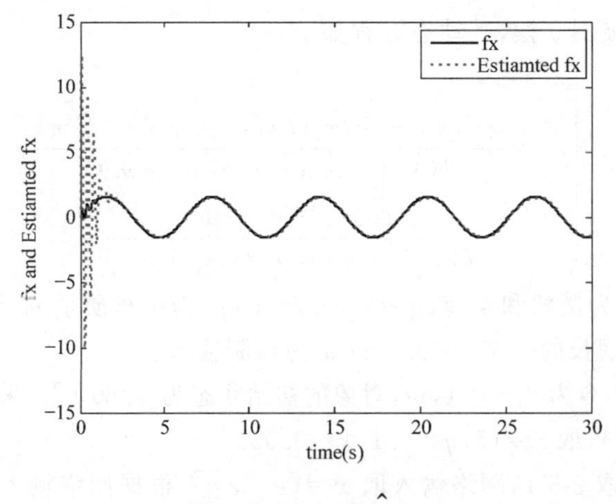

图9.5　$f(x)$ 和 $\hat{f}(x)$

仿真程序：

(1) Simulink 主程序：chap9_2sim. mdl

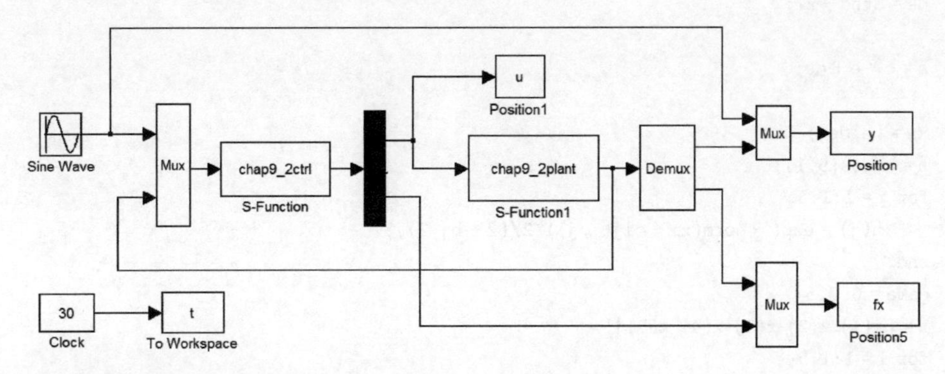

(2) 控制律及自适应律 S 函数：chap9_2ctrl. m

```
function [sys,x0,str,ts] = spacemodel(t,x,u,flag)
switch flag,
case 0,
    [sys,x0,str,ts] = mdlInitializeSizes;
case 1,
    sys = mdlDerivatives(t,x,u);
case 3,
    sys = mdlOutputs(t,x,u);
case {2,4,9}
    sys = [];
otherwise
    error(['Unhandled flag = ',num2str(flag)]);
end
function [sys,x0,str,ts] = mdlInitializeSizes
global cij bj c
sizes = simsizes;
sizes.NumContStates   = 5;
sizes.NumDiscStates   = 0;
sizes.NumOutputs      = 2;
sizes.NumInputs       = 4;
sizes.DirFeedthrough  = 1;
sizes.NumSampleTimes  = 0;
sys = simsizes(sizes);
x0  = 0 * ones(1,5);
str = [];
ts  = [];
cij = 0.10 * [ -1  -0.5 0 0.5 1;
        -1  -0.5 0 0.5 1];
bj = 5.0;
c = 15;
function sys = mdlDerivatives(t,x,u)
global cij bj c
thd = 0.1 * sin(t);
dthd = 0.1 * cos(t);
x1 = u(2);
```

```
x2 = u(3);
e = thd - x1;
de = dthd - x2;

s = c * e + de;

xi = [e;de];
h = zeros(5,1);
for j = 1:1:5
    h(j) = exp( - norm(xi - cij(:,j))^2/(2 * bj^2));
end
gama = 0.015;
W = [x(1) x(2) x(3) x(4) x(5)]';
for i = 1:1:5
    sys(i) =- 1/gama * s * h(i);
end
function sys = mdlOutputs(t,x,u)
global cij bj c
thd = 0.1 * sin(t);
dthd = 0.1 * cos(t);
ddthd =- 0.1 * sin(t);
x1 = u(2);
x2 = u(3);
e = thd - x1;
de = dthd - x2;
s = c * e + de;
W = [x(1) x(2) x(3) x(4) x(5)]';
xi = [e;de];
h = zeros(5,1);
for j = 1:1:5
    h(j) = exp( - norm(xi - cij(:,j))^2/(2 * bj^2));
end
fn = W' * h;

g = 9.8;mc = 1.0;m = 0.1;l = 0.5;
S = l * (4/3 - m * (cos(x1))^2/(mc + m));
gx = cos(x1)/(mc + m);
gx = gx/S;

if t <= 1.5
    xite = 1.0;
else
    xite = 0.10;
end
ut - 1/gx * ( - fn + ddthd + c * de + xite * sign(s));
sys(1) = ut;
sys(2) = fn;
```

(3) 被控对象 S 函数：chap9_2plant. m

```
function [sys,x0,str,ts] = s_function(t,x,u,flag)
```

```
switch flag,
case 0,
    [sys,x0,str,ts] = mdlInitializeSizes;
case 1,
    sys = mdlDerivatives(t,x,u);
case 3,
    sys = mdlOutputs(t,x,u);
case {2, 4, 9}
    sys = [];
otherwise
    error(['Unhandled flag = ',num2str(flag)]);
end
function [sys,x0,str,ts] = mdlInitializeSizes
sizes = simsizes;
sizes.NumContStates  = 2;
sizes.NumDiscStates  = 0;
sizes.NumOutputs     = 3;
sizes.NumInputs      = 1;
sizes.DirFeedthrough = 0;
sizes.NumSampleTimes = 0;
sys = simsizes(sizes);
x0  = [pi/60 0];
str = [];
ts  = [];
function sys = mdlDerivatives(t,x,u)
g = 9.8;mc = 1.0;m = 0.1;l = 0.5;
S = l * (4/3 - m * (cos(x(1)))^2/(mc + m));
fx = g * sin(x(1)) - m * l * x(2)^2 * cos(x(1)) * sin(x(1))/(mc + m);
fx = fx/S;
gx = cos(x(1))/(mc + m);
gx = gx/S;
%%%%%%%%%
dt = 0 * 10 * sin(t);
%%%%%%%%%

sys(1) = x(2);
sys(2) = fx + gx * u + dt;
function sys = mdlOutputs(t,x,u)
g   = 9.8;
mc  = 1.0;
m   = 0.1;
l   = 0.5;

S = l * (4/3 - m * (cos(x(1)))^2/(mc + m));
fx = g * sin(x(1)) - m * l * x(2)^2 * cos(x(1)) * sin(x(1))/(mc + m);
fx = fx/S;

sys(1) = x(1);
sys(2) = x(2);
sys(3) = fx;
```

（4）作图程序：chap9_2plot.m

```
close all;

figure(1);
subplot(211);
plot(t,y(:,1),'r',t,y(:,2),'b','linewidth',2);
xlabel('time(s)');ylabel('angle tracking');
legend('ideal angle signal','tracking signal');
subplot(212);
plot(t,0.1*cos(t),'r',t,y(:,3),'b','linewidth',2);
xlabel('time(s)');ylabel('speed tracking');
legend('ideal speed signal','tracking signal');

figure(2);
plot(t,u(:,1),'k','linewidth',2);
xlabel('time(s)');ylabel('Control input');

figure(3);
plot(t,fx(:,1),'k',t,fx(:,2),'r:','linewidth',2);
xlabel('time(s)');ylabel('fx and estiamted fx');
legend('fx','estiamted fx');
```

9.3 一种复杂的 RBF 网络自适应鲁棒滑模控制

9.3.1 问题描述

考虑如下二阶非线性不确定系统：

$$\begin{cases}\dot{x}_1 = x_2 \\ \dot{x}_2 = f(\boldsymbol{x}) + g(\boldsymbol{x})u + d(t)\end{cases} \tag{9.18}$$

其中，$f(\cdot)$和$g(\cdot)$为未知非线性函数；u 和 y 为控制输入和对象输出；$d(t)$为干扰，$|d(t)| \leqslant D$。

9.3.2 基于 RBF 网络逼近 $f(\cdot)$和 $g(\cdot)$的滑模控制

取 $x_1=\theta$，理想角度为 θ_d，则误差为 $e=\theta_\mathrm{d}-\theta$，滑模函数为 $s=\dot{e}+ce$，其中 $c>0$。采用 RBF 网络分别逼近函数 $f(\cdot)$和 $g(\cdot)$，闭环控制系统如图 9.6 所示。

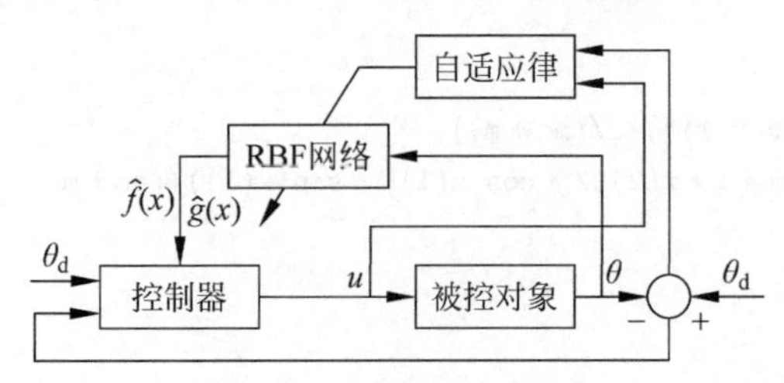

图 9.6　控制系统结构

RBF 网络输入输出算法为

$$h_j=\exp\left(\frac{\|\boldsymbol{x}-\boldsymbol{c}_j\|^2}{2b_j^2}\right)$$

$$f(\cdot)=\boldsymbol{W}^{*\mathrm{T}}\boldsymbol{h}_{\mathrm{f}}(x)+\varepsilon_{\mathrm{f}},\quad g(\cdot)=\boldsymbol{V}^{*\mathrm{T}}\boldsymbol{h}_{\mathrm{g}}(x)+\varepsilon_{\mathrm{g}}$$

其中，$\boldsymbol{x}$ 为网络输入；j 为网络隐含层第 j 个网络输入；$\boldsymbol{h}=[h_j]^{\mathrm{T}}$ 为高斯基函数的输出；$\boldsymbol{W}^*$ 和 $\boldsymbol{V}^*$ 分别为逼近 $f(\cdot)$ 和 $g(\cdot)$ 的理想网络权值；ε_{f} 和 ε_{g} 为网络逼近误差，$|\varepsilon_f|\leqslant\varepsilon_{\mathrm{Mf}}$，$|\varepsilon_{\mathrm{g}}|\leqslant\varepsilon_{\mathrm{Mg}}$。

取 $\boldsymbol{x}=[x_1\quad x_2]^{\mathrm{T}}$，则 RBF 输出为

$$\hat{f}(x)=\hat{\boldsymbol{W}}^{\mathrm{T}}\boldsymbol{h}_{\mathrm{f}}(x),\quad \hat{g}(x)=\hat{\boldsymbol{V}}^{\mathrm{T}}\boldsymbol{h}_{g}(x)\tag{9.19}$$

其中，$\boldsymbol{h}_f(x)$ 和 $\boldsymbol{h}_g(x)$ 为 RBF 网络的高斯基函数。

设计控制律为

$$u=\frac{1}{\hat{g}(x)}[-\hat{f}(x)+\ddot{\theta}_{\mathrm{d}}+c\dot{e}+\eta\operatorname{sgn}(s)]\tag{9.20}$$

其中，$\eta\geqslant D$。

将式(9.20)代入，得

$$\begin{aligned}\dot{s}&=\ddot{e}+c\dot{e}=\ddot{\theta}_{\mathrm{d}}-\ddot{\theta}+c\dot{e}=\ddot{\theta}_{\mathrm{d}}-f-gu-d(t)+c\dot{e}\\&=\ddot{\theta}_{\mathrm{d}}-f-\hat{g}u+(\hat{g}-g)u-d(t)+c\dot{e}\\&=\ddot{\theta}_{\mathrm{d}}-f-\hat{g}\frac{1}{\hat{g}(x)}[-\hat{f}(x)+\ddot{\theta}_{\mathrm{d}}+c\dot{e}+\eta\operatorname{sgn}(s)]+(\hat{g}-g)u-d(t)+c\dot{e}\\&=(\hat{f}-f)-\eta\operatorname{sgn}(s)+(\hat{g}-g)u-d(t)\\&=\tilde{f}-\eta\operatorname{sgn}(s)+\tilde{g}u-d(t)\\&=\tilde{\boldsymbol{W}}^{\mathrm{T}}\boldsymbol{h}_f(\boldsymbol{x})-\varepsilon_f-\eta\operatorname{sgn}(s)+(\tilde{\boldsymbol{V}}^{\mathrm{T}}\boldsymbol{h}_g(\boldsymbol{x})-\varepsilon_g)u-d(t)\end{aligned}\tag{9.21}$$

其中，$\tilde{\boldsymbol{W}}=\boldsymbol{W}^*-\hat{\boldsymbol{W}}$，$\tilde{\boldsymbol{V}}=\boldsymbol{V}^*-\hat{\boldsymbol{V}}$，且

$$\tilde{f}=\hat{f}-f=\hat{\boldsymbol{W}}^{\mathrm{T}}\boldsymbol{h}_f(\boldsymbol{x})-\boldsymbol{W}^{*\mathrm{T}}\boldsymbol{h}_f(\boldsymbol{x})-\varepsilon_f=\tilde{\boldsymbol{W}}^{\mathrm{T}}\boldsymbol{h}_f(\boldsymbol{x})-\varepsilon_f$$

$$\tilde{g}=\hat{g}-g=\hat{\boldsymbol{V}}^{\mathrm{T}}\boldsymbol{h}_g(\boldsymbol{x})-\boldsymbol{V}^{*\mathrm{T}}\boldsymbol{h}_g(\boldsymbol{x})-\varepsilon_g=\tilde{\boldsymbol{V}}^{\mathrm{T}}\boldsymbol{h}_g(\boldsymbol{x})-\varepsilon_g$$

设计 Lyapunov 函数为

$$L=\frac{1}{2}s^2+\frac{1}{2\gamma_1}\tilde{\boldsymbol{W}}^{\mathrm{T}}\tilde{\boldsymbol{W}}+\frac{1}{2\gamma_2}\tilde{\boldsymbol{V}}^{\mathrm{T}}\tilde{\boldsymbol{V}}$$

其中，$\gamma_1>0$，$\gamma_2>0$。

考虑式(9.21)，得

$$\begin{aligned}\dot{L}&=s\dot{s}+\frac{1}{\gamma_1}\tilde{\boldsymbol{W}}^{\mathrm{T}}\dot{\tilde{\boldsymbol{W}}}+\frac{1}{\gamma_2}\tilde{\boldsymbol{V}}^{\mathrm{T}}\dot{\tilde{\boldsymbol{V}}}\\&=s(\tilde{\boldsymbol{W}}^{\mathrm{T}}\boldsymbol{h}_f(\boldsymbol{x})-\varepsilon_f-\eta\operatorname{sgn}(s)+(\tilde{\boldsymbol{V}}^{\mathrm{T}}\boldsymbol{h}_g(\boldsymbol{x})-\varepsilon_g)u-d(t))-\frac{1}{\gamma_1}\tilde{\boldsymbol{W}}^{\mathrm{T}}\dot{\hat{\boldsymbol{W}}}-\frac{1}{\gamma_2}\tilde{\boldsymbol{V}}^{\mathrm{T}}\dot{\hat{\boldsymbol{V}}}\\&=\tilde{\boldsymbol{W}}^{\mathrm{T}}\left(s\boldsymbol{h}_f(\boldsymbol{x})-\frac{1}{\gamma_1}\dot{\hat{\boldsymbol{W}}}\right)+\tilde{\boldsymbol{V}}^{\mathrm{T}}\left(s\boldsymbol{h}_g(\boldsymbol{x})u-\frac{1}{\gamma_2}\dot{\hat{\boldsymbol{V}}}\right)+s(-\varepsilon_f-\eta\operatorname{sgn}(s)-\varepsilon_g u-d(t))\end{aligned}$$

取自适应律为

$$\dot{\hat{\boldsymbol{W}}}=-\gamma_1 s\boldsymbol{h}_f(\boldsymbol{x}) \tag{9.22}$$

$$\dot{\hat{\boldsymbol{V}}}=-\gamma_2 s\boldsymbol{h}_g(\boldsymbol{x})u \tag{9.23}$$

则

$$\dot{L}=s(-\varepsilon_f-\eta\operatorname{sgn}(s)-\varepsilon_g u-d(t))=(-\varepsilon_f-\varepsilon_g u-d(t))s-\eta\,|\,s\,|$$

由于 RBF 网络逼近误差 ε_{f} 和 ε_{g} 为非常小的实数，取 $\eta\geqslant\varepsilon_{\mathrm{mf}}+\varepsilon_{\mathrm{mg}}u+D+\eta_{\mathrm{o}}$，$\eta_{\mathrm{o}}>0$，则有 $\dot{L}\leqslant-\eta_{\mathrm{o}}|s|\leqslant0$。

当 $\dot{L}\equiv0$ 时，$s\equiv0$，根据 LaSalle 不变集原理，$t\to\infty$时，$s\to0$。

9.3.3 仿真实例

被控对象取单级倒立摆，其动态方程如下：

$$\begin{cases}\dot{x}_1=x_2\\ \dot{x}_2=f(\boldsymbol{x})+g(\boldsymbol{x})u\end{cases}$$

其中，$f(\boldsymbol{x})=\dfrac{g\sin x_1-mlx_2^2\cos x_1\sin x_1/(m_{\mathrm{c}}+m)}{l(4/3-m\cos^2x_1/(m_{\mathrm{c}}+m))}$，$g(\boldsymbol{x})=\dfrac{\cos x_1/(m_{\mathrm{c}}+m)}{l(4/3-m\cos^2x_1/(m_{\mathrm{c}}+m))}$，$x_1$ 和 x_2 分别为摆角和摆速，$g=9.8\mathrm{m/s^2}$；$m_{\mathrm{c}}=1\mathrm{kg}$ 为小车质量；$m=0.1\mathrm{kg}$ 为摆杆质量；$l=0.5\mathrm{m}$ 为摆长的一半；u 为控制输入。

取 $x_1=\theta$，角度指令为 $\theta_{\mathrm{d}}(t)=0.1\sin(t)$，对象的初始状态为$[\pi/60,0]$。采用控制律式(9.20)和自适应律式(9.22)及式(9.23)，取 $\gamma_1=10$，$\gamma_2=1.0$，$c=5.0$，$\eta=0.1$。RBF 网络结构取 2-5-1，$\boldsymbol{c}_i$ 和 b_i 取$[-1.0\quad-0.5\quad0\quad0.5\quad1.0]$和 $b_j=5.0$，网络权值的初始值为 0.10。仿真结果如图 9.7～图 9.9 所示。

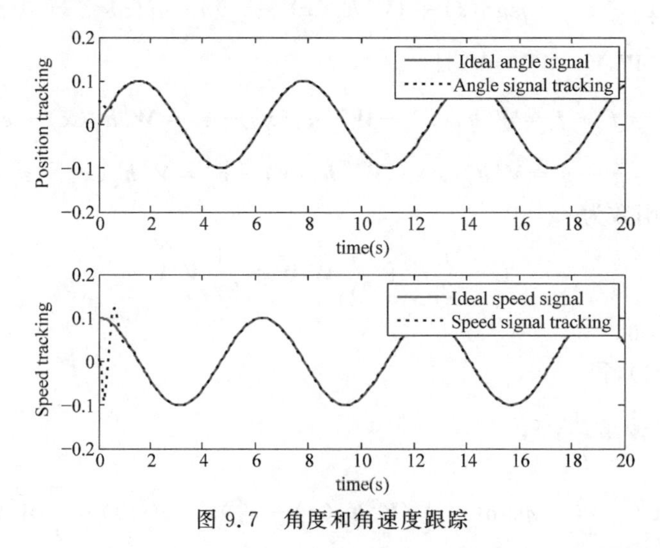

图 9.7 角度和角速度跟踪

由于当 $s=0$ 时，$\dot{L}=0$，但此时 L 有可能不为零，故无法保证 $\tilde{W}$ 和 $\tilde{V}$ 收敛到零。由 $L\geqslant0$，$\dot{L}\leqslant0$ 可知，L 有界，故 $\hat{W}$ 和 $\hat{V}$ 有界。

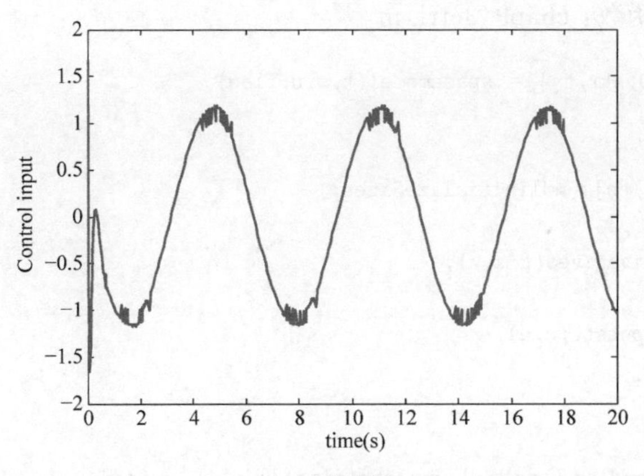

图 9.8 控制输入

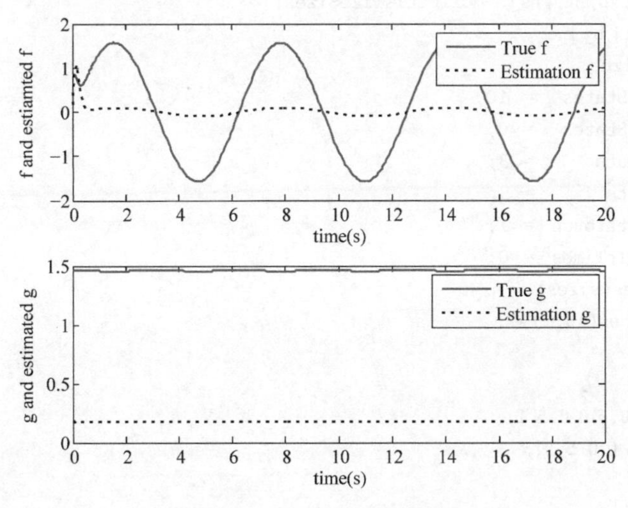

图 9.9 $f(\cdot)$和 $g(\cdot)$的逼近

仿真程序：

(1) Simulink 主程序：chap9_3sim.mdl

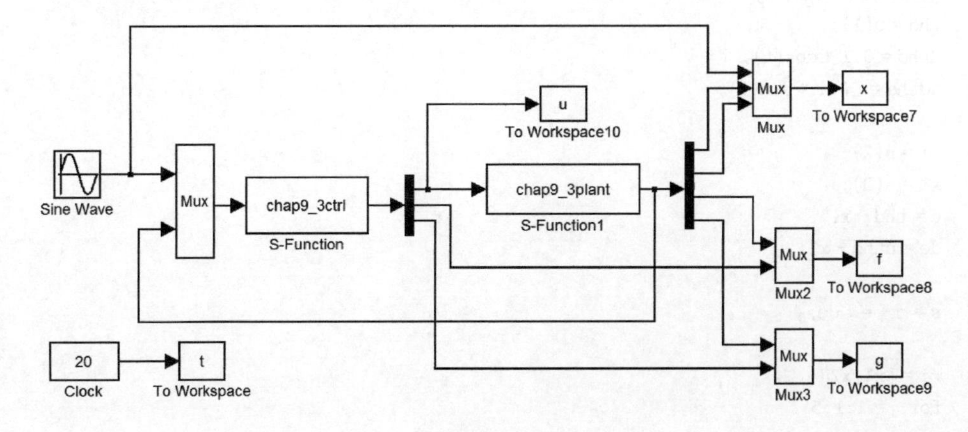

(2) 控制器S函数：chap9_3ctrl.m

```
function [sys,x0,str,ts] = spacemodel(t,x,u,flag)
switch flag,
case 0,
    [sys,x0,str,ts] = mdlInitializeSizes;
case 1,
    sys = mdlDerivatives(t,x,u);
case 3,
    sys = mdlOutputs(t,x,u);
case {2,4,9}
    sys = [];
otherwise
    error(['Unhandled flag = ',num2str(flag)]);
end
function [sys,x0,str,ts] = mdlInitializeSizes
global xite cij bj h c
sizes = simsizes;
sizes.NumContStates  = 10;
sizes.NumDiscStates  = 0;
sizes.NumOutputs     = 3;
sizes.NumInputs      = 5;
sizes.DirFeedthrough = 1;
sizes.NumSampleTimes = 0;
sys = simsizes(sizes);
x0  = 0.1 * ones(10,1);
str = [];
ts  = [];
cij = [-1 -0.5 0 0.5 1;
       -1 -0.5 0 0.5 1];
bj = 5;
h = [0,0,0,0,0];
c = 5;
xite = 0.01;
function sys = mdlDerivatives(t,x,u)
global xite cij bj h c
thd = u(1);
dthd = 0.1 * cos(t);
ddthd =- 0.1 * sin(t);

x1 = u(2);
x2 = u(3);
e = thd - x1;
de = dthd - x2;

s = c * e + de;

xi = [x1;x2];
for j = 1:1:5
    h(j) = exp( - norm(xi - cij(:,j))^2/(2 * bj^2));
end
```

```
for i = 1:1:5
    wf(i,1) = x(i);
end
for i = 1:1:5
    wg(i,1) = x(i+5);
end
fxn = wf' * h';
gxn = wg' * h' + 0.01;

ut = 1/gxn * ( - fxn + ddthd + xite * sign(s) + c * de);

gama1 = 10;gama2 = 1.0;
S1 =- gama1 * s * h;
S2 =- gama2 * s * h * ut;
for i = 1:1:5
    sys(i) = S1(i);
end
for j = 6:1:10
    sys(j) = S2(j-5);
end

function sys = mdlOutputs(t,x,u)
global xite cij bj h c
thd = u(1);
dthd = 0.1 * cos(t);
ddthd =- 0.1 * sin(t);

x1 = u(2);
x2 = u(3);
e = thd - x1;
de = dthd - x2;

s = c * e + de;

for i = 1:1:5
    wf(i,1) = x(i);
end
for i = 1:1:5
    wg(i,1) = x(i+5);
end

xi = [x1;x2];
for j = 1:1:5
    h(j) = exp( - norm(xi - cij(:,j))^2/(2 * bj^2));
end

fxn = wf' * h';
gxn = wg' * h' + 0.01;

ut = 1/gxn * ( - fxn + ddthd + xite * sign(s) + c * de);
```

```
sys(1) = ut;
sys(2) = fxn;
sys(3) = gxn;
```

(3) 被控对象S函数：chap9_3plant.m

```
function [sys,x0,str,ts] = s_function(t,x,u,flag)
switch flag,
case 0,
    [sys,x0,str,ts] = mdlInitializeSizes;
case 1,
    sys = mdlDerivatives(t,x,u);
case 3,
    sys = mdlOutputs(t,x,u);
case {2, 4, 9}
    sys = [];
otherwise
    error(['Unhandled flag = ',num2str(flag)]);
end
function [sys,x0,str,ts] = mdlInitializeSizes
sizes = simsizes;
sizes.NumContStates  = 2;
sizes.NumDiscStates  = 0;
sizes.NumOutputs     = 4;
sizes.NumInputs      = 1;
sizes.DirFeedthrough = 0;
sizes.NumSampleTimes = 0;
sys = simsizes(sizes);
x0  = [pi/60 0];
str = [];
ts  = [];
function sys = mdlDerivatives(t,x,u)
g = 9.8;mc = 1.0;m = 0.1;l = 0.5;

S = l * (4/3 - m * (cos(x(1)))^2/(mc + m));
fx = g * sin(x(1)) - m * l * x(2)^2 * cos(x(1)) * sin(x(1))/(mc + m);
fx = fx/S;
gx = cos(x(1))/(mc + m);
gx = gx/S;

sys(1) = x(2);
sys(2) = fx + gx * u;
function sys = mdlOutputs(t,x,u)
g = 9.8;mc = 1.0;m = 0.1;l = 0.5;

S = l * (4/3 - m * (cos(x(1)))^2/(mc + m));
fx = g * sin(x(1)) - m * l * x(2)^2 * cos(x(1)) * sin(x(1))/(mc + m);
fx = fx/S;
gx = cos(x(1))/(mc + m);
gx = gx/S;
```

```
sys(1) = x(1);
sys(2) = x(2);
sys(3) = fx;
sys(4) = gx;
```

(4) 作图程序：chap9_3plot.m

```
close all;

figure(1);
subplot(211);
plot(t,x(:,1),'r',t,x(:,2),'k:','linewidth',2);
xlabel('time(s)');ylabel('Position tracking');
legend('Ideal angle signal','angle signal tracking');
subplot(212);
plot(t,0.1 * cos(t),'r',t,x(:,3),'k:','linewidth',2);
xlabel('time(s)');ylabel('Speed tracking');
legend('Ideal speed signal','Speed signal tracking');

figure(2);
plot(t,u(:,1),'r','linewidth',2);
xlabel('time(s)');ylabel('Control input');

figure(3);
subplot(211);
plot(t,f(:,1),'r',t,f(:,2),'k:','linewidth',2);
xlabel('time(s)');ylabel('f and estiamted f');
legend('True f','Estimation f');
subplot(212);
plot(t,g(:,1),'r',t,g(:,2),'k:','linewidth',2);
xlabel('time(s)');ylabel('g and estimated g');
legend('True g','Estimation g');
```

9.4 基于神经网络的直接自适应滑模控制

9.4.1 系统描述

参考文献[3]和[4]，本节讨论一种带有滑模的神经网络直接自适应控制方法。考虑如下非线性二阶系统：

$$\begin{cases}\dot{x}_1=x_2\\ \dot{x}_2=\alpha(x)+\beta(x)u\\ y=x_1\end{cases}\tag{9.24}$$

其中，$u\in R$，$y\in R$ 分别为状态变量，系统输出和控制输入；$\alpha(x)$和$\beta(x)$为未知光滑函数，$\beta(x)>0$，$|\beta(x)|\leqslant\bar{\beta}$；定义 $\boldsymbol{x}=[x_1\quad x_2]^{\mathrm{T}}\in R$。

定义向量 $\boldsymbol{x}_{\mathrm{d}}$、$\boldsymbol{e}$ 及滑模函数 s 如下：

$$\boldsymbol{x}_{\mathrm{d}}=[y_{\mathrm{d}} \quad \dot{y}_{\mathrm{d}}]^{\mathrm{T}}$$

$$\boldsymbol{e}=\boldsymbol{x}-\boldsymbol{x}_{\mathrm{d}}=[e \quad \dot{e}]^{\mathrm{T}}, \quad s=[\lambda \quad 1]\boldsymbol{e}=\lambda e+\dot{e} \tag{9.25}$$

其中，$\lambda>0$。

于是

$$\begin{aligned}\dot{s}&=\lambda\dot{e}+\ddot{e}=\lambda\dot{e}+\ddot{x}_1-\ddot{y}_{\mathrm{d}}=\lambda\dot{e}+\alpha(x)+\beta(x)u-\ddot{y}_{\mathrm{d}}\\&=\alpha(x)+v+\beta(x)u\end{aligned} \tag{9.26}$$

其中，$v=-\ddot{y}_{\mathrm{d}}+\lambda\dot{e}$。

9.4.2 理想的滑模控制器及神经网络逼近

针对被控对象式(9.24)，则理想的滑模控制器为

$$u^*=-\frac{1}{\beta(x)}(\alpha(x)+v)-\left(\frac{1}{\varepsilon\beta(x)}+\frac{1}{\varepsilon\beta^2(x)}-\frac{\dot{\beta}(x)}{2\beta^2(x)}\right)s \tag{9.27}$$

其中，$\varepsilon>0$，则$\lim\limits_{t\to\infty}\|\boldsymbol{e}(t)\|=0$。

将$u=u^*$代入式(9.26)，有

$$\dot{s}=\alpha(x)+v+\beta(x)\left(-\frac{1}{\beta(x)}(\alpha(x)+v)-\left(\frac{1}{\varepsilon\beta(x)}+\frac{1}{\varepsilon\beta^2(x)}-\frac{\dot{\beta}(x)}{2\beta^2(x)}\right)s\right)$$

$$=-\left(\frac{1}{\varepsilon}+\frac{1}{\varepsilon\beta(x)}-\frac{\dot{\beta}(x)}{2\beta(x)}\right)s$$

$$s\dot{s}=s\left[-\left(\frac{1}{\varepsilon}+\frac{1}{\varepsilon\beta(x)}\right)s+\frac{\dot{\beta}(x)}{2\beta(x)}s\right]$$

取 Lyapunov 函数为$V=\frac{1}{2\beta(x)}s^2$，则

$$\begin{aligned}\dot{V}&=\frac{1}{\beta(x)}s\dot{s}-\frac{\dot{\beta}(x)}{2\beta^2(x)}s^2\leqslant\frac{1}{\beta(x)}s\left[-\left(\frac{1}{\varepsilon}+\frac{1}{\varepsilon\beta(x)}\right)s+\frac{\dot{\beta}(x)}{2\beta(x)}s\right]-\frac{\dot{\beta}(x)}{2\beta^2(x)}s^2\\&=-\left(\frac{1}{\varepsilon\beta(x)}+\frac{1}{\varepsilon\beta^2(x)}\right)s^2\leqslant 0\end{aligned} \tag{9.28}$$

可见，ε值越小，$\dot{V}$越负，因此，可通过ε值来调整跟踪误差的收敛速度。

在控制律式(9.27)中，由于$\alpha(x)$和$\beta(x)$未知，则$u^*(z)$无法实现。由u^*表达式可见，u^*为关于x、s、ε和v的连续函数，可采用RBF神经网络来逼近u^*，则该函数的神经网络输入可写为

$$\boldsymbol{z}=\left[\boldsymbol{x}^{\mathrm{T}} \quad s \quad \frac{s}{\varepsilon} \quad v\right]^{\mathrm{T}}\in\Omega_z\subset R^5 \tag{9.29}$$

其中，紧集Ω_z表示为

$$\Omega_z=\left\{\left(\boldsymbol{x}^{\mathrm{T}} \quad s \quad \frac{s}{\varepsilon} \quad v\right)\mid \boldsymbol{x}\in\Omega;\mid x_{\mathrm{d}}\in\Omega_{\mathrm{d}};\right.$$

$$\left.s=[\lambda \quad 1]\boldsymbol{e};v=-\ddot{y}_{\mathrm{d}}+\lambda\dot{e}\right\} \tag{9.30}$$

在式(9.29)中,当 ε 取值很小时,s 和$\frac{s}{\varepsilon}$为不同的数量级,为了提高网络的逼近精度,网络的输入也应包含$\frac{s}{\varepsilon}$项。

存在理想的网络权值 W^*,有

$$u^*(z)=\boldsymbol{W}^{*\mathrm{T}}\boldsymbol{h}(z)+\mu_l,\quad \forall z\in\Omega_z \tag{9.31}$$

其中,$\boldsymbol{h}(z)$为高斯基函数;μ_l 为网络的逼近误差,且满足$|\mu_l|\leqslant\mu_0$,

$$\boldsymbol{W}^*=\arg\min_{W\in R^l}\{\sup_{z\in\Omega_z}|\boldsymbol{W}^{\mathrm{T}}\boldsymbol{h}(z)-u^*(z)|\}$$

9.4.3 控制器设计及分析

控制律设计为 RBF 神经网络的输出,即

$$u=\hat{\boldsymbol{W}}^{\mathrm{T}}\boldsymbol{h}(z) \tag{9.32}$$

其中,$\hat{\boldsymbol{W}}$ 为 $\boldsymbol{W}^*$ 的估计值。

自适应律设计为

$$\dot{\hat{\boldsymbol{W}}}=-\boldsymbol{\Gamma}(\boldsymbol{h}(z)s+\sigma\hat{\boldsymbol{W}}) \tag{9.33}$$

其中,$\boldsymbol{\Gamma}=\boldsymbol{\Gamma}^{\mathrm{T}}>0,\sigma>0$。

将控制器式(9.32)代入式(9.26),则

$$\dot{s}=\alpha(\boldsymbol{x})+v+\beta(\boldsymbol{x})\hat{\boldsymbol{W}}^{\mathrm{T}}\boldsymbol{h}(z) \tag{9.34}$$

将式(9.31)代入式(9.34),得

$$\dot{s}=\alpha(x)+v+\beta(x)(\hat{\boldsymbol{W}}^{\mathrm{T}}\boldsymbol{h}(z)-\boldsymbol{W}^{*\mathrm{T}}\boldsymbol{h}(z)-\mu_l)+\beta(x)u^*(z) \tag{9.35}$$

将式(9.27)代入式(9.35),得

$$\dot{s}=\beta(x)(\tilde{\boldsymbol{W}}^{\mathrm{T}}\boldsymbol{h}(z)-\mu_l)-\left(\frac{1}{\varepsilon}+\frac{1}{\varepsilon\beta(x)}-\frac{\dot{\beta}(x)}{2\beta(x)}\right)s \tag{9.36}$$

其中,$\tilde{\boldsymbol{W}}=\hat{\boldsymbol{W}}-\boldsymbol{W}^*$。

为了防止 $\beta(x)$项包含在自适应律 $\dot{\hat{\boldsymbol{W}}}$ 中,在 Lyapunov 函数中取$\frac{1}{2}\frac{s^2}{\beta(x)}$代替$\frac{1}{2}s^2$,则 Lyapunov 函数设计为

$$V=\frac{1}{2}\left(\frac{s^2}{\beta(x)}+\tilde{\boldsymbol{W}}^{\mathrm{T}}\boldsymbol{\Gamma}^{-1}\tilde{\boldsymbol{W}}\right) \tag{9.37}$$

于是

$$\begin{aligned}\dot{V}&=\frac{s\dot{s}}{\beta(x)}-\frac{\dot{\beta}(x)}{2\beta^2(x)}s^2+\tilde{\boldsymbol{W}}^{\mathrm{T}}\boldsymbol{\Gamma}^{-1}\dot{\hat{\boldsymbol{W}}}\\&=\frac{s}{\beta(x)}\left(\beta(x)(\tilde{\boldsymbol{W}}^{\mathrm{T}}\boldsymbol{h}(z)-\mu_l)-\left(\frac{1}{\varepsilon}+\frac{1}{\varepsilon\beta(x)}-\frac{\dot{\beta}(x)}{2\beta(x)}\right)s\right)-\\&\quad\frac{\dot{\beta}(x)}{2\beta^2(x)}s^2+\tilde{\boldsymbol{W}}^{\mathrm{T}}\boldsymbol{\Gamma}^{-1}(-\boldsymbol{\Gamma}(\boldsymbol{h}(z)s+\sigma\hat{\boldsymbol{W}}))\end{aligned}$$

$$=-\left(\frac{1}{\varepsilon\beta(x)}+\frac{1}{\varepsilon\beta^2(x)}\right)s^2-\mu_l s-\sigma\tilde{\boldsymbol{W}}^{\mathrm{T}}\hat{\boldsymbol{W}}$$

由于

$$\begin{aligned}2\tilde{\boldsymbol{W}}^{\mathrm{T}}\hat{\boldsymbol{W}}&=\tilde{\boldsymbol{W}}^{\mathrm{T}}(\tilde{\boldsymbol{W}}+\boldsymbol{W}^*)+(\hat{\boldsymbol{W}}-\boldsymbol{W}^*)^{\mathrm{T}}\hat{\boldsymbol{W}}\\&=\tilde{\boldsymbol{W}}^{\mathrm{T}}\tilde{\boldsymbol{W}}+(\hat{\boldsymbol{W}}-\boldsymbol{W}^*)^{\mathrm{T}}\boldsymbol{W}^*+\hat{\boldsymbol{W}}^{\mathrm{T}}\hat{\boldsymbol{W}}-\boldsymbol{W}^{*\mathrm{T}}\hat{\boldsymbol{W}}\\&=\|\tilde{\boldsymbol{W}}\|^2+\|\hat{\boldsymbol{W}}\|^2-\|\boldsymbol{W}^*\|^2\geqslant\|\tilde{\boldsymbol{W}}\|^2-\|\boldsymbol{W}^*\|^2\end{aligned}$$

$$|\mu_l s|\leqslant\frac{s^2}{2\varepsilon\beta(x)}+\frac{\varepsilon}{2}\mu_l^2\beta(x)\leqslant\frac{s^2}{2\varepsilon\beta(x)}+\frac{\varepsilon}{2}\mu_l^2\bar{\beta}$$

且$|\mu_l|\leqslant\mu_0$，则

$$\dot{V}\leqslant-\frac{s^2}{2\varepsilon\beta(x)}-\frac{\sigma}{2}\|\tilde{\boldsymbol{W}}\|^2+\frac{\varepsilon}{2}\mu_0^2\bar{\beta}+\frac{\sigma}{2}\|\boldsymbol{W}^*\|^2$$

又由于$\tilde{\boldsymbol{W}}^{\mathrm{T}}\boldsymbol{\Gamma}^{-1}\tilde{\boldsymbol{W}}\leqslant\bar{\gamma}\|\tilde{\boldsymbol{W}}\|^2$（$\bar{\gamma}$ 为$\boldsymbol{\Gamma}^{-1}$ 的最大特征值），则

$$\dot{V}\leqslant-\frac{1}{\alpha_0}V+\frac{\varepsilon}{2}\mu_0^2\bar{\beta}+\frac{\sigma}{2}\|\boldsymbol{W}^*\|^2$$

其中，$\alpha_0=\max\{\varepsilon,\bar{\gamma}/\sigma\}$。

根据引理1.1[6]，求解不等式$\dot{V}\leqslant-\frac{1}{\alpha_0}V+\frac{\varepsilon}{2}\mu_0^2\bar{\beta}+\frac{\sigma}{2}\|\boldsymbol{W}^*\|^2$，比较$\dot{V}\leqslant-\alpha V+f$，可得$\alpha=\frac{1}{\alpha_0}$，$f=\frac{\varepsilon}{2}\mu_0^2\bar{\beta}+\frac{\sigma}{2}\|\boldsymbol{W}^*\|^2$，取$t(0)=0$，从而得

$$\begin{aligned}V(t)&\leqslant\mathrm{e}^{-t/\alpha_0}V(0)+\left(\frac{\varepsilon}{2}\mu_0^2\bar{\beta}+\frac{\sigma}{2}\|\boldsymbol{W}^*\|^2\right)\int_0^t\mathrm{e}^{-(t-\tau)/\alpha_0}\mathrm{d}\tau\\&\leqslant\mathrm{e}^{-t/\alpha_0}V(0)+\alpha_0\left(\frac{\varepsilon}{2}\mu_0^2\bar{\beta}+\frac{\sigma}{2}\|\boldsymbol{W}^*\|^2\right),\quad\forall t\geqslant0\end{aligned}\tag{9.38}$$

由于$V(0)$有界，则式(9.38)表明s和$\hat{\boldsymbol{W}}(t)$有界。由于$V\geqslant\frac{1}{2}\frac{s^2}{\beta(x)}$，则$s\leqslant\sqrt{2\beta(x)V}\leqslant\sqrt{2\bar{\beta}V}$。

结合式(9.38)，根据$\sqrt{ab}\leqslant\sqrt{a}+\sqrt{b}\ (a>0,b>0)$，得

$$|s|\leqslant\mathrm{e}^{-t/2\alpha_0}\sqrt{2\bar{\beta}V(0)}+\sqrt{\alpha_0\bar{\beta}}(\varepsilon\mu_0^2\bar{\beta}+\sigma\|\boldsymbol{W}^*\|^2)^{1/2},\quad\forall t\geqslant0$$

可见，影响s收敛性的参数有α_0，$\bar{\beta}$，σ，μ_0。

9.4.4 仿真实例

单摆系统的动力学方程为[3]

$$\begin{cases}\dot{x}_1=x_2\\\dot{x}_2=\alpha(\boldsymbol{x})+\beta(\boldsymbol{x})u\\y=x_1\end{cases}$$

其中，$\alpha(\boldsymbol{x})=\dfrac{0.5\sin x_1(1+0.5\cos x_1)x_2^2-10\sin x_1(1+\cos x_1)}{0.25(2+\cos x_1)^2}$，$\beta(\boldsymbol{x})=\dfrac{1}{0.25(2+\cos x_1)^2}$，$\boldsymbol{x}=[x_1 \quad x_2]^{\mathrm{T}}=[\theta \quad \dot{\theta}]^{\mathrm{T}}$。

系统的初始状态为 $\boldsymbol{x}=[0 \quad 0]^{\mathrm{T}}$，理想指令为 $y_{\mathrm{d}}=\dfrac{\pi}{6}\sin t$。摆的运动范围为$\boldsymbol{\Omega}=\left\{(x_1,x_2)\,\middle|\,|x_1|\leqslant\dfrac{\pi}{2},|x_2|\leqslant 4\pi\right\}$。RBF 网络的输入为$\boldsymbol{z}=[x_1 \quad x_2 \quad s \quad s/\varepsilon \quad v]^{\mathrm{T}}$，网络结构为 5-13-1，高斯基函数的参数 $\boldsymbol{c}_i$ 和 b_i 值根据网络输入值得范围确定，否则高斯基函数无法得到有效的映射结果。根据输入变量 x_1、x_2、s、s/ε 和 v，$\boldsymbol{c}_{\mathrm{i}}$ 和 b_i 分别取为$[-6 \quad -5 \quad -4 \quad -3 \quad -2 \quad -1 \quad 0 \quad 1 \quad 2 \quad 3 \quad 4 \quad 5 \quad 6]$和 3.0。

采用控制律和自适应律式(9.32)和式(9.33)，取 $\lambda=5$，$\Gamma_{ii}=15(i=13)$，$\varepsilon=0.25$，$\sigma=0.005$，由 $\beta(x)$ 表达式可取 $\bar{\beta}=1$，神经网络权值的初始值取零。仿真结果如图 9.10 和图 9.11 所示。

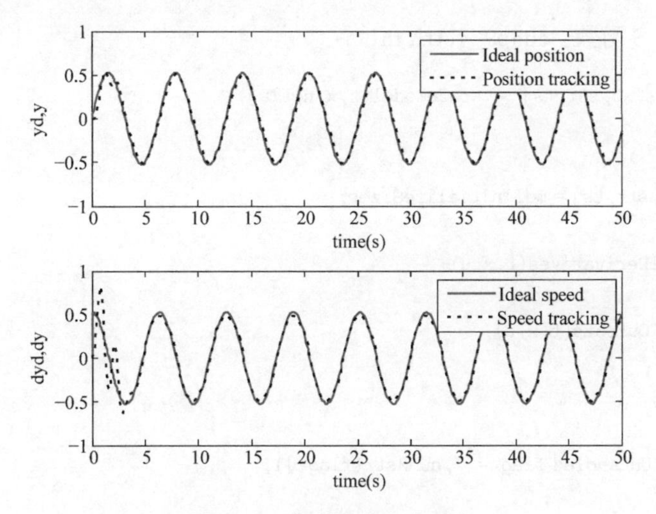

图 9.10　角度和角速度跟踪

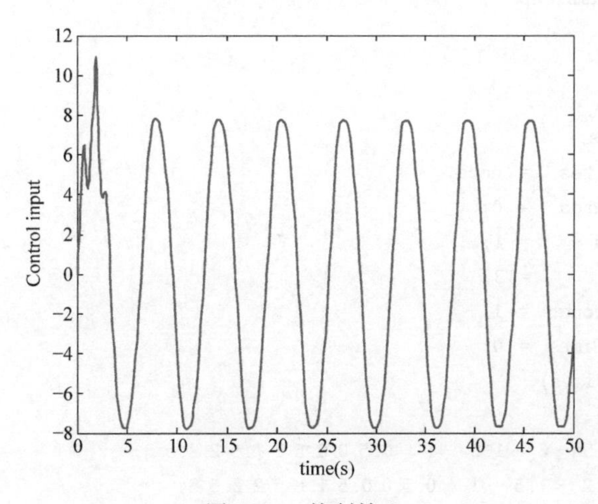

图 9.11　控制输入

仿真程序：

(1) Simulink 主程序：chap9_4sim. mdl

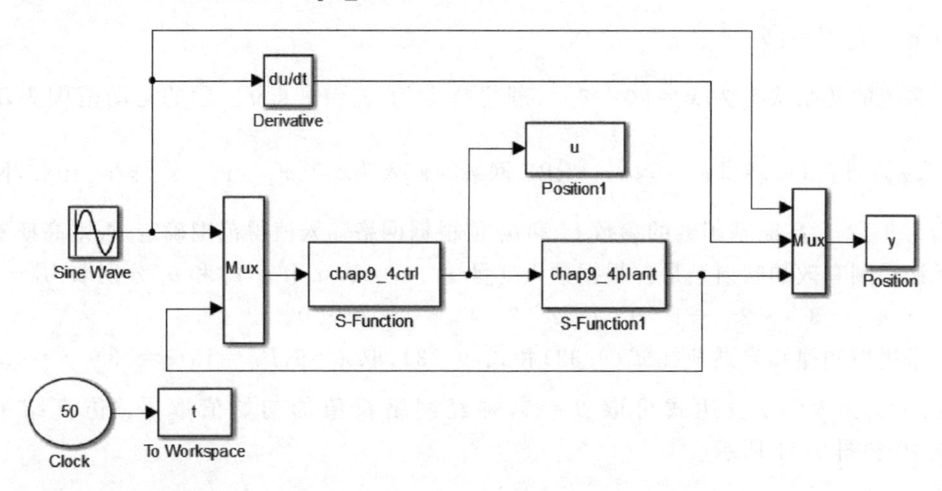

(2) 控制器 S 函数：chap9_4ctrl. m

```
function [sys,x0,str,ts] = spacemodel(t,x,u,flag)
switch flag,
case 0,
    [sys,x0,str,ts] = mdlInitializeSizes;
case 1,
    sys = mdlDerivatives(t,x,u);
case 3,
    sys = mdlOutputs(t,x,u);
case {2,4,9}
    sys = [];
otherwise
    error(['Unhandled flag = ',num2str(flag)]);
end
function [sys,x0,str,ts] = mdlInitializeSizes
global node c b lambd epc
lambd = 5;
epc = 0.25;
node = 13;
sizes = simsizes;
sizes.NumContStates   = node;
sizes.NumDiscStates   = 0;
sizes.NumOutputs      = 1;
sizes.NumInputs       = 3;
sizes.DirFeedthrough  = 1;
sizes.NumSampleTimes  = 0;
sys = simsizes(sizes);
x0 = zeros(1,13);
c = 2*[-3 -2.5 -2 -1.5 -1 -0.5 0 0.5 1 1.5 2 2.5 3;
     -3 -2.5 -2 -1.5 -1 -0.5 0 0.5 1 1.5 2 2.5 3;
     -3 -2.5 -2 -1.5 -1 -0.5 0 0.5 1 1.5 2 2.5 3;
```

```
    -3 -2.5 -2 -1.5 -1 -0.5 0 0.5 1 1.5 2 2.5 3;
    -3 -2.5 -2 -1.5 -1 -0.5 0 0.5 1 1.5 2 2.5 3];
b=3;
str= [];
ts= [];
function sys=mdlDerivatives(t,x,u)
global node c b lambd epc
yd=pi/6*sin(t);
dyd=pi/6*cos(t);
ddyd=-pi/6*sin(t);
x1=u(2);
x2=u(3);
e=x1-yd;
de=x2-dyd;

s=lambd*e+de;
v=-ddyd+lambd*de;
xi=[x1;x2;s;s/epc;v];

h=zeros(13,1);
for j=1:1:13
    h(j)=exp(-norm(xi-c(:,j))^2/(2*b^2));
end

rou=0.005;
Gama=15*eye(13);
W=[x(1) x(2) x(3) x(4) x(5) x(6) x(7) x(8) x(9) x(10) x(11) x(12) x(13)]';
S=-Gama*(h*s+rou*W);

for i=1:1:node
    sys(i)=S(i);
end
function sys=mdlOutputs(t,x,u)
global node c b lambd epc
yd=pi/6*sin(t);
dyd=pi/6*cos(t);
ddyd=-pi/6*sin(t);
x1=u(2);
x2=u(3);
e=x1-yd;
de=x2-dyd;

s=lambd*e+de;
v=-ddyd+lambd*de;

xi=[x1;x2;s;s/epc;v];

W=[x(1) x(2) x(3) x(4) x(5) x(6) x(7) x(8) x(9) x(10) x(11) x(12) x(13)]';
```

```
h = zeros(13,1);
for j = 1:1:13
    h(j) = exp( - norm(xi - c(:,j))^2/(2 * b^2));
end
ut = W' * h;

sys(1) = ut;
```

（3）被控对象 S 函数：chap9_4plant. m

```
function [sys,x0,str,ts] = s_function(t,x,u,flag)
switch flag,
case 0,
    [sys,x0,str,ts] = mdlInitializeSizes;
case 1,
    sys = mdlDerivatives(t,x,u);
case 3,
    sys = mdlOutputs(t,x,u);
case {2, 4, 9}
    sys = [];
otherwise
    error(['Unhandled flag = ',num2str(flag)]);
end
function [sys,x0,str,ts] = mdlInitializeSizes
sizes = simsizes;
sizes.NumContStates   = 2;
sizes.NumDiscStates   = 0;
sizes.NumOutputs      = 2;
sizes.NumInputs       = 1;
sizes.DirFeedthrough  = 0;
sizes.NumSampleTimes  = 0;
sys = simsizes(sizes);
x0  = [0 0];
str = [];
ts  = [];
function sys = mdlDerivatives(t,x,u)
ut = u(1);
x1 = x(1);
x2 = x(2);
a1 = 0.5 * sin(x1) * (1 + cos(x1)) * x2^2 - 10 * sin(x1) * (1 + cos(x1));
a2 = 0.25 * (2 + cos(x1))^2;
alfax = a1/a2;

b = 0.25 * (2 + cos(x1))^2;
betax = 1/b;
d1 = cos(3 * t);
dt = 0.1 * d1 * cos(x1);

sys(1) = x(2);
```

```
sys(2) = alfax + betax * ut + dt;
function sys = mdlOutputs(t,x,u)
sys(1) = x(1);
sys(2) = x(2);
```

（4）绘图子程序：chap9_4plot.m

```
close all;

figure(1);
subplot(211);
plot(t,y(:,1),'r',t,y(:,3),'k:','linewidth',2);
xlabel('time(s)');ylabel('yd,y');
legend('ideal position','position tracking');
subplot(212);
plot(t,y(:,2),'r',t,y(:,4),'k:','linewidth',2);
xlabel('time(s)');ylabel('dyd,dy');
legend('ideal speed','speed tracking');

figure(2);
plot(t,u(:,1),'r','linewidth',2);
xlabel('time(s)');ylabel('Control input');
```

9.5 基于神经网络最小参数学习法的自适应滑模控制

采用神经网络最小参数学习法[5]，通过参数的估计代替神经网络权值的调整，自适应算法简单，便于实际工程应用。

9.5.1 问题描述

考虑如下二阶非线性系统：

$$\ddot{\theta}=f(\theta,\dot{\theta})+g(\theta,\dot{\theta})u+d(t) \tag{9.39}$$

其中，f 为未知非线性函数；g 为已知非线性函数；$u\in R$ 和 $y=\theta\in R$ 分别为系统的输入和输出；$d(t)$为外加干扰，$|d(t)|\leqslant D$。

设位置指令为 θ_{d}，令 $e=\theta-\theta_{\mathrm{d}}$，设计切换函数为

$$s=\dot{e}+ce \tag{9.40}$$

其中，$c>0$。

于是

$$\begin{aligned}\dot{s}&=\ddot{e}+c\dot{e}=\ddot{\theta}+c\dot{e}-\ddot{\theta}_{\mathrm{d}}\\&=f+gu+d-\ddot{\theta}_{\mathrm{d}}+c\dot{e}\end{aligned} \tag{9.41}$$

在实际工程中，模型不确定项 f 为未知；因此，无法设计控制律，需要对 f 进行逼近。

9.5.2 基于 RBF 网络逼近的自适应控制

采用 RBF 网络对不确定项 f 进行自适应逼近。RBF 网络算法为

$$h_j = \exp\left(-\frac{\|\boldsymbol{x}-\boldsymbol{c}_j\|^2}{2b_j^2}\right),\quad j=1,2,\cdots,m$$

$$f = \boldsymbol{W}^{\mathrm{T}}\boldsymbol{h}(\boldsymbol{x}) + \varepsilon$$

其中，$\boldsymbol{x}$ 为网络的输入信号；j 为网络隐含层节点的个数；$\boldsymbol{h}=[h_1,h_2,\cdots,h_m]^{\mathrm{T}}$ 为高斯基函数的输出；$\boldsymbol{W}$ 为理想神经网络权值；ε 为神经网络逼近误差，$|\varepsilon|\leqslant\varepsilon_{\mathrm{N}}$。

采用 RBF 网络逼近 f，根据 f 的表达式，网络输入取 $\boldsymbol{x}=[e\quad \dot{e}]^{\mathrm{T}}$，RBF 神经网络的输出为

$$\hat{f}(\boldsymbol{x}) = \hat{\boldsymbol{W}}^{\mathrm{T}}\boldsymbol{h}(\boldsymbol{x}) \tag{9.42}$$

采用神经网络最小参数学习法[7]，令 $\phi=\|\boldsymbol{W}\|^2$，$\phi$ 为正常数，$\hat{\phi}$ 为 ϕ 的估计，$\tilde{\phi}=\hat{\phi}-\phi$。

设计控制律为

$$u=\frac{1}{g}\left[-\frac{1}{2}s\hat{\phi}\boldsymbol{h}^{\mathrm{T}}\boldsymbol{h}+\ddot{\theta}_{\mathrm{d}}-c\dot{e}-\eta\,\mathrm{sgn}(s)-\mu s\right] \tag{9.43}$$

其中，$\hat{f}$ 为 RBF 网络的估计值，$\eta\geqslant\varepsilon_{\mathrm{N}}+D$，$\mu>0$。

将控制律式(9.43)代入式(9.41)，得

$$\dot{s}=\boldsymbol{W}^{\mathrm{T}}\boldsymbol{h}+\varepsilon-\frac{1}{2}s\hat{\phi}\boldsymbol{h}^{\mathrm{T}}\boldsymbol{h}-\eta\,\mathrm{sgn}(s)+d-\mu s \tag{9.44}$$

定义 Lyapunov 函数

$$L=\frac{1}{2}s^2+\frac{1}{2\gamma}\tilde{\phi}^2$$

其中，$\gamma>0$。

对 L 求导，并将式(9.43)和式(9.44)代入，得

$$\begin{aligned}
\dot{L} &= s\dot{s}+\frac{1}{\gamma}\tilde{\phi}\dot{\hat{\phi}}\\
&= s\left(\boldsymbol{W}^{\mathrm{T}}\boldsymbol{h}+\varepsilon-\frac{1}{2}s\hat{\phi}\boldsymbol{h}^{\mathrm{T}}\boldsymbol{h}-\eta\,\mathrm{sgn}(s)+d-\mu s\right)+\frac{1}{\gamma}\tilde{\phi}\dot{\hat{\phi}}\\
&\leqslant \frac{1}{2}s^2\phi\boldsymbol{h}^{\mathrm{T}}\boldsymbol{h}+\frac{1}{2}-\frac{1}{2}s^2\hat{\phi}\boldsymbol{h}^{\mathrm{T}}\boldsymbol{h}+(\varepsilon+d)s-\eta|s|+\frac{1}{\gamma}\tilde{\phi}\dot{\hat{\phi}}-\mu s^2\\
&= -\frac{1}{2}s^2\tilde{\phi}\boldsymbol{h}^{\mathrm{T}}\boldsymbol{h}+\frac{1}{2}+(\varepsilon+d)s-\eta|s|+\frac{1}{\gamma}\tilde{\phi}\dot{\hat{\phi}}-\mu s^2\\
&= \tilde{\phi}\left(-\frac{1}{2}s^2\boldsymbol{h}^{\mathrm{T}}\boldsymbol{h}+\frac{1}{\gamma}\dot{\hat{\phi}}\right)+\frac{1}{2}+(\varepsilon+d)s-\eta|s|-\mu s^2\\
&\leqslant \tilde{\phi}\left(-\frac{1}{2}s^2\boldsymbol{h}^{\mathrm{T}}\boldsymbol{h}+\frac{1}{\gamma}\dot{\hat{\phi}}\right)+\frac{1}{2}-\mu s^2
\end{aligned}$$

设计自适应律为

$$\dot{\hat{\phi}}=\frac{\gamma}{2}s^2\boldsymbol{h}^{\mathrm{T}}\boldsymbol{h}-\kappa\gamma\hat{\phi} \tag{9.45}$$

其中,$\kappa>0$。

于是

$$\dot{L}\leqslant-\kappa\tilde{\phi}\hat{\phi}+\frac{1}{2}-\mu s^2\leqslant-\frac{\kappa}{2}(\tilde{\phi}^2-\phi^2)+\frac{1}{2}-\mu s^2=-\frac{\kappa}{2}\tilde{\phi}^2-\mu s^2+\left(\frac{\kappa}{2}\phi^2+\frac{1}{2}\right)$$

取 $\kappa=\frac{2\mu}{\gamma}$,则

$$\begin{aligned}\dot{L}&\leqslant-\frac{\mu}{\gamma}\tilde{\phi}^2-\mu s^2+\left(\frac{\kappa}{2}\phi^2+\frac{1}{2}\right)=-2\mu\left(\frac{1}{2\gamma}\tilde{\phi}^2+\frac{1}{2}s^2\right)+\left(\frac{\kappa}{2}\phi^2+\frac{1}{2}\right)\\&=-2\mu L+Q\end{aligned}$$

其中,$Q=\frac{\kappa}{2}\phi^2+\frac{1}{2}$。

采用引理1.1[6],解不等式 $\dot{L}\leqslant-2\mu L+Q$,得

$$L\leqslant\frac{Q}{2\mu}+\left(L(0)-\frac{Q}{2\mu}\right)\mathrm{e}^{-2\mu t}$$

即

$$\lim_{t\to\infty}L=\frac{Q}{2\mu}=\frac{\frac{\kappa}{2}\phi^2+\frac{1}{2}}{2\mu}=\frac{\kappa\phi^2+1}{4\mu}=\frac{\frac{2\mu}{\gamma}\phi^2+1}{4\mu}=\frac{\phi^2}{2\gamma}+\frac{1}{4\mu}$$

可见,s 收敛精度取决于 ϕ,γ 和 μ。

注:推导中采用了以下两个结论:

(1) $s^2\phi\boldsymbol{h}^{\mathrm{T}}\boldsymbol{h}+1=s^2\|\boldsymbol{W}\|^2\boldsymbol{h}^{\mathrm{T}}\boldsymbol{h}+1=s^2\|\boldsymbol{W}\|^2\|\boldsymbol{h}\|^2+1=s^2\|\boldsymbol{W}^{\mathrm{T}}\boldsymbol{h}\|^2+1\geqslant2s\boldsymbol{W}^{\mathrm{T}}\boldsymbol{h}$,即 $s\boldsymbol{W}^{\mathrm{T}}\boldsymbol{h}\leqslant\frac{1}{2}s^2\phi\boldsymbol{h}^{\mathrm{T}}\boldsymbol{h}+\frac{1}{2}$。

(2) 由于 $(\tilde{\phi}+\phi)^2\geqslant0$,则 $\tilde{\phi}^2+2\tilde{\phi}\phi+\phi^2\geqslant0$,$\tilde{\phi}^2+2\tilde{\phi}(\hat{\phi}-\tilde{\phi})+\phi^2\geqslant0$,即 $2\tilde{\phi}\hat{\phi}\geqslant\tilde{\phi}^2-\phi^2$。

采用神经网络最小参数学习法的不足之处为:由于采用了 $\phi=\|\boldsymbol{W}\|^2$ 作为参数估计值,会导致 $\hat{\phi}$ 值偏离真值 ϕ' 过大,因此控制算法过于保守。

9.5.3 仿真实例

被控对象取单级倒立摆,其动态方程如下:

$$\begin{cases}\dot{x}_1=x_2\\ \dot{x}_2=\dfrac{g\sin x_1-mlx_2^2\cos x_1\sin x_1/(m_c+m)}{l(4/3-m\cos^2x_1/(m_c+m))}+\\ \qquad\dfrac{\cos x_1/(m_c+m)}{l(4/3-m\cos^2x_1/(m_c+m))}u\end{cases}$$

其中,$f(\cdot)=\frac{g\sin x_1-mlx_2^2\cos x_1\sin x_1/(m_c+m)}{l(4/3-m\cos^2x_1/(m_c+m))}$,$g(\cdot)=\frac{\cos x_1/(m_c+m)}{l(4/3-m\cos^2x_1/(m_c+m))}$,$x_1$ 和 x_2 分别为摆角和摆速,$g=9.8\mathrm{m/s^2}$;$m_c=1\mathrm{kg}$ 为小车质量;m 为摆杆质量,$m=0.1\mathrm{kg}$;l 为摆长的一半,$l=0.5\mathrm{m}$;u 为控制输入。

取 $x_1=\theta$，j 摆的角度指令为 $\theta_d=0.1\sin(t)$。倒立摆初始状态为[$\pi/60$,0]，控制律取式(9.43)，自适应律取式(9.45)，自适应参数取 $\gamma=0.05$。在滑模函数中，取 $c=15$，取 $\eta=0.1$。仿真结果如图 9.12 和图 9.13 所示。

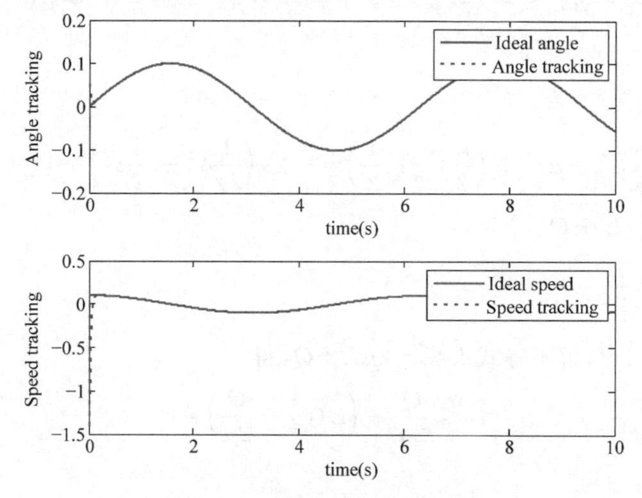

图 9.12　角度和角速度跟踪

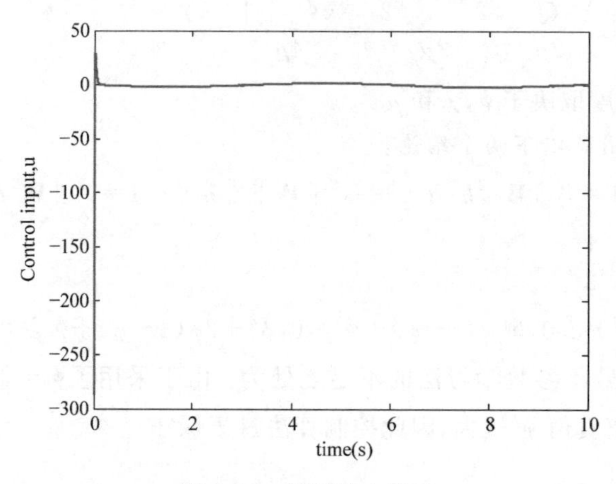

图 9.13　控制输入信号

仿真程序：

(1) Simulink 主程序：chap9_5sim.mdl

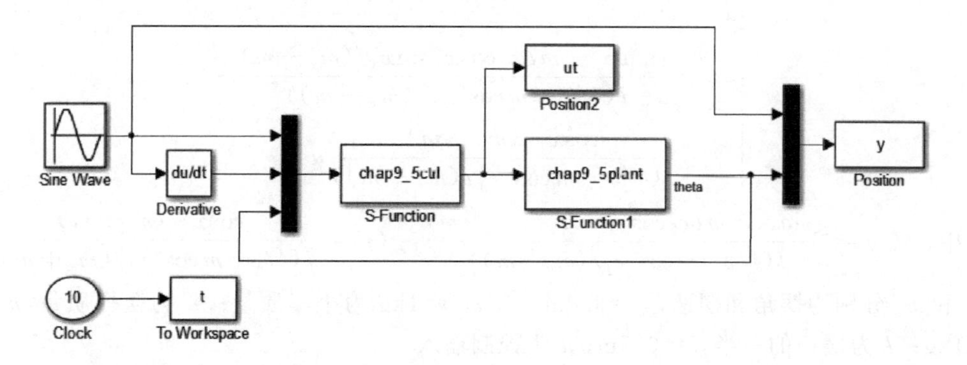

(2) 控制器 S 函数：chap9_5ctrl.m

```
function [sys,x0,str,ts] = spacemodel(t,x,u,flag)
switch flag,
case 0,
    [sys,x0,str,ts] = mdlInitializeSizes;
case 1,
    sys = mdlDerivatives(t,x,u);
case 3,
    sys = mdlOutputs(t,x,u);
case {2,4,9}
    sys = [];
otherwise
    error(['Unhandled flag = ',num2str(flag)]);
end
function [sys,x0,str,ts] = mdlInitializeSizes
global cc bb c miu
sizes = simsizes;
sizes.NumContStates  = 1;
sizes.NumDiscStates  = 0;
sizes.NumOutputs     = 1;
sizes.NumInputs      = 4;
sizes.DirFeedthrough = 1;
sizes.NumSampleTimes = 0;
sys = simsizes(sizes);
x0  = 0;
str = [];
ts  = [];
cc = [ -2 -1 0 1 2;
       -2 -1 0 1 2];
bb = 1;
c = 200;
miu = 30;
function sys = mdlDerivatives(t,x,u)
global cc bb c miu
x1d = u(1);
dx1d = u(2);
x1 = u(3);
x2 = u(4);

e = x1 - x1d;
de = x2 - dx1d;
s = c * e + de;

xi = [x1;x2];
h = zeros(5,1);
for j = 1:1:5
    h(j) = exp( - norm(xi - cc(:,j))^2/(2 * bb * bb));
end
gama = 150;
k = 2 * miu/gama;
sys(1) = gama/2 * s^2 * h' * h - k * gama * x;

function sys = mdlOutputs(t,x,u)
```

```
global cc bb c miu
x1d = u(1);
dx1d = u(2);
x1 = u(3);
x2 = u(4);

e = x1 - x1d;
de = x2 - dx1d;
thd = 0.1 * sin(t);
dthd = 0.1 * cos(t);
ddthd =- 0.1 * sin(t);
s = c * e + de;

fi = x;
xi = [x1;x2];
h = zeros(5,1);
for j = 1:1:5
    h(j) = exp( - norm(xi - cc(:,j))^2/(2 * bb * bb));
end

g = 9.8;mc = 1.0;m = 0.1;l = 0.5;
S = l * (4/3 - m * (cos(x1))^2/(mc + m));
gx = cos(x1)/(mc + m);
gx = gx/S;

xite = 0.5;
miu = 40;

ut = 1/gx * ( - 0.5 * s * fi * h' * h + ddthd - c * de - xite * sign(s) - miu * s);
sys(1) = ut;
```

(3) 被控对象S函数：chap9_5plant.m

```
function [sys,x0,str,ts] = s_function(t,x,u,flag)
switch flag,
case 0,
    [sys,x0,str,ts] = mdlInitializeSizes;
case 1,
    sys = mdlDerivatives(t,x,u);
case 3,
    sys = mdlOutputs(t,x,u);
case {2, 4, 9}
    sys = [];
otherwise
    error(['Unhandled flag = ',num2str(flag)]);
end
function [sys,x0,str,ts] = mdlInitializeSizes
sizes = simsizes;
sizes.NumContStates   = 2;
sizes.NumDiscStates   = 0;
sizes.NumOutputs      = 2;
```

```
sizes.NumInputs       = 1;
sizes.DirFeedthrough = 0;
sizes.NumSampleTimes = 0;
sys = simsizes(sizes);
x0 = [pi/60 0];
str = [];
ts = [];
function sys = mdlDerivatives(t,x,u)
g = 9.8;mc = 1.0;m = 0.1;l = 0.5;
S = l * (4/3 - m * (cos(x(1)))^2/(mc + m));
fx = g * sin(x(1)) - m * l * x(2)^2 * cos(x(1)) * sin(x(1))/(mc + m);
fx = fx/S;
gx = cos(x(1))/(mc + m);
gx = gx/S;
%%%%%%%%%
dt = 0.1 * 10 * sin(t);
%%%%%%%%%

sys(1) = x(2);
sys(2) = fx + gx * u + dt;
function sys = mdlOutputs(t,x,u)
g = 9.8;
mc = 1.0;
m = 0.1;
l = 0.5;

S = l * (4/3 - m * (cos(x(1)))^2/(mc + m));
fx = g * sin(x(1)) - m * l * x(2)^2 * cos(x(1)) * sin(x(1))/(mc + m);
fx = fx/S;

sys(1) = x(1);
sys(2) = x(2);
```

(4) 作图程序：chap9_5plot.m

```
close all;

figure(1);
subplot(211);
plot(t,y(:,1),'r',t,y(:,2),'b:','linewidth',2);
xlabel('time(s)');ylabel('angle tracking');
legend('ideal angle','angle tracking');
subplot(212);
plot(t,0.1 * cos(t),'r',t,y(:,3),'b:','linewidth',2);
xlabel('time(s)');ylabel('speed tracking');
legend('ideal speed','speed tracking');

figure(2);
plot(t,ut(:,1),'r','linewidth',2);
xlabel('time(s)');ylabel('Control input,u');
```

9.6 基于RBF网络摩擦补偿的滑模控制

9.6.1 系统描述

被控对象为

$$\begin{cases}\dot{x}_1 = x_2 \\ \dot{x}_2 = f(x,t) + b(u - \delta(x_2)) + dt\end{cases} \tag{9.46}$$

其中，$b>0$；dt 为干扰，$|dt|\leqslant D$；u 为控制输入；$\delta(x_2)$为加在执行器上的摩擦干扰。

采用RBF网络逼近$\delta(x_2)$的方法，实现一种基于摩擦补偿的滑模控制方法。

9.6.2 基于RBF网络逼近的滑模控制

RBF网络输入输出算法为

$$h_j = \exp\left(\frac{\| \boldsymbol{x}_i - \boldsymbol{c}_j \|^2}{2b_j^2}\right) \tag{9.47}$$
$$\delta = \boldsymbol{W}^{*\mathrm{T}}\boldsymbol{h}(\boldsymbol{x}_i) + \varepsilon$$

其中，$\boldsymbol{x}$ 为网络输入；i 表示网络输入层第 i 个的输入；j 为网络隐含层第 j 个网络输入；$\boldsymbol{h}=[h_j]^{\mathrm{T}}$ 为高斯基函数的输出；$\boldsymbol{W}^*$ 为网络的理想权值；ε 为理想神经网络逼近δ 的误差，$|\varepsilon|\leqslant\varepsilon_{\max}$。令 $\hat{\delta}$ 为网络输出；令 $\hat{\boldsymbol{W}}$ 为神经网络的估计权值。

根据式$\delta(x_2)$，网络输入取 $\boldsymbol{x}=x_2$，则网络输出为

$$\hat{\delta} = \hat{\boldsymbol{W}}^{\mathrm{T}}\boldsymbol{h} \tag{9.48}$$

取 $\tilde{\boldsymbol{W}}=\hat{\boldsymbol{W}}-\boldsymbol{W}^*$，则 $\delta-\hat{\delta}=\boldsymbol{W}^{*\mathrm{T}}\boldsymbol{h}+\varepsilon-\hat{\boldsymbol{W}}^{\mathrm{T}}\boldsymbol{h}=(\boldsymbol{W}^{*\mathrm{T}}-\hat{\boldsymbol{W}}^{\mathrm{T}})\boldsymbol{h}+\varepsilon=-\tilde{\boldsymbol{W}}^{\mathrm{T}}\boldsymbol{h}+\varepsilon$。

取控制目标为 $x_1\rightarrow x_{\mathrm{d}}$，$x_{\mathrm{d}}$ 为角度指令信号。定义角度误差为 $e=x_1-x_{\mathrm{d}}$，则 $\dot{e}=\dot{x}_1-\dot{x}_{\mathrm{d}}$，滑模函数为

$$s = ce + \dot{e} \tag{9.49}$$

其中，$c>0$。

于是

$$\begin{aligned}\dot{s} &= c\dot{e} + \ddot{e} = c\dot{e} + \ddot{x}_1 - \ddot{x}_{\mathrm{d}} = c\dot{e} + f + b(u-\delta) + dt - \ddot{x}_{\mathrm{d}} \\ &= c\dot{e} + f + b(u-\delta) + dt - \ddot{x}_{\mathrm{d}}\end{aligned}$$

设计控制律为

$$u = \frac{1}{b}(-c\dot{e} - f + \ddot{x}_{\mathrm{d}} - \eta\mathrm{sgn}(s)) + \hat{\delta} \tag{9.50}$$

其中，$\eta\geqslant D+b\varepsilon_{\max}$。

于是

$$\dot{s} = -\eta\mathrm{sgn}(s) + b(\hat{\delta}-\delta) + dt = -\eta\mathrm{sgn}(s) + b(\tilde{\boldsymbol{W}}^{\mathrm{T}}\boldsymbol{h} - \varepsilon) + dt$$

定义 Lyapunov 函数

$$L=\frac{1}{2}s^2+\frac{1}{2}\gamma\tilde{\boldsymbol{W}}^{\mathrm{T}}\tilde{\boldsymbol{W}} \tag{9.51}$$

其中，$\gamma>0$。

于是

$$\begin{aligned}\dot{V}&=s\dot{s}+\gamma\tilde{\boldsymbol{W}}^{\mathrm{T}}\dot{\tilde{\boldsymbol{W}}}=-\eta\mid s\mid+s\cdot dt+sb(\tilde{\boldsymbol{W}}^{\mathrm{T}}\boldsymbol{h}-\varepsilon)+\gamma\tilde{\boldsymbol{W}}^{\mathrm{T}}\dot{\hat{\boldsymbol{W}}}\\&=-\eta\mid s\mid+s\cdot dt-sb\varepsilon+\tilde{\boldsymbol{W}}^{\mathrm{T}}(sb\boldsymbol{h}+\gamma\dot{\hat{\boldsymbol{W}}})\end{aligned}$$

取自适应律为

$$\dot{\hat{\boldsymbol{W}}}=-\frac{1}{\gamma}sb\boldsymbol{h} \tag{9.52}$$

则

$$\dot{V}=-\eta\mid s\mid+(dt-b\varepsilon)s$$

取 $\eta=\eta_o+D+b\varepsilon_{\max}$，$\eta_o>0$，则 $\dot{V}\leqslant-\eta_o|s|\leqslant0$，取 $\dot{V}\equiv0$，则 $s\equiv0$，根据 LaSalle 不变集定理，$t\to\infty$ 时，$s\to0$，$e\to0$，$\dot{e}\to0$。

9.6.3 仿真实例

被控对象取

$$\begin{cases}\dot{x}_1=x_2\\\dot{x}_2=-25x_2+133(u-\delta)+10\sin t\end{cases}$$

则 $f(x,t)=-25x_2$，$b=133$，$D=10$。取 $\delta=x_2+0.01\mathrm{sgn}(x_2)$，理想角度指令为 $x_d=\sin t$。系统初始向量为[1,0]。RBF 网络结构取 1-5-1，网络输入取 $\boldsymbol{x}=x_2$，根据网络输入实际范围来设计高斯基函数的参数，取 $\boldsymbol{c}_i=1\times[-1.0\quad-0.5\quad0\quad0.5\quad1.0]$ 和 $b_j=1.0$，网络权值的初始值为 0。采用控制律式(9.50)和自适应律式(9.52)，取 $c=5$，$\eta=D+0.5$，$\gamma=0.10$。滑模控制中，采用饱和函数代替切换函数，取边界层厚度 $\Delta=0.02$。仿真结果如图 9.14～图 9.16 所示。

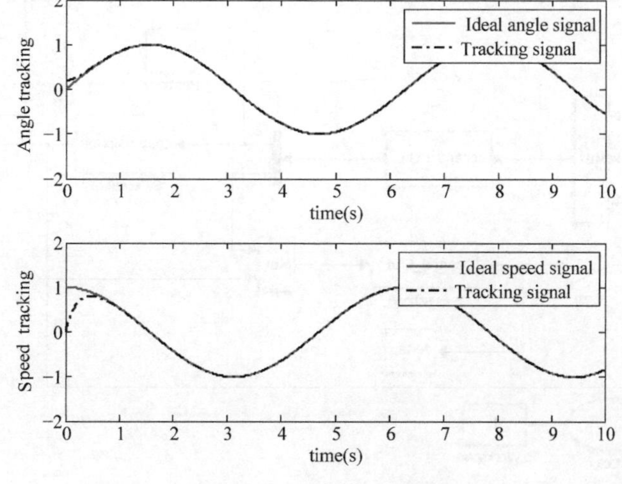

图 9.14　位置和速度跟踪

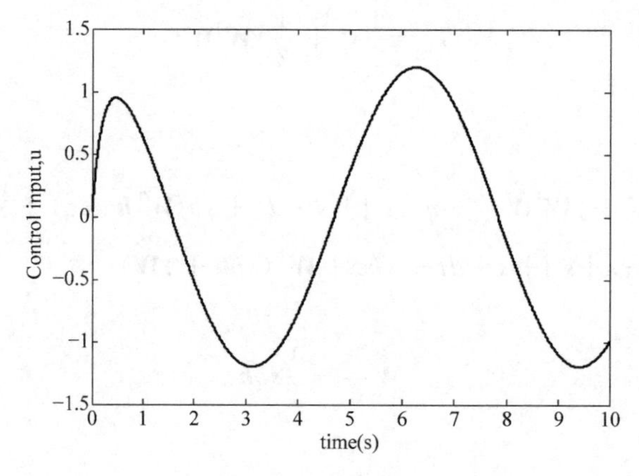

图 9.15　控制输入

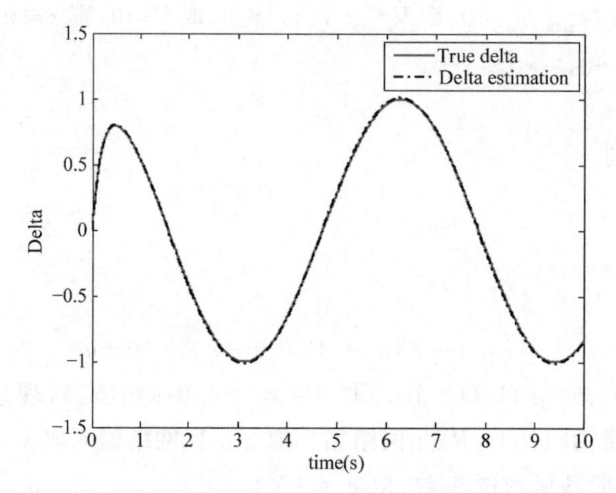

图 9.16　控制输入扰动 δ 及逼近

仿真程序：

(1) Simulink 主程序：chap9_6sim.mdl

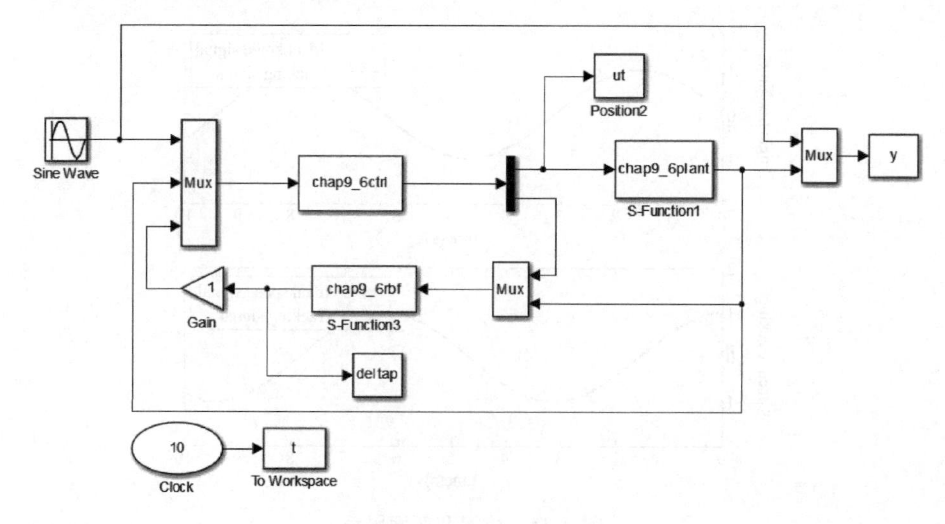

(2) 控制器子程序：chap9_6ctrl. m

```
function [sys,x0,str,ts] = spacemodel(t,x,u,flag)
switch flag,
case 0,
    [sys,x0,str,ts]=mdlInitializeSizes;
case 3,
    sys=mdlOutputs(t,x,u);
case {2,4,9}
    sys=[];
otherwise
    error(['Unhandled flag = ',num2str(flag)]);
end
function [sys,x0,str,ts]=mdlInitializeSizes
sizes = simsizes;
sizes.NumContStates  = 0;
sizes.NumDiscStates  = 0;
sizes.NumOutputs     = 2;
sizes.NumInputs      = 5;
sizes.DirFeedthrough = 1;
sizes.NumSampleTimes = 0;
sys = simsizes(sizes);
x0  = [];
str = [];
ts  = [];
function sys=mdlOutputs(t,x,u)
x1d=sin(t);
dx1d=cos(t);
ddx1d=-sin(t);
x1=u(2);
x2=u(3);
deltap=u(5);

e=x1-x1d;
de=x2-dx1d;
c=5;
s=c*e+de;

D=1.0;
xite=D+0.50;
fai=0.02;
if abs(s)<=fai
   sat=s/fai;
else
   sat=sign(s);
end
b=133;
f=-25*x2;
ut=1/b*(-c*de-f+ddx1d-xite*sat)+deltap;
sys(1)=ut;
sys(2)=s;
```

(3) 神经网络逼近子程序：chap9_6rbf.m

```
function [sys,x0,str,ts] = spacemodel(t,x,u,flag)
switch flag,
case 0,
    [sys,x0,str,ts] = mdlInitializeSizes;
case 1,
    sys = mdlDerivatives(t,x,u);
case 3,
    sys = mdlOutputs(t,x,u);
case {2,4,9}
    sys = [];
otherwise
    error(['Unhandled flag = ',num2str(flag)]);
end
function [sys,x0,str,ts] = mdlInitializeSizes
global cij bj c
sizes = simsizes;
sizes.NumContStates  = 5;
sizes.NumDiscStates  = 0;
sizes.NumOutputs     = 1;
sizes.NumInputs      = 4;
sizes.DirFeedthrough = 1;
sizes.NumSampleTimes = 0;
sys = simsizes(sizes);
x0  = 0 * ones(1,5);
str = [];
ts  = [];
cij = 1 * [-1 -0.5 0 0.5 1];
bj = 1.0;
function sys = mdlDerivatives(t,x,u)
global cij bj
s = u(1);
x2 = u(3);

b = 133;

xi = x2;
h = zeros(5,1);
for j = 1:1:5
    h(j) = exp(-norm(xi - cij(:,j))^2/(2 * bj^2));
end
gama = 0.10;
for i = 1:1:5
    sys(i) =- 1/gama * s * b * h(i);
end
function sys = mdlOutputs(t,x,u)
global cij bj
s = u(1);
x2 = u(3);
```

```
xi = x2;

W = [x(1) x(2) x(3) x(4) x(5)]';
h = zeros(5,1);
for j = 1:1:5
    h(j) = exp( - norm(xi - cij(:,j))^2/(2 * bj^2));
end
deltap = W' * h;

sys(1) = deltap;
```

(4) 被控对象子程序：chap9_6plant. m

```
function [sys,x0,str,ts] = s_function(t,x,u,flag)
switch flag,
case 0,
    [sys,x0,str,ts] = mdlInitializeSizes;
case 1,
    sys = mdlDerivatives(t,x,u);
case 3,
    sys = mdlOutputs(t,x,u);
case {2, 4, 9}
    sys = [];
otherwise
    error(['Unhandled flag = ',num2str(flag)]);
end
function [sys,x0,str,ts] = mdlInitializeSizes
sizes = simsizes;
sizes.NumContStates  = 2;
sizes.NumDiscStates  = 0;
sizes.NumOutputs     = 3;
sizes.NumInputs      = 1;
sizes.DirFeedthrough = 0;
sizes.NumSampleTimes = 0;
sys = simsizes(sizes);
x0  = [0.2 0];
str = [];
ts  = [];
function sys = mdlDerivatives(t,x,u)
ut = u(1);
delta = 1 * x(2) + 0.01 * sign(x(2));
sys(1) = x(2);
sys(2) =- 25 * x(2) + 133 * (ut - delta) + 1.0 * sin(t);
function sys = mdlOutputs(t,x,u)
delta = 1 * x(2) + 0.01 * sign(x(2));
sys(1) = x(1);
sys(2) = x(2);
sys(3) = delta;
```

(5) 作图子程序：chap9_6plot. m

```
close all;

figure(1);
```

```
subplot(211);
plot(t,y(:,1),'r',t,y(:,2),'-.k','linewidth',2);
xlabel('time(s)');ylabel('angle tracking');
legend('ideal angle signal','tracking signal');
subplot(212);
plot(t,cos(t),'r',t,y(:,3),'-.k','linewidth',2);
xlabel('time(s)');ylabel('speed tracking');
legend('ideal speed signal','tracking signal');

figure(2);
plot(t,ut(:,1),'k','linewidth',2);
xlabel('time(s)');ylabel('Control input,u');

figure(3);
plot(t,y(:,3),'r',t,deltap(:,1),'-.k','linewidth',2);
xlabel('time(s)');ylabel('delta');
legend('true delta','delta estimation');
```

参考文献

[1] Park J, Sandberg I W. Universal Approximation Using Radial Basis Function Networks[J]. Neural Computation, 1991, 3(2): 246-257.

[2] 刘金琨. 智能控制[M]. 北京：电子工业出版社，2006.

[3] Ge S S, Hang C C, Zhang T. A Direct Method for Robust Adaptive Nonlinear Control with Guaranteed Transient Performance[J]. Systems & Control Letters, 1999, 37(5): 275-284.

[4] Ge S S, Hang C C, Lee T H, et al. Stable Adaptive Neural Network Control[M]. Boston, MA: Kluwer, 2001.

[5] Chen Bing, Liu Xiaoping, Liu Kefu, et al. Direct adaptive fuzzy control of nonlinear strict-feedback systems[J]. Automatica, 2009, 45: 1530-1535.

[6] Petros A, Ioannou, Jing Sun. Robust Adaptive Control[M]. Prentice-Hall, 1996.

[7] 刘金琨. RBF神经网络自适应控制MATLAB仿真[M]. 北京：清华大学出版社，2014.

第10章 离散滑模控制

理论上，滑模变结构控制主要是针对连续系统模型。因为只有理想的连续滑模变结构控制，才具有切换逻辑变结构控制产生的等效控制 u_{eq}。对于离散系统，滑模变结构控制不能产生理想的滑动模态，只能产生准滑模控制[1]。在实际工程中，计算机实时控制均为离散系统，离散系统滑模变结构控制的研究与设计成为滑模变结构控制理论与应用的一个重要组成部分。在20世纪80年代后期，离散滑模变结构控制迅速发展起来，并在工程领域得到了一系列应用。

10.1 离散滑模控制描述

离散系统状态方程为

$$x(k+1)=Ax(k)+Bu(k) \tag{10.1}$$

切换函数设计为

$$s(k)=Cx(k) \tag{10.2}$$

其中，$C=[c_1 \cdots c_n]$，$c_n=1.0$。

连续滑模变结构控制中讨论的三个基本问题（滑动模态的存在性、可达性及稳定性）也是离散时间系统的基本问题。但是由于离散控制的固有特点，这些问题以及滑模变结构控制策略的表达形式与连续系统不同。

10.2 离散时间滑模控制的特性

10.2.1 准滑动模态

定义一个包围切换面的切换带：

$$S^{\Delta}=\{x \in R^n \mid -\Delta < s(x)=cx < +\Delta\} \tag{10.3}$$

从任意初始状态出发的离散系统运动，于有限步到达切换面 s，然后在其上运动，称为理想准滑动模态；在带内运动，步步穿越切换面，称为非理想准滑动模态。系统发生在切换带内的两种准滑动模态，称为离散变结构控制的准滑动模态。2Δ 称为切换带的宽度，如

图 10.1 所示。

离散滑模变结构控制中，从任意状态出发的运动可分为以下三个阶段：

(1) 趋近模态：从初始状态趋向切换带。

(2) 准滑动模态：或为理想的，或为非理想的准滑动模态。

(3) 平稳状态：或为原点 $x=0$，属于理想准滑动模态情况，或为围绕原点的抖动，属于非理想准滑动模态。

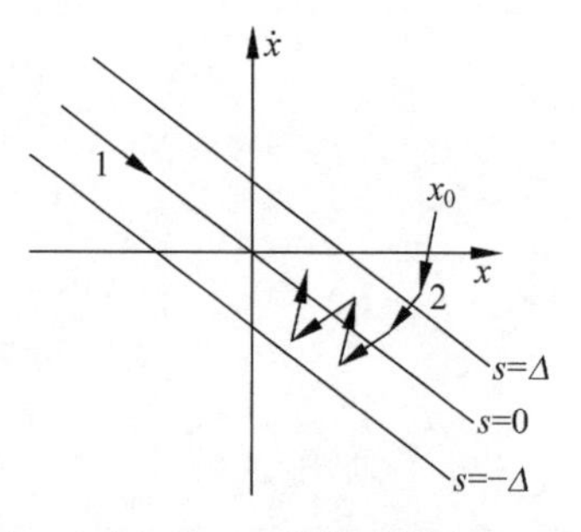

图 10.1　准滑动模态

离散滑模变结构控制中，从任意状态出发的运动应满足如下特性：

(1) 运动从任意初始条件出发，单调地向切换面趋近，并在有限步骤内到达或穿越切换面。

(2) 运动一旦穿越切换面，它的每一个后续步骤均从另一面穿越切换面，并一直进行下去。

(3) 穿越开始后，每一步的长度是非递增的，运动轨迹限于一特定带内。

(4) 平稳状态或为原点 $x=0$，即属于理想准滑动模态情况；或为围绕原点的抖动，即属于非理想准滑动模态。

10.2.2　离散滑模的存在性和可达性

把连续系统的到达条件推广到离散系统，到达条件为

$$[s(k+1)-s(k)]s(k)<0 \tag{10.4}$$

到达条件式(10.4)对于准滑模运动的存在是必要条件，而不是充分条件，并不能保证系统的稳定性。例如，当离散系统运动轨迹围绕切换面 $s=0$ 作幅值发散的振荡时，条件式(10.4)也能满足。

选取李亚普诺夫函数

$$V(k)=\frac{1}{2}s(k)^2 \tag{10.5}$$

只要满足条件

$$\Delta V(k)=s^2(k+1)-s^2(k)<0,\quad s(k)\neq 0 \tag{10.6}$$

根据李亚普诺夫稳定性定理，$s(k)=0$ 是全局渐近稳定的平衡面，即任意初始位置的状态都会趋向于切换面 $s(k)$。所以取到达条件为

$$s^2(k+1)<s^2(k) \tag{10.7}$$

当采样时间 T 很小时，离散滑模的存在和到达性条件为[2]：

$$\begin{aligned}&[s(k+1)-s(k)]\operatorname{sgn}(s(k))<0,\\&[s(k+1)+s(k)]\operatorname{sgn}(s(k))>0\end{aligned} \tag{10.8}$$

10.2.3　离散滑模控制的不变性

考虑如下受干扰及参数摄动的离散系统：

$$x(k+1)=Gx(k)+\Delta Gx(k)+Bu(k)+Df(k)$$
$$x(k)\in R^n, u(k)\in R^m, f(k)\in R^l \tag{10.9}$$

其中，$\Delta Gx(k)$表示系统参数的摄动，$Df(k)$表示系统所受外干扰的影响。

假设摄动与干扰满足匹配条件：

$$\Delta G=B\widetilde{G},\quad D=B\widetilde{D} \tag{10.10}$$

其中，$\widetilde{G}$，$\widetilde{D}$ 是不确定的。

系统式(10.9)可写成

$$x(k+1)=Gx(k)+B[\widetilde{G}x(k)+u(k)+\widetilde{D}f(k)]$$
$$x(k)\in R^n,\quad u(k)\in R^m,\quad f(k)\in R^l \tag{10.11}$$

由式(10.11)可以看出，离散系统和连续系统一样，对系统的参数摄动及外干扰式不变的，其充分必要条件为式(10.10)。

10.3 基于趋近律的离散滑模控制

10.3.1 离散趋进律的设计

趋近律方法作为滑模变结构控制的一种典型控制策略。这种控制方法不仅对系统在切换面附近或沿切换面的滑模运动段进行分析，而且可以有效地对系统趋近段的动态过程进行分析和设计，从而可保证系统在整个状态空间内具有良好的运动品质。

对于连续滑模变结构控制，常用的趋近律为指数趋近律[1]：

$$\dot{s}(t)=-\varepsilon\operatorname{sgn}(s(t))-qs(t),\quad \varepsilon>0,\quad q>0 \tag{10.12}$$

相应地可以设计离散指数趋近律。

针对离散系统：

$$x(k+1)=Ax(k)+Bu(k)$$

将式(10.12)离散化，得指数趋近律为

$$\frac{s(k+1)-s(k)}{T}=-\varepsilon\operatorname{sgn}(s(k))-qs(k)$$

$$s(k+1)-s(k)=-qTs(k)-\varepsilon T\operatorname{sgn}(s(k)) \tag{10.13}$$

其中，$\varepsilon>0$，$q>0$，$1-qT>0$，T 为采样周期。

高为炳[1]对离散趋近律式(10.13)进行了分析，得到以下六点结论：

(1) 运动单调地向切换面趋近。

(2) 运动从任意初始状态在有限步到达或穿越切换面。

(3) 运动一旦穿越过切换面，它的每一个后继步均从另一面穿越切换面，并一直进行下去。

(4) 不应发生运动渐近地趋向切换面而不穿越的情况。

(5) 不应发生运动从初始状态开始每一步均来回地穿越切换面的情况。

(6) 不应发生一旦运动开始穿越切换面，每一步的长度不断增长的情况。

由于基于指数的离散趋进律式(10.13)满足

$$\begin{aligned}[s(k+1)-s(k)]\operatorname{sgn}(s(k)) &= [-qTs(k)-\varepsilon T\operatorname{sgn}(s(k))]\operatorname{sgn}(s(k)) \\ &= -qT\mid s(k)\mid-\varepsilon T\mid s(k)\mid<0\end{aligned}$$

同时，当采样时间 T 很小时，$2-qT\gg 0$，有

$$\begin{aligned}[s(k+1)+s(k)]\operatorname{sgn}(s(k)) &= [(2-qT)s(k)-\varepsilon T\operatorname{sgn}(s(k))]\operatorname{sgn}(s(k)) \\ &= (2-qT)\mid s(k)\mid-\varepsilon T\mid s(k)\mid>0\end{aligned}$$

所以，离散趋近律式(10.13)满足到达条件，可保证趋近律模态具有良好的品质，并且切换带的大小可以计算，求解滑动模态控制直接而简单。

10.3.2 离散控制律的设计

离散滑模面为

$$s(k)=Cx(k)$$

将 $s(k+1)=Cx(k+1)=CAx(k)+CBu(k)$ 代入趋近律式(10.13)，得

$$-(Tq-1)s(k)-\varepsilon T\operatorname{sgn}(s(k))=CAx(k)+CBu(k)$$

假设滑模变结构可控条件 $CB\neq 0$ 成立，离散滑模控制律为

$$u(k)=-(CB)^{-1}[CAx(k)-(1-qT)s(k)+\varepsilon T\operatorname{sgn}(s(k))] \tag{10.14}$$

为了防止控制器发生抖振，可采用饱和函数 $\operatorname{sat}(s)$ 代替理想滑动模态中的符号函数 $\operatorname{sgn}(s)$：

$$\operatorname{sat}(s)=\begin{cases}1 & s>\Delta \\ ks & \mid s\mid\leqslant\Delta,\quad k=\dfrac{1}{\Delta} \\ -1 & s<-\Delta\end{cases} \tag{10.15}$$

则控制律式(10.14)变为

$$u(k)=-(CB)^{-1}[CAx(k)-(1-qT)s(k)+\varepsilon T\operatorname{sat}(s)] \tag{10.16}$$

该方法的缺点是需要精确的模型信息，不具有鲁棒性。

10.3.3 仿真实例

针对二阶离散系统：

$$x(k+1)=\boldsymbol{A}x(k)+\boldsymbol{B}u(k)$$

其中，$\boldsymbol{A}=\begin{bmatrix}1 & 0.001 \\ 0 & 0.9753\end{bmatrix}$，$\boldsymbol{B}=\begin{bmatrix}-0.0001 \\ -0.1314\end{bmatrix}$。

采样时间为1ms，初始状态为：$x(0)=[0.5\quad 0.5]^{\mathrm{T}}$。取 $c=5$，$q=10$。$M=1$ 时，采用控制律式(10.14)，取 $\varepsilon=0.50$，仿真结果如图10.2～图10.5所示，$M=2$ 时，采用带有饱和函数的趋近律式(10.16)，取 $\Delta=0.005$，仿真结果如图10.6和图10.7所示。可见，采用饱和函数后，控制器输出的抖动大大下降。

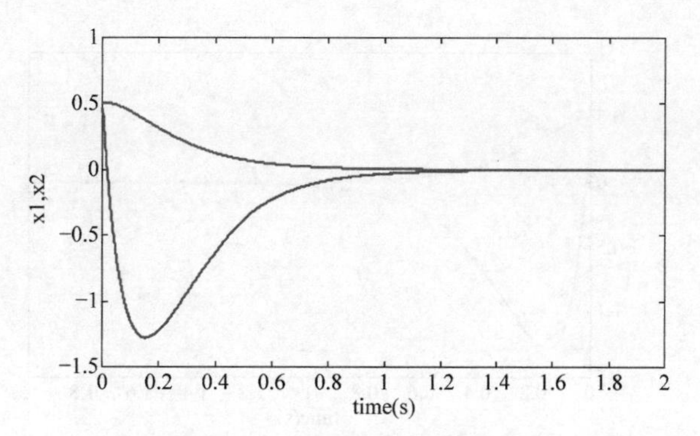

图 10.2　状态变量的变化曲线($M=1$)

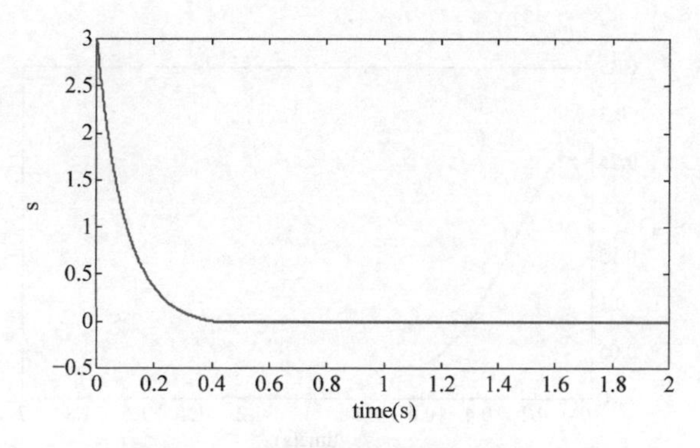

图 10.3　切换函数变化曲线($M=1$)

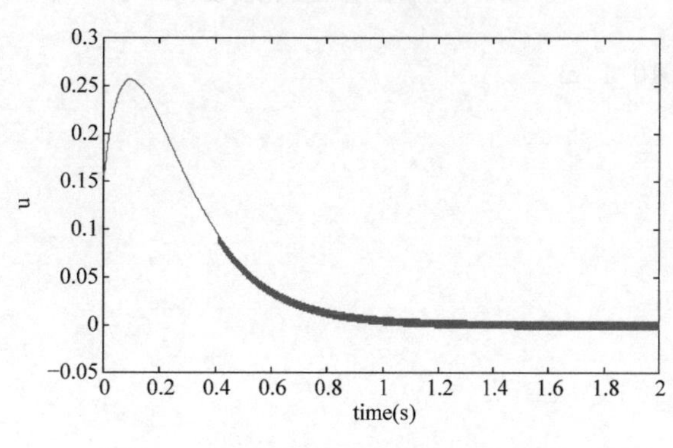

图 10.4　控制器输出变化曲线($M=1$)

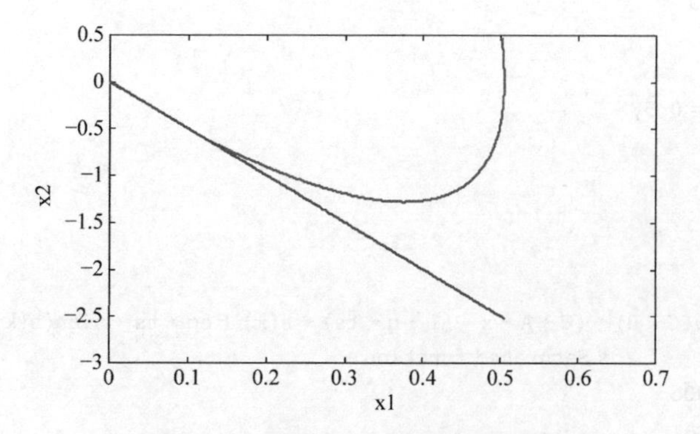

图 10.5　滑模运动相轨迹($M=1$)

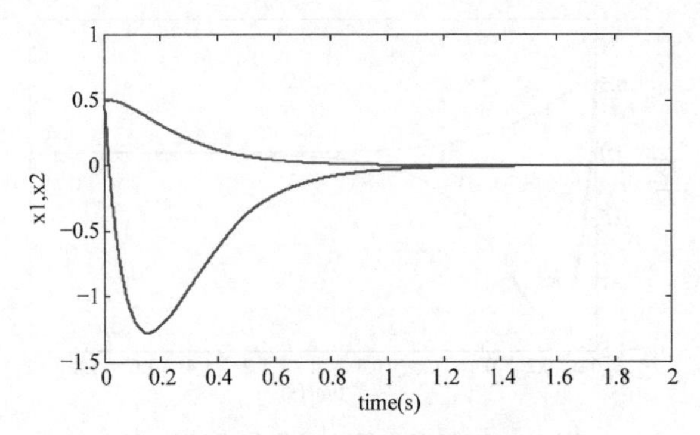

图 10.6 状态变量的变化曲线($M=2$)

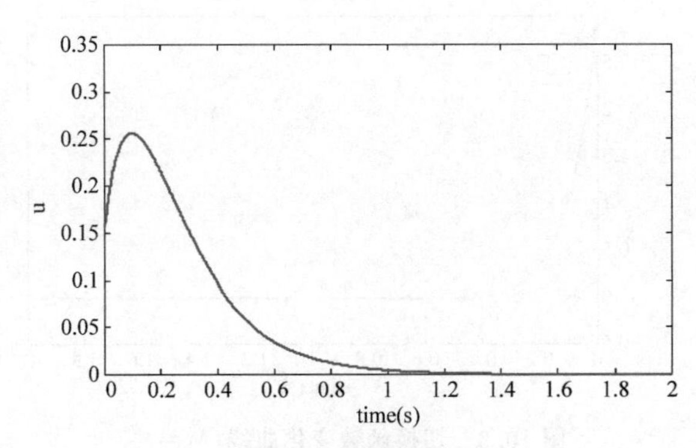

图 10.7 控制器输出变化曲线($M=2$)

仿真程序：chap10_1.m

```
clear all;
close all;

A = [1 0.0010;
   0 0.9753];
B = [ - 0.0001;
    - 0.1314];
x = [0.5;0.5];

ts = 0.001;
for k = 1:1:2000
time(k) = k * ts;

c = 5;q = 10;ep = 0.5;
C = [c 1];
s(k) = C * x;

M = 2;
if M == 1
    u(k) =- inv(C * B) * (C * A * x - (1 - q * ts) * s(k) + ep * ts * sign(s(k)));
elseif M == 2           % Saturated function
    delta = 0.005;
    kk = 1/delta;
```

```
        if s(k)>delta
            sats=1;
        elseif abs(s(k))<=delta
            sats=kk*s(k);
        elseif s(k)<-delta
            sats=-1;
        end
        u(k)=-inv(C*B)*(C*A*x-(1-q*ts)*s(k)+ep*ts*sats);
    end

    x=A*x+B*u(k);

    x1(k)=x(1);
    x2(k)=x(2);
    end
    figure(1);
    plot(time,x1,'r',time,x2,'k','linewidth',2);
    xlabel('time(s)');ylabel('x1,x2');
    figure(2);
    plot(time,s,'r','linewidth',2);
    xlabel('time(s)');ylabel('s');
    figure(3);
    plot(time,u,'r','linewidth',2);
    xlabel('time(s)');ylabel('u');
    figure(4);
    plot(x1,x2,'r',x1,-c*x1,'b','linewidth',2);
    xlabel('x1');ylabel('x2');
```

10.3.4 基于趋近律的离散滑模控制位置跟踪

设二阶离散系统状态方程为

$$x(k+1)=\boldsymbol{A}x(k)+\boldsymbol{B}u(k) \tag{10.17}$$

其中,$x(k)=[x_1(k);x_2(k)]$。

设位置指令为 $r(k)$,其变化率为 $\mathrm{d}r(k)$,取 $R=[r(k);\ \mathrm{d}r(k)]$,$R1=[r(k+1);\ \mathrm{d}r(k+1)]$。

采用线性外推的方法预测 $r(k+1)$ 及 $\mathrm{d}r(k+1)$,即

$$r(k+1)=2r(k)-r(k-1),\quad \mathrm{d}r(k+1)=2\mathrm{d}r(k)-\mathrm{d}r(k-1) \tag{10.18}$$

切换函数为

$$s(k)=C_eE=C_e(R(k)-x(k))$$

其中,$C_e=[c\quad 1]$。则

$$\begin{aligned}s(k+1)&=C_e(R(k+1)-x(k+1))=C_e(R(k+1)-Ax(k)-Bu(k))\\&=C_eR(k+1)-C_e\boldsymbol{A}x(k)-C_e\boldsymbol{B}u(k)\end{aligned}$$

得到控制律为

$$u(k)=(C_e\boldsymbol{B})^{-1}(C_eR(k+1)-C_e\boldsymbol{A}x(k)-s(k+1)) \tag{10.19}$$

基于指数趋近律的离散趋近律为

$$s(k+1)=s(k)+T(-\varepsilon\mathrm{sgn}(s(k))-qs(k)) \tag{10.20}$$

将式(10.20)代入式(10.19)，得到基于指数趋近律的离散控制律为

$$u(k)=(C_e\boldsymbol{B})^{-1}(C_eR(k+1)-C_e\boldsymbol{A}x(k)-s(k)-\mathrm{d}s(k)) \tag{10.21}$$

其中，$\mathrm{d}s(k)=-\varepsilon T\operatorname{sgn}(s(k))-qTs(k))$。

对基于趋近律的离散滑模变结构控制来说，有3个参数可调，q、ε 和 c。趋近速度参数 q 主要影响切换函数的动态过渡过程，适当调整该参数能够改变系统向滑模面的趋近速度，可以更好地改善系统动态品质。q 越大，系统到达滑模面的速度越快，尤其是 q 越接近于 $1/T$ 时，系统趋近速度最快。对于切换函数的设计，主要是设计滑模面参数 c（即滑模面斜率），其目的是保证滑模运动渐近稳定且具有较快的动态响应速度。调节该参数对系统调节时间有较大的影响，滑模面参数 c 越大，滑模运动段响应越快，快速性越好。因而，增大 c 和 q 都可以相应提高系统的快速性。但是参数过大会导致控制量输出过大，并且在实际控制中，往往会引起系统的抖动。符号函数的增益参数 ε 是系统克服摄动及外干扰的主要参数，ε 越大，系统克服参数摄动和外干扰的能力就越强。但是，过大的增益将会导致系统抖振的加大，一般而言，系统的抖振幅度与 ε 成正比。

10.3.5 仿真实例

对象传递函数为

$$G(s)=\frac{133}{s(s+25)}$$

控制系统的采样周期为0.001s，将系统离散化后的状态方程为

$$x(k+1)=\boldsymbol{A}x(k)+\boldsymbol{B}u(k)$$

其中，$\boldsymbol{A}=\begin{bmatrix}1 & 0.0010\\ 0 & 0.9753\end{bmatrix}$，$\boldsymbol{B}=\begin{bmatrix}0.0001\\ 0.1314\end{bmatrix}$。

指令取正弦信号 $r(k)=0.5\sin(6\pi t)$，其中频率 $F=3\mathrm{Hz}$，采用控制律式(10.21)，控制器参数为 $c=10$，$\varepsilon=5$，$q=30$。初始状态取[−0.5，−0.5]。

分别采用两种仿真方法，即M语言和Simulink环境进行仿真。

(1) 采用M语言，仿真结果如图10.8～图10.10所示。

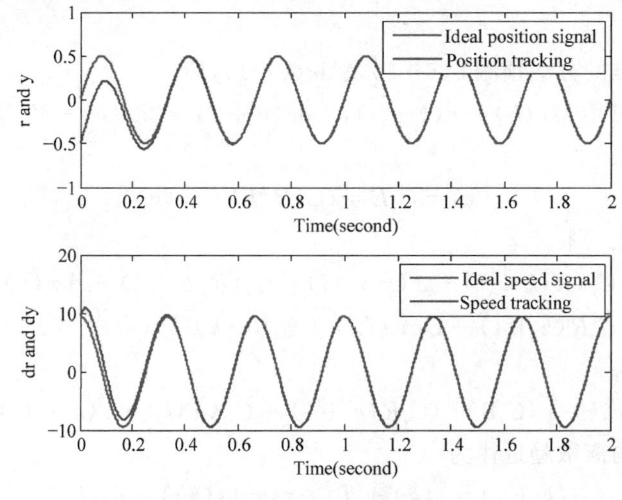

图10.8 位置和速度跟踪

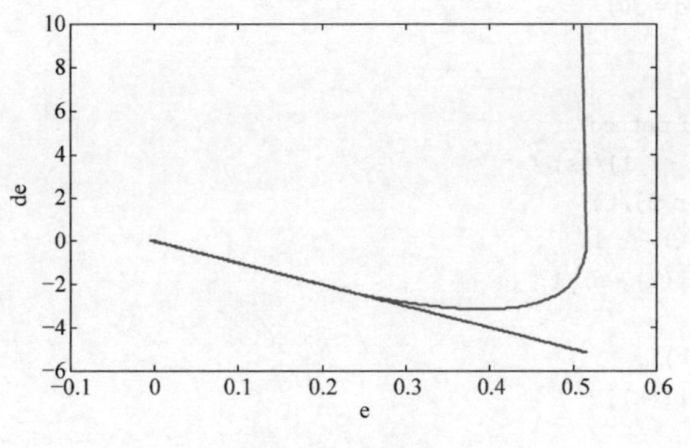

图 10.9 相轨迹

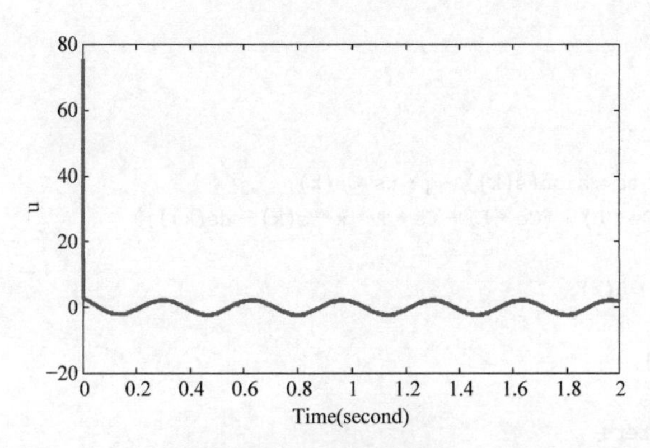

图 10.10 控制器输出

仿真程序：chap10_2.m

```
%Discrete Reaching Law VSS Control
clear all;
close all;

a = 25;b = 133;

ts = 0.001;
A1 = [0,1;0, -a];
B1 = [0;b];
C1 = [1,0];
D1 = 0;
[A,B,C,D] = c2dm(A1,B1,C1,D1,ts,'z');

x = [ -0.5; -0.5];
r_1 = 0;r_2 = 0;

for k = 1:1:2000

time(k) = k * ts;

   r(k) = 0.5 * sin(3 * 2 * pi * k * ts);
```

```
    c = 10;eq = 5;q = 30;
    Ce = [c,1];

    % UsingWaitui method
    dr(k) = (r(k) - r_1)/ts;
    dr_1 = (r_1 - r_2)/ts;
    r1(k) = 2 * r(k) - r_1;
    dr1(k) = 2 * dr(k) - dr_1;

    R = [r(k);dr(k)];
    R1 = [r1(k);dr1(k)];

    E = R - x;
    e(k) = E(1);
    de(k) = E(2);

    s(k) = Ce * E;

    ds(k) =- eq * ts * sign(s(k)) - q * ts * s(k);
     u(k) = inv(Ce * B) * (Ce * R1 - Ce * A * x - s(k) - ds(k));

     x = A * x + B * u(k);
     y(k) = x(1);
     dy(k) = x(2);

% Update Parameters
r_2 = r_1;
r_1 = r(k);
end
figure(1);
subplot(211);
plot(time,r,'r',time,y,'b','linewidth',2);
xlabel('Time(second)');ylabel('(r and y)');
legend('ideal position signal','position tracking');
subplot(212);
plot(time,dr,'r',time,dy,'b','linewidth',2);
xlabel('Time(second)');ylabel('(dr and dy)');
legend('ideal speed signal','speed tracking');

figure(2);
plot(time,s,'r','linewidth',2);
xlabel('Time(second)');ylabel('Switch function s');
figure(3);
plot(e,de,'r',e, - c * e,'b','linewidth',2);
xlabel('e');ylabel('de');
figure(4);
plot(time,u,'r','linewidth',2);
xlabel('Time(second)');ylabel('control input,u');
```

(2) 采用 Simulink 环境。

利用 S 函数实现离散控制器的设计及仿真结果的输出。在 S 函数中，采用初始化、更新函数和输出函数，即 mdlInitializeSizes 函数、mdlUpdates 函数和 mdlOutputs 函数。在 S 函数的初始化函数中采用 sizes 结构，选择 1 个输出，5 个输入。其中前 3 个输入为位置指令及其延迟，后 2 个输入为实际位置及其延迟。S 函数嵌入在 Simulink 程序中。仿真结果如图 10.11～图 10.13 所示。

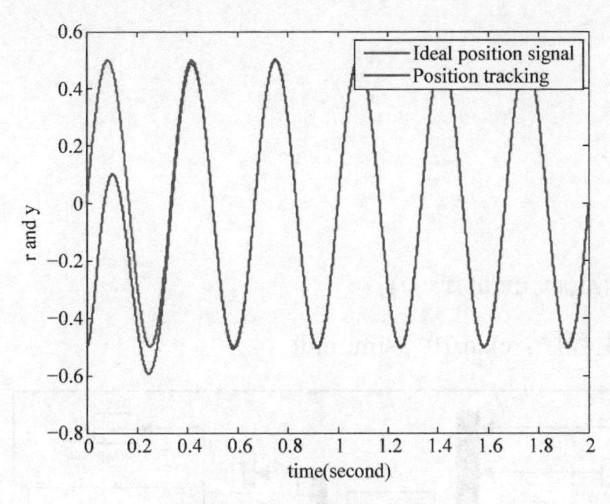

图 10.11　正弦信号跟踪

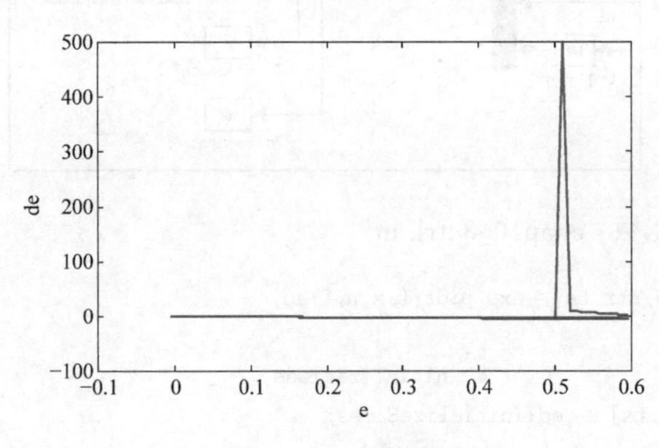

图 10.12　相轨迹

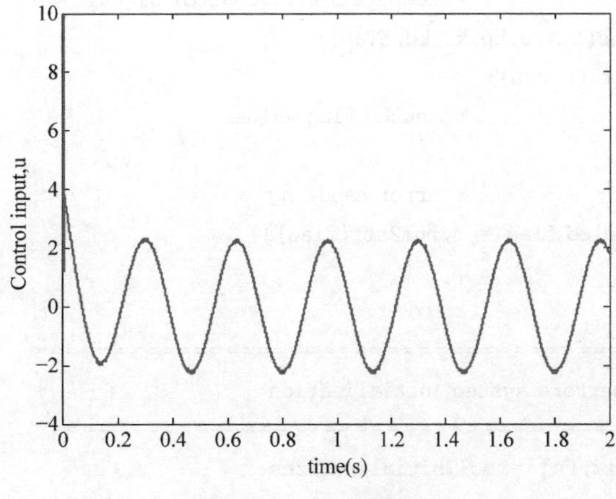

图 10.13　控制器输出

仿真程序：

(1) 初始化程序：chap10_3int.m

```
clear all;
close all;

a = 25;b = 133;

T = 0.001;
A1 = [0,1;0, - a];
B1 = [0;b];
C1 = [1,0];
D1 = 0;
[A,B,C,D] = c2dm(A1,B1,C1,D1,T,'z');
```

(2) Simulink 主程序：chap10_3sim.mdl

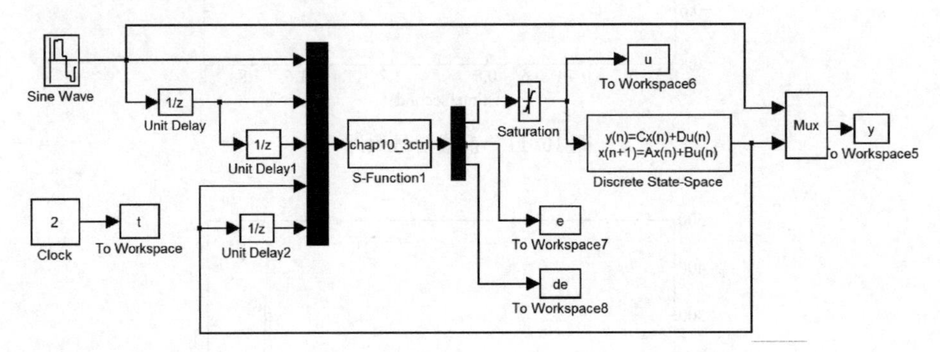

(3) 控制器 S 函数：chap10_3ctrl.m

```
function [sys,x0,str,ts] = exp_pidf(t,x,u,flag)
switchflag,
case0                          % initializations
    [sys,x0,str,ts] = mdlInitializeSizes;
case2                          % discrete states updates
    sys = mdlUpdates(x,u);
case3                          % computation of control signal
 % sys = mdlOutputs(t,x,u,kp,ki,kd,MTab);
    sys = mdlOutputs(t,x,u);
case{1, 4, 9}                  % unused flag values
    sys = [];
otherwise                      % error handling
    error(['Unhandled flag = ',num2str(flag)]);
end;

 % ==============================================
 % when flag = 0, perform system initialization
 % ==============================================
function[sys,x0,str,ts] = mdlInitializeSizes
sizes = simsizes;              % read default control variables
```

```
sizes.NumContStates = 0;      % no continuous states
sizes.NumDiscStates = 3;      % 3 states
sizes.NumOutputs = 3;         % 1 output variables: control u(t) and state x(3)
sizes.NumInputs = 5;          % 5 input signals
sizes.DirFeedthrough = 1;     % input reflected directly in output
sizes.NumSampleTimes = 1;     % single sampling period
sys = simsizes(sizes);        %
x0  = [0; 0; 0];              % zero initial states
str = [];
ts  = [-1 0];                 % sampling period
 % ==================================================
 % when flag = 2, updates the discrete states
 % ==================================================
functionsys = mdlUpdates(x,u)
   T = 0.001;

sys = [(u(1) - u(2))/T;
     (u(2) - u(3))/T;
     (u(4) - u(5))/T];

 % ==================================================
 % when flag = 3, computates the output signals
 % ==================================================
function sys = mdlOutputs(t,x,u,kp,ki,kd,MTab)
   T = 0.001;

  r = u(1);
  r_1 = u(2);
  r_2 = u(3);
  dr = x(1);
  dr_1 = x(2);

  xp(1) = u(4);
  xp(2) = x(3);

  c = 10;eq = 5;q = 30;
  Ce = [c,1];


A = [1.0000     0.0010;
   0     0.9753];
B = [0.0001;
   0.1314];

   % Using Waitui method
  r1 = 2 * r - r_1;
  dr1 = 2 * dr - dr_1;
```

```
    R = [r;dr];
    R1 = [r1;dr1];

    E = R - xp';
    e = E(1);
    de = E(2);

    s = Ce * E;

    ds = - eq * T * sign(s) - q * T * s;
     ut = inv(Ce * B) * (Ce * R1 - Ce * A * xp' - s - ds);

sys(1) = ut;
sys(2) = e;
sys(3) = de;
```

(4) 作图程序：chap10_3plot.m

```
close all;

figure(1);
plot(t,y(:,1),'r',t,y(:,2),'b','linewidth',2);
xlabel('Time(second)');ylabel('(r and y)');
legend('ideal position signal','position tracking');

figure(2);
c = 10;
plot(e,de,'r',e, - c * e,'b','linewidth',2);
xlabel('e');ylabel('de');

figure(3);
plot(t,u,'r','linewidth',2);
xlabel('time(s)');ylabel('control input,u');
```

10.4 基于等效控制的离散滑模控制

10.4.1 控制器设计

对离散系统

$$\boldsymbol{x}(k+1)=\boldsymbol{A}\boldsymbol{x}(k)+\boldsymbol{B}u(k) \tag{10.22}$$

取切换函数

$$s(k)=\boldsymbol{C}_{\mathrm{e}}\boldsymbol{x}(k) \tag{10.23}$$

离散系统进入理想滑动模态时，$s(k)$满足：

$$s(k+1)=s(k) \tag{10.24}$$

即

$$s(k+1)=\boldsymbol{C}_{\mathrm{e}}\boldsymbol{x}(k+1)=\boldsymbol{C}_{\mathrm{e}}\boldsymbol{A}\boldsymbol{x}(k)+\boldsymbol{C}_{\mathrm{e}}\boldsymbol{B}u(k) \tag{10.25}$$

此时的 $u(k)$ 即为 $u_{\mathrm{eq}}(k)$，从而可得等效控制为

$$u_{\mathrm{eq}}(k)=-(\boldsymbol{C}_{\mathrm{e}}\boldsymbol{B})^{-1}\boldsymbol{C}_{\mathrm{e}}(\boldsymbol{A}-\boldsymbol{I})\boldsymbol{x}(k) \tag{10.26}$$

K. Furuta 提出了一种离散滑模变结构控制律[3]，采用以等效控制为基础的形式：

$$u(k)=u_{\mathrm{eq}}+\boldsymbol{F}_{\mathrm{D}}\boldsymbol{x}(k) \tag{10.27}$$

式中，$\boldsymbol{F}_{\mathrm{D}}=[f_1,f_2,\cdots,f_n]$，$\boldsymbol{F}_{\mathrm{D}}$ 中的各个元素表示系统各状态变量的增益。

10.4.2 稳定性分析

定义 Lyapunov 函数

$$V(k)=\frac{1}{2}s(k)^2 \tag{10.28}$$

由式(10.23)得

$$s(k+1)=\boldsymbol{C}_{\mathrm{e}}\boldsymbol{x}(k+1)=\boldsymbol{C}_{\mathrm{e}}\boldsymbol{A}\boldsymbol{x}(k)+\boldsymbol{C}_{\mathrm{e}}\boldsymbol{B}u(k) \tag{10.29}$$

将控制律式(10.27)代入式(10.29)，得

$$\begin{aligned}s(k+1)&=\boldsymbol{C}_{\mathrm{e}}\boldsymbol{A}\boldsymbol{x}(k)-\boldsymbol{C}_{\mathrm{e}}(\boldsymbol{A}-\boldsymbol{I})\boldsymbol{x}(k)+\boldsymbol{C}_{\mathrm{e}}\boldsymbol{B}\boldsymbol{F}_{\mathrm{D}}\boldsymbol{x}(k)\\&=\boldsymbol{C}_{\mathrm{e}}\boldsymbol{x}(k)+\boldsymbol{C}_{\mathrm{e}}\boldsymbol{B}\boldsymbol{F}_{\mathrm{D}}\boldsymbol{x}(k)=s(k)+\boldsymbol{C}_{\mathrm{e}}\boldsymbol{B}\boldsymbol{F}_{\mathrm{D}}\boldsymbol{x}(k)\end{aligned}$$

则

$$s(k+1)^2-s(k)^2=2s(k)\boldsymbol{C}_{\mathrm{e}}\boldsymbol{B}\boldsymbol{F}_{\mathrm{D}}\boldsymbol{x}(k)+(\boldsymbol{C}_{\mathrm{e}}\boldsymbol{B}\boldsymbol{F}_{\mathrm{D}}\boldsymbol{x}(k))^2$$

要使 $s(k+1)^2-s(k)^2<0$，只要

$$(\boldsymbol{C}_{\mathrm{e}}\boldsymbol{B}\boldsymbol{F}_{\mathrm{D}}\boldsymbol{x}(k))^2<-2s(k)\boldsymbol{C}_{\mathrm{e}}\boldsymbol{B}\boldsymbol{F}_{\mathrm{D}}\boldsymbol{x}(k)$$

即

$$\frac{1}{2}(\boldsymbol{C}_{\mathrm{e}}\boldsymbol{B})^2\left(\sum_{i=1}^{n}f_ix_i(k)\right)^2<-s(k)\boldsymbol{C}_{\mathrm{e}}\boldsymbol{B}\sum_{i=1}^{n}f_ix_i(k)$$

取 $|f_i|=f_0$，$f_0>0$。则对于每一个 i，有

$$\frac{1}{2}(\boldsymbol{C}_{\mathrm{e}}\boldsymbol{B})^2\left|f_ix_i(k)\right|\sum_{i=1}^{n}\left|f_ix_i(k)\right|<-s(k)\boldsymbol{C}_{\mathrm{e}}\boldsymbol{B}f_ix_i(k) \tag{10.30}$$

定义

$$\delta_i=\frac{1}{2}f_0(\boldsymbol{C}_{\mathrm{e}}\boldsymbol{B})^2\left|x_i(k)\right|\sum_{i=1}^{n}\left|x_i(k)\right| \tag{10.31}$$

将式(10.31)代入式(10.30)，得

$$f_0\delta_i<-s(k)\boldsymbol{C}_{\mathrm{e}}\boldsymbol{B}f_ix_i(k) \tag{10.32}$$

根据式(10.32)，可知

(1) 当 $f_i=f_0$ 时，有 $s(k)\boldsymbol{C}_{\mathrm{e}}\boldsymbol{B}x_i(k)<-\delta_i$；

(2) 当 $f_i=-f_0$ 时，有 $s(k)\boldsymbol{C}_{\mathrm{e}}\boldsymbol{B}x_i(k)>\delta_i$。

由此可得

$$\left|s(k)\boldsymbol{C}_{\mathrm{e}}\boldsymbol{B}x_i(k)\right|>\delta_i \tag{10.33}$$

即

$$|s(k)| > \frac{\delta_i}{|\boldsymbol{C}_e\boldsymbol{B}x_i(k)|} \tag{10.34}$$

可见，离散到达条件(10.2节中的式(10.7))只能保证在式(10.34)条件下成立。

由式(10.31)和式(10.34)得

$$|s(k)| > \frac{\frac{1}{2}f_0(\boldsymbol{C}_e\boldsymbol{B})^2\,|x_i(k)|\sum_{i=1}^{n}|x_i(k)|}{|\boldsymbol{C}_e\boldsymbol{B}x_i(k)|} = \frac{f_0\,|\boldsymbol{C}_e\boldsymbol{B}|\sum_{i=1}^{n}|x_i(k)|}{2}$$

即

$$f_0 < \frac{2|s(k)|}{|\boldsymbol{C}_e\boldsymbol{B}|\sum_{i=1}^{n}|x_i(k)|} \tag{10.35}$$

综上所述，针对离散系统式(10.22)，基于等效控制的离散滑模控制律由式(10.26)、式(10.27)和式(10.35)构成。

10.4.3 仿真实例

对象传递函数为

$$G(s) = \frac{133}{s(s+25)}$$

采样时间为1ms，采用z变换进行离散化，离散状态方程为

$$\begin{cases} \boldsymbol{x}(k+1) = \boldsymbol{A}\boldsymbol{x}(k) + \boldsymbol{B}u(k) \\ y(k+1) = \boldsymbol{C}\boldsymbol{x}(k) + D \end{cases}$$

其中，$\boldsymbol{A}=\begin{bmatrix}1 & 0.0010\\ 0 & 0.9753\end{bmatrix}$，$\boldsymbol{B}=\begin{bmatrix}0.0001\\ 0.1314\end{bmatrix}$，$\boldsymbol{C}=[1\quad 0]$，$D=0$。

设被控对象的初值为$\boldsymbol{x}(0)=[0.5\quad 0.5]^{\mathrm{T}}$。采用基于等效控制的离散滑模控制律式(10.27)，取$f_0=\dfrac{2|s(k)|}{|\boldsymbol{C}_e\boldsymbol{B}|\sum_{i=1}^{n}|x_i(k)|+1.0}$，$\boldsymbol{C}_e=[20\quad 1]$，仿真结果如图10.14～图10.16所示。

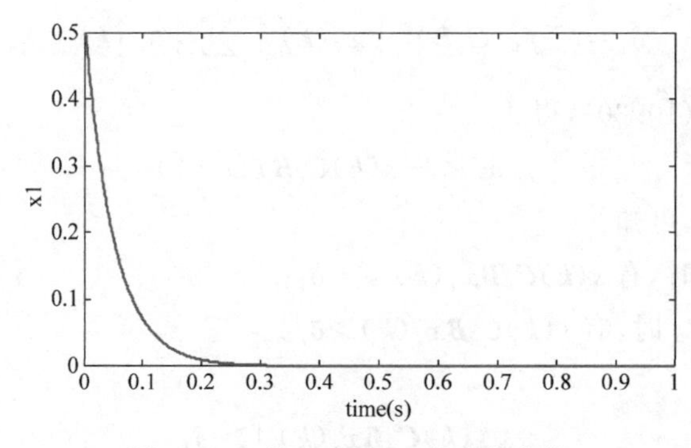

图10.14 状态变量x_1的变化曲线

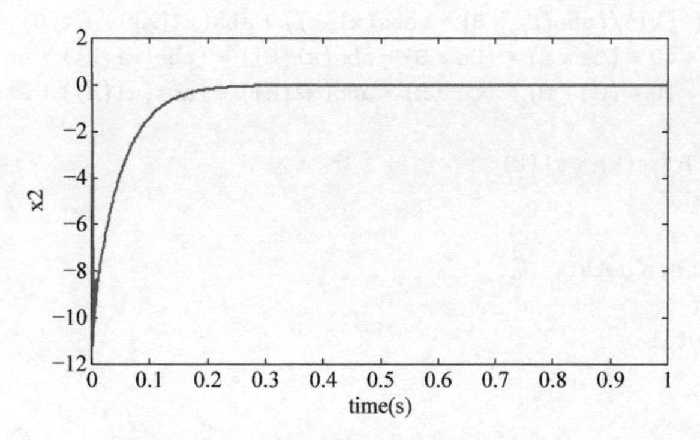

图 10.15 状态变量 x_2 的变化曲线

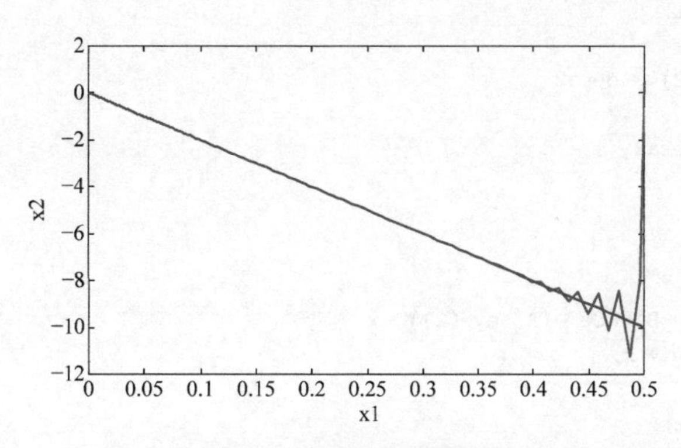

图 10.16 滑模运动的相轨迹

仿真程序：chap10_4.m

```
clear all;
close all;

a = 25;b = 133;
A1 = [0,1;0, - a];
B1 = [0;b];
C1 = [1,0];
D1 = 0;

ts = 0.001;
[A,B,C,D] = c2dm(A1,B1,C1,D1,ts,'z');

c = 20;
Ce = [c,1];
x = [0.5;0.5];

ts = 0.001;
for k = 1:1:1000
time(k) = k * ts;

    s(k) = Ce * x;
    x1(k) = x(1);
    x2(k) = x(2);
```

```
    f0 = 2 * abs(s(k))/(abs(Ce * B) * (abs(x1(k)) + abs(x2(k))) + 1.0);
    deta1 = 0.5 * f0 * (Ce * B) * (Ce * B) * abs(x1(k)) * (abs(x1(k)) + abs(x2(k)));
    deta2 = 0.5 * f0 * (Ce * B) * (Ce * B) * abs(x2(k)) * (abs(x1(k)) + abs(x2(k)));

    cond1 = Ce * B * s(k) * x1(k);
if cond1 < - deta1
   f1 = f0;
elseif abs(cond1)< = deta1
   f1 = 0;
elseif cond1 > deta1
   f1 =- f0;
end

cond2 = Ce * B * s(k) * x2(k);
if cond2 < - deta2
   f2 = f0;
elseif abs(cond2)< = deta2
   f2 = 0;
elseif cond2 > deta2
   f2 =- f0;
end

Fd = [f1,f2];
ueq(k) =- 1/(Ce * B) * Ce * (A - eye(2)) * x;
u(k) = ueq(k) + Fd * x;

x = A * x + B * u(k);

end
figure(1);
plot(time,x1,'r','linewidth',2);
xlabel('time(s)');ylabel('x1');
figure(2);
plot(time,x2,'r','linewidth',2);
xlabel('time(s)');ylabel('x2');
figure(3);
plot(time,u,'r','linewidth',2);
xlabel('time(s)');ylabel('control input,u');
figure(4);
plot(x1,x2,'r',x1, - c * x1,'b','linewidth',2);
xlabel('x1');ylabel('x2');
```

10.5 基于变速趋近律的滑模控制

指数趋近律的离散形式有它自身的缺点，即切换带为带状，当系统在切换带中运动时，最后不能趋近于原点，而是趋近于原点附近的一个抖动。这种抖动将可能激励系统中存在的未建模高频成分，并可能增加控制器的负担。

10.5.1 变速趋近律设计

连续变结构控制系统的变速趋近律[4]：

$$\dot{s}=-\varepsilon\|\boldsymbol{x}\|_1\operatorname{sgn}(s) \tag{10.36}$$

其中，$\|\boldsymbol{x}\|_1=\sum_{i=1}^{n}|x_i|$为系统状态范数。

变速趋近律采用全部状态变量构成的控制，趋近速度为$\varepsilon\|\boldsymbol{x}\|_1$，与$\|\boldsymbol{x}\|_1$成比例，比例系数是$\varepsilon$。如果$\|\boldsymbol{x}\|_1$很大，且$\varepsilon$较大，则到达切换面时，系统将具有较大的速度，会引起较大的抖振；如果ε太小，则趋近速度很慢，正常运动段将是慢速的，调节时间长。由于$\dot{s}s=-\varepsilon\|\boldsymbol{x}\|_1\operatorname{sgn}(s)s=-\varepsilon\|\boldsymbol{x}\|_1|s|<0$，因而，变速趋近律满足滑动模态的存在性和到达性条件，所以可以将系统引导到滑动模态上。

将此变速趋近律应用到离散系统中，其相应的离散形式为

$$s(k+1)-s(k)=-\varepsilon T\|\boldsymbol{x}(k)\|_1\operatorname{sgn}(s(k)) \tag{10.37}$$

10.5.2 基于变速趋近律的滑模控制

考虑二阶离散系统状态方程如下：

$$\boldsymbol{x}(k+1)=\boldsymbol{A}\boldsymbol{x}(k)+\boldsymbol{B}u(k) \tag{10.38}$$

设位置指令为$r(k)$，其变化率为$dr(k)$，则$\boldsymbol{R}=[r(k)\ dr(k)]^{\mathrm{T}}$，$\boldsymbol{R}_1=[r(k+1)\ dr(k+1)]^{\mathrm{T}}$。$r(k+1)$及$dr(k+1)$采用线性外推的方法进行预测$r(k+1)=2r(k)-r(k-1)$，$dr(k+1)=2dr(k)-dr(k-1)$。

切换函数为

$$s(k)=\boldsymbol{C}_{\mathrm{e}}\boldsymbol{E}=\boldsymbol{C}_{\mathrm{e}}(\boldsymbol{R}(k)-\boldsymbol{x}(k)) \tag{10.39}$$

其中，$\boldsymbol{C}_{\mathrm{e}}=[c\quad 1]$。则

$$\begin{aligned}s(k+1)&=\boldsymbol{C}_{\mathrm{e}}(\boldsymbol{R}(k+1)-\boldsymbol{x}(k+1))=\boldsymbol{C}_{\mathrm{e}}(\boldsymbol{R}(k+1)-\boldsymbol{A}\boldsymbol{x}(k)-\boldsymbol{B}u(k))\\&=\boldsymbol{C}_{\mathrm{e}}\boldsymbol{R}(k+1)-\boldsymbol{C}_{\mathrm{e}}\boldsymbol{A}\boldsymbol{x}(k)-\boldsymbol{C}_{\mathrm{e}}\boldsymbol{B}u(k)\end{aligned}$$

得到控制律为

$$u(k)=(\boldsymbol{C}_{\mathrm{e}}\boldsymbol{B})^{-1}(\boldsymbol{C}_{\mathrm{e}}\boldsymbol{R}(k+1)-\boldsymbol{C}_{\mathrm{e}}\boldsymbol{A}\boldsymbol{x}(k)-s(k+1)) \tag{10.40}$$

将式(10.37)代入式(10.40)，得到基于变速趋近律的离散控制律：

$$u(k)=(\boldsymbol{C}_{\mathrm{e}}\boldsymbol{B})^{-1}(\boldsymbol{C}_{\mathrm{e}}\boldsymbol{R}(k+1)-\boldsymbol{C}_{\mathrm{e}}\boldsymbol{A}\boldsymbol{x}(k)-s(k)-ds(k)) \tag{10.41}$$

其中，$ds(k)=-\varepsilon T\|\boldsymbol{x}(k)\|_1\operatorname{sgn}(s(k))$。

设采样时间T很小时，离散滑动模态控制律式(10.41)满足离散滑模的存在和到达性条件[2]：

$$\begin{gathered}(s(k+1)-s(k))\operatorname{sgn}(s(k))<0,\\(s(k+1)+s(k))\operatorname{sgn}(s(k))>0\end{gathered} \tag{10.42}$$

稳定性证明：

由于

$$\begin{aligned}(s(k+1)-s(k))\operatorname{sgn}(s(k))&=(-\varepsilon T\|\boldsymbol{x}(k)\|_1\operatorname{sgn}(s(k)))\operatorname{sgn}(s(k))\\&=-\varepsilon T\|\boldsymbol{x}(k)\|_1<0\end{aligned}$$

当采样时间T很小时，有

$$\begin{aligned}(s(k+1)+s(k))\operatorname{sgn}(s(k))&=(2s(k)-\varepsilon T\|\boldsymbol{x}(k)\|_1\operatorname{sgn}(s(k)))\operatorname{sgn}(s(k))\\&=2|s(k)|-\varepsilon T\|\boldsymbol{x}(k)\|_1>0\end{aligned}$$

可见，滑模趋近律式(10.37)满足离散滑动模态的存在性和到达性条件，所设计的控制系统是稳定的。

离散滑模控制系统中的运动从任意初始点出发，单调地向滑模面运动，在有限时间内到达滑模面。一旦穿越滑模面，其每一个后继步都从另一面穿越滑模面，并一直进行下去，其每一步的长度非递增，其运动轨迹限于一特定带内，这个特定带就是切换区，定义切换区为

$$\{x \in R^n \mid -\Delta < s(k) < \Delta\} \tag{10.43}$$

对于指数趋近律，由10.3节式(10.13)可知，当 $s(k)=0^+$ 时，$s(k+1)=-\varepsilon T$；当 $s(k)=0^-$ 时，$s(k+1)=\varepsilon T$，说明指数趋近律的切换带是不过原点的宽度为 $2\varepsilon T$ 的带状，表明稳态时，系统滑模函数在这两个值之间来回切换。可见，如果不考虑其他造成抖振的因素，符号函数的增益值大小直接决定了系统稳态时的抖振幅度。为了减小抖振现象，应尽可能地减小符号函数的增益。

对于变速趋近律，由式(10.37)得

$$\text{当 } s(k)=0^+ \text{ 时，}\quad s(k+1)=-\varepsilon T\|\boldsymbol{x}(k)\|_1 \tag{10.44}$$

$$\text{当 } s(k)=0^- \text{ 时，}\quad s(k+1)=\varepsilon T\|\boldsymbol{x}(k)\|_1 \tag{10.45}$$

以上两式说明在二阶系统中，变速趋近律的切换带是由经过原点的两条射线组成，并且把 $s=0$ 夹在其中，切换带带宽为

$$2\Delta = 2\varepsilon T\|\boldsymbol{x}(k)\|_1 \tag{10.46}$$

由式(10.41)可见，采样周期大时系统的抖振比采样周期小时的抖振大，运动进入切换带后，穿越切换面的幅度将与 $\|\boldsymbol{x}(k)\|_1$ 成比例。因此当系统稳态后，可稳定于原点，具有良好的稳态性能。但是在系统刚进入切换带时，由于 $\|\boldsymbol{x}(k)\|_1$ 比较大，会产生大幅度的抖振，这是变速趋近律的不足之处。

图10.17和图10.18分别表示变速趋近律和指数趋近律的相轨迹，前者趋近于原点，后者趋近于原点附近的一个抖动，前者的切换区为扇形，后者的切换区为带状。图中切换区用虚线表示。

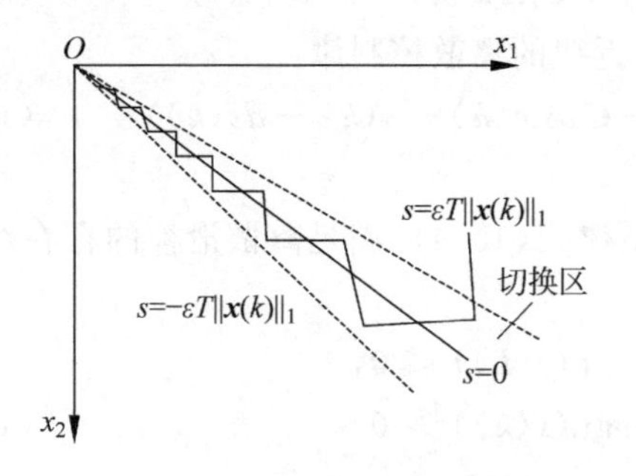

图10.17　变速趋近律相轨迹

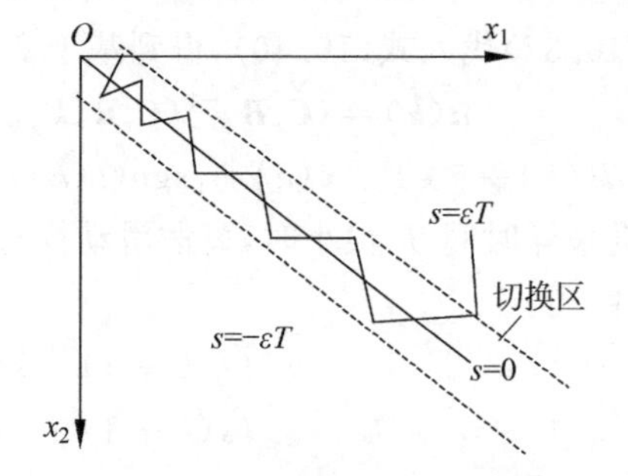

图10.18　指数趋近律相轨迹

10.5.3　基于组合趋近律的控制

指数趋近律的切换带是不过原点的宽度为 $2\varepsilon T$ 的带状，在稳态时，滑模函数在这两个值之间来回切换，会产生较大的稳态抖振。采用变速趋进律，切换带是由经过原点的

两条射线，并把 $s=0$ 夹在其中，稳态时，可稳定于原点，有效地降低了稳态时的抖振，具有良好的稳态性能。但当系统刚进入切换带时，由于 $\|\boldsymbol{x}(k)\|_1$ 比较大，变速趋进律会产生大幅度的抖振。

如果把指数趋近律和变速趋近律结合起来，即在滑模运动的前期，采用基于指数趋近律的控制律(10.3 节式(10.13))，在滑模运动的后期和稳定段，采用基于变速趋近律的控制律式(10.41)，可以克服两种趋近律的缺点，保留它们的优点，从而使系统性能达到最好。即选定一个正的实数 k_0，当 $\|\boldsymbol{x}(k)\|_1>k_0$ 时，采用指数趋近律；当 $\|\boldsymbol{x}(k)\|_1<k_0$ 时，采用变速趋近律。k_0 的选定必须适当，选得太大，会掩盖变速趋近律的优点；选得太小，则可能产生大幅度穿越抖动。两种控制律转折点的选择，可根据实际情况而定。

由式(10.21)和式(10.41)可得到系统的组合控制律：

$$u(k)=\begin{cases}(\boldsymbol{C}_{\mathrm{e}}\boldsymbol{B})^{-1}[\boldsymbol{C}_{\mathrm{e}}\boldsymbol{A}\boldsymbol{x}(k)-(1-qT)s(k)+\varepsilon T\operatorname{sgn}(s(k))+\boldsymbol{C}_{\mathrm{e}}f(k)], \\ \|\boldsymbol{x}(k)\|_1>k_0 \\ (\boldsymbol{C}_{\mathrm{e}}\boldsymbol{B})^{-1}[\boldsymbol{C}_{\mathrm{e}}\boldsymbol{A}\boldsymbol{x}(k)-s(k)+\varepsilon T\|\boldsymbol{x}(k)\|_1\operatorname{sgn}(s(k))], \\ \|\boldsymbol{x}(k)\|_1\leqslant k_0\end{cases} \tag{10.47}$$

10.5.4 仿真实例

对象传递函数为 $G(s)=\dfrac{133}{s(s+25)}$，控制系统的采样周期为 0.001s，将系统离散化后的状态方程为

$$\boldsymbol{x}(k+1)=\boldsymbol{A}\boldsymbol{x}(k)+\boldsymbol{B}u(k)$$

其中，$\boldsymbol{A}=\begin{bmatrix}1 & 0.0010\\0 & 0.9753\end{bmatrix}$，$\boldsymbol{B}=\begin{bmatrix}0.0001\\0.1314\end{bmatrix}$。

在组合趋近律中，指令取阶跃信号 $r(k)=10$，控制器参数为 $c=20,\varepsilon=5,q=30$，按下式确定控制律的转换点 $k_0=0.60$。

被控对象初值取[$-0.8\quad -0.5$]，控制输入信号范围为[$-10,+10$]。分别采用指数趋近律、变速趋近律和组合控制律。取 $M=1$ 时，采用指数趋近律，仿真结果如图 10.19～图 10.21 所示。取 $M=2$ 时，采用变速趋近律，仿真结果如图 10.22～图 10.24 所示。取 $M=3$ 时，采用组合控制律，仿真结果如图 10.25～图 10.27 所示。

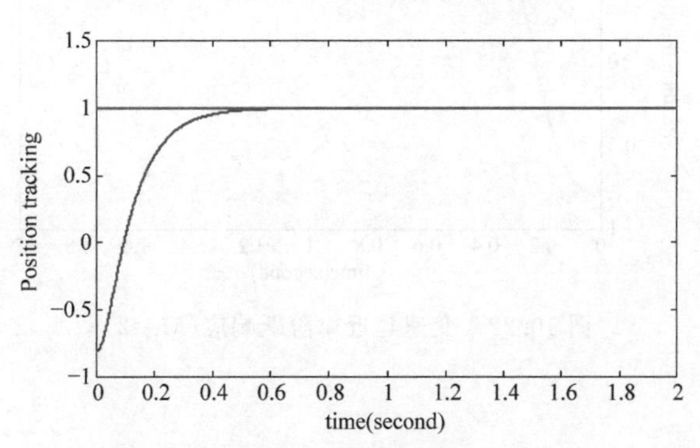

图 10.19 指数趋近律阶跃响应($M=1$)

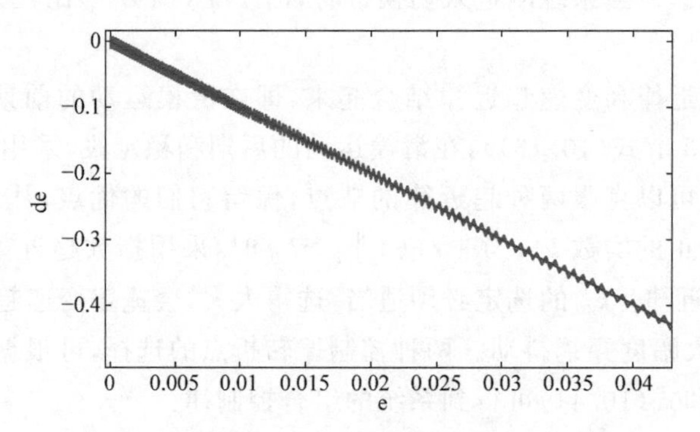

图 10.20　指数趋近律的相轨迹放大图($M=1$)

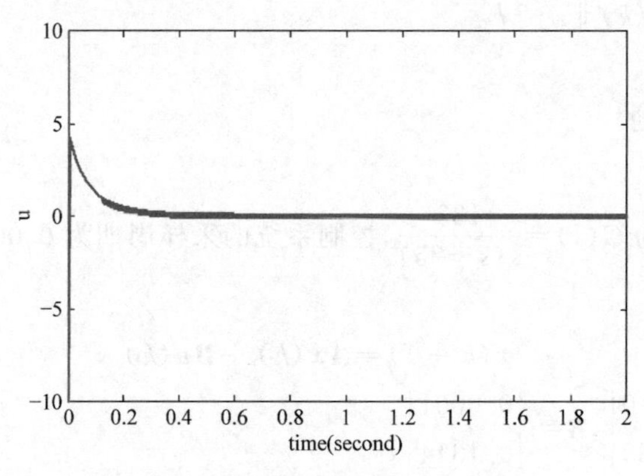

图 10.21　指数趋近律控制信号($M=1$)

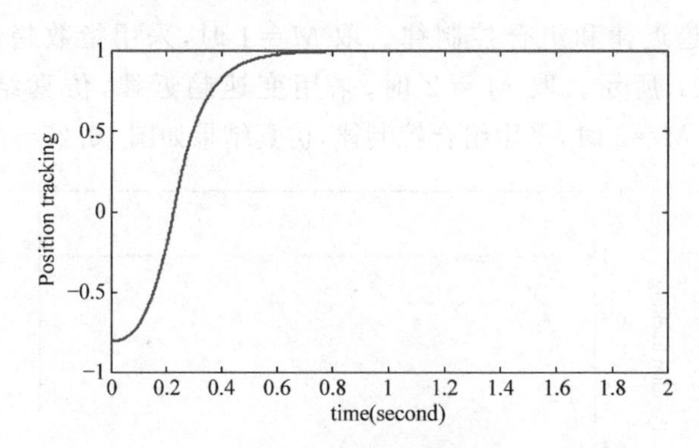

图 10.22　变速趋近律阶跃响应($M=2$)

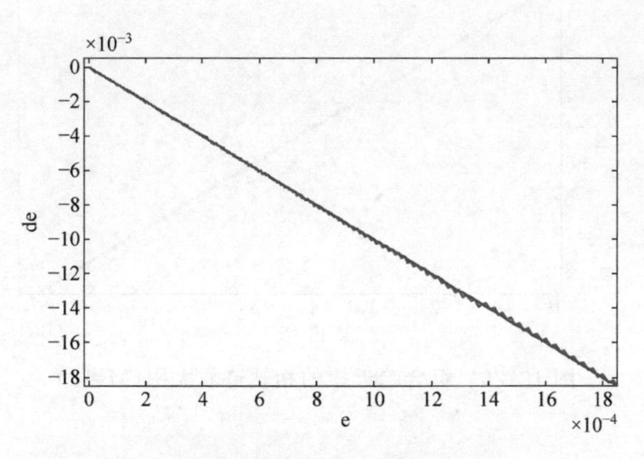

图 10.23 变速趋近律控制的相轨迹放大图($M=2$)

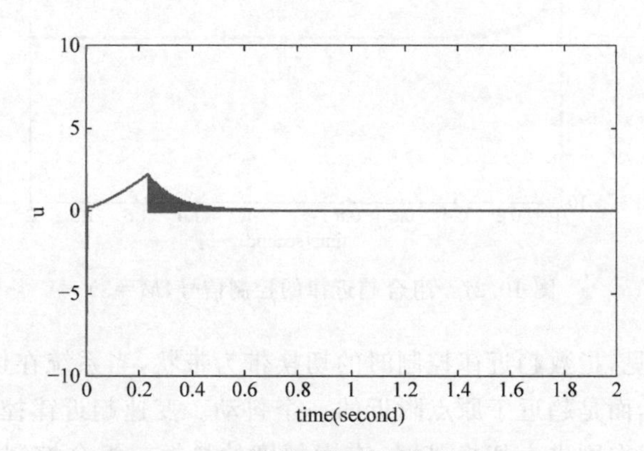

图 10.24 变速趋近律控制信号($M=2$)

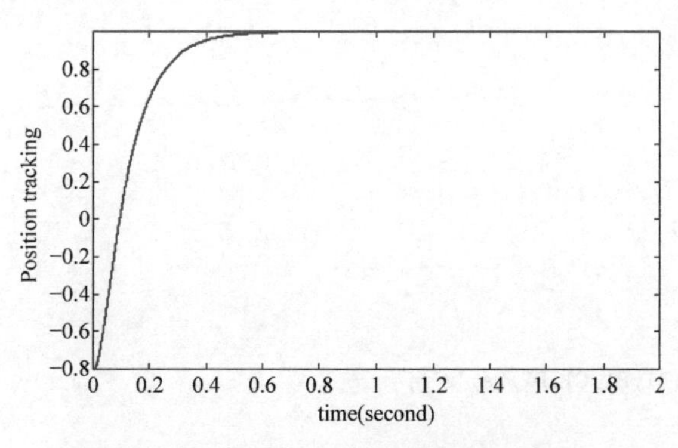

图 10.25 组合趋近律的阶跃响应($M=3$)

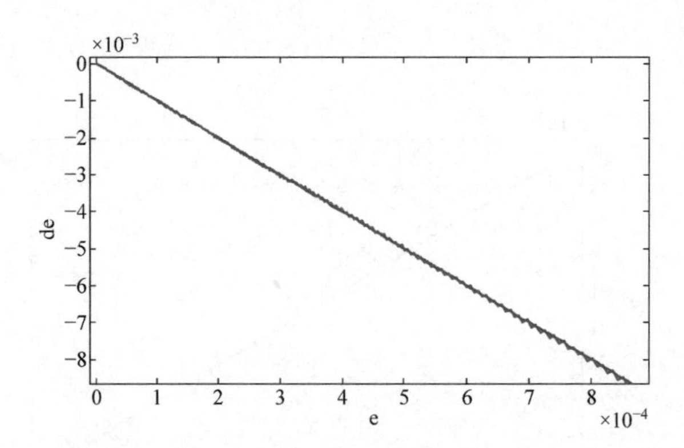

图 10.26　组合趋近律的相轨迹放大图($M=3$)

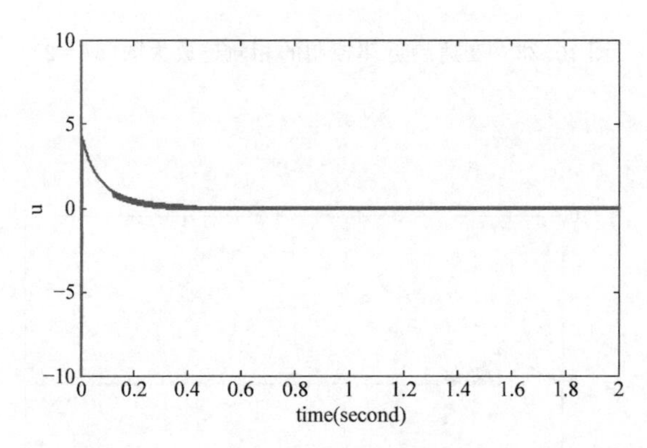

图 10.27　组合趋近律的控制信号($M=3$)

由仿真结果可见，指数趋近律控制时的切换带为带状，当系统在切换带中运动时，最后不能趋近于原点，而是趋近于原点附近的一个抖动。变速趋近律控制可以使系统进入稳态后趋近原点，但在刚进入切换带时，有大幅度的抖振。组合控制结合两种方法的优点，克服它们各自的缺点，达到很好的控制效果。

仿真程序：chap10_5. m

```
clear all;
close all;

a = 25;b = 133;
ts = 0.001;
A1 = [0,1;0, - a];
B1 = [0;b];
C1 = [1,0];
D1 = 0;
[A,B,C,D] = c2dm(A1,B1,C1,D1,ts,'z');

x = [ - 0.8; - 0.5];
r_1 = 0;r_2 = 0;

c = 5;
```

```
eq = 5;
q = 30;
Ce = [c,1];
for k = 1:1:2000
    time(k) = k * ts;
   r(k) = 1.0;

   % Using Waitui method
   dr(k) = (r(k) - r_1)/ts;
   dr_1 = (r_1 - r_2)/ts;
   r1(k) = 2 * r(k) - r_1;
   dr1(k) = 2 * dr(k) - dr_1;

   R = [r(k);dr(k)];
   R1 = [r1(k);dr1(k)];

   E = R - x;
   e(k) = E(1);
   de(k) = E(2);

   s(k) = Ce * E;

   X1 = abs(e(k)) + abs(de(k));

M = 2;
if M == 1 %EXP reaching law
   ds(k) =- eq * ts * sign(s(k)) - q * ts * s(k);
   u(k) = inv(Ce * B) * (Ce * R1 - Ce * A * x - s(k) - ds(k));
elseif M == 2 %Variable rate reachine law
   ds(k) =- eq * ts * X1 * sign(s(k));
   u(k) = inv(Ce * B) * (Ce * R1 - Ce * A * x - s(k) - ds(k));
elseif M == 3 %Composite reaching law
   k0 = 0.60;
   if X1 > k0 %EXP reachine law
      ds(k) =- eq * ts * sign(s(k)) - q * ts * s(k);
      u(k) = inv(Ce * B) * (Ce * R1 - Ce * A * x - s(k) - ds(k));
   elseif X1 <= k0 %Variable rate reachine law
   ds(k) =- eq * ts * X1 * sign(s(k));
   u(k) = inv(Ce * B) * (Ce * R1 - Ce * A * x - s(k) - ds(k));
   end
end

x = A * x + B * u(k);
y(k) = x(1);

 % Update Parameters
r_2 = r_1;
r_1 = r(k);
end
figure(1)
plot(time,r,'r',time,y,'b','linewidth',2);
```

```
xlabel('Time(second)');ylabel('Position tracking');
figure(2)
plot(time,s,'r','linewidth',2);
xlabel('Time(second)');ylabel('Switch function s');
figure(3)
plot(e,de,'r',e,-c*e,'b','linewidth',2);
xlabel('e');ylabel('de');
figure(4)
plot(time,u,'r','linewidth',2);
xlabel('Time(second)');ylabel('control input,u');
```

10.6 自适应离散滑模控制

利用离散趋近律设计离散系统的滑模变结构控制律，具有诸多优越性，但受到离散趋近律的参数和离散时间系统的采样周期的影响，系统会出现很大的抖振。本节根据参考文献[5]介绍的方法，对离散指数趋近律的抖振进行分析及控制律设计。

10.6.1 离散指数趋近律控制的抖振分析

基于指数的离散趋近律为

$$s(k+1)=(1-qT)s(k)-\varepsilon T\operatorname{sgn}(s(k)) \tag{10.48}$$

$$\begin{aligned} s(k+1)&=(1-qT)s(k)-\varepsilon T\frac{s(k)}{|s(k)|}\\ &=\left(1-qT-\frac{\varepsilon T}{|s(k)|}\right)s(k)=ps(k) \end{aligned} \tag{10.49}$$

其中，采样时间 T 很小，$T\ll 1.0$。

由式(10.49)可知

$$|p|=\frac{|s(k+1)|}{|s(k)|},\quad p=1-qT-\frac{\varepsilon T}{|s(k)|} \tag{10.50}$$

显然 $p<1$。

针对式(10.49)，分以下三种情况进行分析。

(1) 当$|s(k)|>\dfrac{\varepsilon T}{2-qT}$时，有

$$p>1-Tq-\frac{\varepsilon T(2-qT)}{\varepsilon T}=1-Tq-(2-qT)=-1$$

则$|p|<1$，$|s(k+1)|<|s(k)|$，$|s(k)|$是递减的。

(2) 当$|s(k)|<\dfrac{\varepsilon T}{2-qT}$时，有

$$p<1-Tq-\frac{\varepsilon T(2-qT)}{\varepsilon T}=1-Tq-(2-qT)=-1$$

则$|p|>1$，$|s(k+1)|>|s(k)|$，$|s(k)|$是递增的。

(3) 当$|s(k)|=\dfrac{\varepsilon T}{2-qT}$时,有

$$p=1-Tq-\frac{\varepsilon T(2-qT)}{\varepsilon T}=-1$$

即$|p|=1$,$|s(k+1)|=|s(k)|$,$s(k)$进入振荡状态。

由上述分析可知,$s(k)$值递减的充分条件为

$$|s(k)|>\frac{\varepsilon T}{2-qT} \tag{10.51}$$

在滑模运动过程中,$|s(k)|$的值无限接近$\dfrac{\varepsilon T}{2-qT}$,一旦满足$|s(k)|=\dfrac{\varepsilon T}{2-qT}$,系统就进入振荡状态,对于任意初始值$s(0)\neq 0$,当$k\to\infty$,$|s(k)|\to\dfrac{\varepsilon T}{2-qT}$,且当$|s(k)|=\dfrac{\varepsilon T}{2-qT}$时,有$s(k+1)=-s(k)$。

因此,当$k\to\infty$时,滑模运动的稳态振荡幅度为

$$h=\frac{\varepsilon T}{2-qT} \tag{10.52}$$

可见,$s(k)$的收敛程度受ε,q和T的影响,尤其受ε,T的影响。只有当ε,T足够小时,$|s(k)|$才能变得很小。

10.6.2 自适应滑模控制器的设计

在离散趋近律式(10.48)中,参数ε的作用非常大,ε值小,可降低系统的抖振。但ε值太小,影响系统到达切换面的趋近速度,同时由于技术、设备等因素,采样周期T也不可能取得很小。因此,理想的ε值应该是时变的,即系统运动开始时ε值应大一些,随着时间的增加,ε值应逐步减小。

由式(10.51)可知,只有使$|s(k)|>\dfrac{\varepsilon T}{2-qT}$时,$s(k)$值才会递减,这就要求$Tq+\dfrac{\varepsilon T}{|s(k)|}<2$,即$\varepsilon$的值应满足

$$\varepsilon<\frac{1}{T}(2-Tq)\,|s(k)| \tag{10.53}$$

取

$$\varepsilon=|s(k)|/2 \tag{10.54}$$

显然,如果采样时间T满足

$$T<\frac{4}{1+2q} \tag{10.55}$$

则式(10.53)得到满足。

由式(10.48)及式(10.54)可得改进的离散趋近律为

$$s(k+1)-s(k)=-qTs(k)-\frac{|s(k)|}{2}T\operatorname{sgn}(s(k)) \tag{10.56}$$

针对离散系统:

$$\boldsymbol{x}(k+1)=\boldsymbol{A}\boldsymbol{x}(k)+\boldsymbol{B}u(k)$$

参考10.3节控制律的设计方法，离散趋近律式(10.56)所对应的控制律为

$$u(k)=-(\boldsymbol{CB})^{-1}\left[\boldsymbol{CAx}(k)-(1-qT)s(k)+\frac{|s(k)|}{2}T\operatorname{sgn}(s(k))\right] \tag{10.57}$$

稳定性分析如下：

由离散趋近律式(10.56)和式(10.54)得

$$\begin{aligned}(s(k+1)-s(k))\operatorname{sgn}(s(k))&=\left(-qTs(k)-\frac{|s(k)|}{2}T\operatorname{sgn}(s(k))\right)\operatorname{sgn}(s(k))\\&=-(q+0.5)T\,|s(k)|<0\end{aligned}$$

及

$$\begin{aligned}[s(k+1)+s(k)]\operatorname{sgn}(s(k))&=\left((2-qT)s(k)-\frac{|s(k)|}{2}T\operatorname{sgn}(s(k))\right)\operatorname{sgn}(s(k))\\&=(2-0.5T-qT)\,|s(k)|>0\end{aligned}$$

可见，滑模趋近律式(10.56)满足离散滑动模态的存在性和到达性条件，所设计的控制系统是稳定的。

10.6.3 仿真实例

对象传递函数为$G(s)=\dfrac{133}{s(s+25)}$，采样周期为0.001s，将对象离散化后的状态方程为

$$\boldsymbol{x}(k+1)=\boldsymbol{Ax}(k)+\boldsymbol{B}u(k)$$

其中，$\boldsymbol{A}=\begin{bmatrix}1 & 0.0010\\0 & 0.9753\end{bmatrix}$，$\boldsymbol{B}=\begin{bmatrix}0.0001\\0.1314\end{bmatrix}$。

指令取阶跃信号$r(k)=1.0$，控制器参数为$c=10$，$\varepsilon=15$，$q=30$，则滑模运动的稳态振荡幅度为$h=\dfrac{\varepsilon T}{2-qT}=0.0076$。

被控对象初值取$[-0.5\quad -0.5]$，分别采用指数趋近律和自适应趋近律进行仿真。

$M=1$时，控制律为常规的离散指数趋近律，$\varepsilon=15$，仿真结果如图10.28～图10.31所示。由仿真结果可知，$|s(k)|$的值在$[-h\quad +h]$范围内，和式(10.52)相符。$M=2$时，采用自适应趋近律，控制器采用式(10.57)，仿真结果如图10.32～图10.35所示。系统状态并不出现振荡，而是渐近地趋向平衡点零，控制输入信号平滑无抖振。

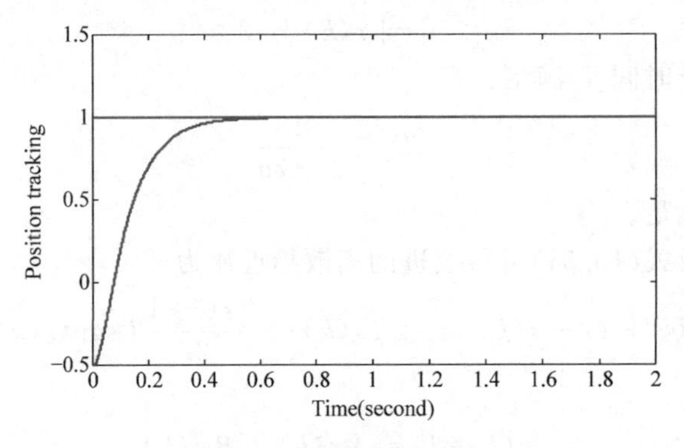

图10.28 阶跃响应($M=1$)

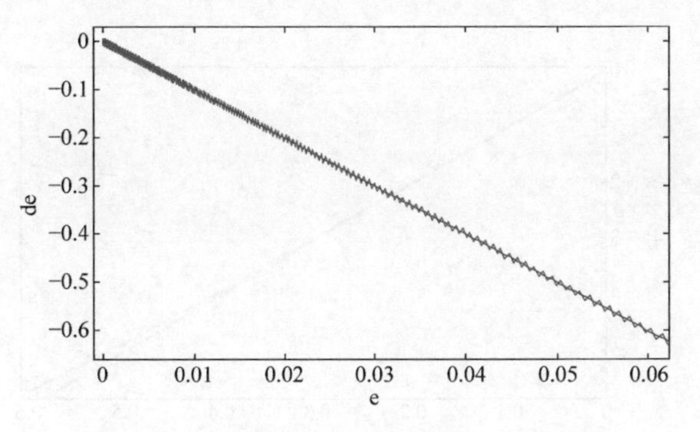

图 10.29　相轨迹变化的局部放大($M=1$)

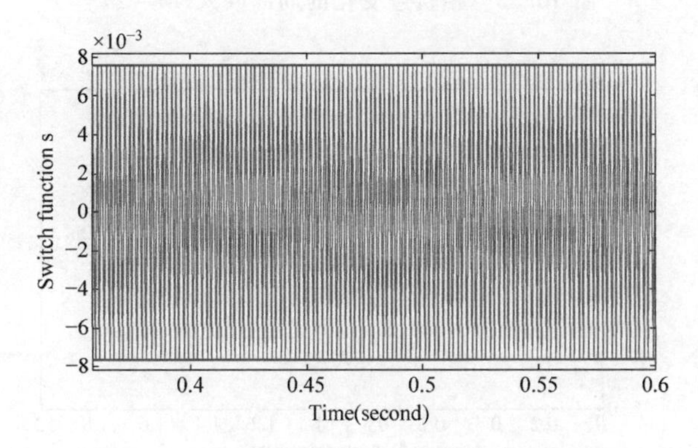

图 10.30　切换函数变化的局部放大($M=1$)

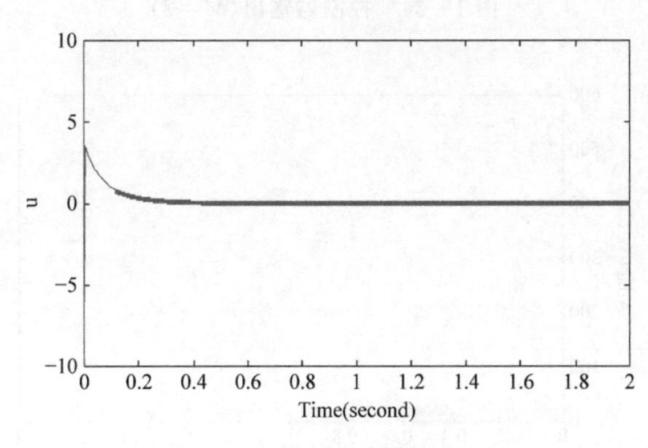

图 10.31　控制器输出($M=1$)

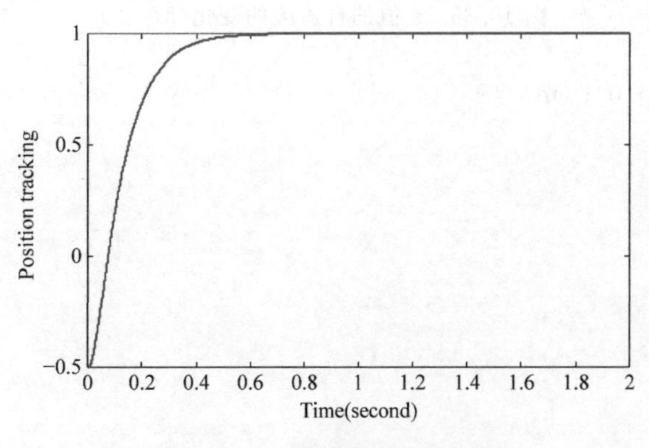

图 10.32　阶跃响应($M=2$)

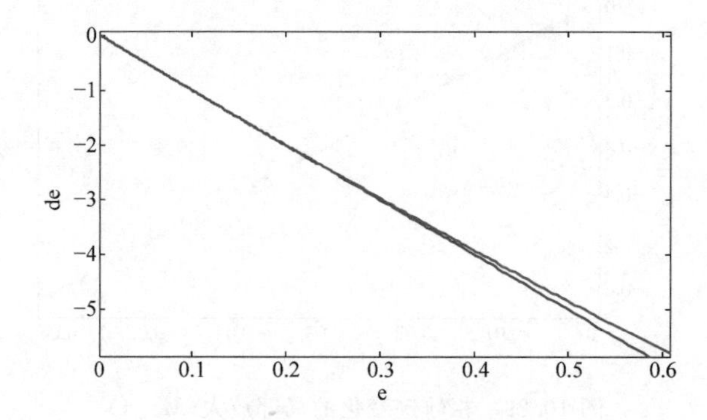

图 10.33　相轨迹变化的局部放大($M=2$)

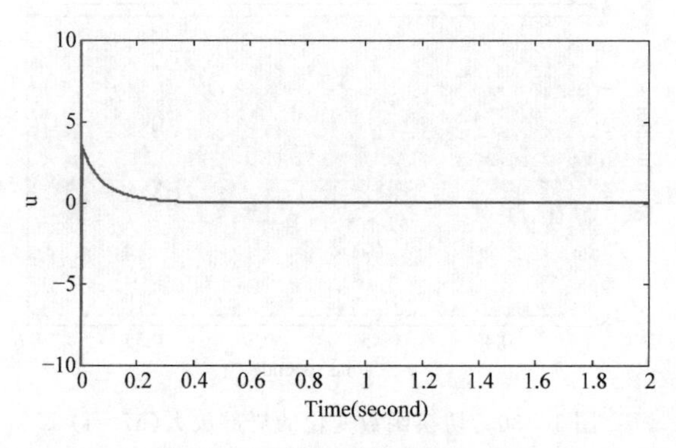

图 10.34　控制器输出($M=2$)

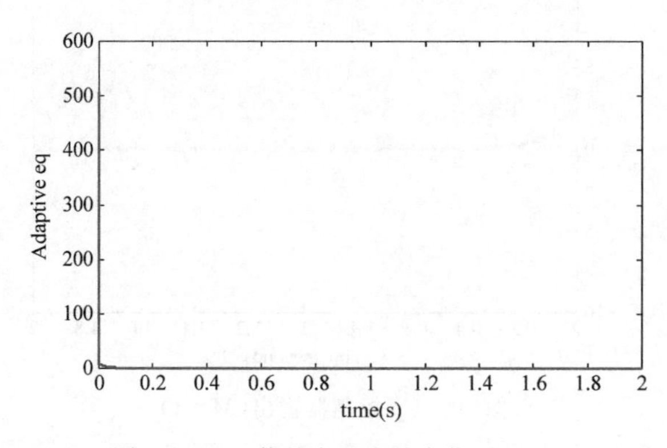

图 10.35　ε 值的自适应的变化($M=2$)

仿真程序：chap10_6.m

```
clear all;
close all;
a = 25;b = 133;

ts = 0.001;
A1 = [0,1;0, - a];
B1 = [0;b];
C1 = [1,0];
```

```
D1 = 0;
[A,B,C,D] = c2dm(A1,B1,C1,D1,ts,'z');

x = [ - 0.5; - 0.5];
r_1 = 0;r_2 = 0;
c = 10;q = 30;
Ce = [c,1];
for k = 1:1:2000
    time(k) = k * ts;
   r(k) = 1.0;
    % Using Waitui method
   dr(k) = (r(k) - r_1)/ts;
   dr_1 = (r_1 - r_2)/ts;
   r1(k) = 2 * r(k) - r_1;
   dr1(k) = 2 * dr(k) - dr_1;

   R = [r(k);dr(k)];
   R1 = [r1(k);dr1(k)];

   E = R - x;
   e(k) = E(1);
   de(k) = E(2);

   s(k) = Ce * E;
M = 1;
if M %=EXP reaching law
    eq(k) = 15;
   ds(k) =- eq(k) * ts * sign(s(k)) - q * ts * s(k);
   u(k) = inv(Ce * B) * (Ce * R1 - Ce * A * x - s(k) - ds(k));
else%fAMapt2ve trending law
 %    eq(k) = abs(s(k))/2;
eq(k) = (2000 - q) * abs(s(k)) - 1;

   ds(k) =- eq(k) * ts * sign(s(k)) - q * ts * s(k);
   u(k) = inv(Ce * B) * (Ce * R1 - Ce * A * x - s(k) - ds(k));
end
   h(k) = eq(k) * ts/(2 - q * ts);

x = A * x + B * u(k);
y(k) = x(1);

 % Update Parameters
r_2 = r_1;
r_1 = r(k);
end
figure(1)
plot(time,r,'r',time,y,'b','linewidth',2);
xlabel('Time(second)');ylabel('position tracking)');
figure(2)
plot(time,s,'r',time,h,'b',time, - h,'b','linewidth',2);
xlabel('Time(second)');ylabel('Switch function s');
```

```
figure(3)
plot(e,de,'r',e,-c*e,'b','linewidth',2);
xlabel('e');ylabel('de');
figure(4)
plot(time,u,'r','linewidth',2);
xlabel('Time(second)');ylabel('u');
figure(5);
plot(time,eq,'r','linewidth',2);
xlabel('time(s)');ylabel('adaptive eq');
```

10.7 离散滑模控制的设计与分析

10.7.1 系统描述

考虑如下不确定离散系统：

$$\boldsymbol{x}(k+1)=(\boldsymbol{A}+\Delta\boldsymbol{A})\boldsymbol{x}(k)+\boldsymbol{B}\boldsymbol{u}(k)+\boldsymbol{f}(k) \tag{10.58}$$

其中，$\boldsymbol{B}=[0\quad b]^{\mathrm{T}}$，$b>0$。

不确定项 $\Delta\boldsymbol{A}$ 和扰动项 $\boldsymbol{f}(k)$ 满足如下匹配条件：

$$\Delta\boldsymbol{A}=\boldsymbol{B}\widetilde{\boldsymbol{A}},\quad \boldsymbol{f}=\boldsymbol{B}\tilde{f} \tag{10.59}$$

式(10.58)可写为

$$\boldsymbol{x}(k+1)=\boldsymbol{A}\boldsymbol{x}(k)+\boldsymbol{B}[\boldsymbol{u}(k)+d(k)] \tag{10.60}$$

其中，$d(k)=\widetilde{\boldsymbol{A}}\boldsymbol{x}(k)+\tilde{\boldsymbol{f}}(k)$。

10.7.2 控制器设计与分析

控制器设计为

$$u(k)=(\boldsymbol{C}^{\mathrm{T}}\boldsymbol{B})^{-1}[\boldsymbol{C}^{\mathrm{T}}\boldsymbol{x}_{\mathrm{d}}(k+1)-\boldsymbol{C}^{\mathrm{T}}\boldsymbol{A}\boldsymbol{x}(k)+qs(k)-\eta\mathrm{sgn}(s(k))] \tag{10.61}$$

其中，$\boldsymbol{C}=[c\quad 1]^{\mathrm{T}}$，$\eta$、$q$、$c$ 为正的常数，$0<q<1$，$|d|<D$，$\boldsymbol{C}^{\mathrm{T}}\boldsymbol{B}D<\eta$。

稳定性分析如下[6]：取指令位置信号为 $\boldsymbol{x}_{\mathrm{d}}(k)$，跟踪误差为 $\boldsymbol{e}(k)=\boldsymbol{x}(k)-\boldsymbol{x}_{\mathrm{d}}(k)$，则

$$\begin{aligned}
s(k+1)&=\boldsymbol{C}^{\mathrm{T}}e(k+1)=\boldsymbol{C}^{\mathrm{T}}x(k+1)-\boldsymbol{C}^{\mathrm{T}}x_{\mathrm{d}}(k+1)\\
&=\boldsymbol{C}^{\mathrm{T}}\boldsymbol{A}\boldsymbol{x}(k)+\boldsymbol{C}^{\mathrm{T}}\boldsymbol{B}u(k)+\boldsymbol{C}^{\mathrm{T}}\boldsymbol{B}d(k)-\boldsymbol{C}^{\mathrm{T}}\boldsymbol{x}_{\mathrm{d}}(k+1)\\
&=\boldsymbol{C}^{\mathrm{T}}\boldsymbol{A}\boldsymbol{x}(k)+\boldsymbol{C}^{\mathrm{T}}\boldsymbol{x}_{\mathrm{d}}(k+1)-\boldsymbol{C}^{\mathrm{T}}\boldsymbol{A}\boldsymbol{x}(k)+qs(k)-\\
&\quad\ \eta\mathrm{sgn}(s(k))+\boldsymbol{C}^{\mathrm{T}}\boldsymbol{B}d(k)-\boldsymbol{C}^{\mathrm{T}}\boldsymbol{x}_{\mathrm{d}}(k+1)\\
&=qs(k)-\eta\mathrm{sgn}(s(k))+\boldsymbol{C}^{\mathrm{T}}\boldsymbol{B}d(k)
\end{aligned} \tag{10.62}$$

由于$|\boldsymbol{C}^{\mathrm{T}}\boldsymbol{B}d(k)|<\boldsymbol{C}^{\mathrm{T}}\boldsymbol{B}D<\eta$，则$-\eta<\boldsymbol{C}^{\mathrm{T}}\boldsymbol{B}d(k)<\eta$，$-\boldsymbol{C}^{\mathrm{T}}\boldsymbol{B}D<\boldsymbol{C}^{\mathrm{T}}\boldsymbol{B}d(k)<\boldsymbol{C}^{\mathrm{T}}\boldsymbol{B}D$，从而得到 $\eta+\boldsymbol{C}^{\mathrm{T}}\boldsymbol{B}d(k)>0$，$-\eta+\boldsymbol{C}^{\mathrm{T}}\boldsymbol{B}d(k)<0$，$\boldsymbol{C}^{\mathrm{T}}\boldsymbol{B}D+\boldsymbol{C}^{\mathrm{T}}\boldsymbol{B}d(k)>0$，$-\boldsymbol{C}^{\mathrm{T}}\boldsymbol{B}D+\boldsymbol{C}^{\mathrm{T}}\boldsymbol{B}d(k)<0$。

从以下四个方面分析。

(1) 当 $s(k) \geqslant \boldsymbol{C}^{\mathrm{T}}\boldsymbol{B}D+\eta$ 时，

由于 $s(k)>0, 0<q<1, -\eta+\boldsymbol{C}^{\mathrm{T}}\boldsymbol{B}d(k)<0, \boldsymbol{C}^{\mathrm{T}}\boldsymbol{B}D+\boldsymbol{C}^{\mathrm{T}}\boldsymbol{B}d(k)>0$，

则

$$\begin{aligned}
s(k+1)-s(k) &= (q-1)s(k)-\eta+\boldsymbol{C}^{\mathrm{T}}\boldsymbol{B}d(k)<0 \\
s(k+1)+s(k) &= (q+1)s(k)-\eta+\boldsymbol{C}^{\mathrm{T}}\boldsymbol{B}d(k) \\
&\geqslant (q+1)(\boldsymbol{C}^{\mathrm{T}}\boldsymbol{B}D+\eta)-\eta+\boldsymbol{C}^{\mathrm{T}}\boldsymbol{B}d(k) \\
&= q(\boldsymbol{C}^{\mathrm{T}}\boldsymbol{B}D+\eta)+\boldsymbol{C}^{\mathrm{T}}\boldsymbol{B}D+\boldsymbol{C}^{\mathrm{T}}\boldsymbol{B}d(k)>0
\end{aligned}$$

则

$$s(k+1)^2<s(k)^2$$

(2) 当 $0<s(k)<\boldsymbol{C}^{\mathrm{T}}\boldsymbol{B}D+\eta$ 时，有

$$\begin{aligned}
s(k+1) &= qs(k)-\eta+\boldsymbol{C}^{\mathrm{T}}\boldsymbol{B}d(k)<q(\boldsymbol{C}^{\mathrm{T}}\boldsymbol{B}D+\eta)-\eta+\boldsymbol{C}^{\mathrm{T}}\boldsymbol{B}d(k) \\
&< q(\boldsymbol{C}^{\mathrm{T}}\boldsymbol{B}D+\eta)<\boldsymbol{C}^{\mathrm{T}}\boldsymbol{B}D+\eta \\
s(k+1) &= qs(k)-\eta+\boldsymbol{C}^{\mathrm{T}}\boldsymbol{B}d(k)>-\eta+\boldsymbol{C}^{\mathrm{T}}\boldsymbol{B}d(k)>-\boldsymbol{C}^{\mathrm{T}}\boldsymbol{B}D-\eta
\end{aligned}$$

则

$$|s(k+1)|<\boldsymbol{C}^{\mathrm{T}}\boldsymbol{B}D+\eta$$

(3) 当 $-\boldsymbol{C}^{\mathrm{T}}\boldsymbol{B}D-\eta<s(k)<0$ 时，有

$$\begin{aligned}
s(k+1) &= qs(k)+\eta+\boldsymbol{C}^{\mathrm{T}}\boldsymbol{B}d(k)>s(k)+\eta+\boldsymbol{C}^{\mathrm{T}}\boldsymbol{B}d(k) \\
&> -\boldsymbol{C}^{\mathrm{T}}\boldsymbol{B}D-\eta+\eta+\boldsymbol{C}^{\mathrm{T}}\boldsymbol{B}d(k)>-\boldsymbol{C}^{\mathrm{T}}\boldsymbol{B}D-\eta \\
s(k+1) &= qs(k)+\eta+\boldsymbol{C}^{\mathrm{T}}\boldsymbol{B}d(k)<\eta+\boldsymbol{C}^{\mathrm{T}}\boldsymbol{B}d(k)<\boldsymbol{C}^{\mathrm{T}}\boldsymbol{B}D+\eta
\end{aligned}$$

则

$$|s(k+1)|<\boldsymbol{C}^{\mathrm{T}}\boldsymbol{B}D+\eta$$

(4) 当 $s(k) \leqslant -\boldsymbol{C}^{\mathrm{T}}\boldsymbol{B}D-\eta<0$ 时，有

$$\begin{aligned}
s(k+1)-s(k) &= (q-1)s(k)+\eta+\boldsymbol{C}^{\mathrm{T}}\boldsymbol{B}d(k)>0 \\
s(k+1)+s(k) &= (q+1)s(k)+\eta+\boldsymbol{C}^{\mathrm{T}}\boldsymbol{B}d(k) \\
&< s(k)+\eta+\boldsymbol{C}^{\mathrm{T}}\boldsymbol{B}d(k) \\
&\leqslant -\boldsymbol{C}^{\mathrm{T}}\boldsymbol{B}D-\eta+\eta+\boldsymbol{C}^{\mathrm{T}}\boldsymbol{B}d(k) \\
&= -\boldsymbol{C}^{\mathrm{T}}\boldsymbol{B}D+\boldsymbol{C}^{\mathrm{T}}\boldsymbol{B}d(k)<0
\end{aligned}$$

则

$$s(k+1)^2<s(k)^2$$

通过上述分析，可得

$$\text{当 } |s(k)| \geqslant \boldsymbol{C}^{\mathrm{T}}\boldsymbol{B}D+\eta \text{ 时，} \quad s(k+1)^2<s(k)^2 \tag{10.63}$$

$$\text{当 } |s(k)| < \boldsymbol{C}^{\mathrm{T}}\boldsymbol{B}D+\eta \text{ 时，} \quad |s(k+1)|<\boldsymbol{C}^{\mathrm{T}}\boldsymbol{B}D+\eta \tag{10.64}$$

由式(10.63)和式(10.64)可知，$s(k)$收敛于 $\boldsymbol{C}^{\mathrm{T}}\boldsymbol{B}D+\eta, \eta>\boldsymbol{C}^{\mathrm{T}}\boldsymbol{B}D$。为了提高收敛精度，并降低抖振，需要设计干扰观测器。

10.7.3 仿真实例

考虑如下对象：

$$G(s)=\frac{133}{s^2+25s}$$

采样时间为0.001s，考虑干扰，离散对象表示为

$$\boldsymbol{x}(k+1)=\boldsymbol{A}\boldsymbol{x}(k)+\boldsymbol{B}[u(k)+d(k)]$$

其中，$\boldsymbol{A}=\begin{bmatrix}1 & 0.001\\0 & 0.9753\end{bmatrix}$，$\boldsymbol{B}=\begin{bmatrix}0.0001\\0.1314\end{bmatrix}$，$d(k)$为干扰。

采用控制律式(10.61)，取$d(k)=1.5\sin(t)$，位置指令为$x_{\mathrm{d}}(k)=\sin t$，取$\boldsymbol{C}^{\mathrm{T}}=[15\quad 1]$，$q=0.80$，$D=1.5$，对象初始状态为$[0.15\quad 0]$。仿真结果如图10.36～图10.38所示。由仿真结果可见，由于需要克服干扰在控制律式(10.61)中，需要较大的切换项增益η，造成了控制输入信号抖振，并造成速度跟踪效果差。为此，需要通过干扰观测器来对干扰进行补偿。

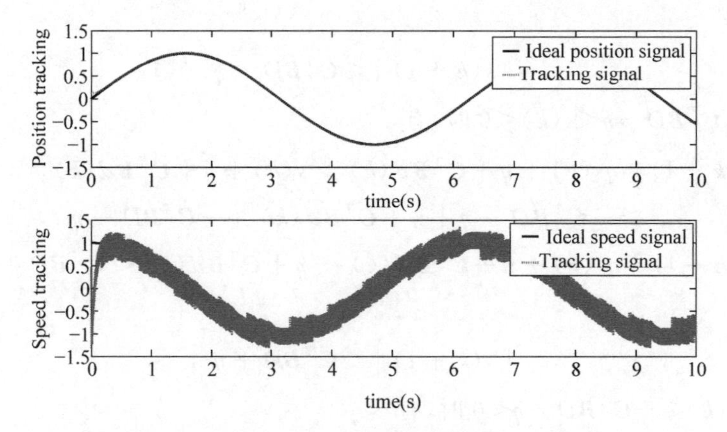

图10.36 位置和速度跟踪

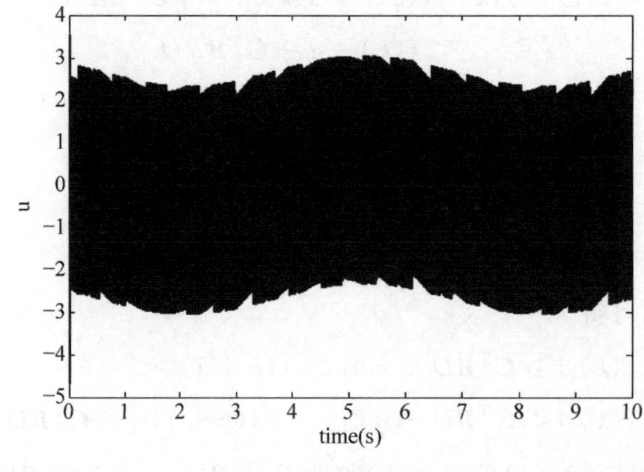

图10.37 控制输入

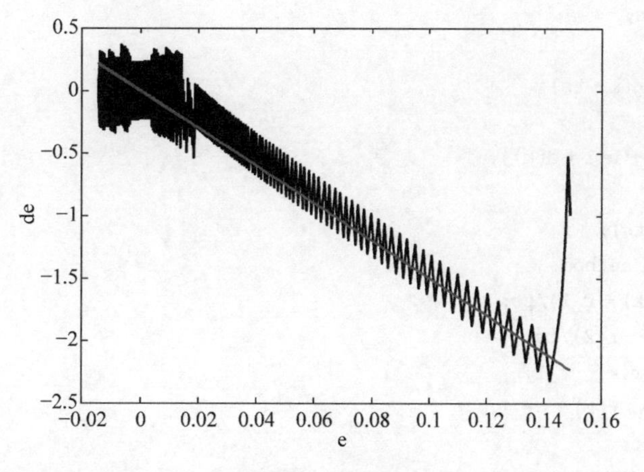

图 10.38 相轨迹

仿真程序：chap10_7.m

```
%VSS controller based on decoupled disturbance compensator
clear all;
close all;

ts = 0.001;
a = 25;
b = 133;
sys = tf(b,[1,a,0]);
dsys = c2d(sys,ts,'z');
[num,den] = tfdata(dsys,'v');

A = [0,1;0,-a];
B = [0;b];
C = [1,0];
D = 0;
%Change transfer function to discrete position equation
[A1,B1,C1,D1] = c2dm(A,B,C,D,ts,'z');
A = A1;
b = B1;
c = 15;
Ce = [c,1];
q = 0%800< q < 1

d_up = 1.5;
eq = Ceeq b abs(Ce*b*10/g);0 < eq/fai < q < 1

x_1 = [0.15;0];
s_1 = 0;
u_1 = 0;
d_1 = 0;ed_1 = 0;
r_1 = 0;r_2 = 0;dr_1 = 0;

for k = 1:1:10000
```

```
time(k) = k * ts;

d(k) = 1.5 * sin(k * ts);

x = A * x_1 + b * (u_1 + d(k));

r(k) = sin(k * ts);
 % Using Waitui method
   dr(k) = (r(k) - r_1)/ts;
   dr_1 = (r_1 - r_2)/ts;
   r1(k) = 2 * r(k) - r_1;
   dr1(k) = 2 * dr(k) - dr_1;

   xd = [r(k);dr(k)];
   xd1 = [r1(k);dr1(k)];

    e(k) = x(1) - r(k);
    de(k) = x(2) - dr(k);
    s(k) = c * e(k) + de(k);

    u(k) = inv(Ce * b) * (Ce * xd1 - Ce * A * x + q * s(k) - eq * sign(s(k)));

    r_2 = r_1;r_1 = r(k);
    dr_1 = dr(k);

    x_1 = x;
    s_1 = s(k);

    x1(k) = x(1);
    x2(k) = x(2);
    u_1 = u(k);
end
figure(1);
subplot(211);
plot(time,r,'k',time,x1,'r:','linewidth',2);
xlabel('time(s)');ylabel('Position tracking');
legend('Ideal position signal','tracking signal');
subplot(212);
plot(time,dr,'k',time,x2,'r:','linewidth',2);
xlabel('time(s)');ylabel('Speed tracking');
legend('Ideal speed signal','tracking signal');

figure(2);
plot(time,u,'k','linewidth',2);
xlabel('time(s)');ylabel('u');
figure(3);
plot(e,de,'k',e, - Ce(1) * e,'r','linewidth',2);
xlabel('e');ylabel('de');
```

10.8 基于干扰观测器的离散滑模控制

10.8.1 系统描述

考虑如下不确定离散系统：

$$\boldsymbol{x}(k+1)=\boldsymbol{A}\boldsymbol{x}(k)+\boldsymbol{B}[u(k)+d(k)] \tag{10.65}$$

其中，$d(k)$为干扰。

指令位置信号为 $x_{\mathrm{d}}(k)$，跟踪误差为 $e(k)=x(k)-x_{\mathrm{d}}(k)$，则滑模函数表示为

$$s(k)=\boldsymbol{C}\boldsymbol{e}(k) \tag{10.66}$$

其中，$C=[c\quad 1]$，$c>0$。

10.8.2 基于干扰观测器的离散滑模控制

针对式(10.65)，设计如下带有干扰补偿的滑模控制器：

$$u(k)=u_{\mathrm{s}}(k)+u_{\mathrm{c}}(k) \tag{10.67}$$

其中，$u_{\mathrm{s}}(k)=(\boldsymbol{C}^{\mathrm{T}}\boldsymbol{B})^{-1}[\boldsymbol{C}^{\mathrm{T}}\boldsymbol{x}_{\mathrm{d}}(k+1)-\boldsymbol{C}^{\mathrm{T}}\boldsymbol{A}\boldsymbol{x}(k)+qs(k)-\eta\operatorname{sgn}(s(k))]$，$u_{\mathrm{c}}(k)=-\hat{d}(k)$。

干扰观测器设计为[6]

$$\hat{d}(k)=\hat{d}(k-1)+(\boldsymbol{C}^{\mathrm{T}}\boldsymbol{B})^{-1}g[s(k)-qs(k-1)+\eta\operatorname{sgn}(s(k-1))] \tag{10.68}$$

其中，令 $\tilde{d}(k)=d(k)-\hat{d}(k)$，$\eta$、$q$ 和 g 为正的实数。

由式(10.65)和式(10.67)，得

$$\begin{aligned}
s(k+1)&=\boldsymbol{C}^{\mathrm{T}}\boldsymbol{e}(k+1)=\boldsymbol{C}^{\mathrm{T}}\boldsymbol{x}(k+1)-\boldsymbol{C}^{\mathrm{T}}\boldsymbol{x}_{\mathrm{d}}(k+1)\\
&=\boldsymbol{C}^{\mathrm{T}}(\boldsymbol{A}\boldsymbol{x}(k)+\boldsymbol{B}u(k)+\boldsymbol{B}d(k))-\boldsymbol{C}^{\mathrm{T}}\boldsymbol{x}_{\mathrm{d}}(k+1)\\
&=\boldsymbol{C}^{\mathrm{T}}\boldsymbol{A}\boldsymbol{x}(k)+[\boldsymbol{C}^{\mathrm{T}}\boldsymbol{x}_{\mathrm{d}}(k+1)-\boldsymbol{C}^{\mathrm{T}}\boldsymbol{A}\boldsymbol{x}(k)+qs(k)-\eta\operatorname{sgn}(s(k))]-\\
&\quad\ \boldsymbol{C}^{\mathrm{T}}\boldsymbol{B}\hat{d}(k)+\boldsymbol{C}^{\mathrm{T}}\boldsymbol{B}d(k)-\boldsymbol{C}^{\mathrm{T}}\boldsymbol{x}_{\mathrm{d}}(k+1)\\
&=qs(k)-\eta\operatorname{sgn}(s(k))+\boldsymbol{C}^{\mathrm{T}}\boldsymbol{B}\tilde{d}(k)
\end{aligned} \tag{10.69}$$

由式(10.68)和式(10.69)，得

$$\begin{aligned}
\tilde{d}(k+1)&=d(k+1)-\hat{d}(k+1)\\
&=d(k+1)-\hat{d}(k)-(\boldsymbol{C}^{\mathrm{T}}\boldsymbol{B})^{-1}g[s(k+1)-qs(k)+\eta\operatorname{sgn}(s(k))]\\
&=d(k+1)-d(k)+\tilde{d}(k)-(\boldsymbol{C}^{\mathrm{T}}\boldsymbol{B})^{-1}g(\boldsymbol{C}^{\mathrm{T}}\boldsymbol{B})\tilde{d}(k)\\
&=d(k+1)-d(k)+(1-g)\tilde{d}(k)
\end{aligned} \tag{10.70}$$

10.8.3 干扰观测器的收敛性分析

这里参考文献[6]，给出如下两个定理及其证明过程。

定理 10.1[6]：针对干扰观测器式(10.68)，存在正的常数 m，如果$|d(k+1)-d(k)|<m$，则存在 k_0，当 $k>k_0$ 时，$\tilde{d}(k)<m/g$ 成立，其中 $0<g<1$。

证明：将 $\tilde{d}(k)$分解为

$$\tilde{d}(k)=\tilde{d}_1(k)+\tilde{d}_2(k)$$

取 $\tilde{d}_1(0)=0$,则 $\tilde{d}_2(0)=\tilde{d}(0)$,由于

$$\tilde{d}(k+1)=\tilde{d}_1(k+1)+\tilde{d}_2(k+1)$$

令

$$\tilde{d}_1(k+1)=(1-g)\tilde{d}_1(k)+d(k+1)-d(k) \tag{10.71}$$

由式(10.70)可得

$$\tilde{d}(k+1)=(1-g)\tilde{d}_2(k) \tag{10.72}$$

采用归纳法,首先证明 $\tilde{d}_1(k)<m/g$：

(1) 当 $k=0$ 时,可得 $\tilde{d}_1(0)=0<m/g$；

(2) 假设$|\tilde{d}_1(k)|<m/g$,由式(10.71)和 $0<g<1$,可得当 $k+1$ 时,有

$$\begin{aligned}|\tilde{d}_1(k+1)| &\leqslant (1-g)|\tilde{d}_1(k)|+|d(k+1)-d(k)| \\ &<(1-g)\frac{m}{g}+m=\frac{m}{g}\end{aligned}$$

从上述两步分析,可得

$$|\tilde{d}_1(k)|<m/g,\quad k\geqslant 0$$

由式(10.72)和 $0<1-g<1$,得

$$\tilde{d}_2(k+1)=(1-g)\tilde{d}_2(k)\leqslant(1-g)|\tilde{d}_2(k)|<|\tilde{d}_2(k)|$$

因此,$\tilde{d}_2(k)$为递减,即存在 k_0',当 $k>k_0'$时,$\tilde{d}_2(k)$可为任意小。

通过上述分析,可得结论：存在 k_0,当 $k>k_0$ 时,有

$$|\tilde{d}(k)|=|\tilde{d}_1(k)+\tilde{d}_2(k)|\leqslant|\tilde{d}_1(k)|+|\tilde{d}_2(k)|<\frac{m}{g}$$

10.8.4 稳定性分析

定理 10.2[6]：采用控制器式(10.67),闭环系统的稳定条件如下：

(1) $0<q<1,0<g<1$；

(2) 存在正常数 m,$|d(k+1)-d(k)|<m$；

(3) $0<\boldsymbol{C}^{\mathrm{T}}\boldsymbol{B}\dfrac{m}{g}<\eta$。

证明：取 $v(k)=\boldsymbol{C}^{\mathrm{T}}\boldsymbol{B}\tilde{d}(k)$,则

$$|v(k)|<\boldsymbol{C}^{\mathrm{T}}\boldsymbol{B}\frac{m}{g}<\eta,$$

$$\text{即}-\eta<v(k)<\eta,-\boldsymbol{C}^{\mathrm{T}}\boldsymbol{B}\frac{m}{g}<v(k)<\boldsymbol{C}^{\mathrm{T}}\boldsymbol{B}\frac{m}{g}$$

式(10.69)可写为

$$s(k+1)=qs(k)-\eta\operatorname{sgn}(s(k))+v(k)$$

从以下四个方面分析：

(1) 当 $s(k)\geqslant\boldsymbol{C}^{\mathrm{T}}\boldsymbol{B}\dfrac{m}{g}+\eta>0$ 时,有

$$s(k+1)-s(k)=(q-1)s(k)-\eta+v(k)<0$$
$$\begin{aligned}s(k+1)+s(k)&=(q+1)s(k)-\eta+v(k)\\&\geqslant(q+1)\left(\boldsymbol{C}^{\mathrm{T}}\boldsymbol{B}\frac{m}{g}+\eta\right)-\eta+v(k)\\&=q\left(\boldsymbol{C}^{\mathrm{T}}\boldsymbol{B}\frac{m}{g}+\eta\right)+\boldsymbol{C}^{\mathrm{T}}\boldsymbol{B}\frac{m}{g}+v(k)>0\end{aligned}$$

则

$$s(k+1)^2<s(k)^2$$

(2) 当$s(k)\leqslant-\boldsymbol{C}^{\mathrm{T}}\boldsymbol{B}\frac{m}{g}-\eta<0$，有

$$s(k+1)-s(k)=(q-1)s(k)+\eta+v(k)>0$$
$$\begin{aligned}s(k+1)+s(k)&=(q+1)s(k)+\eta+v(k)<s(k)+\eta+v(k)\\&\leqslant-\boldsymbol{C}^{\mathrm{T}}\boldsymbol{B}\frac{m}{g}-\eta+\eta+v(k)\\&=-\boldsymbol{C}^{\mathrm{T}}\boldsymbol{B}\frac{m}{g}+v(k)<0\end{aligned}$$

则

$$s(k+1)^2<s(k)^2$$

(3) 当$0<s(k)<\boldsymbol{C}^{\mathrm{T}}\boldsymbol{B}\frac{m}{g}+\eta$时，有

$$\begin{aligned}s(k+1)&=qs(k)-\eta+v(k)<q\left(\boldsymbol{C}^{\mathrm{T}}\boldsymbol{B}\frac{m}{g}+\eta\right)-\eta+v(k)\\&<q\left(\boldsymbol{C}^{\mathrm{T}}\boldsymbol{B}\frac{m}{g}+\eta\right)<\boldsymbol{C}^{\mathrm{T}}\boldsymbol{B}\frac{m}{g}+\eta\end{aligned}$$

$$s(k+1)=qs(k)-\eta+v(k)>-\eta+v(k)>-\boldsymbol{C}^{\mathrm{T}}\boldsymbol{B}\frac{m}{g}-\eta$$

则

$$|s(k+1)|<\boldsymbol{C}^{\mathrm{T}}\boldsymbol{B}\frac{m}{g}+\eta$$

(4) 当$-\boldsymbol{C}^{\mathrm{T}}\boldsymbol{B}\frac{m}{g}-\eta<s(k)<0$时，有

$$\begin{aligned}s(k+1)&=qs(k)+\eta+v(k)>s(k)+\eta+v(k)\\&>-\boldsymbol{C}^{\mathrm{T}}\boldsymbol{B}\frac{m}{g}-\eta+\eta+v(k)>-\boldsymbol{C}^{\mathrm{T}}\boldsymbol{B}\frac{m}{g}-\eta\end{aligned}$$

$$s(k+1)=qs(k)+\eta+v(k)<\eta+v(k)<\boldsymbol{C}^{\mathrm{T}}\boldsymbol{B}\frac{m}{g}+\eta$$

则

$$|s(k+1)|<\boldsymbol{C}^{\mathrm{T}}\boldsymbol{B}\frac{m}{g}+\eta$$

通过上述分析，可得

$$\text{当}\ |s(k)|\geqslant\boldsymbol{C}^{\mathrm{T}}\boldsymbol{B}\frac{m}{g}+\eta\ \text{时，}\quad s(k+1)^2<s(k)^2$$

$$\text{当}\ |s(k)|<\boldsymbol{C}^{\mathrm{T}}\boldsymbol{B}\frac{m}{g}+\eta\ \text{时，}\quad |s(k+1)|<\boldsymbol{C}^{\mathrm{T}}\boldsymbol{B}\frac{m}{g}+\eta$$

由于干扰$d(t)$为连续的，当采样时间足够小时，可保证$|d(k+1)-d(k)|<m$，其中

m 为非常小的正实数，从而可保证 $\frac{m}{g} \ll 1$。由于 $\boldsymbol{C}^{\mathrm{T}}\boldsymbol{B}\frac{m}{g} < \eta$，则 η 可取非常小的正实数，使 $\boldsymbol{C}^{\mathrm{T}}\boldsymbol{B}\frac{m}{g} + \eta \ll 1$ 成立，从而 $s(k+1)$ 的收敛性得到保证。

10.8.5 仿真实例

考虑如下对象 $G(s) = \frac{133}{s^2 + 25s}$，采样时间为 0.001s，考虑干扰，离散对象表示为

$$\boldsymbol{x}(k+1) = \boldsymbol{A}\boldsymbol{x}(k) + \boldsymbol{B}[u(k) + d(k)]$$

其中，$\boldsymbol{A} = \begin{bmatrix} 1 & 0.001 \\ 0 & 0.9753 \end{bmatrix}$，$\boldsymbol{B} = \begin{bmatrix} 0.0001 \\ 0.1314 \end{bmatrix}$，$d(k)$ 为干扰 $d(k) = 1.5\sin(2\pi t)$。

取理想位置指令为 $x_{\mathrm{d}}(k) = \sin t$，采用控制律式(10.67)，根据线性外推方法可得 $x_{\mathrm{d}}(k+1) = 2x_{\mathrm{d}}(k) - x_{\mathrm{d}}(k-1)$。取 $\boldsymbol{C}^{\mathrm{T}} = [15 \quad 1]$，$q = 0.80$，$g = 0.95$，$m = 0.01$，$\eta = \boldsymbol{C}^{\mathrm{T}}\boldsymbol{B}\frac{m}{g} + 0.001$。离散对象的初值取 $[0.5 \quad 0]$。仿真结果如图 10.39～图 10.42 所示。

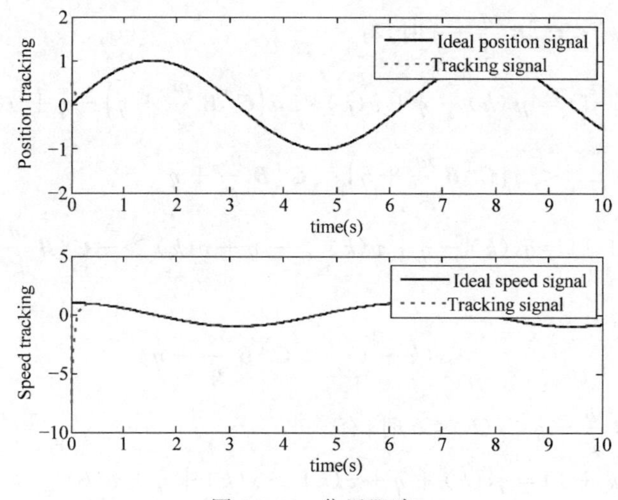

图 10.39 位置跟踪

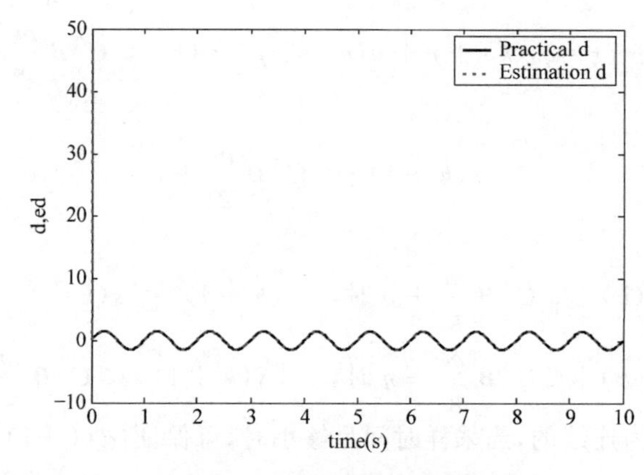

图 10.40 干扰的观测结果

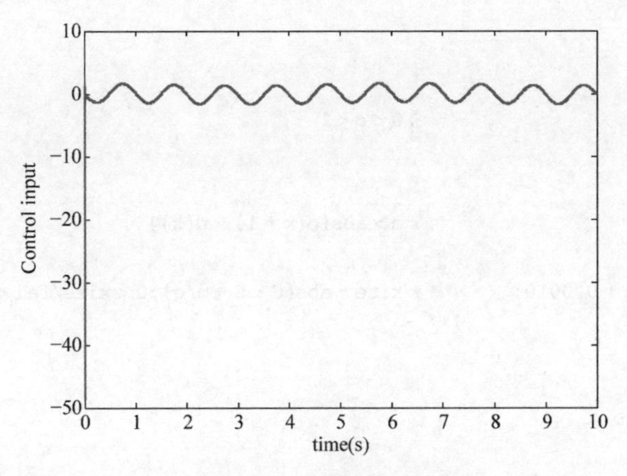

图 10.41 控制输入

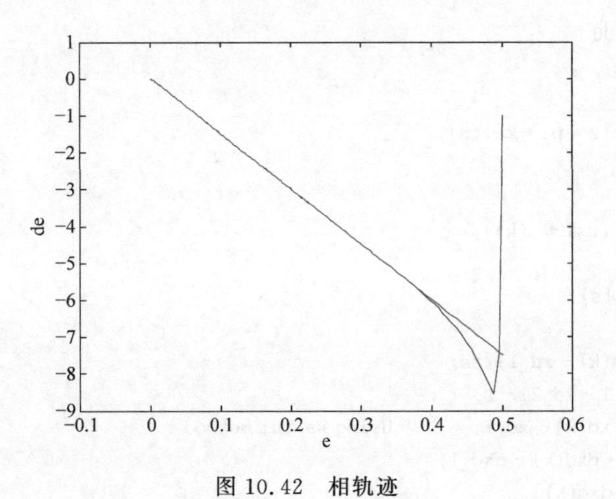

图 10.42 相轨迹

仿真程序：chap10_8.m

```
%SMC controller based on decoupled disturbance compensator
clear all;
close all;

ts = 0.001;
a = 25;b = 133;
sys = tf(b,[1,a,0]);
dsys = c2d(sys,ts,'z');
[num,den] = tfdata(dsys,'v');

A0 = [0,1;0, - a];
B0 = [0;b];
C0 = [1,0];
D0 = 0;
%Change transfer function to discrete position xiteuation
[A1,B1,C1,D1] = c2dm(A0,B0,C0,D0,ts,'z');
A = A1;
```

```
B = B1;
c = 15;
C = [c,1];
q = 0.80;                               %0<q<1
g = 0.95;

m = 0.010;                              %m>abs(d(k+1) - d(k))

xite = C * B * m/g + 0.0010;            %xite>abs(C * B * m/g);0<xite/fai<q<1

x_1 = [0.5;0];
s_1 = 0;
u_1 = 0;
d_1 = 0;ed_1 = 0;
xd_1 = 0;xd_2 = 0;dxd_1 = 0;

for k = 1:1:10000
time(k) = k * ts;

d(k) = 1.5 * sin(2 * pi * k * ts);
d_1 = d(k);

x = A * x_1 + B * (u_1 + d(k));

xd(k) = sin(k * ts);

    dxd(k) = (xd(k) - xd_1)/ts;
    dxd_1 = (xd_1 - xd_2)/ts;
    xd1(k) = 2 * xd(k) - xd_1;          %Using Waitui method
    dxd1(k) = 2 * dxd(k) - dxd_1;
    Xd = [xd(k);dxd(k)];
    Xd1 = [xd1(k);dxd1(k)];

     e(k) = x(1) - Xd(1);
     de(k) = x(2) - Xd(2);
     s(k) = C * (x - Xd);

    ed(k) = ed_1 + inv(C * B) * g * (s(k) - q * s_1 + xite * sign(s_1));

    u(k) =- ed(k) + inv(C * B) * (C * Xd1 - C * A * x + q * s(k) - xite * sign(s(k)));

    xd_2 = xd_1;xd_1 = xd(k);
    dxd_1 = dxd(k);

     ed_1 = ed(k);
     x_1 = x;
     s_1 = s(k);

     x1(k) = x(1);
     x2(k) = x(2);
     u_1 = u(k);
```

```
end
figure(1);
subplot(211);
plot(time,xd,'k',time,x1,'r:','linewidth',2);
xlabel('time(s)');ylabel('Position tracking');
legend('Ideal position signal','tracking signal');
subplot(212);
plot(time,dxd,'k',time,x2,'r:','linewidth',2);
xlabel('time(s)');ylabel('Speed tracking');
legend('Ideal speed signal','tracking signal');
figure(2);
plot(time,d,'k',time,ed,'r:','linewidth',2);
xlabel('time(s)');ylabel('d,ed');
legend('Practical d','Estimation d');
figure(3);
plot(time,u,'r','linewidth',2);
xlabel('time(s)');ylabel('Control input');
figure(4);
plot(e,de,'b',e,-C(1)*e,'r');
xlabel('e');ylabel('de');
```

参考文献

[1] Gao W B, Wang Y F, Homaifa A. Discrete-time Variable Structure Control Systems[J]. IEEE Transactions on Industrial Electronics, 1995, 42(2): 117-122.

[2] Sarpturk S Z, Istefanopulos Y, Kaynak O. On the Stability of Discrete-time Sliding Mode Control System[J]. IEEE Transactions on Automatic Control, 1987, 32(10): 930-932.

[3] Furuta K. Sliding Mode Control of a Discrete System[J]. Systems & Control Letters, 1990, 14(2): 145-152.

[4] 宋立忠,温洪,姚琼荟. 离散变结构控制系统的变速趋近律[J]. 海军工程学院学报, 1999, 3: 16-21.

[5] 翟长连,吴智铭. 不确定离散时间系统的变结构控制设计[J]. 自动化学报, 2000, 26(2): 184-191.

[6] Eun Y, Kim J H, Kim K, et al. Discrete-time Variable Structure Controller with a Decoupled Disturbance Compensator and Its Application to a CNC Servomechanism[J]. IEEE Transactions on Control Systems Technology, 1999, 7(4): 414-423.

第11章 基于LMI的滑模控制

11.1 LMI及其MATLAB求解

线性矩阵不等式(Linear Matrix Inequality,LMI)是控制领域的一个强有力的设计工具。许多控制理论及分析与综合问题都可简化为相应的LMI问题,通过构造有效的计算机算法求解。

随着控制技术的迅速发展,在反馈控制系统的设计中,常需要考虑许多系统约束条件,例如系统的不确定性约束等。在处理系统鲁棒控制问题以及其他控制理论引起的许多控制问题时,都可将控制问题转化为一个线性矩阵不等式或带有线性矩阵不等式约束的最优化问题。目前,线性矩阵不等式技术已成为控制工程、系统辨识、结构设计等领域的有效工具。利用线性矩阵不等式技术来求解一些控制问题,是控制理论发展的一个重要方向。

11.1.1 传统的LMI求解方法

MATLAB提供了许多LMI的求解函数和有关线性矩阵不等式的MATLAB设计方法。针对线性矩阵不等式,可采用MATLAB进行求解。用来建立和描述LMI的主要函数如下:

(1) setlmis和getlmis:一个线性矩阵不等式系统的描述以setlmis开始,以getlmis结束。当需要确定一个新的LMI系统时,输入“setlmis[]”。当线性矩阵不等式确定好后,输入“LMIs=getlmis”,该命令将LMI系统表示为“LMIs”。

(2) lmivar:用于描述出现在线性矩阵不等式中的矩阵变量,该函数的一般表达形式为X=lmivar(type,struct),其中type确定了矩阵X的类型,struct确定了矩阵的结构。例如,type=1时,X为对称块对角类型。例如,如果定义$\boldsymbol{Q}$为2×2维对称矩阵,则程序中输入“Q=lmivar(1,[2 1])”。

(3) lmiterm:用于描述每一个线性不等式中各项的内容。第1项包含4个元素:第1个元素表示了所描述的项属于哪一个线性矩阵不等式,如该项为正,则属于不等式的左边,如该项为负,则属于不等式的右边；第 2 个元素和第 3 个元素表示所描述的项在矩阵中的位置；第 2 项和第 3 项表示变量项的左右系数或常数项的值；第 4 项为可选，且只能是's'，该项实现由一条 lmiterm 命令描述一个变量与该变量项的转置的和。例如，描述第 3 个不等式"S>I"的 MATLAB 程序为

```
lmiterm([-3 1 1 S],1,1);lmiterm([3 1 1 0],1)
```

举例说明线性矩阵不等式 MATLAB 表示如下：

(1) 第一个 LMI：$\boldsymbol{QA}^{\mathrm{T}}+\boldsymbol{AQ}+\boldsymbol{V}^{\mathrm{T}}\boldsymbol{B}^{\mathrm{T}}+\boldsymbol{B}^{\mathrm{T}}\boldsymbol{V}<0$，程序为

```
lmiterm([1 1 1 Q],A,1,'s');
lmiterm([1 1 1 V],B,1,'s');
```

(2) 第三个 LMI：$\boldsymbol{QA}_1^{\mathrm{T}}+\boldsymbol{A}_1\boldsymbol{Q}+\boldsymbol{QA}_2^{\mathrm{T}}+\boldsymbol{A}_2\boldsymbol{Q}+\boldsymbol{V}_2^{\mathrm{T}}\boldsymbol{B}_1^{\mathrm{T}}+\boldsymbol{B}_1\boldsymbol{V}_2+\boldsymbol{V}_1^{\mathrm{T}}\boldsymbol{B}_2^{\mathrm{T}}+\boldsymbol{B}_2\boldsymbol{V}_1<0$，程序为

```
lmiterm([3 1 1 Q],A1,1,'s');
lmiterm([3 1 1 Q],A2,1,'s');
lmiterm([3 1 1 V2],B1,1,'s');
lmiterm([3 1 1 V1],B2,1,'s');
```

(3) 第四个 LMI：$\boldsymbol{Q}=\boldsymbol{P}^{-1}>0$，程序为

```
lmiterm([-4 1 1 Q],1, 1);
```

LMI 工具箱提供了 3 个线性矩阵不等式求解函数[1]，即用于解决可行性问题的求解函数 feasp，用于解决具有线性矩阵不等式约束的线性目标函数最小化问题求解函数 mincx 和用于解决广义特征值最小化问题的求解函数 gevp。

针对线性矩阵不等式的求解，可采用求解函数 feasp。针对上面所建立的线性矩阵不等式 LMIs，其求解程序设计为：[tmin，feasolution]＝feasp(LMIs)，求解器输出的第一个分量表示 LMIs 求解的可行性；当 tmin<0 时，则 LMIs 的求解是可行的，此时求解器输出的第二个分量 feasolution 给出 LMIs 决策变量的一个可行解；进而，应用决策变量转换函数 dec2mat 可得到 LMIs 矩阵变量的一个可行解。

11.1.2 新的 LMI 求解方法——YALMIP 工具箱

YALMIP 是 MATLAB 的一个独立的工具箱，具有很强的优化求解能力，该工具箱具有以下几个特点：

(1) 是基于符号运算工具箱编写的工具箱；

(2) 是一种定义和求解高级优化问题的模化语言；

(3) 该工具箱用于求解线性规划、整数规划、非线性规划、混合规划等标准优化问题以及 LMI 问题。

采用 YALMIP 工具箱求解 LMI 问题，通过 set 指令可以描述 LMI 约束条件，不需具体说明不等式中各项的位置和内容，运行的结果可以用 double 语句查看。

使用工具箱中的集成命令，只需直接写出不等式的表达式，就可很容易地求解不等式了。YALMIP 工具箱的关键集成命令为[2]：

(1) 实型变量 sdpvar 是 YALMIP 的一种核心对象，它所代表的是优化问题中的实型决策变量；

(2) 约束条件 set 是 YALMIP 的另外一种关键对象，用它来囊括优化问题的所有约束条件；

(3) 求解函数 solvesdp 用来求解优化问题；

(4) 求解未知量 x 完成后，用 x=double(x)提取解矩阵。

YALMIP 工具箱可从网络上免费下载，工具箱名字为“yalmip.rar”。工具箱安装方法：先把 rar 文件解压到 MATLAB 安装目录下的 Toolbox 子文件夹；然后在 MATLAB 界面下 File→set path 选择 add with subfolders，然后找到解压文件目录。这样 MATLAB 就能自动找到工具箱里的命令了。

11.1.3 YALMIP 工具箱仿真实例

求解下列 LMI 问题：

LMI 不等式为

$$\boldsymbol{A}^{\mathrm{T}}\boldsymbol{P}+\boldsymbol{F}^{\mathrm{T}}\boldsymbol{B}^{\mathrm{T}}\boldsymbol{P}+\boldsymbol{PA}+\boldsymbol{PBF}<0$$

已知矩阵 $\boldsymbol{A}$、$\boldsymbol{B}$、$\boldsymbol{P}$，求矩阵 $\boldsymbol{F}$。

具体的求解过程如下：

取

$$\boldsymbol{A}=\begin{bmatrix}-2.548 & 9.1 & 0\\ 1 & -1 & 0\\ 0 & -14.2 & 0\end{bmatrix},\quad \boldsymbol{B}=\begin{bmatrix}1 & 0 & 0\\ 0 & 1 & 0\\ 0 & 0 & 1\end{bmatrix}$$

$$\boldsymbol{P}=\begin{bmatrix}1000000 & 0 & 0\\ 0 & 1000000 & 0\\ 0 & 0 & 1000000\end{bmatrix}$$

解该 LMI 式，可得

$$\boldsymbol{F}=\begin{bmatrix}-492.4768 & -5.05 & 0\\ -5.05 & -494.0248 & 6.6\\ 0 & 6.6 & -495.0248\end{bmatrix}$$

仿真程序：chap11_1.m

```
clear all;
close all;

% First example on the paper by M.Rehan
A = [ - 2.548 9.1 0;1 - 1 1;0 - 14.2 0];
B = [1 0 0;0 1 0;0 0 1];
F = sdpvar(3,3);
M = sdpvar(3,3);
P = 1000000 * eye(3);

FAI = (A' + F' * B') * P + P * (A + B * F);
```

```
%LMI description
L=set(FAI<0);
solvesdp(L);
F=double(F)
```

11.2 基于LMI的一类线性系统控制

11.2.1 系统描述

针对线性系统

$$\dot{\boldsymbol{x}}=\boldsymbol{A}\boldsymbol{x}+\boldsymbol{B}\boldsymbol{u} \tag{11.1}$$

其中，$\boldsymbol{x}\in R^n$，$\boldsymbol{u}\in R^n$，$\boldsymbol{A}\in R^{n\times n}$，$\boldsymbol{B}\in R^{n\times n}$。

11.2.2 基于LMI的线性系统稳定镇定

控制目标为$\boldsymbol{x}\to 0$。控制律设计为

$$\boldsymbol{u}=\boldsymbol{F}\boldsymbol{x} \tag{11.2}$$

其中，$\boldsymbol{F}$为状态反馈增益，可通过设计LMI求得。

定理11.1：如果满足不等式

$$\boldsymbol{A}^{\mathrm{T}}\boldsymbol{P}+\boldsymbol{M}^{\mathrm{T}}+\boldsymbol{P}\boldsymbol{A}+\boldsymbol{M}<0,\quad \boldsymbol{F}=(\boldsymbol{P}\boldsymbol{B})^{-1}\boldsymbol{M} \tag{11.3}$$

则由被控对象式(11.1)和控制律式(11.2)构成的闭环系统渐近稳定。

证明：取Lyapunov函数为

$$V=\boldsymbol{x}^{\mathrm{T}}\boldsymbol{P}\boldsymbol{x},\quad \boldsymbol{P}=\boldsymbol{P}^{\mathrm{T}}>0$$

则

$$\dot{\boldsymbol{x}}=\boldsymbol{A}\boldsymbol{x}+\boldsymbol{B}\boldsymbol{F}\boldsymbol{x}$$

从而

$$\begin{aligned}\dot{V}&=(\boldsymbol{x}^{\mathrm{T}}\boldsymbol{P})'\boldsymbol{x}+\boldsymbol{x}^{\mathrm{T}}\boldsymbol{P}\dot{\boldsymbol{x}}=\dot{\boldsymbol{x}}^{\mathrm{T}}\boldsymbol{P}\boldsymbol{x}+\boldsymbol{x}^{\mathrm{T}}\boldsymbol{P}\dot{\boldsymbol{x}}\\&=(\boldsymbol{A}\boldsymbol{x}+\boldsymbol{B}\boldsymbol{F}\boldsymbol{x})^{\mathrm{T}}\boldsymbol{P}\boldsymbol{x}+\boldsymbol{x}^{\mathrm{T}}\boldsymbol{P}(\boldsymbol{A}\boldsymbol{x}+\boldsymbol{B}\boldsymbol{F}\boldsymbol{x})\\&=\boldsymbol{x}^{\mathrm{T}}\boldsymbol{A}^{\mathrm{T}}\boldsymbol{P}\boldsymbol{x}+\boldsymbol{x}^{\mathrm{T}}\boldsymbol{F}^{\mathrm{T}}\boldsymbol{B}^{\mathrm{T}}\boldsymbol{P}\boldsymbol{x}+\boldsymbol{x}^{\mathrm{T}}\boldsymbol{P}\boldsymbol{A}\boldsymbol{x}+\boldsymbol{x}^{\mathrm{T}}\boldsymbol{P}\boldsymbol{B}\boldsymbol{F}\boldsymbol{x}\\&=\boldsymbol{x}^{\mathrm{T}}(\boldsymbol{A}^{\mathrm{T}}\boldsymbol{P}+\boldsymbol{F}^{\mathrm{T}}\boldsymbol{B}^{\mathrm{T}}\boldsymbol{P}+\boldsymbol{P}\boldsymbol{A}+\boldsymbol{P}\boldsymbol{B}\boldsymbol{F})\boldsymbol{x}\\&=\boldsymbol{x}^{\mathrm{T}}\boldsymbol{\Omega}\boldsymbol{x}\end{aligned}$$

其中，$\boldsymbol{\Omega}=\boldsymbol{A}^{\mathrm{T}}\boldsymbol{P}+\boldsymbol{F}^{\mathrm{T}}\boldsymbol{B}^{\mathrm{T}}\boldsymbol{P}+\boldsymbol{P}\boldsymbol{A}+\boldsymbol{P}\boldsymbol{B}\boldsymbol{F}$。

为了保证$\dot{V}\leqslant 0$，需要满足$\boldsymbol{\Omega}<0$，即

$$\boldsymbol{A}^{\mathrm{T}}\boldsymbol{P}+\boldsymbol{F}^{\mathrm{T}}\boldsymbol{B}^{\mathrm{T}}\boldsymbol{P}+\boldsymbol{P}\boldsymbol{A}+\boldsymbol{P}\boldsymbol{B}\boldsymbol{F}<0 \tag{11.4}$$

在LMI设计中，求解需要不等式为线性。在LMI式(11.4)中，由于$\boldsymbol{F}$和$\boldsymbol{P}$均未知，为了求解LMI，需将其线性化，设定$\boldsymbol{M}=\boldsymbol{P}\boldsymbol{B}\boldsymbol{F}$，此时LMI表示为

$$\boldsymbol{A}^{\mathrm{T}}\boldsymbol{P}+\boldsymbol{M}^{\mathrm{T}}+\boldsymbol{P}\boldsymbol{A}+\boldsymbol{M}<0$$

通过 LMI 可得 $\boldsymbol{M}$ 和 $\boldsymbol{P}$，从而可得 $\boldsymbol{F}=(\boldsymbol{PB})^{-1}\boldsymbol{M}$。

11.2.3 基于 LMI 的线性系统跟踪控制

控制目标为 $\boldsymbol{x}\to\boldsymbol{x}_{\mathrm{r}}$，其中 $\boldsymbol{x}_{\mathrm{r}}$ 为理想的指令。定义跟踪误差为 $\boldsymbol{z}=\boldsymbol{x}-\boldsymbol{x}_{\mathrm{r}}$，则

$$\dot{\boldsymbol{z}}=\dot{\boldsymbol{x}}-\dot{\boldsymbol{x}}_{\mathrm{r}}=\boldsymbol{A}\boldsymbol{x}+\boldsymbol{B}\boldsymbol{u}-\dot{\boldsymbol{x}}_{\mathrm{r}}$$

控制律设计为

$$\boldsymbol{u}=\boldsymbol{F}\boldsymbol{x}+\boldsymbol{u}_{\mathrm{r}} \tag{11.5}$$

其中，$\boldsymbol{F}$ 为状态反馈增益，可通过设计 LMI 求得，取前馈控制项 $\boldsymbol{u}_{\mathrm{r}}=-\boldsymbol{F}\boldsymbol{x}_{\mathrm{r}}-\boldsymbol{B}^{-1}\boldsymbol{A}\boldsymbol{x}_{\mathrm{r}}+\boldsymbol{B}^{-1}\dot{\boldsymbol{x}}_{\mathrm{r}}$。

于是

$$\boldsymbol{u}=\boldsymbol{F}\boldsymbol{x}-\boldsymbol{F}\boldsymbol{x}_{\mathrm{r}}-\boldsymbol{B}^{-1}\boldsymbol{A}\boldsymbol{x}_{\mathrm{r}}+\boldsymbol{B}^{-1}\dot{\boldsymbol{x}}_{\mathrm{r}}=\boldsymbol{F}\boldsymbol{z}-\boldsymbol{B}^{-1}\boldsymbol{A}\boldsymbol{x}_{\mathrm{r}}+\boldsymbol{B}^{-1}\dot{\boldsymbol{x}}_{\mathrm{r}}$$

则

$$\begin{aligned}\dot{\boldsymbol{z}}&=\boldsymbol{A}\boldsymbol{x}+\boldsymbol{B}(\boldsymbol{F}\boldsymbol{z}-\boldsymbol{B}^{-1}\boldsymbol{A}\boldsymbol{x}_{\mathrm{r}}+\boldsymbol{B}^{-1}\dot{\boldsymbol{x}}_{\mathrm{r}})-\dot{\boldsymbol{x}}_{\mathrm{r}}\\&=\boldsymbol{A}\boldsymbol{x}+\boldsymbol{B}\boldsymbol{F}\boldsymbol{z}-\boldsymbol{A}\boldsymbol{x}_{\mathrm{r}}+\dot{\boldsymbol{x}}_{\mathrm{r}}-\dot{\boldsymbol{x}}_{\mathrm{r}}=\boldsymbol{A}\boldsymbol{z}+\boldsymbol{B}\boldsymbol{F}\boldsymbol{z}\end{aligned}$$

定理 11.2：如果满足不等式

$$\boldsymbol{A}^{\mathrm{T}}\boldsymbol{P}+\boldsymbol{M}^{\mathrm{T}}+\boldsymbol{P}\boldsymbol{A}+\boldsymbol{M}<0,\quad \boldsymbol{F}=(\boldsymbol{PB})^{-1}\boldsymbol{M} \tag{11.6}$$

则由被控对象式(11.1)和控制律式(11.5)构成的闭环系统渐近稳定。

证明：取 Lyapunov 函数为

$$V=\boldsymbol{z}^{\mathrm{T}}\boldsymbol{P}\boldsymbol{z},\quad \boldsymbol{P}=\boldsymbol{P}^{\mathrm{T}}>0$$

则

$$\begin{aligned}\dot{V}&=(\boldsymbol{z}^{\mathrm{T}}\boldsymbol{P})'\boldsymbol{z}+\boldsymbol{z}^{\mathrm{T}}\boldsymbol{P}\dot{\boldsymbol{z}}=\dot{\boldsymbol{z}}^{\mathrm{T}}\boldsymbol{P}\boldsymbol{z}+\boldsymbol{z}^{\mathrm{T}}\boldsymbol{P}\dot{\boldsymbol{z}}\\&=(\boldsymbol{A}\boldsymbol{z}+\boldsymbol{B}\boldsymbol{F}\boldsymbol{z})^{\mathrm{T}}\boldsymbol{P}\boldsymbol{x}+\boldsymbol{z}^{\mathrm{T}}\boldsymbol{P}(\boldsymbol{A}\boldsymbol{z}+\boldsymbol{B}\boldsymbol{F}\boldsymbol{z})\\&=\boldsymbol{z}^{\mathrm{T}}\boldsymbol{A}^{\mathrm{T}}\boldsymbol{P}\boldsymbol{z}+\boldsymbol{z}^{\mathrm{T}}\boldsymbol{F}^{\mathrm{T}}\boldsymbol{B}^{\mathrm{T}}\boldsymbol{P}\boldsymbol{z}+\boldsymbol{z}^{\mathrm{T}}\boldsymbol{P}\boldsymbol{A}\boldsymbol{z}+\boldsymbol{z}^{\mathrm{T}}\boldsymbol{P}\boldsymbol{B}\boldsymbol{F}\boldsymbol{z}\\&=\boldsymbol{z}^{\mathrm{T}}(\boldsymbol{A}^{\mathrm{T}}\boldsymbol{P}+\boldsymbol{F}^{\mathrm{T}}\boldsymbol{B}^{\mathrm{T}}\boldsymbol{P}+\boldsymbol{P}\boldsymbol{A}+\boldsymbol{P}\boldsymbol{B}\boldsymbol{F})\boldsymbol{z}=\boldsymbol{z}^{\mathrm{T}}\boldsymbol{\Omega}\boldsymbol{z}\end{aligned}$$

其中，$\boldsymbol{\Omega}=\boldsymbol{A}^{\mathrm{T}}\boldsymbol{P}+\boldsymbol{F}^{\mathrm{T}}\boldsymbol{B}^{\mathrm{T}}\boldsymbol{P}+\boldsymbol{P}\boldsymbol{A}+\boldsymbol{P}\boldsymbol{B}\boldsymbol{F}$。

为了保证 $\dot{V}\leqslant 0$，需要满足 $\boldsymbol{\Omega}<0$，即

$$\boldsymbol{A}^{\mathrm{T}}\boldsymbol{P}+\boldsymbol{F}^{\mathrm{T}}\boldsymbol{B}^{\mathrm{T}}\boldsymbol{P}+\boldsymbol{P}\boldsymbol{A}+\boldsymbol{P}\boldsymbol{B}\boldsymbol{F}<0 \tag{11.7}$$

在 LMI 式(11.7)中，由于 $\boldsymbol{F}$ 和 $\boldsymbol{P}$ 均未知，为了求解 LMI，需要将其线性化，设定 $\boldsymbol{M}=\boldsymbol{P}\boldsymbol{B}\boldsymbol{F}$，此时 LMI 表示为

$$\boldsymbol{A}^{\mathrm{T}}\boldsymbol{P}+\boldsymbol{M}^{\mathrm{T}}+\boldsymbol{P}\boldsymbol{A}+\boldsymbol{M}<0$$

通过 LMI 可得 $\boldsymbol{M}$ 和 $\boldsymbol{P}$，从而可得 $\boldsymbol{F}=(\boldsymbol{PB})^{-1}\boldsymbol{M}$。

可见，式(11.6)与式(11.3)中的 LMI 相同。

11.2.4 仿真实例

针对被控对象式(11.1)，取

$$\boldsymbol{A}=\begin{bmatrix}-2.548 & 9.1 & 0\\ 1 & -1 & 0\\ 0 & -14.2 & 0\end{bmatrix},\quad \boldsymbol{B}=\begin{bmatrix}1 & 0 & 0\\ 0 & 1 & 0\\ 0 & 0 & 1\end{bmatrix}$$

解 LMI 式(11.3)，可得 $\boldsymbol{F}=\begin{bmatrix}2.048 & -5.05 & 0\\ -5.05 & 0.5 & 6.6\\ 0 & 6.6 & -0.5\end{bmatrix}$，采用控制律式(11.2)，仿真结果如图 11.1 所示。

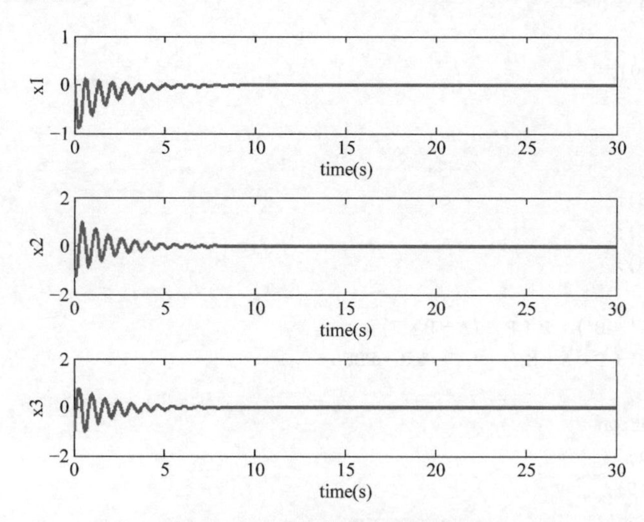

图 11.1　系统的状态响应结果

取三个状态的理想指令分别为[sin$t$　cos$t$　sin$t$]。解 LMI 式(11.6)，可得 $\boldsymbol{F}=\begin{bmatrix}2.048 & -5.05 & 0\\ -5.05 & 0.5 & 6.6\\ 0 & 6.6 & -0.5\end{bmatrix}$，采用控制律式(11.5)，仿真结果如图 11.2 所示。

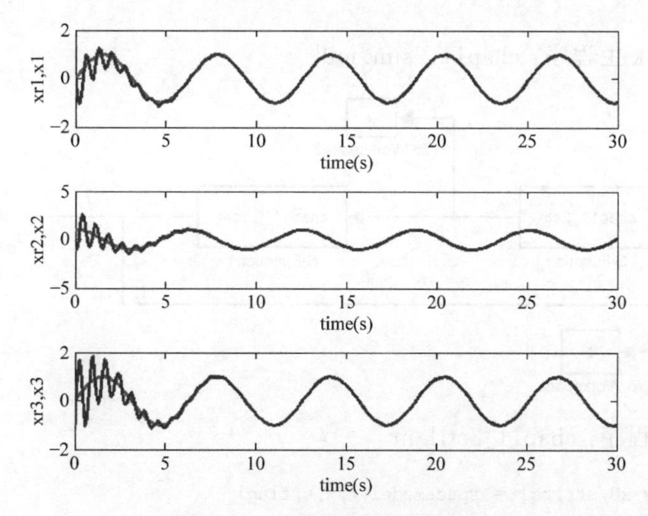

图 11.2　系统的状态跟踪结果

仿真程序：

仿真程序(1)：镇定仿真程序。

(1) LMI 设计程序：chap11_2lmi. m

```
clear all;
close all;

%First example on the paper by M.Rehan
A=[-2.548 9.1 0;
    1 -1 1;
    0 -14.2 0];
B=[1 0 0;
    0 1 0;
    0 0 1];
P=sdpvar(3,3);
F=sdpvar(3,3);
M=sdpvar(3,3);

%FAI=(A'+F'*B')*P+P*(A+B*F);
FAI=A'*P+M'+P*A+M;          %M=PBF

%LMI description
L1=set(P>0);
L2=set(FAI<0);
LL=L1+L2;

solvesdp(LL);

P=double(P);
M=double(M);

F=inv(P*B)*M
```

(2) Simulink 主程序：chap11_2sim. mdl

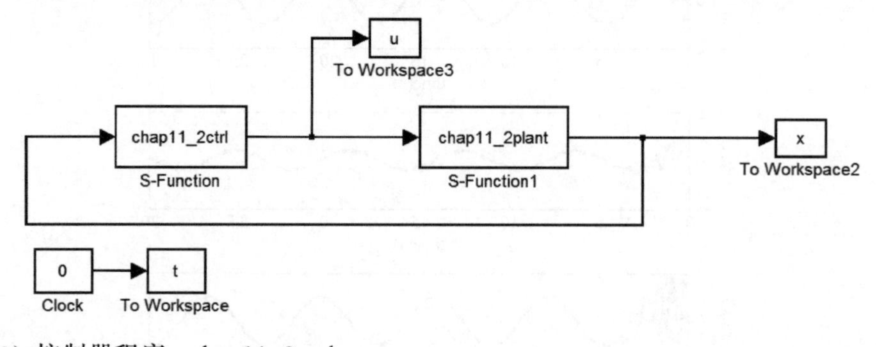

(3) 控制器程序：chap11_2ctrl. m

```
function [sys,x0,str,ts] = spacemodel(t,x,u,flag)
switch flag,
case 0,
    [sys,x0,str,ts]=mdlInitializeSizes;
```

```
case 3,
    sys = mdlOutputs(t,x,u);
case {2,4,9}
    sys = [];
otherwise
    error(['Unhandled flag = ',num2str(flag)]);
end
function [sys,x0,str,ts] = mdlInitializeSizes
sizes = simsizes;
sizes.NumContStates  = 0;
sizes.NumDiscStates  = 0;
sizes.NumOutputs     = 3;
sizes.NumInputs      = 3;
sizes.DirFeedthrough = 1;
sizes.NumSampleTimes = 1;
sys = simsizes(sizes);
x0  = [];
str = [];
ts  = [0 0];
function sys = mdlOutputs(t,x,u)
x1 = u(1);
x2 = u(2);
x3 = u(3);

F = [ 2.0480   -5.0500    0.0000;
    -5.0500    0.5000    6.6000;
    -0.0000    6.6000   -0.5000];
ut = F * [x1;x2;x3];

sys(1:3) = ut;
```

（4）被控对象程序：chap11_2plant.m

```
function [sys,x0,str,ts] = spacemodel(t,x,u,flag)
switch flag,
case 0,
    [sys,x0,str,ts] = mdlInitializeSizes;
case 1,
    sys = mdlDerivatives(t,x,u);
case 3,
    sys = mdlOutputs(t,x,u);
case {2,4,9}
    sys = [];
otherwise
    error(['Unhandled flag = ',num2str(flag)]);
end
function [sys,x0,str,ts] = mdlInitializeSizes
sizes = simsizes;
sizes.NumContStates  = 3;
sizes.NumDiscStates  = 0;
sizes.NumOutputs     = 3;
```

```
sizes.NumInputs      = 3;
sizes.DirFeedthrough = 0;
sizes.NumSampleTimes = 0;
sys = simsizes(sizes);
x0 =[0,-1,-1];
str = [];
ts = [];
function sys=mdlDerivatives(t,x,u)
A=[-2.548 9.1 0;
    1 -1 1;
    0 -14.2 0];
B=[1 0 0;
    0 1 0;
    0 0 1];
ut=[u(1) u(2) u(3)]';

dx=A*x+B*ut;

sys(1)=dx(1);
sys(2)=dx(2);
sys(3)=dx(3);
function sys=mdlOutputs(t,x,u)
sys(1)=x(1);
sys(2)=x(2);
sys(3)=x(3);
```

(5) 作图程序：chap11_2plot.m

```
close all;

figure(1);
subplot(311);
plot(t,x(:,1),'r','linewidth',2);
xlabel('time(s)');ylabel('x1');
subplot(312);
plot(t,x(:,2),'r','linewidth',2);
xlabel('time(s)');ylabel('x2');
subplot(313);
plot(t,x(:,3),'r','linewidth',2);
xlabel('time(s)');ylabel('x3');

figure(2);
subplot(311);
plot(t,u(:,1),'r','linewidth',2);
xlabel('time(s)');ylabel('u1');
subplot(312);
plot(t,u(:,2),'r','linewidth',2);
xlabel('time(s)');ylabel('u2');
subplot(313);
plot(t,u(:,3),'r','linewidth',2);
xlabel('time(s)');ylabel('u3');
```

仿真程序(2)：跟踪仿真程序。

(1) LMI 设计程序：chap11_2lmi. m

(2) Simulink 主程序：chap11_3sim. mdl

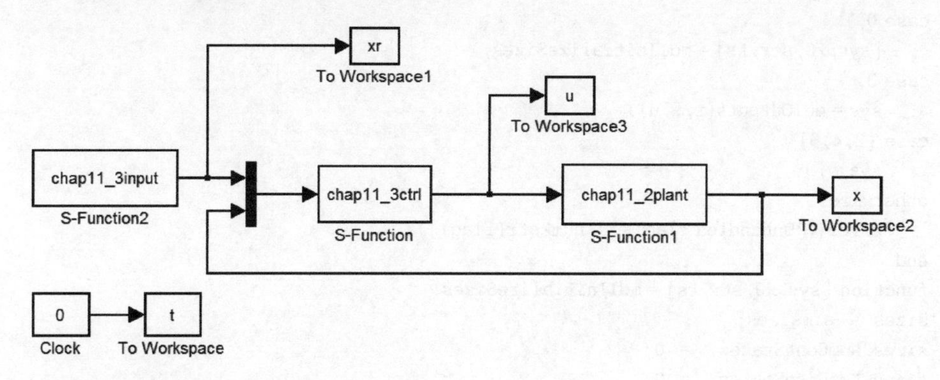

(3) 理想指令程序：chap11_3input. m

```
function [sys,x0,str,ts] = spacemodel(t,x,u,flag)
switch flag,
case 0,
    [sys,x0,str,ts] = mdlInitializeSizes;
case 3,
    sys = mdlOutputs(t,x,u);
case {2,4,9}
    sys = [];
otherwise
    error(['Unhandled flag = ',num2str(flag)]);
end
function [sys,x0,str,ts] = mdlInitializeSizes
sizes = simsizes;
sizes.NumContStates  = 0;
sizes.NumDiscStates  = 0;
sizes.NumOutputs     = 3;
sizes.NumInputs      = 0;
sizes.DirFeedthrough = 1;
sizes.NumSampleTimes = 1;
sys = simsizes(sizes);
x0  = [];
str = [];
ts  = [0 0];
function sys = mdlOutputs(t,x,u)
S = 2;
if S == 1
    xr = [10 20 30]';
elseif S == 2
    xr = [sin(t) cos(t) sin(t)];
end

sys(1:3) = xr(1:3);
```

(4) 控制器程序：chap11_3ctrl.m

```
function [sys,x0,str,ts] = spacemodel(t,x,u,flag)
switch flag,
case 0,
    [sys,x0,str,ts] = mdlInitializeSizes;
case 3,
    sys = mdlOutputs(t,x,u);
case {2,4,9}
    sys = [];
otherwise
    error(['Unhandled flag = ',num2str(flag)]);
end
function [sys,x0,str,ts] = mdlInitializeSizes
sizes = simsizes;
sizes.NumContStates   = 0;
sizes.NumDiscStates   = 0;
sizes.NumOutputs      = 3;
sizes.NumInputs       = 6;
sizes.DirFeedthrough  = 1;
sizes.NumSampleTimes  = 1;
sys = simsizes(sizes);
x0  = [];
str = [];
ts  = [0 0];
function sys = mdlOutputs(t,x,u)
x1 = u(4);
x2 = u(5);
x3 = u(6);

x = [x1 x2 x3]';
xr = [u(1) u(2) u(3)]';

S = 2;
if S == 1
    dxr = [0 0 0]';
elseif S == 2
    dxr = [cos(t) -sin(t) cos(t)]';
end

z = x - xr;

A = [-2.548 9.1 0;
    1 -1 1;
    0 -14.2 0];
B = [1 0 0;
    0 1 0;
    0 0 1];

F = [   2.0480   -5.0500       0.0000;
       -5.0500    0.5000       6.6000;
       -0.0000    6.6000      -0.5000];

ur =-F * xr - inv(B) * A * xr + inv(B) * dxr;
```

```
ut = F * x + ur;
sys(1:3) = ut;
```

(5) 被控对象程序：chap11_2plant.m

(6) 作图程序：chap11_3plot.m

```
close all;

figure(1);
subplot(311);
plot(t,xr(:,1),'r',t,x(:,1),'b','linewidth',2);
xlabel('time(s)');ylabel('xr1,x1');
subplot(312);
plot(t,xr(:,2),'r',t,x(:,2),'b','linewidth',2);
xlabel('time(s)');ylabel('xr2,x2');
subplot(313);
plot(t,xr(:,3),'r',t,x(:,3),'b','linewidth',2);
xlabel('time(s)');ylabel('xr3,x3');

figure(2);
subplot(311);
plot(t,u(:,1),'r','linewidth',2);
xlabel('time(s)');ylabel('u1');
subplot(312);
plot(t,u(:,2),'r','linewidth',2);
xlabel('time(s)');ylabel('u2');
subplot(313);
plot(t,u(:,3),'r','linewidth',2);
xlabel('time(s)');ylabel('u3');
```

11.3 基于LMI的一类线性系统滑模鲁棒控制

11.3.1 系统描述

针对线性系统：

$$\dot{\boldsymbol{x}} = \boldsymbol{A}\boldsymbol{x} + \boldsymbol{B}\boldsymbol{u} + \boldsymbol{d} \tag{11.8}$$

其中，$\boldsymbol{x}\in R^n$，$\boldsymbol{u}\in R^n$，$\boldsymbol{A}\in R^{n\times n}$，$\boldsymbol{B}\in R^{n\times n}$，$\boldsymbol{d}\in R^{n\times 1}$ 为干扰。

控制目标为 $\boldsymbol{x}\to\boldsymbol{x}_\mathrm{r}$，其中 $\boldsymbol{x}_\mathrm{r}$ 为理想的指令。

11.3.2 控制器设计

定义跟踪误差为 $\boldsymbol{z}=\boldsymbol{x}-\boldsymbol{x}_\mathrm{r}$，则

$$\dot{\boldsymbol{z}} = \dot{\boldsymbol{x}} - \dot{\boldsymbol{x}}_\mathrm{r} = \boldsymbol{A}\boldsymbol{x} + \boldsymbol{B}\boldsymbol{u} + \boldsymbol{d} - \dot{\boldsymbol{x}}_\mathrm{r}$$

将跟踪误差 $\boldsymbol{z}$ 设计为滑模函数，控制律设计为

$$\boldsymbol{u} = \boldsymbol{F}\boldsymbol{x} + \boldsymbol{u}_\mathrm{r} + \boldsymbol{u}_\mathrm{s} \tag{11.9}$$

其中，$\boldsymbol{F}$ 为状态反馈增益，可通过设计LMI求得，取前馈控制项 $\boldsymbol{u}_\mathrm{r} = -\boldsymbol{F}\boldsymbol{x}_\mathrm{r} - \boldsymbol{B}^{-1}\boldsymbol{A}\boldsymbol{x}_\mathrm{r} +$

$\boldsymbol{B}^{-1}\dot{\boldsymbol{x}}_{\mathrm{r}}$，滑模鲁棒项 $\boldsymbol{u}_{\mathrm{s}}=-\boldsymbol{B}^{-1}(\boldsymbol{\eta}\mathrm{sgn}(z))$，$\boldsymbol{\eta}\in R^{n\times 1}$，$\eta_i>\bar{d}_i$，且 $\boldsymbol{\eta}\mathrm{sgn}(z)=[\eta_1\mathrm{sgn}z_1 \quad \cdots \quad \eta_n\mathrm{sgn}z_n]^{\mathrm{T}}$。

于是

$$\begin{aligned}\boldsymbol{u}&=\boldsymbol{F}\boldsymbol{x}-\boldsymbol{F}\boldsymbol{x}_{\mathrm{r}}-\boldsymbol{B}^{-1}\boldsymbol{A}\boldsymbol{x}_{\mathrm{r}}+\boldsymbol{B}^{-1}\dot{\boldsymbol{x}}_{\mathrm{r}}-\boldsymbol{B}^{-1}(\boldsymbol{\eta}\mathrm{sgn}(z))\\&=\boldsymbol{F}z-\boldsymbol{B}^{-1}\boldsymbol{A}\boldsymbol{x}_{\mathrm{r}}+\boldsymbol{B}^{-1}\dot{\boldsymbol{x}}_{\mathrm{r}}-\boldsymbol{B}^{-1}(\boldsymbol{\eta}\mathrm{sgn}(z))\end{aligned}$$

且

$$\begin{aligned}\dot{z}&=\boldsymbol{A}\boldsymbol{x}+\boldsymbol{B}(\boldsymbol{F}z-\boldsymbol{B}^{-1}\boldsymbol{A}\boldsymbol{x}_{\mathrm{r}}+\boldsymbol{B}^{-1}\dot{\boldsymbol{x}}_{\mathrm{r}}-\boldsymbol{B}^{-1}(\boldsymbol{\eta}\mathrm{sgn}(z)))+\boldsymbol{d}-\dot{\boldsymbol{x}}_{\mathrm{r}}\\&=\boldsymbol{A}\boldsymbol{x}+\boldsymbol{B}\boldsymbol{F}z-\boldsymbol{A}\boldsymbol{x}_{\mathrm{r}}+\dot{\boldsymbol{x}}_{\mathrm{r}}-\boldsymbol{\eta}\mathrm{sgn}(z)+\boldsymbol{d}-\dot{\boldsymbol{x}}_{\mathrm{r}}\\&=\boldsymbol{A}z+\boldsymbol{B}\boldsymbol{F}z-\boldsymbol{\eta}\mathrm{sgn}(z)+\boldsymbol{d}\end{aligned}$$

定理 11.3：如果满足不等式

$$\boldsymbol{A}^{\mathrm{T}}\boldsymbol{P}+\boldsymbol{M}^{\mathrm{T}}+\boldsymbol{P}\boldsymbol{A}+\boldsymbol{M}<0 \tag{11.10}$$

其中，$\boldsymbol{F}=(\boldsymbol{P}\boldsymbol{B})^{-1}\boldsymbol{M}$。

由被控对象式(11.8)和控制律式(11.9)构成的闭环系统渐近稳定。

证明：取 Lyapunov 函数

$$V=z^{\mathrm{T}}\boldsymbol{P}z$$

其中，$\boldsymbol{P}=\mathrm{diag}\{p_i\}$ 为对角阵，$p_i>0$。

于是

$$\begin{aligned}\dot{V}&=(z^{\mathrm{T}}\boldsymbol{P})'z+z^{\mathrm{T}}\boldsymbol{P}\dot{z}=\dot{z}^{\mathrm{T}}\boldsymbol{P}z+z^{\mathrm{T}}\boldsymbol{P}\dot{z}\\&=(\boldsymbol{A}z+\boldsymbol{B}\boldsymbol{F}z-\boldsymbol{\eta}\mathrm{sgn}(z)+\boldsymbol{d})^{\mathrm{T}}\boldsymbol{P}z+\\&\quad z^{\mathrm{T}}\boldsymbol{P}(\boldsymbol{A}z+\boldsymbol{B}\boldsymbol{F}z-\boldsymbol{\eta}\mathrm{sgn}(z)+\boldsymbol{d})\\&=z^{\mathrm{T}}\boldsymbol{A}^{\mathrm{T}}\boldsymbol{P}z+z^{\mathrm{T}}\boldsymbol{F}^{\mathrm{T}}\boldsymbol{B}^{\mathrm{T}}\boldsymbol{P}z+(-\boldsymbol{\eta}\mathrm{sgn}(z)+\boldsymbol{d})^{\mathrm{T}}\boldsymbol{P}z+\\&\quad z^{\mathrm{T}}\boldsymbol{P}\boldsymbol{A}z+z^{\mathrm{T}}\boldsymbol{P}\boldsymbol{B}\boldsymbol{F}z+z^{\mathrm{T}}\boldsymbol{P}(-\boldsymbol{\eta}\mathrm{sgn}(z)+\boldsymbol{d})\\&\leqslant z^{\mathrm{T}}(\boldsymbol{A}^{\mathrm{T}}\boldsymbol{P}+\boldsymbol{F}^{\mathrm{T}}\boldsymbol{B}^{\mathrm{T}}\boldsymbol{P}+\boldsymbol{P}\boldsymbol{A}+\boldsymbol{P}\boldsymbol{B}\boldsymbol{F})z=z^{\mathrm{T}}\boldsymbol{\Omega}z\end{aligned}$$

其中，$\boldsymbol{\Omega}=\boldsymbol{A}^{\mathrm{T}}\boldsymbol{P}+\boldsymbol{F}^{\mathrm{T}}\boldsymbol{B}^{\mathrm{T}}\boldsymbol{P}+\boldsymbol{P}\boldsymbol{A}+\boldsymbol{P}\boldsymbol{B}\boldsymbol{F}$，$(-\boldsymbol{\eta}\mathrm{sgn}(z)+\boldsymbol{d})^{\mathrm{T}}\boldsymbol{P}z=\sum_{i=1}^{n}(-\eta_i+d_i)p_i|z_i|<0$，$z^{\mathrm{T}}\boldsymbol{P}(-\boldsymbol{\eta}\mathrm{sgn}(z)+\boldsymbol{d})=\sum_{i=1}^{n}(-\eta_i+d_i)p_i|z_i|<0$。

为了保证 $\dot{V}\leqslant 0$，需要满足 $\boldsymbol{\Omega}<0$，即

$$\boldsymbol{A}^{\mathrm{T}}\boldsymbol{P}+\boldsymbol{F}^{\mathrm{T}}\boldsymbol{B}^{\mathrm{T}}\boldsymbol{P}+\boldsymbol{P}\boldsymbol{A}+\boldsymbol{P}\boldsymbol{B}\boldsymbol{F}<0 \tag{11.11}$$

在 LMI 式(11.11)中，由于 $\boldsymbol{F}$ 和 $\boldsymbol{P}$ 均未知，为了求解 LMI，需要将其线性化，设定 $\boldsymbol{M}=\boldsymbol{P}\boldsymbol{B}\boldsymbol{F}$，此时 LMI 表示为

$$\boldsymbol{A}^{\mathrm{T}}\boldsymbol{P}+\boldsymbol{M}^{\mathrm{T}}+\boldsymbol{P}\boldsymbol{A}+\boldsymbol{M}<0$$

通过 LMI 可得 $\boldsymbol{M}$ 和 $\boldsymbol{P}$，从而可得 $\boldsymbol{F}=(\boldsymbol{P}\boldsymbol{B})^{-1}\boldsymbol{M}$。

可见，式(11.11)与 11.2.2 节中的 LMI 不等式(11.3)相同。

根据 $\dot{V}\leqslant z^{\mathrm{T}}Qz\leqslant 0$，可知当 $\dot{V}\equiv 0$ 时，$z\equiv 0$，根据 LaSalle 不变性定理，$t\to\infty$ 时，$z\to 0$。

11.3.3 仿真实例

针对被控对象式(11.8)，取

$$\boldsymbol{A}=\begin{bmatrix}-2.548 & 9.1 & 0\\ 1 & -1 & 0\\ 0 & -14.2 & 0\end{bmatrix},\quad \boldsymbol{B}=\begin{bmatrix}1 & 0 & 0\\ 0 & 1 & 0\\ 0 & 0 & 1\end{bmatrix}$$

三个状态的理想指令分别为$[\sin t \quad \cos t \quad \sin t]$，所对应的干扰分别为$[50\sin t \quad 50\sin t \quad 50\sin t]^{\mathrm{T}}$。解 LMI 式(11.10)，取 $\boldsymbol{P}=\begin{bmatrix}1000000 & 0 & 0\\ 0 & 1000000 & 0\\ 0 & 0 & 1000000\end{bmatrix}$，可得 $\boldsymbol{F}=\begin{bmatrix}2.048 & -5.05 & 0\\ -5.05 & 0.5 & 6.6\\ 0 & 6.6 & -0.5\end{bmatrix}$，采用控制律式(11.9)，取$\boldsymbol{\eta}=[50 \quad 50 \quad 50]^{\mathrm{T}}$，采用饱和函数代替切换函数，边界层取$\Delta=0.05$，仿真结果如图 11.3 和图 11.4 所示。

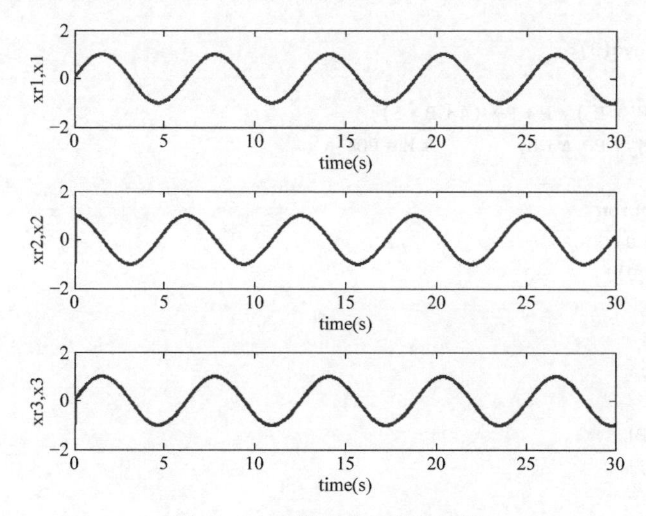

图 11.3　系统的状态跟踪结果

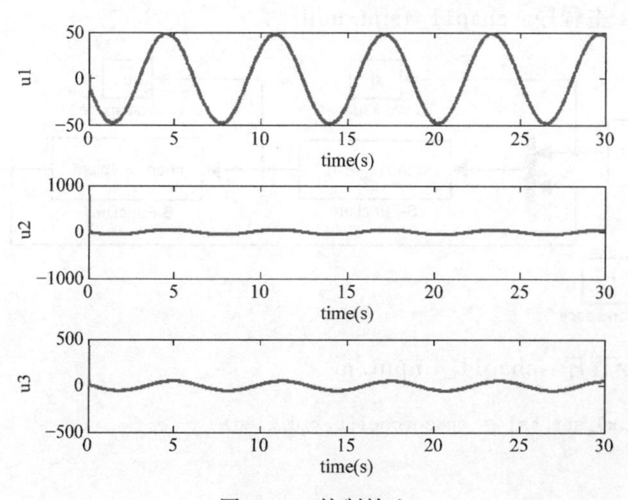

图 11.4　控制输入

仿真程序：

(1) LMI 设计程序：chap11_4lmi.m

```
clear all;
close all;

A = [ - 2.548 9.1 0;
     1 - 1 1;
     0 - 14.2 0];
B = [1 0 0;
     0 1 0;
     0 0 1];
 % P = sdpvar(3,3);
F = sdpvar(3,3);
M = sdpvar(3,3);

P = 1000000 * eye(3);

 % FAI = (A' + F' * B') * P + P * (A + B * F);
FAI = A' * P + M' + P * A + M;          % M = PBF

 % LMI description
 % L1 = set(P > 0);
L2 = set(FAI < 0);
 % LL = L1 + L2;

solvesdp(L2);

 % P = double(P);
M = double(M);

F = inv(P * B) * M
```

(2) Simulink 主程序：chap11_4sim.mdl

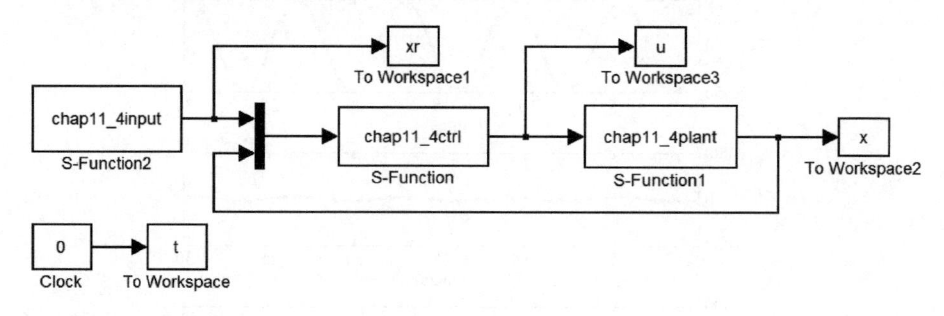

(3) 理想指令程序：chap11_4input.m

```
function [sys,x0,str,ts]  =  spacemodel(t,x,u,flag)
switch flag,
case 0,
    [sys,x0,str,ts] = mdlInitializeSizes;
case 3,
```

```
    sys = mdlOutputs(t,x,u);
case {2,4,9}
    sys = [];
otherwise
    error(['Unhandled flag = ',num2str(flag)]);
end
function [sys,x0,str,ts] = mdlInitializeSizes
sizes = simsizes;
sizes.NumContStates  = 0;
sizes.NumDiscStates  = 0;
sizes.NumOutputs     = 3;
sizes.NumInputs      = 0;
sizes.DirFeedthrough = 1;
sizes.NumSampleTimes = 1;
sys = simsizes(sizes);
x0  = [];
str = [];
ts  = [0 0];
function sys = mdlOutputs(t,x,u)
S = 2;
if S == 1
    xr = [10 20 30]';
elseif S == 2
    xr = [sin(t) cos(t) sin(t)];
end

sys(1:3) = xr(1:3);
```

(4) 控制器程序：chap11_4ctrl.m

```
function [sys,x0,str,ts] = spacemodel(t,x,u,flag)
switch flag,
case 0,
    [sys,x0,str,ts] = mdlInitializeSizes;
case 3,
    sys = mdlOutputs(t,x,u);
case {2,4,9}
    sys = [];
otherwise
    error(['Unhandled flag = ',num2str(flag)]);
end
function [sys,x0,str,ts] = mdlInitializeSizes
sizes = simsizes;
sizes.NumContStates  = 0;
sizes.NumDiscStates  = 0;
sizes.NumOutputs     = 3;
sizes.NumInputs      = 6;
sizes.DirFeedthrough = 1;
sizes.NumSampleTimes = 1;
sys = simsizes(sizes);
```

```
x0  = [];
str = [];
ts  = [0 0];
function sys = mdlOutputs(t,x,u)
x1 = u(4);
x2 = u(5);
x3 = u(6);

x = [x1 x2 x3]';
xr = [u(1) u(2) u(3)]';

S = 2;
if S == 1
    dxr = [0 0 0]';
elseif S == 2
    dxr = [cos(t) -sin(t) cos(t)]';
end

z = x - xr;

A = [-2.548 9.1 0;
    1 -1 1;
    0 -14.2 0];
B = [1 0 0;
    0 1 0;
    0 0 1];

F = [-372.1481    -5.0500          0;
    -5.0500  -373.6961    6.6000;
          0     6.6000  -374.6961];


 delta = 0.05;
    kk = 1/delta;
 for i = 1:1:3
    if z(i)> delta
        sats(i) = 1;
    elseif abs(z(i))< = delta
        sats(i) = kk * z(i);
    elseif z(i)< - delta
        sats(i) =- 1;
    end
 end
xite = [50;50;50];

ur =- F * xr - inv(B) * A * xr + inv(B) * dxr;

%us =- inv(B) * [xite(1) * sign(z(1))   xite(2) * sign(z(2))   xite(3) * sats]';
us =- inv(B) * [xite(1) * sats(1)   xite(2) * sats(2)   xite(3) * sats(3)]';
%us = 0;
ut = F * x + ur + us;
```

```
sys(1:3) = ut;
```

(5) 被控对象程序：chap11_4plant.m

```
function [sys,x0,str,ts] = spacemodel(t,x,u,flag)
switch flag,
case 0,
    [sys,x0,str,ts] = mdlInitializeSizes;
case 1,
    sys = mdlDerivatives(t,x,u);
case 3,
    sys = mdlOutputs(t,x,u);
case {2,4,9}
    sys = [];
otherwise
    error(['Unhandled flag = ',num2str(flag)]);
end
function [sys,x0,str,ts] = mdlInitializeSizes
sizes = simsizes;
sizes.NumContStates  = 3;
sizes.NumDiscStates  = 0;
sizes.NumOutputs     = 3;
sizes.NumInputs      = 3;
sizes.DirFeedthrough = 0;
sizes.NumSampleTimes = 0;
sys = simsizes(sizes);
x0  = [0, -1, -1];
str = [];
ts  = [];
function sys = mdlDerivatives(t,x,u)
A = [-2.548 9.1 0;
    1 -1 1;
    0 -14.2 0];
B = [1 0 0;
    0 1 0;
    0 0 1];
ut = [u(1) u(2) u(3)]';
dt = [50 * sin(t) 50 * sin(t) 50 * sin(t)]';
dx = A * x + B * ut + dt;

sys(1) = dx(1);
sys(2) = dx(2);
sys(3) = dx(3);
function sys = mdlOutputs(t,x,u)
sys(1) = x(1);
sys(2) = x(2);
sys(3) = x(3);
```

(6) 作图程序：chap11_4plot.m

```
close all;
```

```
figure(1);
subplot(311);
plot(t,xr(:,1),'r',t,x(:,1),'b','linewidth',2);
xlabel('time(s)');ylabel('xr1,x1');
subplot(312);
plot(t,xr(:,2),'r',t,x(:,2),'b','linewidth',2);
xlabel('time(s)');ylabel('xr2,x2');
subplot(313);
plot(t,xr(:,3),'r',t,x(:,3),'b','linewidth',2);
xlabel('time(s)');ylabel('xr3,x3');

figure(2);
subplot(311);
plot(t,u(:,1),'r','linewidth',2);
xlabel('time(s)');ylabel('u1');
subplot(312);
plot(t,u(:,2),'r','linewidth',2);
xlabel('time(s)');ylabel('u2');
subplot(313);
plot(t,u(:,3),'r','linewidth',2);
xlabel('time(s)');ylabel('u3');
```

11.4 基于LMI的Lipschitz非线性系统稳定镇定

11.4.1 系统描述

考虑带有Lipschitz条件的非线性系统：

$$\dot{\boldsymbol{x}}=\boldsymbol{f}(\boldsymbol{x})+\boldsymbol{A}\boldsymbol{x}+\boldsymbol{B}\boldsymbol{u} \tag{11.12}$$

其中，$\boldsymbol{x}\in R^n$，$\boldsymbol{u}\in R^n$，$\boldsymbol{A}\in R^{n\times n}$，$\boldsymbol{B}\in R^{n\times n}$。非线性函数$\boldsymbol{f}(\boldsymbol{x})$满足Lipschitz条件，即

$$\|\boldsymbol{f}(\boldsymbol{x})-\boldsymbol{f}(\bar{\boldsymbol{x}})\|\leqslant\|\boldsymbol{L}(\boldsymbol{x}-\bar{\boldsymbol{x}})\|$$

其中，$\boldsymbol{L}$为Lipschitz常数矩阵。

控制目标为$\boldsymbol{x}\to 0$。

11.4.2 镇定控制器设计[3]

控制律设计为

$$\boldsymbol{u}=\boldsymbol{F}\boldsymbol{x}-\boldsymbol{B}^{-1}\boldsymbol{f}(0) \tag{11.13}$$

其中，$\boldsymbol{F}$为状态反馈增益，可通过设计LMI求得。

定理11.4：如果满足不等式

$$\begin{bmatrix}\boldsymbol{A}^{\mathrm{T}}\boldsymbol{P}+\boldsymbol{M}^{\mathrm{T}}+\boldsymbol{P}\boldsymbol{A}+\boldsymbol{M}+\boldsymbol{L}^{\mathrm{T}}\boldsymbol{L} & \boldsymbol{P}\\ \boldsymbol{P} & -\boldsymbol{I}\end{bmatrix}<0 \tag{11.14}$$

其中，$\boldsymbol{F}=(\boldsymbol{P}\boldsymbol{B})^{-1}\boldsymbol{M}$。

由被控对象式(11.12)和控制律式(11.13)构成的闭环系统渐近稳定。

证明：取Lyapunov函数

$$V=\boldsymbol{x}^{\mathrm{T}}\boldsymbol{P}\boldsymbol{x}$$

其中，$\boldsymbol{P}=\boldsymbol{P}^{\mathrm{T}}>0$。

由于

$$\dot{\boldsymbol{x}}=\boldsymbol{f}(\boldsymbol{x})-\boldsymbol{f}(0)+(\boldsymbol{A}+\boldsymbol{BF})\boldsymbol{x}$$

所以

$$\begin{aligned}\dot{V}&=(\boldsymbol{x}^{\mathrm{T}}\boldsymbol{P})'\boldsymbol{x}+\boldsymbol{x}^{\mathrm{T}}\boldsymbol{P}\dot{\boldsymbol{x}}=\dot{\boldsymbol{x}}^{\mathrm{T}}\boldsymbol{P}\boldsymbol{x}+\boldsymbol{x}^{\mathrm{T}}\boldsymbol{P}\dot{\boldsymbol{x}}\\&=(\boldsymbol{f}(\boldsymbol{x})-\boldsymbol{f}(0)+(\boldsymbol{A}+\boldsymbol{BF})\boldsymbol{x})^{\mathrm{T}}\boldsymbol{P}\boldsymbol{x}+\boldsymbol{x}^{\mathrm{T}}\boldsymbol{P}(\boldsymbol{f}(\boldsymbol{x})-\boldsymbol{f}(0)+(\boldsymbol{A}+\boldsymbol{BF})\boldsymbol{x})\\&=(\boldsymbol{f}(\boldsymbol{x})-\boldsymbol{f}(0))^{\mathrm{T}}\boldsymbol{P}\boldsymbol{x}+\boldsymbol{x}^{\mathrm{T}}(\boldsymbol{A}+\boldsymbol{BF})^{\mathrm{T}}\boldsymbol{P}\boldsymbol{x}+\boldsymbol{x}^{\mathrm{T}}\boldsymbol{P}(\boldsymbol{f}(\boldsymbol{x})-\boldsymbol{f}(0))+\boldsymbol{x}^{\mathrm{T}}\boldsymbol{P}(\boldsymbol{A}+\boldsymbol{BF})\boldsymbol{x}\end{aligned}$$

由于 $\boldsymbol{f}(\boldsymbol{x})$满足 Lipschitz 条件，所以

$$\begin{aligned}[\boldsymbol{f}(\boldsymbol{x})-\boldsymbol{f}(0)]^{\mathrm{T}}[\boldsymbol{f}(\boldsymbol{x})-\boldsymbol{f}(0)]&\leqslant(\boldsymbol{L}(\boldsymbol{x}-0))^{\mathrm{T}}\boldsymbol{L}(\boldsymbol{x}-0)\\&=\boldsymbol{x}^{\mathrm{T}}\boldsymbol{L}^{\mathrm{T}}\boldsymbol{L}\boldsymbol{x}\end{aligned}$$

即 $\boldsymbol{x}^{\mathrm{T}}\boldsymbol{L}^{\mathrm{T}}\boldsymbol{L}\boldsymbol{x}-(\boldsymbol{f}(\boldsymbol{x})-\boldsymbol{f}(0))^{\mathrm{T}}(\boldsymbol{f}(\boldsymbol{x})-\boldsymbol{f}(0))\geqslant 0$，于是

$$\begin{aligned}\dot{V}\leqslant&(\boldsymbol{f}(\boldsymbol{x})-\boldsymbol{f}(0))^{\mathrm{T}}\boldsymbol{P}\boldsymbol{x}+\boldsymbol{x}^{\mathrm{T}}(\boldsymbol{A}+\boldsymbol{BF})^{\mathrm{T}}\boldsymbol{P}\boldsymbol{x}\\&+\boldsymbol{x}^{\mathrm{T}}\boldsymbol{P}(\boldsymbol{f}(\boldsymbol{x})-\boldsymbol{f}(0))+\boldsymbol{x}^{\mathrm{T}}\boldsymbol{P}(\boldsymbol{A}+\boldsymbol{BF})\boldsymbol{x}\\&+\boldsymbol{x}^{\mathrm{T}}\boldsymbol{L}^{\mathrm{T}}\boldsymbol{L}\boldsymbol{x}-(\boldsymbol{f}(\boldsymbol{x})-\boldsymbol{f}(0))^{\mathrm{T}}(\boldsymbol{f}(\boldsymbol{x})-\boldsymbol{f}(0))\end{aligned}\tag{11.15}$$

令 $\boldsymbol{Y}=\begin{bmatrix}\boldsymbol{x}\\\boldsymbol{f}(\boldsymbol{x})-\boldsymbol{f}(0)\end{bmatrix}^{\mathrm{T}}$，则 $\boldsymbol{Y}^{\mathrm{T}}=[\boldsymbol{x}^{\mathrm{T}}\quad(\boldsymbol{f}(\boldsymbol{x})-\boldsymbol{f}(0))^{\mathrm{T}}]$。由于

$$\boldsymbol{x}^{\mathrm{T}}(\boldsymbol{A}+\boldsymbol{BF})^{\mathrm{T}}\boldsymbol{P}\boldsymbol{x}+\boldsymbol{x}^{\mathrm{T}}\boldsymbol{P}(\boldsymbol{A}+\boldsymbol{BF})\boldsymbol{x}+\boldsymbol{x}^{\mathrm{T}}\boldsymbol{L}^{\mathrm{T}}\boldsymbol{L}\boldsymbol{x}=\boldsymbol{x}^{\mathrm{T}}((\boldsymbol{A}+\boldsymbol{BF})^{\mathrm{T}}\boldsymbol{P}\boldsymbol{x}+\boldsymbol{P}(\boldsymbol{A}+\boldsymbol{BF})+\boldsymbol{L}^{\mathrm{T}}\boldsymbol{L})\boldsymbol{x}$$

则式(11.15)可表示为

$$\dot{V}\leqslant\boldsymbol{Y}^{\mathrm{T}}\boldsymbol{\Omega}\boldsymbol{Y}$$

其中，$\boldsymbol{\Omega}=\begin{bmatrix}(\boldsymbol{A}^{\mathrm{T}}+\boldsymbol{F}^{\mathrm{T}}\boldsymbol{B}^{\mathrm{T}})\boldsymbol{P}+\boldsymbol{P}(\boldsymbol{A}+\boldsymbol{FB})+\boldsymbol{L}^{\mathrm{T}}\boldsymbol{L}&\boldsymbol{P}\\\boldsymbol{P}&-\boldsymbol{I}\end{bmatrix}$。

为了保证 $\dot{V}\leqslant 0$，只需 $\boldsymbol{Y}^{\mathrm{T}}\boldsymbol{\Omega}\boldsymbol{Y}<0$，即$\boldsymbol{\Omega}<0$，也即

$$\begin{bmatrix}(\boldsymbol{A}^{\mathrm{T}}+\boldsymbol{F}^{\mathrm{T}}\boldsymbol{B}^{\mathrm{T}})\boldsymbol{P}+\boldsymbol{P}(\boldsymbol{A}+\boldsymbol{FB})+\boldsymbol{L}^{\mathrm{T}}\boldsymbol{L}&\boldsymbol{P}\\\boldsymbol{P}&-\boldsymbol{I}\end{bmatrix}<0\tag{11.16}$$

在 LMI 式(11.16)中，由于 $\boldsymbol{F}$ 和 $\boldsymbol{P}$ 均未知，为了求解 LMI，需要将该式线性化，设定 $\boldsymbol{M}=\boldsymbol{PBF}$，此时 LMI 表示为

$$\begin{bmatrix}\boldsymbol{A}^{\mathrm{T}}\boldsymbol{P}+\boldsymbol{M}^{\mathrm{T}}+\boldsymbol{PA}+\boldsymbol{M}+\boldsymbol{L}^{\mathrm{T}}\boldsymbol{L}&\boldsymbol{P}\\\boldsymbol{P}&-\boldsymbol{I}\end{bmatrix}<0$$

通过 LMI 可得 $\boldsymbol{M}$ 和 $\boldsymbol{P}$，从而可得 $\boldsymbol{F}=(\boldsymbol{PB})^{-1}\boldsymbol{M}$。

根据 $\dot{V}\leqslant Y^{\mathrm{T}}\Omega Y\leqslant 0$，可知当 $\dot{V}\equiv 0$ 时，$Y\equiv 0$，根据 LaSalle 不变性定理，$t\to\infty$时，$Y\to 0$，$x\to 0$。

11.4.3 仿真实例

考虑混沌系统，被控对象式(11.12)中，取 $\boldsymbol{A}=\begin{bmatrix}-2.548&9.1&0\\1&-1&1\\0&-14.2&0\end{bmatrix}$，$\boldsymbol{B}=$

$$\begin{bmatrix}1 & 0 & 0\\0 & 1 & 0\\0 & 0 & 1\end{bmatrix},\boldsymbol{f}(\boldsymbol{x})=\frac{1}{2}\begin{bmatrix}|x_1+a_1|-|x_1-a_2|\\0\\0\end{bmatrix}。$$

根据 $\boldsymbol{f}(\boldsymbol{x})$表达式，可得 Lipschitz 常数矩阵 $\boldsymbol{L}=\begin{bmatrix}2 & 0 & 0\\0 & 0 & 0\\0 & 0 & 0\end{bmatrix}$。解 LMI 式(11.14)，可得 $\boldsymbol{F}=\begin{bmatrix}-1.5075 & -5.05 & 0\\-5.05 & -0.5 & 6.6\\0 & 6.6 & -1.5\end{bmatrix}$，采用控制律式(11.13)，仿真结果如图 11.5 和图 11.6 所示。

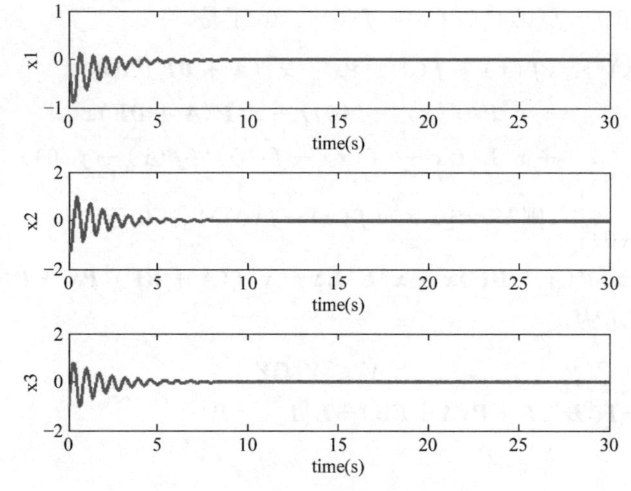

图 11.5　系统的状态响应结果

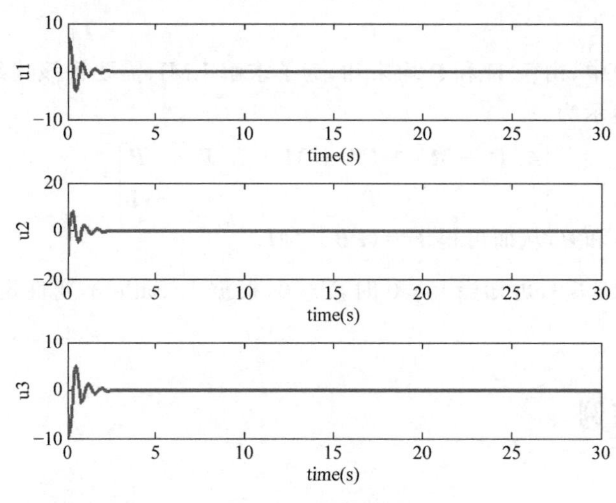

图 11.6　控制输入

附录

Lipschitz 常数矩阵的求法

当 $\xi \in [a,b]$，$f(\xi)$ 为定义在该区间上的光滑函数，根据中值定理，有 $f(a)-f(b)=f'(\xi)(a-b)$，则

$$|f(a)-f(b)|=|f'(\xi)(a-b)| \leqslant \max(|f'(\xi)|)|a-b|$$

其中，令 $L=\max(|f'(\xi)|)$。

由于 $\frac{\partial \boldsymbol{f}(1)}{\partial x_1}=\frac{1}{2}\frac{\partial(|x_1+a_1|-|x_1-a_2|)}{\partial x_1}$，且

$$|x_1+a_1|-|x_1-a_2|=\begin{cases} x_1+a_1-(x_1-a_2) \\ =a_2-a_1 & x_1+a_1>0 \& x_1-a_2>0 \\ x_1+a_1+(x_1-a_2) \\ =2x_1-a_2+a_1- & x_1+a_1>0 \& x_1-a_2<0 \\ (x_1+a_1)-(x_1-a_2) \\ =-2x_1-a_1+a_2- & x_1+a_1<0 \& x_1-a_2>0 \\ (x_1+a_1)+(x_1-a_2) \\ =-a_1-a_2 & x_1+a_1<0 \& x_1-a_2<0 \end{cases}$$

则有 $\frac{\partial \boldsymbol{f}(1)}{\partial x_1}$ 为 0、1 或 −1，根据 $\frac{\partial \boldsymbol{f}(\boldsymbol{x})}{\partial \boldsymbol{x}}=\begin{bmatrix} \frac{\partial \boldsymbol{f}(1)}{\partial x_1} & \frac{\partial \boldsymbol{f}(1)}{\partial x_2} & \frac{\partial \boldsymbol{f}(1)}{\partial x_3} \\ \frac{\partial \boldsymbol{f}(2)}{\partial x_2} & \frac{\partial \boldsymbol{f}(2)}{\partial x_2} & \frac{\partial \boldsymbol{f}(2)}{\partial x_2} \\ \frac{\partial \boldsymbol{f}(3)}{\partial x_3} & \frac{\partial \boldsymbol{f}(3)}{\partial x_3} & \frac{\partial \boldsymbol{f}(3)}{\partial x_3} \end{bmatrix}$，从而有

$$\max\left(\frac{\partial \boldsymbol{f}(\boldsymbol{x})}{\partial \boldsymbol{x}}\right)=\begin{bmatrix} 1 & 0 & 0 \\ 0 & 0 & 0 \\ 0 & 0 & 0 \end{bmatrix}$$

根据 $\|\boldsymbol{f}(\boldsymbol{x})-\boldsymbol{f}(\bar{\boldsymbol{x}})\| \leqslant \|\boldsymbol{L}(\boldsymbol{x}-\bar{\boldsymbol{x}})\|$，可令 $\boldsymbol{L} \geqslant \max(f'(\boldsymbol{x}))$，从而得到 $\boldsymbol{L}=\begin{bmatrix} 2 & 0 & 0 \\ 0 & 0 & 0 \\ 0 & 0 & 0 \end{bmatrix}$。

仿真程序：

(1) LMI 设计程序：chap11_5lmi. m

```
clear all;
close all;

A = [ - 2.548 9.1 0;
     1 - 1 1;
     0 - 14.2 0];
B = [1 0 0;
```

```
    0 1 0;
    0 0 1];

L = [2 0 0;
   0 0 0;
   0 0 0];

P = sdpvar(3,3);
F = sdpvar(3,3);
M = sdpvar(3,3);

FAI = [A' * P + M' + P * A + M + L' * L  P;P  - eye(3)] ;  % M = PBF

% LMI 描述
L1 = set(P > 0);
L2 = set(FAI < 0);
LL = L1 + L2;

solvesdp(LL);

P = double(P);
M = double(M)

F = inv(P * B) * M
```

(2) Simulink 主程序：chap11_5sim. mdl

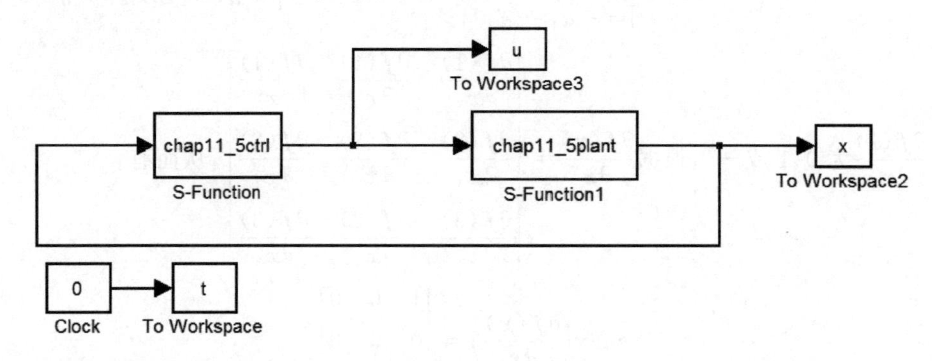

(3) 控制器程序：chap11_5ctrl. m

```
function [sys,x0,str,ts] = spacemodel(t,x,u,flag)
switch flag,
case 0,
    [sys,x0,str,ts] = mdlInitializeSizes;
case 3,
    sys = mdlOutputs(t,x,u);
case {2,4,9}
    sys = [];
otherwise
    error(['Unhandled flag = ',num2str(flag)]);
end
function [sys,x0,str,ts] = mdlInitializeSizes
sizes = simsizes;
sizes.NumContStates  = 0;
sizes.NumDiscStates  = 0;
sizes.NumOutputs     = 3;
```

```
sizes.NumInputs       = 3;
sizes.DirFeedthrough = 1;
sizes.NumSampleTimes  = 1;
sys = simsizes(sizes);
x0  = [];
str = [];
ts  = [0 0];
function sys = mdlOutputs(t,x,u)
x1 = u(1);
x2 = u(2);
x3 = u(3);

f0 = [ - 0.05 0 0]';

B = [1 0 0;
    0 1 0;
    0 0 1];
F = [ - 1.5075    - 5.0500     0.0000;
   - 5.0500    - 0.5000     6.6000;
    0.0000     6.6000    - 1.5000];

ut = F * [x1;x2;x3] - inv(B) * f0;

sys(1:3) = ut;
```

(4) 被控对象程序：chap11_5plant.m

```
function [sys,x0,str,ts] = spacemodel(t,x,u,flag)
switch flag,
case 0,
    [sys,x0,str,ts] = mdlInitializeSizes;
case 1,
    sys = mdlDerivatives(t,x,u);
case 3,
    sys = mdlOutputs(t,x,u);
case {2,4,9}
    sys = [];
otherwise
    error(['Unhandled flag = ',num2str(flag)]);
end
function [sys,x0,str,ts] = mdlInitializeSizes
sizes = simsizes;
sizes.NumContStates   = 3;
sizes.NumDiscStates   = 0;
sizes.NumOutputs      = 3;
sizes.NumInputs       = 3;
sizes.DirFeedthrough  = 0;
sizes.NumSampleTimes  = 0;
sys = simsizes(sizes);
x0  = [1, - 1, - 1];
str = [];
ts  = [];
function sys = mdlDerivatives(t,x,u)
a1 = 1;a2 = 1.1;
fx = 0.5 * [abs(x(1) + a1) - abs(x(1) - a2);0;0];
A = [ - 2.548 9.1 0;
    1 - 1 1;
```

```
    0 -14.2 0];
B=[1 0 0;
    0 1 0;
    0 0 1];
ut=[u(1) u(2) u(3)]';

dx=fx+A*x+B*ut;

sys(1)=dx(1);
sys(2)=dx(2);
sys(3)=dx(3);
function sys=mdlOutputs(t,x,u)
sys(1)=x(1);
sys(2)=x(2);
sys(3)=x(3);
```

(5) 作图程序：chap11_5plot.m

```
close all;

figure(1);
subplot(311);
plot(t,x(:,1),'r','linewidth',2);
xlabel('time(s)');ylabel('x1');
subplot(312);
plot(t,x(:,2),'r','linewidth',2);
xlabel('time(s)');ylabel('x2');
subplot(313);
plot(t,x(:,3),'r','linewidth',2);
xlabel('time(s)');ylabel('x3');

figure(2);
subplot(311);
plot(t,u(:,1),'r','linewidth',2);
xlabel('time(s)');ylabel('u1');
subplot(312);
plot(t,u(:,2),'r','linewidth',2);
xlabel('time(s)');ylabel('u2');
subplot(313);
plot(t,u(:,3),'r','linewidth',2);
xlabel('time(s)');ylabel('u3');
```

11.5 基于LMI的Lipschitz非线性系统跟踪控制

11.5.1 系统描述

考虑带有Lipschitz条件的非线性系统：

$$\dot{\boldsymbol{x}}=\boldsymbol{f}(\boldsymbol{x})+\boldsymbol{A}\boldsymbol{x}+\boldsymbol{B}\boldsymbol{u}+\boldsymbol{d} \tag{11.17}$$

其中，$\boldsymbol{x}\in R^n$，$\boldsymbol{u}\in R^n$，$\boldsymbol{A}\in R^{n\times n}$，$\boldsymbol{B}\in R^{n\times n}$，$\boldsymbol{d}\in R^{n\times 1}$为干扰。非线性函数$\boldsymbol{f}(\boldsymbol{x})$满足

Lipschitz 条件，即

$$\| f(x) - f(\bar{x}) \| \leqslant \| L(x - \bar{x}) \| \tag{11.18}$$

其中，L 为 Lipschitz 常数矩阵。

控制目标为 $x \to x_r$，其中 x_r 为理想指令。

11.5.2 跟踪控制器设计[3]

定义跟踪误差为 $z = x - x_r$，则

$$\dot{z} = \dot{x} - \dot{x}_r = Ax + Bu + f(x) + d - \dot{x}_r$$

将跟踪误差 z 设计为滑模函数，控制律设计为

$$u = Fx + u_r + u_s \tag{11.19}$$

其中，F 为状态反馈增益，可通过设计 LMI 求得，取前馈控制项 $u_r = -Fx_r - B^{-1}Ax_r - B^{-1}f(x_r) + B^{-1}\dot{x}_r$。滑模鲁棒项 $u_s = -B^{-1}(\eta \operatorname{sgn}(z))$，$\eta \in R^{n \times 1}$，$\eta_i > \bar{d}_i$，$\eta \operatorname{sgn}(z) = [\eta_1 \operatorname{sgn} z_1 \quad \cdots \quad \eta_n \operatorname{sgn} z_n]^T$。

于是

$$\begin{aligned} u &= Fx - Fx_r - B^{-1}Ax_r - B^{-1}f(x_r) + B^{-1}\dot{x}_r - B^{-1}(\eta \operatorname{sgn}(z)) \\ &= Fz - B^{-1}Ax_r - B^{-1}f(x_r) + B^{-1}\dot{x}_r - B^{-1}(\eta \operatorname{sgn}(z)) \end{aligned}$$

从而

$$\begin{aligned} \dot{z} &= Ax + B(Fz - B^{-1}Ax_r - B^{-1}f(x_r) + B^{-1}\dot{x}_r - \\ &\quad B^{-1}(\eta \operatorname{sgn}(z))) + f(x) + d - \dot{x}_r \\ &= Ax + BFz - Ax_r - f(x_r) + \dot{x}_r + f(x) - \eta \operatorname{sgn}(z) + d - \dot{x}_r \\ &= Az + BFz + f(x) - f(x_r) - \eta \operatorname{sgn}(z) + d \end{aligned}$$

定理 11.5：如果满足不等式

$$\begin{bmatrix} A^T P + M^T + PA + M + L^T L & P \\ P & -I \end{bmatrix} < 0 \tag{11.20}$$

其中，$F = (PB)^{-1}M$。

由被控对象式(11.17)和控制律式(11.19)构成的闭环系统渐近稳定。

证明：取 Lyapunov 函数

$$V = z^T P z$$

其中，$P = P^T > 0$。

由于

$$\dot{z} = Az + BFz + f(x) - f(x_r) - \eta \operatorname{sgn}(z) + d$$

从而

$$\begin{aligned} \dot{V} &= (z^T P)' z + z^T P \dot{z} = \dot{z}^T P z + z^T P \dot{z} \\ &= (Az + BFz + f(x) - f(x_r) - \eta \operatorname{sgn}(z) + d)^T P z + \\ &\quad z^T P(Az + BFz + f(x) - f(x_r) - \eta \operatorname{sgn}(z) + d) \\ &= z^T (A + BF)^T P z + (f(x) - f(x_r))^T P z + (-\eta \operatorname{sgn}(z) + d)^T P z + \\ &\quad z^T P(A + BF) z + z^T P(f(x) - f(x_r)) + z^T P(-\eta \operatorname{sgn}(z) + d) \end{aligned}$$

由于

$$(-\boldsymbol{\eta}\operatorname{sgn}(\boldsymbol{z})+\boldsymbol{d})^{\mathrm{T}}\boldsymbol{P}\boldsymbol{z}=\sum_{i=1}^{n}(-\eta_i+d_i)p_i\mid z_i\mid<0$$

$$\boldsymbol{z}^{\mathrm{T}}\boldsymbol{P}(-\boldsymbol{\eta}\operatorname{sgn}(z)+\boldsymbol{d})=\sum_{i=1}^{n}(-\eta_i+d_i)p_i\mid z_i\mid<0$$

且根据式(11.18)，有

$$\begin{aligned}[\boldsymbol{f}(\boldsymbol{x})-\boldsymbol{f}(\boldsymbol{x}_{\mathrm{r}})]^{\mathrm{T}}[\boldsymbol{f}(\boldsymbol{x})-\boldsymbol{f}(\boldsymbol{x}_{\mathrm{r}})] &\leqslant (\boldsymbol{L}(\boldsymbol{x}-\boldsymbol{x}_{\mathrm{r}}))^{\mathrm{T}}\boldsymbol{L}(\boldsymbol{x}-\boldsymbol{x}_{\mathrm{r}})\\ &=(\boldsymbol{x}-\boldsymbol{x}_{\mathrm{r}})^{\mathrm{T}}\boldsymbol{L}^{\mathrm{T}}\boldsymbol{L}(\boldsymbol{x}-\boldsymbol{x}_{\mathrm{r}})\\ &=\boldsymbol{z}^{\mathrm{T}}\boldsymbol{L}^{\mathrm{T}}\boldsymbol{L}\boldsymbol{z}\end{aligned}$$

即 $\boldsymbol{z}^{\mathrm{T}}\boldsymbol{L}^{\mathrm{T}}\boldsymbol{L}\boldsymbol{z}-[\boldsymbol{f}(\boldsymbol{x})-\boldsymbol{f}(\boldsymbol{x}_{\mathrm{r}})]^{\mathrm{T}}[\boldsymbol{f}(\boldsymbol{x})-\boldsymbol{f}(\boldsymbol{x}_{\mathrm{r}})]\geqslant 0$

则

$$\begin{aligned}\dot{V}\leqslant\ &\boldsymbol{z}^{\mathrm{T}}(\boldsymbol{A}+\boldsymbol{B}\boldsymbol{F})^{\mathrm{T}}\boldsymbol{P}\boldsymbol{z}+(\boldsymbol{f}(\boldsymbol{x})-\boldsymbol{f}(\boldsymbol{x}_{\mathrm{r}}))^{\mathrm{T}}\boldsymbol{P}\boldsymbol{z}+\\ &\boldsymbol{z}^{\mathrm{T}}\boldsymbol{P}(\boldsymbol{A}+\boldsymbol{B}\boldsymbol{F})\boldsymbol{z}+\boldsymbol{z}^{\mathrm{T}}\boldsymbol{P}(\boldsymbol{f}(\boldsymbol{x})-\boldsymbol{f}(\boldsymbol{x}_{\mathrm{r}}))+\\ &\boldsymbol{z}^{\mathrm{T}}\boldsymbol{L}^{\mathrm{T}}\boldsymbol{L}\boldsymbol{z}-[\boldsymbol{f}(\boldsymbol{x})-\boldsymbol{f}(\boldsymbol{x}_{\mathrm{r}})]^{\mathrm{T}}[\boldsymbol{f}(\boldsymbol{x})-\boldsymbol{f}(\boldsymbol{x}_{\mathrm{r}})]\end{aligned}\tag{11.21}$$

令 $\boldsymbol{Y}=\begin{bmatrix}\boldsymbol{z}\\ \boldsymbol{f}(\boldsymbol{x})-\boldsymbol{f}(\boldsymbol{x}_{\mathrm{r}})\end{bmatrix}^{\mathrm{T}}$，则 $\boldsymbol{Y}^{\mathrm{T}}=[\boldsymbol{z}^{\mathrm{T}}\quad(\boldsymbol{f}(\boldsymbol{x})-\boldsymbol{f}(\boldsymbol{x}_{\mathrm{r}}))^{\mathrm{T}}]$。由于

$\boldsymbol{z}^{\mathrm{T}}(\boldsymbol{A}+\boldsymbol{B}\boldsymbol{F})^{\mathrm{T}}\boldsymbol{P}\boldsymbol{z}+\boldsymbol{z}^{\mathrm{T}}\boldsymbol{P}(\boldsymbol{A}+\boldsymbol{B}\boldsymbol{F})\boldsymbol{z}+\boldsymbol{z}^{\mathrm{T}}\boldsymbol{L}^{\mathrm{T}}\boldsymbol{L}\boldsymbol{z}=\boldsymbol{z}^{\mathrm{T}}((\boldsymbol{A}+\boldsymbol{B}\boldsymbol{F})^{\mathrm{T}}\boldsymbol{P}\boldsymbol{z}+\boldsymbol{P}(\boldsymbol{A}+\boldsymbol{B}\boldsymbol{F})+\boldsymbol{L}^{\mathrm{T}}\boldsymbol{L})\boldsymbol{z}$

则式(11.21)可表示为

$$\dot{V}\leqslant\boldsymbol{Y}^{\mathrm{T}}\boldsymbol{\Omega}\boldsymbol{Y}$$

其中，$\boldsymbol{\Omega}=\begin{bmatrix}(\boldsymbol{A}^{\mathrm{T}}+\boldsymbol{F}^{\mathrm{T}}\boldsymbol{B}^{\mathrm{T}})\boldsymbol{P}+\boldsymbol{P}(\boldsymbol{A}+\boldsymbol{F}\boldsymbol{B})+\boldsymbol{L}^{\mathrm{T}}\boldsymbol{L} & \boldsymbol{P}\\ \boldsymbol{P} & -\boldsymbol{I}\end{bmatrix}$。

为了保证 $\dot{V}\leqslant 0$，只需 $\boldsymbol{Y}^{\mathrm{T}}\boldsymbol{\Omega}\boldsymbol{Y}<0$，即$\boldsymbol{\Omega}<0$，也即

$$\begin{bmatrix}(\boldsymbol{A}^{\mathrm{T}}+\boldsymbol{F}^{\mathrm{T}}\boldsymbol{B}^{\mathrm{T}})\boldsymbol{P}+\boldsymbol{P}(\boldsymbol{A}+\boldsymbol{F}\boldsymbol{B})+\boldsymbol{L}^{\mathrm{T}}\boldsymbol{L} & \boldsymbol{P}\\ \boldsymbol{P} & -\boldsymbol{I}\end{bmatrix}<0\tag{11.22}$$

在 LMI 式(11.22)中，由于 $\boldsymbol{F}$ 和 $\boldsymbol{P}$ 均未知，为了求解 LMI，需要将该式线性化，设定 $\boldsymbol{M}=\boldsymbol{P}\boldsymbol{B}\boldsymbol{F}$，此时 LMI 表示为

$$\begin{bmatrix}\boldsymbol{A}^{\mathrm{T}}\boldsymbol{P}+\boldsymbol{M}^{\mathrm{T}}+\boldsymbol{P}\boldsymbol{A}+\boldsymbol{M}+\boldsymbol{L}^{\mathrm{T}}\boldsymbol{L} & \boldsymbol{P}\\ \boldsymbol{P} & -\boldsymbol{I}\end{bmatrix}<0$$

通过 LMI 可得 $\boldsymbol{M}$ 和 $\boldsymbol{P}$，从而可得 $\boldsymbol{F}=(\boldsymbol{P}\boldsymbol{B})^{-1}\boldsymbol{M}$。

根据 $\dot{V}\leqslant Y^{\mathrm{T}}\Omega Y\leqslant 0$，可知当 $\dot{V}\equiv 0$ 时，$Y\equiv 0$，根据 LaSalle 不变性定理，$t\rightarrow\infty$ 时，$Y\rightarrow 0$，$z\rightarrow 0$。

11.5.3 仿真实例

考虑混沌系统[3]，被控对象式(11.17)中，取 $\boldsymbol{A}=\begin{bmatrix}-2.548 & 9.1 & 0\\ 1 & -1 & 1\\ 0 & -14.2 & 0\end{bmatrix}$，$\boldsymbol{B}=$

$\begin{bmatrix}1&0&0\\0&1&0\\0&0&1\end{bmatrix}$，$\boldsymbol{f}(\boldsymbol{x})=\dfrac{1}{2}\begin{bmatrix}|x_1+a_1|-|x_1-a_2|\\0\\0\end{bmatrix}$，根据 $\boldsymbol{f}(\boldsymbol{x})$ 表达式，可得 Lipschitz 常数矩阵 $\boldsymbol{L}$ 为 $\boldsymbol{L}=\begin{bmatrix}2&0&0\\0&0&0\\0&0&0\end{bmatrix}$。

三个状态的理想指令分别为 $[\sin t \quad \cos t \quad \sin t]$，所对应的干扰分别为 $[50\sin t \quad 50\sin t \quad 50\sin t]^{\mathrm{T}}$。解 LMI 式(11.20)，可得 $\boldsymbol{F}=\begin{bmatrix}-1.5075&-5.05&0\\-5.05&-0.5&6.6\\0&6.6&-1.5\end{bmatrix}$，采用控制律式(11.19)，取 $\boldsymbol{\eta}=[50 \quad 50 \quad 50]^{\mathrm{T}}$，采用饱和函数代替切换函数，边界层取 $\Delta=0.05$，仿真结果如图 11.7 和图 11.8 所示。

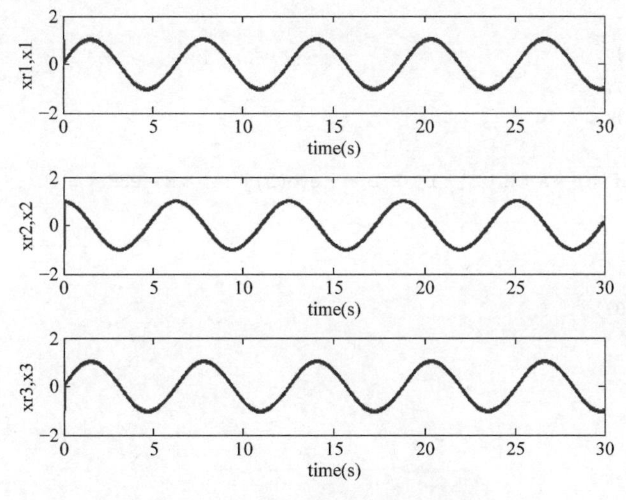

图 11.7　系统的状态跟踪结果

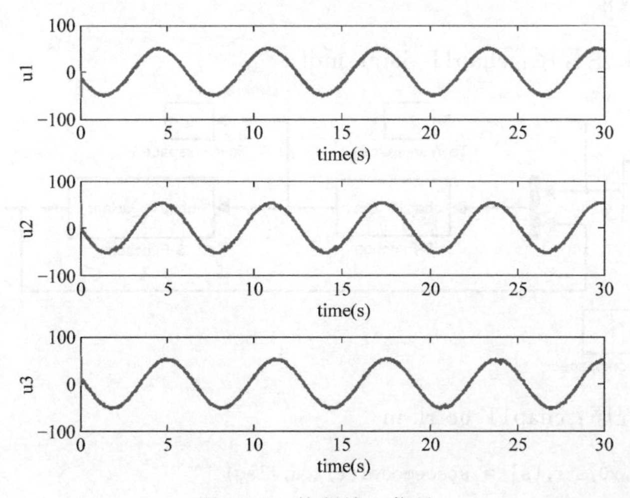

图 11.8　控制输入信号

仿真程序：

(1) LMI 设计程序：chap11_6lmi.m

```
clear all;
close all;

A=[-2.548 9.1 0;
    1 -1 1;
    0 -14.2 0];
B=[1 0 0;
    0 1 0;
    0 0 1];

L=[2 0 0;
   0 0 0;
   0 0 0];

P=sdpvar(3,3);
F=sdpvar(3,3);
M=sdpvar(3,3);

FAI=[A'*P+M'+P*A+M+L'*L  P;P   -eye(3)] ;   %M=PBF

%LMI 描述
L1=set(P>0);
L2=set(FAI<0);
LL=L1+L2;

solvesdp(LL);

P=double(P);
M=double(M);

F=inv(P*B)*M
```

(2) Simulink 主程序：chap11_6sim.mdl

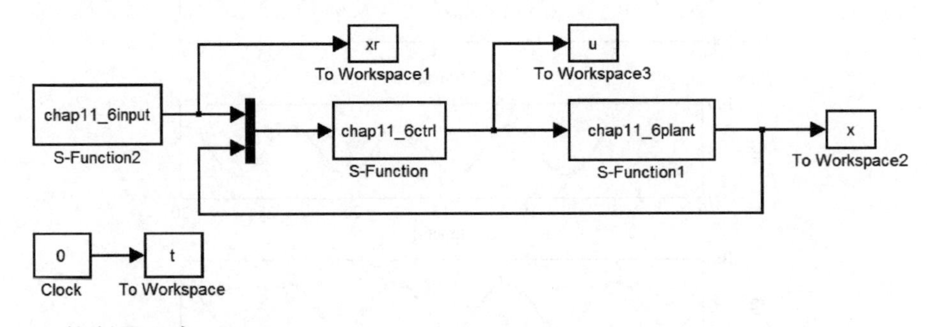

(3) 控制器程序：chap11_6ctrl.m

```
function [sys,x0,str,ts] = spacemodel(t,x,u,flag)
switch flag,
case 0,
```

```
    [sys,x0,str,ts] = mdlInitializeSizes;
case 3,
    sys = mdlOutputs(t,x,u);
case {2,4,9}
    sys = [];
otherwise
    error(['Unhandled flag = ',num2str(flag)]);
end
function [sys,x0,str,ts] = mdlInitializeSizes
sizes = simsizes;
sizes.NumContStates  = 0;
sizes.NumDiscStates  = 0;
sizes.NumOutputs     = 3;
sizes.NumInputs      = 6;
sizes.DirFeedthrough = 1;
sizes.NumSampleTimes = 1;
sys = simsizes(sizes);
x0  = [];
str = [];
ts  = [0 0];
function sys = mdlOutputs(t,x,u)

x1 = u(4);
x2 = u(5);
x3 = u(6);

x = [x1 x2 x3]';
xr = [u(1) u(2) u(3)]';

S = 2;
if S == 1
    dxr = [0 0 0]';
elseif S == 2
    dxr = [cos(t) - sin(t) cos(t)]';
end

z = x - xr;

A = [ - 2.548 9.1 0;
    1 - 1 1;
    0 - 14.2 0];
B = [1 0 0;
    0 1 0;
    0 0 1];

F = [ - 1.5075   - 5.0500    0.0000;
     - 5.0500   - 0.5000    6.6000;
      0.0000    6.6000   - 1.5000];

a1 = 1;a2 = 1.1;
fxr = 0.5 * [abs(xr(1) + a1) - abs(xr(1) - a2);0;0];
```

```
delta = 0.05;
    kk = 1/delta;
 for i = 1:1:3
    if z(i)> delta
        sats(i) = 1;
    elseif abs(z(i))< = delta
        sats(i) = kk * z(i);
    elseif z(i)< - delta
        sats(i) =- 1;
    end
 end
xite = [50;50;50];

ur =- F * xr - inv(B) * A * xr + inv(B) * dxr;

%us =- inv(B) * [xite(1) * sign(z(1))  xite(2) * sign(z(2))  xite(3) * sats]';
us =- inv(B) * [xite(1) * sats(1)  xite(2) * sats(2)  xite(3) * sats(3)]';
%us = 0;

ur =- F * xr - inv(B) * A * xr - inv(B) * fxr + inv(B) * dxr;
ut = F * x + ur + us;

sys(1:3) = ut;
```

（4）被控对象程序：chap11_6plant.m

```
function [sys,x0,str,ts] = spacemodel(t,x,u,flag)
switch flag,
case 0,
    [sys,x0,str,ts] = mdlInitializeSizes;
case 1,
    sys = mdlDerivatives(t,x,u);
case 3,
    sys = mdlOutputs(t,x,u);
case {2,4,9}
    sys = [];
otherwise
    error(['Unhandled flag = ',num2str(flag)]);
end
function [sys,x0,str,ts] = mdlInitializeSizes
sizes = simsizes;
sizes.NumContStates  = 3;
sizes.NumDiscStates  = 0;
sizes.NumOutputs     = 3;
sizes.NumInputs      = 3;
sizes.DirFeedthrough = 0;
sizes.NumSampleTimes = 0;
sys = simsizes(sizes);
x0  = [1, - 1, - 1];
str = [];
```

```
ts  = [];
function sys = mdlDerivatives(t,x,u)
a1 = 1;a2 = 1.1;
fx = 0.5 * [abs(x(1) + a1) - abs(x(1) - a2);0;0];
A = [ - 2.548 9.1 0;
    1 -1 1;
    0 -14.2 0];
B = [1 0 0;
    0 1 0;
    0 0 1];
ut = [u(1) u(2) u(3)]';
dt = [50 * sin(t)  50 * sin(t)  50 * sin(t)]';

dx = fx + A * x + B * ut + dt;

sys(1) = dx(1);
sys(2) = dx(2);
sys(3) = dx(3);
function sys = mdlOutputs(t,x,u)
sys(1) = x(1);
sys(2) = x(2);
sys(3) = x(3);
```

(5) 作图程序：chap11_6plot.m

```
close all;

figure(1);
subplot(311);
plot(t,xr(:,1),'r',t,x(:,1),'b','linewidth',2);
xlabel('time(s)');ylabel('xr1,x1');
subplot(312);
plot(t,xr(:,2),'r',t,x(:,2),'b','linewidth',2);
xlabel('time(s)');ylabel('xr2,x2');
subplot(313);
plot(t,xr(:,3),'r',t,x(:,3),'b','linewidth',2);
xlabel('time(s)');ylabel('xr3,x3');

figure(2);
subplot(311);
plot(t,u(:,1),'r','linewidth',2);
xlabel('time(s)');ylabel('u1');
subplot(312);
plot(t,u(:,2),'r','linewidth',2);
xlabel('time(s)');ylabel('u2');
subplot(313);
plot(t,u(:,3),'r','linewidth',2);
xlabel('time(s)');ylabel('u3');
```

11.6 基于 LMI 的欠驱动倒立摆系统滑模控制

下面以一阶倒立摆模型为例，介绍一种欠驱动系统滑模控制的 LMI 设计方法。

11.6.1 系统描述

倒立摆动力学方程如下：

$$\begin{aligned}\ddot{\theta}&=\frac{m(m+M)gl}{(M+m)I+Mml^2}\theta-\frac{ml}{(M+m)I+Mml^2}u\\ \ddot{x}&=-\frac{m^2gl^2}{(M+m)I+Mml^2}\theta+\frac{I+ml^2}{(M+m)I+Mml^2}u\end{aligned}\tag{11.23}$$

其中，$I=\frac{1}{3}ml^2$。

控制目标为：摆的角度 $\theta\to 0$，角速度 $\dot{\theta}\to 0$，小车位置 $x\to 0$ 且小车速度 $\dot{x}\to 0$。取 $\boldsymbol{x}(1)=\theta,\boldsymbol{x}(2)=\dot{\theta},\boldsymbol{x}(3)=x,\boldsymbol{x}(4)=\dot{x}$，则方程式(11.23)可写为

$$\dot{\boldsymbol{x}}=\boldsymbol{A}\boldsymbol{x}+\boldsymbol{B}u\tag{11.24}$$

其中，$\boldsymbol{A}=\begin{bmatrix}0&1&0&0\\t_1&0&0&0\\0&0&0&1\\t_2&0&0&0\end{bmatrix}$，$\boldsymbol{B}=\begin{bmatrix}0\\t_3\\0\\t_4\end{bmatrix}$，$t_1=\frac{m(m+M)gl}{(M+m)I+Mml^2}$，$t_2=-\frac{m^2gl^2}{(M+m)I+Mml^2}$，$t_3=-\frac{ml}{(M+m)I+Mml^2}$，$t_4=\frac{I+ml^2}{(M+m)I+Mml^2}$。

考虑到不确定性和干扰 $f(x,t)$，式(11.24)可写为

$$\dot{\boldsymbol{x}}(t)=\boldsymbol{A}\boldsymbol{x}(t)+\boldsymbol{B}(u+f(x,t))\tag{11.25}$$

其中，$\boldsymbol{x}=[\theta\quad\dot{\theta}\quad x\quad\dot{x}]^{\mathrm{T}}$，$\boldsymbol{x}(1)=\theta,\boldsymbol{x}(2)=\dot{\theta},\boldsymbol{x}(3)=x,\boldsymbol{x}(4)=\dot{x}$，$|f(x,t)|\leqslant\delta_{\mathrm{f}}$，$\varepsilon_0>0$。

11.6.2 基于等效的滑模控制

定义滑模函数：

$$s=\boldsymbol{B}^{\mathrm{T}}\boldsymbol{P}\boldsymbol{x}\tag{11.26}$$

其中，$\boldsymbol{P}$ 为 4×4 阶正定矩阵，通过 $\boldsymbol{P}$ 的设计实现 $s=0$。

设计滑模控制器

$$u(t)=u_{\mathrm{eq}}+u_{\mathrm{n}}\tag{11.27}$$

根据等效控制原理，取 $f(x,t)=0$，则由 $\dot{\boldsymbol{x}}(t)=\boldsymbol{A}\boldsymbol{x}(t)+\boldsymbol{B}u$ 和 $\dot{s}=0$ 可得 $\dot{s}=\boldsymbol{B}^{\mathrm{T}}\boldsymbol{P}\dot{\boldsymbol{x}}=\boldsymbol{B}^{\mathrm{T}}\boldsymbol{P}(\boldsymbol{A}\boldsymbol{x}(t)+\boldsymbol{B}u)=0$

从而

$$u_{\mathrm{eq}}=-(\boldsymbol{B}^{\mathrm{T}}\boldsymbol{P}\boldsymbol{B})^{-1}\boldsymbol{B}^{\mathrm{T}}\boldsymbol{P}\boldsymbol{A}\boldsymbol{x}(t)$$

为了保证 $s\dot{s}<0$，取鲁棒控制项

$$u_{\mathrm{n}}=-(\boldsymbol{B}^{\mathrm{T}}\boldsymbol{P}\boldsymbol{B})^{-1}[|\boldsymbol{B}^{\mathrm{T}}\boldsymbol{P}\boldsymbol{B}|\delta_{\mathrm{f}}+\varepsilon_0]\mathrm{sgn}(s)$$

取 Lyapunov 函数

$$V=\frac{1}{2}s^2\tag{11.28}$$

$$
\begin{aligned}
\dot{s} &= \boldsymbol{B}^{\mathrm{T}}\boldsymbol{P}\dot{\boldsymbol{x}}(t) = \boldsymbol{B}^{\mathrm{T}}\boldsymbol{P}(\boldsymbol{A}\boldsymbol{x}(t) + \boldsymbol{B}(u + f(x,t))) \\
&= \boldsymbol{B}^{\mathrm{T}}\boldsymbol{P}\boldsymbol{A}\boldsymbol{x}(t) + \boldsymbol{B}^{\mathrm{T}}\boldsymbol{P}\boldsymbol{B}u + \boldsymbol{B}^{\mathrm{T}}\boldsymbol{P}\boldsymbol{B}f(x,t) \\
&= \boldsymbol{B}^{\mathrm{T}}\boldsymbol{P}\boldsymbol{A}\boldsymbol{x}(t) + \boldsymbol{B}^{\mathrm{T}}\boldsymbol{P}\boldsymbol{B}(-(\boldsymbol{B}^{\mathrm{T}}\boldsymbol{P}\boldsymbol{B})^{-1}\boldsymbol{B}^{\mathrm{T}}\boldsymbol{P}\boldsymbol{A}\boldsymbol{x}(t) \\
&\quad - (\boldsymbol{B}^{\mathrm{T}}\boldsymbol{P}\boldsymbol{B})^{-1}[\,|\boldsymbol{B}^{\mathrm{T}}\boldsymbol{P}\boldsymbol{B}|\,\delta_{\mathrm{f}} + \varepsilon_0]\mathrm{sgn}(s)) + \boldsymbol{B}^{\mathrm{T}}\boldsymbol{P}\boldsymbol{B}f(x,t) \\
&= -[\,|\boldsymbol{B}^{\mathrm{T}}\boldsymbol{P}\boldsymbol{B}|\,\delta_{\mathrm{f}} + \varepsilon_0]\mathrm{sgn}(s) + \boldsymbol{B}^{\mathrm{T}}\boldsymbol{P}\boldsymbol{B}f(x,t)
\end{aligned}
$$

则

$$
\dot{V} = s\dot{s} = -[\,|\boldsymbol{B}^{\mathrm{T}}\boldsymbol{P}\boldsymbol{B}|\,\delta_{\mathrm{f}} + \varepsilon_0]\,|s| + \boldsymbol{B}^{\mathrm{T}}\boldsymbol{P}\boldsymbol{B}f(x,t) \leqslant -\varepsilon_0\,|s|
$$

则 $t \to \infty$ 时，$s \to 0$，$\boldsymbol{x} \to 0$。

11.6.3 基于辅助反馈的滑模控制

采用 LMI 来设计 $\boldsymbol{P}$。为了求解控制律中的对称正定阵 $\boldsymbol{P}$，参考文献[4,5]，将控制律式(11.27)写为

$$
u(t) = -\boldsymbol{K}\boldsymbol{x} + v(t) \tag{11.29}
$$

其中，$v(t) = \boldsymbol{K}\boldsymbol{x} + u_{\mathrm{eq}} + u_{\mathrm{n}}$。

式(11.25)变为

$$
\dot{\boldsymbol{x}}(t) = \bar{\boldsymbol{A}}\boldsymbol{x}(t) + \boldsymbol{B}(v + f(x,t)) \tag{11.30}
$$

其中，$\bar{\boldsymbol{A}} = \boldsymbol{A} - \boldsymbol{B}\boldsymbol{K}$，通过设计 $\boldsymbol{K}$ 使 $\bar{\boldsymbol{A}}$ 为 Hurwitz，则可保证闭环系统稳定。

取 Lyapunov 函数

$$
V = \boldsymbol{x}^{\mathrm{T}}\boldsymbol{P}\boldsymbol{x} \tag{11.31}
$$

则

$$
\begin{aligned}
\dot{V} &= 2\boldsymbol{x}^{\mathrm{T}}\boldsymbol{P}\dot{\boldsymbol{x}} = 2\boldsymbol{x}^{\mathrm{T}}\boldsymbol{P}(\bar{\boldsymbol{A}}\boldsymbol{x}(t) + \boldsymbol{B}(v + f(x,t))) \\
&= 2\boldsymbol{x}^{\mathrm{T}}\boldsymbol{P}\bar{\boldsymbol{A}}\boldsymbol{x}(t) + 2\boldsymbol{x}^{\mathrm{T}}\boldsymbol{P}\boldsymbol{B}(v + f(x,t))
\end{aligned}
$$

由控制律式(11.27)的分析可知，存在 $t \geqslant t_0$，$s = B^{\mathrm{T}}Px(t) = 0$ 成立，即 $s^{\mathrm{T}} = x^{\mathrm{T}}PB = 0$ 成立，则上式变为

$$
\dot{V} = 2\boldsymbol{x}^{\mathrm{T}}\boldsymbol{P}\bar{\boldsymbol{A}}\boldsymbol{x} = \boldsymbol{x}^{\mathrm{T}}(\boldsymbol{P}\bar{\boldsymbol{A}} + \bar{\boldsymbol{A}}^{\mathrm{T}}\boldsymbol{P})\boldsymbol{x}
$$

为了保证 $\dot{V} \leqslant 0$，需要

$$
\boldsymbol{P}\bar{\boldsymbol{A}} + \bar{\boldsymbol{A}}^{\mathrm{T}}\boldsymbol{P} < 0
$$

将 $\boldsymbol{P}^{-1}$ 分别乘以 $\boldsymbol{P}\bar{\boldsymbol{A}} + \bar{\boldsymbol{A}}^{\mathrm{T}}\boldsymbol{P}$ 的左右两边，得

$$
\bar{\boldsymbol{A}}\boldsymbol{P}^{-1} + \boldsymbol{P}^{-1}\bar{\boldsymbol{A}}^{\mathrm{T}} < 0
$$

取 $\boldsymbol{X} = \boldsymbol{P}^{-1}$，则

$$
\begin{aligned}
&\bar{\boldsymbol{A}}\boldsymbol{X} + \boldsymbol{X}\bar{\boldsymbol{A}}^{\mathrm{T}} < 0 \\
&(\boldsymbol{A} - \boldsymbol{B}\boldsymbol{K})\boldsymbol{X} + \boldsymbol{X}(\boldsymbol{A} - \boldsymbol{B}\boldsymbol{K})^{\mathrm{T}} < 0
\end{aligned}
$$

取 $\boldsymbol{L} = \boldsymbol{K}\boldsymbol{X}$，则

$$
\boldsymbol{A}\boldsymbol{X} - \boldsymbol{B}\boldsymbol{L} + \boldsymbol{X}\boldsymbol{A}^{\mathrm{T}} - \boldsymbol{L}^{\mathrm{T}}\boldsymbol{B}^{\mathrm{T}} < 0
$$

即

$$
\boldsymbol{A}\boldsymbol{X} + \boldsymbol{X}\boldsymbol{A}^{\mathrm{T}} < \boldsymbol{B}\boldsymbol{L} + \boldsymbol{L}^{\mathrm{T}}\boldsymbol{B}^{\mathrm{T}} \tag{11.32}
$$

在 LMI 设计中，为了保证 $\boldsymbol{P}$ 为对称正定阵，需要满足

$$\boldsymbol{P}=\boldsymbol{P}^{\mathrm{T}}>0 \quad 或 \quad \boldsymbol{X}=\boldsymbol{X}^{\mathrm{T}} \tag{11.33}$$

根据 $\dot{V}=\boldsymbol{x}^{\mathrm{T}}(\boldsymbol{P}\bar{\boldsymbol{A}}+\bar{\boldsymbol{A}}^{\mathrm{T}}\boldsymbol{P})\boldsymbol{x}\leqslant 0$，可知当 $\dot{V}\equiv 0$ 时，$\boldsymbol{x}\equiv 0$，根据 LaSalle 不变性定理，$t\to\infty$ 时，$\boldsymbol{x}\to 0$。

11.6.4 仿真实例

被控对象参数分别取 $g=9.8\mathrm{m/s^2}$（重力加速度），$M=1.0\mathrm{kg}$（小车质量），$m=0.1\mathrm{kg}$（摆的质量），$l=0.5\mathrm{m}$（摆杆的一半长度），不确定性和干扰为 $f(t)=0.3\sin t$。采样时间为 $T=20\mathrm{ms}$，系统初始状态为 $\theta(0)=-60°$，$\dot{\theta}(0)=0$，$x(0)=5.0$，$\dot{x}(0)=0$，理想控制任务为 $\theta(0)=0$，$\dot{\theta}(0)=0$，$x(0)=0$，$\dot{x}(0)=0$。

采用滑模控制器式(11.27)，并取 $\delta_{\mathrm{f}}=0.30$，$\varepsilon_0=0.15$。采用饱和函数代替切换函数，边界层厚度取 $\Delta=0.05$。

由式(11.32)和式(11.33)可解得 $\boldsymbol{X}$ 和 $\boldsymbol{L}$，从而可得

$$\boldsymbol{P}=\begin{bmatrix} 7.4496 & 1.2493 & 1.0782 & 1.1384 \\ 1.2493 & 0.3952 & 0.2108 & 0.3252 \\ 1.0782 & 0.2108 & 0.3854 & 0.2280 \\ 1.1384 & 0.3252 & 0.2280 & 0.4286 \end{bmatrix}$$

$$\boldsymbol{K}=[-28.5274 \quad -2.7968 \quad -2.0888 \quad -2.1625]$$

可验证 $\boldsymbol{K}$ 使 $\bar{\boldsymbol{A}}$ 为 Hurwitz。仿真结果如图 11.9 和图 11.10 所示。

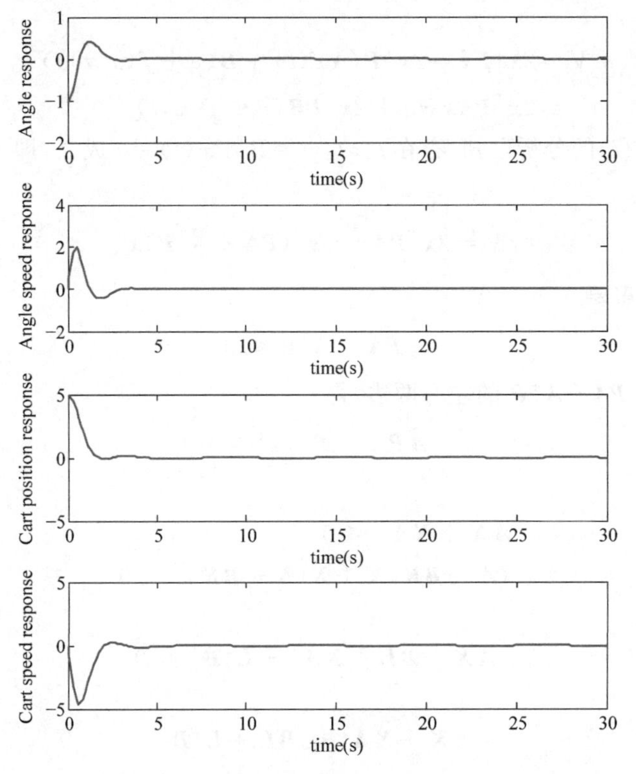

图 11.9 摆和小车的角度与角速度响应

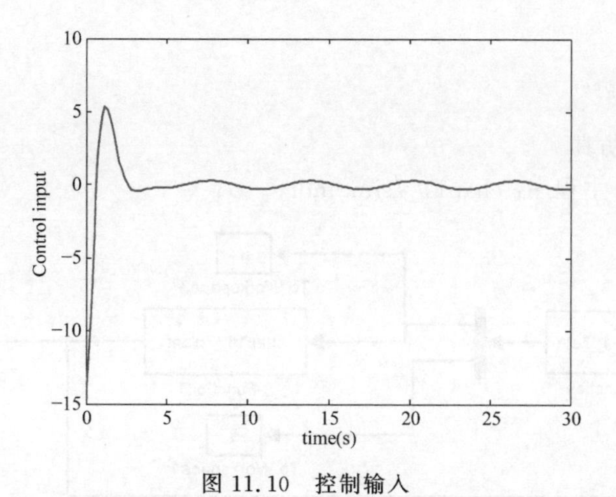

图 11.10　控制输入

仿真程序：

1) P 的 LMI 设计：chap11_7lmi. m

```
clear all;
close all;

g = 9.8;M = 1.0;m = 0.1;L = 0.5;

I = 1/12 * m * L^2;
l = 1/2 * L;
t1 = m * (M + m) * g * l/[(M + m) * I + M * m * l^2];
t2 =- m^2 * g * l^2/[(m + M) * I + M * m * l^2];
t3 =- m * l/[(M + m) * I + M * m * l^2];
t4 = (I + m * l^2)/[(m + M) * I + M * m * l^2];

A = [0,1,0,0;
   t1,0,0,0;
   0,0,0,1;
   t2,0,0,0];
B = [0;t3;0;t4];

X = sdpvar(4,4);
L = sdpvar(1,4);
M = sdpvar(4,4);

M = A * X - B * L + X * A' - L' * B';
F = set(M < 0) + set(X > 0);

solvesdp(F);

X = double(X);
L = double(L);

P = inv(X)
```

```
K = L * inv(X)

save Pfile A B P;
```

2）连续系统仿真

（1）Simulink 主程序：chap11_7sim. mdl

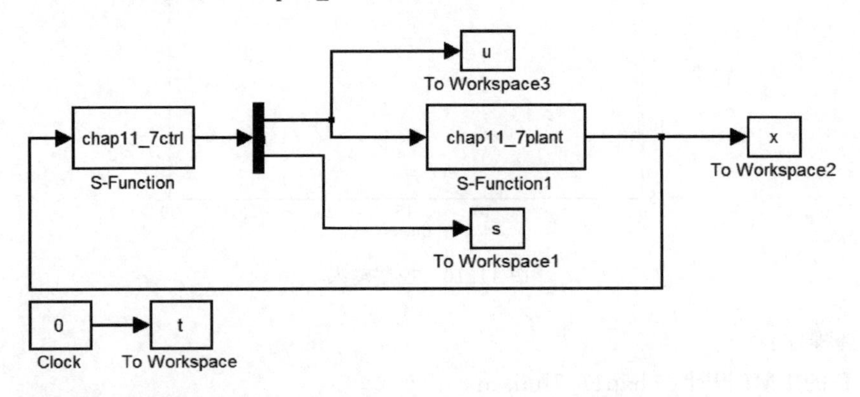

（2）控制器 S 函数：chap11_7ctrl. m

```
function [sys,x0,str,ts] = spacemodel(t,x,u,flag)
switch flag,
case 0,
    [sys,x0,str,ts] = mdlInitializeSizes;
case 3,
    sys = mdlOutputs(t,x,u);
case {2,4,9}
    sys = [];
otherwise
    error(['Unhandled flag = ',num2str(flag)]);
end
function [sys,x0,str,ts] = mdlInitializeSizes
sizes = simsizes;
sizes.NumContStates  = 0;
sizes.NumDiscStates  = 0;
sizes.NumOutputs     = 2;
sizes.NumInputs      = 4;
sizes.DirFeedthrough = 1;
sizes.NumSampleTimes = 1;
sys = simsizes(sizes);
x0  = [];
str = [];
ts  = [0 0];
function sys = mdlOutputs(t,x,u)
g = 9.8;M = 1.0;m = 0.1;L = 0.5;
I = 1/12 * m * L^2;
l = 1/2 * L;
t1 = m * (M + m) * g * l/[(M + m) * I + M * m * l^2];
t2 =- m^2 * g * l^2/[(m + M) * I + M * m * l^2];
t3 =- m * l/[(M + m) * I + M * m * l^2];
```

```
t4 = (I + m * l^2)/[(m + M) * I + M * m * l^2];

A = [0,1,0,0;
   t1,0,0,0;
   0,0,0,1;
   t2,0,0,0];
B = [0;t3;0;t4];

%由LMI解出P
P = [7.4496     1.2493     1.0782     1.1384;
   1.2493     0.3952     0.2108     0.3252;
   1.0782     0.2108     0.3854     0.2280;
   1.1384     0.3252     0.2280     0.4286];

deltaf = 0.30;
epc0 = 0.5;

x = [u(1) u(2) u(3) u(4)]';

s = B' * P * x;
ueq =- inv(B' * P * B) * B' * P * A * x;

M = 2;
if M == 1
    un =- inv(B' * P * B) * (norm(B' * P * B) * deltaf + epc0) * sign(s);
elseif M == 2                          %结构函数
        delta = 0.05;
        kk = 1/delta;
       if abs(s)> delta
        sats = sign(s);
       else
        sats = kk * s;
       end
    un =- inv(B' * P * B) * (norm(B' * P * B) * deltaf + epc0) * sats;
end
ut = un + ueq;
sys(1) = ut;
sys(2) = s;
```

(3) 被控对象S函数：chap11_7plant.m

```
function [sys,x0,str,ts] = spacemodel(t,x,u,flag)
switch flag,
case 0,
    [sys,x0,str,ts] = mdlInitializeSizes;
case 1,
    sys = mdlDerivatives(t,x,u);
case 3,
    sys = mdlOutputs(t,x,u);
case {2,4,9}
    sys = [];
```

```
otherwise
    error(['Unhandled flag = ',num2str(flag)]);
end
function [sys,x0,str,ts] = mdlInitializeSizes
sizes = simsizes;
sizes.NumContStates  = 4;
sizes.NumDiscStates  = 0;
sizes.NumOutputs     = 4;
sizes.NumInputs      = 1;
sizes.DirFeedthrough = 0;
sizes.NumSampleTimes = 0;
sys = simsizes(sizes);
x0  = [-pi/3,0,5.0,0];
str = [];
ts  = [];
function sys = mdlDerivatives(t,x,u)
g = 9.8;M = 1.0;m = 0.1;L = 0.5;

I = 1/12 * m * L^2;
l = 1/2 * L;
t1 = m * (M + m) * g * l/[(M + m) * I + M * m * l^2];
t2 =- m^2 * g * l^2/[(m + M) * I + M * m * l^2];
t3 =- m * l/[(M + m) * I + M * m * l^2];
t4 = (I + m * l^2)/[(m + M) * I + M * m * l^2];

A = [0,1,0,0;
   t1,0,0,0;
   0,0,0,1;
   t2,0,0,0];
B = [0;t3;0;t4];

f = 1 * 0.3 * sin(t);
ut = u(1);
dx = A * x + B * (ut - f);

sys(1) = x(2);
sys(2) = dx(2);
sys(3) = x(4);
sys(4) = dx(4);
function sys = mdlOutputs(t,x,u)
sys(1) = x(1);
sys(2) = x(2);
sys(3) = x(3);
sys(4) = x(4);
```

(4) 作图程序：chap11_7plot.m

```
close all;

figure(1);
subplot(411);
```

```
plot(t,x(:,1),'r','linewidth',2);
xlabel('time(s)');ylabel('Angle response');
subplot(412);
plot(t,x(:,2),'r','linewidth',2);
xlabel('time(s)');ylabel('Angle speed response');
subplot(413);
plot(t,x(:,3),'r','linewidth',2);
xlabel('time(s)');ylabel('Cart position response');
subplot(414);
plot(t,x(:,4),'r','linewidth',2);
xlabel('time(s)');ylabel('Cart speed response');

figure(2);
plot(t,u(:,1),'r','linewidth',2);
xlabel('time(s)');ylabel('Control input');

figure(3);
plot(t,s(:,1),'r','linewidth',2);
xlabel('time(s)');ylabel('Sliding mode');
```

3）离散系统仿真

（1）主程序：chap11_8.m

```
%单级倒立摆控制：LMI 方法
clear all;
close all;
global A B
load Pfile;
u_1 = 0;
xk = [ - pi/6,0,5.0,0];            %初始状态
ts = 0.02;                         %采样时间
for k = 1:1:1000
time(k) = k * ts;
Tspan = [0 ts];

para(1) = u_1;
para(2) = time(k);
[t,x] = ode45('chap11_8plant',Tspan,xk,[],para);
xk = x(length(x),:);

x1(k) = xk(1);
x2(k) = xk(2);
x3(k) = xk(3);
x4(k) = xk(4);
x = [x1(k) x2(k) x3(k) x4(k)]';

s(k) = B' * P * x;

deltaf = 0.30;
epc0 = 0.5;
```

```
ueq(k) =- inv(B' * P * B) * B' * P * A * x;

M = 2;
if M == 1
    un(k) =- inv(B' * P * B) * (norm(B' * P * B) * deltaf + epc0) * sign(s(k));
elseif M == 2                                    %结构函数
        delta = 0.05;
        kk = 1/delta;
       if abs(s(k))> delta
        sats = sign(s(k));
       else
        sats = kk * s(k);
       end
    un(k) =- inv(B' * P * B) * (norm(B' * P * B) * deltaf + epc0) * sats;
end
u(k) = ueq(k) + un(k);

u_1 = u(k);
end
figure(1);
subplot(411);
plot(time,x1,'k','linewidth',2);          %摆角
xlabel('time(s)');ylabel('Angle');
subplot(412);
plot(time,x2,'k','linewidth',2);          %摆的角速度
xlabel('time(s)');ylabel('Angle rate');
subplot(413);
plot(time,x3,'k','linewidth',2);          %小车位置
xlabel('time(s)');ylabel('Cart position');
subplot(414);
plot(time,x4,'k','linewidth',2);          %小车位置状态
xlabel('time(s)');ylabel('Cart rate');
figure(5);
plot(time,u,'k','linewidth',2);           %力 F 的变化
xlabel('time(s)');ylabel('Control input');
```

(2) 被控对象子程序：chap11_8plant.m

```
function dx = dym(t,x,flag,para)
global A B
dx = zeros(4,1);

ut = para(1);
time = para(2);

%单级倒立摆状态方程
f = 0.3 * sin(time);
dx = A * x + B * (ut - f);
```

11.7 基于LMI的混沌系统动态补偿滑模控制

11.7.1 系统描述

针对耦合的Lorenz混沌系统：

$$\begin{cases}\dot{x}_1(t)=a(x_2-x_1)\\ \dot{x}_2(t)=rx_1-x_2-x_1x_3+u_1\\ \dot{x}_3(t)=-bx_3+x_1x_2+u_2\end{cases}\tag{11.34}$$

其中，$a=10$；$b=\frac{8}{3}$；$r=28$；u_1 和 u_2 为控制输入。

式(11.34)可写为

$$\dot{\boldsymbol{x}}(t)=\boldsymbol{A}\boldsymbol{x}+f(\boldsymbol{x})+\boldsymbol{B}\boldsymbol{u}=\boldsymbol{A}\boldsymbol{x}+\begin{pmatrix}0\\ f_2(\boldsymbol{x})\end{pmatrix}+\begin{pmatrix}0\\ \boldsymbol{I}\end{pmatrix}\boldsymbol{u}\tag{11.35}$$

其中，$\boldsymbol{x}\in\boldsymbol{R}^3$，$\boldsymbol{u}=(u_1\quad u_2)^{\mathrm{T}}\in\boldsymbol{R}^2$，且 $\boldsymbol{A}=\begin{pmatrix}-a & a & 0\\ r & -1 & 0\\ 0 & 0 & -b\end{pmatrix}$，$f_2(\boldsymbol{x})=\begin{pmatrix}-x_1x_3\\ x_1x_2\end{pmatrix}$，$\boldsymbol{B}=\begin{pmatrix}0\\ \boldsymbol{I}\end{pmatrix}=\begin{pmatrix}0 & 0\\ 1 & 0\\ 0 & 1\end{pmatrix}$。

11.7.2 传统的基于LMI的滑模控制

为了实现 $\boldsymbol{x}\to 0$，设计滑模函数为

$$\boldsymbol{s}=\boldsymbol{C}\boldsymbol{x}\tag{11.36}$$

其中，$\boldsymbol{C}=[\boldsymbol{C}_1\quad \boldsymbol{I}]=\begin{bmatrix}\boldsymbol{C}_1(1) & 1 & 0\\ \boldsymbol{C}_1(2) & 0 & 1\end{bmatrix}$，$\boldsymbol{C}_1\in\boldsymbol{R}^{2\times 1}$，$\boldsymbol{I}$ 为 2×2 单位阵。

然后证明滑模到达条件，取Lyapunov函数

$$V(t)=\frac{1}{2}\boldsymbol{s}^{\mathrm{T}}\boldsymbol{s}$$

则

$$\dot{\boldsymbol{s}}=\boldsymbol{C}\dot{\boldsymbol{x}}=\boldsymbol{C}\boldsymbol{A}\boldsymbol{x}+\boldsymbol{C}f(\boldsymbol{x})+\boldsymbol{C}\boldsymbol{B}\boldsymbol{u}$$

$$\dot{V}(t)=\boldsymbol{s}^{\mathrm{T}}\dot{\boldsymbol{s}}=\boldsymbol{s}^{\mathrm{T}}(\boldsymbol{C}\boldsymbol{A}\boldsymbol{x}+\boldsymbol{C}f(\boldsymbol{x})+\boldsymbol{C}\boldsymbol{B}\boldsymbol{u})$$

其中，$\boldsymbol{C}\boldsymbol{B}=[\boldsymbol{C}_1\quad \boldsymbol{I}]\begin{pmatrix}0\\ \boldsymbol{I}\end{pmatrix}=\boldsymbol{I}$。

控制律设计为

$$\boldsymbol{u}=-\boldsymbol{C}\boldsymbol{A}\boldsymbol{x}-\boldsymbol{C}f(\boldsymbol{x})-\boldsymbol{\eta}\boldsymbol{s}\tag{11.37}$$

其中，$\boldsymbol{\eta}=\begin{bmatrix}\eta & 0\\ 0 & \eta\end{bmatrix}$，$\eta>0$。

于是

$$\dot{V}(t)=\boldsymbol{s}^{\mathrm{T}}\dot{\boldsymbol{s}}=\boldsymbol{s}^{\mathrm{T}}(\boldsymbol{CAx}+\boldsymbol{C}f(\boldsymbol{x})+\boldsymbol{CBu})=\boldsymbol{s}^{\mathrm{T}}(\boldsymbol{CAx}+\boldsymbol{C}f(\boldsymbol{x})+\boldsymbol{u})$$
$$=\boldsymbol{s}^{\mathrm{T}}(\boldsymbol{CAx}+\boldsymbol{C}f(\boldsymbol{x})-\boldsymbol{CAx}-\boldsymbol{C}f(\boldsymbol{x})-\boldsymbol{\eta s})\leqslant-\eta\|\boldsymbol{s}\|\leqslant 0$$

上面证明了滑模到达条件，即当 $t>t_0$ 时，$\boldsymbol{s}=0$，则有 $\boldsymbol{u}=-\boldsymbol{CAx}-\boldsymbol{C}f(\boldsymbol{x})$。

由于

$$\begin{pmatrix}0\\ \boldsymbol{I}\end{pmatrix}[\boldsymbol{C}_1\quad \boldsymbol{I}]f(\boldsymbol{x})=\begin{pmatrix}0 & 0\\ \boldsymbol{C}_1 & \boldsymbol{I}\end{pmatrix}\begin{pmatrix}0\\ 0\\ f_2(2)\end{pmatrix}=\begin{pmatrix}0 & 0 & 0\\ \boldsymbol{C}_1(1) & 1 & 0\\ \boldsymbol{C}_1(2) & 0 & 1\end{pmatrix}\begin{pmatrix}0\\ 0\\ f_2(2)\end{pmatrix}=\begin{pmatrix}0\\ 0\\ f_2(2)\end{pmatrix}=f(\boldsymbol{x})$$

则

$$f(\boldsymbol{x})-\boldsymbol{BC}f(\boldsymbol{x})=f(\boldsymbol{x})-\begin{pmatrix}0\\ \boldsymbol{I}\end{pmatrix}[\boldsymbol{C}_1\quad \boldsymbol{I}]f(\boldsymbol{x})=0$$

$$\dot{\boldsymbol{x}}=\boldsymbol{Ax}+f(\boldsymbol{x})+\boldsymbol{Bu}=\boldsymbol{Ax}+f(\boldsymbol{x})+\boldsymbol{B}(-\boldsymbol{CAx}-\boldsymbol{C}f(\boldsymbol{x}))$$
$$=\boldsymbol{Ax}+f(\boldsymbol{x})-\boldsymbol{BCAx}-\boldsymbol{BC}f(\boldsymbol{x})=(\boldsymbol{A}-\boldsymbol{BCA})\boldsymbol{x}$$

取 $\boldsymbol{M}=\boldsymbol{A}-\boldsymbol{BCA}$，则 $\dot{\boldsymbol{x}}=\boldsymbol{Mx}$。

为了保证 $\boldsymbol{x}\to 0$，取 Lyapunov 函数

$$V(\boldsymbol{x})=\boldsymbol{x}^{\mathrm{T}}\boldsymbol{x}$$

则

$$\dot{V}(\boldsymbol{x})=(\boldsymbol{Mx})^{\mathrm{T}}\boldsymbol{x}+\boldsymbol{x}^{\mathrm{T}}\boldsymbol{Mx}=\boldsymbol{x}^{\mathrm{T}}\boldsymbol{M}^{\mathrm{T}}\boldsymbol{x}+\boldsymbol{x}^{\mathrm{T}}\boldsymbol{Mx}=\boldsymbol{x}^{\mathrm{T}}(\boldsymbol{M}^{\mathrm{T}}+\boldsymbol{M})\boldsymbol{x}$$

为了保证 $\dot{V}(\boldsymbol{x})\leqslant 0$，取

$$\boldsymbol{M}^{\mathrm{T}}+\boldsymbol{M}<0 \tag{11.38}$$

利用 LMI，求不等式(11.38)，可实现滑模参数 $\boldsymbol{C}$ 的求解。但该方法可能会得到 $\boldsymbol{M}^{\mathrm{T}}+\boldsymbol{M}\leqslant 0$，无法实现 $x\to 0$，为此，需要在滑模函数中加入补偿项。

11.7.3 基于动态补偿的 LMI 滑模控制

为了实现 $\boldsymbol{x}\to 0$，设计滑模函数

$$\boldsymbol{s}=\boldsymbol{Cx}+\boldsymbol{z} \tag{11.39}$$

其中，$\boldsymbol{C}=[\boldsymbol{C}_1\quad \boldsymbol{I}]=\begin{bmatrix}\boldsymbol{C}_1(1) & 1 & 0\\ \boldsymbol{C}_1(2) & 0 & 1\end{bmatrix}$，$\boldsymbol{C}_1\in\boldsymbol{R}^{2\times 1}$；$\boldsymbol{I}$ 为 2×2 单位阵。

为了有效地调节闭环系统的极点，补偿算法设计如下[6]：

$$\dot{z}=\boldsymbol{Kx}-z \tag{11.40}$$

其中，$z\in\boldsymbol{R}^2$ 为补偿器状态，$\boldsymbol{K}\in\boldsymbol{R}^{2\times 3}$。

式(11.39)和式(11.40)中的 $\boldsymbol{C}$ 和 $\boldsymbol{K}$ 为待求矩阵，需要通过 LMI 求解。
于是

$$\dot{\boldsymbol{s}}=\boldsymbol{C}\dot{\boldsymbol{x}}+\dot{z}=\boldsymbol{C}(\boldsymbol{Ax}+f(\boldsymbol{x})+\boldsymbol{Bu})+\boldsymbol{Kx}-z$$

证明滑模到达条件，取 Lyapunov 函数

$$V(t)=\frac{1}{2}\boldsymbol{s}^{\mathrm{T}}\boldsymbol{s}$$

则

$$\dot{V}(t)=\boldsymbol{s}^{\mathrm{T}}\dot{\boldsymbol{s}}=\boldsymbol{s}^{\mathrm{T}}(\boldsymbol{CAx}+\boldsymbol{C}f(\boldsymbol{x})+\boldsymbol{CBu}+\boldsymbol{Kx}-z)$$

控制律设计为

$$\boldsymbol{u}=-\boldsymbol{CAx}-\boldsymbol{C}f(\boldsymbol{x})-\boldsymbol{Kx}+z-\eta\boldsymbol{s} \tag{11.41}$$

其中，$\eta>0$。

考虑 $\boldsymbol{CB}=\boldsymbol{I}$，则

$$\begin{aligned}\dot{V}(t)&=\boldsymbol{s}^{\mathrm{T}}\dot{\boldsymbol{s}}=\boldsymbol{s}^{\mathrm{T}}((\boldsymbol{CAx}+\boldsymbol{C}f(\boldsymbol{x})+\boldsymbol{CBu})+\boldsymbol{Kx}-z)\\&=\boldsymbol{s}^{\mathrm{T}}(\boldsymbol{CAx}+\boldsymbol{C}f(\boldsymbol{x})+\boldsymbol{u}+\boldsymbol{Kx}-z)=\boldsymbol{s}^{\mathrm{T}}(-\eta\boldsymbol{s})\\&=-\eta\|\boldsymbol{s}\|<0\end{aligned}$$

由于

$$f(\boldsymbol{x})-\boldsymbol{BC}f(\boldsymbol{x})=f(\boldsymbol{x})-\begin{pmatrix}0\\\boldsymbol{I}\end{pmatrix}[\boldsymbol{C}_1\quad\boldsymbol{I}]f(\boldsymbol{x})$$

$$\begin{aligned}\begin{pmatrix}0\\\boldsymbol{I}\end{pmatrix}[\boldsymbol{C}_1\quad\boldsymbol{I}]f(\boldsymbol{x})&=\begin{pmatrix}0&0\\\boldsymbol{C}_1&\boldsymbol{I}\end{pmatrix}\begin{pmatrix}0\\0\\f_2(2)\end{pmatrix}=\begin{pmatrix}0&0&0\\\boldsymbol{C}_1(1)&1&0\\\boldsymbol{C}_1(2)&0&1\end{pmatrix}\begin{pmatrix}0\\0\\f_2(2)\end{pmatrix}\\&=\begin{pmatrix}0\\0\\f_2(2)\end{pmatrix}=f(\boldsymbol{x})\end{aligned}$$

则

$$f(\boldsymbol{x})-\boldsymbol{BC}f(\boldsymbol{x})=0$$

从而

$$\begin{aligned}\dot{\boldsymbol{x}}&=\boldsymbol{Ax}+f(\boldsymbol{x})+\boldsymbol{Bu}\\&=\boldsymbol{Ax}+f(\boldsymbol{x})+\boldsymbol{B}(-\boldsymbol{CAx}-\boldsymbol{C}f(\boldsymbol{x})-\boldsymbol{Kx}+z)\\&=\boldsymbol{Ax}+(f(\boldsymbol{x})-\boldsymbol{BC}f(\boldsymbol{x}))-\boldsymbol{BCAx}-\boldsymbol{BKx}+\boldsymbol{B}z\\&=(\boldsymbol{A}-\boldsymbol{BCA}-\boldsymbol{BK})\boldsymbol{x}+\boldsymbol{B}z\end{aligned}$$

由于满足滑模到达条件，则存在 $t>t_0$ 时，$\boldsymbol{s}=0$，则 $z=-\boldsymbol{Cx}$，从而

$$\dot{\boldsymbol{x}}=(\boldsymbol{A}-\boldsymbol{BCA}-\boldsymbol{BK})\boldsymbol{x}+\boldsymbol{B}(-\boldsymbol{Cx})=(\boldsymbol{A}-\boldsymbol{B}(\boldsymbol{K}+\boldsymbol{C}+\boldsymbol{CA}))\boldsymbol{x} \tag{11.42}$$

取 $\boldsymbol{M}=\boldsymbol{A}-\boldsymbol{B}(\boldsymbol{K}+\boldsymbol{C}+\boldsymbol{CA})$，则 $\dot{\boldsymbol{x}}=\boldsymbol{Mx}$。

为了保证 $\boldsymbol{x}\to 0$，取 Lyapunov 函数

$$V(\boldsymbol{x})=\boldsymbol{x}^{\mathrm{T}}\boldsymbol{x}$$

则

$$\dot{V}(\boldsymbol{x})=(\boldsymbol{Mx})^{\mathrm{T}}\boldsymbol{x}+\boldsymbol{x}^{\mathrm{T}}\boldsymbol{Mx}=\boldsymbol{x}^{\mathrm{T}}\boldsymbol{M}^{\mathrm{T}}\boldsymbol{x}+\boldsymbol{x}^{\mathrm{T}}\boldsymbol{Mx}=\boldsymbol{x}^{\mathrm{T}}(\boldsymbol{M}^{\mathrm{T}}+\boldsymbol{M})\boldsymbol{x}$$

为了保证 $\dot{V}(\boldsymbol{x})\leqslant 0$，取

$$\boldsymbol{M}^{\mathrm{T}}+\boldsymbol{M}<0 \tag{11.43}$$

通过解 LMI 不等式(11.43)，便可以得到满足条件的 $\boldsymbol{C}$ 和 $\boldsymbol{K}$。

在仿真中，可通过矩阵 $\boldsymbol{M}^{\mathrm{T}}+\boldsymbol{M}$ 的特征值验证 $\boldsymbol{M}^{\mathrm{T}}+\boldsymbol{M}<0$ 是否成立。

根据 $\dot{V}=\boldsymbol{x}^{\mathrm{T}}(\boldsymbol{M}^{\mathrm{T}}+\boldsymbol{M})\boldsymbol{x}\leqslant 0$，可知当 $\dot{V}\equiv 0$ 时，$\boldsymbol{x}\equiv 0$，则由 LaSalle 不变性定理，$t\to\infty$ 时，$\boldsymbol{x}\to 0$。

11.7.4 仿真实例

首先进行 Lorenz 混沌系统的测试。模型式(11.34)为一个耦合的混沌系统，当 $u_1=u_2=0$ 时，取 $\boldsymbol{x}(0)=[0\quad -1\quad 0]$，则模型的状态处于混沌状态，如图 11.11 所示。

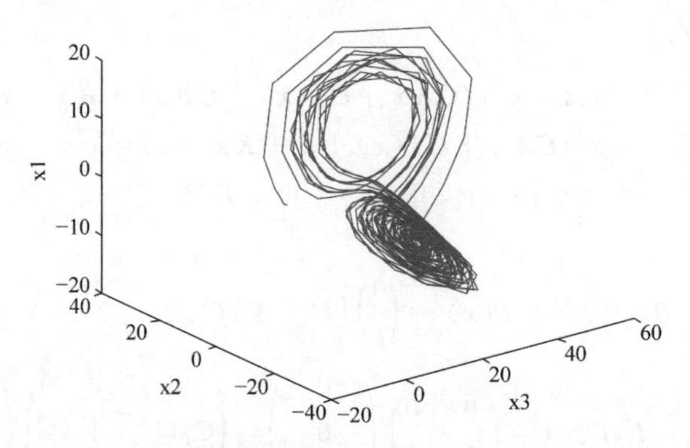

图 11.11　零控制输入下系统的混沌状态($\boldsymbol{u}=0$)

针对 Lorenz 混沌系统式(11.34)，首先采用 LMI 仿真程序 chap11_10lmi.m，$\boldsymbol{M}^{\mathrm{T}}+\boldsymbol{M}=\boldsymbol{A}^{\mathrm{T}}-\boldsymbol{A}^{\mathrm{T}}\boldsymbol{C}^{\mathrm{T}}\boldsymbol{B}^{\mathrm{T}}+\boldsymbol{A}-\boldsymbol{BCA}$ 的特征值为

$$\begin{bmatrix}-40\\0\\0\end{bmatrix}$$

可见，按式(11.36)设计滑模函数，无法保证 $\boldsymbol{M}^{\mathrm{T}}+\boldsymbol{M}<0$。

为此，需要在滑模函数中加入动态补偿算法，采用仿真程序 chap11_10dylmi.m，$\boldsymbol{M}=\boldsymbol{A}-\boldsymbol{B}(\boldsymbol{K}+\boldsymbol{C}+\boldsymbol{CA})$，$\boldsymbol{M}^{\mathrm{T}}+\boldsymbol{M}$ 的特征值为

$$\begin{bmatrix}-20.9925\\-20.9925\\-20\end{bmatrix}$$

可见，按式(11.39)和式(11.40)设计滑模函数，由于采用了动态补偿算法 $\dot{\boldsymbol{z}}=\boldsymbol{Kx}-\boldsymbol{z}$，保证了闭环系统满足 Hurwitz 条件。

模型式(11.34)中，取 $\boldsymbol{x}(0)=[0\quad -1\quad 0]$，利用 LMI 求解程序 chap11_10dylmi.m，得到不等式(11.43)的解

$$\boldsymbol{C}=\begin{bmatrix}0.0497 & 1 & 0\\0 & 0 & 1\end{bmatrix}$$

$$\boldsymbol{K}=\begin{bmatrix}10.4476 & 8.9989 & 0\\0 & 0 & 9.4963\end{bmatrix}$$

则滑模函数可写为

$$\boldsymbol{s}=\boldsymbol{Cx}+\boldsymbol{z}=\begin{bmatrix}0.0497x_1+x_2\\x_3\end{bmatrix}+\boldsymbol{z}$$

采用控制律式(11.41),取 $\eta=1.0$,系统的状态响应如图 11.12 和图 11.13 所示,系统的控制输入如图 11.14 所示。

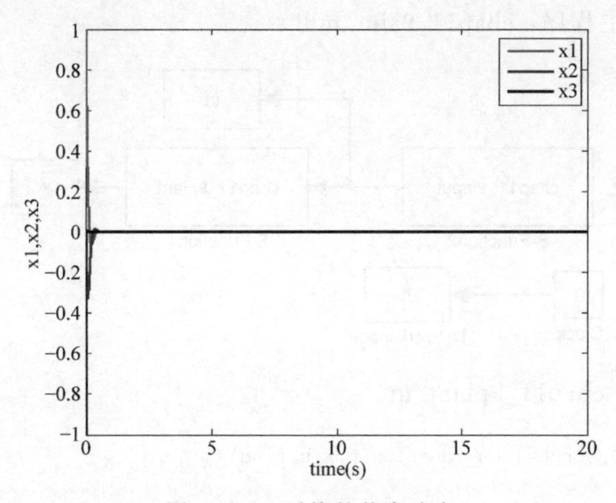

图 11.12 系统的状态响应

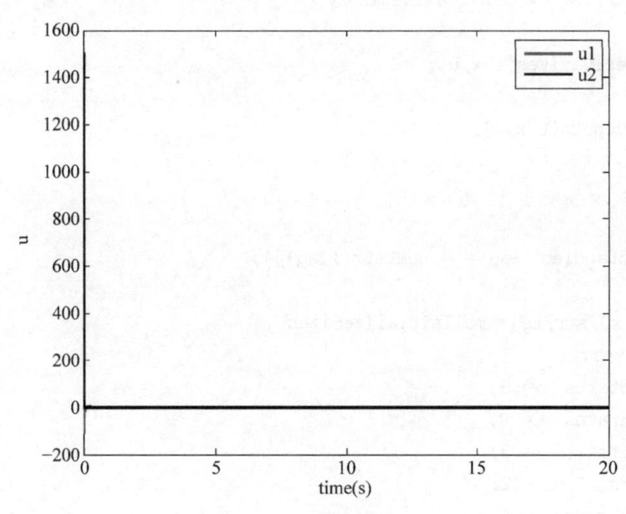

图 11.13 控制输入

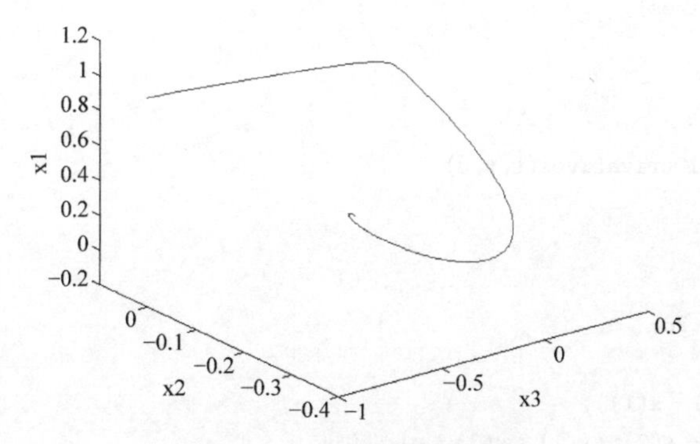

图 11.14 系统的状态响应

仿真程序：

仿真程序(1)：模型测试。

(1) Simulink 主程序：chap11_9sim. mdl

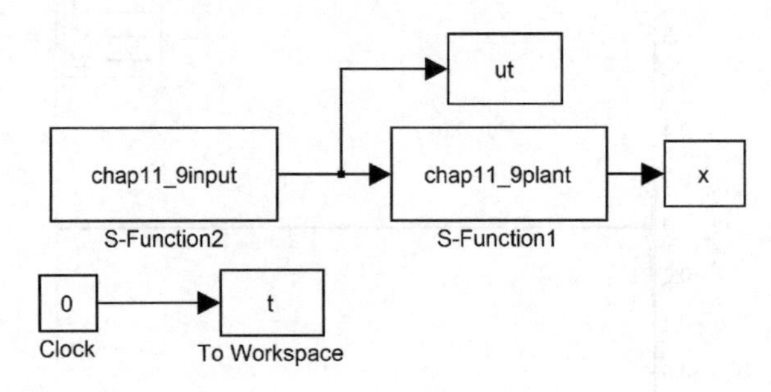

(2) 被控对象：chap11_9plant. m

```
function [sys,x0,str,ts] = s_function(t,x,u,flag)
switch flag,
case 0,
    [sys,x0,str,ts] = mdlInitializeSizes;
case 1,
    sys = mdlDerivatives(t,x,u);
case 3,
    sys = mdlOutputs(t,x,u);
case {2, 4, 9}
    sys = [];
otherwise
    error(['Unhandled flag = ',num2str(flag)]);
end
function [sys,x0,str,ts] = mdlInitializeSizes
sizes = simsizes;
sizes.NumContStates  = 3;
sizes.NumDiscStates  = 0;
sizes.NumOutputs     = 3;
sizes.NumInputs      = 2;
sizes.DirFeedthrough = 0;
sizes.NumSampleTimes = 0;
sys = simsizes(sizes);
x0  = [1,0,-1];
str = [];
ts  = [];
function sys = mdlDerivatives(t,x,u)
u1 = u(1);
u2 = u(2);

a = 10;b = 8/3;r = 28;

sys(1) = a*(x(2)-x(1));
sys(2) = r*x(1)-x(2)-x(1)*x(3)+u1;
sys(3) =-b*x(3)+x(1)*x(2)+u2;
function sys = mdlOutputs(t,x,u)
```

```
sys(1) = x(1);
sys(2) = x(2);
sys(3) = x(3);
```

(3) 作图程序：chap11_9plot. m

```
close all;


x1 = x(:,1);
x2 = x(:,2);
x3 = x(:,3);

plot3(x3,x2,x1);
xlabel('x3');ylabel('x2');zlabel('x1');
```

仿真程序(2)：基于 LMI 动态补偿的滑模控制。

(1) LMI 求解程序：chap11_10LMI. m

```
clear all;
close all;

a = 10;b = 8/3;r = 28;

A = [ - a a 0;
    r - 1 0;
    0 0 - b];
B = [0 0;
   1 0;
   0 1];

M = sdpvar(3,3);

C1 = sdpvar(2,1);

C = [C1,eye(2)];

M = A - B * C * A;
F = set((M + M')< 0);

solvesdp(F);

M = double(M)

display('the eigvalues of M is ');
eig(M)
display('the eigvalues of M + MT is ');
eig(M + M')

C = double(C)
```

带有动态补偿的 LMI 求解程序为 chap11_10dyLMI. m

```
clear all;
close all;

a = 10;b = 8/3;r = 28;

A = [ - a a 0;
     r - 1 0;
     0 0 - b];
B = [0 0;
    1 0;
    0 1];

M = sdpvar(3,3);


C1 = sdpvar(2,1);
K = sdpvar(2,3);

C = [C1,eye(2)];

M = A - B * C * A - B * K - B * C;

F = set((M + M')< 0);

solvesdp(F);

M = double(M)

display('the eigvalues of M is ');
eig(M)
display('the eigvalues of M + MT is ');
eig(M + M')

C = double(C)
K = double(K)
```

（2）Simulink 主程序：chap11_10sim. mdl

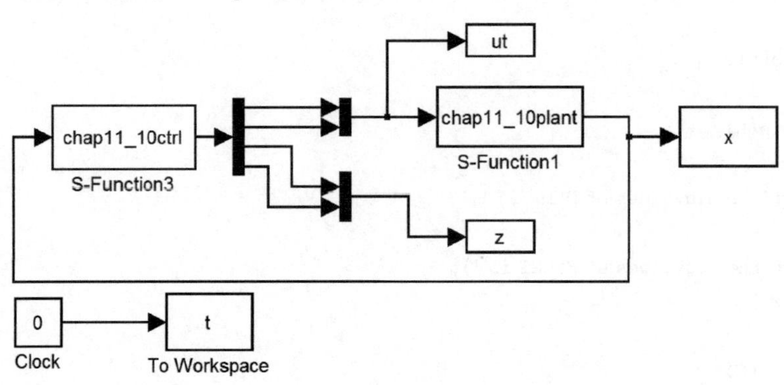

(3) 控制器：chap11_10ctrl.m

```
function [sys,x0,str,ts] = s_function(t,x,u,flag)
switch flag,
case 0,
    [sys,x0,str,ts] = mdlInitializeSizes;
case 1,
    sys = mdlDerivatives(t,x,u);
case 3,
    sys = mdlOutputs(t,x,u);
case {2, 4, 9}
    sys = [];
otherwise
    error(['Unhandled flag = ',num2str(flag)]);
end
function [sys,x0,str,ts] = mdlInitializeSizes
sizes = simsizes;
sizes.NumContStates  = 2;
sizes.NumDiscStates  = 0;
sizes.NumOutputs     = 4;
sizes.NumInputs      = 3;
sizes.DirFeedthrough = 1;
sizes.NumSampleTimes = 0;
sys = simsizes(sizes);
x0  = [0 0];
str = [];
ts  = [];
function sys = mdlDerivatives(t,x,u)
x1 = u(1);
x2 = u(2);
x3 = u(3);
xp = [x1 x2 x3]';

z = [x(1) x(2)]';

C = [0.0497    1.0000         0;
        0         0    1.0000];
K = [10.4476    8.9989         0;
          0         0    9.4963];

dz = K * xp - z;
sys(1) = dz(1);
sys(2) = dz(2);
function sys = mdlOutputs(t,x,u)
z = [x(1) x(2)]';

x1 = u(1);
x2 = u(2);
x3 = u(3);
xp = [x1 x2 x3]';
```

```
a = 10;b = 8/3;r = 28;


f = [0 - x1 * x3 x1 * x2]';

A = [ - a a 0;
    r - 1 0;
    0 0 - b];

C = [0.0497    1.0000    0;
     0         0         1.0000];
K = [10.4476    8.9989    0;
      0          0         9.4963];

S = C * xp + z;

M = 1;
if M == 1
    xite = 1.5;
    ut =- C * A * xp - C * f - K * xp + z - xite * S;
elseif M == 2
    alfa1 = 0.50;niu = 1.0;xite1 = 2.0;
    Xite = niu + xite1 * (norm(S))^(alfa1 - 1);
    ut =- C * A * xp - C * f - K * xp + z - Xite * S;
end

sys(1) = ut(1);
sys(2) = ut(2);
sys(3) = z(1);
sys(4) = z(2);
```

(4) 被控对象：chap11_10plant. m

```
function [sys,x0,str,ts] = s_function(t,x,u,flag)
switch flag,
case 0,
    [sys,x0,str,ts] = mdlInitializeSizes;
case 1,
    sys = mdlDerivatives(t,x,u);
case 3,
    sys = mdlOutputs(t,x,u);
case {2, 4, 9}
    sys = [];
otherwise
    error(['Unhandled flag = ',num2str(flag)]);
end
function [sys,x0,str,ts] = mdlInitializeSizes
sizes = simsizes;
sizes.NumContStates   = 3;
sizes.NumDiscStates   = 0;
sizes.NumOutputs      = 3;
```

```
sizes.NumInputs       = 2;
sizes.DirFeedthrough  = 0;
sizes.NumSampleTimes  = 0;
sys = simsizes(sizes);
x0  = [1,0,-1];
str = [];
ts  = [];
function sys = mdlDerivatives(t,x,u)
u1 = u(1);
u2 = u(2);

a = 10;b = 8/3;r = 28;

sys(1) = a*(x(2)-x(1));
sys(2) = r*x(1)-x(2)-x(1)*x(3)+u1;
sys(3) =-b*x(3)+x(1)*x(2)+u2;
function sys = mdlOutputs(t,x,u)
sys(1) = x(1);
sys(2) = x(2);
sys(3) = x(3);
```

(5) 作图程序：chap11_10plot.m

```
close all;

figure(1);
plot(t,x(:,1),'r',t,x(:,2),'b',t,x(:,3),'k','linewidth',2);
xlabel('time(s)');ylabel('x1,x2,x3');
legend('x1','x2','x3');

figure(2);
subplot(211);
plot(t,ut(:,1),'r',t,ut(:,2),'k','linewidth',2);
xlabel('time(s)');ylabel('u');
legend('u1','u2');
subplot(212);
plot(t,z(:,1),'r',t,z(:,2),'k','linewidth',2);
xlabel('time(s)');ylabel('z');
legend('z1','z2');

figure(3);
x1 = x(:,1);
x2 = x(:,2);
x3 = x(:,3);
plot3(x1,x2,x3);
xlabel('x1');ylabel('x2');zlabel('x3');
grid on;

display('the last x is');
G = size(x,1);
x(G,:)
```

参考文献

[1] 俞立.鲁棒控制——线性矩阵不等式处理方法[M].北京：清华大学出版社，2002.

[2] 王琪.YALMIP 工具箱简介[D].沈阳：东北大学，2001.

[3] Muhammad Rehan，Keum-Shik Hong，Shuzhi Sam Ge. Stabilization and tracking control for a class of nonlinear systems[J]. Nonlinear Analysis：Real World Applications，2011，12：1786-1796.

[4] Gouaisbaut F，Dambrine M，Richard J P. Robust Control of Delay Systems：A Sliding Mode Control，Design Via LMI[J]. Systems & Control Letters，2002，46(4)：219-230.

[5] 瞿少成.不确定系统的滑模控制理论及应用研究[M].武汉：华中科技大学出版社，2008.

[6] Wang Hua，Han Zhengzhi，Xie Qiyue，et al. Sliding mode control for chaotic systems based on LMI[J]. Communications in Nonlinear Science and Numerical Simulation，2009，14：1410-1417.

[7] 史荣昌，魏丰.矩阵分析[M].北京：北京理工大学出版社，2005.

第12章 Terminal滑模控制

12.1 一种非线性系统的 Terminal 滑模控制

在普通的滑模控制中，通常选择一个线性的滑动平面，使系统到达滑动模态后，跟踪误差渐近地收敛到零，渐近收敛的速度可以通过调整滑模面参数来实现，但无论如何状态跟踪误差都不会在有限时间内收敛为零。近年来，为了获得更好的性能，一些学者提出了 Terminal 滑模控制策略。所谓 Terminal 滑模控制，就是在滑动超平面的设计中引入非线性函数，构造 Terminal 滑模面，使得在滑模面上跟踪误差能够在指定的有限时间 T 内收敛到零。

12.1.1 系统描述

考虑二阶非线性系统：

$$\begin{cases}\dot{x}_1 = x_2 \\ \dot{x}_2 = f(\boldsymbol{x},t) + \Delta f(\boldsymbol{x},t) + bu + d(t)\end{cases} \tag{12.1}$$

其中，令 $\boldsymbol{x}=[x_1,x_2]$，且$|\Delta \boldsymbol{f}(x,t)| \leqslant F(\boldsymbol{x},t)$，$|\boldsymbol{d}(t)| \leqslant D$。

控制目标为：通过设计控制律，使系统的状态 $\boldsymbol{x}$ 在指定时间 T 内实现对期望状态 $\boldsymbol{x}_{\mathrm{d}}=[x_{1\mathrm{d}},\dot{x}_{1\mathrm{d}}]$的跟踪。

12.1.2 Terminal 滑模控制器设计

1. 切换面的设计

定义误差向量为 $\boldsymbol{E}=\boldsymbol{x}-\boldsymbol{x}_{\mathrm{d}}=[e \quad \dot{e}]^{\mathrm{T}}$，滑模函数设计为

$$s = \boldsymbol{C}(\boldsymbol{E}-\boldsymbol{P}) \tag{12.2}$$

式中，$\boldsymbol{C}=[c,1]$，$\boldsymbol{P}=[p(t) \quad \dot{p}(t)]^{\mathrm{T}}$。

为了使系统的状态 $\boldsymbol{x}$ 在指定时间 T 内实现对期望状态 $\boldsymbol{x}_{\mathrm{d}}=[x_{1\mathrm{d}},\dot{x}_{1\mathrm{d}}]$的跟踪，文献[1]提出了一种构造 Terminal 函数 $\boldsymbol{P}(t)$的方法。具体设计为：为了实现全局鲁棒性，取 $\boldsymbol{E}(0)=\boldsymbol{P}(0)$，即 $p(0)=e(0)$，

$\dot{p}(0)=\dot{e}(0)$；为了实现按指定时间 T 收敛，取 $t=T$ 时，$p(t)=0,\dot{p}(t)=0,\ddot{p}(t)=0$。则可构造 Terminal 函数 $p(t)$ 的多项式

$$p(t)=\begin{cases}e(0)+\dot{e}(0)t+\frac{1}{2}\ddot{e}(0)t^2-\left(\frac{a_{00}}{T^3}e(0)+\frac{a_{01}}{T^2}\dot{e}(0)+\frac{a_{02}}{T}\ddot{e}(0)\right)t^3+\\ \left(\frac{a_{10}}{T^4}e(0)+\frac{a_{11}}{T^3}\dot{e}(0)+\frac{a_{12}}{T^2}\ddot{e}(0)\right)t^4-\\ \left(\frac{a_{20}}{T^5}e(0)+\frac{a_{21}}{T^4}\dot{e}(0)+\frac{a_{22}}{T^3}\ddot{e}(0)\right)t^5,0\leqslant t\leqslant T\\ 0,t\geqslant T\end{cases}\tag{12.3}$$

其中，$a_{ij}(i,j=0,1,2)$为系数，可通过解方程得到。

2. Terminal 滑模控制器的设计

指令为 x_{1d}，则 $e=x_1-x_{1d},\dot{e}=x_2-\dot{x}_{1d},\ddot{e}=\ddot{x}_1-\ddot{x}_{1d}$，且

$$\ddot{e}=\ddot{x}_1-\ddot{x}_{1d}=f(x,t)+\Delta f(x,t)+b(x,t)u+d(t)-\ddot{x}_{1d}$$

由式(12.2)得

$$\begin{aligned}\dot{s}&=\boldsymbol{C}\dot{\boldsymbol{E}}-\boldsymbol{C}\dot{\boldsymbol{P}}(t)=\boldsymbol{C}[\dot{e}\quad \ddot{e}]^{\mathrm{T}}-C[\dot{p}\quad \ddot{p}]^{\mathrm{T}}=\dot{e}-\dot{p}+c(\ddot{e}-\ddot{p})\\&=\dot{e}-\dot{p}+c(f(x,t)+\Delta f(x,t)+bu+d(t)-\ddot{x}_{1d}-\ddot{p})\end{aligned}$$

设计 Lyapunov 函数

$$V=\frac{1}{2}s^2$$

则

$$\dot{s}=\dot{e}-\dot{p}+c(f(x,t)+\Delta f(x,t)+bu+d(t)-\ddot{x}_{1d}-\ddot{p})$$

控制器设计为

$$u(t)=-\frac{1}{b}\left(\frac{1}{c}(\dot{e}-\dot{p})+f(x,t)-\ddot{x}_{1d}-\ddot{p}+\eta\operatorname{sgn}(s)\right)\tag{12.4}$$

其中，$\eta=F+D+\eta_0,\eta_0>0$。

于是

$$\dot{s}=c(\Delta f(x,t)-\eta\operatorname{sgn}(s)+d(t))$$

将式(12.4)代入 $\dot{V}$ 得

$$\dot{V}=s\dot{s}=c((\Delta f(x,t)+d(t))s-\eta\mid s\mid)\leqslant-\eta_0\mid s\mid\leqslant 0$$

当 $\dot{V}\equiv 0$ 时，$s\equiv 0$，根据 LaSalle 不变性原理，$t\to\infty$时，$s\to 0,e\to 0,\dot{e}\to 0$。

说明：(1) 由函数 $p(t)$ 表达式可知，当 $t=0$ 时，$p(0)=e(0),\dot{p}(0)=\dot{e}(0)$，即

$$s(0)=\boldsymbol{C}(\boldsymbol{E}(0)-\boldsymbol{P}(0))=0$$

则系统的初始状态已经在滑模面上，消除了滑模的到达阶段，确保闭环系统的全局鲁棒性和稳定性。

(2) 取 $\zeta(t)=\boldsymbol{E}(t)-\boldsymbol{P}(t)$，则

$$s=\boldsymbol{C}(\boldsymbol{E}(t)-\boldsymbol{P}(t))$$

由于系统具有全局鲁棒性,即 $s=0$,即 $\boldsymbol{E}(t)=\boldsymbol{P}(t)$,故可通过设计函数 $\boldsymbol{P}(T)=0$,保证 $\boldsymbol{E}(T)=0$,使跟踪误差及其变化率在有限时间 T 内收敛至零。

(3) 为了实现按指定时间 T 收敛,需保证当 $t=T$ 时,$p(T)=0,\dot{p}(T)=0,\ddot{p}(T)=0$。其中 $\ddot{p}(T)=0$ 是为了满足式(12.3)求解的需要。根据 $p(t)$ 表达式,当 $0\leqslant t\leqslant T$ 时,函数 $p(t)$ 及其导数可写为

$$
\begin{aligned}
p(t)=&e(0)+\dot{e}(0)t+\frac{1}{2}\ddot{e}(0)t^2-\\
&\left(\frac{a_{00}}{T^3}e(0)+\frac{a_{01}}{T^2}\dot{e}(0)+\frac{a_{02}}{T}\ddot{e}(0)\right)t^3+\\
&\left(\frac{a_{10}}{T^4}e(0)+\frac{a_{11}}{T^3}\dot{e}(0)+\frac{a_{12}}{T^2}\ddot{e}(0)\right)t^4-\\
&\left(\frac{a_{20}}{T^5}e(0)+\frac{a_{21}}{T^4}\dot{e}(0)+\frac{a_{22}}{T^3}\ddot{e}(0)\right)t^5
\end{aligned}
$$

$$
\begin{aligned}
\dot{p}(t)=&\dot{e}(0)+\ddot{e}(0)t+3\left(\frac{a_{00}}{T^3}e(0)+\frac{a_{01}}{T^2}\dot{e}(0)+\frac{a_{02}}{T}\ddot{e}(0)\right)t^2+\\
&4\left(\frac{a_{10}}{T^4}e(0)+\frac{a_{11}}{T^3}\dot{e}(0)+\frac{a_{12}}{T^2}\ddot{e}(0)\right)t^3+\\
&5\left(\frac{a_{20}}{T^5}e(0)+\frac{a_{21}}{T^4}\dot{e}(0)+\frac{a_{22}}{T^3}\ddot{e}(0)\right)t^4
\end{aligned}
$$

$$
\begin{aligned}
\ddot{p}(t)=&\ddot{e}(0)+6\left(\frac{a_{00}}{T^3}e(0)+\frac{a_{01}}{T^2}\dot{e}(0)+\frac{a_{02}}{T}\ddot{e}(0)\right)t+\\
&12\left(\frac{a_{10}}{T^4}e(0)+\frac{a_{11}}{T^3}\dot{e}(0)+\frac{a_{12}}{T^2}\ddot{e}(0)\right)t^2+\\
&20\left(\frac{a_{20}}{T^5}e(0)+\frac{a_{21}}{T^4}\dot{e}(0)+\frac{a_{22}}{T^3}\ddot{e}(0)\right)t^3
\end{aligned}
$$

由 $t=T$ 时,$p(T)=0$ 得

$$
\begin{aligned}
p(T)=&e(0)+\dot{e}(0)t+\frac{1}{2}\ddot{e}(0)t^2+\\
&\left(\frac{a_{00}}{T^3}e(0)+\frac{a_{01}}{T^2}\dot{e}(0)+\frac{a_{02}}{T}\ddot{e}(0)\right)T^3+\\
&\left(\frac{a_{10}}{T^4}e(0)+\frac{a_{11}}{T^3}\dot{e}(0)+\frac{a_{12}}{T^2}\ddot{e}(0)\right)T^4+\\
&\left(\frac{a_{20}}{T^5}e(0)+\frac{a_{21}}{T^4}\dot{e}(0)+\frac{a_{22}}{T^3}\ddot{e}(0)\right)T^5\\
=&(1+a_{00}+a_{10}+a_{20})e(0)+T(1+a_{01}+a_{11}+a_{21})\dot{e}(0)+\\
&T^2\left(\frac{1}{2}+a_{02}+a_{12}+a_{22}\right)\ddot{e}(0)=0
\end{aligned}
$$

则 $p(T)=0$ 成立的必要条件为

$$
\begin{cases}
1+a_{00}+a_{10}+a_{20}=0\\
1+a_{01}+a_{11}+a_{21}=0\\
0.5+a_{02}+a_{12}+a_{22}=0
\end{cases}
$$

同理，由 $t=T$ 时，$\dot{p}(T)=0,\ddot{p}(T)=0$ 的必要条件为

$$\begin{cases}3a_{00}+4a_{10}+5a_{20}=0\\1+3a_{01}+4a_{11}+5a_{21}=0\\1+3a_{02}+4a_{12}+5a_{22}=0\end{cases}$$

$$\begin{cases}6a_{00}+12a_{10}+20a_{20}=0\\6a_{01}+12a_{11}+20a_{21}=0\\1+6a_{02}+12a_{12}+20a_{22}=0\end{cases}$$

由上述方程组可整理出三个三元一次方程组

$$\begin{cases}a_{00}+a_{10}+a_{20}=-1\\3a_{00}+4a_{10}+5a_{20}=0\\6a_{00}+12a_{10}+20a_{20}=0\end{cases}$$

$$\begin{cases}a_{01}+a_{11}+a_{21}=-1\\3a_{01}+4a_{11}+5a_{21}=-1\\6a_{01}+12a_{11}+20a_{21}=0\end{cases}$$

$$\begin{cases}a_{02}+a_{12}+a_{22}=-0.5\\3a_{02}+4a_{12}+5a_{22}=-1\\6a_{02}+12a_{12}+20a_{22}=-1\end{cases}$$

按 $\boldsymbol{Ax}=\boldsymbol{B}$ 表达三元一次方程组，则上述三个方程组分别可写为以下三种形式：

$$\boldsymbol{A}_1\boldsymbol{x}_1=\boldsymbol{B}_1,\quad \boldsymbol{A}_1=\begin{bmatrix}1&1&1\\3&4&5\\6&12&20\end{bmatrix},\quad \boldsymbol{B}_1=\begin{bmatrix}-1\\0\\0\end{bmatrix}$$

$$\boldsymbol{A}_2\boldsymbol{x}_2=\boldsymbol{B}_2,\quad \boldsymbol{A}_2=\begin{bmatrix}1&1&1\\3&4&5\\6&12&20\end{bmatrix},\quad \boldsymbol{B}_2=\begin{bmatrix}-1\\-1\\0\end{bmatrix}$$

$$\boldsymbol{A}_3\boldsymbol{x}_3=\boldsymbol{B}_3,\quad \boldsymbol{A}_3=\begin{bmatrix}1&1&1\\3&4&5\\6&12&20\end{bmatrix},\quad \boldsymbol{B}_3=\begin{bmatrix}-0.5\\-1\\-1\end{bmatrix}$$

运行初始化子程序 chap9_1int. m，得到上述方程组的解

$$\begin{cases}a_{00}=-10\\a_{10}=15\\a_{20}=-6\end{cases}\quad\begin{cases}a_{01}=-6\\a_{11}=8\\a_{21}=-3\end{cases}\quad\begin{cases}a_{02}=-1.5\\a_{12}=1.5\\a_{22}=-0.5\end{cases}$$

从而得到 $p(t)$ 的表达式为

$$p(t)=\begin{cases}e(0)+\dot{e}(0)t+\dfrac{1}{2}\ddot{e}(0)t^2-\\\left(\dfrac{10}{T^3}e(0)+\dfrac{6}{T^2}\dot{e}(0)+\dfrac{3}{2T}\ddot{e}(0)\right)t^3+\\\left(\dfrac{15}{T^4}e(0)+\dfrac{8}{T^3}\dot{e}(0)+\dfrac{3}{2T^2}\ddot{e}(0)\right)t^4-\\\left(\dfrac{6}{T^5}e(0)+\dfrac{3}{T^4}\dot{e}(0)+\dfrac{1}{2T^3}\ddot{e}(0)\right)t^5,0\leqslant t\leqslant T\\0,t>T\end{cases}$$

12.1.3 仿真实例

考虑二阶系统：

$$\begin{cases}\dot{x}_1=x_2\\ \dot{x}_2=-25x_1+133u+3.0\sin(2\pi t)\end{cases}$$

其中，$f(x,t)=-25x_1$，$b(x,t)=133$，$d(t)=3.0\sin(2\pi t)$。

位置指令为 $x_\mathrm{d}=\sin t$，取 $c=15$，则 $s=4e+\dot{e}-4p(t)-\dot{p}(t)$。采用控制律式(12.4)，取 $D=3.0$，采用饱和函数代替实际切换函数，边界层厚度取 $\delta=0.02$。系统的初始条件为[0.5,0]，分别取 Terminal 时间为 $T=1.0$ 和 $T=3.0$。仿真结果如图 12.1～图 12.4 所示。可见，在 T 时跟踪误差为零，并且通过采用连续函数，降低了抖振。

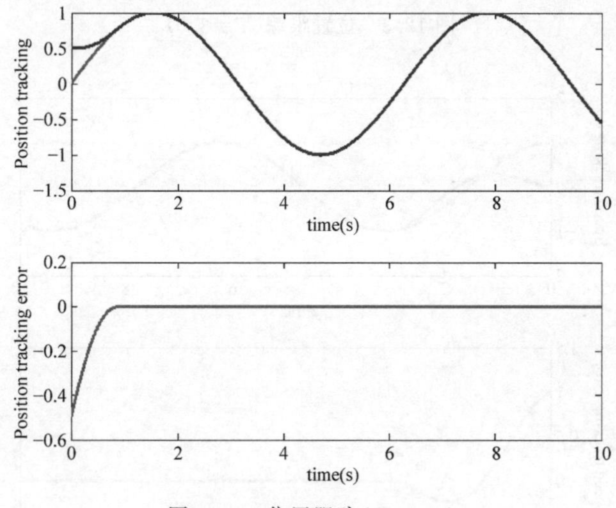

图 12.1 位置跟踪($T=1.0$)

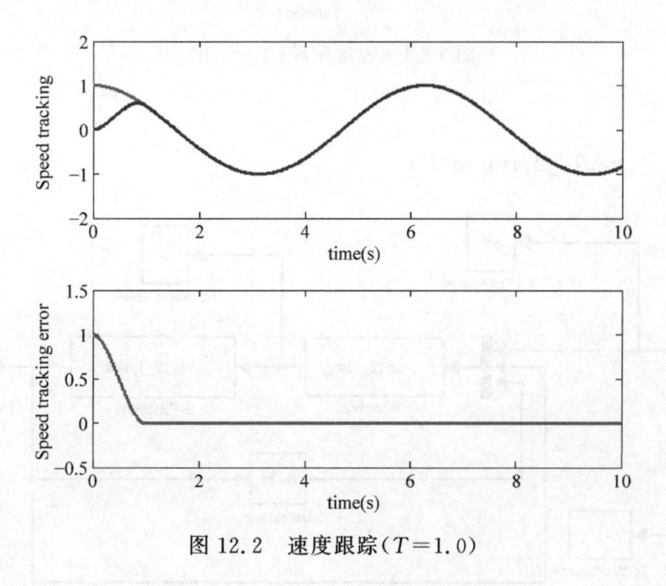

图 12.2 速度跟踪($T=1.0$)

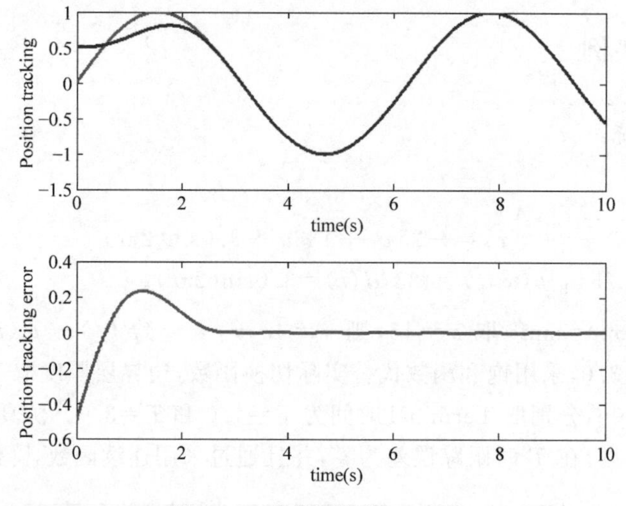

图 12.3　位置跟踪($T=3.0$)

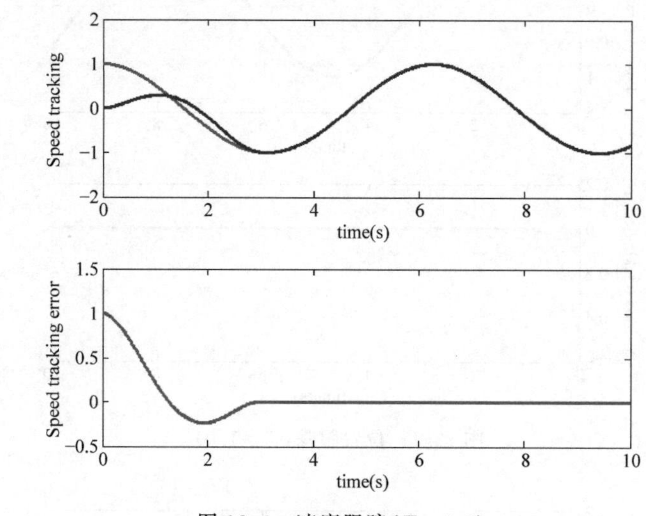

图 12.4　速度跟踪($T=3.0$)

仿真程序：

(1) 主程序：chap12_1sim.mdl

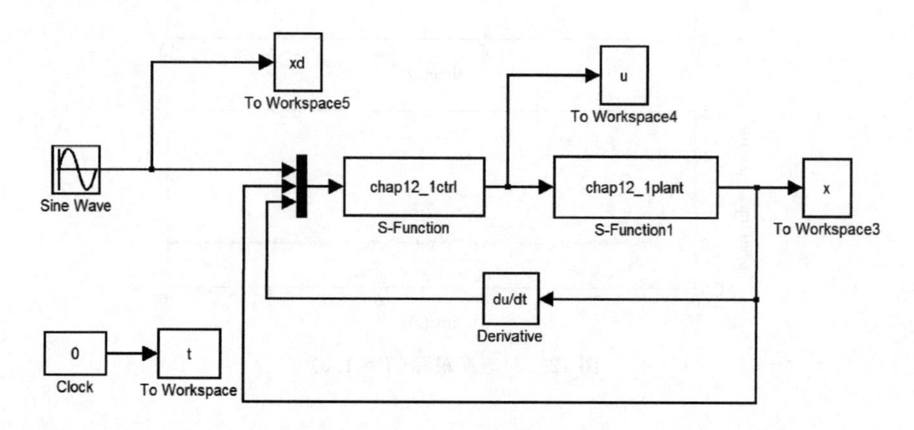

(2) S函数初始化S函数程序：chap12_1int. m

```
close all;
clear all;

A1 = [1 1 1;3 4 5;6 12 20];
b1 = [ - 1;0;0];
x1 = A1\b1;
A2 = [1 1 1;3 4 5;6 12 20];
b2 = [ - 1; - 1;0];
x2 = A2\b2;
A3 = [1 1 1;3 4 5;6 12 20];
b3 = [ - 1/2; - 1; - 1];
x3 = A3\b3;
```

(3) S函数控制子程序：chap12_1ctrl. m

```
function [sys,x0,str,ts] = spacemodel(t,x,u,flag)
switch flag,
case 0,
    [sys,x0,str,ts] = mdlInitializeSizes;
case 3,
    sys = mdlOutputs(t,x,u);
case {2,4,9}
    sys = [];
otherwise
    error(['Unhandled flag = ',num2str(flag)]);
end

function [sys,x0,str,ts] = mdlInitializeSizes
sizes = simsizes;
sizes.NumContStates   = 0;
sizes.NumDiscStates   = 0;
sizes.NumOutputs      = 1;
sizes.NumInputs       = 5;
sizes.DirFeedthrough  = 1;
sizes.NumSampleTimes  = 1;
sys = simsizes(sizes);
x0  = [];
str = [];
ts  = [0 0];
function sys = mdlOutputs(t,x,u)
persistent e0 de0 dde0
T = 3.0;

xd = u(1);
dxd = cos(t);
ddxd =- sin(t);

x = u(2:3);
dx = u(4:5);
if t == 0
    e0 = x(1);
    de0 = x(2) - 1;
```

```
    dde0 = dx(2);
end

c = 15;

e = x(1) - xd;
de = x(2) - dxd;
dde = dx(2) - ddxd;

if t <= T
    A0 =- 10/T^3 * e0 - 6/T^2 * de0 - 1.5/T * dde0;
    A1 = 15/T^4 * e0 + 8/T^3 * de0 + 1.5/T^2 * dde0;
    A2 =- 6/T^5 * e0 - 3/T^4 * de0 - 0.5/T^3 * dde0;
    p = e0 + de0 * t + 1/2 * dde0 * t^2 + A0 * t^3 + A1 * t^4 + A2 * t^5;
    dp = de0 + dde0 * t + A0 * 3 * t^2 + A1 * 4 * t^3 + A2 * 5 * t^4;
    ddp = dde0 + A0 * 3 * 2 * t + A1 * 4 * 3 * t^2 + A2 * 5 * 4 * t^3;
else
    p = 0;dp = 0;ddp = 0;
end

s = (c * e + de) - (c * p + dp);

fx =- 25 * x(2);
D = 3.0;
xite = D + 0.10;

 % ut =- 1/133 * (1/c * (de - dp) + fx - ddxd - ddp + xite * sign(s));

delta = 0.02;
     kk = 1/delta;
     if s > delta
          sats = 1;
     elseif abs(s)< = delta
          sats = kk * s;
     elseif s < - delta
          sats =- 1;
     end
ut =- 1/133 * (1/c * (de - dp) + fx - ddxd - ddp + xite * sats);

sys(1) = ut;
```

(4) S函数被控对象子程序：chap12_1plant. m

```
function [sys,x0,str,ts] = spacemodel(t,x,u,flag)

switch flag,
case 0,
     [sys,x0,str,ts] = mdlInitializeSizes;
case 1,
     sys = mdlDerivatives(t,x,u);
case 3,
     sys = mdlOutputs(t,x,u);
case {2,4,9}
     sys = [];
```

```
otherwise
    error(['Unhandled flag = ',num2str(flag)]);
end

function [sys,x0,str,ts] = mdlInitializeSizes
sizes = simsizes;
sizes.NumContStates  = 2;
sizes.NumDiscStates  = 0;
sizes.NumOutputs     = 2;
sizes.NumInputs      = 1;
sizes.DirFeedthrough = 0;
sizes.NumSampleTimes = 1;
sys = simsizes(sizes);
x0  = [0.5,0];
str = [];
ts  = [0 0];

function sys = mdlDerivatives(t,x,u)
dt = 3.0 * sin(2 * pi * t);

sys(1) = x(2);
sys(2) = - 25 * x(2) + 133 * u + dt;
function sys = mdlOutputs(t,x,u)
sys(1) = x(1);
sys(2) = x(2);
```

(5) 作图子程序：chap12_1plot.m

```
close all;

figure(1);
subplot(211);
plot(t,xd(:,1),'r',t,x(:,1),'b','linewidth',2);
xlabel('time(s)');ylabel('Position tracking');
subplot(212);
plot(t,xd(:,1) - x(:,1),'r','linewidth',2);
xlabel('time(s)');ylabel('Position tracking error');

figure(2);
subplot(211);
plot(t,cos(t),'r',t,x(:,2),'b','linewidth',2);
xlabel('time(s)');ylabel('Speed tracking');
subplot(212);
plot(t,cos(t) - x(:,2),'r','linewidth',2);
xlabel('time(s)');ylabel('Speed tracking error');

figure(3);
plot(t,u(:,1),'r','linewidth',2);
xlabel('time(s)');ylabel('control input');
```

12.2 快速 Terminal 滑模控制

快速 Terminal 滑模控制可使系统状态在有限时间内收敛为零，突破了普通滑模控制在线性滑模面条件下状态渐近收敛的特点，系统的动态性能优于普通滑模控制。并且相对于线性滑模控制，Terminal 滑模控制无切换项，可有效地消除抖振。快速 Terminal 滑模控制为滑动模态控制理论带来了新的发展方向。

12.2.1 传统快速 Terminal 滑模控制

1. 传统快速 Terminal 滑动模态

一种传统的快速 Terminal 滑动模态的形式为[3]

$$s=\dot{x}+\beta x^{q/p}=0 \tag{12.5}$$

其中，$x\in R^1$ 为状态变量，$\beta>0$，$p,q(p>q)$为正奇数。

由式(12.5)得

$$\frac{\mathrm{d}x}{\mathrm{d}t}=-\beta x^{q/p}$$

即

$$\mathrm{d}t=-\frac{1}{\beta}x^{-q/p}\mathrm{d}x$$

对上式进行定积分

$$\int_0^t \mathrm{d}t=\int_{x_0}^0 -\frac{1}{\beta}x^{-q/p}\mathrm{d}x$$

从而得到从任意初始状态 $x(0)\neq 0$ 沿滑动模态(12.5)到达平衡状态 $x=0$ 的时间为

$$t_s=\frac{p}{\beta(p-q)}\mid x(0)\mid^{(p-q)/p} \tag{12.6}$$

平衡状态 $x=0$ 也叫 Terminal 吸引子。由于引入了非线性部分 $\beta x^{q/p}$，改善了向平衡状态收敛的收敛速度，并且越远离平衡状态，收敛速度越快。然而，Terminal 滑模控制在收敛时间上却未必是最优的，主要原因在于，在系统状态接近平衡状态时，非线性滑动模态式(12.5)的收敛速度要比线性滑动模态($p=q$)的收敛速度慢。为此，文献[4]提出了一种新型全局快速 Terminal 滑动模态。

2. 控制器设计

考虑二阶不确定非线性动态系统：

$$\begin{cases}\dot{x}_1=x_2\\ \dot{x}_2=f(x)+g(x)u+d(x,t)\end{cases} \tag{12.7}$$

其中，$x=[x_1,x_2]^{\mathrm{T}}$，$b(x)\neq 0$，$d(x,t)$代表不确定性及外部干扰，$d(x,t)\leqslant D$。

滑模函数设计为

$$s=x_2+\beta x_1^{q/p} \tag{12.8}$$

其中，$\beta>0$，$p,q(p>q)$为正奇数。

控制器设计为

$$u=-g^{-1}(x)\left(f(x)+\beta\frac{q}{p}x_1^{q/p-1}x_2+(D+\eta)\mathrm{sgn}(s)\right)\tag{12.9}$$

其中,$\eta>0$。

3. 稳定性及到达时间分析

1) 稳定性分析

由于

$$\begin{aligned}\dot{s}&=\dot{x}_2+\beta\frac{q}{p}x_1^{\frac{q}{p}-1}\dot{x}_1\\&=f(x)+g(x)u+d(x,t)+\beta\frac{q}{p}x_1^{\frac{q}{p}-1}\dot{x}_1\\&=f(x)-f(x)-\beta\frac{q}{p}x_1^{\frac{q}{p}-1}x_2-(D+\eta)\mathrm{sgn}(s)+d(x,t)+\beta\frac{q}{p}x_1^{\frac{q}{p}-1}\dot{x}_1\\&=d(x,t)-(D+\eta)\mathrm{sgn}(s)\end{aligned}$$

则

$$s\dot{s}=sd(x,t)-(D+\eta)\mid s\mid\leqslant-\eta\mid s\mid$$

由式(12.9)可见,$\frac{q}{p}-1<0$;当 $x_1=0$、$x_2\neq0$ 时,普通 Terminal 滑模控制器存在奇异问题。

2) 有限到达时间分析

设 $s(0)\neq0$ 到 $s=0$ 的时间为 t_r。当 $t=t_r$ 时,$s=0$,即 $s(t_r)=0$,且

$$\dot{s}=-\eta\frac{\mid s\mid}{s}=\pm\eta$$

$$\int_{s=s(0)}^{s=s(t_r)}\mathrm{d}s=\int_{t=0}^{t=t_r}\pm\eta\mathrm{d}t$$

即

$$s(t_r)-s(0)=\pm\eta t_r$$

$$t_r=\left|\frac{s(0)}{\eta}\right|=\frac{\mid s(0)\mid}{\eta}$$

设 $x_1(t_r)\neq0$ 到 $x_1(t_s+t_r)=0$ 的时间为 t_s,在此阶段,$s=0$,即

$$x_2+\beta x_1^{q/p}=0$$

$$\dot{x}_1=-\beta x_1^{\frac{q}{p}}$$

对上式进行积分,得$\int_{x_1(t_r)}^{0}x_1^{-\frac{q}{p}}\mathrm{d}x_1=\int_{t_r}^{t_r+t_s}-\beta\mathrm{d}t$,则$-\frac{p}{p-q}x_1^{1-\frac{q}{p}}(t_r)=-\beta t_s$,从而

$$t_s=\frac{p}{\beta(p-q)}\mid x_1(t_r)\mid^{1-\frac{q}{p}}\tag{12.10}$$

12.2.2 非奇异 Terminal 滑模控制

1. 非奇异 Terminal 滑动模态

为了解决普通 Terminal 滑模控制的奇异问题,文献[5]提出了非奇异 Terminal 滑模

控制方法,该方法可很好地解决控制奇异问题[6]。

2. 非奇异 Terminal 滑模控制

非奇异滑模面为

$$s=x_1+\frac{1}{\beta}x_2^{p/q} \tag{12.11}$$

其中,$\beta>0$,p,$q(p>q)$为正奇数。

考虑二阶不确定非线性动态系统:

$$\begin{cases}\dot{x}_1=x_2\\ \dot{x}_2=f(x)+g(x)u+d(x,t)\end{cases} \tag{12.12}$$

其中,$x=[x_1,x_2]^{\mathrm{T}}$,$g(x)\neq 0$,$d(x,t)$代表不确定性及外部干扰,$d(x,t)\leqslant D$。

非奇异滑模控制器设计为

$$u=-g^{-1}(x)\left(f(x)+\beta\frac{q}{p}x_2^{2-p/q}+(D+\eta)\mathrm{sgn}(s)\right) \tag{12.13}$$

其中,$1<p/q<2$,$\eta>0$。

3. 稳定性及到达时间分析

$$\begin{aligned}\dot{s}&=\dot{x}_1+\frac{1}{\beta}\frac{p}{q}x_2^{\frac{p}{q}-1}\dot{x}_2\\ &=x_2+\frac{1}{\beta}\frac{p}{q}x_2^{\frac{p}{q}-1}(f(x)+g(x)u+d(x,t))\\ &=x_2+\frac{1}{\beta}\frac{p}{q}x_2^{\frac{p}{q}-1}\left(f(x)-f(x)-\beta\frac{q}{p}x_2^{2-\frac{p}{q}}-(D+\eta)\mathrm{sgn}(s)+d(x,t)\right)\\ &=\frac{1}{\beta}\frac{p}{q}x_2^{\frac{p}{q}-1}(-(D+\eta)\mathrm{sgn}(s)+d(x,t))\end{aligned}$$

$$s\dot{s}=\frac{1}{\beta}\frac{p}{q}x_2^{\frac{p}{q}-1}(sd(x,t)-(D+\eta)\mid s\mid)$$

由于$1<\frac{p}{q}<2$,则$0<\frac{p}{q}-1<1$,又由于$\beta>0$,p,$q(p>q)$为正奇数,则

$$x_2^{\frac{p}{q}-1}>0\quad(x_2\neq 0\text{ 时})$$

$$s\dot{s}\leqslant\frac{1}{\beta}\frac{p}{q}x_2^{\frac{p}{q}-1}(-\eta\mid s\mid)=-\frac{1}{\beta}\frac{p}{q}x_2^{\frac{p}{q}-1}\eta\mid s\mid=-\eta'\mid s\mid$$

其中,$\eta'=\frac{1}{\beta}\frac{p}{q}x_2^{\frac{p}{q}-1}\eta>0(x_2\neq 0\text{ 时})$。

取 Lyapunov 函数 $V=\frac{1}{2}s^2$,则 $\dot{V}=s\dot{s}=-\eta'|s|\leqslant 0$,根据当 $\dot{V}\equiv 0$ 时,$s\equiv 0$,LaSalle 不变性原理,$t\rightarrow\infty$时,$s\rightarrow 0$,根据快速 Terminal 滑动模态特性,$t\rightarrow\infty$时,$x\rightarrow 0$。

可见,当 $x_2\neq 0$ 时,控制器满足 Lyapunov 稳定条件。

将控制器式(12.13)代入式(12.12),得

$$\dot{x}_2=-\beta\frac{q}{p}x_2^{2-p/q}+d(x,t)-(D+\eta)\mathrm{sgn}(s)$$

当 $x_2=0$ 时，有

$$\dot{x}_2=d(x,t)-(D+\eta)\mathrm{sgn}(s)$$

当 $s>0$ 时，$\dot{x}_2\leqslant-\eta$，即 x_2 快速减小，当 $s<0$ 时，$\dot{x}_2\geqslant\eta$，此时 x_2 快速上升，系统的相轨迹如图 12.5 所示。由相轨迹可见，当 $x_2=0$ 时，在有限时间内实现 $s=0$。

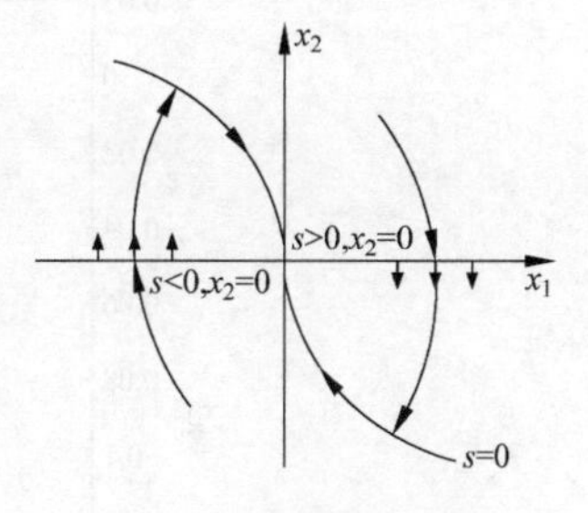

图 12.5 系统的相轨迹

12.2.3 仿真实例

针对单级倒立摆摆角控制问题，被控对象动态方程如下：

$$\begin{cases}\dot{x}_1=x_2\\ \dot{x}_2=\dfrac{g\sin x_1-mlx_2^2\cos x_1\sin x_1/(m_c+m)}{l(4/3-m\cos^2x_1/(m_c+m))}+\\ \qquad\dfrac{\cos x_1/(m_c+m)}{l(4/3-m\cos^2x_1/(m_c+m))}u\end{cases}$$

其中，x_1 和 x_2 分别为摆角和摆速，$g=9.8\mathrm{m/s^2}$；m_c 为小车质量，$m_c=1\mathrm{kg}$；m 为摆杆质量，$m=0.1\mathrm{kg}$；l 为摆长的一半，$l=0.5\mathrm{m}$；u 为控制输入。

设系统的初始状态为 $\left[\frac{\pi}{60},0\right]$，取 $q=3$，$p=5$，将 NTSM 和 TSM 的滑模面分别设计为 $s_{\mathrm{TSM}}=x_2+x_1^{3/5}$ 和 $s_{\mathrm{NTSM}}=x_1+x_2^{5/3}$，控制律参数取 $D=0.3$，$\beta=1.0$，$\eta=0.020$。

取 $M=1$，采用控制律式(12.9)，即 TSM 方法，采用饱和函数代替符号函数 $\mathrm{sgn}(s)$，取边界层厚度为 $\delta=0.005$，仿真结果如图 12.6 和图 12.7 所示。

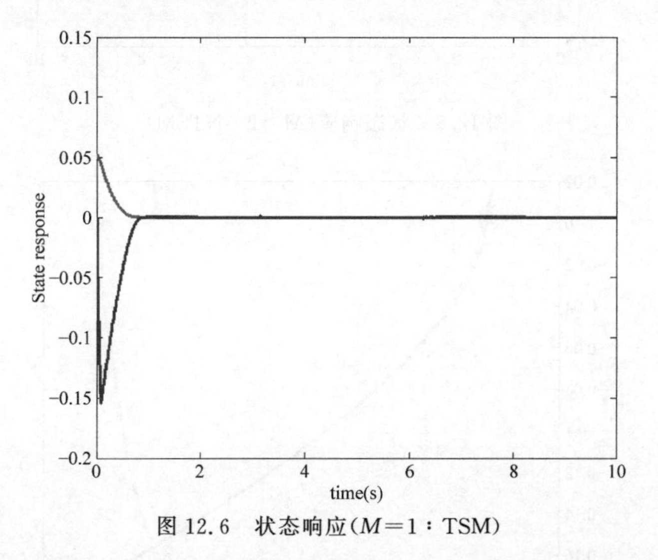

图 12.6 状态响应($M=1$：TSM)

取 $M=2$，采用控制律式(12.13)，即 NTSM 方法，采用饱和函数代替符号函数 $\mathrm{sgn}(s)$，取边界层厚度为 $\delta=0.001$，仿真结果如图 12.8 和图 12.9 所示。

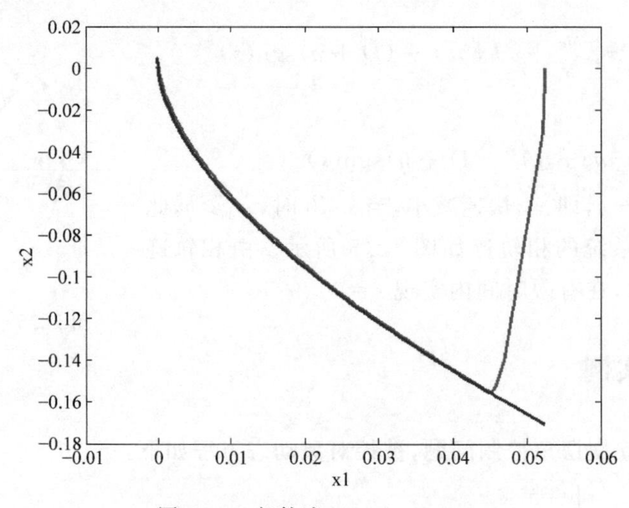

图 12.7　相轨迹($M=1$：TSM)

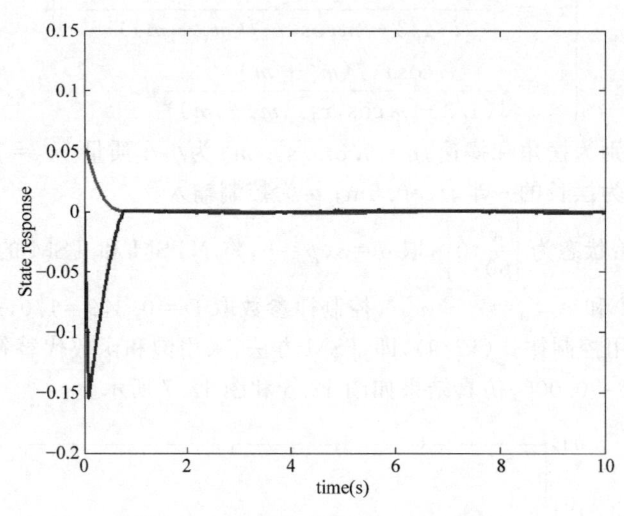

图 12.8　状态响应($M=2$：NTSM)

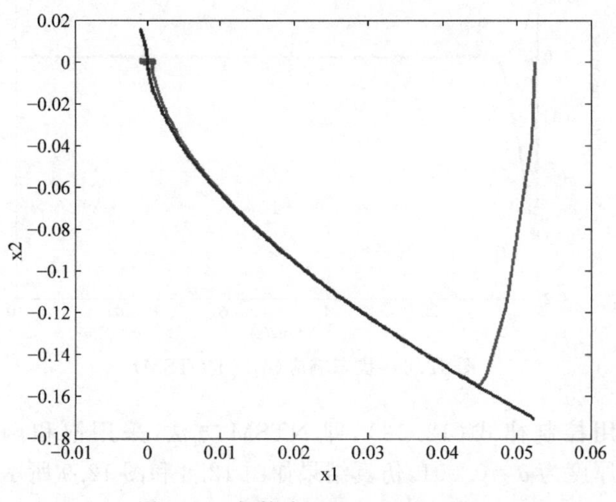

图 12.9　相轨迹($M=2$：NTSM)

仿真程序：

（1）主程序：chap12_2sim. mdl

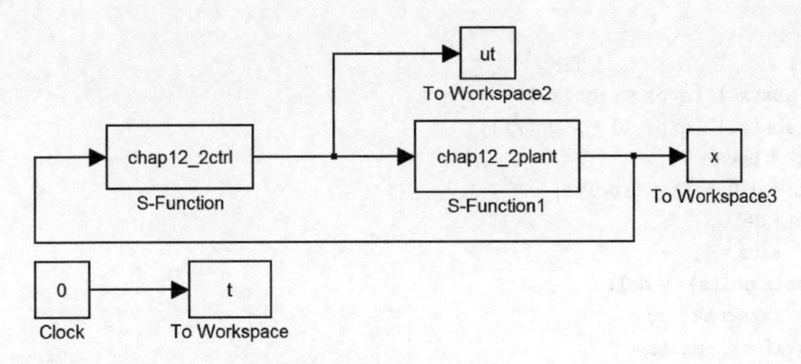

（2）S 函数控制子程序：chap12_2ctrl. m

```
function [sys,x0,str,ts] = s_function(t,x,u,flag)
switch flag,
case 0,
    [sys,x0,str,ts] = mdlInitializeSizes;
case 3,
    sys = mdlOutputs(t,x,u);
case {2, 4, 9}
    sys = [];
otherwise
    error(['Unhandled flag = ',num2str(flag)]);
end
function [sys,x0,str,ts] = mdlInitializeSizes
sizes = simsizes;
sizes.NumContStates  = 0;
sizes.NumDiscStates  = 0;
sizes.NumOutputs     = 1;
sizes.NumInputs      = 2;
sizes.DirFeedthrough = 1;
sizes.NumSampleTimes = 0;
sys = simsizes(sizes);
x0  = [];
str = [];
ts  = [];
function sys = mdlOutputs(t,x,u)
x1 = u(1);
x2 = u(2);

g = 9.8;mc = 1.0;m = 0.1;l = 0.5;
S = l * (4/3 - m * (cos(x1))^2/(mc + m));
fx = g * sin(x1) - m * l * x2^2 * cos(x1) * sin(x1)/(mc + m);
fx = fx/S;
gx = cos(x1)/(mc + m);
gx = gx/S;


D = 2.0;
beta = 1.0;
xite = 0.10;
```

```
q = 3;p = 5;

M = 2;
if M == 1                    % TSM
   T1 = abs(x1)^(q/p) * sign(x1);
   T2 = abs(x1)^(q/p - 1) * sign(x1);
   s = x2 + beta * T1;
   delta = 0.005;kk = 1/delta;
    if s > delta
        sats = 1;
    elseif abs(s)< = delta
        sats = kk * s;
    elseif s < - delta
        sats =- 1;
    end
    ut =- inv(gx) * (fx + beta * q/p * T2 * x2 + (D + xite) * sats);
elseif M == 2                % NTSM
   T1 = abs(x2)^(p/q) * sign(x2);
   T2 = abs(x2)^(2 - p/q) * sign(x2);
   s = x1 + 1/beta * T1;
   delta = 0.001;kk = 1/delta;
    if s > delta
        sats = 1;
    elseif abs(s)< = delta
        sats = kk * s;
    elseif s < - delta
        sats =- 1;
    end
    ut =- inv(gx) * (fx + beta * q/p * T2 + (D + xite) * sats);
end
sys(1) = ut;
```

(3) S 函数被控对象子程序：chap12_2plant. m

```
function [sys,x0,str,ts] = s_function(t,x,u,flag)
switch flag,
case 0,
    [sys,x0,str,ts] = mdlInitializeSizes;
case 1,
    sys = mdlDerivatives(t,x,u);
case 3,
    sys = mdlOutputs(t,x,u);
case {2, 4, 9}
    sys = [];
otherwise
    error(['Unhandled flag = ',num2str(flag)]);
end
function [sys,x0,str,ts] = mdlInitializeSizes
sizes = simsizes;
sizes.NumContStates  = 2;
sizes.NumDiscStates  = 0;
sizes.NumOutputs     = 2;
sizes.NumInputs      = 1;
```

```
sizes.DirFeedthrough = 0;
sizes.NumSampleTimes = 0;
sys = simsizes(sizes);
x0  = [pi/60 0];
str = [];
ts  = [];
function sys = mdlDerivatives(t,x,u)
g = 9.8;mc = 1.0;m = 0.1;l = 0.5;
S = l * (4/3 - m * (cos(x(1)))^2/(mc + m));
fx = g * sin(x(1)) - m * l * x(2)^2 * cos(x(1)) * sin(x(1))/(mc + m);
fx = fx/S;
gx = cos(x(1))/(mc + m);
gx = gx/S;
dt = 2 * sin(t);

sys(1) = x(2);
sys(2) = fx + gx * u + dt;
function sys = mdlOutputs(t,x,u)
sys(1) = x(1);
sys(2) = x(2);
```

(4) 作图子程序：chap12_2plot.m

```
close all;

figure(1);
plot(t,x(:,1),'r',t,x(:,2),'b','linewidth',2);
xlabel('time(s)');ylabel('State response');

figure(2);
plot(t,ut(:,1),'r','linewidth',2);
xlabel('time(s)');ylabel('Control input');

figure(3);
M = 1;
q = 3;p = 5;
if M == 1                    % TSM
plot(x(:,1),x(:,2),'r',x(:,1), - (abs(x(:,1))).^(q/p). * sign(x(:,1)),'b','linewidth',2);
elseif M == 2                % NTSM
plot(x(:,1),x(:,2),'r',x(:,1),(abs( - x(:,1))).^(q/p). * sign( - x(:,1)),'b','linewidth',2);
end
xlabel('x1');ylabel('x2');
```

12.3 全局快速 Terminal 滑模控制

传统快速 Terminal 滑模控制中，在系统状态接近平衡状态时，非线性滑动模态的收敛速度要比线性滑动模态($p=q$)的收敛速度慢。为此，文献[7,8]提出了一种新型全局快速 Terminal 滑动模态。

12.3.1 全局快速 Terminal 滑动模态

综合考虑线性滑动模态与快速 Terminal 滑动模态，一种新型全局快速 Terminal 滑动模态为

$$s=\dot{x}+\alpha x+\beta x^{q/p}=0 \tag{12.14}$$

其中，$x\in R^1$ 为状态变量；$\alpha,\beta>0$；p 和 $q(p>q)$ 为正奇数。

由式(12.14)得

$$x^{-q/p}\frac{\mathrm{d}x}{\mathrm{d}t}+\alpha x^{1-q/p}=-\beta \tag{12.15}$$

令 $y=x^{1-q/p}$，则$\frac{\mathrm{d}y}{\mathrm{d}t}=\frac{p-q}{p}x^{-\frac{q}{p}}\frac{\mathrm{d}x}{\mathrm{d}t}$，式(12.2)写为

$$\frac{\mathrm{d}y}{\mathrm{d}t}+\frac{p-q}{p}\alpha y=-\frac{p-q}{p}\beta \tag{12.16}$$

由于一阶线性微分方程$\frac{\mathrm{d}y}{\mathrm{d}x}+P(x)y=Q(x)$的通解为

$$y=\mathrm{e}^{-\int P(x)\mathrm{d}x}\left(\int Q(x)\mathrm{e}^{\int P(x)\mathrm{d}x}\mathrm{d}x+C\right)$$

则式(12.16)的解为

$$y=\mathrm{e}^{-\int_0^t\frac{p-q}{p}\alpha\mathrm{d}t}\left(\int_0^t-\frac{p-q}{p}\beta\mathrm{e}^{\int_0^t\frac{p-q}{p}\alpha\mathrm{d}t}\mathrm{d}t+C\right)=\mathrm{e}^{-\int_0^t\frac{p-q}{p}\alpha\mathrm{d}t}\left(\int_0^t-\frac{p-q}{p}\beta\mathrm{e}^{\frac{p-q}{p}\alpha t}\mathrm{d}t+C\right)$$

$t=0$ 时，$C=y(0)$，上式变为

$$y=\mathrm{e}^{-\frac{p-q}{p}\alpha t}\left(-\frac{p-q}{p}\beta\frac{p}{(p-q)\alpha}\mathrm{e}^{\frac{p-q}{p}\alpha t}\Big|_0^t+y(0)\right)=-\frac{\beta}{\alpha}+\frac{\beta}{\alpha}\mathrm{e}^{-\frac{p-q}{p}\alpha t}+y(0)\mathrm{e}^{-\frac{p-q}{p}\alpha t}$$

由于 $x=0$ 时，$y=0$，$t=t_{\mathrm{s}}$，上式变为

$$\frac{\beta}{\alpha}\mathrm{e}^{-\frac{p-q}{p}\alpha t_{\mathrm{s}}}+y(0)\mathrm{e}^{-\frac{p-q}{p}\alpha t_{\mathrm{s}}}=\frac{\beta}{\alpha}$$

即

$$\left(\frac{\beta}{\alpha}+y(0)\right)\mathrm{e}^{-\frac{p-q}{p}\alpha t_{\mathrm{s}}}=\frac{\beta}{\alpha}$$

$$\frac{\beta+\alpha y(0)}{\beta}=\mathrm{e}^{\frac{p-q}{p}\alpha t_{\mathrm{s}}}$$

其中，$y(0)=x(0)^{(p-q)/p}$。

在滑动模态上，从任意初始状态 $x(0)\neq 0$ 收敛到平衡状态 $x=0$ 的时间为

$$t_{\mathrm{s}}=\frac{p}{\alpha(p-q)}\ln\frac{\alpha x(0)^{(p-q)/p}+\beta}{\beta} \tag{12.17}$$

通过设定 α、β、p、q 可使系统在有限时间 t_{s} 内到达平衡状态。

由式(12.14)可知

$$\dot{x}=-\alpha x-\beta x^{q/p} \tag{12.18}$$

当系统状态 x 远离零点时，收敛时间主要由快速 Terminal 吸引子(即 $\dot{x}=-\beta x^{q/p}$)

决定；而当系统状态 x 接近平衡状态 $x=0$ 时，收敛时间主要由式 $\dot{x}=-\alpha x$ 决定，x 呈指数快速衰减。因此，滑动模态式(12.14)既引入了 Terminal 吸引子，使得系统状态在有限时间收敛，又保留了线性滑动模态在接近平衡态时的快速性，从而实现系统状态快速精确地收敛到平衡状态，所以称滑动模态式(12.14)为全局快速滑动模态。

全局快速滑模控制在滑动模态的设计综合了传统滑模控制与 Terminal 滑模控制的优点，同时在到达阶段也运用快速到达的概念。全局快速滑模控制具有以下特点：

(1) 全局快速滑模控制保证了系统在有限时间内到达滑模面，使系统状态在有限时间内迅速收敛到平衡状态。系统状态收敛到平衡状态的时间可以通过选取参数进行调整。

(2) 全局快速滑模控制的控制律是连续的，不含切换项，从而能消除抖振现象。

(3) 全局快速滑模控制对系统不确定性和干扰具有很好的鲁棒性，通过选取足够小的 q/p，可使系统状态到达滑模面足够小的邻域内，沿滑模面收敛到平衡状态。

12.3.2 全局快速滑模控制器的设计及分析

1. 全局快速滑模控制器设计

考虑高阶单输入单输出非线性系统：

$$\begin{cases}\dot{x}_i=x_{i+1},i=1,2,\cdots,n-1\\ \dot{x}_n=f(x)+g(x)u\end{cases}\tag{12.19}$$

其中，$f(x)$，$g(x)$是 R^n 域中的光滑函数，且 $g(x)\neq 0$，$u\in R^1$。

一种具有递归结构的快速滑动模态表示为[7,8]：

$$\begin{cases}s_1=\dot{s}_0+\alpha_0 s_0+\beta_0 s_0^{q_0/p_0}\\ s_2=\dot{s}_1+\alpha_1 s_1+\beta_1 s_1^{q_1/p_1}\\ \quad\vdots\\ s_{n-1}=\dot{s}_{n-2}+\alpha_{n-2}s_{n-2}+\beta_{n-2}s_{n-2}^{q_{n-2}/p_{n-2}}\end{cases}\tag{12.20}$$

其中，α_i、$\beta_i>0$ 且 q_i、$p_i(q_i<p_i)(i=0,1,\cdots,n-2)$为奇数。

设计全局快速滑模控制律为

$$u(t)=-\frac{1}{g(x)}\left(f(x)+\sum_{k=0}^{n-2}\alpha_k s_k^{(n-k-1)}+\sum_{k=0}^{n-2}\beta_k\frac{\mathrm{d}^{n-k-1}}{\mathrm{d}t^{n-k-1}}s_k^{q_k/p_k}+\varphi s_{n-1}+\gamma s_{n-1}^{q/p}\right)\tag{12.21}$$

其中，$k=0$ 时，$s_0=x_1$。

在控制律式(12.21)中，系统状态沿 $\dot{s}_{n-1}=-\varphi s_{n-1}-\gamma s_{n-1}^{q/p}$ 到达滑模面 $s_{n-1}(t)=0$ 的时间为

$$t_{s_{n-1}}=\frac{p}{\varphi(p-q)}\ln\frac{\varphi(s_{n-1}(0))^{(p-q)/p}+\gamma}{\gamma}\tag{12.22}$$

其中，φ、$\gamma>0$，p 和 $q(q<p)$为正奇数。

2. 全局快速滑模到达时间分析

由式(12.20)可得

$$\dot{s}_{n-1}=\ddot{s}_{n-2}+\alpha_{n-2}\dot{s}_{n-2}+\beta_{n-2}\frac{\mathrm{d}}{\mathrm{d}t}s_{n-2}^{q_{n-2}/p_{n-2}} \tag{12.23}$$

由于 $s_i=\dot{s}_{i-1}+\alpha_{i-1}s_{i-1}+\beta_{i-1}s_{i-1}^{q_{i-1}/p_{i-1}}$，$i=n-1,n-2,\cdots,1$，$s_i$ 的 l 阶导数为

$$s_i^{(l)}=s_{i-1}^{(l+1)}+\alpha_{i-1}s_{i-1}^{(l)}+\beta_{i-1}\frac{\mathrm{d}^l}{\mathrm{d}t^l}s_{i-1}^{q_{i-1}/p_{i-1}} \tag{12.24}$$

则

$$\ddot{s}_{n-2}=\dddot{s}_{n-3}+\alpha_{n-3}\ddot{s}_{n-3}+\beta_{n-3}\frac{\mathrm{d}^2}{\mathrm{d}t^2}s_{n-3}^{q_{n-3}/p_{n-3}} \tag{12.25}$$

将式(12.25)代入式(12.23)，得

$$\dot{s}_{n-1}=\dddot{s}_{n-3}+\alpha_{n-3}\ddot{s}_{n-3}+\beta_{n-3}\frac{\mathrm{d}^2}{\mathrm{d}t^2}s_{n-3}^{q_{n-3}/p_{n-3}}+\alpha_{n-2}\dot{s}_{n-2}+\beta_{n-2}\frac{\mathrm{d}}{\mathrm{d}t}s_{n-2}^{q_{n-2}/p_{n-2}}$$

通过递推，得

$$\begin{aligned}\dot{s}_{n-1}&=s_0^{(n)}+\sum_{k=0}^{n-2}\alpha_k s_k^{(n-k-1)}+\sum_{k=0}^{n-2}\beta_k\frac{\mathrm{d}^{n-k-1}}{\mathrm{d}t^{n-k-1}}s_k^{q_k/p_k}\\&=\dot{x}_n+\sum_{k=0}^{n-2}\alpha_k s_k^{(n-k-1)}+\sum_{k=0}^{n-2}\beta_k\frac{\mathrm{d}^{n-k-1}}{\mathrm{d}t^{n-k-1}}s_k^{q_k/p_k}\end{aligned} \tag{12.26}$$

将式(12.19)代入式(12.26)，得

$$\dot{s}_{n-1}=f(x)+g(x)u(t)+\sum_{k=0}^{n-2}\alpha_k s_k^{(n-k-1)}+\sum_{k=0}^{n-2}\beta_k\frac{\mathrm{d}^{n-k-1}}{\mathrm{d}t^{n-k-1}}s_k^{q_k/p_k} \tag{12.27}$$

将控制律式(12.21)代入式(12.27)，得

$$\dot{s}_{n-1}=-\varphi s_{n-1}-\gamma s_{n-1}^{q/p} \tag{12.28}$$

采用方程式(12.14)的求解过程，解微分方程式(12.28)，得到在滑动模态上从任意初始状态 $s_{n-1}(0)\neq 0$ 收敛到平衡状态 $s_{n-1}(t)=0$ 的时间为

$$t_{s_{n-1}}=\frac{p}{\varphi(p-q)}\ln\frac{\varphi(s_{n-1}(0))^{(p-q)/p}+\gamma}{\gamma}$$

3. 稳定性分析

定义 Lyapunov 函数

$$V=\frac{1}{2}s_{n-1}^2$$

则由式(12.28)得

$$\dot{V}=s_{n-1}\dot{s}_{n-1}=-\varphi s_{n-1}^2-\gamma s_{n-1}^{(q+p)/p}$$

由于$(p+q)$为偶数，所以 $\dot{V}\leqslant 0$，系统稳定。当 $\dot{V}\equiv 0$ 时，$s_{n=1}\equiv 0$，根据 LaSalle 不变性原理，从而 $t\to\infty$时，$s_{n-1}\to 0$。根据全局快速滑动模态特性，$t\to\infty$时，$x\to 0$。

4. 仿真实例

考虑二阶单输入单输出非线性系统：

$$\begin{cases}\dot{x}_1 = x_2 \\ \dot{x}_2 = \cos x_1 + (x_1^2+1)u\end{cases}$$

其中，$f(x)=\cos x_1$，$g(x)=x_1^2+1$。

快速滑模面设计为 $s_1=\dot{s}_0+\alpha_0 s_0+\beta_0 s_0^{q_0/p_0}=0$，其中 $s_0=x_1$。根据式(12.21)，得全局快速滑动模态控制律为

$$u=-\frac{1}{x_1^2+1}\left(\cos x_1+\alpha_0\dot{x}_1+\beta_0\frac{q}{p}x_1^{(q_0-p_0)/p_0}\dot{x}_1+\varphi s_1+\gamma s_1^{q/p}\right)$$

设系统的初始状态为[5,0]，控制律参数取 $\alpha_0=2$，$\beta_0=1$，$p_0=9$，$q_0=5$，$\varphi=10$，$\gamma=10$，$p=3$，$q=1$。根据式(12.22)可得收敛时间为 $t_s=1.8306$。仿真结果如图 12.10～图 12.12 所示。

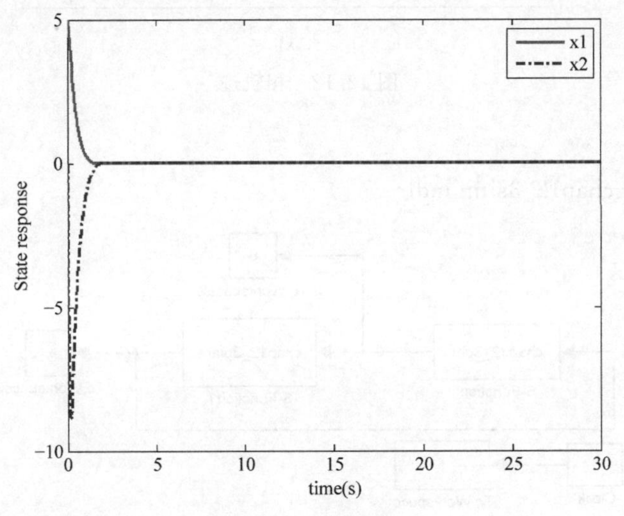

图 12.10　状态响应

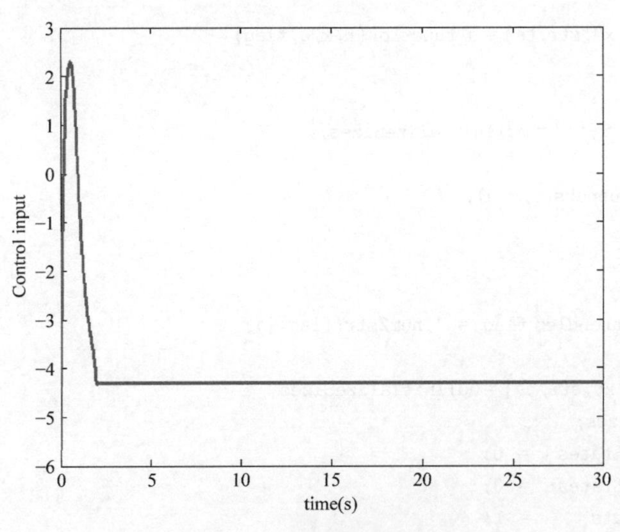

图 12.11　控制输入信号

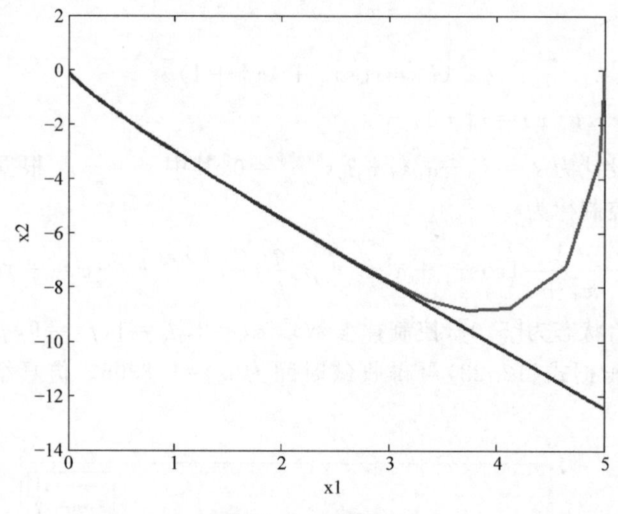

图 12.12　相轨迹

仿真程序：

(1) 主程序：chap12_3sim. mdl

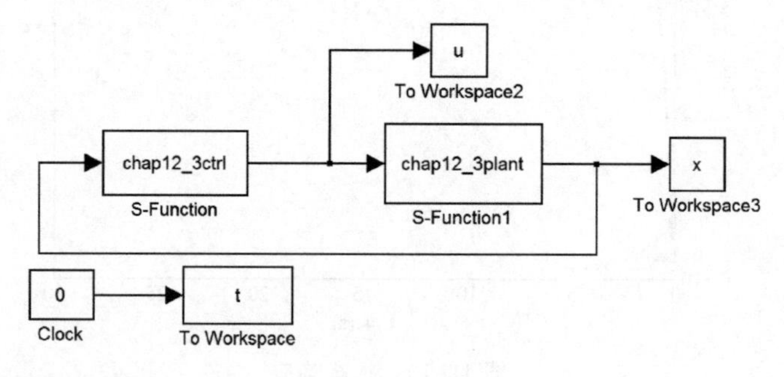

(2) S 函数控制子程序：chap12_3ctrl. m

```
function [sys,x0,str,ts] = s_function(t,x,u,flag)
switch flag,
case 0,
    [sys,x0,str,ts] = mdlInitializeSizes;
case 3,
    sys = mdlOutputs(t,x,u);
case {2, 4, 9}
    sys = [];
otherwise
    error(['Unhandled flag = ',num2str(flag)]);
end
function [sys,x0,str,ts] = mdlInitializeSizes
sizes = simsizes;
sizes.NumContStates  = 0;
sizes.NumDiscStates  = 0;
sizes.NumOutputs     = 1;
sizes.NumInputs      = 2;
sizes.DirFeedthrough = 1;
```

```
sizes.NumSampleTimes  = 0;
sys = simsizes(sizes);
x0 = [];
str = [];
ts = [];
function sys = mdlOutputs(t,x,u)
alfa0 = 2;beta0 = 1;
p0 = 9;q0 = 5;
fai = 10;
gama = 10;
p = 3;q = 1;

x(1) = u(1);
x(2) = u(2);

s0 = x(1);
s1 = x(2) + alfa0 * s0 + beta0 * s0^(q0/p0);

%到达平衡点 x = 0 的时间
x0 = 5;
T = (alfa0 * x0^((p0 - q0)/p0) + beta0)/beta0;
ts = p0/(alfa0 * (p0 - q0)) * log(T);

z = sign(s1) * (abs(s1))^(q/p);
ut = 1/(x(1)^2 + 1) * ( - cos(x(1)) - alfa0 * x(2) - beta0 * q0/p0 * x(1)^((q0 - p0)/p0) * x(2)
- fai * s1 - gama * z);

sys(1) = ut;
```

(3) S 函数被控对象子程序：chap12_3plant.m

```
function [sys,x0,str,ts] = s_function(t,x,u,flag)
switch flag,
case 0,
    [sys,x0,str,ts] = mdlInitializeSizes;
case 1,
    sys = mdlDerivatives(t,x,u);
case 3,
    sys = mdlOutputs(t,x,u);
case {2, 4, 9}
    sys = [];
otherwise
    error(['Unhandled flag = ',num2str(flag)]);
end
function [sys,x0,str,ts] = mdlInitializeSizes
sizes = simsizes;
sizes.NumContStates   = 2;
sizes.NumDiscStates   = 0;
sizes.NumOutputs      = 2;
sizes.NumInputs       = 1;
sizes.DirFeedthrough  = 0;
```

```
sizes.NumSampleTimes = 0;
sys = simsizes(sizes);
x0 = [5,0];
str = [];
ts = [];
function sys = mdlDerivatives(t,x,u)
sys(1) = x(2);
sys(2) = cos(x(1)) + (x(1)^2 + 1) * u;
function sys = mdlOutputs(t,x,u)
sys(1) = x(1);
sys(2) = x(2);
```

(4) 作图子程序：chap12_3plot.m

```
close all;

figure(1);
plot(t,x(:,1),'r',t,x(:,2),'-.b','linewidth',2);
xlabel('time(s)');ylabel('State response');
legend('x1','x2');

figure(2);
plot(t,u(:,1),'r','linewidth',2);
xlabel('time(s)');ylabel('Control input');

figure(3);
alfa0 = 2;beta0 = 1;
p0 = 9;q0 = 5;
plot(x(:,1),x(:,2),'r',x(:,1), - alfa0 * x(:,1) - beta0 * abs(x(:,1)).^(q0/p0). * sign(x(:,1)),'
b','linewidth',2);
xlabel('x1');ylabel('x2');
```

12.3.3 全局快速滑模控制的鲁棒性分析

1. 全局快速滑模控制器设计

考虑不确定系统：

$$\begin{cases} \dot{x}_i = x_{i+1} \\ \dot{x}_n = f(x) + g(x)u + d(x,t) \end{cases} \tag{12.29}$$

其中，$i=1,2,\cdots,n-1$，$f(x)$、$g(x)$是R^n域中已知的光滑函数，且$g(x)\neq 0$，$u\in R^1$，$d(x,t)$表示系统的参数不确定性和外部干扰的总和，$|d(x,t)|\leqslant L$。

定理[7]：针对被控对象式(12.29)，鲁棒控制律设计为

$$u(t) = -\frac{1}{g(x)}\left(f(x) + \sum_{k=0}^{n-2}\alpha_k s_k^{(n-k-1)} + \sum_{k=0}^{n-2}\beta_k \frac{\mathrm{d}^{n-k-1}}{\mathrm{d}t^{n-k-1}} s_k^{q_k/p_k} + \varphi s_{n-1} + \gamma s_{n-1}^{q/p} \right) \tag{12.30}$$

其中，$k=0$时，$s_0=x_1$，φ、$\gamma>0$，p、q为正奇数($q<p$)。

在控制律式(12.30)作用下,系统状态沿 $\dot{s}_{n-1}=-\varphi s_{n-1}-\gamma' s_{n-1}^{q/p}$ 在有限时间 t'_{n-1} 内到达滑模面 $s_{n-1}=0$ 的 Δ 邻域内:

$$t'_{n-1}\leqslant\frac{p}{\varphi(p-q)}\ln\frac{\varphi s_{n-1}(0)^{(p-q)/p}+\eta}{\eta} \tag{12.31}$$

其中,$\gamma'=\gamma-\dfrac{d(x,t)}{s_{n-1}^{q/p}}$,$\gamma=\dfrac{L}{|s_{n-1}^{q/p}|}+\eta$,$\eta>0$。收敛结果为

$$\Delta=\left\{x:|s_{n-1}|\leqslant\left(\frac{L}{\gamma}\right)^{p/q}\right\} \tag{12.32}$$

上述定理的证明和分析可参考下面的稳定性收敛性分析和滑模到达时间分析。

2. 稳定性和收敛性分析

定义 Lyapunov 函数

$$V=\frac{1}{2}s_{n-1}^{2}$$

由式(12.27)和式(12.29)可知

$$\dot{s}_{n-1}=f_0(x)+g(x)u(t)+d(x)+\sum_{k=0}^{n-2}\alpha_k s_k^{(n-k-1)}+\sum_{k=0}^{n-2}\beta_k\frac{\mathrm{d}^{n-k-1}}{\mathrm{d}t^{n-k-1}}s_k^{q_k/p_k}$$

将控制律式(12.30)代入上式得

$$\begin{aligned}\dot{s}_{n-1}&=f_0(x)-f_0(x)-\varphi s_{n-1}-\gamma s_{n-1}^{q/p}+d(x)\\&=-\varphi s_{n-1}-\left(\gamma-\frac{d(x)}{s_{n-1}^{q/p}}\right)s_{n-1}^{q/p}\\&=-\varphi s_{n-1}-\gamma' s_{n-1}^{q/p}\end{aligned} \tag{12.33}$$

其中,$\gamma'=\gamma-\dfrac{d(x,t)}{s_{n-1}^{q/p}}$。

由 $\gamma>\dfrac{L}{\left|s_{n-1}^{q/p}\right|}$ 得 $\gamma'>0$,则

$$\dot{V}=\dot{s}_{n-1}s_{n-1}=-\varphi s_{n-1}^{2}-\gamma' s_{n-1}^{(q+p)/p}\leqslant 0$$

由于$(p+q)$为偶数,则 $\dot{V}\leqslant 0$,系统稳定。

收敛性分析如下:

由 $\gamma>\dfrac{L}{|s_{n-1}^{q/p}|}$ 得

$$|s_{n-1}|>\left(\frac{L}{\gamma}\right)^{p/q} \tag{12.34}$$

式(12.34)为 Δ 的约束条件,通过该式可求出系统状态到达滑模面 $s_{n-1}=0$ 的邻域 Δ,即收敛结果为 $\Delta=\left\{x:|s_{n-1}|\leqslant\left(\dfrac{L}{\gamma}\right)^{p/q}\right\}$。

由于 Δ 邻域受 $|s_{n-1}|<\left(\dfrac{L}{\gamma}\right)^{p/q}$ 的约束,只要选取足够大的 γ 和 p/q,就可使得滑模面 $s_{n-1}=0$ 的邻域 Δ 足够小。例如,取 $L=1$,$q/p=1/9$,$\gamma=2$,则 $\Delta=|s_{n-1}|\leqslant\left(\dfrac{L}{\gamma}\right)^{p/q}=$

2×10^{-3}。所以，系统的性能主要依赖于L、p、q值的选择。

3. 滑模到达时间分析

由式(12.33)得

$$\dot{s}_{n-1}=-\varphi s_{n-1}-\gamma' s_{n-1}^{q/p} \tag{12.35}$$

采用方程式(12.28)的求解过程，解微分方程式(12.35)，得到在滑动模态上从任意初始状态$s_{n-1}(0)\neq 0$收敛到平衡状态$s_{n-1}(t)=0$的时间为

$$t_{s_{n-1}}=\frac{p}{\varphi(p-q)}\ln\frac{\varphi(s_{n-1}(0))^{(p-q)/p}+\gamma'}{\gamma'}$$

由于$\gamma'\geqslant\eta$，则

$$\ln\frac{\varphi(s_{n-1}(0))^{(p-q)/p}+\gamma'}{\gamma'}\leqslant\ln\frac{\varphi(s_{n-1}(0))^{(p-q)/p}+\eta}{\eta}$$

故到达时间为

$$t_{s_{n-1}}\leqslant\frac{p}{\varphi(p-q)}\ln\frac{\varphi(s_{n-1}(0))^{(p-q)/p}+\eta}{\eta}$$

4. 位置跟踪滑模控制器设计与分析

设位置指令为x_{d}，此时，$s_0=e=x_{\mathrm{d}}-x_1$，则

$$s_0=x_{\mathrm{d}}-x_1$$
$$s_0^{(n)}=x_{\mathrm{d}}^{(n)}-x_1^{(n)}=x_{\mathrm{d}}^{(n)}-\dot{x}_n$$

定义Lyapunov函数

$$V=\frac{1}{2}s_{n-1}^2$$

由式(12.26)和式(12.29)得

$$\begin{aligned}\dot{s}_{n-1}&=s_0^{(n)}+\sum_{k=0}^{n-2}\alpha_k s_k^{(n-k-1)}+\sum_{k=0}^{n-2}\beta_k\frac{\mathrm{d}^{n-k-1}}{\mathrm{d}t^{n-k-1}}s_k^{q_k/p_k}\\&=x_{\mathrm{d}}^{(n)}-\dot{x}_n+\sum_{k=0}^{n-2}\alpha_k s_k^{(n-k-1)}+\sum_{k=0}^{n-2}\beta_k\frac{\mathrm{d}^{n-k-1}}{\mathrm{d}t^{n-k-1}}s_k^{q_k/p_k}\\&=x_{\mathrm{d}}^{(n)}-f(x)-g(x)u-d(x,t)+\\&\quad\sum_{k=0}^{n-2}\alpha_k s_k^{(n-k-1)}+\sum_{k=0}^{n-2}\beta_k\frac{\mathrm{d}^{n-k-1}}{\mathrm{d}t^{n-k-1}}s_k^{q_k/p_k}\end{aligned} \tag{12.36}$$

设计控制律为

$$u(t)=\frac{1}{g(x)}\left(x_{\mathrm{d}}^{(n)}-f(x)+\sum_{k=0}^{n-2}\alpha_k s_k^{(n-k-1)}+\sum_{k=0}^{n-2}\beta_k\frac{\mathrm{d}^{n-k-1}}{\mathrm{d}t^{n-k-1}}s_k^{q_k/p_k}+\varphi s_{n-1}+\gamma s_{n-1}^{q/p}\right) \tag{12.37}$$

将控制律式(12.37)代入式(12.36)，并将$\gamma=\dfrac{L}{|s_{n-1}^{q/p}|}+\eta$，$\eta>0$代入，得

$$\begin{aligned}\dot{s}_{n-1}&=-\varphi s_{n-1}-\gamma s_{n-1}^{q/p}-d(x,t)\\&=-\varphi s_{n-1}-L\operatorname{sgn}(s_{n-1})-\eta s_{n-1}^{q/p}-d(x,t)\end{aligned}$$

则

$$\dot{V}=s_{n-1}\dot{s}_{n-1}=-\varphi s_{n-1}^{2}-L\mid s_{n-1}\mid-\eta s_{n-1}^{(p+q)/p}-$$
$$d(x)s_{n-1}\leqslant-\varphi s_{n-1}^{2}-\eta s_{n-1}^{(p+q)/p}\leqslant 0,\text{系统稳定。}$$

当 $\dot{V}\equiv 0$ 时，$s_{n-1}\equiv 0$，根据 LaSalle 不变性原理，$t\to\infty$ 时，$s_{n-1}\to 0$。根据全局快速滑模控制的鲁棒定理，$t\to\infty$ 时，x 收敛于式(12.32)。

5. 仿真实例：二阶非线性系统

被控对象取单级倒立摆，其动态方程如下：

$$\begin{cases}\dot{x}_1=x_2\\ \dot{x}_2=\dfrac{g\sin x_1-mlx_2^2\cos x_1\sin x_1/(m_c+m)}{l(4/3-m\cos^2 x_1/(m_c+m))}+\\ \qquad\dfrac{\cos x_1/(m_c+m)}{l(4/3-m\cos^2 x_1/(m_c+m))}u+d(x,t)\end{cases}$$

其中，x_1 和 x_2 分别为摆角和摆速，$g=9.8\text{m/s}^2$，m_c 为小车质量，$m_c=1\text{kg}$，m 为摆杆质量，$m=0.1\text{kg}$，l 为摆长的一半，$l=0.5\text{m}$，u 为控制输入，加在控制输入上的干扰为 $d(x,t)=2\sin t$。

角度指令信号取 $x_d=\sin t$，则 $s_0=x_d-x_1$，$s_1=s_0+\alpha_0 s_0+\beta_0 s_0^{\frac{q_0}{p_0}}$。针对二阶系统，$n=2$，根据式(12.37)，控制器设计为

$$u(t)=\frac{1}{g(x)}\left(\ddot{x}_d-f(x)+\alpha_0\dot{s}_0+\beta_0\frac{\mathrm{d}}{\mathrm{d}t}s_0^{\frac{q_0}{p_0}}+\varphi s_1+\gamma s_1^{q/p}\right)$$

设系统的初始状态为 $\left[\dfrac{\pi}{60},0\right]$，控制参数取 $\alpha_0=2$，$\beta_0=1$，$p_0=9$，$q_0=5$，$\varphi=100$，$p=3$，$q=1$，$\gamma=\dfrac{L}{|s_1^{q/p}|}+\eta$，$L=2.0$，$\eta=1.0$。仿真结果如图 12.13 和图 12.14 所示。

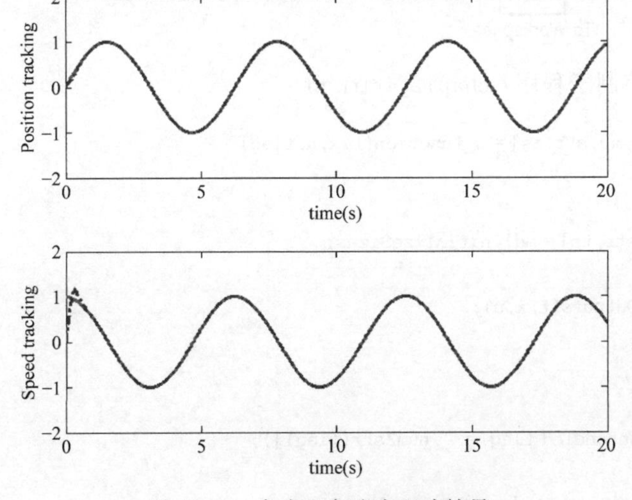

图 12.13 角度和角速度跟踪结果

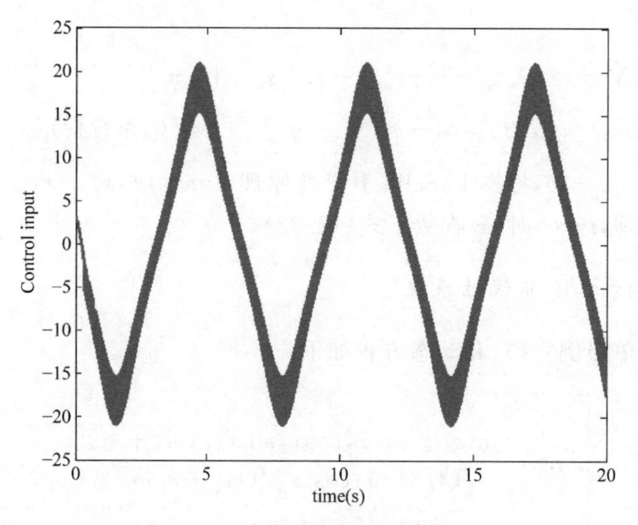

图 12.14　控制器输入信号

仿真程序：

(1) Simulink 主程序：chap12_4sim. mdl

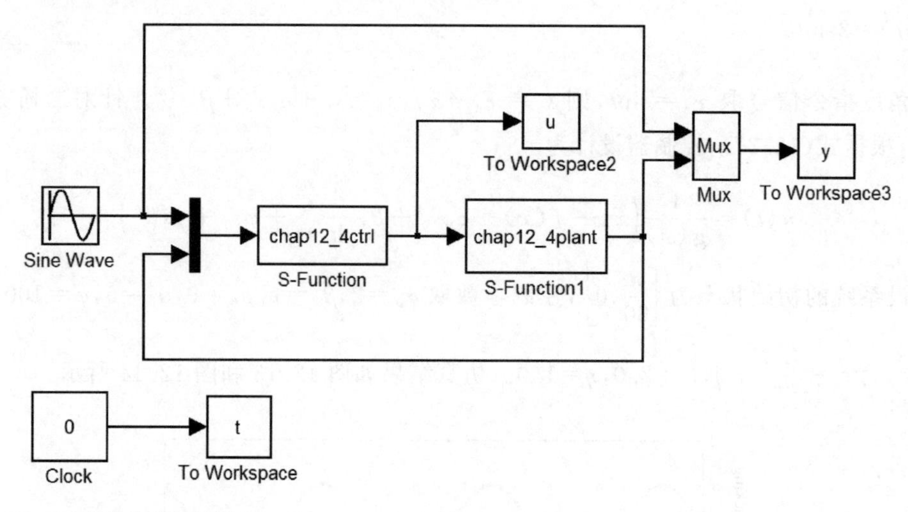

(2) S 函数控制子程序：chap12_4ctrl. m

```
function [sys,x0,str,ts] = s_function(t,x,u,flag)
switch flag,
case 0,
    [sys,x0,str,ts] = mdlInitializeSizes;
case 3,
    sys = mdlOutputs(t,x,u);
case {2, 4, 9}
    sys = [];
otherwise
    error(['Unhandled flag = ',num2str(flag)]);
end
function [sys,x0,str,ts] = mdlInitializeSizes
```

```
sizes = simsizes;
sizes.NumContStates  = 0;
sizes.NumDiscStates  = 0;
sizes.NumOutputs     = 1;
sizes.NumInputs      = 3;
sizes.DirFeedthrough = 1;
sizes.NumSampleTimes = 0;
sys = simsizes(sizes);
x0  = [];
str = [];
ts  = [];
function sys = mdlOutputs(t,x,u)
L = 2;
xd = u(1);dxd = cos(t);ddxd =- sin(t);
x1 = u(2);x2 = u(3);
e = xd - x1;de = dxd - x2;

g = 9.8;mc = 1.0;m = 0.1;l = 0.5;
S = l * (4/3 - m * (cos(x1))^2/(mc + m));
fx = g * sin(x1) - m * l * x2^2 * cos(x1) * sin(x1)/(mc + m);
fx = fx/S;
gx = cos(x1)/(mc + m);
gx = gx/S;

alfa0 = 2;
beta0 = 1;
p0 = 9;q0 = 5;
p = 3;q = 1;
fai = 100;

s0 = e;
ds0 = de;
z0 = abs(s0)^(q0/p0) * sign(s0);
s1 = ds0 + alfa0 * s0 + beta0 * z0;
z1 = abs(s1)^(q/p) * sign(s1);

Ts = (alfa0 * 0.1^((p0 - q0)/p0) + beta0)/beta0;
ts = p0/(alfa0 * (p0 - q0)) * log(Ts);

xite = 1.0;
T = fai * 0.1^((p - q)/p) + xite;
t_s1 = p/(fai * (p - q));

gama = L/abs(z1) + xite;

ut = 1/gx * (ddxd - fx + alfa0 * ds0 + beta0 * q0/p0 * z0 * ds0 + fai * s1 + gama * z1);

sys(1) = ut;
```

(3) S 函数被控对象子程序：chap12_4plant. m

```
function [sys,x0,str,ts] = s_function(t,x,u,flag)
switch flag,
case 0,
    [sys,x0,str,ts] = mdlInitializeSizes;
case 1,
    sys = mdlDerivatives(t,x,u);
case 3,
    sys = mdlOutputs(t,x,u);
case {2, 4, 9}
    sys = [];
otherwise
    error(['Unhandled flag = ',num2str(flag)]);
end
function [sys,x0,str,ts] = mdlInitializeSizes
sizes = simsizes;
sizes.NumContStates   = 2;
sizes.NumDiscStates   = 0;
sizes.NumOutputs      = 2;
sizes.NumInputs       = 1;
sizes.DirFeedthrough  = 0;
sizes.NumSampleTimes  = 0;
sys = simsizes(sizes);
x0  = [pi/60 0];
str = [];
ts  = [];
function sys = mdlDerivatives(t,x,u)
g = 9.8;mc = 1.0;m = 0.1;l = 0.5;
S = l * (4/3 - m * (cos(x(1)))^2/(mc + m));
fx = g * sin(x(1)) - m * l * x(2)^2 * cos(x(1)) * sin(x(1))/(mc + m);
fx = fx/S;
gx = cos(x(1))/(mc + m);
gx = gx/S;
dt = 2 * sin(t);

sys(1) = x(2);
sys(2) = fx + gx * u + dt;
function sys = mdlOutputs(t,x,u)
sys(1) = x(1);
sys(2) = x(2);
```

(4) 作图子程序：chap12_4plot. m

```
close all;

figure(1);
subplot(211);
plot(t,y(:,1),'r',t,y(:,2),'-.b','linewidth',2);
xlabel('time(s)');ylabel('Position tracking');
subplot(212);
```

```
plot(t,cos(t),'r',t,y(:,3),'-.b','linewidth',2);
xlabel('time(s)');ylabel('Speedracking');

figure(2);
plot(t,u(:,1),'r','linewidth',2);
xlabel('time(s)');ylabel('Control input');
```

参考文献

[1] 庄开宇,张克勤,苏宏业,等.高阶非线性系统的 Terminal 滑模控制[J].浙江大学学报,2002,36(5):482-485.

[2] Liu Jinkun, Sun Fuchun. A novel dynamic terminal sliding mode control of uncertain nonlinear systems[J]. Journal of Control Theory and Applications, 2007,5(2): 189-193.

[3] Yu X, Man Z. Fast terminal sliding mode control for single input systems[C]. Proceedings of 2000 Asian Control Conference, Shanghai, China, 2000.

[4] Park K B, Tsuiji T. Terminal sliding mode control of second-order nonlinear uncertain systems[J]. International Journal of Robust and Nonlinear Control, 1999, 9 (11): 769-780.

[5] Feng Y, Yu X H, Man Z H. Non-singular terminal sliding mode control of rigid manipulators[J]. Automatica, 2002, 38: 2159-2167.

[6] Chen Syuan-Yi, Lin Faa-Jeng. Robust Nonsingular Terminal Sliding-Mode Control for Nonlinear Magnetic Bearing System[J]. IEEE Transactions on Control Systems Technology, 2011, 19(3): 636-643.

[7] Yu S H, Yu X H, Man Z H. Robust Global Terminal Sliding Mode Control Of SISO Nonlinear Uncertain Systems[C]. Proceedings of 39th IEEE Conference on Decision and Control, Sydney, Australia, December, 2000: 2198-2203.

[8] Yu X H, Man Z H. Fast Terminal Sliding Mode Control Design for Nonlinear Dynamical Systems[J]. IEEE Transactions on Circuits and Systems —I: Fundamental Theory and Applications, 2002, 49(2): 261-264.

[9] Liu Jinkun, Wang Xinhua. Advanced Sliding Mode Control for Mechanical Systems: Design, Analysis and MATLAB Simulation[M]. Beijing: Tsinghua & Springer Press, 2011.

第13章 控制系统执行器问题的滑模控制

13.1 执行器自适应容错滑模控制

控制系统中的各个部分(执行器、传感器和被控对象等),都有可能发生故障。在实际系统中,由于执行器繁复的工作,所以执行器是控制系统中最容易发生故障的部分。一般的执行器故障类型包括卡死故障、部分/完全失效故障、饱和故障、浮动故障。

对于非线性系统执行器故障的容错控制问题已经有很多有效的方法,其中,自适应补偿控制是一种行之有效的方法[1-3]。执行器故障自适应补偿控制是根据系统执行器的冗余情况,设计自适应补偿控制律,利用有效的执行器,达到跟踪参考模型运动的控制目的,同时保持较好的动态和稳态性能。在容错控制过程中,控制律随系统故障发生而变动,且可以自适应重组。

13.1.1 控制问题描述

考虑如下 SISO 系统

$$\begin{cases}\dot{x}_1 = x_2 \\ \dot{x}_2 = bu + d(t)\end{cases} \tag{13.1}$$

其中,u 为控制输入,x_1 和 x_2 分别为位置和速度信号,$\boldsymbol{x} = [x_1 \quad x_2]$,$b$ 为常数且符号已知,$d(t)$为扰动,$|d(t)| \leqslant D$。

针对 SISO 系统,由于只有一个执行器,故控制输入 u 不能恒为 0,取

$$u = \sigma u_c \tag{13.2}$$

其中,$0<\sigma<1$。

取位置指令为 x_d,跟踪误差为 $e=x_1-x_d$,则 $\dot{e}=x_2-\dot{x}_d$。控制任务为:在执行器出现故障时,通过设计控制律,实现 $t\to\infty$时,$e\to 0$,$\dot{e}\to 0$。

13.1.2 控制律的设计与分析

设计滑模函数为

$$s = ce + \dot{e}$$

其中,$c>0$。

于是

$$\dot{s}=c\dot{e}+\ddot{e}=c\dot{e}+\dot{x}_2-\ddot{x}_d=c\dot{e}+b\sigma u_c+d(t)-\ddot{x}_d=c\dot{e}+\theta u_c+d(t)-\ddot{x}_d$$

其中,$\theta=b\sigma$。

取 $p=\frac{1}{\theta}$,设计 Lyapunov 函数为

$$V=\frac{1}{2}s^2+\frac{|\theta|}{2\gamma}\tilde{p}^2$$

其中,$\tilde{p}=\hat{p}-p,\gamma>0$。

于是

$$\dot{V}=s\dot{s}+\frac{|\theta|}{\gamma}\tilde{p}\dot{\hat{p}}=s(c\dot{e}+\theta u_c+d(t)-\ddot{x}_d)+\frac{|\theta|}{\gamma}\tilde{p}\dot{\hat{p}}$$

取

$$\alpha=ks+c\dot{e}-\ddot{x}_d+\eta\text{sgn}s,\quad k>0,\quad \eta\geqslant D \tag{13.3}$$

则 $c\dot{e}-\ddot{x}_d=\alpha-ks-\eta\text{sgn}s$,从而

$$\begin{aligned}\dot{V}&=s(\alpha-ks-\eta\text{sgn}s+\theta u_c+d(t))+\frac{|\theta|}{\gamma}\tilde{p}\dot{\hat{p}}\\&\leqslant s(\alpha-ks+\theta u_c)+\frac{|\theta|}{\gamma}\tilde{p}\dot{\hat{p}}\end{aligned}$$

设计控制律和自适应律为

$$u_c=-\hat{p}\alpha \tag{13.4}$$

$$\dot{\hat{p}}=\gamma s\alpha\,\text{sgn}b \tag{13.5}$$

其中,$\text{sgn}b=\text{sgn}\theta$。

于是

$$\begin{aligned}\dot{V}&\leqslant s(\alpha-ks-\theta\hat{p}\alpha)+\frac{|\theta|}{\gamma}\tilde{p}\gamma s\alpha\,\text{sgn}\theta\\&\leqslant s(\alpha-ks-\theta\hat{p}\alpha+\theta\alpha\tilde{p})\\&\leqslant s(\alpha-ks-\theta\alpha p)\leqslant -ks^2\leqslant 0\end{aligned}$$

由于 $V\geqslant 0,\dot{V}\leqslant 0$,则 V 有界,从而 s 和 $\tilde{p}$ 有界。

由 $\dot{V}\leqslant -ks^2$ 可得

$$\int_0^t\dot{V}\mathrm{d}t\leqslant -k\int_0^t s^2\mathrm{d}t$$

即

$$V(\infty)-V(0)\leqslant -k\int_0^\infty s^2\mathrm{d}t$$

当 $t\to\infty$ 时,由于 $V(\infty)$ 有界,则 $\int_0^\infty s^2\mathrm{d}t$ 有界,则根据文献[4]中的 Barbalat 引理 3.2.5,当 $t\to\infty$ 时,$s\to 0$,从而 $e\to 0,\dot{e}\to 0$。

13.1.3 仿真实例

被控对象取式(13.1),$d(t)=10\sin t$,$b=0.10$,取位置指令为 $x_d=\sin t$,对象的初始

状态为$[0.5,0]$，取$c=15$，采用控制律式(13.3)、式(13.4)和自适应律式(13.5)，$k=5$，$\gamma=10$，$\eta=10.10$。取$\hat{p}(0)=1.0$。

为了防止抖振，控制器中采用饱和函数sat(s)代替符号函数sgn(s)，即

$$\operatorname{sat}(s)=\begin{cases}1 & s>\Delta \\ ks & |s|\leqslant\Delta, \quad k=1/\Delta \\ -1 & s<-\Delta\end{cases} \tag{13.6}$$

其中Δ为边界层。

取$\Delta=0.05$，当仿真时间$t=5$时，取$\sigma=0.20$，仿真结果如图13.1和图13.2所示。

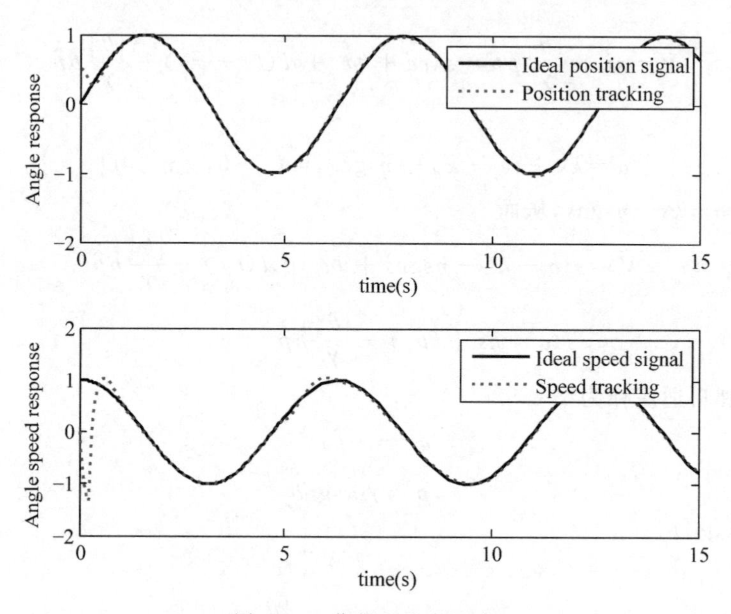

图13.1　位置和速度跟踪

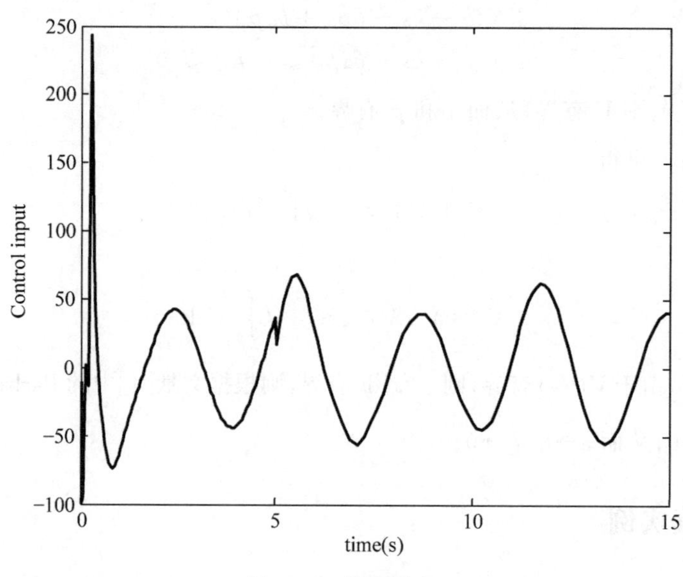

图13.2　控制输入

仿真程序：

(1) Simulink 主程序：chap13_1sim. mdl

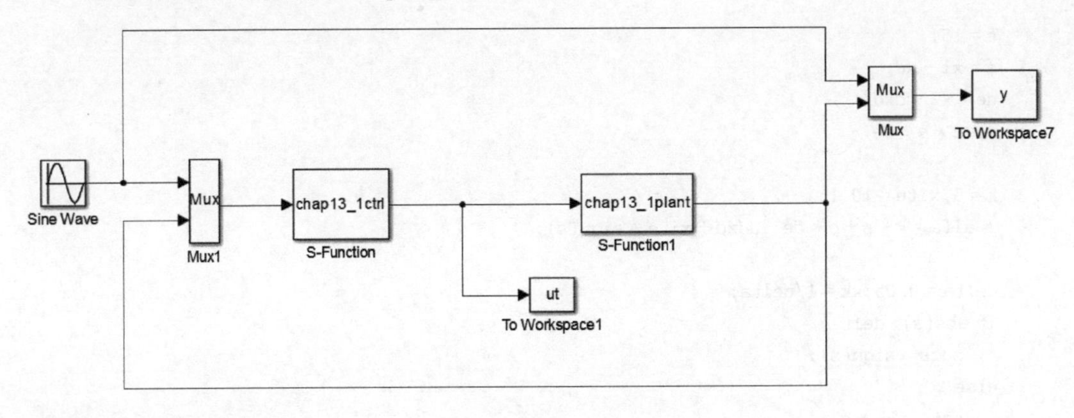

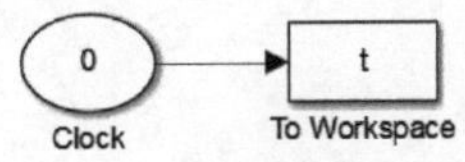

(2) 控制器 S 函数：chap13_1ctrl. m

```
function [sys,x0,str,ts] = s_function(t,x,u,flag)
switch flag,
case 0,
    [sys,x0,str,ts] = mdlInitializeSizes;
case 1,
    sys = mdlDerivatives(t,x,u);
case 3,
    sys = mdlOutputs(t,x,u);
case {2, 4, 9 }
    sys = [];
otherwise
    error(['Unhandled flag = ',num2str(flag)]);
end
function [sys,x0,str,ts] = mdlInitializeSizes
sizes = simsizes;
sizes.NumContStates        = 1;
sizes.NumDiscStates        = 0;
sizes.NumOutputs           = 1;
sizes.NumInputs            = 3;
sizes.DirFeedthrough       = 1;
sizes.NumSampleTimes       = 0;
sys = simsizes(sizes);
x0  = [1.0];
str = [];
ts  = [];
function sys = mdlDerivatives(t,x,u)
xd = u(1);
dxd = cos(t);
ddxd = - sin(t);
```

```
x1 = u(2);
x2 = u(3);

c = 15;
e = x1 - xd;
de = x2 - dxd;
s = c * e + de;

k = 5;xite = 10.1;
% alfa = k * s + c * de - ddxd + xite * sign(s);

delta = 0.05;kk = 1/delta;
if abs(s)> delta
   sats = sign(s);
else
   sats = kk * s;
end
alfa = k * s + c * de - ddxd + xite * sats;

gama = 10;
sgn_th = 1.0;
dp = gama * s * alfa * sgn_th;

sys(1) = dp;
function sys = mdlOutputs(t,x,u)
xd = u(1);
dxd = cos(t);
ddxd = - sin(t);

x1 = u(2);
x2 = u(3);

c = 15;
e = x1 - xd;
de = x2 - dxd;
s = c * e + de;
p_estimation = x(1);

k = 5;xite = 10.1;
% alfa = k * s + c * de - ddxd + xite * sign(s);

delta = 0.05;kk = 1/delta;
if abs(s)> delta
   sats = sign(s);
else
   sats = kk * s;
end
alfa = k * s + c * de - ddxd + xite * sats;

uc = - p_estimation * alfa;
```

```
if t>=5.0
    rou=0.20;
else
    rou=1.0;
end
ut=rou*uc;
sys(1)=ut;
```

(3) 被控对象S函数:chap13_1plant.m

```
function [sys,x0,str,ts]=s_function(t,x,u,flag)
switch flag,
case 0,
    [sys,x0,str,ts]=mdlInitializeSizes;
case 1,
    sys=mdlDerivatives(t,x,u);
case 3,
    sys=mdlOutputs(t,x,u);
case {2, 4, 9 }
    sys = [];
otherwise
    error(['Unhandled flag = ',num2str(flag)]);
end
function [sys,x0,str,ts]=mdlInitializeSizes
sizes = simsizes;
sizes.NumContStates          = 2;
sizes.NumDiscStates          = 0;
sizes.NumOutputs             = 2;
sizes.NumInputs              = 1;
sizes.DirFeedthrough         = 0;
sizes.NumSampleTimes         = 0;
sys = simsizes(sizes);
x0  = [0.5 0];
str = [];
ts  = [];
function sys=mdlDerivatives(t,x,u)
J=10;
ut=u(1);
dt=10*sin(t);
sys(1)=x(2);
sys(2)=1/J*ut+dt;
function sys=mdlOutputs(t,x,u)
sys(1)=x(1);
sys(2)=x(2);
```

(4) 作图程序:chap13_1plot.m

```
close all;

figure(1);
subplot(211);
plot(t,y(:,1),'k',t,y(:,2),'r:','linewidth',2);
```

```
legend('Ideal position signal','Position tracking');
xlabel('time(s)');ylabel('Angle response');
subplot(212);
plot(t,cos(t),'k',t,y(:,3),'r:','linewidth',2);
legend('Ideal speed signal','Speed tracking');
xlabel('time(s)');ylabel('Angle speed response');

figure(2);
plot(t,ut(:,1),'k','linewidth',2);
xlabel('time(s)');ylabel('Control input');
```

13.2 执行器卡死的自适应容错滑模控制

容错控制研究的是当系统发生故障时的控制问题，故障可定义为：系统至少一个特性或参数出现较大偏差，超出了可以接受的范围，此时系统性能明显低于正常水平，难以完成系统预期的功能。所谓容错控制是指当控制系统中的某些部件发生故障时，系统仍能按期望的性能指标(或略低于性能指标)的情况下，还能安全地完成控制任务。容错控制的研究，使得提高复杂系统的安全性和可靠性成为可能。容错控制是一门新兴的交叉学科，其理论基础包括统计数学、现代控制理论、信号处理、模式识别、最优化方法、决策论等，与其息息相关的学科有故障检测与诊断、鲁棒控制、自适应控制、智能控制等。

容错控制方法一般可以分成两大类——被动容错控制和主动容错控制。被动容错控制通常利用鲁棒控制技术使得整个闭环系统对某些确定的故障具有不敏感性，其设计不需要故障诊断，也不必进行控制重组，一般具有固定形式的控制器结构和参数。主动容错控制可以对发生的故障进行主动处理，其利用获知的各种故障信息，在故障发生后重新调整控制器参数，甚至在某些情况下需要改变控制器结构。

随着现代工业的快速发展，人们对机器人的要求越来越高。为保证机器人在复杂的未知环境下顺利完成任务，必然要求具有容错控制能力。容错控制方法是机器人控制系统中的一种重要方法。

控制系统中的各个部分，执行器、传感器和被控对象等，都有可能发生故障。在实际系统中，由于执行器繁复地工作，所以执行器是控制系统中最容易发生故障的部分。一般的执行器故障类型包括卡死故障、部分/完全失效故障、饱和故障、浮动故障。

对于 MIMO 非线性系统执行器故障的容错控制问题已经有很多有效的方法，其中自适应补偿控制是一种行之有效的方法[1-3]。执行器故障自适应补偿控制是根据系统执行器的冗余情况，设计自适应补偿控制律，利用有效的执行器，达到跟踪参考模型运动的控制目的，同时保持较好的动态和稳态性能。在容错控制过程中，控制律随系统故障发生而变动，且可以自适应重组。

针对 MIMO 系统

$$\dot{\boldsymbol{x}}=\boldsymbol{A}\boldsymbol{x}+\boldsymbol{B}\boldsymbol{u} \tag{13.7}$$

第 i 个执行器故障形式为

$$u_i=\sigma_i u_{ci}+\bar{u}_i \tag{13.8}$$

其中，u_i 是第 i 个执行器的实际输出，u_{ci} 是第 i 个执行器的理想控制输入，$0\leqslant\sigma_i\leqslant 1$ 代表

执行器部分或全部失效的程度,$\bar{u}_i$ 为第 i 个执行器卡死故障的卡死位置。

式(13.8)中,分为以下几种情况进行设计[1]:

(1) $\sigma_i=1,\bar{u}_i=0$,表明第 i 个执行器无故障;

(2) $0<\sigma_i<1,\bar{u}_i=0$,表明第 i 个执行器发生部分失效故障;

(3) $\sigma_i=0,\bar{u}_i\neq 0$,表明第 i 个执行器发生卡死故障;

(4) $\sigma_i=0,\bar{u}_i=0$,表明第 i 个执行器发生完全失效故障。

13.2.1 控制问题描述

考虑二输入单输出系统

$$\begin{cases}\dot{x}_1=x_2\\ \dot{x}_2=b_1u_1+b_2u_2+d(t)\end{cases}\tag{13.9}$$

其中,u_1 和 u_2 为控制输入,x_1 和 x_2 分别为位置和速度信号,b_i 为未知常数且 b_1 与 b_2 符号已知,$d(t)$为扰动,$|d(t)|\leqslant D$。

针对二输入单输出系统,由于有两个执行器,故其中的一个控制输入可以为0。考虑上面第二种故障形式,即

$$u_1=\sigma_1u_{c_1}+\bar{u}_1,u_2=\sigma_2u_{c_2}+\bar{u}_2\tag{13.10}$$

其中,$1\geqslant\sigma_1\geqslant 0,1\geqslant\sigma_2\geqslant 0$,$\sigma_1$ 和 σ_2 为未知常值但不能同时为零,$\bar{u}_1$ 和 $\bar{u}_2$ 为两个执行器卡死故障的卡死位置,$\bar{u}_1$ 和 $\bar{u}_2$ 为未知常值。

考虑如下三种故障形式:

(1) $\sigma_1=0,\bar{u}_2=0$,即 $u_1=\bar{u}_1,u_2=\sigma_2u_{c_2}$;

(2) $\sigma_2=0,\bar{u}_1=0$,即 $u_1=\sigma_1u_{c_1},u_2=\bar{u}_2$;

(3) $\bar{u}_1=0,\bar{u}_2=0$,即 $u_1=\sigma_1u_{c_1},u_2=\sigma_2u_{c_2}$;

则 $\dot{x}_2=b_1(\sigma_1u_{c1}+\bar{u}_1)+b_2(\sigma_2u_{c2}+\bar{u}_2)$。取位置指令为 x_d,跟踪误差为 $e=x_1-x_d$,则 $\dot{e}=x_2-\dot{x}_d$。控制任务为:在执行器出现故障时,通过设计控制律,实现 $t\to\infty$ 时,$e\to 0,\dot{e}\to 0$。

13.2.2 控制律的设计与分析

设计滑模函数为

$$s=ce+\dot{e}$$

其中,$c>0$。

于是

$$\dot{s}=c\dot{e}+\ddot{e}=c\dot{e}+\dot{x}_2-\ddot{x}_d=c\dot{e}+b_1(\sigma_1u_{c1}+\bar{u}_1)+b_2(\sigma_2u_{c2}+\bar{u}_2)+d(t)-\ddot{x}_d$$

取$\boldsymbol{\sigma}=\begin{bmatrix}\sigma_1 & \\ & \sigma_2\end{bmatrix}$,$\bar{\boldsymbol{u}}=\begin{bmatrix}\bar{u}_1\\ \bar{u}_2\end{bmatrix}$,$\boldsymbol{u}_c=\begin{bmatrix}u_{c_1}\\ u_{c_2}\end{bmatrix}$,$\boldsymbol{\beta}=[b_1\quad b_2]$,并取

$$\alpha = ks + c\dot{e} - \ddot{x}_d + \eta \operatorname{sgn} s, \quad k > 0, \quad \eta \geqslant D \tag{13.11}$$

则 $c\dot{e} - \ddot{x}_d = \alpha - ks - \eta \operatorname{sgn} s$，从而

$$\dot{s} = \alpha - ks - \eta \operatorname{sgn} s + \boldsymbol{\beta} \bar{\boldsymbol{u}} + \boldsymbol{\beta}\boldsymbol{\sigma} \boldsymbol{u}_c + d(t) \tag{13.12}$$

假设$\boldsymbol{\sigma}$、$\bar{\boldsymbol{u}}$ 和 $\boldsymbol{\beta}$ 都已知，取

$$u_{c_1} = -k_{11}\alpha - k_{21}$$

$$u_{c_2} = -k_{12}\alpha - k_{22}$$

则

$$\begin{aligned}
\dot{s} &= -ks + \alpha + (b_1\bar{u}_1 + b_2\bar{u}_2) - (b_1\sigma_1 k_{11}\alpha + b_1\sigma_1 k_{21}) - \\
&\quad (b_2\sigma_2 k_{12}\alpha + b_2\sigma_2 k_{22}) - \eta \operatorname{sgn} s + d(t) \\
&= -ks + \alpha + (b_1\bar{u}_1 + b_2\bar{u}_2) - (b_1\sigma_1 k_{11} + b_2\sigma_2 k_{12})\alpha - \\
&\quad b_1\sigma_1 k_{21} - b_2\sigma_2 k_{22} - \eta \operatorname{sgn} s + d(t)
\end{aligned}$$

假设下式成立

$$b_1\sigma_1 k_{11} + b_2\sigma_2 k_{12} = 1, \quad b_1\bar{u}_1 + b_2\bar{u}_2 = b_1\sigma_1 k_{21} + b_2\sigma_2 k_{22} \tag{13.13}$$

则

$$\dot{s} = -ks - \eta \operatorname{sgn} s + d(t)$$

$$\dot{V} = s\dot{s} = -ks^2 - \eta|s| + sd(t) \leqslant -ks^2 \leqslant 0。$$

当σ、$\bar{u}$ 和β 均未知时，k_{11}、k_{12}、k_{21} 和 k_{22} 均未知，取

$$u_{c_1} = -\hat{k}_{11}\alpha - \hat{k}_{21}$$

$$u_{c_2} = -\hat{k}_{12}\alpha - \hat{k}_{22} \tag{13.14}$$

则

$$\begin{aligned}
\dot{s} &= -ks + \alpha + (b_1\bar{u}_1 + b_2\bar{u}_2) - (b_1\sigma_1 \hat{k}_{11}\alpha + b_1\sigma_1 \hat{k}_{21}) - \\
&\quad (b_2\sigma_2 \hat{k}_{12}\alpha + b_2\sigma_2 \hat{k}_{22}) - \eta \operatorname{sgn} s + d(t)
\end{aligned}$$

将式(13.13)代入上式，可得

$$\begin{aligned}
\dot{s} &= \alpha(b_1\sigma_1 k_{11} + b_2\sigma_2 k_{12} - 1) + \alpha + b_1\sigma_1 k_{21} + b_2\sigma_2 k_{22} - \\
&\quad ks - (b_1\sigma_1\hat{k}_{11}\alpha + b_1\sigma_1\hat{k}_{21}) - (b_2\sigma_2\hat{k}_{12}\alpha + b_2\sigma_2\hat{k}_{22}) - \eta \operatorname{sgn} s + d(t) \\
&= \alpha b_1\sigma_1 k_{11} + \alpha b_2\sigma_2 k_{12} + b_1\sigma_1 k_{21} + b_2\sigma_2 k_{22} - ks - b_1\sigma_1\hat{k}_{11}\alpha - b_1\sigma_1\hat{k}_{21} - \\
&\quad b_2\sigma_2\hat{k}_{12}\alpha - b_2\sigma_2\hat{k}_{22} - \eta \operatorname{sgn} s + d(t) \\
&= -ks - \alpha b_1\sigma_1\tilde{k}_{11} - \alpha b_2\sigma_2\tilde{k}_{12} - b_1\sigma_1\tilde{k}_{21} - b_2\sigma_2\tilde{k}_{22} - \eta \operatorname{sgn} s + d(t)
\end{aligned}$$

其中，$\tilde{k}_{11} = \hat{k}_{11} - k_{11}$，$\tilde{k}_{12} = \hat{k}_{12} - k_{12}$，$\tilde{k}_{21} = \hat{k}_{21} - k_{21}$，$\tilde{k}_{22} = \hat{k}_{22} - k_{22}$。

设计 Lyapunov 函数为

$$V = \frac{1}{2}s^2 + \frac{|b_1|\sigma_1}{2\gamma_1}(\tilde{k}_{11}^2 + \tilde{k}_{21}^2) + \frac{|b_2|\sigma_2}{2\gamma_2}(\tilde{k}_{12}^2 + \tilde{k}_{22}^2)$$

其中，$\gamma_i > 0$，$i = 1, 2$。

于是

$$\dot{V}=s\dot{s}+\frac{|b_1|\sigma_1}{\gamma_1}(\tilde{k}_{11}\dot{\hat{k}}_{11}+\tilde{k}_{21}\dot{\hat{k}}_{21})+\frac{|b_2|\sigma_2}{\gamma_2}(\tilde{k}_{12}\dot{\hat{k}}_{12}+\tilde{k}_{22}\dot{\hat{k}}_{22})$$

$$\leqslant s(-ks-\alpha b_1\sigma_1\tilde{k}_{11}-\alpha b_2\sigma_2\tilde{k}_{12}-b_1\sigma_1\tilde{k}_{21}-b_2\sigma_2\tilde{k}_{22})+$$

$$\frac{|b_1|\sigma_1}{\gamma_1}(\tilde{k}_{11}\dot{\hat{k}}_{11}+\tilde{k}_{21}\dot{\hat{k}}_{21})+\frac{|b_2|\sigma_2}{\gamma_2}(\tilde{k}_{12}\dot{\hat{k}}_{12}+\tilde{k}_{22}\dot{\hat{k}}_{22})$$

设计自适应律为

$$\begin{aligned}\dot{\hat{k}}_{11}&=\gamma_1 s\alpha\,\mathrm{sgn}b_1\\ \dot{\hat{k}}_{21}&=\gamma_1 s\,\mathrm{sgn}b_1\\ \dot{\hat{k}}_{12}&=\gamma_2 s\alpha\,\mathrm{sgn}b_2\\ \dot{\hat{k}}_{22}&=\gamma_2 s\,\mathrm{sgn}b_2\end{aligned}\tag{13.15}$$

$$\dot{V}\leqslant s(-ks-\alpha b_1\sigma_1\tilde{k}_{11}-\alpha b_2\sigma_2\tilde{k}_{12}-b_1\sigma_1\tilde{k}_{21}-b_2\sigma_2\tilde{k}_{22})+$$

$$\frac{|b_1|\sigma_1}{\gamma_1}(\tilde{k}_{11}\gamma_1 s\alpha\,\mathrm{sgn}b_1+\tilde{k}_{21}\gamma_1 s\,\mathrm{sgn}b_1)+\frac{|b_2|\sigma_2}{\gamma_2}(\tilde{k}_{12}\gamma_2 s\alpha\,\mathrm{sgn}b_2+\tilde{k}_{22}\gamma_2 s\,\mathrm{sgn}b_2)$$

$$=s(-ks-\alpha b_1\sigma_1\tilde{k}_{11}-\alpha b_2\sigma_2\tilde{k}_{12}-b_1\sigma_1\tilde{k}_{21}-b_2\sigma_2\tilde{k}_{22})+$$

$$(b_1\sigma_1\tilde{k}_{11}s\alpha+b_1\sigma_1\tilde{k}_{21}s)+(b_2\sigma_2\tilde{k}_{12}s\alpha+b_2\sigma_2\tilde{k}_{22}s)$$

$$\leqslant -ks^2\leqslant 0$$

考虑上述三种故障形式，出现故障时，V 中的 $\tilde{k}_{ij}$ 及其前面系数会发生变化，$\tilde{k}_{ij}$ 也可能会发生跳变，从而导致 V 变为分段函数，造成 V 不连续。但在故障不变的区间内，V 是连续可导的，且 $\dot{V}\leqslant 0$，由于故障的次数是有限的，故可考虑最后故障发生后，仍可保持 $\dot{V}\leqslant 0$[2]。

由于 $V\geqslant 0$，$\dot{V}\leqslant 0$，则 V 有界。由 $\dot{V}=-ks^2$ 可得

$$\int_0^t \dot{V}\mathrm{d}t=-k\int_0^t s^2\mathrm{d}t$$

即

$$V(\infty)-V(0)=-k\int_0^\infty s^2\mathrm{d}t$$

则 V 有界，s 和 $\tilde{k}_{ij}$ 有界，而 s 有界又意味着 e 和 $\dot{e}$ 有界。由 $\alpha=ks+c\dot{e}-\ddot{x}_d$ 可知 α 有界，由 $u_{c_1}=-\hat{k}_{11}\alpha-\hat{k}_{21}$ 和 $u_{c_2}=-\hat{k}_{12}\alpha-\hat{k}_{22}$ 可知 u_{c1} 和 u_{c2} 有界，则由式(13.12)可知 $\dot{s}$ 有界。

当 $t\to\infty$ 时，由于 $V(\infty)$ 有界，则 $\int_0^\infty s^2\mathrm{d}t$ 有界，根据文献[4]中的 Barbalat 引理，当 $t\to\infty$ 时，$s\to 0$，从而 $e\to 0$，$\dot{e}\to 0$。

13.2.3 仿真实例

被控对象取式(13.9)，$b_1=0.50$，$b_2=-0.50$，取位置指令为 $x_d=\sin t$，对象的初始状

态为[0.1,0]，取 $c=15$，采用控制律式(13.14)，取自适应律式(13.15)，取 $k=5$，$\gamma_1=\gamma_2=10$。

取 $\sigma_1=1.0$，$\sigma_2=1.0$，$\bar{u}_1=0$，$\bar{u}_2=0$，当仿真时间 $t\geqslant 8$ 时，第一个执行器部分失效，第二个执行器完全失效且处于卡死状态，取 $\sigma_1=0.20$，$\bar{u}_1=0$，$\sigma_2=0$，$\bar{u}_2=0.2$。

为了防止抖振，控制器中采用饱和函数 sat(s)代替符号函数 sgn(s)，取 $\Delta=0.05$，仿真结果如图13.3和图13.4所示。

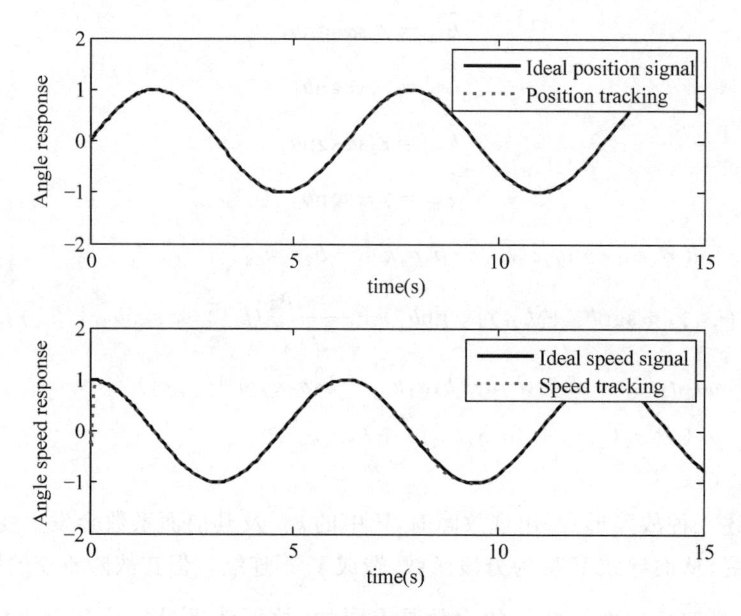

图13.3 位置和速度跟踪

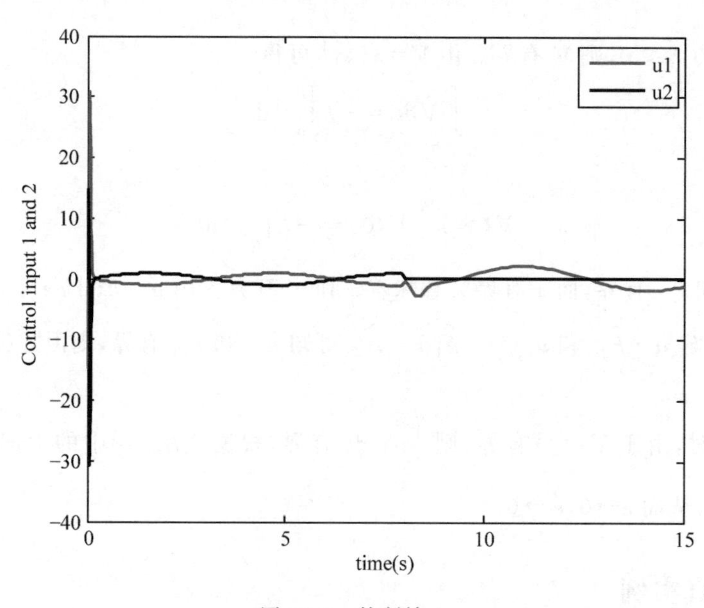

图13.4 控制输入

仿真程序：

(1) Simulink 主程序：chap13_2sim.mdl

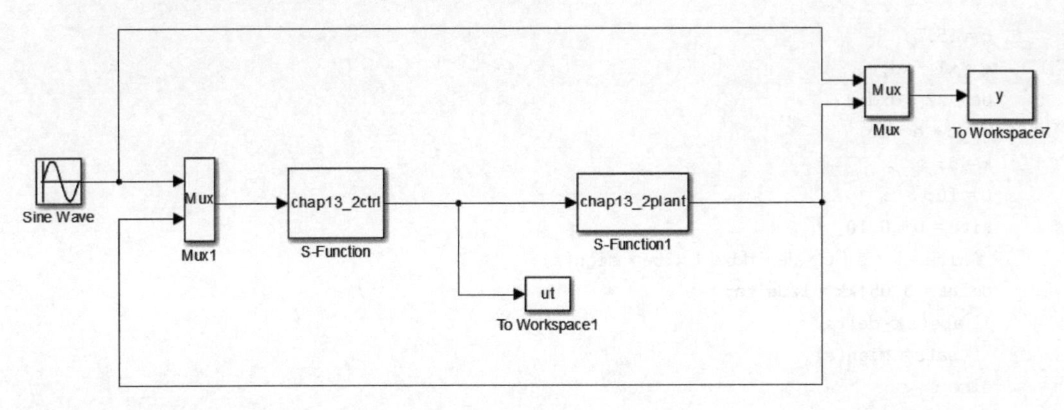

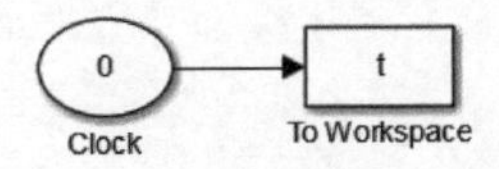

(2) 控制器 S 函数：chap13_2ctrl.m

```
function [sys,x0,str,ts] = s_function(t,x,u,flag)
switch flag,
case 0,
    [sys,x0,str,ts] = mdlInitializeSizes;
case 1,
    sys = mdlDerivatives(t,x,u);
case 3,
    sys = mdlOutputs(t,x,u);
case {2, 4, 9 }
    sys = [];
otherwise
    error(['Unhandled flag = ',num2str(flag)]);
end
function [sys,x0,str,ts] = mdlInitializeSizes
sizes = simsizes;
sizes.NumContStates        = 4;
sizes.NumDiscStates        = 0;
sizes.NumOutputs           = 2;
sizes.NumInputs            = 3;
sizes.DirFeedthrough       = 1;
sizes.NumSampleTimes       = 0;
sys = simsizes(sizes);
x0  = [0 0 0 0];
str = [];
ts  = [];
function sys = mdlDerivatives(t,x,u)
xd = u(1);
dxd = cos(t);
ddxd = - sin(t);
```

```
x1 = u(2);
x2 = u(3);

c = 15.0;
e = x1 - xd;
de = x2 - dxd;
s = c * e + de;
k = 5;
D = 10;
xite = D + 0.10;
%alfa = k * s + c * de - ddxd + xite * sign(s);
delta = 0.05;kk = 1/delta;
if abs(s)> delta
   sats = sign(s);
else
   sats = kk * s;
end
alfa = k * s + c * de - ddxd + xite * sats;

gama1 = 10;gama2 = 10;
sgn_b1 = 1;sgn_b2 = -1;

dk11 = gama1 * s * alfa * sgn_b1;
dk21 = gama1 * s * sgn_b1;
dk12 = gama2 * s * alfa * sgn_b2;
dk22 = gama2 * s * sgn_b2;

sys(1) = dk11;
sys(2) = dk21;
sys(3) = dk12;
sys(4) = dk22;
function sys = mdlOutputs(t,x,u)
k11p = x(1);
k21p = x(2);
k12p = x(3);
k22p = x(4);

xd = u(1);dxd = cos(t);ddxd = -sin(t);
x1 = u(2);x2 = u(3);

c = 15;
e = x1 - xd;
de = x2 - dxd;
s = c * e + de;

k = 5;
D = 10;
xite = D + 0.10;
%alfa = k * s + c * de - ddxd + xite * sign(s);
delta = 0.05;kk = 1/delta;
if abs(s)> delta
```

```
    sats = sign(s);
else
    sats = kk * s;
end
alfa = k * s + c * de - ddxd + xite * sats;

uc1 = - k11p * alfa - k21p;
uc2 = - k12p * alfa - k22p;

rou1 = 1.0;rou2 = 1.0;
u1_bar = 0;u2_bar = 0;
if t >= 8
rou1 = 0.20;
rou2 = 0;u2_bar = 0.2;
end

u1 = rou1 * uc1 + u1_bar;
u2 = rou2 * uc2 + u2_bar;
sys(1) = u1;
sys(2) = u2;
```

(3) 被控对象S函数:chap13_2plant.m

```
function [sys,x0,str,ts] = s_function(t,x,u,flag)
switch flag,
case 0,
    [sys,x0,str,ts] = mdlInitializeSizes;
case 1,
    sys = mdlDerivatives(t,x,u);
case 3,
    sys = mdlOutputs(t,x,u);
case {2, 4, 9 }
    sys = [];
otherwise
    error(['Unhandled flag = ',num2str(flag)]);
end
function [sys,x0,str,ts] = mdlInitializeSizes
sizes = simsizes;
sizes.NumContStates          = 2;
sizes.NumDiscStates          = 0;
sizes.NumOutputs             = 2;
sizes.NumInputs              = 2;
sizes.DirFeedthrough         = 0;
sizes.NumSampleTimes         = 0;
sys = simsizes(sizes);
x0  = [0.1 0];
str = [];
ts  = [];
function sys = mdlDerivatives(t,x,u)
u1 = u(1);
u2 = u(2);
```

```
b1 = 0.50;
b2 = - 0.50;
dt = 10 * sin(t);
sys(1) = x(2);
sys(2) = 0.5 * u1 - 0.50 * u2 + dt;
function sys = mdlOutputs(t,x,u)
sys(1) = x(1);
sys(2) = x(2);
```

(4) 作图程序:chap13_2plot.m

```
close all;

figure(1);
subplot(211);
plot(t,y(:,1),'k',t,y(:,2),'r:','linewidth',2);
legend('Ideal position signal','Position tracking');
xlabel('time(s)');ylabel('Angle response');
subplot(212);
plot(t,cos(t),'k',t,y(:,3),'r:','linewidth',2);
legend('Ideal speed signal','Speed tracking');
xlabel('time(s)');ylabel('Angle speed response');

figure(2);
u1 = ut(:,1);
u2 = ut(:,2);
plot(t,u1(:,1),'r',t,u2(:,1),'k','linewidth',2);
xlabel('time(s)');ylabel('Control input 1 and 2');
legend('u1','u2');
```

13.3 执行器自适应量化滑模控制

网络控制是控制理论的发展热点，在网络控制中，信道容量约束会产生量化等一系列问题，经量化后的系统应在通信速率尽可能小的情况下，仍能保持系统稳定并满足可接受的控制精度。采用量化控制方法，通过将控制与通信相结合，可以解决运用信息技术进行信号传输的控制问题。

13.3.1 系统描述

考虑如下模型：

$$\begin{cases}\dot{x}_1 = x_2 \\ \dot{x}_2 = Q(u) + d(t)\end{cases} \tag{13.16}$$

其中，$Q(u)$为控制输入 u 的量化值，令 $\boldsymbol{x} = [x_1 \quad x_2]^{\mathrm{T}}$，$d(t)$为扰动，$|d(t)| \leqslant D$。

取随机量化器为[5,6]

$$Q(u)=k\operatorname{round}\left(\frac{u}{k}\right) \tag{13.17}$$

其中,k 为量化水平。

x_1 的指令为 $x_d=\sin t$,则误差及其导数为 $e=x_1-\sin t$,$\dot{e}=x_2-\cos t$。控制目标为位置及速度跟踪,即当 $t\to\infty$时,$e\to 0$,$\dot{e}\to 0$。

13.3.2 量化控制器设计与分析

令 $Q(u)=q_1(t)u+q_2(t)$[7],取

$$q_1(t)=\begin{cases}\dfrac{Q(u(t))}{u(t)}, & |u(t)|\geqslant a\\ 1, & |u(t)|<a\end{cases} \tag{13.18}$$

$$q_2(t)=\begin{cases}0, & |u(t)|\geqslant a\\ Q(u(t))-u(t), & |u(t)|<a\end{cases} \tag{13.19}$$

由于量化过程符号不变,则 $q_1(t)>0$。由式(13.18)、式(13.19)可见,$|u(t)|<a$ 时,$Q(u)$有界,则 $q_2(t)$有界,可取$|q_2(t)|\leqslant \bar{q}_2$。

取滑模函数为

$$s=ce+\dot{e}$$

其中,$c>0$。

于是

$$\dot{s}=c\dot{e}+\ddot{e}=Q(u)+d(t)-\ddot{x}_d+c\dot{e}=q_1u+q_2+d(t)-\ddot{x}_d+c\dot{e}$$

$$\begin{aligned}s\dot{s}&=s(q_1u+q_2+d(t)-\ddot{x}_d+c\dot{e})=sq_1u+sq_2+sd(t)+s(c\dot{e}-\ddot{x}_d)\\&\leqslant sq_1u+\frac{1}{2}s^2+\frac{1}{2}\bar{q}_2^2+sd(t)+s(c\dot{e}-\ddot{x}_d)\end{aligned}$$

取

$$\alpha=ls+\eta\operatorname{sgn}s+\frac{1}{2}s+c\dot{e}-\ddot{x}_d \tag{13.20}$$

其中,$l>0$,$\eta\geqslant D+\eta_0$,$\eta_0>0$。

于是 $s\alpha=ls^2+\eta|s|+\frac{1}{2}s^2+s(c\dot{e}-\ddot{x}_d)$,即$\frac{1}{2}s^2+s(c\dot{e}-\ddot{x}_d)=s\alpha-ls^2-\eta|s|$,从而

$$s\dot{s}\leqslant sq_1u+\frac{1}{2}\bar{q}_2^2+sd(t)+s\alpha-ls^2-\eta|s|\leqslant -ls^2+s\alpha+sq_1u+\frac{1}{2}\bar{q}_2^2-\eta_0|s|$$

取时变增益 $\mu=\dfrac{1}{q_{1\min}}$,其中 $q_{1\min}$ 为 $q_1(t)$的下界,设计如下 Lyapunov 函数为

$$V=\frac{1}{2}s^2+\frac{1}{2\gamma\mu}\tilde{\mu}^2 \tag{13.21}$$

其中,$\gamma>0$,$\tilde{\mu}=\hat{\mu}-\mu$,由 $q_1(t)>0$ 可知 $\mu>0$。

于是

$$\dot{V}=s\dot{s}+\frac{1}{\gamma\mu}\tilde{\mu}\dot{\hat{\mu}}\leqslant -ls^2+s\alpha+sq_1u+\frac{1}{2}\bar{q}_2^2-\eta_0|s|+\frac{1}{\gamma\mu}\tilde{\mu}\dot{\hat{\mu}}$$

设计控制律和自适应律为

$$u=-\frac{s\hat{\mu}^2\alpha^2}{|s\hat{\mu}\alpha|+\rho} \tag{13.22}$$

$$\dot{\hat{\mu}}=\gamma s\alpha-\gamma\sigma\hat{\mu} \tag{13.23}$$

其中，$\rho>0$，$\sigma>0$。

于是

$$\dot{V}\leqslant -ls^2+s\alpha-q_1\frac{s^2\hat{\mu}^2\alpha^2}{|s\hat{\mu}\alpha|+\rho}+\frac{1}{2}\bar{q}_2^2-\eta_0|s|+\frac{1}{\gamma\mu}\tilde{\mu}(\gamma s\alpha-\gamma\sigma\hat{\mu})$$

由于$|a|-\frac{a^2}{\rho+|a|}=\frac{\rho|a|}{\rho+|a|}<\rho$，则$-\frac{a^2}{\rho+|a|}<\rho-|a|\leqslant\rho\pm a$，取$a=s\hat{\mu}\alpha$，则

$$-\frac{(s\hat{\mu}\alpha)^2}{\rho+|s\hat{\mu}\alpha|}\leqslant\rho-s\hat{\mu}\alpha$$

考虑到$q_1\geqslant q_{1\min}=\frac{1}{\mu}>0$，则

$$-q_1\frac{s^2\hat{\mu}^2\alpha^2}{|s\hat{\mu}\alpha|+\rho}\leqslant\frac{1}{\mu}(\rho-s\hat{\mu}\alpha)$$

$$\begin{aligned}\dot{V}&\leqslant -ls^2+s\alpha+\frac{1}{\mu}(\rho-s\hat{\mu}\alpha)+\frac{1}{2}\bar{q}_2^2-\eta_0|s|+\frac{1}{\mu}\tilde{\mu}s\alpha-\frac{1}{\mu}\tilde{\mu}\sigma\hat{\mu}\\&=-ls^2+s\alpha+\frac{1}{2}\bar{q}_2^2-\eta_0|s|+\frac{1}{\mu}\rho-\frac{1}{\mu}(\hat{\mu}s\alpha-\tilde{\mu}s\alpha)-\frac{1}{\mu}\tilde{\mu}\sigma\hat{\mu}\\&=-ls^2+\frac{1}{2}\bar{q}_2^2+\frac{1}{\mu}\rho-\frac{1}{\mu}\tilde{\mu}\sigma\hat{\mu}-\eta_0|s|\end{aligned}$$

由于

$$-\tilde{\mu}\hat{\mu}=-\tilde{\mu}(\tilde{\mu}+\mu)=-\tilde{\mu}^2-\tilde{\mu}\mu\leqslant-\tilde{\mu}^2+\frac{1}{2}\tilde{\mu}^2+\frac{1}{2}\mu^2=-\frac{1}{2}\tilde{\mu}^2+\frac{1}{2}\mu^2$$

则$-\frac{1}{\mu}\tilde{\mu}\sigma\hat{\mu}=-\frac{\sigma}{2\mu}\tilde{\mu}^2+\frac{\sigma}{2}\mu$，从而

$$\begin{aligned}\dot{V}&\leqslant -ls^2+\frac{1}{2}\bar{q}_2^2+\frac{1}{\mu}\rho-\frac{1}{2\mu}\sigma\tilde{\mu}^2+\frac{1}{2}\sigma\mu-\eta_0|s|\\&\leqslant -ls^2-\frac{1}{2\mu}\sigma\tilde{\mu}^2+\lambda-\eta_0|s|\leqslant\lambda-\eta_0|s|\end{aligned}$$

其中，$\lambda=\frac{1}{2}\bar{q}_2^2+\frac{1}{\mu}\rho+\frac{1}{2}\sigma\mu$。

可得满足 $\dot{V}\leqslant 0$ 的收敛结果为

$$\lim_{t\to+\infty}|s|\leqslant\frac{\lambda}{\eta_0} \tag{13.24}$$

当取 η_{d} 足够大时，即 $\eta_{\mathrm{d}}\gg\lambda$ 时，可实现当 $t\to\infty$时，$s\to 0$，$e\to 0$，$\dot{e}\to 0$。

13.3.3 仿真实例

被控对象取式(13.16)，$d(t)=10\sin t$，位置指令为 $x_{\mathrm{d}}=\sin t$，采用控制器式(13.20)和式(13.22)，采用自适应律式(13.23)，取 $c=30, l=30, \rho=0.02, \sigma=0.20, \gamma=3.0, \eta=10.1$，采用量化器式(13.17)实现控制输入的量化，$k=0.50$。取 $\hat{\mu}(0)=1.0$。在控制器式(13.20)中，为了防止抖振，控制器中采用饱和函数 sat(s)代替符号函数 sgn(s)，取 $\Delta=0.15$，仿真结果如图 13.5～图 13.7 所示。

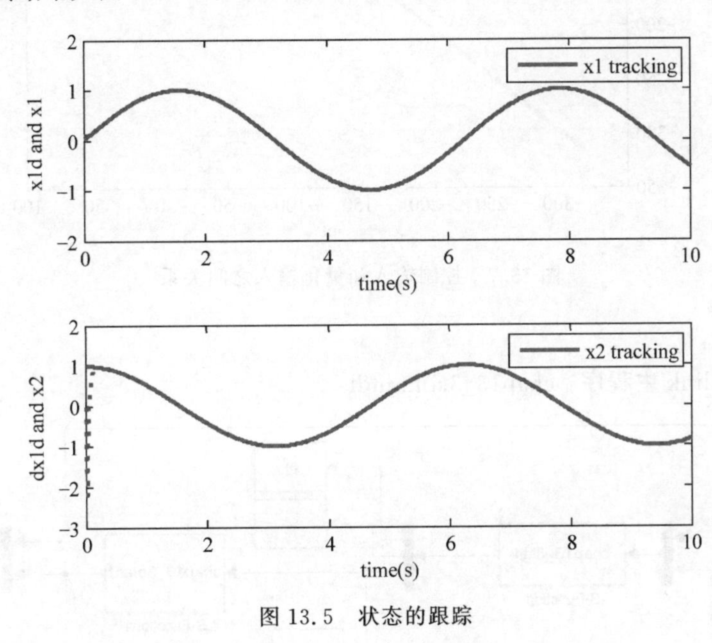

图 13.5 状态的跟踪

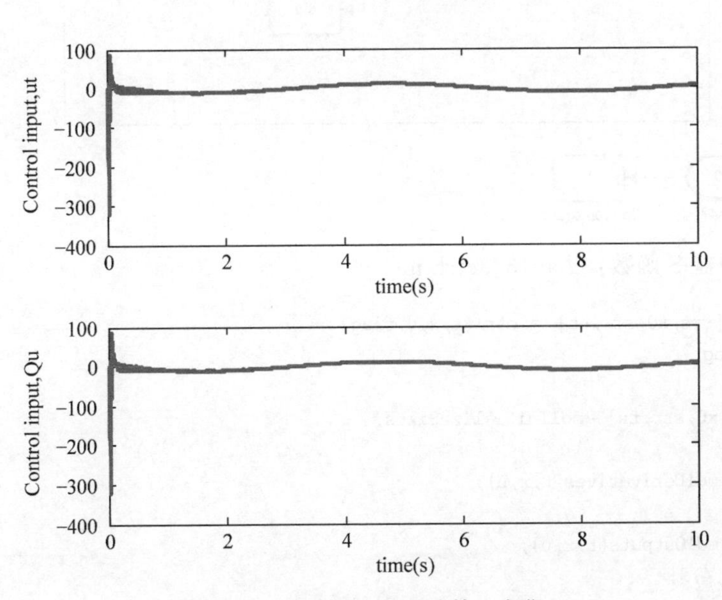

图 13.6 控制输入及量化输入变化

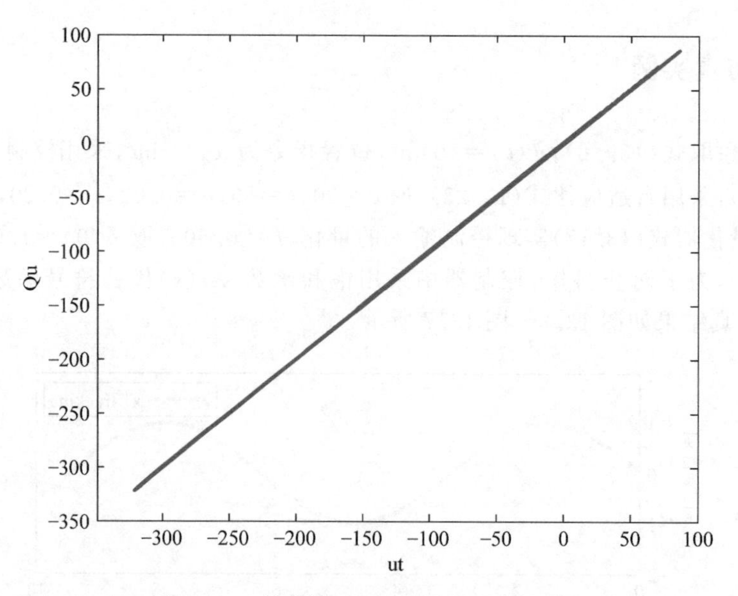

图 13.7　控制输入和量化输入之间关系

仿真程序：

(1) Simulink 主程序：chap13_3sim. mdl

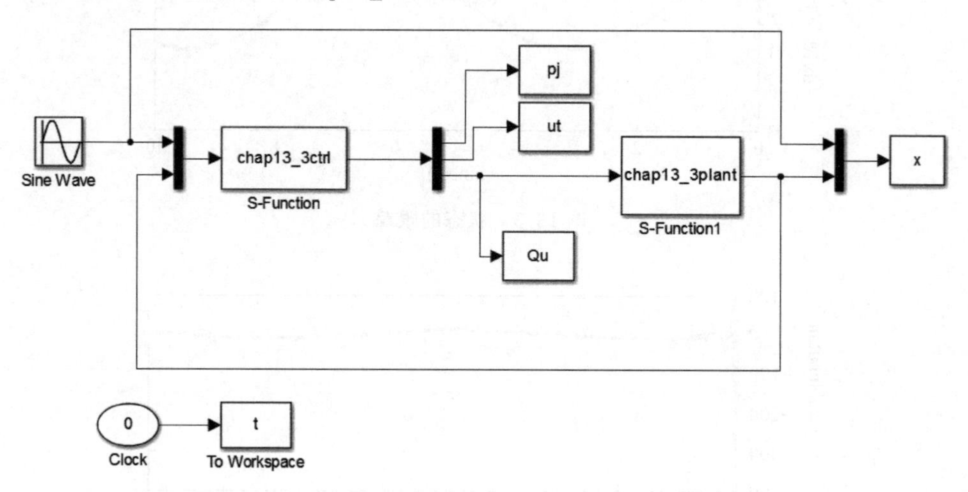

(2) 控制器 S 函数：chap13_3ctrl. m

```
function [sys,x0,str,ts] = ctrl(t,x,u,flag)
switch flag,
case 0,
    [sys,x0,str,ts] = mdlInitializeSizes;
case 1,
    sys = mdlDerivatives(t,x,u);
case 3,
    sys = mdlOutputs(t,x,u);
case {1,2,4,9}
    sys = [];
otherwise
```

```
    error(['Unhandled flag = ',num2str(flag)]);
end
function [sys,x0,str,ts] = mdlInitializeSizes
global c l
c = 30;l = 30;
sizes = simsizes;
sizes.NumContStates          = 1;
sizes.NumDiscStates          = 0;
sizes.NumOutputs             = 3;
sizes.NumInputs              = 3;
sizes.DirFeedthrough         = 1;
sizes.NumSampleTimes         = 0;
sys = simsizes(sizes);
x0  = [1.0];
str = [];
ts  = [];
function sys = mdlDerivatives(t,x,u)
global c l
xd = u(1);
dxd = cos(t);ddxd = - sin(t);

x1 = u(2);x2 = u(3);
e = x1 - xd;
de = x2 - dxd;
s = c * e + de;

gama = 3;sigma = 0.20;
xite = 10.1;
%alfa = l * s + xite * sign(s) + 0.5 * s + c * de - ddxd;
delta = 0.15;kk = 1/delta;
if abs(s)> delta
    sats = sign(s);
else
    sats = kk * s;
end
alfa = l * s + xite * sats + 0.5 * s + c * de - ddxd;

miup = x(1);
dmiu = gama * s * alfa - gama * sigma * miup;
sys(1) = dmiu;
function sys = mdlOutputs(t,x,u)
global c l
xd = u(1);
dxd = cos(t);ddxd = - sin(t);

x1 = u(2);x2 = u(3);
e = x1 - xd;
de = x2 - dxd;
s = c * e + de;

xite = 10.1;
```

```
%alfa = l * s + xite * sign(s) + 0.5 * s + c * de - ddxd;
delta = 0.15;kk = 1/delta;
if abs(s)> delta
   sats = sign(s);
else
   sats = kk * s;
end
alfa = l * s + xite * sats + 0.5 * s + c * de - ddxd;

rho = 0.020;
miup = x(1);
ut = - s * miup^2 * alfa^2/(abs(s * miup * alfa) + rho);

k = 0.5;
Qu = k * round(ut/k);

sys(2) = ut;
sys(3) = Qu;
```

(3) 被控对象 S 函数:chap13_3plant.m

```
function [sys,x0,str,ts] = model(t,x,u,flag)
switch flag,
case 0,
    [sys,x0,str,ts] = mdlInitializeSizes;
case 1,
    sys = mdlDerivatives(t,x,u);
case 3,
    sys = mdlOutputs(t,x,u);
case {2, 4, 9 }
    sys = [];
otherwise
    error(['Unhandled flag = ',num2str(flag)]);
end
function [sys,x0,str,ts] = mdlInitializeSizes
sizes = simsizes;
sizes.NumContStates        = 2;
sizes.NumDiscStates        = 0;
sizes.NumOutputs           = 2;
sizes.NumInputs            = 1;
sizes.DirFeedthrough       = 0;
sizes.NumSampleTimes       = 0;
sys = simsizes(sizes);
x0  = [0.15 0];
str = [];
ts  = [];
function sys = mdlDerivatives(t,x,u)
Qu = u(1);
dt = 10 * sin(t);
sys(1) = x(2);
sys(2) = Qu + dt;
```

```
function sys = mdlOutputs(t,x,u)
sys(1) = x(1);
sys(2) = x(2);
```

(4) 作图程序:chap13_3plot.m

```
close all;
figure(1);
subplot(211);
plot(t,x(:,1),'r',t,x(:,2),':','linewidth',2);
xlabel('time(s)');ylabel('x1d and x1');
legend('x1 tracking');
subplot(212);
plot(t,cos(t),'r',t,x(:,3),':','linewidth',2);
xlabel('time(s)');ylabel('dx1d and x2');
legend('x2 tracking');

figure(2);
subplot(211);
plot(t,ut(:,1),'r','linewidth',2);
xlabel('time(s)');ylabel('Control input,ut');
subplot(212);
plot(t,Qu(:,1),'r','linewidth',2);
xlabel('time(s)');ylabel('Control input,Qu');

figure(3);
plot(ut(:,1),Qu(:,1),'r','linewidth',2);
xlabel('ut');ylabel('Qu');
```

13.4 控制方向未知的滑模控制

控制方向未知的问题是一个有意义的控制问题。当系统中存在未知控制方向时,会使得控制器的设计变得复杂,Nussbaum 增益技术是处理控制方向未知问题的一种有效方法。

13.4.1 基本知识

定义[8]如果函数 $N(\chi)$ 满足下面条件,则 $N(\chi)$ 为 Nussbaum 函数:

$$\begin{cases}\lim\limits_{k\to\pm\infty}\sup\dfrac{1}{k}\displaystyle\int_0^k N(s)\,ds=\infty\\ \lim\limits_{k\to\pm\infty}\inf\dfrac{1}{k}\displaystyle\int_0^k N(s)\,ds=-\infty\end{cases}$$

定义 Nussbaum 函数[8]为

$$N(k)=k^2\cos(k) \tag{13.25}$$

其中,k 为实数。

引理 13.1[9] 如果$V(t)$和$k(\cdot)$在$t\in[0,t_{\mathrm{f}})$上为光滑函数，$V(t)\geqslant 0$，$N(\cdot)$为光滑的 N 函数，θ_0 为非零常数，如果满足

$$V(t)\leqslant\int_0^t(\theta_0 N(k(\tau))+1)\dot{k}(\tau)\mathrm{d}\tau+c,\quad t\in[0,t_{\mathrm{f}}),\quad c\text{ 为实数}$$

则 $V(t)$、$k(t)$ 和$\int_0^t(\theta_0 N(k(\tau))+1)\dot{k}(\tau)\mathrm{d}\tau$ 在$t\in[0,t_{\mathrm{f}})$ 上有界。

13.4.2 系统描述

被控对象为

$$\begin{cases}\dot{x}_1=x_2\\ \dot{x}_2=\theta u(t)+d(t)\end{cases}\tag{13.26}$$

其中，θ 为未知非零常数；令 $\boldsymbol{x}=[x_1\quad x_2]$；$d(t)$为扰动，$|d(t)|\leqslant D$。

取 x_{d} 为指令信号，控制目标为 $x_1\to x_{\mathrm{d}}$，$x_2\to\dot{x}_{\mathrm{d}}$。

13.4.3 控制律的设计

定义跟踪误差为$e=x_1-x_{\mathrm{d}}$，则 $\dot{e}=x_2-\dot{x}_{\mathrm{d}}$，定义滑模函数为$s=ce+\dot{e}$，$c>0$，则

$$\dot{s}=c\dot{e}+\ddot{e}=c\dot{e}+\dot{x}_2-\ddot{x}_{\mathrm{d}}=c\dot{e}+\theta u+d(t)-\ddot{x}_{\mathrm{d}}$$

定义 Lyapunov 函数

$$V=\frac{1}{2}s^2$$

则

$$\dot{V}=s\dot{s}=s(c\dot{e}+\theta u+d(t)-\ddot{x}_{\mathrm{d}})$$

取

$$\alpha=k_1 s+c\dot{e}-\ddot{x}_d+\eta\operatorname{sgn}s,k_1>0,\eta\geqslant D\tag{13.27}$$

$$\bar{u}=-k_2 s+\alpha,k_2>k_1\tag{13.28}$$

$$u=N(k)\bar{u}\tag{13.29}$$

$$\dot{k}=\gamma s\bar{u},\quad\gamma>0\tag{13.30}$$

由上面定义可知 $c\dot{e}-\ddot{x}_d=\alpha-k_1 s-\eta\operatorname{sgn}s$，$\frac{1}{\gamma}\dot{k}=s\bar{u}=s(-k_2 s+\alpha)$，则

$$\begin{aligned}\dot{V}&=s(\alpha-k_1 s-\eta\operatorname{sgn}s+\theta N(k)\bar{u}+d(t))+\frac{1}{\gamma}\dot{k}-\frac{1}{\gamma}\dot{k}\\&\leqslant s(\alpha-k_1 s+\theta N(k)\bar{u})+\frac{1}{\gamma}\dot{k}-s(-k_2 s+\alpha)\end{aligned}$$

则

$$\dot{V}=s\theta N(k)\bar{u}+\frac{1}{\gamma}\dot{k}+(k_2-k_1)s^2$$

由于 $s\bar{u}=\frac{1}{\gamma}\dot{k}$，则

$$\dot{V}\leqslant\frac{1}{\gamma}\theta N(k)\dot{k}+\frac{1}{\gamma}\dot{k}+(k_2-k_1)s^2$$

两边积分可得

$$V(t)-V(0)\leqslant\int_0^t\frac{1}{\gamma}\theta N(k(\tau))\dot{k}(\tau)\,\mathrm{d}\tau+\int_0^t\frac{1}{\gamma}\dot{k}(\tau)\,\mathrm{d}\tau-\int_0^t(k_2-k_1)s^2(\tau)\,\mathrm{d}\tau$$

根据引理1，$V(t)-V(0)+\int_0^t(k_2-k_1)s^2(\tau)\,\mathrm{d}\tau$ 有界，则 s^2、$\int_0^t s^2\mathrm{d}t$ 有界，则由 Barbalat 引理(见附录)，当 $t\to\infty$ 时，$s\to0$，从而 $e\to0$，$\dot{e}\to0$。

13.4.4 仿真实例

被控对象取式(13.26)，$d(t)=10\sin t$，取位置指令为 $x_{\mathrm{d}}=\sin t$，对象的初始状态为 [0.2,0]，取 $c=10$，采用控制律式(13.27)～式(13.29)和自适应律式(13.30)，$k_1=1$，$k_2=1.5$，$\eta=10.10$。在控制器式(13.27)中，为了防止抖振，控制器中采用饱和函数 sat(s)代替符号函数 sgn(s)，取 $\Delta=0.15$，仿真结果如图13.8和图13.9所示。

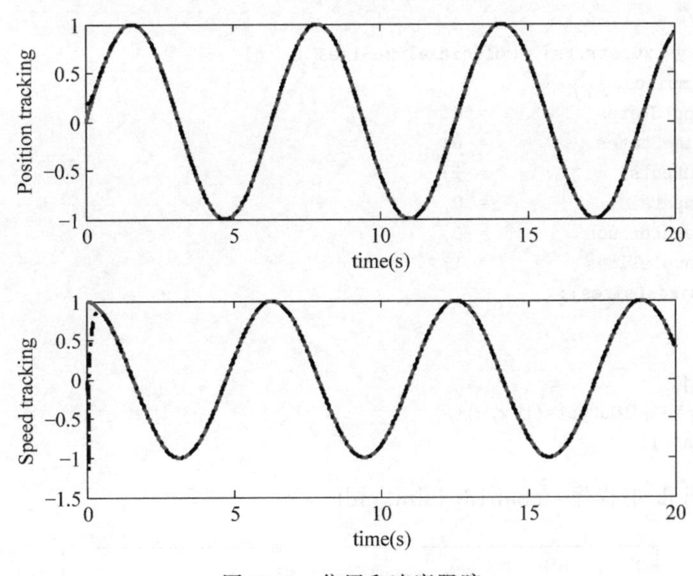

图13.8 位置和速度跟踪

仿真程序：

(1) 输入信号程序：chap13_4input.mdl

```
function [sys,x0,str,ts] = spacemodel(t,x,u,flag)
switch flag,
case 0,
    [sys,x0,str,ts] = mdlInitializeSizes;
case 3,
    sys = mdlOutputs(t,x,u);
case {2,4,9}
```

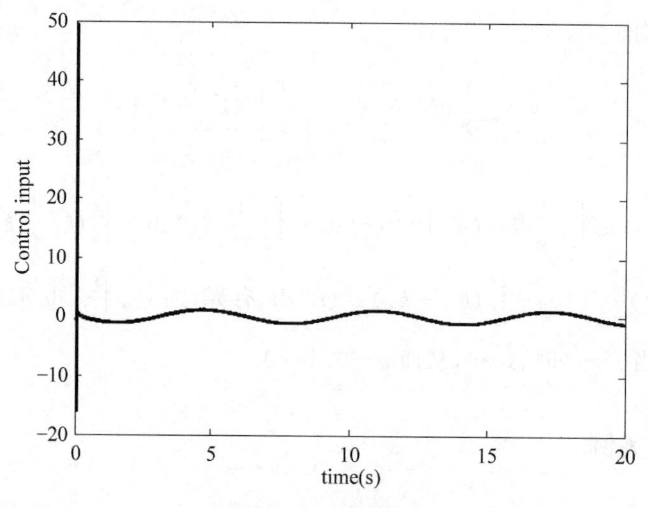

图 13.9 控制输入

```
    sys = [];
otherwise
    error(['Unhandled flag = ',num2str(flag)]);
end

function [sys,x0,str,ts] = mdlInitializeSizes
sizes = simsizes;
sizes.NumContStates        = 0;
sizes.NumDiscStates        = 0;
sizes.NumOutputs           = 1;
sizes.NumInputs            = 0;
sizes.DirFeedthrough       = 0;
sizes.NumSampleTimes       = 1;
sys = simsizes(sizes);
x0  = [];
str = [];
ts  = [0 0];
function sys = mdlOutputs(t,x,u)
sys(1) = sin(t);
```

(2) Simulink 主程序：chap13_4sim. mdl

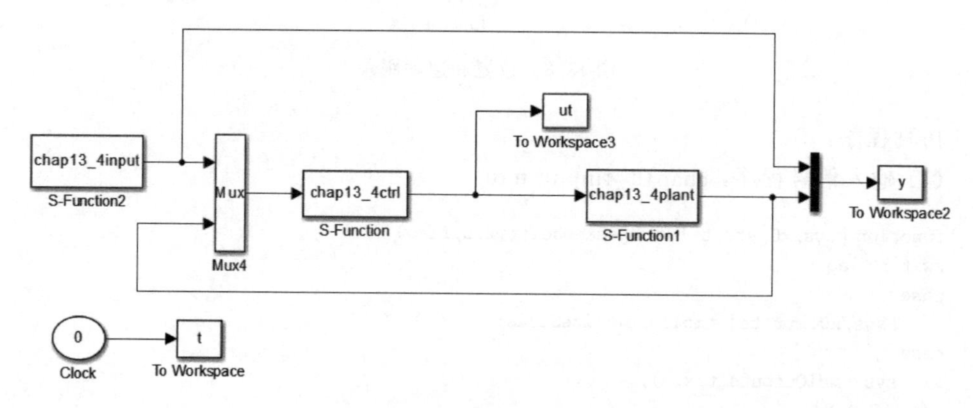

(3) 被控对象S函数：chap13_4plant.m

```
function [sys,x0,str,ts] = spacemodel(t,x,u,flag)
switch flag,
case 0,
    [sys,x0,str,ts] = mdlInitializeSizes;
case 1,
    sys = mdlDerivatives(t,x,u);
case 3,
    sys = mdlOutputs(t,x,u);
case {2,4,9}
    sys = [];
otherwise
    error(['Unhandled flag = ',num2str(flag)]);
end
function [sys,x0,str,ts] = mdlInitializeSizes
sizes = simsizes;
sizes.NumContStates        = 2;
sizes.NumDiscStates        = 0;
sizes.NumOutputs           = 2;
sizes.NumInputs            = 1;
sizes.DirFeedthrough       = 1;
sizes.NumSampleTimes       = 1;
sys = simsizes(sizes);
x0  = [0.20;0];
str = [];
ts  = [0 0];
function sys = mdlDerivatives(t,x,u)
ut = u(1);
th = 10;
dt = 10 * sin(t);

sys(1) = x(2);
sys(2) = th * ut + dt;
function sys = mdlOutputs(t,x,u)
sys(1) = x(1);
sys(2) = x(2);
```

(4) 控制器的S函数:chap13_4ctrl.m

```
function [sys,x0,str,ts] = spacemodel(t,x,u,flag)
switch flag,
case 0,
    [sys,x0,str,ts] = mdlInitializeSizes;
case 1,
    sys = mdlDerivatives(t,x,u);
case 3,
    sys = mdlOutputs(t,x,u);
case {2,4,9}
    sys = [];
otherwise
    error(['Unhandled flag = ',num2str(flag)]);
end
function [sys,x0,str,ts] = mdlInitializeSizes
```

```
sizes = simsizes;
sizes.NumContStates        = 1;
sizes.NumDiscStates        = 0;
sizes.NumOutputs           = 1;
sizes.NumInputs            = 3;
sizes.DirFeedthrough       = 1;
sizes.NumSampleTimes       = 1;
sys = simsizes(sizes);
x0  = [1.0];
str = [];
ts  = [0 0];
function sys = mdlDerivatives(t,x,u)
xd = u(1);dxd = cos(t);ddxd = - sin(t);
x1 = u(2);x2 = u(3);

c = 10;
e = x1 - xd;
de = x2 - dxd;
s = c * e + de;

k1 = 1;k2 = 1.5;
xite = 10.10;

%alfa = k1 * s + c * de - ddxd + xite * sign(s);
delta = 0.15;kk = 1/delta;
if abs(s)> delta
   sats = sign(s);
else
   sats = kk * s;
end
alfa = k1 * s + c * de - ddxd + xite * sats;

ub = - k2 * s + alfa;

gama = 10;
dk = gama * s * ub;

sys(1) = dk;
function sys = mdlOutputs(t,x,u)
xd = u(1);dxd = cos(t);ddxd = - sin(t);
x1 = u(2);x2 = u(3);

c = 10;
e = x1 - xd;
de = x2 - dxd;
s = c * e + de;

k1 = 1;k2 = 1.5;
xite = 10.10;
%alfa = k1 * s + c * de - ddxd + xite * sign(s);
delta = 0.15;kk = 1/delta;
if abs(s)> delta
   sats = sign(s);
else
```

```
    sats = kk * s;
end
alfa = k1 * s + c * de - ddxd + xite * sats;

ub = - k2 * s + alfa;
k = x(1);
Nk = k^2 * cos(k);
ut = Nk * ub;

sys(1) = ut;
```

(5) 作图程序:chap13_4plot.m

```
close all;

figure(1);
subplot(211);
plot(t,sin(t),'r',t,y(:,2),'-.k','linewidth',2);
xlabel('time(s)');ylabel('Position tracking');
subplot(212);
plot(t,cos(t),'r',t,y(:,3),'-.k','linewidth',2);
xlabel('time(s)');ylabel('Speed tracking');

figure(2);
plot(t,ut(:,1),'k','linewidth',2);
xlabel('time(s)');ylabel('Control input');
```

13.5 主辅电机的协调滑模控制

13.5.1 系统描述

主/辅电机动力学方程为

$$\begin{cases}\ddot{q}_m=\tau_m-d_m\\ \ddot{q}_s=\tau_s-d_s\end{cases}\tag{13.31}$$

其中,q_m 和 q_s 分别为主/辅电机转动的角度,τ_m 和 τ_s 分别为主/辅电机的控制输入,d_m 和 d_s 分别为加在执行器上的扰动。

控制目标为主/辅电机保证转动角度和角速度一致,即

$$t\to\infty\text{ 时},\dot{q}_m\to 0,\quad \dot{q}_s\to 0,\quad q_m-q_s\to 0$$

13.5.2 控制律设计与分析

定义误差为 $e_m=q_m-q_s$,$e_s=q_s-q_m$。针对主/辅电机,分别取滑模函数

$$r_m=\dot{q}_m+\lambda_m e_m,\quad r_s=\dot{q}_s+\lambda_s e_s$$

其中,$\lambda_m>0$,$\lambda_s>0$。

于是

$$\begin{cases}\ddot{q}_{\mathrm{m}}=\dot{r}_{\mathrm{m}}-\lambda_{\mathrm{m}}\dot{e}_{\mathrm{m}},\ddot{q}_{\mathrm{s}}=\dot{r}_{\mathrm{s}}-\lambda_{\mathrm{s}}\dot{e}_{\mathrm{s}}\\ \dot{r}_{\mathrm{m}}-\lambda_{\mathrm{m}}\dot{e}_{\mathrm{m}}-\tau_{\mathrm{m}}=-d_{\mathrm{m}},\dot{r}_{\mathrm{s}}-\lambda_{\mathrm{s}}\dot{e}_{\mathrm{s}}-\tau_{\mathrm{s}}=-d_{\mathrm{s}}\end{cases} \tag{13.32}$$

设计滑模控制律为

$$\begin{cases}\tau_{\mathrm{m}}=-k_{\mathrm{m}}r_{\mathrm{m}}-v_{\mathrm{m}}-\lambda_{\mathrm{m}}\dot{e}_{\mathrm{m}}\\ \tau_{\mathrm{s}}=-k_{\mathrm{s}}r_{\mathrm{s}}-v_{\mathrm{s}}-\lambda_{\mathrm{s}}\dot{e}_{\mathrm{s}}\end{cases} \tag{13.33}$$

将上式代入式(13.32)，有

$$\dot{r}_{\mathrm{m}}+k_{\mathrm{m}}r_{\mathrm{m}}+v_{\mathrm{m}}=-d_{\mathrm{m}}$$

$$\dot{r}_{\mathrm{s}}+k_{\mathrm{s}}r_{\mathrm{s}}+v_{\mathrm{s}}=-d_{\mathrm{s}}$$

即

$$\dot{r}_{\mathrm{m}}=-d_{\mathrm{m}}-k_{\mathrm{m}}r_{\mathrm{m}}-v_{\mathrm{m}}$$

$$\dot{r}_{\mathrm{s}}=-d_{\mathrm{s}}-k_{\mathrm{s}}r_{\mathrm{s}}-v_{\mathrm{s}}$$

定义 Lyapunov 函数为

$$V=\frac{1}{2k_{\mathrm{m}}\lambda_{\mathrm{m}}}r_{\mathrm{m}}^2+\frac{1}{2k_{\mathrm{s}}\lambda_{\mathrm{s}}}r_{\mathrm{s}}^2+\frac{1}{2}e_{\mathrm{m}}^2+\frac{1}{2}e_{\mathrm{s}}^2$$

其中，$k_{\mathrm{m}}>0, k_{\mathrm{s}}>0$。

由于$\frac{1}{2}e_{\mathrm{m}}^2+\frac{1}{2}e_{\mathrm{s}}^2=e_{\mathrm{m}}^2=(q_{\mathrm{m}}-q_{\mathrm{s}})^2$，则

$$\begin{aligned}\dot{V}&=\frac{1}{k_{\mathrm{m}}\lambda_{\mathrm{m}}}r_{\mathrm{m}}\dot{r}_{\mathrm{m}}+\frac{1}{k_{\mathrm{s}}\lambda_{\mathrm{s}}}r_{\mathrm{s}}\dot{r}_{\mathrm{s}}+2(q_{\mathrm{m}}-q_{\mathrm{s}})(\dot{q}_{\mathrm{m}}-\dot{q}_{\mathrm{s}})\\&=\frac{1}{k_{\mathrm{m}}\lambda_{\mathrm{m}}}(r_{\mathrm{m}}d_{\mathrm{m}}-k_{\mathrm{m}}r_{\mathrm{m}}^2-r_{\mathrm{m}}v_{\mathrm{m}})+\frac{1}{k_{\mathrm{s}}\lambda_{\mathrm{s}}}(r_{\mathrm{s}}d_{\mathrm{s}}-k_{\mathrm{s}}r_{\mathrm{s}}^2-r_{\mathrm{s}}v_{\mathrm{s}})+2(q_{\mathrm{m}}-q_{\mathrm{s}})(\dot{q}_{\mathrm{m}}-\dot{q}_{\mathrm{s}})\end{aligned}$$

设计滑模鲁棒项为

$$v_{\mathrm{m}}=d_{\mathrm{M}}\mathrm{sgn}(r_{\mathrm{m}}),\quad v_{\mathrm{s}}=d_{\mathrm{S}}\mathrm{sgn}(r_{\mathrm{s}}) \tag{13.34}$$

其中，$d_{\mathrm{M}}\geqslant|d_{\mathrm{m}}|, d_{\mathrm{S}}\geqslant|d_{\mathrm{s}}|$。

于是

$$\begin{aligned}\dot{V}&\leqslant-\frac{1}{\lambda_{\mathrm{m}}}r_{\mathrm{m}}^2-\frac{1}{\lambda_{\mathrm{s}}}r_{\mathrm{s}}^2+2(q_{\mathrm{m}}-q_{\mathrm{s}})(\dot{q}_{\mathrm{m}}-\dot{q}_{\mathrm{s}})\\&=-\frac{1}{\lambda_{\mathrm{m}}}(\dot{q}_{\mathrm{m}}+\lambda_{\mathrm{m}}e_{\mathrm{m}})^2-\frac{1}{\lambda_{\mathrm{s}}}(\dot{q}_{\mathrm{s}}+\lambda_{\mathrm{s}}e_{\mathrm{s}})^2+2(q_{\mathrm{m}}-q_{\mathrm{s}})(\dot{q}_{\mathrm{m}}-\dot{q}_{\mathrm{s}})\\&=-\frac{1}{\lambda_{\mathrm{m}}}(\dot{q}_{\mathrm{m}}^2+2\dot{q}_{\mathrm{m}}\lambda_{\mathrm{m}}e_{\mathrm{m}}+\lambda_{\mathrm{m}}^2e_{\mathrm{m}}^2)-\frac{1}{\lambda_{\mathrm{s}}}(\dot{q}_{\mathrm{s}}^2+2\dot{q}_{\mathrm{s}}\lambda_{\mathrm{s}}e_{\mathrm{s}}+\lambda_{\mathrm{s}}^2e_{\mathrm{s}}^2)+\\&\quad 2q_{\mathrm{m}}\dot{q}_{\mathrm{m}}-2q_{\mathrm{m}}\dot{q}_{\mathrm{s}}-2q_{\mathrm{s}}\dot{q}_{\mathrm{m}}+2q_{\mathrm{s}}\dot{q}_{\mathrm{s}}\\&=-\frac{1}{\lambda_{\mathrm{m}}}\dot{q}_{\mathrm{m}}^2-\lambda_{\mathrm{m}}e_{\mathrm{m}}^2-\frac{1}{\lambda_{\mathrm{s}}}\dot{q}_{\mathrm{s}}^2-\lambda_{\mathrm{s}}e_{\mathrm{s}}^2-2\dot{q}_{\mathrm{m}}e_{\mathrm{m}}-2\dot{q}_{\mathrm{s}}e_{\mathrm{s}}+2q_{\mathrm{m}}\dot{q}_{\mathrm{m}}-2q_{\mathrm{m}}\dot{q}_{\mathrm{s}}-2q_{\mathrm{s}}\dot{q}_{\mathrm{m}}+2q_{\mathrm{s}}\dot{q}_{\mathrm{s}}\\&=-\frac{1}{\lambda_{\mathrm{m}}}\dot{q}_{\mathrm{m}}^2-\lambda_{\mathrm{m}}e_{\mathrm{m}}^2-\frac{1}{\lambda_{\mathrm{s}}}\dot{q}_{\mathrm{s}}^2-\lambda_{\mathrm{s}}e_{\mathrm{s}}^2\leqslant 0\end{aligned}$$

其中

$$-2\dot{q}_{\mathrm{m}}e_{\mathrm{m}}-2\dot{q}_{\mathrm{s}}e_{\mathrm{s}}+2q_{\mathrm{m}}\dot{q}_{\mathrm{m}}-2q_{\mathrm{m}}\dot{q}_{\mathrm{s}}-2q_{\mathrm{s}}\dot{q}_{\mathrm{m}}+2q_{\mathrm{s}}\dot{q}_{\mathrm{s}}$$

$$=-2\dot{q}_m(q_m-q_s)-2\dot{q}_s(q_s-q_m)+2q_m\dot{q}_m-2q_m\dot{q}_s-2q_s\dot{q}_m+2q_s\dot{q}_s$$
$$=0$$

可见，当 $t\to\infty$ 时，$\dot{q}_m\to 0$，$\dot{q}_s\to 0$，$e_m\to 0$，$e_s\to 0$，即 $q_m-q_s\to 0$。

13.5.3 仿真实例

被控对象取式(13.31)，$d_m=0.5\sin t$，$d_s=0.5\sin t$，对象的初始状态为[0.5,0,0,0]。采用控制律式(13.33)，取 $k_m=k_s=10$，$\lambda_m=\lambda_s=10$，$\varepsilon_M=\varepsilon_S=0.50$。网络权值中各个元素的初始值取0.0。滑模控制中，采用饱和函数代替切换函数，取边界层厚度 Δ 为0.02。仿真结果如图13.10～图13.12所示。

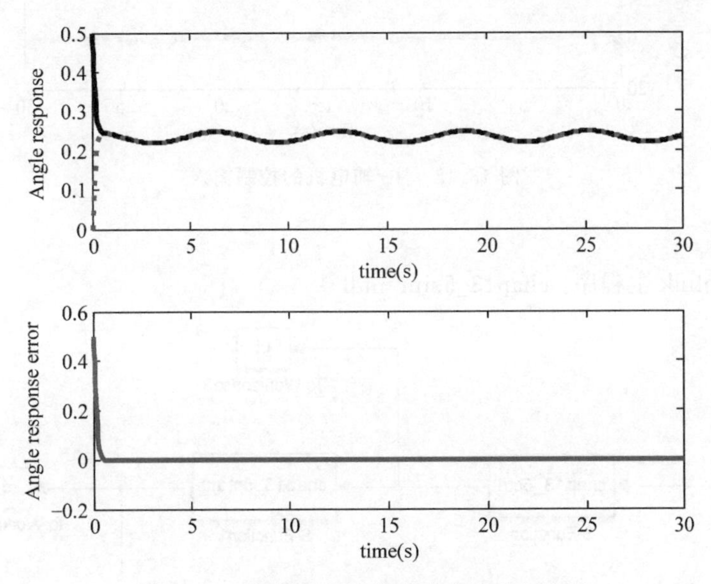

图 13.10　主/辅电机的角度响应及响应误差

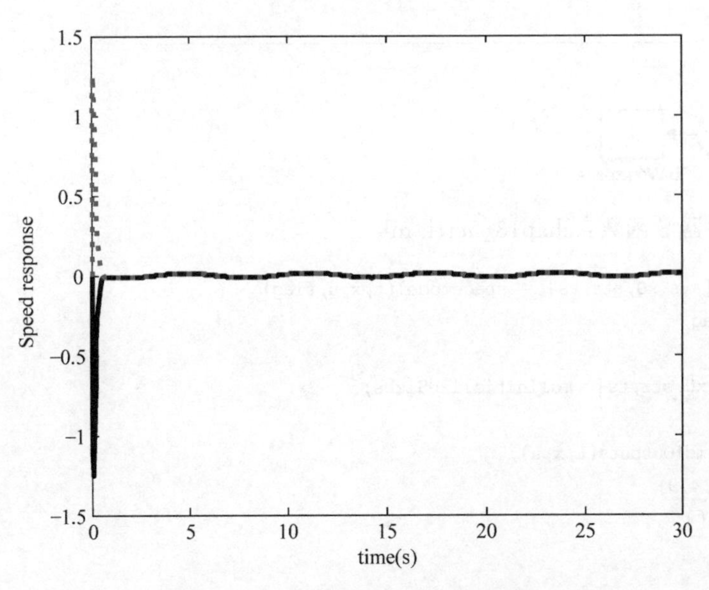

图 13.11　主/辅电机的角速度响应

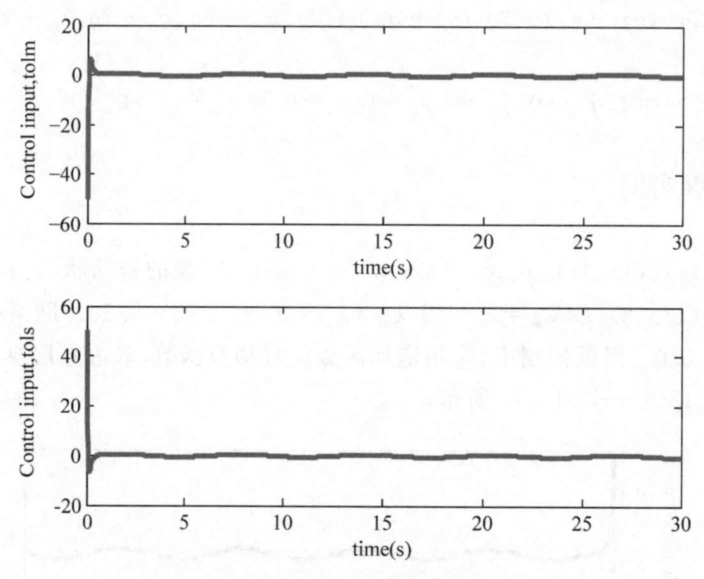

图 13.12　主/辅电机的控制输入

仿真程序：

(1) Simulink 主程序：chap13_5sim. mdl

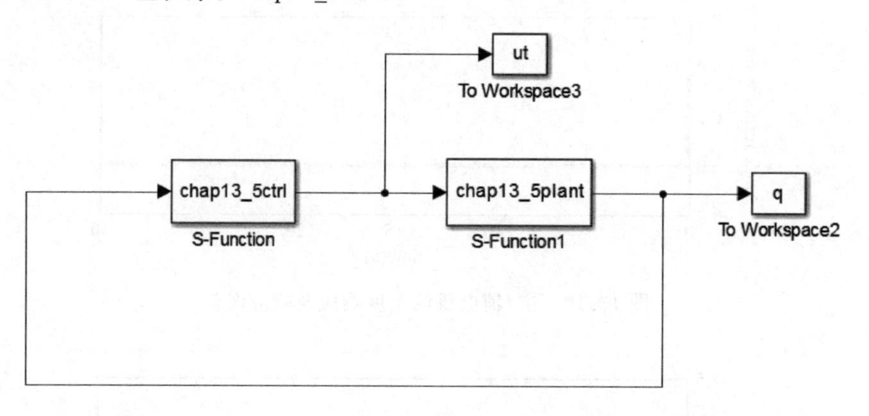

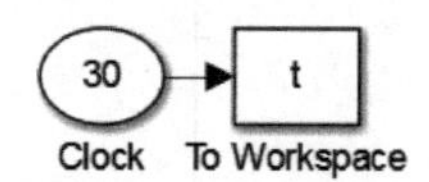

(2) 控制器 S 函数：chap13_5ctrl. m

```
function [sys,x0,str,ts] = spacemodel(t,x,u,flag)
switch flag,
case 0,
    [sys,x0,str,ts] = mdlInitializeSizes;
case 3,
    sys = mdlOutputs(t,x,u);
case {1,2,4,9}
    sys = [];
otherwise
```

```
    error(['Unhandled flag = ',num2str(flag)]);
end
function [sys,x0,str,ts] = mdlInitializeSizes
sizes = simsizes;
sizes.NumDiscStates         = 0;
sizes.NumOutputs            = 2;
sizes.NumInputs             = 4;
sizes.DirFeedthrough        = 1;
sizes.NumSampleTimes        = 1;
sys = simsizes(sizes);
x0 = [];
str = [];
ts = [0 0];
function sys = mdlOutputs(t,x,u)
qm = u(1);dqm = u(2);qs = u(3);dqs = u(4);
em = qm - qs;es = qs - qm;
dem = dqm - dqs;
des = dqs - dqm;

km = 10;ks = 10;
nm = 10;ns = 10;

rm = dqm + nm * em;
rs = dqs + ns * es;

dM = 0.50;dS = 0.50;

fai = 0.02;
if abs(rm)<= fai
    rm_sat = rm/fai;
else
    rm_sat = sign(rm);
end
if abs(rs)<= fai
    rs_sat = rs/fai;
else
    rs_sat = sign(rs);
end

 % vm = dM * sign(rm);vs = dS * sign(rs);
vm = dM * rm_sat;vs = dS * rs_sat;
tolm = - km * rm - vm - nm * dem;
tols = - ks * rs - vs - ns * des;

sys(1) = tolm;
sys(2) = tols;
```

(3) 被控对象 S 函数:chap13_5plant. m

```
function [sys,x0,str,ts] = spacemodel(t,x,u,flag)
switch flag,
```

```
case 0,
    [sys,x0,str,ts] = mdlInitializeSizes;
case 1,
    sys = mdlDerivatives(t,x,u);
case 3,
    sys = mdlOutputs(t,x,u);
case {2,4,9}
    sys = [];
otherwise
    error(['Unhandled flag = ',num2str(flag)]);
end
function [sys,x0,str,ts] = mdlInitializeSizes
sizes = simsizes;
sizes.NumContStates   = 4;
sizes.NumDiscStates   = 0;
sizes.NumOutputs      = 4;
sizes.NumInputs       = 2;
sizes.DirFeedthrough  = 0;
sizes.NumSampleTimes  = 0;
sys = simsizes(sizes);
x0  = [0.5;0;0;0];
str = [];
ts  = [];
function sys = mdlDerivatives(t,x,u)
dm = 0.5 * sin(t);
ds = 0.5 * sin(t);
tolm = u(1);
tols = u(2);

sys(1) = x(2);
sys(2) = tolm - dm;
sys(3) = x(4);
sys(4) = tols - ds;
function sys = mdlOutputs(t,x,u)
sys(1) = x(1);
sys(2) = x(2);
sys(3) = x(3);
sys(4) = x(4);
```

(4) 作图程序:chap13_5plot.m

```
close all;

figure(1);
subplot(211);
plot(t,q(:,1),'k',t,q(:,3),'r:','linewidth',2);
xlabel('time(s)');ylabel('Angle response');
subplot(212);
plot(t,q(:,1) - q(:,3),'r','linewidth',2);
xlabel('time(s)');ylabel('Angle response error');
```

```
figure(2);
plot(t,q(:,2),'k',t,q(:,4),'r:','linewidth',2);
xlabel('time(s)');ylabel('Speed response');

figure(3);
subplot(211);
plot(t,ut(:,1),'r','linewidth',2);
xlabel('time(s)');ylabel('Control input,tolm');
subplot(212);
plot(t,ut(:,2),'r','linewidth',2);
xlabel('time(s)');ylabel('Control input,tols');
```

附录

Barbalat 引理[4]：如果 $f,\dot{f}\in L_{\infty}$ 且 $f\in L_{p}, p\in[1,\infty)$，则当 $t\to\infty$ 时，$f(t)\to 0$。

参考文献

[1] Tang X D, Tao G, Joshi S M. Adaptive Actuator Failure Compensation for Parametric Strict Feedback Systems and an Aircraft Application[J]. Automatica, 2003, 39:1975-1982.

[2] Wang W, Wen C Y. Adaptive Actuator Failure Compensation Control of Uncertain Nonlinear Systems with Guaranteed Transient Performance[J]. Automatica, 2010, 46:2082-2091.

[3] Wang C L, Wen C Y, Lin Y. Adaptive Actuator Failure Compensation for a Class of Nonlinear Systems With Unknown Control Direction[J]. IEEE Transactions on Automatic Control, 2017, 62(1):385-392.

[4] Petros A Ioannou, Jing Sun. Robust Adaptive Control[M]. New York: Prentice-Hall, 1996.

[5] 郑柏超，郝立颖. 滑模变结构控制——量化反馈控制方法[M]. 北京：科学出版社，2016.

[6] Zheng Bochao, Yang Guanghong. Quantized Output Feedback Stabilization of Uncertain Systems with Input Nonlinearities via Sliding Mode Control, Int. [J]. Robust Nonlinear Control, 2014, 24: 228-246.

[7] Wang Chenliang, Wen Changyun, Lin Yan, et al. Decentralized Adaptive Tracking Control for a Class of Interconnected Nonlinear Systems with Input Quantization[J]. Automatica, 2017, 81: 359-368.

[8] Nussbaum R D. Some Remark on the Conjecture in Parameter Adaptive Control[J]. Systems and Control Letters, 1983, 3(4) :243-246.

[9] Ye Xudong, Jiang Jingping. Adaptive Nonlinear Design without a Priori Knowledge of Control Directions[J]. IEEE Transactions on Automatic Control, 1998, 43(11):1617-1621.

[10] Zhang K, Li Y L, Yin Y X, et al. Multiple-Neural-Networks-based Adaptive Control for Bilateral Teleoperation Systems with Time-varying Delays[C]. Wuhan, China: Proceedings of the 37th Chinese Control Conference, July 25-27, 2018: 543-548.

[11] Hua C, Yang Y, Guan X. Neural Network-based Adaptive Position Tracking Control for Bilateral Teleoperation under Constant Time Delay[J]. Neurocomputing, 2013, 113(7): 204-212.

第14章 基于四元数变换的滑模控制

四元数与旋转轴是一一对应的关系。用欧拉角确定空间姿态的传统方法存在奇异位置而产生数值计算的困难。采用四元数的优点为：可以避免万向节锁现象，只需要一个四维的四元数就可以执行绕任意过原点的向量的旋转；可以提供平滑插值；四元数方法由于具备不存在奇点和代数运算的独特优点而得到广泛应用。

14.1 基于四元数的三维姿态建模与控制

14.1.1 系统描述

如图14.1所示为空间运动的单杆刚性机械臂，$OXYZ$ 表示固定坐标系，描述三维姿态的欧拉角为$\boldsymbol{\theta}=[\theta_1 \quad \theta_2 \quad \theta_3]^{\mathrm{T}}$，控制输入为$\boldsymbol{\tau}=[\tau_x \quad \tau_y \quad \tau_z]^{\mathrm{T}}$。

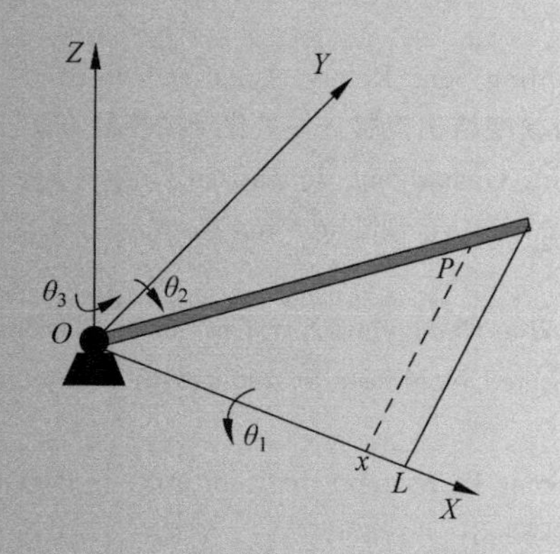

图14.1 三维转动的刚性机械臂

单位四元数的复数形式定义为

$$Q=q_1 i+q_2 j+q_3 k+\eta \tag{14.1}$$

其中，i、j 和 k 为三个正交的单位基向量。

这样，单位四元数 Q 与三维姿态的欧拉角为$\boldsymbol{\theta}$ 存在一一对应的关系，当所有姿态都为零时，姿态向量 Q 为1，解决了奇异问题。单位四元数的姿态向量形式定义为

$$\boldsymbol{Q}=[\eta \quad \boldsymbol{q}^{\mathrm{T}}]^{T} \tag{14.2}$$

$$\eta^{2}+\boldsymbol{q}^{\mathrm{T}}\boldsymbol{q}=1 \tag{14.3}$$

由于三个姿态角度与四元数是一一对应的，因此如果通过控制律设计使得单位四元数实现收敛，则可实现姿态角度收敛。

使用单位四元数表示姿态角度，根据文献[1,2]，可得到如下四元数的动态模型：

$$\dot{\eta}=-\frac{1}{2}\boldsymbol{q}^{\mathrm{T}}\boldsymbol{\omega} \tag{14.4}$$

$$\dot{\boldsymbol{q}}=\frac{1}{2}(\boldsymbol{q}^{\times}+\eta\boldsymbol{I}_{3})\boldsymbol{\omega} \tag{14.5}$$

根据文献[1-3]，由于$\frac{\mathrm{d}(\boldsymbol{I}_{\mathrm{h}}\boldsymbol{\omega})}{\mathrm{d}t}=\boldsymbol{I}_{h}\dot{\boldsymbol{\omega}}+\boldsymbol{\omega}\times(\boldsymbol{I}_{h}\boldsymbol{\omega})=\boldsymbol{\tau}$，则刚体的动力学方程为

$$\boldsymbol{I}_{h}\dot{\boldsymbol{\omega}}+\boldsymbol{\omega}\times(\boldsymbol{I}_{h}\boldsymbol{\omega})=\boldsymbol{\tau} \tag{14.6}$$

其中，$\boldsymbol{\omega}=[\boldsymbol{\omega}_{1} \quad \boldsymbol{\omega}_{2} \quad \boldsymbol{\omega}_{3}]^{\mathrm{T}}$ 为单位四元数表示的姿态角速度，$\boldsymbol{I}_{h}=\begin{bmatrix} I_{x} & & \\ & I_{y} & \\ & & I_{z}\end{bmatrix}$，式(14.4)和式(14.5)也可写为 $\dot{\boldsymbol{Q}}=\frac{1}{2}\begin{bmatrix}-\boldsymbol{q}^{\mathrm{T}} \\ (\boldsymbol{q}^{\times}+\eta\boldsymbol{I}_{3})\end{bmatrix}\boldsymbol{\omega}$ 。

定义斜对称矩阵 $\boldsymbol{q}^{\times}$ 定义为

$$\boldsymbol{q}=[q_{1} \quad q_{2} \quad q_{3}]^{\mathrm{T}}\Rightarrow\boldsymbol{q}^{\times}=\begin{bmatrix}0 & -q_{3} & q_{2} \\ q_{3} & 0 & -q_{1} \\ -q_{2} & q_{1} & 0\end{bmatrix} \tag{14.7}$$

采用如下函数将欧拉角映射到对应的单位四元数：

$$\boldsymbol{Q}=\begin{bmatrix}\cos\left(\frac{\theta_{1}}{2}\right)\cos\left(\frac{\theta_{2}}{2}\right)\cos\left(\frac{\theta_{3}}{2}\right)+\sin\left(\frac{\theta_{1}}{2}\right)\sin\left(\frac{\theta_{2}}{2}\right)\sin\left(\frac{\theta_{3}}{2}\right) \\ \sin\left(\frac{\theta_{1}}{2}\right)\cos\left(\frac{\theta_{2}}{2}\right)\cos\left(\frac{\theta_{3}}{2}\right)-\cos\left(\frac{\theta_{1}}{2}\right)\sin\left(\frac{\theta_{2}}{2}\right)\sin\left(\frac{\theta_{3}}{2}\right) \\ \cos\left(\frac{\theta_{1}}{2}\right)\sin\left(\frac{\theta_{2}}{2}\right)\cos\left(\frac{\theta_{3}}{2}\right)+\sin\left(\frac{\theta_{1}}{2}\right)\cos\left(\frac{\theta_{2}}{2}\right)\sin\left(\frac{\theta_{3}}{2}\right) \\ \cos\left(\frac{\theta_{1}}{2}\right)\cos\left(\frac{\theta_{2}}{2}\right)\sin\left(\frac{\theta_{3}}{2}\right)-\sin\left(\frac{\theta_{1}}{2}\right)\sin\left(\frac{\theta_{2}}{2}\right)\cos\left(\frac{\theta_{3}}{2}\right)\end{bmatrix} \tag{14.8}$$

可见，$\boldsymbol{\theta}$ 和 $\boldsymbol{q}$ 的关系由式(14.8)得出，$\boldsymbol{\omega}$ 和 $\dot{\boldsymbol{q}}$ 的关系由式(14.5)得出。针对欧拉角度和角速度的控制可转化为针对 $\tilde{\boldsymbol{Q}}$ 和 $\tilde{\boldsymbol{\omega}}$ 的控制。

由式(14.4)～式(14.6)构成了一个三维转动的机械臂耦合模型。控制目标为实现三维姿态的角度和角速度跟踪。

14.1.2 控制律的设计

指令的姿态为 $\boldsymbol{Q}_{\mathrm{d}}=[\eta_{\mathrm{d}} \quad \boldsymbol{q}_{\mathrm{d}}^{\mathrm{T}}]^{\mathrm{T}}$，则 $\tilde{\boldsymbol{Q}}=[\tilde{\eta} \quad \tilde{\boldsymbol{q}}^{\mathrm{T}}]^{\mathrm{T}}$，$\tilde{\boldsymbol{q}}=[\tilde{q}_{1} \quad \tilde{q}_{2} \quad \tilde{q}_{3}]^{\mathrm{T}}$。由于

$$\tilde{\eta}=\eta\eta_{\rm d}+\boldsymbol{q}_{\rm d}^{\rm T}\boldsymbol{q} \tag{14.9}$$

$$\tilde{\boldsymbol{q}}=\eta_{\rm d}\boldsymbol{q}-\eta\boldsymbol{q}_{\rm d}-\boldsymbol{q}^{\times}\boldsymbol{q}_{\rm d} \tag{14.10}$$

则

$$\tilde{\eta}^2+\tilde{\boldsymbol{q}}^{\rm T}\tilde{\boldsymbol{q}}=1$$

$$\dot{\tilde{\eta}}=-\frac{1}{2}\tilde{\boldsymbol{q}}^{\rm T}\tilde{\boldsymbol{\omega}}$$

$$\dot{\tilde{\boldsymbol{q}}}=\boldsymbol{G}\tilde{\boldsymbol{\omega}}$$

$$\boldsymbol{G}=\frac{1}{2}(\tilde{\boldsymbol{q}}^{\times}+\tilde{\eta}\boldsymbol{I}_3)$$

$$\tilde{\boldsymbol{\omega}}=\boldsymbol{\omega}-\boldsymbol{R}(\tilde{\boldsymbol{Q}})\boldsymbol{\omega}_{\rm d}$$

$$\boldsymbol{R}(\tilde{\boldsymbol{Q}})=(\tilde{\eta}^2-\tilde{\boldsymbol{q}}^{\rm T}\tilde{\boldsymbol{q}})\boldsymbol{I}_3+2\tilde{\boldsymbol{q}}\tilde{\boldsymbol{q}}^{\rm T}-2\tilde{\eta}\tilde{\boldsymbol{q}}^{\times}$$

定义 $\boldsymbol{Q}_e=[1-\tilde{\eta}\quad \tilde{\boldsymbol{q}}^{\rm T}]^{\rm T}$，控制目标为

$$\lim_{t\to\infty}\boldsymbol{Q}_e=0,\quad \lim_{t\to\infty}\tilde{\boldsymbol{\omega}}=0$$

即 $\tilde{\boldsymbol{q}}\to 0,\tilde{\eta}\to 1,\tilde{\boldsymbol{\omega}}\to 0$。

14.1.3 控制系统的分析

设计 Lyapunov 函数为

$$V=V_1+V_2 \tag{14.11}$$

其中，$V_1=\frac{1}{2}\tilde{\boldsymbol{\omega}}^{\rm T}\boldsymbol{I}_{\rm h}\tilde{\boldsymbol{\omega}}$，$V_2=k\boldsymbol{Q}_e^{\rm T}\boldsymbol{Q}_e$，$k>0$。

根据向量叉乘的运算法则，$a\cdot(a\times c)=c\cdot(a\times a)=0$，则有 $\tilde{\boldsymbol{\omega}}^{\rm T}\tilde{\boldsymbol{\omega}}\times(\boldsymbol{I}_{\rm h}\tilde{\boldsymbol{\omega}})=0$。取 $\boldsymbol{\omega}_{\rm d}=0$，则 $\tilde{\boldsymbol{\omega}}=\boldsymbol{\omega}-\boldsymbol{R}(\tilde{\boldsymbol{Q}})\boldsymbol{\omega}_{\rm d}=\boldsymbol{\omega}$，$\dot{\tilde{\boldsymbol{\omega}}}=\dot{\boldsymbol{\omega}}-\dot{\boldsymbol{\omega}}_{\rm d}=\dot{\boldsymbol{\omega}}$，于是

$$\dot{V}_1=\tilde{\boldsymbol{\omega}}^{\rm T}\boldsymbol{I}_{\rm h}\dot{\tilde{\boldsymbol{\omega}}}=\tilde{\boldsymbol{\omega}}^{\rm T}(\boldsymbol{I}_{\rm h}\dot{\tilde{\boldsymbol{\omega}}}+\tilde{\boldsymbol{\omega}}\times(\boldsymbol{I}_{\rm h}\tilde{\boldsymbol{\omega}}))=\tilde{\boldsymbol{\omega}}^{\rm T}\boldsymbol{\tau}$$

$$\begin{aligned}\dot{V}_2&=2k\boldsymbol{Q}_e^{\rm T}\dot{\boldsymbol{Q}}_e=2k\left[1-\tilde{\eta}\quad \tilde{\boldsymbol{q}}^{\rm T}\right]\left[-\dot{\tilde{\eta}}\quad \dot{\tilde{\boldsymbol{q}}}^{\rm T}\right]^{\rm T}=2k\left[1-\tilde{\eta}\quad \tilde{\boldsymbol{q}}^{\rm T}\right]\left[\frac{1}{2}\tilde{\boldsymbol{q}}^{\rm T}\tilde{\boldsymbol{\omega}}\quad (\boldsymbol{G}\tilde{\boldsymbol{\omega}})^{\rm T}\right]^{\rm T}\\&=k(1-\tilde{\eta})\tilde{\boldsymbol{q}}^{\rm T}\tilde{\boldsymbol{\omega}}+k\tilde{\boldsymbol{q}}^{\rm T}(\tilde{\boldsymbol{q}}^{\times}+\tilde{\eta}\boldsymbol{I}_3)\tilde{\boldsymbol{\omega}}=k\tilde{\boldsymbol{q}}^{\rm T}\tilde{\boldsymbol{\omega}}\end{aligned}$$

其中，$\tilde{\boldsymbol{q}}^{\rm T}\tilde{\boldsymbol{q}}^{\times}=[0\quad 0\quad 0]$。

设计控制律为

$$\boldsymbol{\tau}=-k\tilde{\boldsymbol{q}}-\boldsymbol{k}_{\rm d}\tilde{\boldsymbol{\omega}} \tag{14.12}$$

其中，$\boldsymbol{k}_{\rm d}={\rm diag}(k_{\rm d1}\quad k_{\rm d2}\quad k_{\rm d3})>0$。

于是

$$\dot{V}=\dot{V}_1+\dot{V}_2=\tilde{\boldsymbol{\omega}}^{\rm T}\boldsymbol{\tau}+k\tilde{\boldsymbol{q}}^{\rm T}\tilde{\boldsymbol{\omega}}=\tilde{\boldsymbol{\omega}}^{\rm T}(\boldsymbol{\tau}+k\tilde{\boldsymbol{q}})=-\tilde{\boldsymbol{\omega}}^{\rm T}\boldsymbol{k}_{\rm d}\tilde{\boldsymbol{\omega}}\leqslant 0$$

将控制律代入式(14.6)，可得

$$\boldsymbol{I}_h\dot{\boldsymbol{\omega}}+\boldsymbol{\omega}\times(\boldsymbol{I}_h\boldsymbol{\omega})=-k\tilde{\boldsymbol{q}}-\boldsymbol{k}_{\rm d}\tilde{\boldsymbol{\omega}}$$

由于 $\boldsymbol{\omega}_{\rm d}=0$，$\tilde{\boldsymbol{\omega}}=\boldsymbol{\omega}-\boldsymbol{R}(\tilde{\boldsymbol{Q}})\boldsymbol{\omega}_{\rm d}=\omega$，$\dot{\tilde{\boldsymbol{\omega}}}=\dot{\boldsymbol{\omega}}-\dot{\boldsymbol{\omega}}_{\rm d}=\dot{\boldsymbol{\omega}}$。根据 Lassale 定理，取 $\dot{V}\equiv 0$，则 $\tilde{\boldsymbol{\omega}}\equiv 0$，从而 $\boldsymbol{\omega}\equiv 0$，$\dot{\boldsymbol{\omega}}\equiv 0$，代入上式，可得 $\tilde{\boldsymbol{q}}=0$。则 $t\to\infty$ 时，$\tilde{\boldsymbol{q}}\to 0$，$\tilde{\eta}\to 1$，$\tilde{\boldsymbol{\omega}}\to 0$。

14.1.4 仿真实例

取被控对象为三维转动的机械臂耦合模型式(14.4)～式(14.6)，考虑到四元数的约束条件 $\eta^2+\boldsymbol{q}^{\mathrm{T}}\boldsymbol{q}=1$，取被控对象初始状态为 $\boldsymbol{q}(0)=[0\quad 0\quad 0\quad 1]$，$\boldsymbol{\omega}(0)=[0.5\quad 0.1\quad 0.3]$，取 $I_x=I_y=I_z=10$，$\theta_{dx}=\theta_{dy}=\theta_{dz}=\dfrac{\pi}{6}$，$k=1000$，$K_{\mathrm{d}}=\begin{bmatrix}100 & & \\ & 100 & \\ & & 100\end{bmatrix}$。采用控制律式(14.12)，仿真结果如图 14.2～图 14.5 所示。

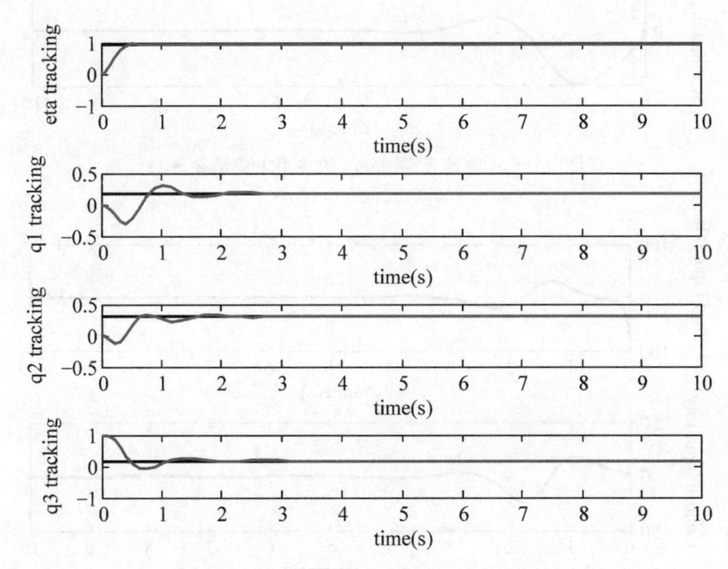

图 14.2 $\boldsymbol{Q}$ 的变化(满足 $\eta^2+\boldsymbol{q}^{\mathrm{T}}\boldsymbol{q}=1$)

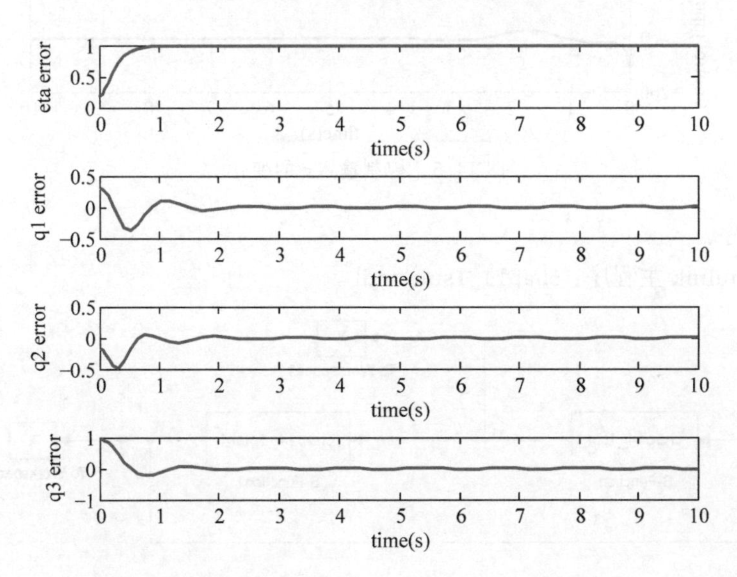

图 14.3 $\widetilde{\boldsymbol{Q}}$ 的变化(满足 $\widetilde{\boldsymbol{q}}\to 0$，$\widetilde{\eta}\to 1$，$\widetilde{\eta}^2+\widetilde{\boldsymbol{q}}^{\mathrm{T}}\widetilde{\boldsymbol{q}}=1$)

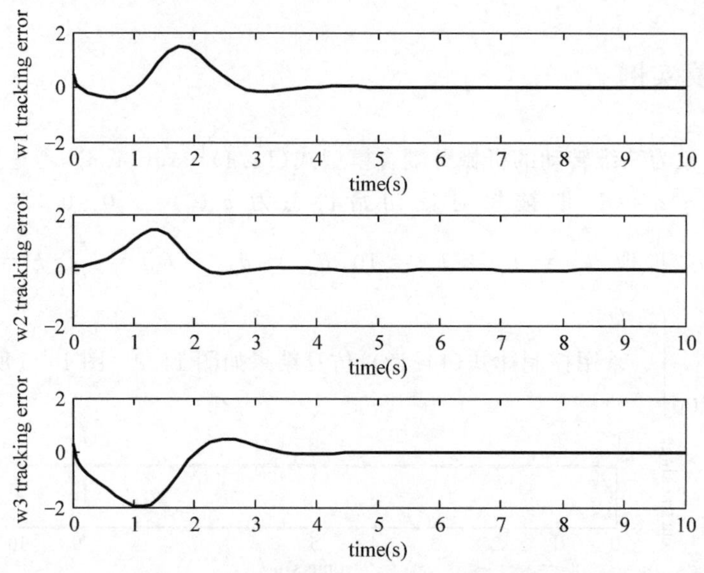

图 14.4　角速度误差$\boldsymbol{\omega}_e$ 的变化(满足$\tilde{\boldsymbol{\omega}}\to 0$)

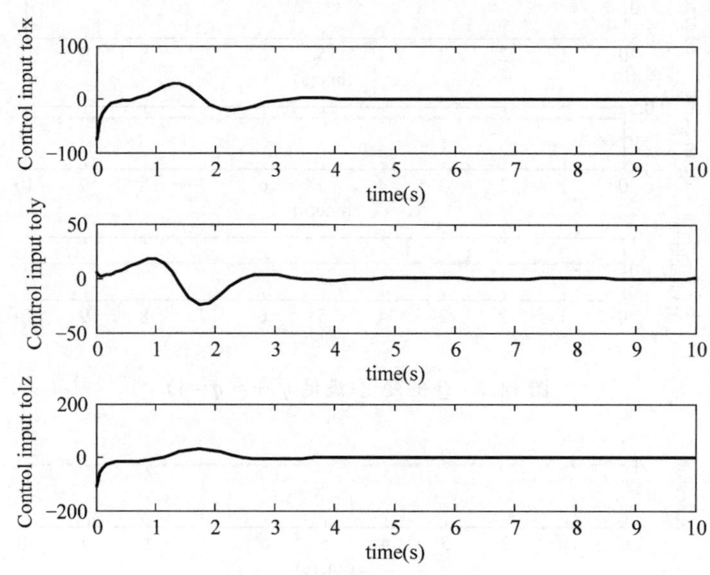

图 14.5　控制输入$\boldsymbol{\tau}$ 的变化

仿真程序：

(1) Simulink 主程序：chap14_1sim. mdl

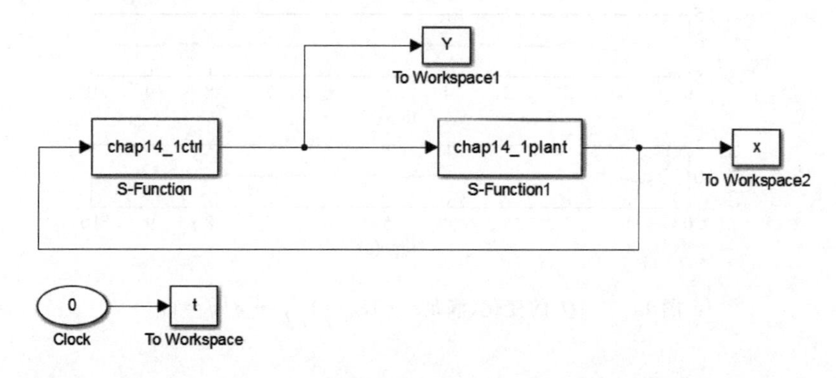

(2) 控制器 S 函数：chap14_1ctrl. m

```
function [sys,x0,str,ts] = spacemodel(t,x,u,flag)
switch flag,
case 0,
    [sys,x0,str,ts] = mdlInitializeSizes;
case 3,
    sys = mdlOutputs(t,x,u);
case {2,4,9}
    sys = [];
otherwise
    error(['Unhandled flag = ',num2str(flag)]);
end
function [sys,x0,str,ts] = mdlInitializeSizes
sizes = simsizes;
sizes.NumOutputs        = 14;
sizes.NumInputs         = 7;
sizes.DirFeedthrough    = 1;
sizes.NumSampleTimes    = 1;
sys = simsizes(sizes);
x0  = [];
str = [];
ts  = [0 0];
function sys = mdlOutputs(t,x,u)
eta = u(1);
q = [u(2) u(3) u(4)]';

Q = [eta;q];
omega = [u(5) u(6) u(7)]';

thdx = pi/6;thdy = pi/6;thdz = pi/6;

Qd = [cos(thdx/2) * cos(thdy/2) * cos(thdz/2) + sin(thdx/2) * sin(thdy/2) * sin(thdz/2);

sin(thdx/2) * cos(thdy/2) * cos(thdz/2) - cos(thdx/2) * sin(thdy/2) * sin(thdz/2);

cos(thdx/2) * sin(thdy/2) * cos(thdz/2) + sin(thdx/2) * cos(thdy/2) * sin(thdz/2);

cos(thdx/2) * cos(thdy/2) * sin(thdz/2) - sin(thdx/2) * sin(thdy/2) * cos(thdz/2)];
etad = Qd(1);
qd = [Qd(2) Qd(3) Qd(4)]';

qdt = [0 - qd(3) qd(2);
    qd(3) 0 - qd(1);
    - qd(2) qd(1) 0];

etae = eta * etad + qd' * q;

qt = [0 - q(3) q(2);
    q(3) 0 - q(1);
    - q(2) q(1) 0];
```

```
qe = etad * q - eta * qd - qt * qd;

Qe = [etae;qe];

Kd = diag([100,100,100]);
omegae = omega;
k = 1000;
tol = - k * qe - Kd * omegae;

tolx = tol(1);toly = tol(2);tolz = tol(3);

sys(1) = tolx;
sys(2) = toly;
sys(3) = tolz;
sys(4) = Qd(1);
sys(5) = Qd(2);
sys(6) = Qd(3);
sys(7) = Qd(4);
sys(8) = Qe(1);
sys(9) = Qe(2);
sys(10) = Qe(3);
sys(11) = Qe(4);
sys(12) = omegae(1);
sys(13) = omegae(2);
sys(14) = omegae(3);
```

(3) 被控对象 S 函数:chap14_1plant.m

```
function [sys,x0,str,ts] = s_function(t,x,u,flag)
switch flag,
case 0,
    [sys,x0,str,ts] = mdlInitializeSizes;
case 1,
    sys = mdlDerivatives(t,x,u);
case 3,
    sys = mdlOutputs(t,x,u);
case {2, 4, 9 }
    sys = [];
otherwise
    error(['Unhandled flag = ',num2str(flag)]);
end
function [sys,x0,str,ts] = mdlInitializeSizes
sizes = simsizes;
sizes.NumContStates          = 7;
sizes.NumDiscStates          = 0;
sizes.NumOutputs             = 7;
sizes.NumInputs              = 14;
sizes.DirFeedthrough         = 0;
sizes.NumSampleTimes         = 0;
sys = simsizes(sizes);
x0  = [0;0;0;1;0.5;0.1;0.3];
str = [];
```

```
ts  =[];
function sys = mdlDerivatives(t,x,u)
Ix = 10;Iy = 10;Iz = 10;

eta = x(1);
q1 = x(2);q2 = x(3);q3 = x(4);

omega1 = x(5);omega2 = x(6);omega3 = x(7);
omega = [omega1 omega2 omega3]';

tol = [u(1) u(2) u(3)]';

Ih = diag([Ix,Iy,Iz]);

q = [q1,q2,q3]';

qt = [0 - q3 q2;
    q3 0 - q1;
    - q2 q1 0];
dQ = 1/2 * [ - q';qt + eta * eye(3,3)] * omega;

omegat = [0 - omega3 omega2;
         omega3 0 - omega1;
         - omega2 omega1 0];

domega = inv(Ih) * (tol - omegat * Ih * omega);
sys(1) = dQ(1);
sys(2) = dQ(2);
sys(3) = dQ(3);
sys(4) = dQ(4);
sys(5) = domega(1);
sys(6) = domega(2);
sys(7) = domega(3);
function sys = mdlOutputs(t,x,u)
sys(1) = x(1); % eta
sys(2) = x(2); % q1
sys(3) = x(3); % q2
sys(4) = x(4); % q3
sys(5) = x(5); % w1
sys(6) = x(6); % w2
sys(7) = x(7); % w3
```

(4) 作图程序:chap14_1plot.m

```
close all;

figure(1);
subplot(411);
plot(t,Y(:,4),'k',t,x(:,1),'r','linewidth',2);
xlabel('time(s)');ylabel('eta tracking');
subplot(412);
```

```
plot(t,Y(:,5),'k',t,x(:,2),'r','linewidth',2);
xlabel('time(s)');ylabel('q1 tracking');
subplot(413);
plot(t,Y(:,6),'k',t,x(:,3),'r','linewidth',2);
xlabel('time(s)');ylabel('q2 tracking');
subplot(414);
plot(t,Y(:,7),'k',t,x(:,4),'r','linewidth',2);
xlabel('time(s)');ylabel('q3 tracking');

figure(2);
subplot(411);
plot(t,Y(:,8),'r','linewidth',2);
xlabel('time(s)');ylabel('eta error');
subplot(412);
plot(t,Y(:,9),'r','linewidth',2);
xlabel('time(s)');ylabel('q1 error');
subplot(413);
plot(t,Y(:,10),'r','linewidth',2);
xlabel('time(s)');ylabel('q2 error');
subplot(414);
plot(t,Y(:,11),'r','linewidth',2);
xlabel('time(s)');ylabel('q3 error');

figure(3);
subplot(311);
plot(t,Y(:,12),'k','linewidth',2);
xlabel('time(s)');ylabel('w1 error');
subplot(312);
plot(t,Y(:,13),'k','linewidth',2);
xlabel('time(s)');ylabel('w2 error');
subplot(313);
plot(t,Y(:,14),'k','linewidth',2);
xlabel('time(s)');ylabel('w3 error');

figure(4);
subplot(311);
plot(t,Y(:,1),'k','linewidth',2);
xlabel('time(s)');ylabel('Control input tolx');
subplot(312);
plot(t,Y(:,2),'k','linewidth',2);
xlabel('time(s)');ylabel('Control input toly');
subplot(313);
plot(t,Y(:,3),'k','linewidth',2);
xlabel('time(s)');ylabel('Control input tolz');
```

14.2 基于四元数的航天器滑模控制

14.2.1 模型描述

采用单位四元数 $\boldsymbol{Q}=[\varepsilon_0 \quad \boldsymbol{\varepsilon}^{\mathrm{T}}]^{\mathrm{T}}$ 来描述姿态动力学模型，$\boldsymbol{\varepsilon}^{\mathrm{T}}\boldsymbol{\varepsilon}+\varepsilon_0^2=1$。基于四元数

描述的航天器动力学模型[4]为

$$\boldsymbol{J\dot{\Omega}}=\boldsymbol{\Omega}^{\times}\boldsymbol{J\Omega}+\boldsymbol{u}+\boldsymbol{z} \tag{14.13}$$

$$\dot{\boldsymbol{\varepsilon}}=\frac{1}{2}(\boldsymbol{\varepsilon}^{\times}+\varepsilon_0\boldsymbol{I}_3)\boldsymbol{\Omega} \tag{14.14}$$

$$\dot{\varepsilon}_0=-\frac{1}{2}\boldsymbol{\varepsilon}^{\mathrm{T}}\boldsymbol{\Omega} \tag{14.15}$$

其中，$\boldsymbol{\Omega}=[\boldsymbol{\Omega}_x \quad \boldsymbol{\Omega}_y \quad \boldsymbol{\Omega}_z]^{\mathrm{T}}$ 为航天器本体相对于惯性系的惯性角速度，$\boldsymbol{J}\in\mathbb{R}^{3\times3}$ 为正定且对称的转动惯量，$\|\boldsymbol{z}\|\leqslant\bar{z}$ 为扰动，斜对称矩阵$\boldsymbol{\Omega}^{\times}$和$\boldsymbol{\varepsilon}^{\times}$的定义见式(14.7)。

14.2.2 控制器设计与分析

滑模面设计[4]为

$$\boldsymbol{s}=\boldsymbol{\Omega}+k\boldsymbol{\varepsilon} \tag{14.16}$$

其中，$k>0$。

于是

$$\boldsymbol{J\dot{s}}=\boldsymbol{J\dot{\Omega}}+\boldsymbol{J}k\dot{\boldsymbol{\varepsilon}}=\boldsymbol{\Omega}^{\times}\boldsymbol{J\Omega}+\boldsymbol{u}+\boldsymbol{z}+\boldsymbol{J}k\dot{\boldsymbol{\varepsilon}}$$

设计滑模控制器为

$$\boldsymbol{u}=-\boldsymbol{\Omega}^{\times}\boldsymbol{J\Omega}-\boldsymbol{J}k\dot{\boldsymbol{\varepsilon}}-\eta\operatorname{sgn}\boldsymbol{s} \tag{14.17}$$

其中，$\eta>\bar{z}>0$。

于是

$$\boldsymbol{J\dot{s}}=\boldsymbol{z}-\boldsymbol{\eta}\operatorname{sgn}\boldsymbol{s}$$

取

$$V=\frac{1}{2}\boldsymbol{s}^{\mathrm{T}}\boldsymbol{Js}$$

则

$$\dot{V}=\boldsymbol{s}^{\mathrm{T}}\boldsymbol{J\dot{s}}=\boldsymbol{s}^{\mathrm{T}}(-\eta\operatorname{sgn}\boldsymbol{s})=-\eta\|\boldsymbol{s}\|\leqslant0$$

当到达该滑模面时，$\boldsymbol{s}=0$。根据 $\boldsymbol{s}=\boldsymbol{\Omega}+k\boldsymbol{\varepsilon}$，可得$\boldsymbol{\Omega}=-k\boldsymbol{\varepsilon}$，将其代入式(14.15)中，可得

$$\dot{\varepsilon}_0=-\frac{1}{2}\boldsymbol{\varepsilon}^{\mathrm{T}}(-k\boldsymbol{\varepsilon})=\frac{1}{2}\boldsymbol{\varepsilon}^{\mathrm{T}}k\boldsymbol{\varepsilon}=\frac{1}{2}k(1-\varepsilon_0^2)$$

假设在 t_s 时刻到达滑模面，对上式进行积分(见附录)可得

$$\varepsilon_0(t)=1-\frac{2(1-\varepsilon_0(t_s))e^{-k(t-t_s)}}{1+\varepsilon_0(t_s)+(1-\varepsilon_0(t_s))e^{-k(t-t_s)}}$$

其中，$t\geqslant t_s$。

因此，$\lim\limits_{t\to\infty}\varepsilon_0(t)=1$。由于四元数满足$\boldsymbol{\varepsilon}^{\mathrm{T}}\boldsymbol{\varepsilon}+\varepsilon_0^2=1$，并且$\boldsymbol{\Omega}=-k\boldsymbol{\varepsilon}$，因此当处于滑模面时，满足

$$\lim_{t\to\infty}\|\boldsymbol{\varepsilon}(t)\|=\lim_{t\to\infty}\|\boldsymbol{\Omega}(t)\|=0$$

至此得证，当处于滑模面时，能够保证 $\varepsilon\to0$，$\boldsymbol{\Omega}\to0$。

14.2.3 仿真实例

取被控对象为式(14.13)～式(14.15)，取 $\boldsymbol{J}=\begin{bmatrix}20 & 0 & 0.9\\ 0 & 17 & 0\\ 0.9 & 0 & 15\end{bmatrix}$，考虑到四元数的约束条件 $\boldsymbol{\varepsilon}^{\mathrm{T}}\boldsymbol{\varepsilon}+\varepsilon_0^2=1$，取被控对象初始状态为 $\boldsymbol{\varepsilon}(0)=[0.8\quad 0.4\quad 0.2\quad 0.4]$，$\boldsymbol{\Omega}(0)=[1.0\quad 1.0\quad 1.0]$，采用控制律式(14.17)，取 $k=5$，$\eta=10$，仿真结果如图 14.6 和图 14.7 所示。

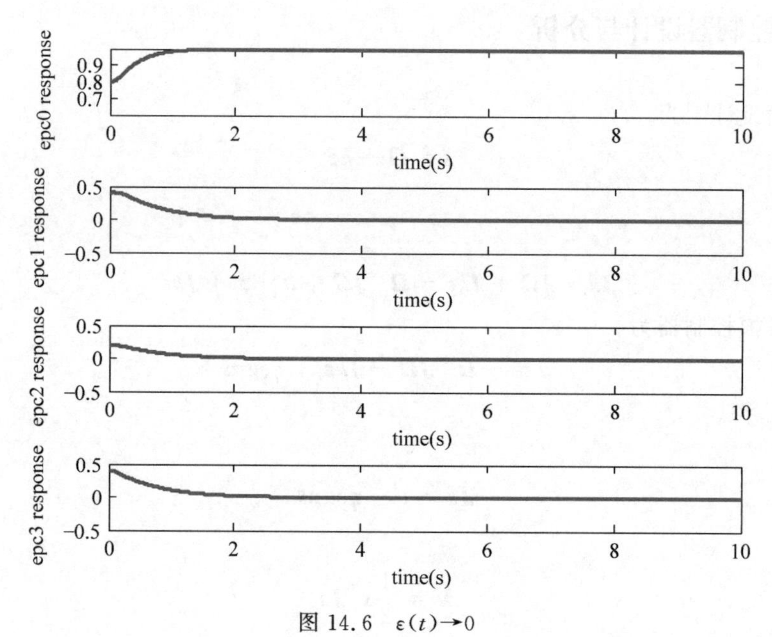

图 14.6　$\varepsilon(t)\rightarrow 0$

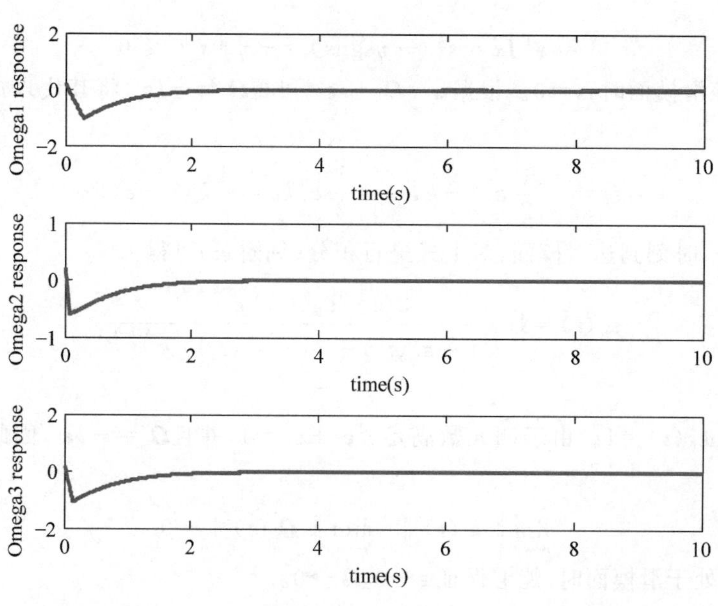

图 14.7　$\boldsymbol{\Omega}(t)\rightarrow 0$

仿真程序：

（1）主程序：chap14_2sim. mdl

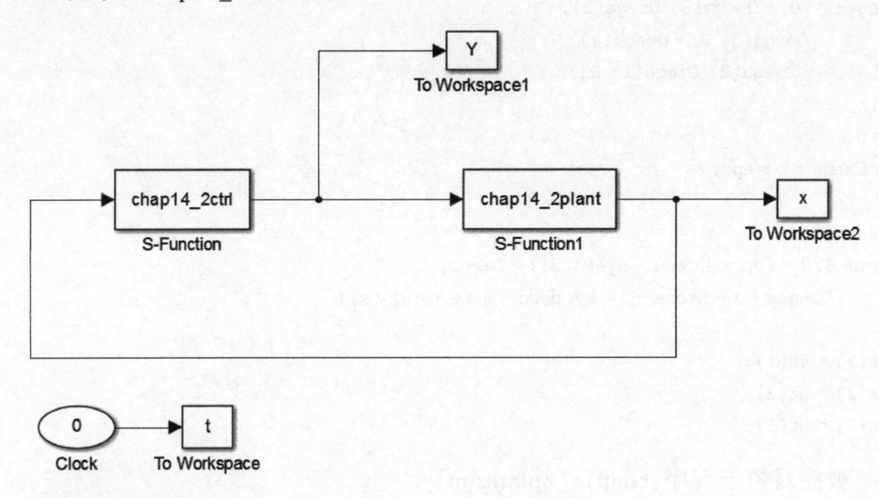

（2）控制器子程序：chap14_2ctrl. m

```
function [sys,x0,str,ts] = spacemodel(t,x,u,flag)
switch flag,
case 0,
    [sys,x0,str,ts] = mdlInitializeSizes;
case 3,
    sys = mdlOutputs(t,x,u);
case {2,4,9}
    sys = [];
otherwise
    error(['Unhandled flag = ',num2str(flag)]);
end
function [sys,x0,str,ts] = mdlInitializeSizes
sizes = simsizes;
sizes.NumOutputs       = 3;
sizes.NumInputs        = 7;
sizes.DirFeedthrough   = 1;
sizes.NumSampleTimes   = 1;
sys = simsizes(sizes);
x0  = [];
str = [];
ts  = [0 0];
function sys = mdlOutputs(t,x,u)
J = [20 0 0.9;
    0 17 0;
    0.9 0 15];

epc0 = u(1);
epc = [u(2) u(3) u(4)]';
epcx = [0 - epc(3) epc(2);
      epc(3) 0 - epc(1);
     - epc(2) epc(1) 0];
```

```
Omega = [u(5) u(6) u(7)]';
Omegax = [0 - Omega(3) Omega(2);
         Omega(3) 0 - Omega(1);
        - Omega(2) Omega(1) 0];

k = 5;
s = Omega + k * epc;

xite = 10;
depc = 1/2 * (epcx + epc0 * eye(3,3)) * Omega;
ut = - Omegax * J * Omega - J * k * depc - xite * sign(s);

sys(1) = ut(1);
sys(2) = ut(2);
sys(3) = ut(3);
```

(3) 被控对象子程序:chap14_2plant. m

```
function [sys,x0,str,ts] = s_function(t,x,u,flag)
switch flag,
case 0,
    [sys,x0,str,ts] = mdlInitializeSizes;
case 1,
    sys = mdlDerivatives(t,x,u);
case 3,
    sys = mdlOutputs(t,x,u);
case {2, 4, 9 }
    sys = [];
otherwise
    error(['Unhandled flag = ',num2str(flag)]);
end
function [sys,x0,str,ts] = mdlInitializeSizes
sizes = simsizes;
sizes.NumContStates = 7;
sizes.NumDiscStates = 0;
sizes.NumOutputs = 7;
sizes.NumInputs = 3;
sizes.DirFeedthrough = 0;
sizes.NumSampleTimes = 0;
sys = simsizes(sizes);
x0 = [0.8;0.4;0.2;0.4;1.0;1.0;1.0];
str = [];
ts = [];
function sys = mdlDerivatives(t,x,u)
epc0 = x(1);
epc1 = x(2);epc2 = x(3);epc3 = x(4);

omega1 = x(5);omega2 = x(6);omega3 = x(7);
omega = [omega1 omega2 omega3]';
```

```
ut = [u(1) u(2) u(3)]';

J = [20 0 0.9;
   0 17 0;
   0.9 0 15];

epc = [epc1,epc2,epc3]';

epcx = [0  - epc3 epc2;
     epc3 0  - epc1;
     - epc2 epc1 0];
depc0 = - 1/2 * epc' * omega;
depc = 1/2 * [epcx + epc0 * eye(3,3)] * omega;

omegax = [0  - omega3 omega2;
        omega3 0  - omega1;
        - omega2 omega1 0];

z = [sin(t);sin(t);sin(t)];
domega = inv(J) * (ut - omegax * J * omega - z);
sys(1) = depc0(1);
sys(2) = depc(1);
sys(3) = depc(2);
sys(4) = depc(3);
sys(5) = domega(1);
sys(6) = domega(2);
sys(7) = domega(3);
function sys = mdlOutputs(t,x,u)
sys(1) = x(1);  % etc0 -- > 1.0
sys(2) = x(2);  % epc1
sys(3) = x(3);  % epc2
sys(4) = x(4);  % epc3
sys(5) = x(5);  % w1
sys(6) = x(6);  % w2
sys(7) = x(7);  % w3
```

(4) 作图程序:chap14_2plot. m

```
close all;

figure(1);
subplot(411);
plot(t,x(:,1),'r','linewidth',2);
xlabel('time(s)');ylabel('epc0 response');
subplot(412);
plot(t,x(:,2),'r','linewidth',2);
xlabel('time(s)');ylabel('epc1 response');
subplot(413);
plot(t,x(:,3),'r','linewidth',2);
xlabel('time(s)');ylabel('epc2 response');
subplot(414);
```

```
plot(t,x(:,4),'r','linewidth',2);
xlabel('time(s)');ylabel('epc3 response');

figure(2);
subplot(311);
plot(t,x(:,5),'r','linewidth',2);
xlabel('time(s)');ylabel('Omega1 response');
subplot(312);
plot(t,x(:,6),'r','linewidth',2);
xlabel('time(s)');ylabel('Omega2 response');
subplot(313);
plot(t,x(:,7),'r','linewidth',2);
xlabel('time(s)');ylabel('Omega3 response');
```

附录

求解 $\dot{\varepsilon}_0=\frac{1}{2}k(1-\varepsilon_0^2)$

由于$\frac{\mathrm{d}\varepsilon_0}{(1+\varepsilon_0)(1-\varepsilon_0)}=\frac{1}{2}k\,\mathrm{d}t$，所以$\frac{1}{2}\left(\frac{1}{1+\varepsilon_0}+\frac{1}{1-\varepsilon_0}\right)\mathrm{d}\varepsilon_0=\frac{1}{2}k\,\mathrm{d}t$，即

$$\int_{\varepsilon_0(t_s)}^{\varepsilon_0(t)}\left(\frac{1}{\varepsilon_0+1}-\frac{1}{\varepsilon_0-1}\right)\mathrm{d}\varepsilon_0=\int_{t_s}^{t}k\,\mathrm{d}t=k(t-t_s)$$

从而

$$\ln\left|\frac{\varepsilon_0(t)+1}{\varepsilon_0(t_s)+1}\right|-\ln\left|\frac{\varepsilon_0(t)-1}{\varepsilon_0(t_s)-1}\right|=k(t-t_s)$$

$$\ln\left|\frac{\varepsilon_0(t)+1}{\varepsilon_0(t)-1}\right|-\ln\left|\frac{\varepsilon_0(t_s)+1}{\varepsilon_0(t_s)-1}\right|=k(t-t_s)$$

由于 $\varepsilon_0^2<1$，所以 $\varepsilon_0^2-1<0$，$(\varepsilon_0-1)(\varepsilon_0+1)<0$，则

$$\left|\frac{\varepsilon_0(t)+1}{\varepsilon_0(t)-1}\right|=\frac{\varepsilon_0(t)+1}{1-\varepsilon_0(t)},\quad \left|\frac{\varepsilon_0(t_s)+1}{\varepsilon_0(t_s)-1}\right|=\frac{\varepsilon_0(t_s)+1}{1-\varepsilon_0(t_s)}$$

$$\ln\frac{\varepsilon_0(t)+1}{1-\varepsilon_0(t)}-\ln\frac{\varepsilon_0(t_s)+1}{1-\varepsilon_0(t_s)}=k(t-t_s)$$

也即

$$\frac{\varepsilon_0(t_s)+1}{1-\varepsilon_0(t_s)}\times\frac{1-\varepsilon_0(t)}{\varepsilon_0(t)+1}=\mathrm{e}^{-k(t-t_s)}$$

$$\frac{1-\varepsilon_0(t)}{\varepsilon_0(t)+1}=\frac{1-\varepsilon_0(t_s)}{1+\varepsilon_0(t_s)}\mathrm{e}^{-k(t-t_s)}$$

取$\frac{1-\varepsilon_0(t_s)}{1+\varepsilon_0(t_s)}\mathrm{e}^{-k(t-t_s)}=M$，则有

$$\varepsilon_0(t)=\frac{1-M}{1+M}=1-\frac{2M}{1+M}=1-\frac{2\times\frac{1-\varepsilon_0(t_s)}{1+\varepsilon_0(t_s)}\mathrm{e}^{-k(t-t_s)}}{1+\frac{1-\varepsilon_0(t_s)}{1+\varepsilon_0(t_s)}\mathrm{e}^{-k(t-t_s)}}$$

$$= 1 - \frac{2[1-\varepsilon_0(t_s)]e^{-k(t-t_s)}}{1+\varepsilon_0(t_s)+[1-\varepsilon_0(t_s)]e^{-k(t-t_s)}}$$

其中，$t \geqslant t_s$。

参考文献

[1] Wen J T Y，Kenneth K D. The Attitude Control Problem[J]. IEEE Transactions on Automatic Control，1991，36(10)：1148-1162.

[2] Hughes P C. Spacecraft Attitude Dynamics[M]. New York：Wiley，1986.

[3] Wertz J. Spacecraft attitude determination and control[M]. New York：Springer Netherlands，1978.

[4] BosKovic J D，Li S M，Mehra R K . Robust Adaptive Variable Structure Control of Spacecraft Under Control Input Saturation[J]. Journal of Guidance，Control，and Dynamics，2001，24(1)：14-22

参考文献

[1] [illegible] Y. [illegible] The [illegible] Problem [illegible] Control. IEEE [illegible]
[2] [illegible]
[3] [illegible]
[4] [illegible] Control [illegible] Journal of [illegible] Control, and [illegible] 2011 [illegible]

图书资源支持

感谢您一直以来对清华大学出版社图书的支持和爱护。为了配合本书的使用，本书提供配套的资源，有需求的读者请扫描下方的“书圈”微信公众号二维码，在图书专区下载，也可以拨打电话或发送电子邮件咨询。

如果您在使用本书的过程中遇到了什么问题，或者有相关图书出版计划，也请您发邮件告诉我们，以便我们更好地为您服务。

我们的联系方式：

地　　址：北京市海淀区双清路学研大厦 A 座 701

邮　　编：100084

电　　话：010-83470236　010-83470237

资源下载：http://www.tup.com.cn

客服邮箱：tupjsj@vip.163.com

QQ：2301891038（请写明您的单位和姓名）

科技传播·新书资讯

电子电气科技荟

资料下载·样书申请

书圈

用微信扫一扫右边的二维码，即可关注清华大学出版社公众号。